華夏英才基金學術文庫

食醋酿造学

张宝善　编著

本书由 陕西师范大学出版基金 陕西省果蔬深加工技术研究中心 资助出版

科学出版社
北京

内 容 简 介

本书归纳、整理了国内外丰富的食醋酿造理论和生产实践技术，在介绍东方食醋酿造科学和传统技术的同时，亦体现了西方食醋酿造的先进工艺。本书共十七章，内容包含食醋的概念、分类及生产概况，食醋酿造的历史、认识和发展，食醋酿造的原料，淀粉糖化，酵母菌与乙醇发酵，醋酸菌的种类及特性，醋酸发酵机理，醋酸菌种的分离、培养、保存及发酵剂的生产，食醋醋酸发酵基本工艺，现代食醋酿造工艺与技术，世界著名食醋的酿造工艺和技术，食醋生产的后处理，食醋生产的污染与防治，食醋质量控制与评价，食醋的营养成分、风味和功能，醋酸发酵相关动力学模型，以及食醋生产物料衡算及工艺设计等。

本书可供从事食醋酿造、加工和销售行业的工作者及高校师生参考使用。

图书在版编目(CIP)数据

食醋酿造学/张宝善编著. —北京：科学出版社，2014. 3
(华夏英才基金学术文库)
ISBN 978-7-03-040029-1

Ⅰ. ①食… Ⅱ. ①张… Ⅲ. ①食用醋-酿造 Ⅳ. ①TS264. 2

中国版本图书馆 CIP 数据核字（2014）第 042950 号

责任编辑：罗 静 刘 晶/责任校对：刘小梅
责任印制：赵 博/封面设计：陈 敬

科学出版社出版
北京东黄城根北街 16 号
邮政编码：100717
http://www.sciencep.com

北京科印技术咨询服务有限公司数码印刷分部印刷
科学出版社发行 各地新华书店经销

*

2014 年 3 月第 一 版 开本：787×1092 1/16
2021 年 1 月第七次印刷 印张：26 1/2
字数：614 000

定价：135. 00 元

前　　言

食醋，简称醋，是含醋酸的调味料和食品。最早的食醋源于自然界自发产生，人类在食用和使用食醋的一万多年历史中不断探索、推陈出新，形成了博大精深的酿造科学和魅力无穷的酿造文化。食醋遍布全球，经久不衰，不仅是常用的调味品，而且是具有重要的保健作用和医学价值的酿造食品，享有“醋治百病”之美誉，深受人们的喜爱。

食醋可分为两大类，一类是以中国和日本为代表的东方食醋，另一类是以欧美为代表的西方食醋。几千年来，因东、西方食醋酿造的原料不尽相同，前者以谷物为主，后者以果蔬、酒精为主，因此酿造技术迥异。东方食醋沿用传统酿造方式，多以手工作坊式生产；而西方食醋酿造工艺简洁，多以工业化规模生产，技术先进。

本书归纳、整理了国内外丰富的食醋酿造理论和生产实践技术，在介绍东方食醋酿造科学和传统技术的同时，也体现了西方食醋酿造的先进工艺，使传统酿造技术和现代工艺交相辉映；更注重收集和整理国内外关于食醋酿造的最新科技成就；同时总结了编者多年来的食醋酿造科研成果，数十万字的撰写内容中穿插了100多幅图表，力求凸显该书的丰富内容和盎然活力。

希望本书的出版能为提高我国食醋酿造业的科研及生产水平，以及相关的发酵理论和工艺水平，促进我国食醋酿造业发展作出奉献，也为广大的食醋生产和科学研究者提供有价值的参考书籍。

在本书编写中，陈锦屏教授给予了大力支持和帮助，并对本书的知识结构、内容安排提出了许多宝贵意见；陕西学前师范学院王立霞老师在文字打印、校对方面付出了大量劳动，并编写了本书第十四章；屈平老师整理、翻译了本书涉及的日文材料；王军老师、研究生李亚武、王玮、魏冉、李艺伟、孙肖园、刘莎莎和罗腾参与了文字校正和材料收集工作，谨此对他们表示衷心的感谢。

食醋酿造技术丰富多彩，相关内容涉及多学科、多领域，新知识、新内容层出不穷。由于编者知识水平有限，错误之处在所难免，敬请同仁和读者批评指正。

编　者

2013年7月

目　录

第一章　食醋的概念、分类及生产概况

第一节　食醋的概念及分类

一、食醋的概念

食醋是使用含有淀粉、糖的物料或酒精，经微生物发酵酿造或用食用醋酸调制而成的酸味调味品或食品。

目前，醋的种类琳琅满目，举不胜举。在中国和日本等亚洲国家，人们偏爱温和、有甜味、无刺激性气味的谷物醋，可作为中国面条和日本寿司最主要的调味料；在欧洲和美国等西方国家，人们却喜爱食用以水果为原料生产的果醋。

据中国有关文献记载，唐朝有“桃花醋”，元朝有“杏花酸”，明朝有“正阳伏陈醋”。明朝以后，醋的品种日益增多。李时珍在《本草纲目》中记有“米醋”、“糯米醋”、“粟料醋”、“小麦醋”、“大麦醋”、“饧醋”、“糟糠醋”等以谷物为主的多种食醋。在美国，最流行的醋是用苹果酒制造的苹果醋和稍带涩味的蒸馏酒醋。在法国，人们更喜欢带刺激性气味的葡萄醋，这种醋是用红葡萄酒和白葡萄酒酿制的。英国人喜欢吃用发芽的麦芽生产的麦芽醋。意大利盛产高贵的香醋，它是用 *Trebbiano* 等品种的葡萄经长时间酿制而成，这种醋因用不同木桶进行陈酿而色泽深黑，且大部分醋含有亚硫酸盐，以抑制在生产过程中影响香醋质量的杂菌。

不同国家对食醋及其产物都有明确的规定。中国将食醋分为酿造食醋（fermented vinegar）和配制食醋（blended vinegar）。酿造食醋是指单独或混合使用各种含有淀粉、糖的物料或乙醇，经微生物发酵酿制而成的液体调味品；配制食醋是指以酿造食醋为主体，与冰醋酸（食品级）、食品添加剂等混合配制的调味食醋。日本将食醋分为七大类，其中将酿造醋定义为用谷物、水果、乙醇或砂糖等原料进行醋酸发酵而制成的液体调味料，且不使用冰醋酸或者醋酸，醋酸含量在 4.0%（谷物醋为 4.2%，水果醋为 4.5%）以上。FAO/WHO 规定，食醋作为一种液体，适用于人类消费，只能以淀粉和（或）糖为适宜原料，通过乙醇和醋酸二次发酵制造而成，醋液中剩余乙醇含量在葡萄醋中必须小于 0.5%，在其他醋中必须小于 1%（FAO/WHO，1998）。欧盟常设食醋规格委员会（Permanent International Vinegar Committee）在充分考虑各国习惯的基础上，于 1990 年提出醋实施规格（Code of Practice for Vinegar）。该规格将食醋的定义局限于以农产物为原料，经过二次微生物发酵制得的酸味料。

虽然美国对醋种类无明确的划分，但 FDA 建立了 Compliance Police Guides，要求代理机构必须关注商品标签，如葡萄醋、苹果醋、麦芽醋、酒精醋和调配醋（FDA，2007，FDA/ORA CPG7109.22）。食醋包括由合成酒精经醋酸发酵制成的产品在内，规定食醋中可使用的风味剂有果实、浓缩果汁、砂糖、蜂蜜；添加剂有亚硫酸盐、焦糖色、维生素 C、谷氨酸钠和天然香精。明令禁止使用合成香精、油脂、蒸馏残渣、发酵残渣、合成酸及焦糖色以外的色素。

欧洲以葡萄酒生产食醋，尤其在酿造大国，如意大利、法国、西班牙和希腊等更是如此。意大利每年生产大约 6 万 t 醋，绝大多数来源于葡萄酒。不像美国，欧洲国家对醋的生产或销售都有地方标准，对醋的酸度和酒精含量都有明确的规定，要求醋中酸度最小值为 5%（m/V），乙醇含量最大值为 0.5%（V/V），葡萄醋只能是用葡萄酒经过醋酸发酵获得，发酵原料、发酵过程中的微生物对这两个参数影响较大。在欧洲，食醋主要用于调味和保存食物，醋的酸度较高，尖酸、刺激，花色品种较少。从前，根据意大利的立法，“醋”特指葡萄酒经醋酸发酵所获得的产品。现在意大利按照欧盟规定，允许将来自葡萄酒的产品命名为葡萄醋，而且对来自其他原料（如苹果等）的产品，根据原料命名为“××醋”。依据法律，醋的酸度不得低于 6%（m/V），同时乙醇残量不得高于 1.5%（V/V）[规定（EC）NO. 1493/1999]。意大利生产的传统香醋，通过严格的法律还规定最多含 SO_2 100mg/L，还原糖含量不少于 110mg/L，干物质和灰分含量不低于 30mg/L 和 0.25%。生产用的葡萄浆固形物不低于 20%，密度不低于 1.24g/ml。在醋中，除允许添加焦糖色素之外，任何其他添加剂都是不允许的。

图 1-1　果醋标签

欧洲的食醋品种很多，主要有葡萄醋、麦芽醋、果醋（葡萄以外的水果，或与葡萄醋混合的）、浆果醋、谷物醋、酒精醋（即白色蒸馏醋，以农产谷物制酒，或以白兰地、乙醇等制）、蜂蜜醋、乳清醋、加香醋（加入香辛料，或加部分水果或其提取物）、砂糖醋（砂糖或废糖蜜）、混合醋、椰枣醋、椰子醋、甜菜醋、蔗糖醋等。有在葡萄醋或酒精醋中添加草药的，如大蒜、龙蒿、肉桂、罗勒、丁香和肉豆蔻等；还有的添加未发酵的新鲜果汁，给果醋赋予特殊的香甜味。图 1-1 为欧洲生产的果醋标签，上面表示出了醋的名称和质量级别。

非洲绝大部分地区将食醋作为风味调味剂。由于气候炎热，高温不利于食醋发酵，故大部分食醋从欧洲国家进口。非洲物产丰富，食醋种类繁多，但产量均较小。主要用于生产食醋的原料有椰子水、棕榈酒、竹子酒、葡萄酒（主要在地中海和南非），也有用芒果、椰枣和谷物高粱生产食醋的。

菲律宾要求食醋的酸度不低于 4%，允许 Nipa sap 醋（聂帕榈醋）酸度不低于 3%，要求所有醋总固形物含量不低于 1.5%（m/V），灰分含量不低于 0.18%；Nipa sap 醋固形物含量不低于 2.2%，灰分含量不低于 0.18%。所有醋不含有外来的药物、硫酸或其他矿酸。麦芽醋中含有不低于 0.05%的 P_2O_5 和 0.04%的氮。

另外，可将几种不同类型的醋混合搭配使用，使醋绵软，低酸度的醋饮在亚洲和非洲很流行。在非洲，存在一种既不同于乙醇发酵，又不同于醋酸发酵的酒醋饮料。同样在日本，将黑色的米醋和果汁混合，作为一种日常饮食中的保健饮料。在美国和加拿大，苹果醋是传统民间治疗剂，其与果汁混合能治疗一些慢性病。

虽然不同的国家、地区对醋都有不同的规定，但都使用醋中的醋酸含量和乙醇残留量两个重要指标作为分类依据，见表 1-1。

表 1-1　几种醋的醋酸含量和乙醇残留量

醋	醋酸含量/%（m/V）	乙醇残留量/%（V/V）
麦芽醋	4.3～5.9	—
苹果醋	3.9～9.0	0.03
葡萄醋	4.4～7.4	0.05～0.3
葡萄醋（半连续发酵）	8～14	—
米醋	4.2～4.5	0.68
腰果醋	4.62	0.13
柳汁醋	8.28	0.42
芒果醋	4.92	0.35
雪利醋	7.0	—
菠萝醋	5.34	0.67

二、食醋的分类

食醋因地域、酿造原料和酿造技术的不同，分类非常复杂。根据地域的不同，世界上的食醋可分为东方食醋和西方食醋。东方食醋以中国、日本和菲律宾为代表，主产谷物醋，人们也喜欢食用谷物醋，水果醋产量相对少。西方食醋以欧洲诸国和美国为代表，主产果醋和酒精醋，如葡萄醋、苹果醋。根据酿造原料分类，有谷物醋、各种水果醋、各种蔬菜醋、动物产品醋、酒精醋和用食用醋酸直接调配的醋等。谷物醋有米醋、玉米醋、麸醋、麦芽醋、酒糟醋等。根据食醋醋酸发酵技术的不同，分为传统食醋酿造法和现代食醋酿造法两大类。传统食醋酿造法主要有固态发酵法和表面静态发酵法，固态发酵法以中国的山西老陈醋、镇江香醋和四川麸醋为代表，表面静态发酵法以中国陕西富平的封缸小米醋、日本米醋、意大利香醋、西班牙雪利醋等为代表。现代食醋酿造法是以深层通风发酵和滴淋发酵为代表的快速酿醋法，产品很多。

中国食醋按国家标准（GB/T5009.41—2003）分为酿造食醋和配制食醋。根据行业标准（SB/10174—93）可按图 1-2 进行细分，要求配制食醋时酿造食醋的比例（以醋酸计）不得少于 50%。另外，按生产工艺不同可进行以下分类。

（1）按原料处理方法不同可分为两类：一类为熟料醋，原料经过蒸煮；另一类为生料醋，原料未经过蒸煮。直接加入曲或（和）酶制剂进行糖化。

（2）按醋酸发酵方式可分为两大类：一类是固态发酵醋；另一类是液态发酵醋。固态发酵醋的风味质量要比液态发酵醋好。固态醋发酵工艺是我国传统的酿醋方法，生产周期长，劳动强度大，出品率低，目前前期的糖化、酒化多采用稀醪发酵，后期醋化多采用固态发酵。还有少部分地区采用酶法液化自然通风回流的固态发酵工艺，其优点是风味好。液态发酵醋是通过液态发酵工艺酿制的醋。

（3）按醋的颜色可分为三大类：一是浓色醋，有的地区叫黑醋，其颜色呈黑褐色或褐色；二是淡色醋，呈浅棕色；三是白醋，呈无色透明状。

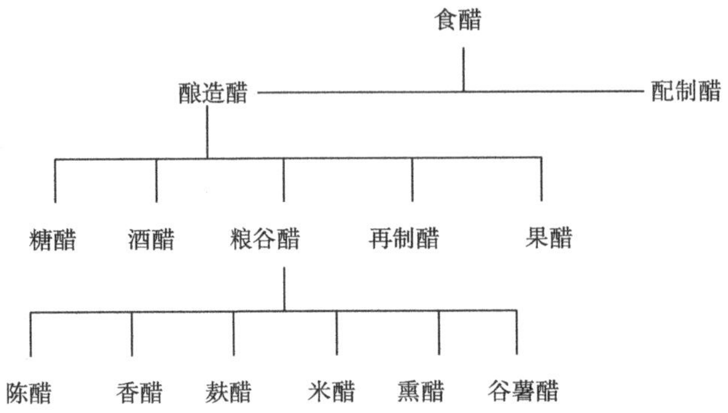

图 1-2　中国食醋分类

还有由于各地的饮食习惯、生产工艺及配方的不同而形成多种风味的醋，大体可分为：陈香型醋，其酯香味较浓，如陈醋、香醋等；熏香型醋，有特殊的熏香味，如熏醋；甜醋，添加食糖等甜味剂；还有的添加中草药及香辛料等形成各种不同风味的醋，以满足生吃、凉拌、烹调、保健之需。

日本主产米醋，将食醋分为酿造醋、合成醋、谷物醋、果实醋、米醋、米黑醋、大麦黑醋、苹果醋和葡萄醋九大类。

西班牙根据酿醋用的葡萄酒和发酵方式的不同，将醋分为六大类：①将佐餐葡萄酒用深层发酵技术发酵（用木质的桶陈酿或添加草药）；②用干雪利酒（fino wines）经过深层发酵（用木桶陈酿）；③用干雪利酒在木桶中经过表面静态发酵；④用干雪利酒接种醋酸菌，使用“Solera 系统”进行发酵（不需要木制容器储存陈酿）；⑤用佐餐酒在湿木头刨花的醋化器中滴淋发酵（需要陈酿）；⑥用稀释葡萄酒添加醋酸菌生长的营养剂，用深层发酵法发酵。

第二节　世界常见食醋种类

一、谷物醋

谷物醋（cereal vinegar）是东亚和东南亚国家最普通的厨房用醋。因酿造工艺的不同，谷物醋有白色（浅黄色）、红色和黑色。日本喜欢用浅色米醋调制寿司、色拉（图 1-3）。红色醋和黑色醋原产中国。谷物醋的风味比较柔和，甚至有些平淡。一些醋在酿造时添加花椒等芳香物以增加风味，如山西老陈醋。

图 1-3　米醋（另见图版）

二、陈醋

陈醋（muture cereal vinegar）主产于中国，用大米、小麦、玉米或高粱等谷物为原料酿造，最有名的中国陈醋有山西老陈醋、镇江香醋、四川麸醋等，陈醋酿造工艺独特、风味醇和，刺激性弱。日本产的陈醋——黑酢（Kurozu），是用大米生产。陈醋与其他醋相比，有较高的氨基酸含量。中国最著名的陈醋有以下几种。

（一）镇江香醋

镇江香醋又称糟醋或京口墨醋。“糟醋”是因历史上曾经有过以绍兴黄酒糟为原料而得名。“京口”乃镇江古称，“墨”是指醋色呈深重的褐紫色。镇江位于长江、运河交汇处，境内金山、焦山、北固山三山对峙，水源丰富，且又盛产糯米。这些得天独厚的自然条件以及独特的传统酿造工艺是镇江香醋长盛不衰、驰名中外的主要原因。酿造继承了“固态分层发酵法”的传统工艺，以糯米为原料，经酿酒、制醅、淋醋等过程，集酸、甜、香、醇、浓五大特点于一身。

（二）山西老陈醋

历史悠久、源远流长的山西老陈醋工艺是固态发酵法的一种演进，也是米醋的一种变型，尤以山西清徐老陈醋最为著名。其主要以高粱、玉米等高淀粉含量的谷物为主料，麸皮为辅料，用大曲为糖化剂，陈酿保持“夏伏晒、冬捞冰”的传统工艺，醋品质量很高。

（三）四川麸醋

以麦麸为原料，在药曲和辣蓼汁制成的酵母作用下酿成的麸醋，产地遍布四川各地，其中以保宁醋、静观醋、三汇醋最为有名。

（四）永春红曲醋

永春位于福建泉州地区，盛产稻米。永春红醋以糯米为原料，以红曲为糖化剂，经糖化、酒化、醋酸发酵、长期陈酿而成，是液态发酵工艺生产的一种名醋。产品色泽棕红，风味独特，酸中带甜，具有浓郁的香气。

（五）江浙玫瑰香醋

因产品呈鲜艳透明的玫瑰色而得名。这一极具地方特色的食醋，以大米为原料，将洗净蒸熟的大米放于坛内或缸内，利用自然界落生的微生物培养坛花或缸花，即红、蓝、黄、绿、白等杂色微生物，俗称五色花，然后兑入温水进行稀醪发酵直至秋后成熟。产品色泽红艳，澄清透明，香气纯正，酸中带甜。

（六）辽宁喀左陈醋

喀左陈醋的主要产地是辽宁省喀喇沁左翼蒙古族自治县，亦称大城子镇，故喀左陈醋又称大城子陈醋。“喀左”就是喀喇沁左翼的缩写。喀左陈醋以高粱为原料，在大曲、

图 1-4　麦芽醋（另见图版）

酒母的作用下，经糖化、酒化、醋化和陈酿后熟精制而成，产品具有色泽鲜艳、气味清香、酸甜不涩、味长醇厚、久放不变质等特点，在东北地区享有盛誉。

三、麦芽醋

麦芽醋（malt vinegar）是用发芽的大麦生产。将大麦的淀粉转化为麦芽糖，再经乙醇发酵成淡色啤酒后醋酸发酵，最终色泽为浅棕色。英国和德国产的麦芽醋最为著名，如图 1-4 所示。

四、葡萄醋

葡萄醋（grape wine vinegar）是用红葡萄酒或白葡萄酒发酵生产，主产地在地中海和中欧国家，如图 1-5 和图 1-6 所示。好的葡萄醋须用木桶至少陈酿 2 年，拥有醇厚、复杂的风味。一般这种醋的酸度低于白苹果醋，一些著名的葡萄醋售价昂贵。

图 1-5　红葡萄醋（另见图版）

图 1-6　白葡萄醋（另见图版）

五、苹果醋

苹果醋（cider vinegar）是用苹果酒或苹果浆生产，颜色呈褐黄色，许多苹果醋销售时不经过滤和杀菌处理，保持自然性，如图 1-7 所示。苹果醋有美丽的外观和很好的保健功能，是一种最普通的食醋。苹果醋刺激性极强，直接饮用会烧伤咽喉，使用前用果汁或水稀释，也可加糖或蜂蜜于醋中调配成饮料。

图 1-7　苹果醋（另见图版）

图 1-8　意大利香醋（另见图版）

六、香醋

香醋（balsamic vinegar）是用传统手工艺生产的葡萄醋，以意大利 Modena 和 Reggio Emilia 省生产的最为著名，如图 1-8 所示。其色深黑，香味浓郁，一般用 *Trebbiano* 品种葡萄生产。真正的香醋是受原产地保护的，在不同材料的木桶（橡木、桑树木、樱桃木、杜松木、岑树木和合金欢木）中陈酿 12～25 年，有些甚至达到 100 年，因此非常昂贵。尽管香醋有很高酸度，但由于含糖和其他固形物多，感觉到醋的刺激性酸味不太强烈。

七、雪利醋

雪利醋（Sherry vinegar 或 Jerez vinegar）中“Sherry”是一个专用于西班牙原产地的受保护名称。在西班牙法律中，所有标识为 Sherry 的葡萄酒和醋都必须产自雪利三角洲地区，这是加迪斯（Cádiz）省 Jerez de la Frontera、Sanlúcar de Barrameda 和 El Puerto de Santa María 之间的一块区域。雪利醋同雪利酒一样著名，制法主要是采用 *Palomino* 葡萄酿造，要求木桶陈酿时间不少于 6 个月，如图 1-9 所示。

图 1-9　西班牙雪利醋（另见图版）

八、果醋

常见的果醋（fruit vinegar）用苹果、红醋栗、覆盆子、枇杷和番茄等果蔬为原料，因原料的不同，生产的醋风味各具特色。在亚洲，柿醋、红枣醋、枸杞醋及其他水果醋也很有名。

九、椰子汁醋

椰子汁醋（coconut vinegar）是用椰子汁经发酵生产，主产于南亚的菲律宾和印度等国家，呈乳白色，醋味尖酸，略带有酵母味。

十、棕榈醋

棕榈醋（palm vinegar）是菲律宾人用尼巴棕榈的花束的汁液发酵的，当地人称为 Sukang Paombong。

十一、葡萄干醋

阿拉伯国家用葡萄干酿造的食醋称为葡萄干醋（raisin vinegar），色泽呈中褐色，不透明状，醋味温和。

十二、甘蔗醋

甘蔗醋（cane vinegar）是用甜甘蔗汁生产，主产于菲律宾北部的 Ilocos 区域，在法国和美国也有生产。醋色泽从褐黄色至金褐色，味纯正。因醋中糖含量低，比谷物醋感觉酸。近年来甘蔗醋在巴西非常流行，售价便宜，可与葡萄醋等水果醋混合销售。

十三、蜂蜜醋

用蜂蜜酿造的醋产量很少，是将蜂蜜加水稀释成低浓度糖液的发酵液，制醋。蜂蜜醋（honey vinegar）主产于意大利、法国和西班牙。

十四、调味醋

调味醋（spice vinegar）是以发酵醋为基料，添加一些有特殊气味的草药，如百里香、牛至、薄荷、大蒜、山葵、茴香，使醋有独特的气味。

十五、酒精醋

酒精醋（alcohol vinegar）的酸度高达 5%～20%，常将乙醇溶液用深层发酵法快速酿造而成，也有用化学合成法生产酒精醋。

十六、蒸馏醋

为了使一些醋达到无色，将醋醪蒸馏，提取醋酸，制成醋酸含量为 5%～8%的无色醋液，称蒸馏醋（distilled white vinegar）或白醋，如图 1-10 所示。生产蒸馏醋的前体物通常用廉价的麦芽醋制造。蒸馏醋因无色常用于医

图 1-10　酒精蒸馏醋（另见图版）
图片来源：Melody Lan.
www. thenibble. com/reviews/main/

药、实验室和清洗方面，在食品加工中用于烹调、焙烤和食物腌渍保存方面。

第三节　食醋的生产和消费概况

食醋是一种世界性的调味品，主要用于食品的酸味调节、蔬菜的腌制，还广泛用于清洗、消毒和化工材料等方面。由于地域不同、生产原料不同，醋的品种琳琅满目。整体来讲，食醋按消费情况分为三大类：第一类是以中国、日本为代表的东方谷物食醋，第二类是以欧洲国家为代表的果醋，第三类是全世界都生产的酒精醋。有关不同种类食醋所占的市场份额见表 1-2。

表 1-2　世界不同种类食醋所占市场份额

醋种类	所占市场份额/%
香醋（水果）	34
红葡萄醋	17
苹果醋	7
谷物醋	4
酒精醋	2
其他醋	36

数据来源：www. ats-sea. agr. gc. ca/inter/4344-eng. htm。

目前，全球每年调味品营业额高达 2180 亿美元，占食品工业额的 10%左右，是典型的“小产品、大市场”。据不完全统计数字表明，美国食醋年消费量为 130 万 t，日本年消费量为 42 万 t。美国醋厂不仅规模大，而且厂家也多，人均食醋消费量为 2. 4L。有关食醋在世界上的需求潜在分布情况见表 1-3，亚洲是食醋的最大消费地区。从各国对食醋的进出口情况看，据加拿大统计分析，2009 年世界出口食醋最多的国家依次为意大利（2. 58 亿加元）、德国和西班牙，其中意大利出口量大约为 8300 万 L，德国为 4900 万 L，其次是法国、美国、日本和希腊。从 2005 年到 2009 年醋的总出口量增加 30%，2009 年世界总进口额达 4. 95 亿美元（表 1-4）。

表 1-3　食醋的市场需求潜在力（2007 年）

区域	需求/亿美元	占总消费比例/%
亚洲	8. 04	35
欧洲	5. 92	25. 7
北美洲及加勒比海	5. 41	23. 5
拉丁美洲	1. 63	7. 1
非洲	0. 85	3. 7
中亚	0. 84	3. 7
海洋国家	0. 30	1. 3
总计	23. 00	100

数据来源：www. icongrouponline. com。

表 1-4 食醋出进口名列前 10 位的国家（2009 年）

国家	出口/百万加元	国家	进口/百万加元
意大利	258	美国	98
德国	31	德国	72
西班牙	30	法国	38
法国	27	英国	30
美国	17	加拿大	30
日本	17	瑞士	24
希腊	14	意大利	19
英国	10	澳大利亚	16
中国	9	西班牙	16
澳大利亚	6	比利时	16

数据来源：http：//www. ats. agr. gc. ca/inter/4344-eng. htm。

Nielsen 公司指出，在 2007 年，美国家庭用蒸馏白醋占 68%，苹果醋占 20%左右，特殊功能的醋占 12%。其中特殊功能醋的分配比为：39%是红葡萄醋，30%是香醋，13%是其他葡萄醋，12%是谷物醋，6%是其他特殊醋。有公司调查 1994～1998 年美国家庭用醋情况，48%的为家庭使用醋。美国家庭购买的醋主要用途见表 1-5，其他方面的使用见表 1-6。

表 1-5 美国人对食用醋的使用情况

装瓶食品	33.7%
生菜、色拉	16.8%
腌菜	14.8%
荠菜	11.5%
另外一些加工食品	10.5%
番茄产品	8.5%
其他	4.2%

数据来源：Vinegar Institute Production Survey，2006。

表 1-6 全球非食品用醋占总食醋销量的比例 （单位：%）

	2002 年	2003 年	2004 年	2005 年
家庭用	2	3	8	16
头发护理	0	1	0	5
保健	3	2	4	4
皮肤护理	2	1	1	3
肥皂和洗涤用品	2	0	0	2

数据来源：Vinegar Institute Production Survey，2006。

醋与风味剂或草药制成的风味醋销量排在世界前 10 位的为：苹果醋 27%，大蒜醋 10%，草药醋 10%，覆盆子醋 10%，无花果醋 8%，柠檬醋 8%，蔓越橘醋 7%，蜂蜜醋 7%，青葱醋 7%，葡萄醋 6%。其中亚洲地区排在前 5 位的为苹果、蜂蜜、葡萄、沉香木和香槟酒配制的风味醋。

醋广泛应用于食用烹调中，主要起增强风味和保存食品的作用。法国人喜欢用醋制作高质量的调味汁；美国人和英国人吃醋的方法更是多种多样，用醋烹制鱼等食物，制作卫生、健康的调味汁。醋能降低食品的 pH，抑制微生物生长，常作为添加剂广泛用在腌菜、调味水果、肉冻、色拉、蛋黄浆、芥末酱、番茄制品、鱼制品、烤肉、家禽、腌肉、面包、酱汁、奶酪和软饮料中。除此之外，在苹果醋、酒精醋等浅色醋中添加一些草药、香料、葱或大蒜，混合制成调味醋，现在也广泛用在食品中。

中国是食醋的生产大国，更是消费大国。醋在中国人心目中占据很重要的位置，在日常生活中总说“开门七件事，柴米油盐酱醋茶”，可见醋是餐桌上的必需调味品，尤其是中国长江以北吃面条的地方，更离不开醋。笔者所在的陕西关中地区，以面食为主，农村家家有醋缸，若吃面缺醋，则会被认为饭做得不好，著名的岐山面，吃时好似面条浸泡在醋里。有关中国食醋的生产和消费情况，很难用具体的数据来表示，因为醋在中国的生产，除大规模工厂化生产的食醋外，家庭手工酿造的食醋市场占有率份额也很高，绝大多数家庭自产自销，规模和产量都不是很大。中国有 13 亿人口，按 2/3 的人每年消费 0.5kg 食醋计，消费量就可达 45 万 t 左右，这个数据远远高于日本的消费量，故上述表中统计报道的一些数据，显然是没有将中国食醋的产量和消费考虑进去。谷物醋和水果醋相比较，中国人更喜欢吃谷物醋，谷物醋酸度较水果醋酸度低，且口感柔和，有甜味。至于更喜欢吃用大米酿造的食醋，还是用玉米、高粱等北方主产的谷物酿造的食醋，未见报道。但有一点却是相同的，那就是要求食醋一定要口感好。近年来随着人们生活水平的提高，水果醋也越来越受到人们的喜爱，并将水果醋稀释，配成各种水果醋饮料来使用。

参考文献

沈政燮，段丽. 1995. 日本食醋（一）. 中国调味品，(5)：28-33

沈政燮，段丽. 1995. 日本食醋（二）. 中国调味品，(7)：24-32

沈政燮，段丽. 1995. 日本食醋（三）. 中国调味品，(8)：29-31

涂志英，邵伟，Steer H. 2006. 美国食醋市场最新动态及发展趋势. 中国酿造，(12)：76-77

Adams M R. 1998. Vinegar. *In*：Wood BJB ed. Microbiology of Fermented Food. Blackie Academic and Professional，London：1：1-44

Food and Drug Administration. 2007. FDA/ORA Compliance Policy Guides. Sec. 525. 825 Vinegar. Definitions：Adulteration with Vinegar Eels（CPG 7109. 22）. www. fda. gov/ora/compliance _ ref/cpg/cpgfod/cpg525-825. html

González-Viñas M A，Salvador M D，Cabezudo M D. 1996. Taste group threshold and sensory evaluation of Spanish wine vinegars. J Sens Stud，11：40-129

Joint FAO/WHO Food Standards Programme. 1998. Conversion of European Regional Standard for Vinegar into World-wide Standard：Rome，FAO-ESN-CX/PFV-98/8

Solieri L，Giudici P. 2009. Vinegar of the World. Springer：Milan，Italy，1-16

The global vinegar market：opportunities for canadian vinegar exporters. 2011. （available at http://www. ats-sea. agr. gc. ca/inter/4344-eng. html）

Vinegar Institute. Market Trends 2006.（available at www. versatilevinegar. org/markettrends. html）

第二章　食醋酿造的历史、认识和发展

人类使用醋作为调味品已经有数千年的历史。在东方的中国和日本，人们食用的醋主要是用各种谷物酿造的，在国际市场上被称为“东洋醋”；而在西方，醋通常用各种水果的果汁酿造而成，被称为“西洋醋”。有些学者甚至认为在一万年前人类就偶然间发现了酿造醋的方法。从对出土陶罐中残渣的化学分析可知，早在5000年前，埃及人就已经懂得酿造食醋；而在古老的东方国家食醋也十分盛行，中国关于调味醋的记载可以追溯到公元前1000年；古巴比伦人喜欢在家中储存大量的醋，并偏爱食用经过醋调味后的食物；而古希腊人和古罗马人利用把蜂蜜加入变质的葡萄酒中的方法来生产醋，并用这种醋为蔬菜、鱼和其他肉类甚至水果增味和着色。

第一节　中国食醋酿造的历史与文化

一、“醋”字的源流

“醋”的古字有“醯”、“酢”，并有“苦酒”之谓。从“醋”字的源流可探寻食醋的由来。

“酉”是“酒”字最早的甲骨文，“醋”或“酢”字都是“酉”字旁，这说明“醋”是古人根据醋由酒产生而创出的会意字。“苦酒”也说明醋是起源于酒的。在周法高主编的《全文诂林》一书中“酢”字写作“䣜”，依然是“酉”字旁，意味着醋是与酒有密切关系的酿造产品。由于古代酿造的酒中乙醇含量比较低，乙醇遇到空气中的产酸菌即被进一步氧化并呈酸味，从而形成醋。《韩非子》中有一段酒易酸败而售不出去的故事：“宋人有酤酒者，升慨甚平，遇客甚谨，为酒甚美。悬帜甚高，著然不售，酒酸。”西汉扬雄《法言》中曾提到因礼仪过多，待礼仪完了之后酒已变酸，讽刺了当时礼仪的繁缛。这也说明了当时乙醇浓度低的黄酒易于酸败。这些故事都侧面描写了酒的酸败，现在看来，变酸的实质其实是乙醇氧化变成醋的过程，或许这就是醋的起源。

《周礼》中有“醯人掌五齐、七菹”的话，“醯”字均被后人认为是醋的古称。西汉史游《急就篇》中有“芜荑盐豉醯酢酱”的记载；《说文》（121年）中提到“醯味酸，从粥酿制的酒而来”（“醯，酸也，作醯以粥以酒”）。“醯人”是周王室中掌管五齐、七菹的官员。“五齐”是我国古代酿酒过程5个阶段的发酵现象，掌握好每个发酵过程是制酒官员（“酒正”）的任务。对“醯人”同样也要求熟悉制酒技术，如此才能做出醋来。“七菹”指的是韭、菁、茆、葵、芹、菭、笋等7种渍菜，其中大多是用盐及醋浸渍的，也有部分是自然发酵的乳酸制品。因为醋酸发酵和乳酸发酵都与酸味有密切关系，因此也一并由“醯人”掌管。通过“醯人”的官制和管辖权限可以知道，醋及与醋相关的食品在王室日常饮食生活中有着相当重要的地位。当时规定“醯人”包含“奄”2人、“女醯”20人、“奚”40人，其规模仅次于酒及酱。

《礼记・间传》中也记有“大功之丧，不食醯酱”，即古人在服大功丧事之时，是不能吃醋酱及相关食品的。

有关“酢”的出现，《诗经・大雅・行苇》中写到“或献或酢”。《诗经・小雅・瓠叶》曾记载“酌言酢之”。《礼记・郊特性》有“大飨，君三重席而酢焉”的句子。郑玄笺：“进酒于客曰献，客答之曰酢”。这里“酢”的意思表示酬谢之情。而汉代《释名・释饮食》中指出“苦酒，淳毒甚者，酢（且）苦也”。北魏贾思勰《齐民要术・作酢法》中则直接点明：“酢，今醋也。”

关于醯、酢、醋的关系，也有丰富的文献资料。唐颜师古注释说“醯，酢也，一物二名也”。唐孔颖达疏《春秋左传正义》注释说“醯，酢也”，道出了醯的实质。宋王应麟引五代徐锴的话说：“酢，今人以为醋字。”宋邢呙《论语注疏》说：“醯，醋也。”另外，在《吴地志》中有“东里之醯”的故事：“弘君举食檄云大市覆呙之蒜，东里独妪之醯。”这些记载中的“醯”都指的是醋。由此看来，古至隋唐，一脉相承，醯一直是醋的古称。

庄颁《物原类考》曾考证道：“酱成于盐，周时已有醋，一名苦酒，周时称醯，汉始称醋。”明罗颀《物原》中“食原第七”记载有“殷果作醋，周公作酱芥辣”。这一考证要较《物原类考》还早些。这里所说的“醋”、“苦酒”、“醯”都是指食醋。

宋史绳祖《学斋占笔》中有“九经中无醋字，只有醯，至汉方有醋字”，意思可能是说在“四书”、“五经”中醋为醯，并不称醋。

在马王堆三号汉墓中发现的帛书《五十二病方》中，有 11 个处方将醯作为一种成分。这显然说明，在汉代早期，醯已经明确用作调味料及药物载体了。

从这些记载不难看出，到战国时代食醋已较普遍，成为帝王贵族的日常生活及丧礼不可缺少的东西。食醋起源于周朝，是令人信服的。在先秦时期，醯曾代表一切酸味的食品，酢则代表酸味的调料。汉代以后，“醯”字逐渐很少被使用，而原先表示“客谢主人”的“醋”字与“酢”字互易，“醋”逐成为酸味调料的专用名词。

“苦酒”这一名词在汉代之后的古籍中出现的频率很高。汉代刘熙《译名》书中“释饮食部”解释“苦酒，淳毒甚者，酢（且）苦也”。后梁陶弘景《名医别录》中写道：“以有苦味，俗呼为苦酒。”《齐民要术》一书中常引用著者已佚的《食经》中的内容。《食经》中对醋的称呼全部使用“苦酒”一词，如“大豆千岁苦酒法”、“作小豆千岁苦酒法”、“作小麦苦酒法”、“水苦酒法”、“卒成苦酒法”、“乌梅苦酒法”、“蜜苦酒法”、“外国苦酒法”等 8 种。

《急就篇》中云：“酸碱酢淡辨浊清。”另外，《四民月令》中有“五月五日可作酢”的记载。《说文解字》释“酸”曰：“酸，酢也。”北魏贾思勰《齐民要术》中全部用了“酢”字，而“醋”字在《齐民要术》中常作形容词“酸”字使用，但贾思勰在作酢法一章中自注“酢，今醋也”。可见在北魏时期，“醋”字的意思已与当今相似。《隋书・酷吏传》中云：“宁饮三升酢，不见崔弘度。”宋陈鼓年《广韵》说：“酢浆也，醋也。”

到了宋代，“醋”字不但被广泛采用，而且得到很大发展，成为人们饮食生活中不可缺少之物。宋吴自牧《梦粱录・十六》中说：“盖人家每日不可阙者，柴米油盐酱醋茶”。醋已成为开门七件事之一。元明清诸代，醋的品种日益增多。李时珍《本草纲目》中记载的就有“米醋、麦醋、曲醋、糠醋、糟醋、饧醋、桃醋、葡萄醋、大枣醋、糯米醋、粟米醋等数十种”。

总之，中国食醋历史源远流长，在食品发展史中占据重要的地位，图 2-1 是民间流传的尝醋图，品尝者是代表中国儒释道的三位智者。

图 2-1　尝醋图

二、古代食醋酿造技术

中国是最早认识食醋、应用食醋和掌握食醋酿造技术的国家。表 2-1 简述了中国古代及近代对食醋认识和发展的一些重要事件。

表 2-1　中国食醋发展大事要略（张平真，2001）

时间	事记
公元前 1600 年—前 1046 年：殷商时期	发明食醋酿制技术
公元前 1046 年—前 771 年：西周时期	发明肉酱酿制技术
公元前 770 年—前 221 年：春秋战国时期	发明豆酱酿制技术
公元前 221 年—前 8 年：秦汉时期	在经济发达的通都大邑，食醋和豆酱等酿造业已具备相当发达的规模。从业人员的富裕程度可以和诸侯国的国君相比拟
公元 25 年—220 年：东汉时期	出现“豆酱”、“清酱”和“醋”等称谓

续表

时间	事记
公元 220 年—280 年：三国时期	推行"官贩苦酒"的食醋专卖制
公元 265 年—317 年：西晋时期	据说中国的酿醋技术开始传入日本
公元 386 年—534 年：北魏时期	在《齐民要术》中详细记载了当时豆酱和食醋的酿制技术。其工艺特点为：制酱时采用部分"黄衣"（酱曲）参与发酵；制醋有 24 种方法，其中有 21 种属于"液态发酵法"，2 种属于"固态发酵法"；出现"酱清"和"豆酱清"等酱油异称的称谓
公元 618 年—907 年：唐朝时期	豆酱和食醋分别被视为"八珍主"和"食总管"；酿造豆酱出现工艺革新，原料全部参与制曲发酵；酿造作坊从属于油行；专门设立负责生产供应酿造调味食品的机构：掌醢署；出现了行商经销酿造调味食品的记载；"醋"成为通用名称
公元 907 年—960 年：五代时期	曾推行食醋专卖制度
公元 960 年—1279 年：	宋朝实行食醋专利制度
宋代（含辽、金时期）	食醋和酱类与柴、米、油、盐一起成为人们日常生活中不可或缺的必备物品；出现"酱油"和"滴醋"等称谓
公元 960 年—1368 年：宋元时期	中国的酱类和食醋等调味食品传入中亚、西亚和东南亚地区；推行食醋专利制
公元 1231 年—1368 年：元太宗至元惠宗时期	推行食醋专利制，曾组建油坊牙行
公元 1368 年—1644 年：明朝时期	流行"若要富，卖酒醋"的谚语；政府对酱酯等调味食品实行征税制度；设立酒醋面局专门为宫廷生产供应酿造调味食品
公元 1644 年—1911 年：清朝时期	酱园、酱坊、醋坊和醋局等酿造厂家多采用前店后坊的方式从事生产经销活动；涌现出诸如北京"六必居"、"桂馨斋"、"天章号"、"王致和"、"大方号"，以及上海"钱万隆"、广州"致美斋"、杭州"景阳观"、保定"槐茂"、济宁"玉堂"、镇江"恒顺"、香港"李锦记"等著名酱园、醋坊；镇江香醋、板浦滴醋、独流醋、山西熏醋、保宁醋等名特产品四远驰名；在清末，北京的油行改组成为油盐粮行商会
公元 1912 年—1949 年：民国时期	各地先后组建现代酿造行业组织；民国初年北京组建油酒醋酱行商会
公元 1930 年	从"黄子"中分离出高活力米曲霉，开创我国纯种培养制曲技术

在先秦的《尚书·说命下》中有"若作酒醴，尔维曲蘖；若作和羹，尔维盐梅"的记载。这是殷商第廿二代王武丁对傅说说的。武丁把傅说从奴隶中选拔出来，让他出任冢宰，邀他鼎力辅佐自己。这一著名的历史事件，据考证推算，大约发生在公元前 13 世纪中期，而造酒要用"曲蘖"，若作醋先作酒，这都是现在的常识。周书《孔氏传》中有"酒醴须曲蘖以成，盐咸梅醋，羹须成醋以和之"的记载。据此，有人认为当时的调味曾用过梅子。当时尚无醋，梅一类的天然果品产量有限，故很难满足人们日常生活的需求。人们可能从酒变酸得到启示，有意识地让部分酒进一步发酵为醋，这可能是早

期的制醋方法之一。现在普遍认为，中国谷物酒、醋的酿造起源是在仰韶文化时期，因为当时酒的制造已普遍，醋是酒的产物，有酒就可能有醋。汉代已有了成熟的制醋技术，东汉崔寔《四民月令》中有“四月四日作酢，五月五日亦可作酢”。

中国古代食醋酿造技术的演变和发展见表 2-2。

表 2-2　中国古代食醋酿造技术的演变和发展（包启安，1999）

时间	文献	原料	方法
周朝	四书五经	曲蘖、盐梅	
	物原	殷果	
西汉	法言	谷物	
	释名	大豆、小豆、水果、小麦、乌梅、蜂蜜、米酒等	
东汉	四民月令	—	
魏	古今事物考	米酒	
北魏	齐民要术	大米、秫米、粟米、大麦、麦麸、酒糟、粟、酒、黍米	24 种酿造方法
唐	四时纂要	大米、饼曲、黄衣	米醋法
		糙米、大麦	暴米醋
		面粉、小麦曲	麦醋、醋泉
宋	韦林广记	小麦、黄衣	麦黄醋法
		麦麸、醋糟、糠	糟醋法
		乌梅、醋	梅醋法
		麸皮、粟米、麦糟	麸醋
		饧稀、白曲	饧糖醋
		无糖蒸饼、醋	千里醋法
		败酒、水	败酒做醋法
元	居家必用事全集	陈米、井水	七醋方
		陈米、黄衣	三黄醋方
		陈米、糯米、小麦、炒麦、粗曲	造小麦醋法
		大麦、白面	大麦醋法
		乌梅、酽醋	千里醋法
		面麸、麸皮、大曲、陈米	麸醋法
		黄酒糟、稻糠	糟醋法
	农桑衣食撮要	大麦、曲	麦醋
		陈秫米、红曲	老米醋
		白面、莲花、糙米	莲花醋
	易牙遗意	粳糯米、白曲、麸皮、茴香	米醋
	宋氏养生部	粳糯米、小麦曲	社醋
		粳糯米、小麦曲、炒熟米	腊醋
		砻谷糠、酒糟	酒糟醋
		大麦、良姜、胡椒、花椒、水、辣蓼草	长生醋
		鲜枣、酒药、薄酒	枣子醋

续表

时间	文献	原料	方法
明	本草纲目	仓米、糯米、小麦大曲、水	米醋、糯米醋
		小麦	麦醋
		饧、白曲末	饧醋
			曲醋、糠醋、糟醋，桃醋、葡萄醋、大枣醋、粟醋
清	饮食辩	粽子、白曲、红曲、艾叶、红糖、内烧酒	极酸醋法
		锅巴	焦饭做醋法
	醒园录	赤米、酒曲、酒	米醋
		粽子、白曲、生艾心、红曲、井水、乌糖、烧酒	极酸醋法
		乌梅、酽醋	千里醋法
	食宪鸿秘	大米、炒米、焦饭、酒曲、火炭	神醋
			神仙醋
			黄米醋
			大麦醋
	养小录	黄米	七七醋
		腊月黄米、陈醋曲末	懒醋

三、《齐民要术》中的酿醋技术

中国古代关于食醋酿造和使用的著作颇多，但几乎都没有记载这些过程的细节。直到公元544年北魏贾思勰所著的《齐民要术》（以下简称《要术》）才有了酿醋具体方法的记载。《要术》将“作酢法”独立成章，将做醋专门列为一卷，表明酿醋与酿酒已经分开，酿醋已经衍化成为一个行业，并从原料处理、生产日期、工艺流程及生产周期等方面系统总结了当时生产食醋的技术方法，充分体现了当时食醋酿造的多样性、先进性和创新性，这不仅反映了中国古代科技的发展，也展现出了人类文明的进步。

（一）24种制醋法

《要术》中一共介绍了24种制醋法（表2-3），前15种大多是北方地区，主要是黄河中下游地区的制醋法；后8种是引自《食经》的制苦酒法，可能是当时南方地区的部分制醋法，每一种方法都各有特点（第24种“桃醋法”不是在“作酢法”章节描述）。时至今日，从现代食醋发酵的理论和技术角度评价，其中的许多方法都是很科学的，在生产实践中仍在应用这些技术。

（二）《齐民要术》对食醋酿造的科技贡献

1. 已熟练应用和制造曲（糖化剂）

在《要术》中有24种食醋酿造法，在“作酢法”章节中有23种，在“种桃柰”中

表 2-3　《要术》中介绍的 24 种“作酢法”概要

序号	名称	生产时间	配料	曲	操作要点	生产周期	发酵类型
1	作大酢法	七月七日	粟米饭三斗、水三斗	麦䴷一斗	熟饭摊令冷，先下麦䴷，次下水，次下饭，直置勿搅之，绵幕瓮口	三七日	液态法
2	又法	七月七日	粟米熟饭三斗、水三斗	麦䴷一斗	水及黄衣，当日顿下之，其饭分为三分，七月初作时下一分，又三七日，更炊一分，投之，又三日，复投一分		液态法
3	又法	七月七日	水九升、粟饭九升	麦䴷升	一时顿下，亦向满为限，绵幕瓮口	三七日熟	液态法
4	秫米神酢法	七月七日	水一石、秫米三斗（无秫者黏黍米亦中用）	麦䴷一斗	先量水，浸麦䴷讫，然后净淘米，炊为再馏摊冷，细擘麴破，勿令有块子，一顿下釀，更不重投，又以手就瓮里，痛搅，令和如粥乃止	一月日极熟	液态法
5	粟米麴作酢法	七月、三月、八月、四月	粟米饭一石，井华水一石	笨麴末一斗	明旦作酢，今夜炊饭，薄摊使冷，日未出前，汲井花水斗量入瓮中，慎勿挠搅，亦勿移动	三七日熟	液态法
6	秫米酢法	五月五日	醋浆，米一石（粳、秫米为第一，黍米亦佳）	麴末一斗	收粟米饭醋浆以拟和酿，不用水也，麴多则醋不美。米唯再馏。下，掸去热气，令如人体，于盆中和之，擘破饭块，以麴拌之	接取清，别瓮贮之，得停数年	液态法
7	大麦酢法	七月七日或十五日	水三石，大麦细造一石，粟米五升	小麦䴷一石	簸讫，炊作再馏饭，掸令小暖如人体，下酿，以杷搅之，绵幕瓮口，六七日，净淘粟米五升，亦掸如人体投之，杷搅绵幕。三四日，若苦者，更炊二三升粟米投之	三七日好，熟	液态法
8	烧饼作酢法	七月七日	水三斗，数升面	麦䴷一斗	初作日，软溲数升面，作烧饼，待冷下之，经宿看饼消尽，更作烧饼投，凡四五度投	味美沸定，便止。	液态法
9	迴酒酢法	春夏秋冬	米酒醅五石、粟米饭两石、井花水一石	麦䴷一斗，麴末一斗	粟米饭掸冷如人体投之，杷搅，绵幕瓮口，每日再度搅之	春夏七日熟，秋冬稍迟	液态法
10	动酒酢法		酒一斗，水三斗	麦䴷一斗	酒、水合，瓮盛，置日中曝之，雨则盆盖之。七日后，当臭，衣生，停置勿移动，挠搅之	数十日醋成衣沉	液态法
11	又方		酒两石，粟米饭六斗		小暖投之，杷搅，绵幕瓮口	二七日熟	液态法
12	神酢法	七月七日	熟黄蒸三斛，无黄蒸及麸者，用麦完䴷一石，粟米饭三斛	黄蒸一斛	凡二物，温温暖便和之，水多少，要使相淹渍，三日便压之内大瓮中	满一月，醋成	液态法

续表

序号	名称	生产时间	配料	曲	操作要点	生产周期	发酵类型
13	作糟糠酢法	春夏秋冬	酒糟粟糠中半		先内荆竹于瓮中，然后下糠糟于箄外。均平，以手按之，去瓮口一尺许便止。汲冷水，遶箄外均浇之。候箄中水深浅半糟便止，以盖覆瓮口。每日四五度，以椀挹取箄中汁，浇四畔糟糠上	夏七日，冬二七日。	固态浇淋法
14	酒糟酢法	春季	春酒糟则酽，糟常居多		石磑子，辣谷令破，以水拌而蒸之，熟，便下，撣去热气，与糟相伴，卧醋瓮中	七日后酢熟	固态法
15	作糟酢法		糟以水和，压取清汁两石，粟米饭四斗		春糟水和如未压酒，经三日，压取清汁两石许，粟米饭投之，盆覆密泥	三七日	液态法
16	《食经》作大豆千岁苦酒法		大豆一斗，酒酪灌之，任性多少		大豆，熟汰之，渍令泽。炊，曝极燥		液态法
17	作小豆千岁苦酒法		生小豆五斗，黍米，酒三石	陈酷	生小豆五斗，水沃，著瓮中。黍米作饙，覆豆上，酒三石，灌之，绵幕瓮口	二十日	液态法
18	作小麦苦酒法		小麦三斗，薄酒二石		小麦，炊令熟，著堈中，以布密封其口，七日开以酒沃之，可长久不败也		液态法
19	水苦酒法		麤米二斗，清水一石	女麴二斗	渍之一宿。沸取汁，炊米麴饭，令熟。及热投瓮中。以渍米汁，随瓮边稍稍沃之，勿使麴发饭起	夏月十三日便醋	液态法
20	卒成苦酒法		黍米一斗，水五斗	麴一斤	煮作粥，烧令黄，搥破，著瓮底。著粥其上，密泥	二日便醋	液态法
21	乌梅苦酒法		乌梅肉一升许、苦酒五升		乌梅肉以苦酒渍数日，曝干。捣作屑欲食投水成醋		吸附法
22	蜜苦酒法		蜜一斗，水一石		搅使调和，密盖瓮口，著日中	二十日熟	液态法
23	外国苦酒法		蜜一升，水三合		蜜水封著器中。如与少胡荽子著中不生虫，正月旦作，九月九日熟		液态法
24	桃酢法		桃烂自零者		收取，内之于瓮中，以物盖口，七日之后，去皮核，密封闭之	三七日	液态法

记载有桃酢法 1 种。用麦䴷（黄衣）、笨曲或黄蒸的有 15 种以上，其中有 8 种采用麦䴷，即 3 种大酢法、秫米神酢法、大麦酢法、烧饼作酢法、迴酒酢法和动酒酢法的第二种做法（其中迴酒酢法是以同时加入麦䴷和含乙醇物质的酒醅为原料的）；1 种采用笨曲，即粟米、曲作酢法；3 种以酒糟为原料，即作糟糠酢法、酒糟酢法和作糟酢法；1 种采明黄蒸的神酢法；也有加入酸浆的秫米酢法；较特殊的是直接采用酸败变质的春酒做醋的动酒酢法。麦䴷、笨曲或黄蒸，从现代知识认为，就是食醋酿造的糖化剂和发酵剂；《要术》中所说的笨曲、神曲是以根霉为主的曲子；而麦䴷（黄衣）或《食经》所说的女曲，就是以米曲霉为主的曲。“衣”是古人对微生物繁殖后的菌体的总称，因曲霉孢子为黄色或黄绿色而命名为黄衣的。从现代微生物学讲应是以米曲霉为主的曲子。

包启安分析认为，麦䴷与笨曲虽都以小麦为原料制作，但由于工艺不同，所繁殖的主要微生物亦各异。麦䴷是散曲，处于好气培养条件，当以米曲霉为主；而笨曲是饼状或砖曲，处于厌氧培养条件，当以根霉、毛霉等霉菌为主。

《要术》对曲的制作进行了详细描述，卷八“黄衣、黄蒸及蘖第六十八”一章中有较详细的记述：“六月中，取小麦，净淘讫，于瓮中以水浸之，令醋。漉出，熟蒸之。槌箔上敷席，置麦于上，摊令厚二寸许，预前一日刈茿叶薄覆。无茿叶者，刈胡枲，择去杂草，无令有水露气；候麦冷，以胡枲覆之。七日，看黄衣色足，便出曝之，令干。去胡枲而已，慎勿扬簸。齐人喜当风扬去黄衣，此大谬：凡有所造作用麦䴷者，皆仰其衣为势，今反扬去之，作物必不善矣。”此段文字很好的叙述了制曲时的时间、方法和注意事项，这已基本接近现代制曲技术。

《要术》中使用大型砖状的笨曲酿醋。这种曲因是压成砖状，同时有一部分是生料，根霉能很快滋长，所以神曲、笨曲、自醪曲等都是以根霉为主的曲子。

由此可见，我国早在北魏时期，劳动人民已充分认识到食醋酿造曲的重要性，并完全掌握了曲的制造和使用。

2. 丰富的酿醋原料

从《要术》中可以看出，酿醋原料丰富多彩，有粟米（即谷子，去皮后成小米）、秫米（即糯米）、黍米（即黄米）、大麦、面粉、烧饼、酒糟、酒、麸皮、酒糟、粟糠、大豆、小豆、小麦和粗米等，还有高糖原料蜂蜜。这些原料主要是谷物原料，大多流行于北方地区，主要是黄河中下游地区的制醋法的原料。另外还有引自《食经》的 8 种制苦酒法。从《要术》中可知，早在北魏时期，中国人在原料的使用方面已经非常丰富，有单独使用的，也有混合使用的，在主要以谷物为原料的同时，还用桃、乌梅等水果制醋。值得一提的是，现代人已基本不用豆类为原料制醋，《要术》中记载的“小豆千岁苦酒法、大豆千岁苦酒法”中的大、小豆无法确认是否为现代的大、小豆。将麸皮、糖化剂和其他原料混合做醋，这与现代完全相同。由于原料的来源不同，处理方法也不尽相同，如用酒（白酒）制醋只需加水、装坛、密封即可，说明已认识到酒制醋毋需糖化和乙醇发酵，凡是风味较差的、发酸的酒均可酿醋；用蜂蜜制醋要稀释，且不需糖化剂，说明已认识到制醋时需要一定的原料浓度。大麦制醋不用脱皮，用大颗粒的，米也不用太细，说明已注意到原料的粉碎度对制醋的影响。

3. 快速的制醋工艺

《要术》中详细记载的24种制醋方法，有21种为液态法，1种为固态浇淋法，1种为纯固态法，1种用乌梅固定醋酸法。一般在制醋工艺中，液态法较固态法工艺简单，易于操作。在液态法中，有一次投料的，也有分次投料的。《要术》中大部分制醋方法对原料的加水量要求严格，什么原料、加多少水、如何加入都进行了详细描述。例如，“大麦酢法”：七月七日作。若七日不得作者，必须收藏七日水，十五日作。除此两日则不成。于屋里近户里边置瓮。大率䴷一石，水三石，大麦细造一石——不用作米则利严，是以用造。簸讫，净淘、炊作可馏饭。掸令小暖如人体，下酿，以杷搅之，绵幕瓮口。三日便发。发时数搅，不搅则生白醭，生白醭则不好。以棘子彻底搅之：恐有人发落中，则坏醋。凡醋悉尔，亦去发则还好。六七日、净淘粟米五升，米亦不用过细，炊作再馏饭，亦掸如人体投之，杷搅，绵幕。三四日，看米消，搅而尝之，味甜美则罢；若苦者，更炊二三升粟米投之，以意斟量。二七日可食，三七日好熟。香美淳严，一盏醋，和水一碗，乃可食之。八月中，接取清，别瓮贮之，盆合，泥头，得停数年。未熟时，二日三日，须以冷水浇瓮外，引去热气，勿令生水瓮中。若用黍、林米投弥佳，白、苍粟米亦得”。这些说明古人已认识到醪液的稀稠会影响发酵的速度，即原料浓度是制醋的关键因素；在发酵过程中有需要搅拌发酵醪的，有静置生膜的；不同的液态法原料处理方法，发酵工艺不尽相同。这些方法已非常接近现代传统的表面静态发酵法。相反，纯固态制醋方法简单，为什么在北魏时代却以液态法制醋为主？主要的因素可能是：①液态法制醋工艺简单，容易操作；②这与当时制醋工具有关系，使用的瓮、坛等发酵容器都是陶瓷的，透气，有利于醋酸菌的生长，陶制容器都有透气性，微弱的透气可满足液态醋酸发酵的醋酸菌呼吸，缓慢氧化发酵液为醋液。瓮小口易密封，醋液不易污染；③说明当时的人们还不知道制醋时需要空气。尽管在“秫米神酢法”和“秫米酢法”中都有搅拌醋醪的要求，已认识到搅动可加快发酵，但不知搅动可通氧的机理。

4. 成熟的酿醋技术

1）温度的控制

食醋酿造中，温度是影响发酵的关键因素。《要术》提到的制醋方法中有关发酵温度的控制主要有以下方面。

酿醋时间：《要术》制醋方法中有周年可生产的“迴酒酢法”、“作糟糠酢法”等，特别在《要术》“作酢法”的最后，贾思勰特意引出“崔寔曰：四月四日可作酢，五月五日亦可作酢”。一般用酒或酒糟为原料一年四季均可生产醋；有夏天生产的，如“秫米酢法”，五月五日（阴历）作，七月七日熟。但做醋时间最适宜的是七月初，仅《要术》酿醋时间的描述中，在“七月七日”制作的就有8处之多。笔者认为，阴历七月初，天气转凉，一则气温恰好是醋酸菌及其他发酵菌生长的适宜温度，这在当时无疑是最经济的温度控制方法；二则食醋发酵时间约两个多月，随着发酵时间的延长，气温下降，成熟的醋醅因低温不会腐败变质。故选择七月制醋是古代劳动人民巧妙利用自然的结果，是最佳制醋时间。

控制品温：《要术》中食醋发酵温度的要求是“令如人体”。在当时无测温度的设备时，这种测定方法已很科学，人体体温已与食醋的发酵温度 30℃很接近。原料蒸熟后要凉冷后再落瓮，做到“温饭落瓮下酿”；在“烧饼作酢法”特别说明了将烧饼放凉后才能做醋。关于发酵温度的控制措施：在发酵温度过低时，采用“棉幕瓮口”压实料醅，用穰包裹发酵容器、用热水淋瓮外壁，或将瓮转移至室内；在发酵温度过高时，多采用搅拌或用冷水浇淋瓮外壁。

2）发酵浓度控制

发酵过程中物料浓度决定于发酵速度和产品品质。现代食醋发酵技术中，物料的浓度由发酵菌种的特性、最终产品要求的酸度和发酵条件等诸多因素决定。料液浓度过低，生产的产品不符合标准，过高会抑制发酵菌种的生长，导致发酵缓慢或停止发酵，也是不经济的。在《要术》中主要通过分批投料法和加水量进行发酵浓度的有效控制。“作酢法”中用数据精确表示技术要求的是做醋时间和物料的配比，而物料的搭配比例尤为准确，几乎每一种制醋方法都对使用多少料、投放多长时间和加多少水作了详细叙述，这些科学数据都不是计算出的，而是在实践中不断摸索总结的，在当时应是非常先进的。时至今日，这些数据都对制醋有重要的指导意义，也从这些数据中彰显出了中国的古代文明和科学的进步。

3）卫生质量的保障

（1）不要在潮湿的地方做醋。《要术》“作酢法”开头就指出“凡醋瓮下，皆须安砖石，以离湿润”，醋瓮要放在高处，离开潮湿。潮湿易滋生霉菌，使醋醅败坏。

（2）用料应洁净。《要术》中已认识到制醋的水一定要干净，多种方法中使用的水是井水，井水比地面水肯定干净。

（3）发酵容器口盖严、密封。不但采用“棉幕瓮口”，做好的醋久储时用泥封口，下雨天瓮口加盖，而且在发酵全过程勿令生水进入瓮内。棉布和泥巴都具有很好的透气性，且能阻隔蝇虫蛆卵、尘土的进入，时至今日，中国、日本和欧洲各国仍采用这种密封法陈酿食醋。不让生水进入醋瓮中是有道理的。生水不干净，同时会稀释醋液使酸度下降，致使醋败坏。

（4）制醋时装满发酵容器。在《要术》中多处讲到“随瓮大小，以向满为限”。从现代酿醋技术看，发酵醪液或醋醅装满发酵容器无疑是在醋酸发酵初期防止发酵物料败坏的很好方法，也是醋在储藏成酿中防止醋液变质、长醭的极好方法。醋瓮装满物料，发酵醅（液）中溶解氧减少，一些需氧量较大的霉菌和细菌被抑制，物料不易发霉变热。醋酸菌利用瓮的透气性，将发酵液缓慢变为醋液。

（5）制醋人应讲究卫生。虽然《要术》中有“怀孕的妇人会使醋变坏”的不正确的看法，但已注意到制醋人的卫生不好是做不成醋的一个因素，要求将蒸熟的料直接倾入发酵容器中，不要用手拨饭。做醋时不能将头发落入醋液中：“恐有人髮落者，则坏醋。凡醋悉尔，亦去髮则还好”。

5. 醋衣和醭的认识

“醋衣”即醋酸菌膜。用以酿醋的醋酸菌大部分会产生纤维素，纤维素交织成膜。

食醋液态发酵时，尤其是静置发酵，会产生许多膜，在醋液表面漂浮。在《要术》“作酢法”的“动酒酢法”中，“七日后，当臭，衣生，勿得怪也。但停置勿移动，挠搅之。数十日，醋成衣沈，反更香美。日久弥佳”。这段话精彩地描述了用酒如何做醋、如何陈酿醋，与现代表面静态发酵法生产醋技术相差无几。从酿醋机理看，我国在北魏时代已认识到醋衣在醋酸发酵中是正常现象，对做醋有利，微弱的搅动还有助于醋衣的生成。更可贵的是认识到了醋衣下沉标志着醋的成熟，因为食醋发酵时醋液酸度达到一定值后，醋酸菌停止发酵，不产生 CO_2，醋衣的浮力降低下沉，此时食醋已成熟。“醭”也是食醋酿造时在醋液表面产生的一种菌膜。现代发酵学认为，当醋酸含量和乙醇含量总和较低时，醋液被杂菌污染，在醋液表面就会产生“醭”，膜醭酵母菌是产“醭”的主要微生物。虽然“醋衣”和“醭”都是醋液表面发生的微生物现象，但《要术》中有“……不搅则生白醭；生白醭则不好……”，“经二三日，瓮热，必须以冷水浇之；不爾酢壞，其上有白醭浮，接去之”，说明已很清楚地认识到“醋衣”和“醭”区别，认为“醋衣”的产生对酿醋有利，“醭”的产生对酿醋不利，应除去。有关“醋衣”的认识，包启安给予极高的赞誉，认为贾思勰是第一个提出“醋衣”为生物概念的人，比欧洲关于醋酸菌是生物还是非生物的争论早 1300 年。

四、中国古代对食醋功能和药理的认识

中国古代人民在孜孜不倦追求美味醋酿造方法的同时，还不断从药性、归经和药理等方面挖掘食醋的功能。自古以来醋就是重要的药食同源调味品，虽然一些文献记载的内容尚未得到科学依据，有些内容现在认为是错误的，但食醋在疾病的预防和治疗方面至今仍发挥重要的作用。表 2-4 摘要了中国古代文献中有关食醋功能和药理作用的记载。

表 2-4　中国古代文献记载的食醋医药作用

时间	文献	医药功能
汉	五十二病方（1973 年湖南马王堆汉墓出土的帛书）	治灼伤、疝、疽、癣、疯狗咬伤等 11 种病的 17 则处方
	伤寒杂病论	苦酒汤治咽中生疮，黄芪芍药桂枝苦酒汤治黄汗等
晋	肘后备急方·卷五	手脚心风毒肿：生椒末、盐末等分，以醋和附，立差
		染发须白令黑方：醋浆煮豆漆之，黑如漆色
梁	本草经集注	米醋，多食损人肌脏。醋酒为用，无所不入，愈久愈好
	备急千金要方·卷第二十二	治一切疔肿
	备急千金要方·卷第二十六食治	味酸、温、涩、无毒消痈肿，散水气，杀邪毒，破血运。扁鹊云：多食醋，损人骨。能理诸药，消毒
唐	食疗本草	多食损人胃。消诸毒气，煞邪毒。能治妇人产后血气晕；又，人口有疮，以黄蘗皮醋渍，含之即愈；又，大黄涂肿，米醋飞丹用之
	本草拾遗·卷第十	破血运，除癥块坚积，消食，杀恶毒，破结气，心中酸水痰饮。多食损筋骨

续表

时间	文献	医药功能
宋	山家清供	韭菜嫩者，用姜丝、酱油、滴醋拌食，能利小水，治淋闭
元	饮食须知·卷五	味酸甘苦，性微温。解鱼、肉、瓜，菜毒。米醋乃良。多食损筋骨，伤胃气，不益男子，损齿减颜，能发毒。不可同诸药食
	饮膳正要·卷三	味酸、温、无毒。消痈肿，散水气，杀邪毒，破血运，除症块，监积。醋有数种，酒醋、桃醋、麦醋、葡萄醋、枣醋、米醋为上，入药用
明	本草纲目·谷部第二十五卷	米醋：酸、苦、湿、无毒。消痈肿，散水气，杀邪毒，理诸药，消毒
	食物本草	味酸、苦，温，无毒。主消痈肿，散水气，杀邪毒，理诸药。治产后血晕，除症块坚积，消食，杀恶毒，破结气、心中酸水痰饮。下气除烦，止金疮出血，昏晕，杀一切鱼肉菜毒
清	调疾饮食辩	入药宜米醋，陈者良。性能开胃进食，杀一切鱼、肉、菌、菜毒，添滋味。且醋味虽酸，却能通窍
	随息居饮食谱	酸温，开胃，养肝，强筋，暖骨，醒酒，消食，下气，辟邪，解鱼蟹鳞介诸毒。陈久而味厚气香者良。性主收敛，风寒咳嗽，外感疟痢，初病皆忌

第二节　日本食醋酿造的历史与文化

日本食醋现在称“食酢”，米醋为米酢，“酢”是中国醋的古称，平安时代（公元749—1192）的古籍中称之“苦酒”，这都表明了日本食醋酿造文化深受中国的影响。据说日本食醋的生产与酒的酿造同时始自应神天皇，于公元369—404年从中国引进，最早生产醋的记录是在大阪府和泉，故称“和泉酢”酿造法。日本南九州接近中国，文政年间（约公元180年前），来自中国的遇难船漂流至萨摩半岛西岸，慢慢的这一带的农民学会了制醋技术，至今这些地方家中还有两三口酿造米醋的发酵瓮。福山在江户时代是萨摩、大隅、日向的交通要地，作为稻谷集散地，非常繁荣，盛行米醋生产，经过镰仓时代、南北朝、室町、桃山等时期，福山逐渐成为日本醋的主要产地。

大化改新（公元645年）之后，醋成为日本人日常生活的必需品，大宝律令中，规定了设“造酒司一人，掌管酒、甜酒、酢的酿造”；在宴会上配备盐、酢、酒、酱“四种器”。平安时代《延喜式》记有米醋的生产方法，这时有用酒酿成的酒醋，以及梅醋、菖蒲醋、果醋、万年醋等。室町时代（公元1392—1573年）已经出现与其他调味料混合的醋酱、山葵醋、辣醋等“合醋”。在实际饮食生活中，开发并不断丰富了生鱼片、鲜菜加醋的“鱼会”，以及称为“寿司（すし）”的醋鱼饭。

14～15世纪，欧洲食醋生产逐步实现工厂化；17世纪中叶（日本江户时代），日本出现了食醋生产的行业，可是直到明治维新之前，日本食醋制造业还只停留在家庭作坊式的规模。日本的食醋最早是用清酒作为原料生产的米醋，到了江户时代，出现使用酒糟为原料生产醋的工艺。当时机械化程度很低，基本上是手工操作。到了明治后期，食醋制造业逐步引进了锅炉、水压和油压的压榨机。到了大正时代、昭和时代，食醋制造业的机械化程度以及食醋容器都有了相当大的改进，同时开始了速酿法的研究。日本酒精醋始自大正初期，第二次世界大战期间由于粮食紧张，酒精醋及合成醋才得到发展。

随着日本生活的欧洲化，果醋和麦芽醋也占了一部分的生产比例。1955 年以后，开始引入深层发酵，并出现了自动通风制曲装置、热交换器、硅藻土过滤机等设备。在这一时期，日本食醋行业除了生产传统的米醋、酒糟醋以外，开始生产苹果醋、麦芽醋、葡萄醋等。1980 年起，日本开始执行日本农林省标准（JAS），随之米醋、苹果醋等高档醋需求量剧增，以鹿儿岛地方醋——“黑醋”为代表的保健醋大量出现。日本近代食醋酿造技术发展如图 2-2 所示。

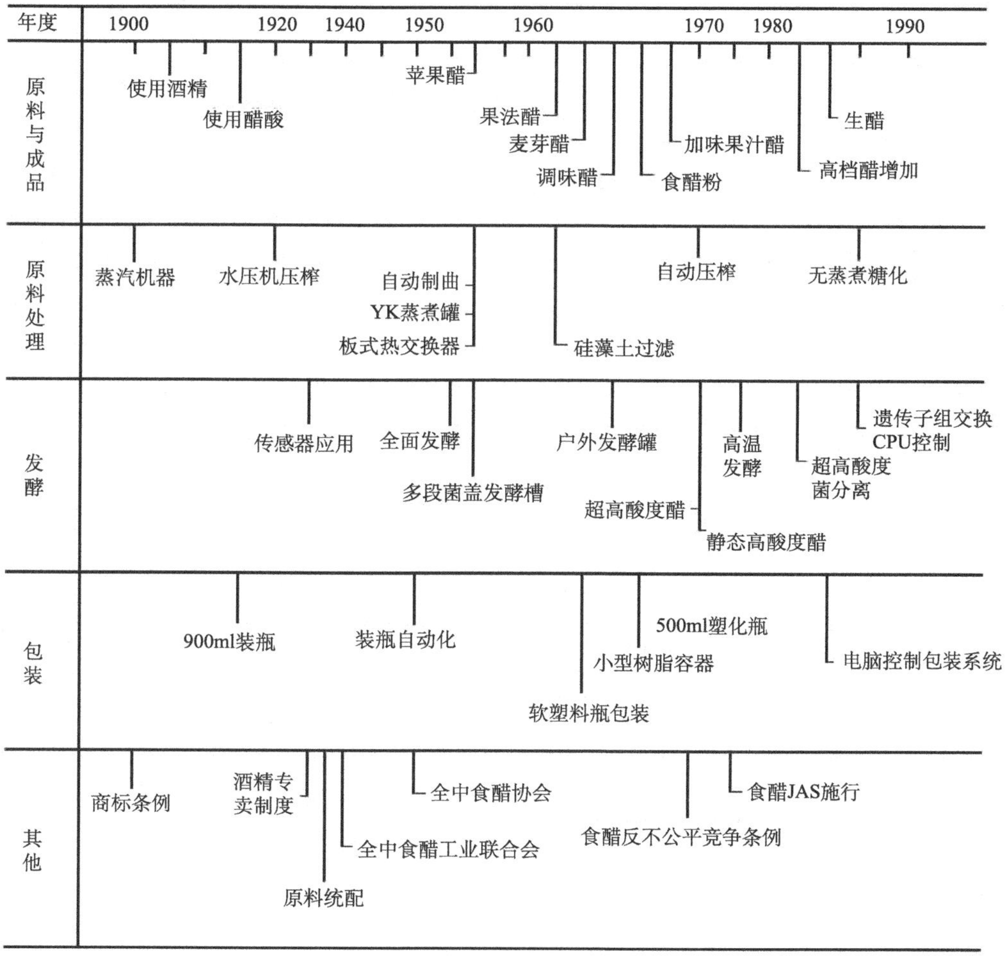

图 2-2　日本食醋酿造技术的进步

第三节　西方国家食醋酿造的历史与文化

一、西方国家对食醋的基本认识

食醋的英语为 vinegar，其语源是法语的 vinaigre、vin（葡萄酒）及 aigre（酸）的复合词，由此可推断，一开始古代西洋葡萄酒自然酸败后形成了醋，这一现象影响了西方人们对食醋的认识。过去使用“发酸啤酒（alegar）”来描述用麦芽制醋也证明了这一点。

早在公元前 5000 年前的巴比伦王国的著作中已有椰枣醋的记载，并用醋和酒来腌渍与保存食物，这可能是有关食醋最古老的记载。1927 年，Huber 对巴比伦时代的酒和醋的制造给予了精确的描述：采用从无花果、杏、葡萄、椰枣中提取的果糖以及蜂蜜在厨房中制作成酒，然后酒与椰枣提取物、特殊石头混合在一起加工成风味水或醋饮料。当时人们还只是把醋当作未发酵完毕的酒的副产物或已败坏的啤酒而已。啤酒、葡萄酒和醋在公元前 4000—前 3000 年就已有制作，但大量生产时间却在公元前 3000—前 2000 年。为了制造更高的含酒量，巴比伦人和叙利亚人将大麦与椰枣混合发酵。大约在公元前 1000 年，巴比伦人用葡萄干酿酒和醋已非常普遍。与此同时，巴比伦的啤酒生产者利用造酒的副产品开始了商业食醋的生产，其生产方法与犹太人利用啤酒生产食醋的方法相同，该方法可能是由巴比伦人中口传而来。根据其记载的方法，是将谷物芽粗碎，制成硬面包，再进行粗碎，加水或啤酒进行发酵而制备的食醋。巴比伦人用香辛料、食醋、腌渍蔬菜制成各种各样的酸渍菜，大大丰富了餐桌。在当时，上流家庭都有自制食醋的条件。

在巴比伦时期，人们将添加了龙蒿、薰衣草、薄荷、旱芹、刺山柑和藏红花等草药的食醋作为厨房使用的调味品，并与盐、辣椒、植物精油混合作为色拉的调味料，或作为辅料与扁豆、豌豆、磨碎的麦片混合使用。同时，巴比伦人在炎热的天气中使用醋腌渍鱼、肉、蔬菜（棕榈根、茴香、龙蒿、茴芹）和水果（西瓜、黄瓜、苹果、杏和桃）。当时葡萄酒只有在家里过节时配以肉来饮用，而醋则是贫困的乡下农夫、士兵以及旅行者中的绝佳饮料。

考古学家在公元前 3000 年的古代埃及罐中发现了醋残留物。在托勒密王朝时期（公元前 367—前 283），古埃及人已发现了葡萄酒暴露于空气中会变酸的现象，认为葡萄酒若想存放时间长一点，就不要打开，如图 2-3 所示。

美索不达米亚（Mesopotamia）是食醋起源的另一个重要中心，这里有文字记载啤酒是闪族人常用的饮料。在发明浑酒之后，北美索不达米亚人已很好地知道了葡萄酒的酿造及食用。

在安纳托利亚（Anatolia），传说特洛伊的海伦用醋或加水的醋洗澡来放松。这些都说明了在公元前 1200 年末期的古代美索不达米亚文化中，醋已经非常普遍并被广泛使用。

《旧约圣经》中有不少关于食醋的记载。公元前 1250 年期间的书中曾记载了当时修道士禁酒，也不允许饮葡萄醋、酒醋的记录。描述公元前 1000—前 950 年时期的《诗

图 2-3　古代葡萄酒和醋的酿造

编》69 号 22 节叙述道："彼得给我们苦草作食物，渴了喝醋"。同时代的苏罗蒙作品《箴言之书》中记道"伤处敷以醋"。

在《新约圣经》中约有 4 个地方记载着食醋，如 19 章 28～30 节中提到："耶稣遇难时被钉在十字架上，说口渴，有人用海索草的杆子绑上海绵，从醋罐中吸满葡萄醋，送至耶稣的嘴边。"

罗马时代，食醋的使用方法更加繁多，丰富了饮食生活。根据罗马公元前 234—前 149 年的记载，"工人、奴隶的葡萄酒（Posca）是用 12 份葡萄榨汁加 2 份食醋及 50 份煮沸水，混合发酵而成。"可以看出当时已知食醋具有防止杂菌繁殖的作用。克鲁梅拉（Columbella，公元前 4 年—公元 65 年）制造葡萄醋时，采用加醋引子、干无花果、蜜于葡萄酒中来提高酒精度，用种醋进行稀释的方法，当时已完整地使用了现代制醋所用的酒精、酵母、糖、醋酸菌。

古希腊历史学家色诺芬的《远征记》写于公元前 400 年左右，里面有关于波斯人用棕榈汁制造酒和醋的记载。

罗马人用铅罐煮制酸葡萄酒，制成很甜的糖浆，称为 Sapa，今日的意大利词汇 Sapa 或 Saba 仍代表大罐的浓缩葡萄汁或相似产品。因为葡萄汁的酸可溶解铅，使其葡萄酒或饮料带有甜味，而现在知道铅有剧毒性。事实上，在欧洲的炼金术士的前科学研究中，许多研究都与醋有关，他们知道醋和蒸馏醋类似物质有溶解或助溶金属的作用，于是将醋洒在铅上，从而发现了罗马的铅糖，铅糖加到一些饮料中，会使其口感变得圆润爽滑，特别是在苹果酒中。但以后由于铅的毒性，这种铅糖随着历史的前进逐渐消失了。

在公元前 219 年，汉尼拔带领军队冒险穿过西欧，越过阿尔卑斯山侵略意大利。据传说，他为了打通道路，将挡路的大石头周围堆上柴火，石头加热，再用醋浸湿石头，石头腐蚀变软，最后成为碎块。

在公元前 8 世纪，居住在意大利南部的希腊人开始制造葡萄酒并销售。罗马人从希腊学会了酿酒和醋，富裕的人认为烹饪是一门艺术，偏好于甜酸（蜂蜜和醋）的复合味，这一点有点像中国某些地方。

公元 230 年左右，罗马有一本内容丰富的烹调书，书中记载的食物加工配方中，有 150 个配方要使用醋，这证明了在古罗马时代醋的使用已很普遍。从凯撒的书 *De Bello Gallica*（大约在公元前 58 年—前 50 年问世）中可知，战争时期，罗马士兵常将醋和水混合，作为提神饮料使用，醋混到水中对水有消毒作用，这样可避免单独用水的不安全性。

古罗马的老普林尼（公元 23 年—79 年）叙述了一个与醋相关的轶事：埃及皇后克利奥帕特拉为马克·安东尼举办了一场豪华的宴会，为了显示她的富裕，将珍珠放到醋中，使其溶解于醋中。

公元 842—846 年，德国书籍中提到醋是从酒或兑水的酒中来的；将水加到酒中，酒会变酸，或出现酸味。从迷信角度讲，醋代表纯洁心灵的堕落，因此，在圣歌中说：“在我饥渴时，他们给了我醋饮用。”

食醋被斯堪的纳维亚及北欧其他地区的人广泛用于腌菜、保藏肉和其他食品。生产醋的原料主要是品质较差的蜂蜜，很少用败坏的葡萄酒。在挪威的许多食谱中都要用到醋。

在意大利的医学著作 *Tacuinum Sanitatis Casanatense* 中有一幅画，画中一位女士爬上梯子从房顶上的桶中取出醋，盛放于大口水罐中（图 2-4）。从这幅画中可以看出人们的习惯是把醋放于高处，如阁楼或房屋的顶处。

醋在伊斯兰世界里一直被认为是绝赞的食品，根据先知穆罕默德的话，醋是很好的滋补品，在 *Kitab Al-Ashriba* 书籍的 28 章中提到了醋作为调味品的优点。醋在穆斯林中总是被允许食用的，即使是用葡萄酒酿造的食醋，要知道葡萄酒在穆斯林中可是被严格禁止的。早在 8 世纪，伊斯兰的炼金术士似乎已熟知醋的特性，比欧洲一些国家更深谙酿醋技术。被称为伊斯兰的“化学之父”的贾比尔［Jābir ibn Hayyān（公元 721—815 年）］对醋进行了深入研究，并从醋中蒸馏出了醋酸。同样，他还从柠檬或另一些不成熟的水果中提取了柠檬酸，从葡萄酒渣中分离了酒石酸。

二、西方国家对食醋功能作用的基本认识

在古希腊，希波克拉底（Hippocrates，公元前 460 年—前 377 年）是第一个研究人类消化系统的人，他认为任何食物对人体都有好的一面和坏的一面。根据这一理论，醋可以作为许多疾病的治疗剂，包括常见的感冒和咳嗽。

在公元前 4 世纪，希腊有用食醋医治呼吸病、疥癣、犬咬伤等病的记载。公元前 1100 年—前 612 年的医书中有用食醋治疗中耳炎、用醋及木灰治疗皮肤病的记载，这些都是依靠食醋的杀菌作用。在古希腊有一个非常有名的以醋为基础的食方，称“斯巴达汤”，是用醋、猪肉、盐和血液制成的黑色汤药。

在罗马时代，醋经水稀释后常用做解酒、消毒、醒脑的饮品。

在欧洲黑死病暴发时，许多人都用醋清洗身体以及日常用具来预防传染病；在 1665 年英格兰的大瘟疫时期，为了防止钱币交换时传染瘟疫，将钱币堆放在大石头上进行消毒，至今在英国这块石头仍然保留，被称为“醋石”。

化学家、物理学家贾比尔在他的书中记述了醋的多种用途：醋是很好的凝固剂，可治愈烧伤和皮肤炎症，减轻因发烧引起的头疼。他还认为醋是一种很好的消化剂和化痰剂。

公元 2 世纪时，人们将蜂蜜和醋作为止咳剂使用，8 世纪开始了蒸馏食醋，这是当时取得醋酸的唯一方法。到 14 世纪时，食醋的使用范围日趋广泛，从当时的烹调书中可以得知，食醋与香辛料、盐同样是鱼和肉烹调中必不可少的调味品。

至于食醋的药效知识，在欧美很早已较普及。例如，在 15 世纪哥伦布航海中，为了防止海员患坏血病，常备了抗坏血病醋。俄国探险家在鲁根舒太隆进行了绕世界一周的探险，即携带了醋渍甘蓝，防止坏血病。美国南北战争时期预防士兵坏血病也使用过食醋。另外，食醋也常用于手裂、虫咬、嗽口、止血、转筋、去热、解毒等方面。1958 年出版的《巴蒙特民间疗法》一书中叙述了蜂蜜与苹果醋的医疗保健作用，如治疗偏头痛、慢性头痛，对肥胖症、高血压、目眩、湿疹、关节炎、不妊娠等都具有相当的效果，受到世人的重视。

三、西方国家食醋生产技术的进步

步入近代文明的欧洲，结合各自的物产原料及生产习惯发展出了不同的食醋品种，如至今仍相当有名的意大利摩德纳（Modena）产葡萄醋已发展成了大工业体系。随着食醋应用领域的不断扩大，食醋的生产从最早的少量严格家庭制作方式逐渐走向大规模

工业化制造，许多制造葡萄酒的酒商转而去制造葡萄醋，以适应市场的需要。法国在17世纪是葡萄醋生产的先进国家，向各国输出大量葡萄醋；英国主要生产麦芽醋，麦芽醋之前是作为啤酒工厂的副业而生产的，1941年才成为独立的麦芽醋工业。食醋的原料由葡萄发展到麦芽、玉米、糖蜜、砂糖，质量都很好。使用食醋的菜谱种类也日渐增加，特别是法国大菜中，醋已成为蔬菜、肉、鱼等菜肴中不可缺少的调味品。以葡萄醋的酸味为基础，陆续生产了辣酱油、番茄调味酱和饮料等新品种。

1. 生产技术的革新

首次商业化生产食醋是用木桶作为发酵罐的，依靠液面上的醋母，将葡萄酒氧化成醋，这种方法称奥尔兰法（Orléanse）。根据官方文件记载，在1394年10月28日成立了Vinaigriers公司，该公司雇用了很多炼金术士和技师来研究醋、芥末等的制造方法，并对其配方严格保密。不久Vinaigriers对醋的生产实施了垄断，后来将这种酿醋方法称为“奥尔兰法”或“慢速生产法”，一直沿用至今。1807年，法国化学家Jean-Antoine Chaptal第一次详细描述了奥尔兰制醋法。

另一种大规模生产的食醋是在1641年英国萨瑟克区（Southwark）成立的第一个用麦芽发酵醋的工厂生产的“Alegar”，即现在的麦芽醋，这就是长久以来英国都是以谷料、大麦为原料生产食醋的原因。醋厂从啤酒副产品行业中分离，这标志着英国食醋酿造业成为有别于啤酒行业的独立行业。与此同时，醋的原料不仅限于麦芽，更扩大至玉米、糖蜜、砂糖等原料。按1824年英国的税法规定，醋的酸度应达到4%～6%，这和现在的食醋酸度几乎相同。令人惊奇的是，经过了几个世纪的发展，英国醋仍然以谷物为主要原料的生产。

1720年，荷兰人道主义者、植物学家兼医生赫尔曼·布尔哈夫（Herman Boerhaave）（1668—1738年）提出了快速制醋的方法，他观察到当发酵液有较大表面积并暴露于空气中时，就会很快生成醋。布尔哈夫将葡萄酒滴淋在山毛榉木片上，从而加大发酵液与空气接触的表面积，快速获得了醋；他还使用“醋引子”成功地发酵成食醋，并称之为“醋母（mother of vinegar）”。

布尔哈夫的醋起源学说被德国科学家证实并应用，特别是Schüzenbach（1793—1869年），他用木头或金属罐制成了酿醋器，里面填满了刨花卷。醋液从木头刨花卷上层滴淋下来，大量的空气则从底部开的孔中进入到桶中，生长在刨花上的醋酸菌催化乙醇氧化成醋酸。这个酿醋器是现代工业醋酿造设备的基础。

1929年，速酿醋生产法得到了改进，德国的生产者发明了循环醋化器，对发酵液进行强制通风，提高了发酵率，可产生高浓度的食醋。这种方法使12%的乙醇发酵液在5天内达到98%转化率的产量。至今循环醋化器仍被世界许多地方使用。

另一个对醋酸发酵产业产生重大影响的改进是液态深层发酵法。醋酸菌悬浮于发酵液中，需要的O_2从发酵器底部的通风装置通入，醋酸菌呈对数生长，产酸速度快，醋酸浓度高。1923年就有液态深层培养技术生产醋的研究，但最早应用于工业中的是在1940年青霉素生产上。Hromatka和Ebner发明了搅拌装置固定在发酵罐底部的醋化器，这就是后来广泛应用于世界各地的福林斯（Frings）醋化器。1952年，Marhof等用 Waldhof 型发酵槽酿醋成功。

2. 对食醋酿造生物学的认识

19 世纪初，欧洲科学家对食醋开展了大量的研究工作。醋的知识体系的形成贯穿于化学和微生物的发展史，其里程碑有：①乙醇发酵和醋酸发酵是两个分开的过程；②氧在醋形成中的作用；③醋酸化学结构的确定；④醋产物的生物学特性。

早在 1786 年，Abbe F. Rozier 发现，葡萄酒中吸收空气，就会发酸。现代化学家拉瓦锡（1743—1794 年）从化学观点研究醋的制作过程，证实空气是燃烧和醋化的主要因素，称“氧”介质为“醋形成者”，尖酸味也是由氧作用的结果，其他“空气”无此作用。1789 年 6 月拉瓦锡糖液乙醇发酵实验中生成了醋，还有乙醇、糖、酵母菌、水和 CO_2，之后他指出 O_2 是酒变成醋的物质。

1814 年，贝齐利乌斯（Berzelius J J）确定了醋酸的结构式。19 世纪初，欧洲科学家对醋进行了关键性的研究，并制造了大量的醋，英国化学家 Hamphrey Davy 证实醋化是由于乙醇转变成醋酸的过程，并提出了醋酸的分子式。1851 年，Liebeg 注意到乙醇氧化为醋酸的过程中有乙醛产生；1862 年巴斯德第一个指出乙醇氧化为醋酸时，乙醛是中间产物；1959 年，日本学者 Nakayama 分离了带细胞碎片的乙醛脱氢酶。

1822 年荷兰科学家 Christian Persoon 证实了微生物作用是醋化的主要原因，将此微生物称为 *Mycoderma aceti*；1862 年，巴斯德证实 Persoon 的研究是正确的，发酵过程是由微生物生长引起的。巴斯德还认为虽然葡萄酒变醋必须有 O_2，但还需要酵母菌。他还认为在醋生产中添加高质量的微生物可强化发酵。

1800～1900 年食醋工业发展迅速，大量相关的专利被申请，最显著的进步是发酵设备的生产和不断改进，以及纯粹微生物在食醋制造中的应用与日俱增。此时，醋也被广泛使用在各个领域，如第一次世界大战中，醋被认为是最有效果的消毒剂并用于战士伤口的处理。

1878 年，Hansen 发现啤酒变酸不止由一种细菌引起，并且发现这些细菌可把乙醇氧化为醋酸。他分离出醋酸杆菌（*Bacterium aceti*）和巴氏杆菌（*Bacterium pasteurianum*），之后又分出库氏杆菌，并由 Brown 加以描述。有关醋酸菌的认识和利用详见“醋酸菌”一章。

1909 年，Henneberg 指出，使用纯种醋酸菌生产食醋有巨大的优势，可减少醋鳗、“Kahm”酵母菌和不想要的 *A. xylinum*（现称为 *Ga. xylinus*），他主张根据工艺技术的差异及商业质量的要求来选择适宜的的发酵菌种。

1951 年，Wiame 和 Lambion 从醋化器的刨花中分离出了几种醋酸菌，适合在实验状态下生产食醋。Frateur 和 Simomart 于 1952 年克服了重重困难，从刨花中分离出了极端抗酸、菌落呈萎缩的菌体，称为 *A. pasteurianus* 和 *A. xylinum*，同时指出这两个菌是发酵过程中的优势菌群。

1954 年，芬兰等国有人将 *A. pasteurianus* 引入食醋制造中，虽然 6 天可产生 10% 的醋酸，但经过多年观察该菌株没有变化，所以在实际生产上，很少将纯培养的醋酸菌用在食醋制造中。

1973 年，Turtura 分离并鉴定了来自醋和发酵的压榨葡萄汁中的醋酸菌，发现这个分离的菌株中 56%是 *A. pasteurianus*，34%是 *A. aceti*，10%是 *Gluconacetobacter xylinus*。

四、对食醋在非食品应用方面的认识

在古代，人们就发现了醋的强酸性和其他特性，并将其用于许多方面。醋曾被用于退火，即工程中要清洗的大石块在加热后需要快速冷却，尽管水也是常用的冷却液，但醋的效果更好。Plutarch 和 Livy 以及许多醋的生产者均谈到 Hannibal 在从阿尔卑斯山到罗马的行程中使用醋来冷却的故事。法国路易十三（1601—1643 年）花费 1300 万法郎购买醋，用于冷却军队打仗用的大炮。醋不但起冷却作用，而且还有消除炮身上的锈迹的功能。但是某些专家并不认为醋可用于冷却。有趣的是，在中国的历史上也有关于将醋用来退火的记载。

在炼金过程中，醋与硝石可形成稀硝酸。醋可用于制备不溶于其他溶液的金属的盐溶液。在中世纪，碱式碳酸铜便是由通过醋润湿的铜暴露于空气中制成的。醋的又一重要工业应用是颜料铅粉或铅白的生产。碱式碳酸铅在颜料和化妆品中早就被广泛应用，甚至在印度河峡谷遗址和古埃及人尸体中也有发现。在公元前 4 世纪中国的文献中，对碱式碳酸铅也有所记载。它的制备可通过荷式或堆处理过程完成：先将铅板置于装有醋的小陶罐的顶部，再将陶罐放在一层马粪或 1m 厚的树皮鞣料中，保持 30℃左右的温度，并提供 CO_2。在醋挥发的酸雾中，经过 8～16 周的时间，铅就转化为铅白。最后，将铅白刮下，冲洗、重结晶、干燥，就可得到成品了。若在前述的铅板上放上木板，再加一层粪肥，放入小陶罐，再在陶罐顶部加铅板，如此堆积则可批量生产。18 世纪英国的一个生产商就拥有含 1600 个陶罐和 4t 铅的堆生产线。在某些条件下，醋仍可作为醋酸使用，例如，在第二次世界大战期间，非洲东部的人们利用糖蜜生产醋，并将其用于橡胶生产的胶乳凝结剂中。

参考文献

白君礼，魏宏升. 1995.《齐民要术》中酿醋技术. 西北农业大学学报，23（6）：80-83

包启安. 1987. 食醋的起源及不同原料的食醋生产——古代食醋的生产技术. 中国调味品，（2）：15-19

包启安. 1988. 日本的食醋酿造技术——应邀考察日本食品工业报告之四. 中国调味品，（10）：1-8

包启安. 1999. 食醋科学与技术. 北京：科学普及出版社：1-40

胡嘉鹏. 2005. 关于食醋生产技术的文献史料（上）. 中国调味品，319（9）：10-12

胡嘉鹏. 2005. 关于食醋生产技术的文献史料（下）. 中国调味品，320（10）：9-14

贾思勰. 1957.《齐民要术》今释（共三册）. 石声汉校释. 北京：科学出版社：542-582

李约瑟. 2008. 发酵与食品科学. 中国科学技术史. 北京：科学出版社：6（5）：235250

路甬祥，包启安. 2007. 酿造. 中国传统工艺全集. 郑州：大象出版社：25-30

门大鹏. 1979.《齐民要术》中的酿醋. 调味品科技，（3）：63-66

倪莉. 1997.《齐民要术》中制醋工艺研析. 自然科学史研究，16（4）：357-367

任可达. 1979. 日本食醋生产与研究概况. 中国食品，（12）23-26

沈政燮，段丽. 1995. 日本食醋（一）. 中国调味品，（5）：29-31

沈政燮，段丽. 1995. 日本食醋（二）. 中国调味品，(7)：28-33
沈政燮，段丽. 1995. 日本食醋（三）. 中国调味品，(8)：24-32
萧凤岐. 2000. 食醋的历史与文化. 中国酿造，108（4)：31-32
萧凤岐. 2000. 食醋的历史与文化（续). 中国酿造，109（5)：34-37
杨坚. 2004《齐民要术》中的农产品加工研究. 南京农业大学博士学位论文：113-119
张平真. 2001. 中国酿造调味食品文化·酱油食醋篇. 北京：新华出版社：206-212
周嘉华，张黎，苏永解. 1998. 世界化学史——食醋. 长春：吉林教育出版社：50-53
Adams M R. 1998. Vinegar. *In*：Wood BJB. Microbiology of Fermented Food. London：Blackie Academic and Professional，Vol：1-44
Conner H A，Allgeier R J. 1976. Vinegar：its history and development. Adv Appl Microbiol，20：81-133
Mazza S，Murooka Y. 2009. Vinegars Through the Ages. *In*：Solieri L，Giudici P. Vinegars of the World. Milán：Spinger-Verlag：17-40

第三章　食醋酿造的原料

任何富含可发酵性糖的无毒性原料都可以用于醋的生产。这些原料必须有足够量可发酵性糖以保证产品中含有标准量的醋酸。若采用含糖量较低的果汁生产醋，则生产中可额外添加糖或通过蒸发和反渗透将果汁浓缩。理论上 1g 葡萄糖可生产 0.67g 醋酸，但在实际生产中并不能达到。若要求最终产品中含有 1%（质量分数）的醋酸，则至少需要葡萄糖含量达到 2%（质量分数）。

通常醋的命名取决于所使用的原料，如法国的葡萄醋和英国的麦芽醋。有时醋的命名是十分精确的，如西班牙雪利醋和意大利葡萄醋。人们的饮食嗜好也决定了醋的生产原料和技术，如在苏格兰威士忌的产地苏格兰，蒸馏麦芽醋占有 70%的市场。英国的酒精醋和美国的蒸馏醋都使用 100%乙醇作为基质，其产品中醋酸的含量比其他醋要高 13%～15%（质量分数），这两种醋被广泛应用于食品加工中。为了降低食醋生产成本，人们做了大量的尝试研究，如使用次等水果、季节性农副产品和各种食品加工中的废弃物或副产品等作为生产原料。在表 3-1 中列出了醋生产中所使用的各种原料。

表 3-1　世界上常见食醋生产使用的原料

分类	原材料	中间物	醋名	生产国家或地区
禾谷类	稻谷	酒醪（Moromi）	精米（Komesu），糙米（Kurosu）	东亚或东南亚
		醪	陈醋（中国）	
	竹浸出液		竹醋	日本、中国和朝鲜
	棕榈汁	棕榈酒（Toddy，Tari，Tuack，Tuba）	棕榈醋	东南亚、非洲
	大麦	啤酒	啤酒醋	北欧、美国
	小米（黍）	曲（Koji）	陈醋	中国、东亚
	玉米	曲	陈醋	中国
	小麦	曲	陈醋	中国、东亚
	高粱	曲	陈醋	中国、东亚
薯类	马铃薯	曲或酒液	马铃薯醋	中国、俄罗斯
	红薯	曲或酒液	红薯醋	中国、日本
	木薯	曲或酒液	木薯醋	中国、非洲
蔬菜	茶和蔗糖	Kombucha	Kombucha 醋	俄罗斯、亚洲（中国、日本、印度尼西亚）
	洋葱	洋葱酒	洋葱醋	东亚或东南亚
	番茄	番茄酒	番茄醋	日本、东亚

续表

分类	原材料	中间物	醋名	生产国家或地区
蔬菜	甘蔗	甘蔗汁	甘蔗醋	法国、美国
		Basi	Sukang ilok	菲律宾
			Kibizu	日本
	甜菜		甜菜醋	中国
水果	苹果	苹果酒	苹果醋	美国、加拿大、欧洲、亚洲
	葡萄	葡萄干	葡萄醋	土耳其、中亚
		红、白葡萄酒	葡萄醋	全世界
		雪利酒	雪利醋	西班牙
		煮制的葡萄汁	香醋	意大利
	椰子	椰子水	椰子水醋	菲律宾、斯里兰卡
	椰枣	椰枣汁	椰枣醋	中东
	芒果	芒果汁	芒果醋	东亚和东南亚
	红枣	红枣汁	红枣醋	中国
	覆盆子	覆盆子汁	覆盆子醋	东亚和东南亚
	黑醋栗	黑醋栗汁	黑醋栗醋	东亚和东南亚
	桑椹	桑椹汁	桑椹醋	东亚和东南亚
	越橘	越橘汁	越橘醋	东亚和东南亚
	柿	柿汁	柿醋	中国、日本、韩国
	樱桃	樱桃汁	樱桃醋	美国和欧洲
动物	乳清	发酵乳清	乳清醋	欧洲
	蜂蜜	稀释的蜂蜜酒	蜂蜜醋	亚洲、欧洲、美洲、非洲

第一节　食醋酿造原料的分类

食醋制造必须有制醋原料和发酵剂。发酵剂包括曲、酶制剂和发酵菌种等；制醋原料按照食醋加工工艺，一般可分为主料、辅料、填充料、添加剂。

1. 主料

主料指能被微生物发酵而生成醋酸的主要原料，根据来源和成分的不同，可分为三大类。①以淀粉为主的谷物、薯类原料，须经过糖化处理。谷物有玉米、大米、高粱、小麦、小米和麸皮等；薯类有红薯、马铃薯和木薯等。②以糖类为主的原料，这些原料在制醋时不经过或少许糖化，直接进行乙醇发酵，主要有水果、蔬菜、糖蜜和蜂蜜等。③以乙醇为主的原料，这类原料制醋时不需糖化和乙醇发酵，直接进行醋酸发酵，生产工艺简单，主要有稀释的酒精液、各类果酒等。

中国制醋多以含淀粉质的粮食为基本原料，所以制醋的主料一般指谷物、薯类原料。在长江以南习惯上采用大米作为主料，而长江以北则采用高粱、甘薯、小米、玉米作主料。近年来，从节约粮食、降低成本出发，利用一些含淀粉、糖和乙醇的代用原料制醋；台湾用菠萝、柑橘等制醋；日本制醋以大米等谷物原料为主，也有用稀释的酒精液发酵；菲律宾用椰子水产醋；意大利、法国等西欧国家主要以葡萄、樱桃等水果为原料制果醋；德国是工业化生产醋最早的国家，多以乙醇、麦芽制醋；非洲用棕榈酒制醋。

2. 辅料

制醋需要大量辅助原料，以供微生物正常活动所需的营养物质或增加食醋中糖分和氨基酸含量。辅料一般采用细谷糠、麸皮或豆粕，因为在米糠、麸皮中，不但含碳水化合物，还含有丰富的蛋白质。辅料与食醋的色、香、味有密切的关系。在固态发酵中，辅料还起着吸收水分、疏松醋醅、储存空气的作用。

3. 填充料

固态发酵制醋及速酿法制醋都需要填充料，其主要作用是疏松醋醅积存，使空气流通，以利醋酸菌好氧发酵。常用的填充料有谷壳、稻皮、高粱壳、玉米秸、玉米芯、刨花、浮石、多孔玻璃、纤维等。填充料要求接触面积大、纤维质具有适当的硬度、惰性。

4. 添加剂

（1）食盐：醋酸发酵成熟后，需加食盐以抑制醋酸菌的活动，防止其对醋酸的近一步氧化分解。食盐还能起调和食醋风味的作用。

（2）蔗（砂）糖：增加甜味。也有将这种糖作为主发酵原料生产食醋。

（3）芝麻、茴香、桂皮、生姜等：它们赋予食醋特殊的风味。

（4）炒米色：将大米放入锅内焙烤，增加香气及加深色泽。

选择制醋原料时应考虑下列几点要求。

（1）淀粉（或糖、乙醇）含量高。蛋白质含量适中，脂肪含量少，以适合于食醋生产过程中的微生物新陈代谢的需要。

（2）要求酿造原料中的成分对人体无毒性、对微生物生长繁殖无影响。

（3）资源丰富，原料价格低廉，便于运输。

（4）容易储藏。

第二节 淀粉质原料

一、谷物及副产物

（一）高粱

高粱又名红粱，在中国分布极广。北方多为饭（粳）高粱，南方多为糯高粱。现在杂交高粱已成为丰产作物。高粱含有单宁，高粱单宁是与色素结合在一起的，是高粱发芽及抵抗鸟虫病害的保护物。高粱的籽粒由下述各部分构成。

（1）皮膜：占干重12%，包括果皮与种皮，果皮在外，是角质化的坚硬组织。果皮下面是种皮，含有色素和单宁。

（2）胚乳：占干重80%，主要为淀粉颗粒，外面包一层由蛋白质和脂肪组成的胶粒层。

（3）胚：占干重8%，种胚富含脂肪及无机盐。

高粱的淀粉及糖类含量60%以上，是制醋的良好原料（表3-2）。中国北方地区制醋多以高粱为主料。高粱籽实色泽因品种不同有暗褐色、红色、橙红色、淡黄色、白色等。白色籽实可带有红色、紫色斑点。颜色较深的籽实，其种皮的细胞中含有花青素，白色籽实中不含花青素。颜色较深的种皮内含单宁较多，一般含有1.3%～2.0%，故以高粱为原料制醋，生产上常采用混合其他原料、副料发酵，以冲淡单宁浓度，并采用含单宁酶的黑曲作为糖化剂分解单宁，使食醋质量不受影响。

表3-2　高粱的成分　（单位:%）

种类	水分	淀粉	粗蛋白	粗脂肪	粗纤维	灰分	单宁
东北17种高粱平均数	13.13	62.46	10.12	—	—	—	—
贵州糯高粱	11.69	58.52	8.58	3.86	—	16.77	0.57
贵州糯高粱	12.13	58.52	7.84	4.34	—	17.10	0.56
四川泸州糯高粱	13.63	60.24	8.26	1.31	1.81	14.44	0.16
四川永州糯高粱	12.31	58.58	6.49	3.91	1.58	16.85	0.27

（二）大米

大米是稻谷的籽实。稻谷可分为以下几类（图3-1）。

大米有粳米和糯米之分。粳米中又有黏度介于糯米和粳米之间的优质粳米和籼米之分，各种大米的主要成分见表3-3。现在已有多种杂交稻谷。各种大米又均有早熟和晚熟之分，一般晚熟稻谷的大米蒸煮后较软、较黏。

稻米由皮层、胚乳和胚三部分组成（图3-2和图3-3）。制醋用的成品大米是谷粒皮层被不同程度碾磨后的米粒，主要包括胚乳及残剩的少量胚。大米淀粉含量达70%以上，是制醋的优良原料。

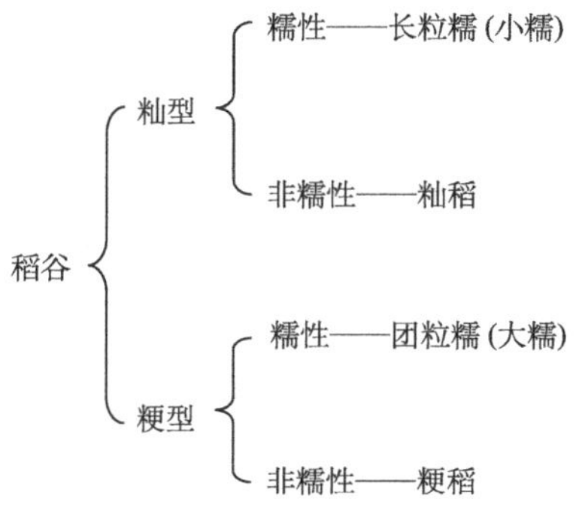

图3-1　稻谷的分类

稻谷加工后有谷壳、米糠、胚芽、碎米等副产品。一般100kg稻谷可产大米65～70kg、谷壳20～25kg、米糠混合物（包括皮层、糊粉层、胚芽、碎米）5～10kg。谷壳是固态发酵食醋常用的疏松剂和填充剂。一般稻谷加工中，碎米量可占整粒白米量的6%左右。碎米的化学组成与整米基本相同，生产单位为了降低成本，多利用粮食加工副产品——碎米作为普通食醋的原料。

表 3-3 大米的成分 （单位:%）

种类	水分	蛋白质	脂肪	碳水化合物	粗纤维素	灰分
糯米	14.30	8.50	3.20	72.10	1.00	0.90
粳米	13.30	8.80	2.20	73.40	1.00	1.30
籼米	10.93	8.20	2.31	74.50	1.08	1.33

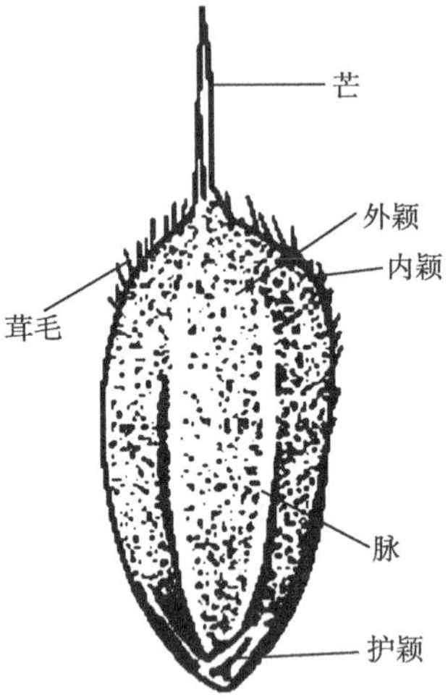

图 3-2 稻谷籽粒形态

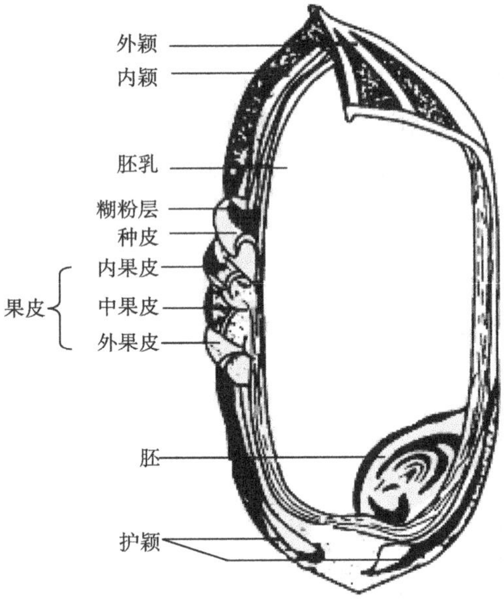

图 3-3 稻谷籽粒结构

日本、韩国及中国的长江以南地区习惯上用大米（糯米、粳米、籼米）为制醋主料。大米淀粉组织结构疏松，容易蒸煮、糊化和糖化，特别适合于生产食醋。糯米（亦称江米），是制镇江香醋的主要原料，所含淀粉大多为支链淀粉，黏度大，不容易老化，糖化速度缓慢，成品醋质地浓厚、风味较佳。稻谷是日本食醋生产的主要原料，有用糙米生产的，也有用精米生产的，用前者酿造的醋称“Kurosu”，后者称“Komesu”。

（三）玉米

玉米又名珍珠米、苞米、玉蜀黍。根据籽粒的形状、胚乳的性质和稃壳的有无，可将玉米分为马齿型、硬粒型、爆裂型、软粒形、甜质型、糯质型及有稃型。

玉米籽粒分为6个基本部分，即果皮、种皮、糊粉层、内胚芽、胚芽、实尖（图3-4）。胚乳占玉米粒的84%左右，是玉米淀粉的主要集中部分。玉米与大米相比，除淀粉含量相似外，蛋白质和脂肪含量都超过大米，特别是脂肪含量丰富。淀粉中直链淀粉占10%～15%，支链淀粉为85%～90%；黄色玉米的淀粉含量比白色的高。玉米籽粒含有少量葡萄糖、蔗糖、糊精。在甜玉米中，糖分含量高达干物质总量的20%左右。玉米胚芽富含脂肪，玉米脂肪属半干性植物油，占胚芽干物质总量的30%～40%。玉米籽粒各组成部分占籽粒重及化学组成见表3-4。以玉米为制醋原料，因胚芽油给糖化、乙醇发酵和醋的风味带来不利的影响，应首先将玉米胚芽除去，一则可榨油，二则不妨碍正常发酵。

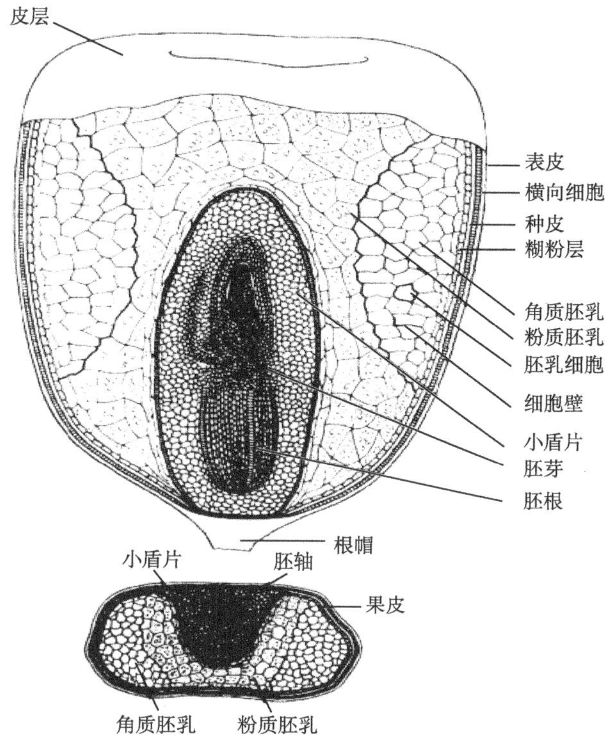

图3-4　玉米籽粒的结构

表3-4　玉米籽粒各组成部分占籽粒重及化学组成

（单位：干物质含量%）

类别	占籽粒重	淀粉	蛋白质	脂肪	灰分	糖
胚芽	11.5	8.3	18.5	34.4	10.3	11.0
胚乳	82.3	86.6	8.6	0.86	0.31	0.61
根帽	0.8	5.3	9.7	3.8	1.7	1.5
皮层	5.3	7.3	3.5	0.98	0.67	0.34
籽粒	100	72.4	9.6	4.7	1.43	1.94

另外，与糯米、粳米相比，玉米淀粉结构致密坚硬，呈玻璃质的组织状态，糊化温度高，胶稠度硬，较难蒸煮糊化。因此，要十分重视对玉米颗粒的粉碎度、浸泡时间和水温、蒸煮温度和时间的选择，防止因没有达到蒸煮糊化的要求而老化回生，或因水分

过高、饭粒过烂而不利发酵，导致糖化发酵不良和酒度低、酸度高的后果。

(四) 粟

粟又名谷子、黄粟，碾去颖壳和皮层后称小米。粟谷在中国的分布大体与高粱相似，主要产区在淮河以北的华北、西北和东北地区。粟粒外层为等长的内颖、外颖各一片所包住。颖壳革质，坚硬光滑，粒圆形或椭圆形，呈黄色、白色、橘色、红色、黑色、棕色、青色等。颗粒较小，粒长 2～2.5mm，千粒重 2.5～3.5g，大粒种可达 5g 以上。脱去颖壳后的小米为颖果，呈广卵形，米色有黄色、白色、青色等。谷壳率一般为 15%左右，出米率 70%～80%。粟分为粳粟和糯粟两种，糯粟淀粉黏度远远高于粳粟。

小米营养丰富，蛋白质含量为 9.3%～9.7%，比大米、玉米高，适合于酿醋。小米的营养成分见表 3-5。中国山西南部闻喜、新绛及陕西富平县等地以小米或粟为原料，以大麦芽为糖化剂，以大曲为发酵剂生产的小米醋闻名遐迩。每年春季制作，封缸储存，麦收以后出售至第二年春季，称为“小米封缸醋”。醋色浅，味浓，醋酸含量高达 10%以上，是醋品中的佼佼者。

表 3-5 小米的营养成分（每 100g 含量）

区分	水分/g	蛋白质/g	脂肪/g	糖类/g	灰分/g	胡萝卜素/mg	维生素 B_1/mg	维生素 B_2/mg	维生素PP
张家口小米	11.0	9.7	1.7	76.1	1.4	0.12	0.66	0.09	1.6
北京小米	11.0	9.7	3.5	72.8	1.3	0.19	0.57	0.12	1.6
东北小米	10.8	9.3	3.8	73.7	1.6		0.53	0.11	0.9

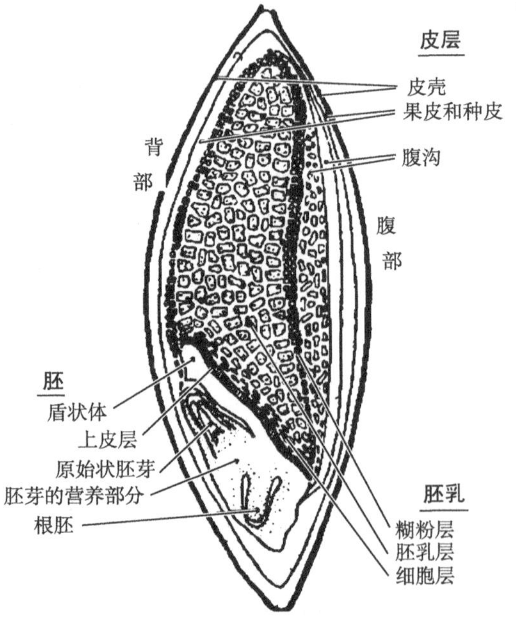

图 3-5 大麦颖果纵剖图

(五) 大麦及麦芽

在德国、美国和英国等国家常用发芽的大麦，即麦芽生产食醋，日本也有少量生产。我国个别地方用麦芽制成饴糖进行乙醇发酵制醋。大麦外包谷皮（图 3-5），有利于发芽。大麦生长遍及全球，适应各种气候，价格低廉，又非主粮，制成的醋更别具风格，故是一种酿醋的好原料。

大麦根据籽粒生长形态可分为六棱大麦、四棱大麦、二棱大麦。六棱大麦蛋白质含量相对高，淀粉含量相对较低，适合于人类直接食用；二棱大麦蛋白质和淀粉含量正好相反。

大麦的浸出物为 72%～80%，其中淀粉含量为 58%～65%。大麦淀粉颗粒又分大颗粒（20～50μm）和小颗粒（2～10μm，弹丸形），小颗粒的数量随大麦蛋白质含量的增加而增加。大麦淀粉由17%～24%直链淀粉和76%～83%支链淀粉组成。大麦蛋白质含量的高低与品种、土壤和施肥、气候、生长时间长短等有关，一般为8%～13.5%（绝干），其发芽时在酶的作用下部分分解，生成水溶性含氮物质。在制造麦芽醋时，氨基酸和蛋白质一部分随糖化、过滤残留于麦糟中，另一部分构成了食醋的成分。麦芽醋的氨基酸和蛋白质的组成及成分会影响醋的稳定性。除此之外，大麦中还有脂肪、纤维素、半纤维素、多酚和磷酸盐等物质。

麦芽醋生产时，淀粉的糖化是利用麦芽自身产生的酶系进行作用，不需要另外添加其他糖化剂。大麦的酶系统较复杂，主要酶系见表3-6。

表3-6　大麦及麦芽酶系的构成

淀粉酶	α-淀粉酶	很少存在，发芽后形成，其活力大小与大麦品种发芽条件有关
	β-淀粉酶	大麦中含有大量的游离和结合状态的β-淀粉酶，活性为60～200°wk，发芽时受蛋白酶作用后，结合状态的β-淀粉酶释出
	麦芽糖酶	大麦中以结合状态存在，发芽后活化
	界限糊精酶	大麦中微少，发芽后增加20倍
	R-酶	大麦中其活性很低，发芽后显著增加
	蔗糖酶	大麦中其活性很低，发芽后增加10倍
蛋白酶	内肽酶	大麦中含有内肽酶，发芽时增加5～6倍
	羧基肽酶	大麦中含有羧基肽酶，发芽后增长很快
	氨基肽酶	大麦中含量较高，发芽后增加1.5～2.5倍
	二肽酶	大麦中其活性高，发芽后增加2～3倍
β-葡聚糖酶	内β-葡聚糖酶	大麦中微量，发芽后增加10倍
	外β-葡聚糖酶	大麦中存在此酶，发芽后增加10倍
酯酶	磷酸酶	大麦中含有酸性磷酸酶，发芽后活性增加5～6倍
	脂肪酶	大麦中存在此酶，发芽后增加2倍

（六）酒糟

我国著名的传统镇江香醋、日本冲绳酒糟醋都是以酒糟为原料酿制的。用大米生产黄酒时，酒液发酵醪经压榨的米渣称为酒糟（或糟粕）。酒糟中含有大量的淀粉、蛋白质等物质。酒糟因大麦原料、制酒方法不同，其营养成分相差较大。表3-7为酒糟的基本营养成分。

表3-7　温州仿绍酒的酒糟成分　（单位:%）

成分	糯米酒糟	粳米酒糟
挥发性成分（含水）	53.00	52.08
乙醇	4.5	4.0
粗淀粉	14.80	16.06

续表

成分	糯米酒糟	粳米酒糟
蛋白质	14.17	12.79
粗纤维	5.97	6.02
灰分	0.83	0.87
总酸	1.04	1.08
不挥发性酸	0.75	0.92

表 3-7 中挥发性组分是指可以挥发或气体物质的总和。乙醇中挥发组分主要是水，还有乙醇和挥发酸等物质；不挥发性酸以琥珀酸计。

新的黄酒酒糟因含有大量的未分解淀粉、蛋白质等营养物质，一般要密封储藏一段时间，利用酒糟中的酶系将其进一步水解。酒糟最好在阴凉、密封的环境中保存。

(七) 麸皮

麸皮又称麦皮，是小麦制面粉时的副产品。麸皮中的碳水化合物以半纤维素为主，木糖是主要的组成单元，还含有大量的葡萄糖和糠醛酸。麸皮中还有相当量的无氮浸出物，约 50%以上。麸皮的成分因小麦品种、产地及加工时出粉率的不同而异，我国几个地区麸皮的成分表见表 3-8。

表 3-8　我国几个地区麸皮的成分　(单位:%)

产地	水分	粗蛋白质	粗脂肪	无氮浸出物	粗纤维素	灰分
甘肃	11.20	13.10	4.80	56.00	7.20	5.70
广东	16.90	14.50	2.70	53.60	7.60	5.60
东北	14.60	15.20	1.70	56.50	6.40	7.40
北京	10.60	16.60	3.50	55.70	8.30	4.80

麸皮的质量指标见表 3-9。

表 3-9　麸皮的质量指标

等级规定	外观指标	理化指标/%	
		淀粉含量	水分
一级	片大，新鲜发白，有麸皮香味，手握松软	>21	<12
二级	片较大，发红或红白掺杂，有麸皮香味，手握松软	>19	<12
三级	片小，发红或发白，麸皮香味淡薄，手握不松软	>18	<12
四级	外观与三级相同，但有块状发霉现象	<18	—

麸皮在以淀粉质原料酿醋时，广泛应用于菌种的培养、曲的制作、食醋发酵等方面，既可作为生产食醋的主料，又可作为辅料起填充等作用。我国著名的四川保宁醋就是用麸皮为主料生产的。麸皮在谷物食醋酿造中的作用有以下几个方面。

(1) 麸皮中含有大量的可发酵性淀粉，在食醋酿制过程中为醋酸的生成奠定了基础。

(2) 麸皮自身含有α-淀粉酶和β-淀粉酶。据测定，每克麸皮含α-淀粉酶10～20单位（60℃碘比色法测定），含β-淀粉酶2400～2900单位（40℃碘量法测定）。有助于淀粉的糖化。

(3) 麸皮还含有适量的蛋白质（麸皮中蛋白质的组成见表3-10），经糖化、酒化和醋化各阶段中蛋白酶的作用分解成各种氨基酸，成为鲜味及部分色素生成的基础。

表3-10 麸皮中蛋白质的组成 (单位:%)

清蛋白	球蛋白	醇溶蛋白	谷蛋白	不溶性蛋白	非蛋白态含氮物
0.53	0.38	0.33	0.62	0.53	0.25

(4) 麸皮质地疏松、体轻、表面积大，能容纳一定的空气，有利于微生物的生长繁殖；同时既有利于制曲，又有利于醋酸发酵和淋醋，因而对提高食醋的原料利用率和出品率有很大的益处。

(5) 麸皮中多缩戊糖含量较高，达20%～24%。其水解后生成的戊糖与蛋白质水解物结合生成香气等组分，产品风味较好；同时形成色素。

(6) 麸皮含有较多的维生素及Ca、P、Fe等无机元素，可以促进微生物的生长，有利于发酵，并能增加产品的营养成分。麸皮中的维生素及无机成分见表3-11。

表3-11 麸皮中维生素及无机成分

成分	含量
硫胺素	9.37mg/g
核黄素	2.50mg/g
维生素B_{12}	3.30mg/g
Ca^{2+}	0.116%
灰分中Ca（以CaO计）	2.40%
Fe	0.01%
灰分中Fe	0.21%
P	0.88%
K	1%

由于制粉时的出粉率不同，麸皮的质量有很大差异。对于制曲麸皮来讲，麸皮质量的优劣主要取决含氮量。含氮量少的麸皮需要补加一定量含氮物质。特别是出粉率高达95%以上的“全麸皮”，含氮量更低，必须添加无机氮（如硫酸铵、硝酸铵等）或豆饼，借以提高麸曲的糖化力。添加玉米面可补充氮源。

麸皮资源丰富、价格低廉、使用方便，又有上述诸多优点，因此，目前国内醋厂多以麸皮作为生产食醋的主要辅助原料。

二、薯类

薯类原料的淀粉颗粒较大，容易蒸煮糊化，是酿醋较理想的原料。

(一) 甘薯

甘薯又称山芋、地瓜、白薯、红苕等，含有丰富的淀粉（表 3-12），是制醋的好原料。甘薯是丰产作物，是一种经济实惠的制醋原料。在气候和土壤条件适宜的地区每公顷产量可达 22 500～30 000kg。在甘薯的块根中含有 25%～30%的干物质和 70%～75%的水分。干物质的主要成分是碳水化合物，约占 20%，其余为少量蛋白质、脂肪、纤维素及灰分等。碳水化合物中以淀粉为主，此外尚含有少量的糊精、葡萄糖、戊糖等。甘薯所含的蛋白质属于球蛋白类，氨基酸组成主要是精氨酸、色氨酸、胱氨酸等。在甘薯的灰分中，最多的是 K、P 和 Mg。甘薯中含可溶性成分 2%～4%，晒干后一部分淀粉转变为糖，可溶性糖分达 10%以上。甘薯的果胶含量较多，而纤维素含量低，脂肪、蛋白质含量也较低。由于甘薯淀粉纯度高，结构松散，易于糊化，再加上含脂肪、蛋白质含量少，对食醋发酵很有利，因而出醋率较高，但食醋的质量不及谷物醋。

表 3-12　甘薯的成分　　（单位：%）

甘薯品种	水分	淀粉	粗蛋白	粗脂肪	粗纤维	灰分
四川鲜薯	69.8	27.7	1.1	0.23	0.7	0.74
华北鲜薯	81.6	14.58	1.3	0.1	0.3	0.5
广东鲜薯	74.6	18.18	0.6	0.5	0.2	0.6
上海鲜薯	75.25	21.49	1.08	0.19	—	0.62
天津薯干	10.9	70.2	2.3	3.2	3.3	2.0
河南薯干	10.1	68.06	4.61	0.89	—	2.77

用甘薯原料酿醋，不足之处是：因其为块根作物，所以其成品醋的薯干味较浓；块根中有甘薯树脂，对发酵有些妨碍作用，但危害性不大。另外，鲜薯不易保存，若有病害则影响出醋率及食醋质量。

(二) 马铃薯

马铃薯的种植面积较广，全世界都有种植，在中国的东北、西北和内蒙古等地产量较大。作为食醋生产原料，通常采用淀粉含量高、蛋白质含量适中的马铃薯。马铃薯的块茎中约含有 25%的干物质和 75%的水分。干物质的主要成分为碳水化合物，含量在 20%左右。碳水化合物中除淀粉外，还含有少量的糖分，其次是蛋白质、脂肪、纤维素和灰分等。在灰分中以钾盐为主，其次是 P。其中，K_2O 占 60%，P_2O_5 占 17%。对干物质而言，马铃薯皮层中的含氮物质占 14.2%～14.7%，其淀粉层中的含氮物质为 9.5%～9.7%，因此马铃薯是良好的食醋生产原料。中国华北、华东地区马铃薯的平均化学组分见表 3-13。

表 3-13　几种马铃薯的平均化学组分　（单位：%）

种类	水分	碳水化合物	粗蛋白	粗脂肪	粗纤维	粗灰分
华北马铃薯	73.3	17.6	5.6	0.10	—	0.7
东北马铃薯	81.3	15.83	1.8	0.02	—	0.75

（三）木薯

木薯是多年生植物，根粗而长，呈柱形或纺锤形。其质地松脆，所含淀粉较纯，而且淀粉颗粒较大，是生产食醋的良好原料。木薯单产较高，一般每公顷产量可达 13 900kg。

木薯适应性很强，耐水、耐旱，在任何土质中都能生长，盛产于我国南方的广东、广西、台湾等地。木薯品种很多，一般分为苦味木薯和甜味木薯两大类。我国几种木薯的平均化学组分见表 3-14。

表 3-14　几种木薯的平均化学组分　（单位：%）

种类	水分	碳水化合物	粗蛋白	粗脂肪	粗纤维	粗灰分
新鲜木薯	70.25	26.58	1.12	0.41	1.11	0.54
台湾木薯	14.70	68.55	—	0.63	—	0.58
广东木薯	15.48	72.1	2.64	0.86	3.55	2.85

第三节　果品及果酒

果醋是以果实或果酒为原料酿造而成的调味品。中国食用醋的酿造主要以粮食为原料，以果实为原料发酵或配制果醋较少。现在，以水果为原料酿造水果醋成为全球新的开发热点，已风靡日本及欧美等发达国家。例如，欧盟国家葡萄醋年产量达 143 000t 以上，美国的苹果醋年产量达 54 000t 以上，占食醋总产量的 17%；英国苹果醋年产量 0.1 亿 L，占食醋产量的 10%。国际市场上的果醋主要是葡萄酒醋和苹果酒醋，其他果醋有柑橘醋、梨醋、菠萝醋、红枣汁醋、西瓜醋、山楂醋、樱桃醋等。水果组成成分中绝大部分是水，其次是糖类物质、有机酸、单宁等，此外还有维生素、色素、挥发油及其他多种物质，淀粉类成分含量较少。不同果品中所含的营养成分不尽相同，如表 3-15 所示，在酿造过程中将会发生一系列物理的、化学的和生物的变化，生成多种新产物。

（1）水分：水分在水果中占 75%～90%。水分含量高的水果，如葡萄、苹果、樱桃，质地柔软，适宜于压榨取汁，再进行乙醇和醋酸发酵；含水较少的水果，如枣、柿、香蕉，大多数不易取汁或质地坚硬，可采用提汁发酵或固态发酵生产果醋。

（2）糖类物质：水果中与果醋酿造关系较大的糖类物质主要包括糖、果胶、淀粉和纤维素等。糖主要是低聚糖和单糖，有葡萄糖、果糖和蔗糖。因水果的种类和品种不同，所含糖的种类及数量也不一样，如表 3-16 所示。

表 3-15　常见果品制醋原料的主要成分（每 100g 含量）

种类	水分 /g	蛋白质 /g	脂肪 /g	碳水化合物 /g	热能 /kcal	胡萝卜素 /mg
苹果	86.4	0.4	0.5	13.0	58	0.08
鸭梨	89.3	0.1	0.1	9.0	37	0.01
桃	87.5	0.8	0.1	10.7	47	0.06
草莓	90.7	1.0	0.6	5.7	32	0.01
鲜枣	73.4	1.2	0.2	23.2	99	0.01
西瓜	94.1	1.2	0	4.2	22	0.17
菠萝	89.3	0.4	0.3	9.3	42	0.08
橙	86.1	0.6	0.1	12.2	52	0.11
柑橘	85.4	0.9	0.1	12.8	56	0.55
柠檬	89.3	1.0	0.7	8.5	44	0
葡萄（圆、紫）	87.9	0.4	0.6	8.2	40	0.04
葡萄（白、长）	88.5	0.4	0.5	9.2	43	0.04

表 3-16　果品糖的种类及含量　　（单位：%）

果品	果糖	葡萄糖	蔗糖
苹果	6.50～11.80	2.50～5.50	1.00～5.30
鸭梨	6.00～9.70	1.00～3.70	0.40～2.60
桃	3.90～4.40	4.20～6.90	4.80～10.70
李	1.00～7.00	1.50～5.20	1.50～9.20
杏	0.10～3.40	0.10～3.40	2.80～10.00
葡萄	7.20	7.20	0～1.50
草莓	1.60～3.80	1.80～3.10	0～1.10
橘	1.48	0.66	4.53

水果的香气十分宜人，不同的水果由于组成香味物质的主体成分不同而具不同香气。例如，柑橘类主体香气成分是蚁酸、乙醛、乙醇、丙酮、苯乙醇、乙酸乙酯，苹果是乙酸异戊酯，梨是甲酸异戊酯，葡萄是邻-氨基苯甲酸甲酯，等等。它们的共同特点是香气自然，比较单纯，高度爽快。在加工食醋过程中，尽量考虑到香气成分的保留。

一、葡萄

葡萄是欧洲国家用来酿醋的主要果品，如法国葡萄醋、意大利香醋、西班牙雪利醋等。

在植物分类学上，葡萄归属于葡萄科、葡萄属。葡萄科有 11 属约 600 种。其中，葡萄属的经济价值最高。葡萄属共有 70 余个种。目前按地理分布和形态特点，一般把葡萄属各个种归纳为 3 个种群：欧亚种群、东亚种群和北美种群。人类栽培葡萄的历史久远，早在 5000～7000 年前，在中亚细亚、南高加索和埃及，就开始栽培葡萄。大约在 3000 年前，古希腊栽培葡萄已经很盛行。以后随着希腊帝国的对外扩张，葡萄和葡萄酒先传到罗马，又传遍欧洲国家。15 世纪世界葡萄的栽培面积已超过 1.5 亿亩*。全世界葡萄的年产量长期稳定在 6000 万 t 左右，居各类水果之首位。据 FAO 统计，全世界葡萄栽培面积 75 866km^2，约 71%的葡萄用以酿葡萄酒和葡萄醋，21%的鲜食，2%的干制成葡萄干。每年其产量以 2%的速度增加。

葡萄的适应性强，结果早，经济效益高。葡萄浆果营养丰富，美味可口，用途广泛，因而已成为世界上分布最广、栽培面积最大、产量最高的果树，故葡萄有“百果之珍”的美称（图 3-6）。

图 3-6　葡萄

葡萄的果实是一种含水分 65%以上的多汁水果，含有较高的糖分和有机酸等，其具体成分见表 3-17。

表 3-17　葡萄浆果的主要成分

名称	含量/%	主要成分
水	65～85	大部分含于细胞液内，主要是游离水；其次为胶体结合水、化合水
糖	10～35	主要为葡萄糖、果糖，其次为蔗糖
有机酸	0.5～1.4	主要为酒石酸、苹果酸，其次为柠檬酸
矿物质	0.3～0.5	主要以酸根的盐存在，有 K、Na、Mg、Fe、Al、Mn，其次为 Cu、Zn、B 等，含 N
含氮物质	0.3～1.0	其中氨态氮占总量的 10%～20%，其他的则为有机氮形式存在于氨基酸的蛋白质中
维生素		主要为维生素 B_1、维生素 B_2、维生素 A 和维生素 C，其次为维生素 P、维生素 H、维生素 E 等，还有尼克酸、叶酸、泛酸等
酶		主要是氧化酶、果胶酶、转化酶和过氧化酶等
其他		主要是酚类化合物的色素、单宁、儿茶酸等，另外还有果胶、芳香物质等

二、苹果

苹果是蔷薇科、苹果亚科、苹果属植物，落叶乔木。苹果有超过 7500 个已知品种，良种有红星系列、红富士、乔纳森等。美国的名种有 Red delicious（香港称地利蛇果，

* 1 亩≈666.67m^2

简称蛇果；台湾称五爪苹果)、Gold delicious 等。据报道，2010 年世界苹果产量约 7000 万 t，其中，中国为 3300 万 t，美国 420 万 t，土耳其 260 万 t，意大利 220 万 t，印度 210 万 t。

作为商业用的苹果要求果肉鲜脆，色泽鲜艳，果型漂亮，有良好的耐储性。

苹果是世界性果品，由于其生态适应性较强，果品营养价值高，耐储性好，市场供应周期长，世界上相当多的国家都将其列为主要消费果品而大力推荐（图 3-7）。

图 3-7　苹果

苹果中的果糖含量较多，为 8.1%，其次为葡萄糖（3.8%）和蔗糖（3.0%）。果糖和葡萄糖都是单糖，可被人体直接吸收。蔗糖在酶的作用下或和酸共同加热时会发生分解，形成葡萄糖和果糖的混合物，溶液的 pH 越低，蔗糖的水解作用越强（表 3-18）。

表 3-18　苹果的主要理化指标

总糖/%	有机酸/%	pH	蛋白质/%	单宁/%	硫胺素/(mg/100g)	维生素C/(mg/100g)	胡萝卜素/(mg/100g)	Ca/(mg/100g)	P/(mg/100g)	K/(mg/100g)	Fe/(mg/100g)	纤维素/(mg/100g)
8.62～14.6	0.2～1.6	3.8～4.0	0.3～0.4	0.025～0.270	0.01	5	0.08	11	9	100	0.1	0.3

苹果中的有机酸主要为苹果酸，占 70%；柠檬酸占 20%；琥珀酸占 7%。苹果随储藏时间增长，其 pH 向碱性发展。

苹果中含的蛋白质较少，但 8 种必需氨基酸都有。苹果中蛋白质的相对分子质量在 50 000 以下。在加工苹果清汁时，蛋白质会造成沉淀，特别是在等电点附近时。苹果蛋白质的等电点约为 3.5；葡萄糖和氨基酸发生反应时会产生褐变，这些问题在加工时应注意。蛋白质与单宁结合，则发生聚合反应，形成絮状物。

单宁具有收敛性的涩味，对苹果及其制品的风味有较大的影响：单宁遇铁变黑；与锡长时间共热会变玫瑰色；单宁氧化会褐变；苹果加工时要尽量避免与空气长时间接触；单宁与糖、酸的比例适中时，能形成很好的风味。

美国和一些欧洲国家都喜欢用苹果酿造苹果酒和苹果醋。

三、柿

柿是中国的主要果品，全世界每年柿果总产量在200万t以上，中国每年产鲜柿164.6万t，占全世界总产量的71.5%。

柿的果实色泽艳丽、风味甘甜，且营养丰富，含多种营养成分（图3-8）。每100g柿果肉中含有碳水化合物15g、糖类物质11g、蛋白质0.7g、脂肪0.1g、维生素C 16mg、维生素A 0.16mg、P 19mg、Ca 10mg、Fe 0.2mg。柿与其他水果相比的不同之处在于，果实中的单宁物质含量是常见果品的十多倍甚至几十倍。酚类物质对人体的作用是“双刃剑”：一方面，其味涩、收敛，食用过多对人体造成危害，影响消化；另一方面，酚类物质有很好的抗氧化作用，食用少量对预防衰老和心血管疾病有很好的功能。柿果在加工过程中因含有大量的单宁等酚类物质，易致使产品色泽劣变，涩味重现、果肉凝聚，严重影响了柿果的深加工利用。目前以涩柿为原料生产的柿深加工产品很少，主要为干制品、柿饼和少量的发酵品。实践证明，柿果是制造果醋的极好原料：①果实中可发酵性糖含量在20%以上，能生产高酸度的食醋；②柿果营养组成适合于酿造菌种的滋生与繁殖；③柿果酿醋工艺简单；④生产食醋过程毋须过多热处理，其产品富含单宁等酚类物质，具有更好的保健功能。

图3-8 柿

四、红枣

据不完全统计，2013 年中国红枣的年产量为 460 万 t。红枣素有“木本粮食，滋补佳品”的美誉，是集食、药、补三大功能为一体的果品。中国红枣（干枣）的常见营养成分为：水 25%～30%、糖 50.3%～86.9%（以还原糖为主）、蛋白质 2.92%～4.0%、粗脂肪 0.2%～0.96%、粗纤维 1.6%～3.1%、P 0.09%～1.27%、K 0.61%～1.05%、Ca 0.03%～0.06%、胡萝卜素 0.01mg/100g、核黄素 0.04mg/100g、尼克酸 0.6mg/100g、硫胺素 0.06mg/100g（以上数据因红枣品种不同而有差异）。红枣中干枣含糖量高达 60%，是其他水果无法比拟的，即使次等枣也具有较高的糖含量和丰富的营养物质，因此以红枣为原料生产红枣发酵产品，能充分利用红枣中高糖含量且大多数都是单糖和低聚糖，发酵时不需糖化工艺的优势，同时菌种的发酵能够产生新的营养物质，增加功能价值，酿造出高酸度、高质量的红枣醋。

五、果酒

果酒是制造果醋的最好原料。欧洲绝大多数果醋均用葡萄酒、苹果酒等来酿制，尤其是发酸的葡萄酒更适于生产食醋。用果酒酿造果醋工艺较用其他原料制醋工艺简单，易于加工。但应注意果酒的酒度和含硫量，果酒酒度较高时，应用低酒度的果酒或水进行稀释，稀释乙醇浓度至 7%～9%为宜，否则过高会抑制醋酸菌的生长繁殖，影响发酵。几乎所有果酒中都含有 SO_2，硫对醋酸菌有很强的抑制作用，用含硫量高的果酒发酵食醋时，需要进行脱硫处理。

第四节　食糖与糖蜜

食糖作为重要的农产品，其来源作物可能是甘蔗、甜菜、芦粟等。食糖是酿醋的好原料。食糖产品的主要形式有冰糖（99.9%）、白砂糖（99.5%）、绵白糖（97.9%）和赤砂糖（也称红糖或黑糖）（89%）。糖蜜又称废糖蜜，是甘蔗或甜菜厂的一种副产品，含糖量较高，且含有相当数量的可发酵糖，作为糖质原料生产食醋时，不需要像淀粉质原料那样进行蒸煮和糖化，可直接被酵母利用，因此生产工艺较为简单。糖蜜的干物质浓度一般不低于 80°Bx，全糖分在 45%以上，使用前须进行预处理，程序包括稀释、酸化、灭菌、澄清和添加营养盐等（表 3-19）。

表 3-19　糖蜜的主要成分

名称	甘蔗糖蜜	甜菜糖蜜
糖度/°Bx	82～85	79～81
全糖分/%	50～54	48～50
蔗糖/%	29～35	48～50
转化糖/%	19～20	0.1～0.2
总氮含量/%	0.4～0.5	2～2.5

第五节　稀释白酒和乙醇

白酒和乙醇都是生产食醋的好原料，使用时需要注意质量。在美国，酒精醋生产所消耗的乙醇一般占乙醇使用量（不含食用乙醇）的9%，而在日本则为5%，法国为5%，德国为7%。在英国，酒精醋生产中只使用发酵麦汁中的蒸馏乙醇，但在美国常常使用石油化工工业乙醇。为了禁止滥用乙醇和避免赔偿，乙醇常被转化为某些特殊形式，然后混入制好的醋中。酒精醋生产中常使用一种变性乙醇 SDS9 的物质（1gal 醋酸乙酯：100gal 95%乙醇，1gal＝3.785L），在醋化过程中醋酸乙酯会水解生成醋酸。用白酒氧化生产食醋时，不能选用质量次、有异侵味的白酒，否则会影响食醋的风味。白酒应达到以下质量标准：每100ml白酒中，总醛含量≤0.02g、杂醇油含量≤0.15g、甲醇含量≤0.04g（粮食酒）和0.2g（代用原料酒）。酿醋用的乙醇则使用食用乙醇，符合以下标准：每100ml无水乙醇中，总醛含量≤0.02g、杂醇油含量≤0.03g、总酯含量≤0.05g、甲醇（以亚硫酸品红试验）不深于标准色、糠醛不得检出、纯度试验（用硫酸试验）无变色。

第六节　动物产品及副产物

动物产品及副产物用来生产食醋的原料不多，主要有蜂蜜等含糖原料；个别国家用生产干酪时的副产物——乳清酿造乳清醋。

蜂蜜是昆虫蜜蜂从开花植物的花中采得的花蜜在蜂巢中酿制的蜜，其主要成分是还原性的果糖和葡萄糖，是发酵食醋的好原料。同时，不同的蜂蜜，其成分和风味物差异较大，可生产出不同风味的蜂蜜醋。蜂蜜的基本成分见表3-20。

表3-20　蜂蜜的基本成分　（单位：%）

成分	果糖	葡萄糖	麦芽糖	蔗糖	水	大分子糖	灰分	其他
含量	38.2	31.3	7.1	1.3	17.2	1.5	0.2	3.2

乳清是制造奶酪的副产品，是乳汁中酪蛋白凝结滤去后剩下的液体成分，含有一定量的乳糖等糖类物质、蛋白质，以及少量脂肪、维生素、矿物质。乳糖等糖类物质是产醋酸的主要物质，含量约为5.14%。一些国家近年来越来越重视乳清的功能和营养价值，用乳清生产低酸度的食醋。

第七节　食醋酿造的辅助原料

中国传统酿造食醋除主料外还需辅料。辅料能提供微生物活动所需的营养物质或增加食醋中某种成分，以提高食醋的质量，因而与产品的色、香、味的形成有直接或间接的关系。有些辅料主要用于固态发酵或速酿过程中，其本身的化学组成成分以纤维素为主，可供一般微生物利用的成分很少，其主要作用是使生化反应处于疏松、空气流通的状态，或起到调整发酵物质的浓度以利于发酵顺利进行的作用。有的辅料是微生物的载体，可促进微生物的生长繁殖。表 3-21 列出了几种填充料的主要组成成分。

表 3-21 几种填充料的主要组成成分 （单位:%）

填充料	水分	粗蛋白	粗脂肪	粗纤维	碳水化合物	粗灰分
玉米秸	11.36	3.52	0.81	33.36	37.20	8.40
稻壳	9.37	4.52	1.95	35.82	24.03	16.60
谷糠	13.52	7.27	2.70	26.67	36.58	12.18
醋糟	12.78	5.01	2.04	34.07	24.19	13.42

中国谷物食醋生产常用的辅料如下。

(1) 谷糠，又名谷壳，是调节发酵原料淀粉浓度、水分含量的良好材料。粗谷糠的疏松度和吸水性都很好，用量少，效果好。酿制优质食醋时选用谷糠为填充料，谷糠可赋予食醋以谷香和香槽香。

(2) 砻糠，又称稻皮。稻皮的疏松度较好，但吸水性差，用来调节淀粉浓度、糖度或水分含量则不如谷糠好。谷糠容易淋浆，而砻糠质地坚硬，含大量硅酸盐，大量使用砻糠会降低醋糟作饲料的质量。

(3) 高粱壳，其疏松性和吸水性都很好，用作辅料优于砻糠，但不如谷糠。用新鲜的高粱壳作辅料，成本低、效果好，著名的山西老陈醋就是以高粱壳为辅料。

(4) 玉米芯，其在液态回流发酵制醋工艺中作为醋酸菌载体使用。粉碎物由于疏松度和吸水性较大，效果也很好，但玉米芯含有大量多聚戊糖，在乙醇发酵中可能产生较多的糠醛，给酒液带来一定的焦苦味，所以不宜多用。

常用制醋辅料的理化性质如表 3-22 所示。

表 3-22 常用制醋辅料的理化性质

名称	水分 /%	淀粉含量		单宁 /%	果胶 /%	多聚戊糖 /%	疏松度 /(g/100mg)	吸水量 /(g/100g)
		粗淀粉 /%	纯淀粉 /%					
高粱壳	12.7	29.8	1.3	1.2～2.8		15.8	13.8	135
玉米芯	12.4	31.4	2.3		1.68	23.5	16.7	360
谷糠	10.3	38.5	3.8		1.07	12.3	14.8	230
砻糠	12.7				1.46	16.9	12.9	120
高粱糠	12.4	38～62	20～35				13.2	350
玉米皮	12.2	40～48	8～28				15.6	320

第八节 食醋酿造原料的前处理

一、谷物原料的前处理

谷物原料在淀粉糖化前须进行除杂、破碎、磨粉等工序。

（一）原料除杂

制醋所用原料多为植物原料，在收割、采集和储运过程中，往往会混有泥石、金属之类杂物，如不去除干净，将会磨损机械设备，堵塞管道、阀门和泵，造成损失。对那些霉变的原料也应加以剔除，以免严重降低食醋的产量和质量。对带皮壳的原料，由于皮壳在发酵过程中会降低设备利用率，堵塞管线，妨碍乙醇发酵，而皮壳本身又不能为一般微生物所利用，故常在粉碎之前先将皮壳除去。

谷物原料多采用分选机处理，原料在分选机中将尘土与轻的夹杂物吹出，并经过几层筛子将谷物基本处理干净。薯类的处理是：先将进仓的干薯类逐一检查，仔细剔除霉烂变质的原料，这是必不可少的首道工序；然后采取洗涤的方法，除去附着于薯类表皮上的砂土，在洗涤薯类时，多采用搅棒式洗涤机。薯类在机内充满水的情况下，被转动着的搅棒缓慢地推向洗涤机的另一端，由于薯类相互摩擦的结果，使薯类皮层上的砂土被洗净。

（二）粉碎与水磨

制醋所用的谷物原料通常呈粒状，外面有皮层包裹，不能为微生物充分利用。为了扩大原料同糖化曲的接触面积，在大多数情况下（煮料发酵法酿醋除外），谷物原料先进行粉碎，然后再进行蒸煮糖化。我国传统制醋工艺中的原料处理，常将谷物进行破碎后润水进行蒸煮。破碎的主要目的是增加润水和蒸煮面积，以提高润水效率，适合于酶作用状态，最终达到糖化完全的目的。破碎的程度也不是越细越好，过于微细，对润水、蒸煮会产生由于发黏难于过滤的问题，给发酵要求的醋醅疏松性带来不利影响。生产大曲（麦曲）的小麦处理是一个很好的例子，要求麦皮较为完整，碾成梅花状，胚乳破裂成几瓣即可。例如，用大米或小米生产米醋时，米的浸泡及磨浆是预处理的主要环节。米浸泡加水比为 1∶1.5；浸泡时间随季节变化而不同，夏季一般 5～6h，冬季 9～10h，春秋季节为 7～8h。浸泡结束，米无硬心，用手一撵即碎。浸泡时间短，米有硬心，不易粉碎，损坏磨浆机；浸泡时间过长，米易酸败。磨浆时粉浆粒度不同，最终影响乙醇发酵的淀粉转酒率，如表 3-23 所示。

表 3-23　粉浆粒度对乙醇发酵、淀粉转酒率的影响（沙惠琴和刘会勇，2002）

粉浆粒度	20 目	30 目	40 目	50 目
每吨米转纯酒精量/L	390 396 398	407 402 406	430 427 425	426 429 432
		平均		
	395	405	427	429
淀粉的乙醇转化率/%	74.7	76.6	80.7	81.1

注：米淀粉含量以 73.5%计。

由表 3-23 可见，粉浆粒度小，原料的淀粉转化酒精产率高。但在实际生产中，若达到 50 目粉浆粒度，对设备要求较高，磨浆机磨扇更换较频繁，增加成本，所以选择 40 目的粉浆粒度即可。

至于高温糖化用料，一般要求粉碎较细，大米多使用水磨，制成米浆。使用酶法液化糖化工艺，须将原料水磨。磨浆前应先将米粒（或其他原料）浸泡，磨时原料加水比例控制在1∶（1.5～2）。如加水过多，会产生浆粒不匀、出浆过快、粒度偏粗等现象，给下一步液化、糖化造成困难。

谷物原料粉碎常用设备有刀片轧碎机、锤击式粉碎机、钢磨等。一般使用锤击式粉碎机的较多。

二、果蔬原料的前处理

用果蔬原料酿醋时，一般应经过除杂、清洗、破碎、取汁、酶解等前处理工序。

不同的果蔬原料，制醋时的前处理不尽相同。仁果类、浆果类原料只需破碎即可，如苹果、梨、柿、山楂、葡萄、草莓、猕猴桃，毋须除去果皮和果渣；核果类原料应去除坚硬的果核，如杏、李等；坚果类原料应根据原料外壳的坚硬度分别处理，甚至有些需要手工处理。用干果原料制醋时，如红枣、葡萄干，先要破碎，加水浸泡或提汁。果蔬原料在破碎时尽量不要将种核破碎。破碎的种仁中脂肪酸、苦味物质就会溶解于果汁原料中，脂肪酸等油脂类物质会使醋产生不良气味。因此，若果蔬原料能方便除核，制醋时应分离除去种子，或者尽量用种子含量少的原料。

果蔬原料因含多种氧化酶，破碎后极易氧化褐变，生产的醋颜色加深，质量下降。因此果蔬原料破碎、取汁时，不允许用铁制、铝制容器和设备进行处理，破碎的原料不宜久置于空气中，应尽快进行后续处理；一些极易褐变的果蔬原料，破碎前需要进行加热灭酶，护色。用于制醋的原料一般不允许添加硫化物，不像葡萄酒的护色。欧洲常用葡萄酒制醋，有时在醋酸发酵之前，需要对果酒进行脱硫处理。

对于富含果胶的果蔬原料，制醋时在乙醇发酵之前，应先添加果胶酶对果胶进行水解，有利于最终果醋的澄清。果醋澄清是食醋厂比较难解决的问题，一些厂家在果醋醋酸发酵后才进行果胶酶处理，这种处理方法是错误的，因为果醋的醋酸含量很高，pH很低，果胶酶在果醋液中很难维持正常的活性，酶解反应不能进行。对于一些含有不溶于水的糖、淀粉的原料，在乙醇发酵前，可适当添加一些淀粉酶，水解淀粉，一方面有利于发酵后的食醋澄清，另一方面可增加可发酵性糖的含量，提高果醋的酸度。笔者在柿果醋的生产中添加少量的麸曲，发现生产的柿果醋色泽加深，醋液清澈，稳定性高。

三、其他原料的前处理

用可发酵性糖或酒精含量高的原料进行发酵时，需要进行稀释处理，如在生产蜂蜜醋时，应将蜂蜜加水稀释至12%～15%的含糖量为宜；用乙醇生产白醋时，要求乙醇必须是食用乙醇，发酵前稀释至乙醇含量为7%～10%。

参考文献

陈驹声. 1953. 高等酿造学. 北京：商务印书馆：401-434

董胜利，徐开生. 2003. 酿造调味品生产技术. 北京：化学工业出版社：162-181

葛向阳，田焕章，梁运祥. 2005. 酿造学. 北京：高等教育出版社：128-134

贾树彪，李盛贤，吴国峰. 2009. 新编酒精工艺学. 北京：化学工业出版社：7-40
沙惠琴，刘会勇. 2002. 提高液态深层发酵酿醋工艺原料淀粉利用率的几个要点. 中国调味品，285（11）：26-28
上海酿造科学研究所. 1996. 发酵调味品生产技术（修订版）. 北京：中国轻工业出版社：396-400
赵谋明. 2001. 调味品. 北京：化学工业出版社：88-154
Brian J B. Wood. 2001. 发酵食品微生物学. 徐岩译. 北京：中国轻工业出版社：1-44

第四章　淀粉糖化

凡是含淀粉的原料用于生产食醋时，都需将淀粉转化为能被酵母菌及其他微生物发酵所利用的小分子糖。绝大多数水果和蔬菜的糖类组成主要是小分子物质，能直接被酵母菌利用，因此在食醋制造中不需要糊化和糖化过程。

第一节　淀粉的结构及组成

淀粉是由葡萄糖基组成的高分子物质，广泛存在于谷物（如玉米、麦、大米、高粱等）及植物根茎（如甘薯、木薯、马铃薯等）中。植物淀粉往往以颗粒形式存在。淀粉颗粒不溶于冷水和有机溶剂，其内部是很复杂的结晶组织，在显微镜的观察下，淀粉颗粒呈透明状，且不同原料的淀粉具有不同的形状和大小（图 4-1）。淀粉颗粒的形状可分为圆形、椭圆形和多角形三种。一般水分含量高、蛋白质含量较少的植物颗粒比较大，形状较整齐，大多数呈圆形或椭圆形，如马铃薯、木薯。但同一种淀粉的颗粒大小并不均匀。

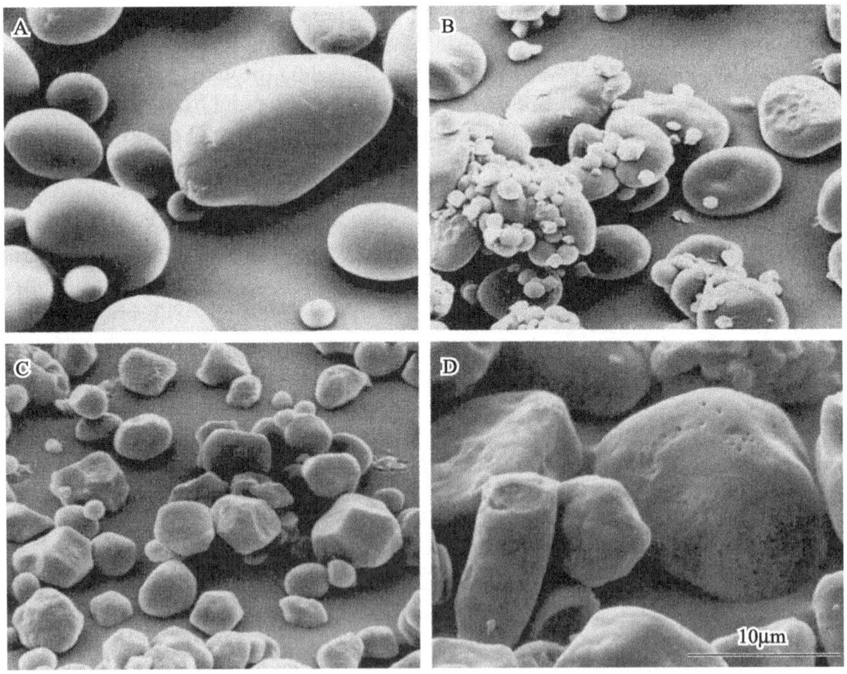

图 4-1　淀粉颗粒的扫描电镜图（Lehmann and Robin，2007）

A. 土豆；B. 小麦；C. 玉米；D. 蜡质玉米淀粉颗粒表面的孔

植物天然淀粉的结构根据来源不同而有差异，但它们都是由直链淀粉（amylose）和支链淀粉（amylopectin）所组成的，这两种淀粉均由葡萄糖单元构成，而它们结构的差异主要在于链的形状不同。在直链淀粉中葡萄糖单元以 α-1,4-糖苷键连接成直链，称为直链淀粉；而支链淀粉中除直链外还含有支链（α-1,6-糖苷键）。直链淀粉平均含有 200～980 个葡萄糖单元，相对分子质量为 32 000～160 000，分子结构如图 4-2 所示。支链淀粉分子结构较直链淀粉复杂，除 α-1,4-糖苷键缩合的葡萄糖链以外，还以 α-1,6-糖苷键使葡萄糖单元缩合，所以支链淀粉相对分子质量较大，为 100 000～1 000 000，平均含有 600～6000 个葡萄糖单元，其分子结构如图 4-3 所示。

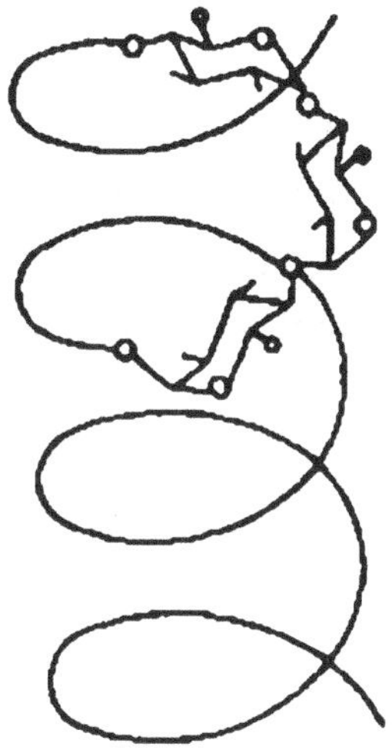

图 4-2　直链淀粉分子结构示意图

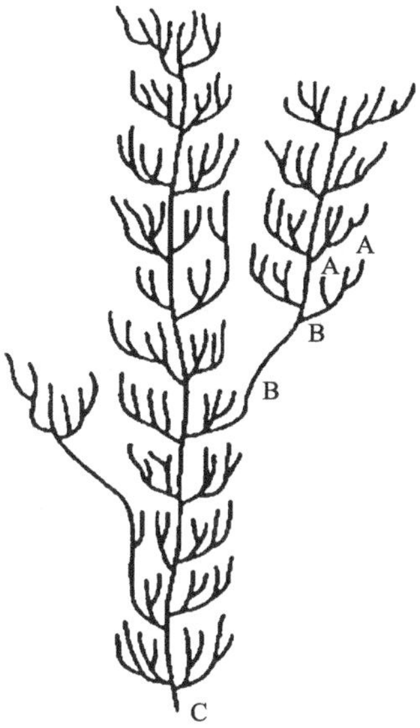

图 4-3　支链淀粉分子结构示意图

第二节　淀 粉 糊 化

淀粉是一种亲水胶体，当淀粉与水接触时，水便渗透薄膜而进入到淀粉颗粒里，淀粉颗粒吸收水分后能发生膨胀现象，使淀粉的巨大分子链发生扩张。当原料吸收20%～25%的水分、温度升至 40℃时，膨胀作用的第一阶段已开始。淀粉随着温度升高而继续膨胀，到温度升至糊化温度（60～80℃）时，淀粉颗粒体积已膨胀到 50～100 倍。此时，各分子之间的联系削弱，淀粉颗粒相互分开，体系的黏度大幅度增加，此现象在工艺上称为淀粉糊化（starch gelatinization）。淀粉颗粒经糊化后，更易被淀粉酶水解。因此，在发酵工业中用淀粉作原料生产时，往往都需要将淀粉进行糊化。

糊化温度与淀粉颗粒的大小、水中盐分含量等有关。由于任何原料的淀粉颗粒大小都不均一，所以糊化温度应该是一个温度范围（从糊化开始到结束）。玉米等淀粉的糊化温度见表 4-1。对于各种粉碎原料来说，其糊化温度要较相应品种的纯淀粉高一些，因为原料中存在的糖类、含氮化合物、电解质等物质会降低水的渗透作用，从而使膨胀作用的速度变慢。

表 4-1　不同淀粉原料的糊化温度

淀粉	淀粉颗粒大小/μm	糊化温度/℃
甘薯淀粉	35～50	53～64
大米淀粉	5	82～83
玉米淀粉	15	65～73
小麦淀粉	20～22	64～71

淀粉在膨胀与溶解的过程中，黏度是不断变化的。最初阶段淀粉受热黏度下降，这是由于原料吸水膨胀后，悬浮液中游离水分减少。当温度达到 60℃以上时，部分淀粉开始糊化，直链淀粉溶解于热水中，形成有黏性的糊化状态，黏度逐渐增加；当温度升高至100℃时，支链淀粉开始溶解于水，形成非黏滞的液体；温度继续上升至 120℃时，淀粉颗粒完全溶解，其结构被破坏，原来排列整齐的淀粉层彼此连接形成网状结构，在网状结构中充满了最初溶解的淀粉片段和微小粒子；当温度超过 120℃时，由于淀粉分子的运动能增高，网状结构间的联系被削弱而破坏，断裂成更小的片段，黏度又迅速下降；当达到130℃左右时，支链淀粉几乎全部溶解，网状组织被彻底破坏，淀粉溶液变成黏度较低的流动性醪液，这种现象称为液化（liquefication）。淀粉糊化过程中醪液的黏度变化情况如图 4-4 所示。

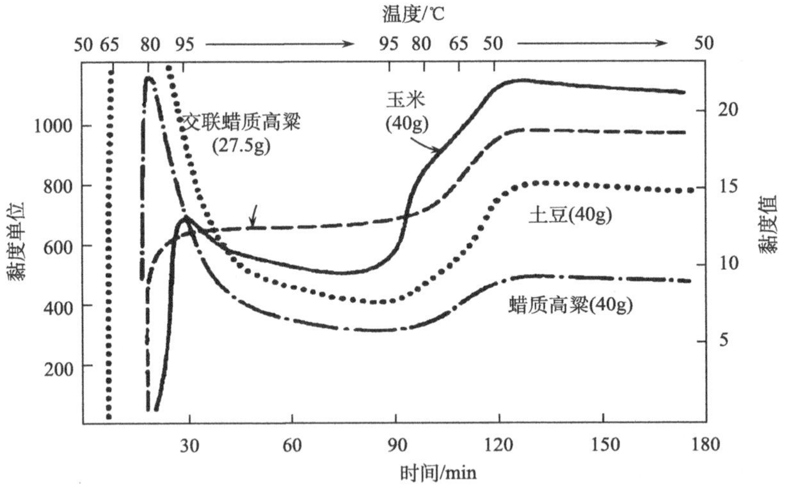

图 4-4　不同淀粉的黏度变化

可用氢键理论来解释淀粉的糊化和液化现象：温度升高，淀粉颗粒中大分子间氢键结合减弱，造成淀粉颗粒部分解体，形成网状组织，发生糊化现象；如果温度继续上升并达到 120℃以上时，升温能量破坏了水分子和淀粉分子之间的氢键，醪液胶体状态遭到破坏，黏度下降，即发生液化现象。

液化了的淀粉醪液在温度降低时，黏度会逐步增加，降到60℃时，变得非常黏稠，到55℃以下会变成凝胶，时间一长，则会重新产生部分结晶，这种现象称为淀粉糊化醪的“反生”。反生现象是由于淀粉分子之间氢键的重新形成引起的。变成凝胶后的醪液无法输送，更不能与糖化酶充分混合，造成生产停顿。为此，在传统工艺生产中，糊化醪应尽快冷却到60～65℃，并立即与糖化酶混合，进行糖化作用，使淀粉变成糖或分子较小的糊精，以防止“反生”现象发生。特别是在糊化过程中发生较长时间的停电、停气等事故时，一定要果断采取措施，将糊化醪送入糖化罐进行糖化，不能让糊化团长时间停留在蒸煮罐中。虽然在耐高温淀粉酶结合的工艺中，上述淀粉糊化醪的“反生”现象已不存在，但清楚其机理是有益的。

第三节　淀粉糖化机制及糖化酶类和糖化剂（曲）

一、淀粉糖化机制

淀粉糖化（saccharization）是指将已糊化的淀粉降解为小分子的低聚糖、糊精及小分子的单糖的生化过程，反应式如下：

$$(C_6H_{10}O_5)_n + nH_2O \xrightarrow{\text{糖化酶}} n\,(C_6H_{12}O_6)$$

淀粉糖化包括淀粉的液化和糖化两个步骤。液化是利用液化酶使糊化的淀粉强度降低，并水解成糊精和低聚糖。

无论直链淀粉还是支链淀粉，在热、酸、碱和淀粉酶等作用下进行糖化，淀粉糊的黏度很快降低，淀粉液的碘色反应迅速失去蓝色，按照紫色→红色→褐色→黄色→无色的方向变化。淀粉的碘色反应与淀粉分子链的长度有关，链长在30个葡萄糖单位以上呈蓝色，20～30个葡萄糖单位之间为紫色，13～20个葡萄糖单位之间为红色，7个葡萄糖单位以下无色。

淀粉质原料制造食醋，必须经过糖化，把淀粉转变成可发酵性糖，所用的催化剂称为糖化剂。传统食醋工业采用的糖化剂主要有麦芽（发芽的大麦）与曲两种，现代食醋酿造工业上将淀粉糖化最常用的是淀粉糖化酶、曲，或者为二者的复合物。个别企业也用无机酸作为糖化剂，淀粉在稀酸作用下可发生水解，生成一系列的产物，首先生成糊精，再经麦芽糖最后得到葡萄糖，即所谓酸糖化法，但在食醋中很少用此方法。

淀粉水解后所得的糖分，大部分供给酵母菌进行乙醇发酵，继而进行醋酸发酵；一部分糖分发酵生成其他有机酸；还有一些则残留在醋液内，作为食醋中一部分色香味的基础。

糖化过程中除上述糖化作用外，尚有其他作用。

（1）含氮物质的水解：原料中的蛋白质经加热变性后在麸曲蛋白酶的作用下水解为胨、多肽和氨基酸等。这些游离氨基酸是食醋中的主要鲜味成分，氨基态氮一般占总氮量的10%～17%。

（2）果胶质和半纤维素的水解：在糖化过程中也会发生果胶质和半纤维素的水解作用，它们的分解程度，依所用糖化曲的种类不同而不同，一般黑曲霉中果胶酶和半纤维素酶活力高于米曲霉。

（3）酸度的增加：糖化过程中酸度逐渐上升。这是由于含磷化合物与糖分子分解所形成的，也可能是曲霉在生长中生成的。

（4）寡糖的产生：用曲霉生产的麸曲中含有葡萄糖苷转移酶，在糖化时一部分糖受葡萄糖苷转移酶的作用生成异麦芽糖、潘糖和具有 α-1,6 糖苷键的低聚糖，这些寡糖都不能被酒精酵母发酵。

二、淀粉糖化的主要酶及糖化剂（曲）

（一）淀粉糖化酶

淀粉糖化酶的种类繁多，根据酶作用位点不同可按图 4-5 进行分类。内淀粉酶能切割直链或支链内部 α-1,4 糖苷键，α-淀粉酶属于这种酶。外淀粉酶包括专一性切割 α-1,4 糖苷键的 β-淀粉酶和能切割 α-1,4、α-1,6 糖苷键的葡萄糖淀粉酶，以及 α-葡萄糖苷酶。外淀粉酶从淀粉一端的葡萄糖残基开始水解淀粉，产物主要为葡萄糖、麦芽糖和 β-限制性糊精。β-淀粉酶和葡萄糖淀粉酶能将麦芽糖结构从 α 型转变为 β 型。葡萄糖淀粉酶和 α-葡萄糖苷酶作用的底物不同，葡萄糖淀粉酶适合水解长链多糖，α-葡萄糖苷酶适合作用于短的麦芽低聚糖链，并释放出 α 型的葡萄糖。异淀粉酶和支链淀粉酶属脱支酶类，二者的主要区别是否水解 α-1,6 糖苷键连接的支链，异淀粉酶只能水解 α-1,6 糖苷键连接的支链淀粉，而支链淀粉酶不仅能水解 α-1,6 糖苷键连接的支链淀粉，而且还能水解其分支连接键。

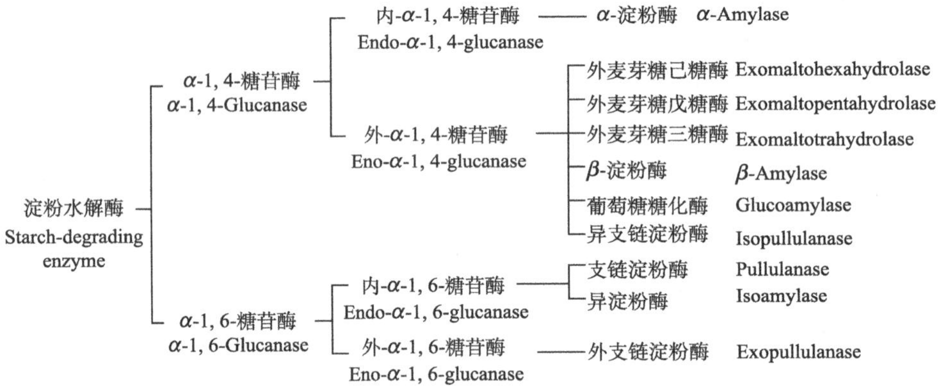

图 4-5　糖化酶的种类

1. α-淀粉酶（淀粉-1,4-糊精酶，E. C 3. 2. 1. 1）

1）基本特性

α-淀粉酶存在于霉菌、麦芽、唾液、细菌中，因其来源不同性质亦有差异，故可以理解在霉菌中的淀粉酶相互之间有些差异。但是 α-淀粉酶的作用机制大部分是相同的，α-淀粉酶可把接近于淀粉分子中心的由 α-1,4 方式结合的葡萄糖键切断，依次分解为小分子的糊精，最后生成麦芽糖。在这期间，醪液的黏度下降很快，碘与淀粉的反应依次为蓝色→紫色→褐色→黄色→无色。此酶对 α-1,6-糖苷键不能切断，因此在发酵液中残存着如异麦芽糖那样的糖类。α-淀粉酶的基本特性如表 4-2 所示。

表 4-2　微生物 α-淀粉酶的性质

特性	液化型	糖化型	耐热型	霉菌			酵母	不完全菌
				米曲霉 黑曲霉	黑曲霉 耐热性	根霉	拟内孢霉	卵孢霉
热稳定性	65～80℃	55～70℃	75～90℃	55～70℃	55～70℃	55～60℃	55～60℃	50～70℃
pH 稳定性（24h、30℃）	4.8～10.6	4.0～9.5		4.7～9.5	1.8～6.5	5.4～7.0	6.0～7.5	6.0～10.3
最适 pH	5.4～6.0	4.8～5.2		4.9～5.2	2.0～4.0	3.6	5.4	5.6
淀粉吸附性	+	—	+	—	—	—	+	+
Ca^{2+} 保护作用	+	—	+	+	+	—	+	+
淀粉水解限度/%	35	70	35	48	48	48	95	37
淀粉水解产物	糊精 麦芽糖（32%） 葡萄糖	葡萄糖 糊精 麦芽糖 麦芽三糖	麦芽糖 糊精	麦芽糖（50%）	麦芽糖（50%）	麦芽糖（50%）	麦芽糖（50%）	麦芽糖（50%）
碘反应消失点（分解率/%）	13	25	13	16	16	16	50	14
麦芽糖分解作用	—	+	—	—	—	—	+	—

2）影响 α-淀粉酶活性的因素

在工业上，应用 α-淀粉酶时，要注意 pH、反应温度、底物浓度等因素，因为这些因素将直接影响到淀粉液化过程中 α-淀粉酶的活性。

a. pH 和温度

一般 α-淀粉酶最适 pH 为 5～6，pH 稳定范围是 5.5～8.0，pH 4.0 以下易失活。哺乳动物的 α-淀粉酶能被氯离子激活，在氯离子的存在下最适 pH 为 7.9；高等植物的 α-淀粉酶在 pH 3.6 时失活；黑曲霉 α-淀粉酶的耐酸性较好，在 pH 2.0 时仍可保持 80%的酶活力，但在中、碱性条件下不稳定；米曲霉则相反，在 pH 2.5 时完全失活；枯草杆菌 α-淀粉酶作用的最适 pH 是 5～7。我国食品工业目前常用的 B. F. 7658 枯草杆菌淀粉酶（简称 7658）在 37℃条件下的最适 pH 是 5.5～6.5，最适温度是 50～70℃。pH 稳定性随着作用温度的升高而降低。α-淀粉酶 4℃时稳定 pH 为 6.0～7.0；40℃时稳定 pH 是 5.5～6.5，酶活力降低 33%。

用 α-淀粉酶液化淀粉时，若 pH 过高，由于碱异构化，能使糊精的还原性末端发生异构化，生成异构化糊精，继续用糖化菌糖化时，产物中会残留一部分麦芽酮糖。

b. 酶的热稳定性与受热时间的关系

不同来源的 α-淀粉酶在热稳定性方面存在差异。一般规律是，细菌 α-淀粉酶热稳定性高，谷物的较低，曲霉的更低。

c. Ca^{2+}

研究表明，一定浓度的 Ca^{2+} 可促进 α-淀粉酶水解淀粉，提高反应速度。另外，Ca^{2+} 有稳定 α-淀粉酶构象的作用，因此使用 α-淀粉酶糖化淀粉时，需要添加一定浓度的 $CaCl_2$ 等含钙物质。

3）α-淀粉酶使用过程中的注意事项

在使用 α-淀粉酶时，一些微量的金属离子如 Fe^{3+}、Cu^{2+}、Hg^{2+} 等能使酶钝化。若生产用水带有这些金属离子，通常需采用离子交换法、加 EDTA 法和电渗析等方法处理水；经这些方法处理后的水需补充 Ca^{2+} 和 Na^{+} 等离子。另外，原料中的单宁和有机酸等对 α-淀粉酶也有抑制作用。

一般所说的最适温度和最适 pH 并不是酶的绝对物理常数。它们是在规定的条件下（pH、湿度、底物成分和浓度等）测定的最大酶活力值。如果生产条件发生变化，最适 pH 和温度也可能会改变。所以实验室确定的最佳条件只能作为确定工艺的主要参考数据，还需在生产实际中不断完善。

如果生产要求的条件特殊，不是酶作用的最佳条件，则要酌量增、减酶量，改变酶解时间，提高或降低温度。生产中调淀粉浆时，应先调整好 pH，后加酶，以防止局部酸、碱剧烈变化，或酸、碱浓度过高影响酶的活力。

2. β-淀粉酶（E. C. 3. 2. 1. 2）

β-淀粉酶大量存在于麦芽、生麸皮中，它对淀粉 α-1,4 糖苷键的水解是从非还原性末端顺次以麦芽糖为一个单位，逐步地切断，它不能切割 α-1,6 糖苷键，产物为麦芽糖及界限糊精。作用于底物时，同时发生沃尔登转位反应（Walden inversition），使产物由 α 型转变为 β 型麦芽糖，故称为 β-淀粉酶。本酶作用于淀粉时，虽使其还原能力直线上升，但不能像 α-淀粉酶那样很快使淀粉分子变小，糊精化速度很慢。与碘反应，只能由蓝色变浅，不会变为紫色、红色，以至无色。因来源不同，其最适宜 pH 及温度也不同。一般来说，最适 pH 为 5.0～6.0，最适温度为 55℃，但在 0℃时，α-淀粉酶即失去活性，而 β-淀粉酶仍有活性。

3. 葡萄糖淀粉酶（糖化酶，E. C. 3. 2. 1. 3）

葡萄糖淀粉酶又称 1,4-葡聚糖葡萄糖水解酶。大部分制品为液状，但也有晶体，呈黑褐色，最适 pH 为 4～5，最适温度为 55～60℃。此酶主要作用是从淀粉链的非还原性末端切开 α-1,4 键，也能切开 α-1,6 键和 α-1,3 键。任何来源的糖化酶都可以将酚基麦芽糖苷水解为葡萄糖，水解的底物分子越大，水解速度越快。水解速度还受到底物分子排列上的下一个键的影响。不同来源的葡萄糖淀粉酶等电点不同，相对分子质量约 69 000，可利用黑曲霉、红曲霉、拟内孢霉、米根霉等进行发酵制备，主要用作淀粉糖化剂。理论上讲，葡萄糖淀粉酶可将淀粉 100％水解为葡萄糖，但事实上，虽然其能作用于 α-1,6 糖苷键，却仍然不能使支链淀粉完全降解。这可能是因为在支链淀粉中某些 α-1,6 糖苷键的排列方式使得葡萄糖淀粉酶不易发挥作用，但若体系中有 α-淀粉酶参与时，葡萄糖淀粉酶可使支链淀粉完全降解。另外，葡萄糖淀粉酶对淀粉的水解能力随酶的来源不同而存在差别。葡萄糖淀粉酶的一般性质见表 4-3。

表 4-3　葡萄糖淀粉酶的一般性质（赵凯，2009）

相对分子质量	50 000～112 000	热稳定性	< 60℃
碳水化合物质量分数	3.2%～20%	对金属离子要求	无
等电点	3.4～7.0	底物	直链、支链淀粉、糊精、糖原、麦芽糖
最适 pH	4.0～5.0	作用位点	α-1,4 糖苷键、α-1,6 糖苷键、α-1,3 糖苷键
最适温度	40～60℃	切开机制	外切
pH 稳定性	3.0～7.0	来源	根霉、曲霉

4. 异淀粉酶（E. C. 3. 2. 1. 68）

异淀粉酶又称 R-酶、茁霉多糖酶等，能内切支链淀粉的 α-1,6 葡萄糖苷键，产物为直链淀粉。但对寡糖、异寡糖、异麦芽糖等 α-1,6 糖苷键上只有一个葡萄糖基的寡糖，或仅含 α-1,6 糖苷键的多糖均没有作用。

5. 转移葡萄糖苷酶（E. C. 2. 4. 1. 24）

转移葡萄糖苷酶又称 α-葡萄糖苷酶，主要存在于黑曲霉中，它可以从低聚糖类底物的非还原性末端切开 α-1,4 糖苷键，释放出葡萄糖，或将游离出的葡萄糖残基以 α-1,6糖苷键转移到另一个糖类底物上，从而得到非发酵性的低聚异麦芽糖（主要包括异麦芽糖、潘糖、异麦芽三糖等）、糖脂或糖肽等。该酶既具有水解能力，又具有转移能力。

（二）糖化剂（曲）

曲又称曲蘖，是用米、小麦、大麦、黑麦、燕麦、豆类等粮食作物及其外皮碾磨而成的白色粉末的米糠或麦麸等为培养基和载体，受到微生物感染或接种，通过培养，使微生物有效繁殖并产生大量酶系的制品。中国的制曲技术历史悠久，源远流长，《书经·说命篇》有“若作酒醴，尔惟曲蘖”，从曲蘖到酒曲是经过几千年的实践而形成的独特制曲技术，是中国古人对微生物利用的卓越成就和伟大贡献，是中国宝贵科学文化遗产。

曲种类繁多，其制造原料、方法和用途都不尽不同，按制曲的原料来分主要有小麦和稻米，故分别称为麦曲和米曲。用稻米制的曲，种类也很多，如用米粉制成的小曲，用蒸熟的米饭制成的红曲或乌衣红曲、米曲（米曲霉）。按原料是否熟化处理可分为生麦曲和熟麦曲。按曲中的添加物来分，如加入中草药的称为药曲，加入豆类原料的称为豆曲（豌豆、绿豆等）。按曲的形体可分为大曲（草包曲、砖曲、挂曲）、小曲（饼曲）、散曲。按曲中微生物的来源分为传统曲（微生物的天然接种）和纯种曲（如米曲霉接种的米曲、根霉菌接种的根霉曲、黑曲霉接种的麸曲）。曲的基本分类见图 4-6。

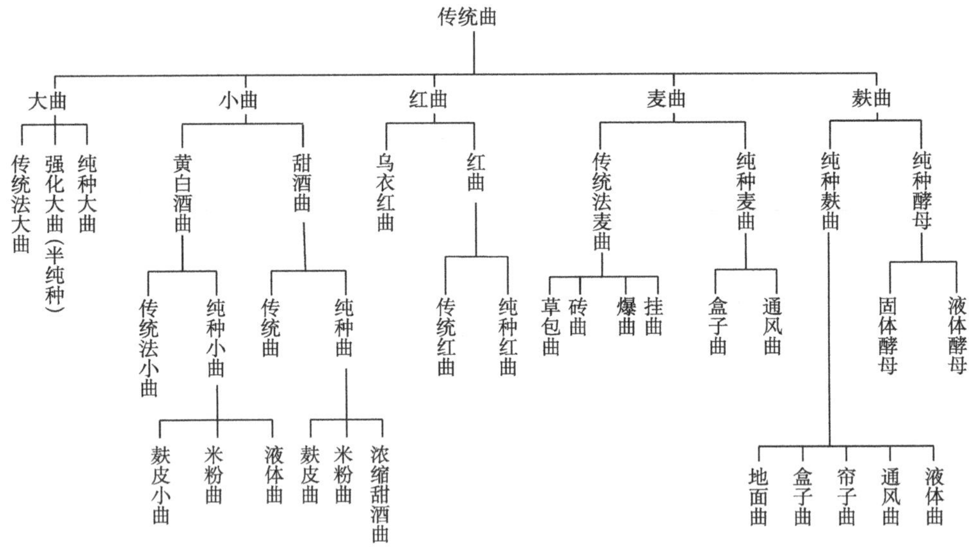

图 4-6　中国曲的种类

曲不论是自然发酵培养而成的，还是人工培养而成的，都是微生物及酶的载体和富集体，有人称之为粗酶制剂。它具有淀粉糖化、酒化、蛋白质液化和脂类水解等作用。在中国及其他亚洲国家，将曲作为发酵剂，广泛用于各种酒（如白酒、米酒、黄酒）、食醋、酱油、普洱茶、味噌、泡盛和醪糟等的酿造中。

1. 大曲（块曲）

因曲块体型大而得名。这是以根霉、毛霉、曲霉、酵母和细菌为主，并有大量野生菌的糖化曲。曲饼亦属于这一类型。这类曲便于保管和运输，生产周期长，酿成食醋风味好，但淀粉利用率较低。现在我国几种主要名特食醋的生产仍多采用大曲。

2. 小曲（药曲或酒药）

小曲配料中，可加一些草药或风味剂，生产的这类曲称药曲。由于小曲可起乙醇发酵作用，又称酒曲。小曲中主要的微生物是根霉。利用根霉在生长过程中所产生的淀粉酶进行糖化作用，使得酿醋时小曲用量很少。小曲便于运输和保管，但这类曲对原料选择性强，适用于糯米、大米、高粱等原料，对于薯类及野生植物原料的适应性差。

3. 麦曲

麦曲是指在破碎的小麦上培养繁殖糖化菌而制成的糖化剂。麦曲在黄酒酿造中占有极为重要的地位，主要是淀粉酶和蛋白酶；同时在制曲过程中，形成各种代谢产物。

4. 红曲

红曲是我国特产之一，红曲霉培养在米饭上能分泌红色素与黄色素，有较强的糖化酶活力，广泛应用于增色及红曲醋、玫瑰醋的酿造。

以上 4 种曲主要是自然接种培养，为中国传统曲，其区别见表 4-4。

表 4-4　当今中国传统曲类型（黄兴宗，2008）

类型	原料	形状	主要微生物	用途
大曲	小麦、大麦、豌豆	砖形	根霉亚种（*Rhizopus* spp.）、曲霉亚种（*Aspergillus* spp.）、酵母菌	淀粉糖化、酿酒、酿醋
小曲	大米、米糠、草药	粒形	根霉亚种（*Rhizopus* spp.）、毛霉亚种（*Mucor* spp.）、酵母菌	淀粉糖化、餐桌酒、黄酒、酿醋
麦曲	小麦、大麦	块形	米曲霉（*Aspergillus oryzae*）、根霉亚种（*Rhizopus* spp.）、酵母菌	淀粉糖化、餐桌酒、黄酒、酿醋
红曲	米	粒形、液体	紫红曲霉（*Monascus purpureus*）、酵母菌	餐桌酒、黄酒、酿醋、食品染色剂

5. 麸曲

散曲，以黑曲霉、黄曲酶为主。麸曲具有糖化力强、酶系纯正单一的特点，广泛用于发酵工业中。采用人工纯种培养，操作简便。麸曲生产成本低，对各种原料适应性强，制曲周期也短，是现在谷物食醋生产时使用最广泛的糖化剂。

6. 液体曲

一般用曲霉菌、细菌在发酵罐内经深层培养所得到的一种液态的含 α-淀粉酶及糖化酶的曲，可代替固体曲用于酿醋。液体曲生产机械化程度高，但设备投资大，动力消耗大，技术要求高。

7. 大麦麦芽

发芽的大麦富含糖化酶和蛋白质液化酶，在生产啤酒时毋须添加其他糖化剂或酶制剂，只用发芽大麦即可糖化淀粉。德国、英国等国都习惯用啤酒或大麦为原料生产大麦醋，糖化剂为已发芽的大麦麦芽。

第四节　常用糖化剂的生产

一、酿醋工业常用生产糖化剂的微生物及其生理特性

（一）曲霉属

曲霉属（*Aspergillus*）属半知菌类的丛梗孢目（Moniliales）、丛梗孢科（Moniliaceae），

表 4-5　曲霉属中 14 个群的特征表解（姚汝华和赵继伦，1999）

群	特征					
棒曲霉群 (*A. clavatus*) 分生孢子头棒状				无菌核	分生孢子梗平滑	单层小梗
灰绿曲霉群 (*A. glaucus*) 闭囊壳黄色			产生子囊孢	无菌核	分生孢子梗平滑	单层小梗
烟曲霉群 (*A. fumigatus*)			产生子囊孢	无菌核	分生孢子梗平滑	单层小梗
构巢曲霉群 (*A. nidulans*) 子囊孢子红色	分生孢子梗壁棕色	产生鞘细胞	产生子囊孢	无菌核	分生孢子梗平滑	双层小梗
焦色曲霉群 (*A. ustus*)	分生孢子梗壁棕色	产生鞘细胞		无菌核	分生孢子梗平滑	双层小梗
黄柄曲霉群 (*A. flavipes*)	分生孢子梗壁棕色	产生鞘细胞		无菌核	分生孢子梗平滑	双层小梗
杂色曲霉群 (*A. versicolor*)		产生鞘细胞		无菌核	分生孢子梗平滑	双层小梗
土色曲霉群 (*A. terreus*)		产生鞘细胞		无菌核	分生孢子梗平滑	双层小梗
白曲霉群 (*A. candidus*)				有菌核	分生孢子梗平滑	双层小梗
黑曲霉群 (*A. niger*) 分生孢子头球状，黑色				有菌核	分生孢子梗平滑	双层小梗
温氏曲霉群 (*A. wenlii*)				有菌核	分生孢子梗粗糙	双层小梗
溜曲霉群 (*A. tamarii*)				有菌核	分生孢子梗粗糙	双层小梗
黄色米曲霉群 (*A. flcaus-oryzae*) 分生孢子头黄绿色				有菌核	分生孢子梗粗糙	双层小梗
棕色曲霉群 (*A.ochraceus*) 分生孢子头赤色到黄色	分生孢子梗壁黄色			有菌核	分生孢子梗粗糙	双层小梗

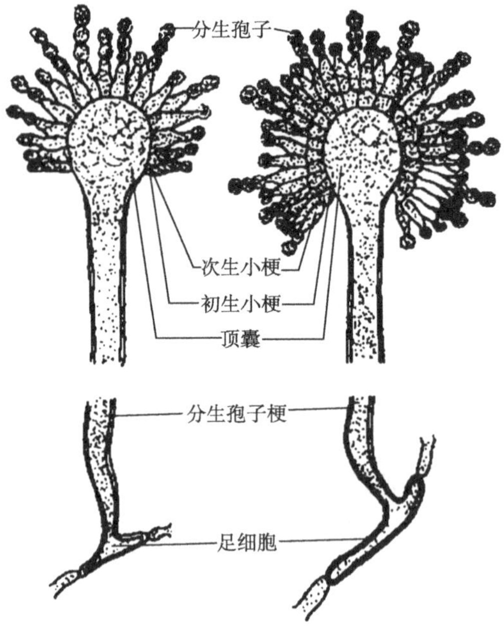

图 4-7　曲霉属结构示意图

如图 4-7 所示。表 4-5 简述了不同曲霉属的表型特征，其中有些种可以形成子囊孢子，所以在有些分类系统中将其列入子囊菌纲。曲霉属的种群分类标准是根据小梗的级数、分生孢子柄的特征、粗糙或平滑、颜色、鞘细胞及菌核等决定的。在食醋酿造中用于淀粉糖化的菌种主要有以下几种。

1. 黑曲霉（*A. niger*）

黑曲霉（图 4-8）在自然界分布较广，可在各种霉菌普通基质上生长。黑曲霉有多种活性较强的酶系，在乙醇和食醋工业上得到广泛应用，其产生的淀粉酶可用于淀粉液化和糖化。黑曲霉呈黑褐色，顶囊呈大球形，小梗分枝，孢子球形，有的菌种为滑面，多数表面有刺。目前在糖化剂中广泛使用的是 AS 3.4309 菌株，俗称 UV-11。该菌种糖化酶活性强，且具有耐酸性，液化型淀粉酶含量低，不仅适合于液体曲生产，也适合于固体曲生产。由于该菌的糖化酶活性高，所以生产中的用曲量可大幅度减少。

图 4-8　冷冻干燥的黑曲霉电镜图（Read，1991）

该菌种最适发育温度为 36～38℃，最适生长温度为 32℃，最适生长 pH 为 4.5～5.0。制曲时，前期菌丝生长缓慢，结块疏松，当出现分生孢子时迅速蔓延。生长过程中有前缓后急现象。若曲室温度高，相对湿度大，品温超过 37℃时，容易出现烧心和长水毛现象，主要表现为固体麸曲表面有纤细长绒状菌丝、有凝结水、曲心为灰黑色、结块紧密等。以上情况会影响麸曲的糖化力。因此，在制曲时要注意控制曲室的湿度、前期和中期的品温，保持品温不超过 32℃为宜。

2. 泡盛曲霉（*A. awamori*）

菌丛白色孢子生成时，颜色由污灰褐色变到巧克力糖色，孢子柄直立，无色、无隔膜，当培养时间较长时，孢子柄下部有褐色。此菌顶囊为球形、平滑、小梗分枝，能生成曲酸及柠檬酸，且糖化、液化力强，亦是适宜酿酒醋的糖化菌株。

3. 米曲霉（*A. oryzae*）

我国常用的菌株为沪酿 3.042，3.040 和 AS3.683。米曲霉多呈黄绿色，但培养在酸度较大或碳源丰富的培养基上呈绿色，培养在酸度小或氮源多时的培养基上呈黄色，老化后逐渐为褐色，发育最适温度 37℃，pH 为 5.5～6.0。它的液化力和蛋白质分解力较强。到目前已发现该菌有 50 余种酶。由于多年培养和生产选种，以及利用各种物理化学方法人工变异，所以其变种种类很多。该菌为多核，容易由菌丝的结合作用而引起变异，除作糖化剂外，广泛用于酱、醋、酒及酱油生产，并能生成曲酸、柠檬酸、延胡索酸。

4. 黄曲霉（*A. flavus*）

常用的菌株 AS 3.800，外观形态与米曲霉相似，是东方糖化曲中应用最早的一种。梗和孢子粗糙，能生成曲酸。曲酸在水溶液中能使氯化铁生成极强烈的特有红色，发育温度同米曲酶。黄曲霉菌不一定呈黄色，还经常是绿色的。菌落迅速蔓延，最初带黄色，然后转为黄绿色，随其曲龄而变暗，最后变成褐色。培养最适温度为 37℃。其产液化型淀粉酶比黑曲霉强，蛋白质分解能力比米曲霉弱。该菌种能分解 DNA 产生 5′-脱氧胞苷酸、5′-脱氧腺苷酸、5′-脱氧鸟苷酸和 5′-脱氧胸腺嘧啶核苷酸等。黄曲霉在乙醇和食醋生产上很少被采用，其主要原因是黄曲霉中某些菌系能产生黄曲霉毒素。黄曲霉毒素是一种致癌物质，对人的健康有影响。工业上应采用不产生黄曲霉毒素的菌株。

5. 甘薯曲霉（*A. batata*）

常用菌株 AS 3.324，因适用于甘薯原料而得名。AS 3.324 自从在全国酿酒酿醋工业行业推广以来，对提高酒及醋的淀粉利用率有明显的效果。此菌菌丝为暗黑色，孢子头球形，孢子为圆球形，成熟后有细刺，菌丝膨大部分类似孢子状体，发育温度为 37℃，对有机酸亦有生成力，并含有强力的单宁酶，适合甘薯及野生植物酿醋所用。

6. 宇佐美曲霉（邬氏曲霉）（*A. usamii*）

该霉属黑曲霉群，常用菌株 AS 3.758，是日本在数千种黑曲中选育出来的糖化力极强的菌种。菌丝黑色至黑褐色，小梗为二系列，孢子平滑或粗面。孢子头老熟呈黑褐色，能同化硝酸盐，生酸能力很强。其主要是糖化型淀粉酶，耐酸性很高；对制曲原料适宜性也强，有强力的单宁酶。我国常用的糖化菌种‘东酒一号’、‘轻研二号’等就是以乌沙米曲霉为出发菌株，经物理与化学诱变复合处理而获得的优良菌种。该菌种生长时要求较高的湿度、较低的温度。‘东酒一号’菌种在制曲时，前期生长缓慢、升温慢，但在中后期则较快。曲块较疏松，制曲总时间需 28～32h，糖化力较高。

7. 河内曲霉（*A. kawachii*）

河内曲霉一般称为白曲霉，实际上是乌沙米曲霉的变种。该菌是将中酸性黑曲霉在面包上培养，放在 $CaCl_2$ 玻璃干燥器内变异而成。它的性能和乌沙米曲霉大体相似，唯生长条件较粗放，酶系也可能较乌沙米曲霉纯，用于酿醋、酿酒风味较好，但一般认为用于制白酒时甲醇含量偏高。培养在麦芽汁琼脂培养基上，菌丝无色，有的细胞壁很厚，小梗不分枝，孢子呈球形，但成熟时孢子成刺而颜色亦深，发育适温 32～35℃。此曲种有生酸能力和液化能力，且容易结孢子，是甘薯酿酒、酿醋的较优糖化菌种。该菌在东北地区广泛应用。

（二）根霉属（*Rhizopus*）

一般来说，根霉菌在培养基上生长时，营养菌丝体会产生匍匐枝，在匍匐枝的末端有假根。根霉含有丰富的淀粉酶，一般包括液化型和糖化型两种，其比例为 1∶3.3，而米曲霉则为 1∶1，黑曲霉为 1∶2.8。它能将淀粉结构中的 α-1,4 糖苷键和 α-1,6 糖苷键切断，最终较完全地转化为可发酵性糖，这是其他霉菌无法相比的。根霉细胞中还含有酒化酶，能将淀粉边糖化边发酵，这一特性也是其他霉菌所没有的。

1. 黑根霉（*R. nigricans*）

该菌在一些生霉的物质上可以找到，瓜果、蔬菜的腐烂及甘薯的软腐都与此菌有关。其最适生长温度为 30℃，超过 37℃时生长停止。该菌有一定的乙醇发酵和产生果胶酶的能力。

2. 米根霉（*R. oryzae*）

米根霉在我国酿酒用的酒曲中常看到，在土壤、空气以及其他许多物质中亦常见到，如图 4-9 所示。该菌发育温度为 30～35℃，最适生长温度为 37℃，有一定的耐高温能力，在 41℃时亦能生长；能糖化淀粉及生成少量的乙醇，具有较强的乳酸生成能力。

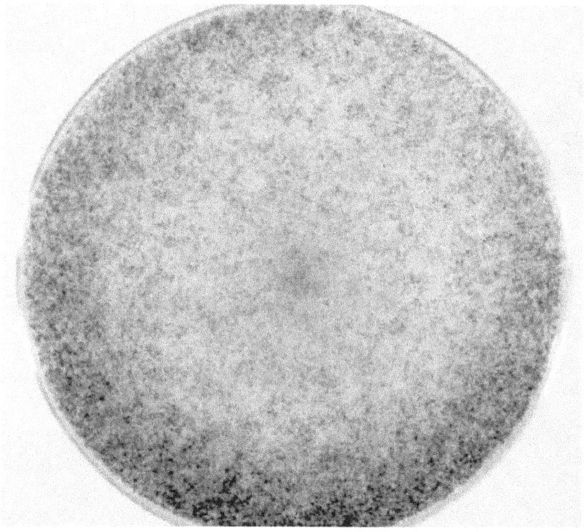

A. 米根霉菌落

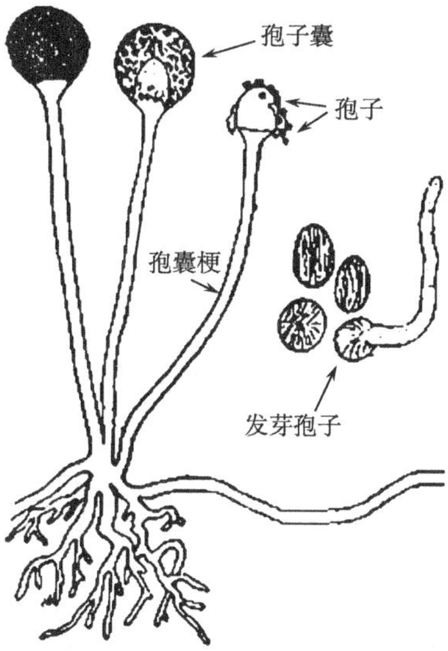

B. 米根霉结构示意图

图 4-9　米根霉（*R. oryzae*）

3. 华根霉（*R. chinensis*）

该菌有较强的耐高温能力，存在于我国的酒曲中，发育温度为 15～45℃，最适温度为 30℃；淀粉糖化力强，能产生乙醇、芳香脂类、左旋乳酸及反丁烯二酸等物质，也能转化甾族化合物。

（三）红曲霉（*Monascus*）

红曲霉属中应用最广的菌种为紫色红曲霉（*Monascus purpureus*，图 4-10）。红曲霉菌菌落初期为白色，老熟后变为淡粉色、紫红色或灰黑色等，通常都能形成红色色素。菌丝有横隔，多核，分枝甚多，分生孢子着生在菌丝及其分枝的顶端，单生或成链，闭囊壳球形。有柄，或为子囊球形，含 8 个子囊孢子，成熟后子囊壁解体，孢子留在薄壁的闭囊壳内。生长温度为 26～42℃，最适温度为 32～35℃，最适 pH 为 3.5～5.0，能耐 pH 为 2.5 的酸性，耐 10%乙醇，能利用多种糖类和酸类为碳源，能同化无机氮。红曲能产生淀粉酶、麦芽糖酶、蛋白酶、柠檬酸、琥珀酸、乙醇等物质。其用途很广，用于酿酒、酿醋、豆腐乳的着色剂，并可作食品染色剂和调味剂。红曲霉不产生转移葡萄糖酶，糖化液中不生成寡糖。我国浙江温州、福建地区均用红曲酿醋。

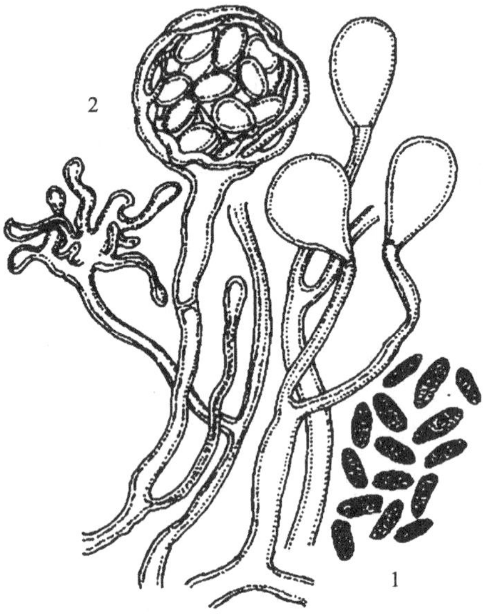

图 4-10　紫色红曲霉
（*Monascus purpurcus* Went）
图片来源：http：//db.39kf.com/jjzj/Show_1218.shtml

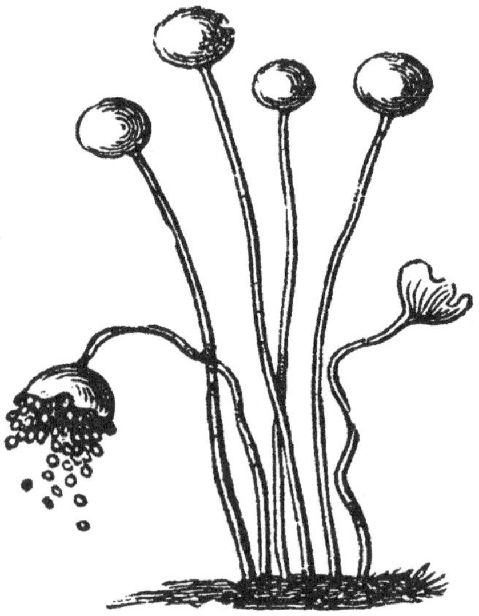

图 4-11　毛霉（*Mucor*）

（四）毛霉（*Mucor*）

一般来讲，毛霉属的微生物很少作为主要发酵菌种用在食醋酿造中，但食醋酿造使用的曲中都存在毛霉微生物，如大曲、小曲等，毛霉的形态如图 4-11 所示。毛霉能糖化淀粉生成少量的乙醇，可产生蛋白酶，对蛋白质有较强的水解能力。许多毛霉能产生草酸、乳酸、琥珀酸及甘油，有的还产生脂肪酶、果胶酶和凝乳酶。因此，虽然毛霉不作为主要发酵剂，但在发酵中作为辅助菌剂，产生许多副产物，对增加食醋风味有很好的帮助作用。常用的毛霉菌种有总状毛霉（*M. racemosus*）、高大毛霉（*M. mucedo*）和鲁氏毛霉（*M. rouxxianus*）等。

（五）细菌类

枯草杆菌 BF7658 是 α-淀粉酶生产的主要菌种。该菌在淀粉培养基（可溶性淀粉 2%、NaCl 0.5%、蛋白胨 1%、琼脂 2%，pH 6.8～7.0）上培养时，菌落呈灰白色，褶皱、干燥、边缘不规则。枯草杆菌 ASL.398 细胞呈短杆状，在牛肉汁蛋白胨培养基（牛肉膏 1%、NaCl 0.5%、蛋白胨 1%、琼脂 2%，pH 7.0～7.2）上，菌落呈乳白色，表面粗糙，没有皱纹，边缘呈花纹状。该菌为需氧菌，可利用蛋白质、多种糖及淀粉，分解色氨酸形成吲哚。该菌也是生产蛋白酶的主要菌种。有的菌株具有强烈降解核苷酸的酶系，故常作选育核苷生产菌的新株或制取 5′-核苷酸酶的菌种。其在遗传学研究中应用广泛，对此菌的嘌呤核苷酸的合成途径及其调节机制研究较清楚。该菌广泛分布在土壤及腐败的有机物中，易在枯草浸汁中繁殖，故此得名。

二、霉菌的培养条件及其影响酶形成的主要因素

制成淀粉酶含量高的曲是由许多因素综合作用而成的。首要因素是待培养菌体的性质及培养基的组成，同时也与 pH、温度、水分、通风、培养时间及曲的用途等有密切关系，绝不能单纯根据原料本身来决定。

（一）制曲配料对酶活力的影响

制曲配料对霉菌生长和产酶的影响是很复杂的。配料不同，菌体生长形态、色泽、酶系的组成、产生的物质也不同。如用同一株黑曲霉，由于培养条件不同，可以制糖化剂，也可以生产柠檬酸。米曲霉由于培养原料不同，可以做酱油曲，也可以作为糖化剂酿酒和酿醋。

1. 碳源

一般糖类（葡萄糖、果糖、麦芽糖、蔗糖、糊精和淀粉）都可作为霉菌的碳源，这些碳源所培育的曲霉生成淀粉酶活力的顺序是：淀粉＞糊精＞麦芽糖＞葡萄糖。以淀粉为最佳，而用葡萄糖几乎不产生淀粉酶。

从表 4-6 可以看出，将曲霉培养在单糖及双糖的培养基上，菌的成长远不及高分子糊精及淀粉。糖化酶的生成则由于曲霉可以直接利用低分子糖，不需要分泌淀粉酶，所以培养基中没有淀粉酶的积蓄。

表 4-6　不同碳源对菌体含量及糖化力的比较

碳源	大米淀粉	可溶性淀粉	糊精	麦芽糖	蔗糖	葡萄糖
菌体含量/(mg/100ml)	220	250	170	64	12	30
糖化力/(mg/g 麦芽糖)	1960	450	410	110	0	0

菌丝在可溶性淀粉中长得好，但淀粉酶量只有用大米淀粉培养的1/4，这说明菌体含量与糖化力并不是平行的，也就是说外观好看的曲不一定糖化力高。淀粉酶是诱导酶，这类酶的形成只有在底物存在时才能产生，若无底物，酶的生成便有影响。但固体制曲时并不需要很多的淀粉。若淀粉含量过多，则会导致曲霉产酸，制曲时温度也不易控制。实践证明，麸皮是一种良好的制曲原料，约含有20%的淀粉，质地疏松，表面积大，既有利于通风，又能使菌丝充分生长，为大部分酿酒、酿醋厂所采用。碳源通过菌的呼吸作用氧化分解，最终产物为二氧化碳与水，从中获得热量，1个葡萄糖分子获得2822kJ的热量。这个过程保证了新陈代谢的进行和有机体生命的维持。但是热能获得的形式和数量受到浓度、氮量、温度、水分等许多因素的影响。在制曲过程中总消耗淀粉量平均为40%左右。在液体曲培养中，已转向采用高浓度淀粉培养基（含淀粉6%～8%），其产酶效果良好。

2. 氮源

淀粉酶本质是由蛋白质组成，以菌体干重计，30%～40%是蛋白质成分，所以氮源是构成菌体和酶的主要成分，在一定的范围内培养基中氮的含量高，菌丝生长茂盛，酶活也较高。但是，以生产淀粉酶为主的配料中氮源含量不能过高，过高时并不能提高淀粉酶的含量，相反还会降低。氮源供给贫乏会使菌丝发育不良，酶活力也会下降。氮源分为有机氮和无机氮两种，无机氮中以硝酸钠为最好，硫酸铵次之，但硝酸钠不能被某些曲霉利用。硝酸钠与硫酸铵限量为1mg/100ml，而蛋白胨则为60g/100g。有人做过试验，将这两种氮源混合培养时，曲霉先消化蛋白胨，再消化硫酸铵，蛋白胨和硝酸铵超过限度时，根本不消化硝酸钠。有机氮中以麸皮、米糠、豆饼为常用原料，蛋白质的水解产物对提高淀粉酶的活力有更明显的作用，如添加提取谷氨酸后的废液、浓缩的酒糟水都能提高淀粉酶活力。

固体曲所用麸皮一般含蛋白质13%左右，已足够曲霉生长和产酶之用，不必再补充其他氮源；制备液体曲除有机氮源外，还需要加些无机氮。一般认为液体曲中使用硝酸钠时，菌丝长得粗壮，培养时间短，糖化力也高。至于碳与氮的比值，有些资料报道C/N的值在10∶1左右。实际上C/N的效果是随碳水化合物和氮源的种类，以及通风、搅拌等条件不同而异的，很难确定一个比值，故其现实意义不大。但应当看到，由于培养基中碳和氮的比例不同，培养液的pH在培养过程中会发生变动。若碳源多，pH降低，对α-淀粉酶的产生有影响，而糖化酶的生成则增加；若增加氮源，则pH上升，α-淀粉酶的生成增加，糖化酶的生成降低。

3. 无机盐

菌体的构成必须有矿物质，而矿物质中以磷的需要量为最高，在多数微生物中磷含量可达全部灰分的50%左右。其次是K、Mg、S、Na等。P、Mg、K是曲霉生长和产酶的必需元素。因为菌体的原生质构成需有磷，磷脂及维生素都是菌体生活中不可缺少的成分。淀粉酶的生成必须由磷酸参与，淀粉酶对基质作用时，也需有磷酸酯的参与。所以，没有磷酸盐的存在，就失去细胞分裂、孢子形成、生成淀粉酶及其作用的活力。

制曲原料中有着丰富的磷盐，如米糠含磷 4.2%、麸皮含磷 1.7%、玉米含磷 0.7%、薯干含磷 0.2%～0.3%。营养成分不但对菌丝生长有影响，而且对孢子发芽也有很大影响。

4. 水分与湿度

曲霉菌生长喜欢潮湿的环境，所以曲房的设计要求能保持 95%的相对湿度，曲料要有足够的水分，以供曲霉菌孢子发芽、生长、繁殖的需要。曲霉菌要吸收培养基的养分，如果养分不溶解就不能吸收，更不能代谢。曲霉菌由多细胞构成，细胞膜与细胞质的联系是靠渗透作用来完成的，即细胞质内溶解的细胞液是靠细胞压力而动。水分少时细胞失去了应有的膨胀，不能起到渗透和吸收或排泄作用。所以原料吸水体积膨胀，对曲霉成长有一定帮助。在制曲时，水分蒸发是关键之一。在制曲后期水分如果不蒸发就不能生长分生孢子柄，更不能生成顶囊孢子。当曲料中水分不足、曲室湿度小、曲菌细胞内水分大时，水分透过细胞膜散发到空气中，使细胞收缩，生长就受到影响。所以，在前期要有足够的水分并保持 95%左右的相对湿度，以减少曲料中水分的蒸发；而后期着生孢子柄时，则尽量使水分蒸发放潮，这样制成曲的淀粉酶活力能提高。上海市酿造科学研究所曾做过制曲过程中补充水分的试验，可促使淀粉酶活力成倍提高。但曲料水分也不宜过大，熟料水分以 46%～50%（黑曲）较为适当，水分过大，制曲技术管理较难，并易感染杂菌。

（二）培养条件的影响

要制成好的曲，培养基是基础，培养条件是关键。

1. 通风供氧

曲霉生长时，需要足够的氧气以助其呼吸而生成热量。呼吸作用会生成大量的二氧化碳，微量的二氧化碳有促进曲霉菌生长及酶量增加的作用，固体曲比液体曲更为明显。

一般在曲料内有 2%～5%的二氧化碳最为适宜，如果积累太多（10%以上），则对淀粉酶的生成有影响。

2. 酸度

制曲配料及培养过程中酸度是否调节适当，与酶生成有密切关系。如曲料酸度大，蒸煮糊化效果好，但曲霉菌生长会受到抑制，繁殖速度比较缓慢，但酸度大时，可以减少杂菌污染机会。如果在麸皮培养基中加入 0.2%冰醋酸调节酸度，杂菌数可显著下降。曲料酸度大，生成 α-淀粉酶量较少，而糖化酶活力较高。

从表 4-7 可以看出，随着曲料酸度的增加，对曲霉液化力、糖化力有一定影响，黄曲霉原料酸度为 0.5%时，液化力达到 10.13U/g，而原料酸度为 1.56%，液化力仅 5.53U/g。黑曲原料酸度为 0.5%时，糖化力是 208.7mg/g，原料酸度升到 1.56%，糖化力仅 73.9mg/g，由此可见 pH 对液体曲制造影响较大。pH 可以改变原生质膜和营养物质的渗透性，也影响淀粉酶的产生。一般蒸煮灭菌后的培养基 pH 要求控制在 5.4 为宜。

表 4-7 不同酸度的曲料上培养黄曲霉、黑曲霉的液化力、糖化力测定结果

名称	序号	原料酸度/%	成曲酸度/%	液化力/(U/g)	糖化力/(mg/g)
黄曲霉	1	0.37	0.505	917	1823
	2	0.50	0.427	10.13	1607
	3	0.877	0.524	9.17	1498
	4	1.31	0.466	6.90	1410
	5	1.56	0.583	5.53	1083
黑曲霉	1	0.37	0.485	1.776	143.8
	2	0.50	0.485	1.175	208.7
	3	0.877	0.485	1.263	104.2
	4	1.31	0.485	1.325	85.4
	5	1.56	0.485	1.135	73.9

3. 制曲温度与制曲时间

麸曲的制曲温度及时间视菌株、原料配比、接种量、曲料水分和酸度等而异。

一般来讲，制曲品温控制在 30～34℃为宜，如黑曲霉种，前期 20h，品温应控制在 30～31℃，后期保持 33～34℃，糖化力最好。制曲时间为 28～32h，但要通过对糖化力的测定及生产时实际使用效果等来确定。固体曲一般接种后 4～6h，孢子开始发芽，再过 12h 后菌丝大量生成并产生酶，此时曲霉呼吸强度大，要进行通风降温，培养到24～28h，酶的活力达到高峰，如再继续培养就会着生大量孢子，此时即可出曲。

三、糖化剂的生产

（一）麸曲的生产

麸曲是以麸皮为原料，蒸熟后接种曲霉菌进行纯粹培养的曲，目前主要用于白酒、食醋的酿制，其主要作用是糖化。但纯种麸曲食醋的风味与传统的大曲、小曲产品相比还有一定差距。

1. 菌种的选择

使用菌株：①宇佐美曲霉（*A. usamii*），常用 AS 3.758；②东酒一号；③黑曲霉（*A. niger*），常用 AS 3.4309；④河内白曲（*A. kawachii*），是宇佐美曲霉的变种；⑤甘薯曲霉（*A. batata*），常用 AS 3.324；⑥米曲霉（*A. oryzae*）。

表 4-8 为我国常用的三种糖化菌的特性比较，表 4-9 为几种曲霉不同糖化时间的糖化率。

表 4-8 我国常用的三种糖化菌的特性比较

特性	米曲霉	黑曲霉	白曲霉
小梗在顶囊位置	只在上半生长	周生于顶囊	周生于顶囊
分生孢子颜色	黄绿色	黑色、深棕色	米黄色
生长水分要求	较低	较高	略高
生长温度要求	较低	略高	略高
α-淀粉酶	较丰富	少	较多
淀粉-1,6、1,4-葡萄糖苷酶	较少	多	较多
蛋白酶	多	少	较多
单宁酶	少	多	较多
果胶酶	少	多	较多
转移葡萄糖酶	少	多	有
糖化力/（mg/g）	1000～2000	800～1000	800～900

表 4-9 几种曲霉不同糖化时间的糖化率

糖化时间	菌种名称 糖化率/%		
	AS 3.324（甘薯曲霉）	AS 3.758（宇佐美曲霉）	AS3.800（黄曲霉）
15min	0.092	0.768	4.60
20min	0.55	1.23	9.82
1h	1.07	2.76	17.80
2h	3.16	4.91	27.46
4h	6.23	9.51	36.05
6h	9.14	14.27	39.58
12h	20.28	32.83	44.70
24h	43.35	60.50	50.81
36h	65.81	73.64	59.81

生产实践的结果认为：黑曲霉比米曲霉糖化能力高 10%，出酒率也显著较高，制曲时温度又易于掌握，因此，现在不论采用固态发酵法，还是液体发酵法制醋，大多应用黑曲霉。

2. 麸曲的生产方法

麸曲的生产过去是曲盘式或帘式，现在多采用厚层通风制曲法。

1）曲盘式制曲

目前主要用于全固态发酵食醋及生料制醋工艺的 AS 3.758 黑曲霉麸曲的生产工艺如图 4-12 所示。

（1）试管纯种培养。一般使用 6°Bé 米曲汁或 6°Bé 饴糖作为培养基。米曲汁营养丰富，完全可以满足黑曲霉的生长要求，不需添加任何其他营养物质。试管纯种培养是为

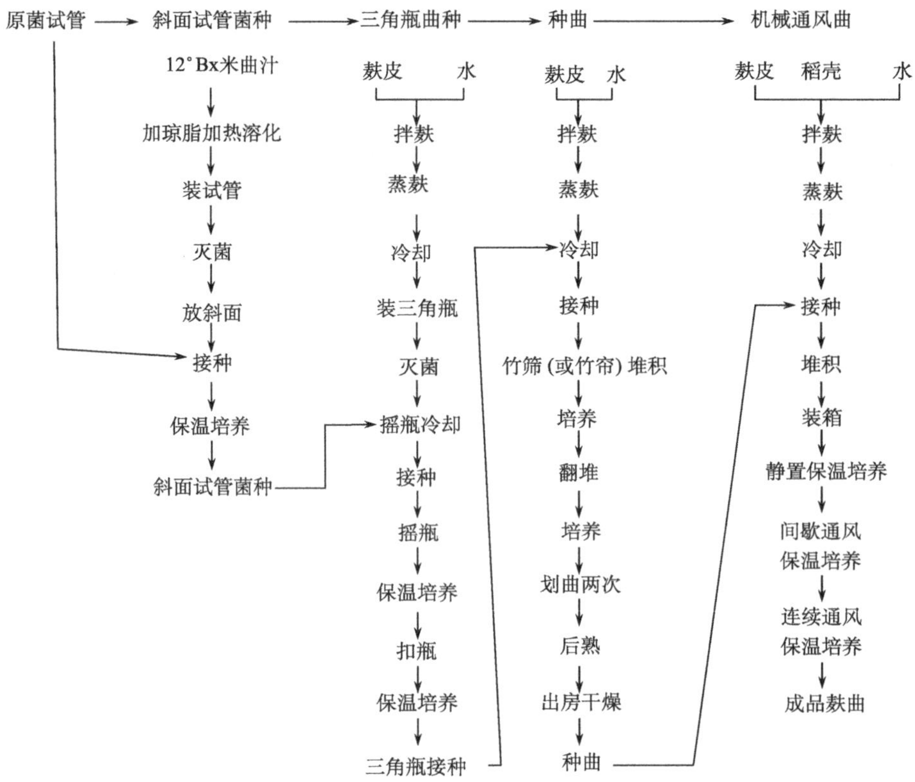

图 4-12　麸曲生产工艺流程

生产扩大培养所用，只要生长旺盛，孢子稠密，菌丝粗壮，接种后能迅速旺盛生长即可。如果作为传种接代的保藏菌种，宜使用察氏培养基。在连续传代过程中，酶活性不会迅速衰退。一般纯种试管的制备是米曲汁中加入2%琼脂，溶解后装管，于0.1MPa压力下灭菌30min，冷却，检验合格后采用无菌操作接种，30～32℃下培养5天即可。如储存，宜在4℃冰箱内存放，时间不超过1个月。

(2) 锥形瓶扩大培养。以麸皮为培养基，如麸皮很细，可加5%～10%谷糠，加水量为原料量的80%～110%（因季节、地区、原料含水分不同而异）。有的厂加10%～15%面粉，这时应加谷糠，以免发黏而透气性差。将料充分混合，过筛，500ml锥形瓶装料40g，0.1MPa压力灭菌30min，冷却，接种，30～32℃培养。18～20h后菌丝增长结块，摇瓶，再经4～6h，有的厂会再轻摇一次瓶。接种后24～30h，由于菌丝生长旺盛，曲料结成饼状，此时即可扣瓶，即将锥形瓶放倒，使曲饼上下均悬空，有的厂将饼轻轻摇碎。待孢子由黄色变成黑褐色（一般需3天以上）即可使用，储于4℃冰箱中或阴冷地方，可保存1个月。

(3) 种曲。种曲配料以麸皮为主，其配方各厂并不相同，如表4-10所示。要点在于曲料疏松，水分匀透。

表 4-10　种曲配方　（单位：kg）

生产企业	麦麸	谷糠	豆饼	面粉	水
1	45			5	40～50
2	40	5		5	45～50
3	40	3.35	6.65		50
4	50				50～55

将麸皮及其他料混匀，再加水充分拌匀，堆积 1h，使之润透。常压蒸 2h，焖料 60min，或 0.1MPa 压力下灭菌 30min，出锅。迅速移放灭菌种曲室，过筛，尽快冷至 40℃，接入锥形瓶扩大菌种。接种量为 0.5%～1.0%。拌匀后堆积，中间翻拌一次，堆积温度 28～30℃。待品温上升，中间翻一次堆，即可装入曲盘或竹匾中，厚度为1.5～2cm，保持室温为 28～30℃、相对湿度 90%，干、湿球相差 1～2℃，接种后 16h 左右，曲料上呈现出白色菌丝，并略有结块现象，同时品温可能上升到 38℃左右，即可进行第一次翻曲。翻曲时根据具体情况，可通风或换曲室空气一次。有的厂划盒而不翻曲，将曲块用手搓碎；有的厂加二遍水（最初拌水少），此时用喷雾器将 40℃温水（事先煮沸灭菌）轻轻喷洒于面上，一般补水 40%左右。喷水后再用粗筛子过一次，使水均匀。曲料摊平，厚度为 1.2～1.5cm，盖灭菌湿布，以保持水分。室温保持 26～28℃，干、湿球相差 1～2℃；4～6h 后，菌丝生长旺盛，又结成块，再翻曲一次，仍盖上灭菌湿布，这时曲料水分宜在 50%左右。再经 10h 左右，结满淡黄色孢子，品温下降，揭去湿布，排除湿气，也可提高室温至 40℃，促进孢子成熟，打开天窗进行干燥，孢子呈黑褐色，内外一致，曲块疏松。放于阴冷、空气流通处。

2）厚层通风制曲

厚层通风制曲就是将曲料置于曲池（也称曲箱）内，其厚度增至 30cm 左右，利用通风机供给空气及调节温度，促使米曲霉迅速生长繁殖。厚层通风制曲有许多优越性：①成曲质量稳定；②节约制曲面积，为增产创造条件；③管理集中，操作方便；④改善制曲劳动条件，减轻劳动强度；⑤便于实现机械化，从而节约劳动力，提高劳动生产率。

A. 制曲设备

a. 曲室

曲室的种类很多，依其位置不同，有地上曲室和楼上曲室两种。地上曲室是应用较广的一种，但楼上曲室比较适用，因楼下是发酵的场所，制成的曲由楼上直接送至楼下，较为便利。

设计曲室时，应根据下列条件选择适当的位置：地形干燥，易于保持清洁，接近原料处理场所与发酵室，然后再考虑曲室大小、形状及结构等。

曲室的大小：以 8m 宽、10～12m 长、约 3m 高为宜。如果过大，则保温及保湿都有困难；过小，则在操作时有困难。

曲室的结构：曲室墙壁的构造有砖木结构、砖结构和钢筋水泥结构三种。墙壁厚度应根据地区寒暖情况及曲室的具体情况加以调整，墙层厚不可少于 25cm。需要有弧形平顶，平顶上铺隔热材料，以防滴水。内壁全部涂水泥，地面两边有排水沟。

曲室的门窗：门窗设计根据地区气候条件的不同而各异，不但要考虑冬季的保暖，同时还须考虑夏季的降温。门宜厚，做成夹层，中间衬垫隔热材料，严寒地区应有两道门，里面的门可用推拉式的木板门，上开一个小玻璃窗。

天窗是换气或调节温湿度的重要设置，一般设于曲室的中央线上，天窗大小以 1～1.5m^2 为宜。由于天窗对冬天保暖有影响，工厂已逐渐采用机械排气。

b. 矩形通风曲池（曲箱）

矩形通风曲池的结构如图 4-13 所示。

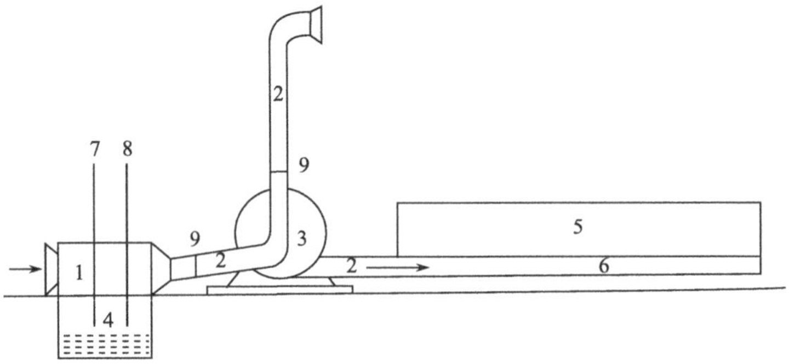

图 4-13　矩形通风曲池（曲箱）制曲示意图

1. 温湿调节箱；2. 通风管道；3. 通风机；4. 储水池；5. 曲池（曲箱）；6. 通风假底；7. 水管；8. 蒸气管；9. 闸门

此种曲池（曲箱）最普通，应用很广泛，建造简易，可用木材、钢板、水泥板、钢筋混凝土或砖石类等材料制成。曲池（曲箱）可成砌半地下式或地面式，一般长 8～10m、宽 1.5～2.5m、高 0.5m 左右。

曲池（曲箱）底部的风道应有些斜坡，以便下水。通风道的两旁有 10cm 左右的边，以便安装用竹帘或有孔塑料板、不锈钢板等制作的假底，假底上堆放曲料。

c. 通风机

通风机的配备按曲池（曲箱）大小和装曲料的多少来决定。通风机一般分为低压、中压和高压三种。总压头 U<1kPa 为低压，U=1～3kPa 为中压，U>3～10kPa 为高压。厚层通风制曲适用的通风机是中压，一般要求总压头在 1kPa 以上就可以。风量（m^3/h）以曲池（曲箱）内盛总原料量（kg）的 4～5 倍计算。例如，曲池（曲箱）内盛入的总原料为 1500kg，则需要风量为 6000～7500m^3/h，可选用 6A 通风机，配置的电动机功率为 4.0kW，曲池（曲箱）面积为 14m^2 左右。由于塑料工业的迅速发展，塑料风机也已大量生产。塑料通风机具有良好的耐蚀性能，且电耗也较节省，值得选用。

d. 翻曲机

用 2 只或多只 23mm 电钻（也可用 1 只电钻）并列固定装置在螺杆上，两边用铁管相托，与螺杆成水平线，一端装有 0.5kW 电动机，可使电钻机来回移动，在电钻头上装置螺旋式叶片，另一端装有倒顺开关。一按电钮，电钻上的螺旋式叶片不断转动，使曲料搅碎翻动，同时电钻机就沿着螺杆来回运行。翻曲机的 4 根柱子上装有小滚轮，也可以在曲池的两边移动，所以翻曲时可以前进、后退，左右移动。它既能将曲池（曲箱）内的曲料翻匀，又大大减轻了劳动强度。结合各厂的具体情况，目前翻曲机已有多种样式，图 4-14 是装置 2 只电钻的翻曲机。

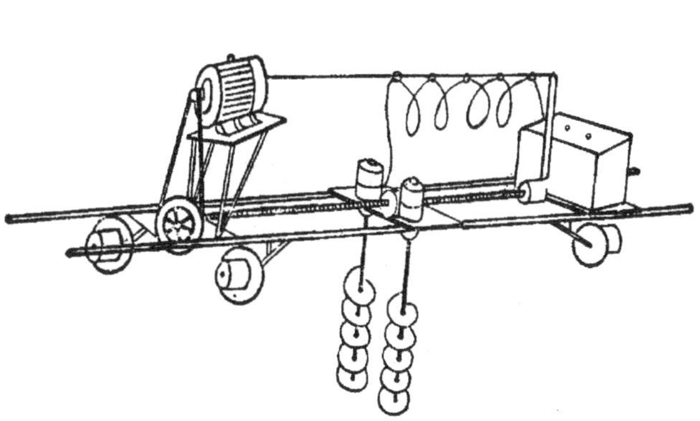

图 4-14　翻曲机

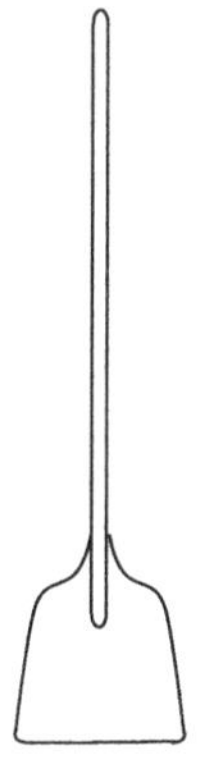

图 4-15　曲铲

e. 曲铲

曲铲是铲曲专用的一种工具，其形状如图 4-15 所示。

B. 冷却及接种

原料经过蒸熟后出锅，如用刮刀式蒸锅，因熟料未经冷却，所以先开动刮刀缓慢地将熟料放入凉料机中，冷却后接入种曲，再通过扬送机粉碎均匀。如用旋转式蒸煮锅，因熟料已冷却，但有小团块，所以由蒸锅口渐渐倒出时，通过扬送机打碎，然后接入种曲，运入曲池（曲箱）中。

所用种曲，事先与适量新鲜麸皮（最好先经干蒸处理）在拌和机中充分拌匀，种曲用量为制曲投料量的 0.3%左右，接种温度为 40℃左右；操作完毕后，要清洗全部接触熟料的设备，搞好卫生工作，以免由于积料受杂菌污染而影响制曲及发酵的质量。

C. 培养

(1) 前期（装筛起 1～19h）。孢子膨胀发育，开始蔓延菌丝，产生热量不多，品温控制在 32～33℃，干、湿球差 0.5～1℃。若湿度太小，不易保潮，影响菌丝生长；湿度太大，易生杂菌。

(2) 中期（20～45h）。此时菌丝生长旺盛，呼吸作用较强，放出热量多，使品温迅速上升。品温应控制在 34～35℃，干、湿球差 0.5℃。温度可用直接蒸汽、间接蒸汽，以及向墙壁、地面喷洒水来控制，也可采用划曲来控制，24～26h 品温升至 35～36℃，菌丝已结成饼时可进行划曲，曲块直径约 2cm。划曲后继续保温、保湿培养，大约在 36h 后开始生长孢子，这个时期既要注意保温，也要注意保湿，不允许迅速升温和超过 37℃，以防杂菌污染及水分过度蒸发。曲料水分充足，将使孢子生长良好。

(3) 后期（46～60h）。菌丝生长缓慢直至停止，结成大量孢子，曲颜色全部变好，进入后熟阶段。此时应停止喷雾洒水，并逐渐放潮，干、湿球差由 0.5℃渐增至 1℃，

52～54h时，干、湿球差增至1.5～2℃，此时应将品温提高到37℃，进行排潮。在此时期若品温太低不利于排潮，后熟也难于完成；若不及时排潮，则易生杂菌。排潮宜由慢而快，逐步进行，否则过早干燥，后熟就不能完成。

（4）出房干燥。至58～60h，曲子已完全成熟，转入干燥房干燥，干燥房温度控制在36～37.5℃，干燥后的成品曲水分应在8%～15%，存放在低温、干燥、通风处。保管期以不超过1个月为宜，时间太久，孢子出芽率降低，且易污染杂菌。厚层通风制曲过程中温度与风压控制情况见表4-11。

表4-11　厚层通风制曲过程中温度与风压控制情况

操作名称	相隔时间/h	品温/℃	室温/℃	干湿差/℃	风压/Pa
接种后培养开始		32	28～30	2～3	
培养开始→第1次通风降温	6左右	35～37	28～30	2～3	0～350
第1次通风降温→第1次翻曲	5～6	35～30	28～30	2～3	0～350～500
第1次翻曲→第2次翻曲	4～5	34～32	28～30	1～2	200～450
第2次翻曲→第1次铲曲	2～3	32～35	30～31	2	150～350
第1次铲曲→第2次铲曲	2～3	32～35	30	2	150～300
第2次铲曲→出曲	3左右	30～32	28～30	2～3	100～250

D. 通风制曲操作要点

通风制曲的操作方法，各厂根据实际情况都有所不同，但总的来说是大同小异。为了便于牢记，将通风制曲操作要点归纳为“一熟、二大、三低、四均匀”。

（1）一熟：要求原料蒸得熟，不夹生，使蛋白质达到适度变性及淀粉质全部糊化的程度，以便被米曲霉吸收，促其生长繁殖，适于酶类分解。

（2）二大：大水、大风。

大水：曲料水分大，在制得好曲的前提下，成曲酶活力高。熟料水分要求在45%～51%（根据季节以及具体条件而定）。但若制曲初期水分过大，则不适宜米曲霉的繁殖，而细菌显著地繁殖。

大风：通风制曲料层厚达30cm左右，米曲霉生长时需要足够的空气，繁殖旺盛期间又产生很多的热量。因此，必须要通入大量的风并有一定的风压，才能够透过料层，维持到适宜于米曲霉繁殖的最适温度范围之内。通风小了，就会促使链球菌繁殖，甚至在通风不良的角落处，会造成厌气性梭菌（*Clostridium*）的繁殖。但若温度低于25℃，通风量大后，小球菌就会大量地繁殖。通风是制好曲的关键之一，应特别注意。

（3）三低：装池（箱）料温低、制曲品温低、进风风温低。

装池（箱）料温低：熟料装池（箱）后，通入冷风或热风将料温调整至32℃左右。此温度是米曲霉孢子最适的发芽温度，它将迅速发芽生长，从而抑止其他杂菌的繁殖。

制曲品温低：低温制曲能增强酶的活力，同时能控制杂菌繁殖。因此，制曲品温要求控制在30～35℃，最适品温为33℃。

进风风温低：为了保证在较低的温度下制曲，通入的风温要低些。进入的风温一般在30℃左右。风温、风湿可以通过空调箱进行调节。

（4）四均匀：原料混合及润水均匀、接种均匀、装池（箱）疏松均匀、料层厚薄均匀。

原料混合及润水均匀：原料混合均匀才能使营养成分基本一致。在加水量多的情况下，更要求曲料内水分均匀。否则由于润水不匀，必然使部分曲料含水量高，易导致杂菌繁殖，而部分曲料含水分较低，致使成曲酶活力偏低。

接种均匀：接种均匀对制曲来讲是一个关键性问题，如果接种不匀，接种多的曲料上，米曲霉很快发芽生长，并产生热量，迅速繁殖；接种少的曲料上，米曲霉生长缓慢；没有接种到的曲料上，杂菌繁殖。品温变化不一致，不易管理，对制曲产生极为不利的影响，为此一定要求做到接种均匀。

装池（箱）疏松均匀：装池（箱）疏松与否，与制曲时的空气、温度和湿度有极为重要的关系。如果装料有紧有松，会使品温不一致，易于烧曲。因此，装池（箱）时要通过筛子，以减少团块，同时使料层疏松。

料层厚薄均匀：因为通风制曲料层较厚，可根据曲池（曲箱）前后通风量的大小，对料层厚薄作适当的调整。如果通风量是均匀的，则要求料层也要均匀，否则会产生温差，影响管理。

3. 种曲制备的注意事项

（1）防止黑曲霉变异：黑曲霉有较强的变异性，如发现发育慢、孢子长得稀疏、曲料易发黄变硬、酶活力下降等情况，应通过自然变异及时进行平板分离，选择健壮的菌株，以保持其优越的性能。

（2）培养基：保存菌种的培养基养分不能太丰富，能维持菌体生命即可。有工厂用察氏培养基，在冰箱内放1～2年，菌种性能仍然良好。

（3）传种时间：试管菌种保藏时间较长，一般3个月移接一次。若传代频繁会影响孢子的成熟，易发生变异。

（4）培养温度：培养温度不宜低于30℃，更不应低于28℃。有的厂曾做过试验，在试管中混合接入黑曲霉与青霉，在20～35℃不同的温度下培养，结果20℃长的全是青霉，35℃长的全是黑曲霉，其中温度较高者长黑曲霉多，偏低时长青霉多。可见控制温度是防止青霉污染的较好办法。

4. 麸曲的质量

（1）感官鉴定：麸曲的颜色主要是孢子的着色。糖化用的曲孢子不宜多，孢子过多说明曲子太老，AS 3.324甘薯曲霉所制成的麸曲更不应呈黑褐色，否则糖化力就会降低。一般优良曲有一股枣香味，如果侵入杂菌，就会产生不良气味和酸味。

麸曲结成块状，以手轻轻捏之就松散。曲发硬是由于细菌及根霉、毛霉侵入的缘故；有时曲料水分过大也会产生过硬现象。发硬的麸曲一般糖化酶的活力不高。

（2）理化鉴定：外观好看的曲不一定糖化力高；外观相同的曲，其糖化力也不一定相同，所以还必须结合化验。现在一般都以测定糖化力和液化力为主鉴定曲的质量。

(3) 腐败试验：测定麸曲中的含杂菌程度是很重要的。具体方法是：取麸曲 10g，放入 100ml 无菌水内，共两瓶，其中一瓶浸泡 1h，用纱布过滤，滴定其酸度；另一瓶放入 37℃恒温箱内培养 24h 取出，看其混浊程度并嗅其味道是否正常，再用纱布过滤测定酸度，同时以显微镜观察杂菌数。如果发现有问题，可进一步用平板培养检查。这种方法切实可行，对生产有实际的指导作用。

(二) 大曲的生产

1. 大曲的特性

中国酿造的白酒、黄酒、红米酒、酱油、酱、食醋等都是用曲酿造的，而且制曲所用微生物根据其品种及风味可分为不同种类，以米曲霉、根霉、黑曲霉、红曲霉、毛霉等为主。食醋与白酒相同，传统上使用大曲（山西老陈醋）或小曲（镇江香醋），还有以米曲霉为主的麦曲。

大曲是以小麦或大麦、豌豆为原料制成的砖形曲，如图 4-16 所示。小麦含有丰富的霉菌繁殖所需的营养成分，并具有适当的附着力，特别适合大曲的生产。如使用大麦制曲，必须添加适量大豆以补足营养成分和粘合力。原料配比不仅影响微生物的生长与增殖，而且因为影响大曲的物理结构，使曲的含水量、通气性发生变化，最终影响繁殖微生物的形态和制曲难易，因此各厂均根据经验决定其具有特色的原料配比。

图 4-16　大曲

大曲另一个特点是使用生料，这是我国制曲的独特技术。使用生料必然引进多种微生物，从而构成了多种微生物共存体系及复杂酶系，这是大曲产品风味最佳的主要原因之一。生料曲构成的环境的保藏性较熟料曲要好，因此，生料制曲是保存曲种及酶活性的一种重要手段。同时因为有很多微生物不太适合于在生料上生长，生料制曲也是一种选择培养的手段。

大曲除具有加水分解的酶类，如强大的糖化作用和蛋白质分解作用，以及一直为人所忽视的其他加水分解酶之外，还有一定的发酵能力。由于大曲具有如此多的功能和特点，因此形成了世界上独特的复式发酵技术，即酿造工艺上的主要生化过程和化学反应同时均衡地进行。制酒工艺上的糖化、酒化、醋化、产酸等生物化学反应同时进行，巧妙地解决了反应基质浓度高的问题，从而得到浓度高的产品，如黄酒的乙醇浓度可达18%以上。而与此同时所生成的复杂产物之间还进行着生物化学、化学、物理的变化，这些变化相互之间交叉进行，因而形成多种独特风味的产品。此技术堪称世界酿造技术的骄傲，也是中华民族的宝贵文化和技术遗产。

大曲的糖化绝非单纯依赖根霉，米曲霉、毛霉、红曲霉的作用也不可忽略，这也是我国酿造产品风味独特的重要原因之一。欧美产量最大的啤酒工业一直以麦芽为糖化剂，利用其α-糖化酶、β-糖化酶完成糖化。威士忌同样是以麦芽进行糖化，其产品风味较大曲产品单调，不易成为复杂的风味产品。因此笔者认为，我国古代的制曲和发酵技术经过历史洗练，相当精湛，是我国“四大发明”之外的另一大发明。

大曲是加适量水于适当破碎后的小麦中，压成具有一定密度的砖状，一般称之为曲坯，如图4-17所示。其质量为2～3kg。在制曲时控制水分的挥发，并且使之具有一定的通气性，从而适合根霉生长，并抑制多种好气性曲霉的滋长，可以说这是一种很高超的分离培养技术。为了抑制乳酸菌等细菌的繁殖，保存有用微生物及酶活性，且在陈贮前后进行多菌种菌体的自溶，产生风味物质，是大曲酒风味好的另一重要原因。

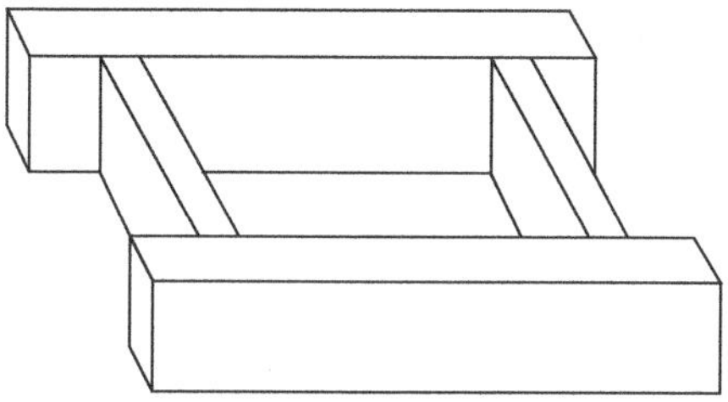

图 4-17　曲模子

大曲的制曲温度不同，对大曲产品的风味影响很大。一般认为，采取较高制曲温度是增加产品香气的有效方法，根据一些名酒的大曲制作温度可分为高温曲和中温曲两类。中温曲一般不超过 50℃；而高温制曲会达到 60℃以上，此温度会使酶活性降低，酵母大量死亡，耐高温的红曲霉会增殖。高温大曲产品风味虽好，却降低了糖化力，结果产酒率低、粮食消耗量大。大曲为了储存方便能连续使用，进行了干燥和储藏，结果酶活性和发酵微生物受到了损害，酿酒或醋的淀粉利用率都不高，这是大曲的缺点。

大曲应用于食醋酿造上有小麦大曲与大麦和豌豆大曲两种。前者以独流老醋为代表，后者以山西清徐老陈醋为代表，二者可以说是北方大曲醋的代表。其特点是用曲量大，风味浓郁，突出了大曲醋的特点，为世人所认可，并为其他工艺所不及。但是由于大曲糖化力的下降和发酵能力的减弱，导致出产率低，因而阻碍着它的发展。

2. 大曲的生产工艺

（1）工艺流程：大曲的生产工艺流程如图 4-18 所示。

（2）原料配比及其粉碎度：将大麦和豌豆分别磨碎，其要求冬、夏稍有不同，按表4-12 所示配料比例混合后，准确加水并充分拌和均匀。

（3）踩曲：将拌匀的曲料置于曲模子内，踩实，要求踩好的曲坯厚薄均匀，四角结

豌豆→磨碎　水
↓　↓
大麦→磨碎→混合→加水→拌匀→踩曲→入室→上霉→晾霉→起潮火→大火→后火→养曲→出室→成曲

图 4-18　大曲生产工艺

实，每块曲重 3.5kg 以上。

表 4-12　原料配比及其粉碎度

季节	原料配比/%			粉碎比例/%	
	大麦	豌豆	水	粗瓣	细粉
冬	70	30	50（温水）	40	60
夏	70	30	50（冷水）	45	55

(4) 入室：曲室地面铺上粗谷糠，将踩好的曲坯搬入室内，在地面上摆成两层，每层之间用苇秆隔开，并撒上粗谷糠。两层曲坯的间隔为 1.5cm。四周用苇席遮盖，一般冬季用席两层，夏季一层已够。遮盖时先用水把苇席喷湿，入室时要求室温冬季为14～15℃，夏季为 25～26℃。入室后关闭门窗。

(5) 上霉：上霉期冬季需 4～5 天，夏天仅需 2 天。室温保持暖和，使原料、苇秆、粗谷糠及空气中的霉菌孢子迅速在曲坯上开始发芽，生长发育。当见到稍有发白现象，品温能升至 40～41℃，表示上霉良好，即可揭去苇席。

(6) 晾霉：晾霉时间为 12h，一般夏季晾至 32～33℃，冬季晾至 23～25℃。然后把曲坯上下倒置调换位置，同时堆积成 3 层。曲坯之间距离改为 4cm，再使品温上升至 36～37℃（不低于 34～35℃），晾霉期为 2 天。

(7) 起潮火：晾霉后当品温继续升温至 43～44℃时，将曲坯 3 层翻成 4 层，曲坯之间距离增至 5cm，使品温降至 36～37℃。以后品温又继续上升至 46～47℃。再翻曲 1 次，曲坯仍翻成 4 层。这个阶段所需时间为 3～4 天。

(8) 大火：品温上升进入大火后，去掉苇秆，改成木架，将曲坯翻成 6 层，曲坯之间距离增至 10.5cm。待品温上升达 47～48℃后，晾冷至 37～38℃，再将曲坯翻成 7 层，上下内外互换位置，曲坯之间距离增至 13cm。当品温继续上升达 47～48℃时，再晾冷至 38℃左右。以后每隔 2 天翻 1 次，总共翻曲 3～4 次。大火时间为 7～8 天。大火期间曲的水分要尽量排除。

(9) 后火：曲在后火期间尚有余水，当品温高达 42～43℃时，晾至 36～37℃。翻曲仍维持 7 层，曲坯之间距离上面缩小为 5cm，面仍为 13cm，上下内外互换位置。由于曲心最后尚有一点生面，宜用温火攻之，需 2～3 天。

(10) 养曲：曲全部成熟后进入养曲期，翻曲后仍维持 7 层，但曲坯之间距离全部缩小为 3.5cm，曲温保持 34～35℃，此时宜继续以微火温之，养曲时间为 2～3 天。制曲周期共需 21 天。

(11) 出室：曲制成后，成曲在移出曲室以前，尚需大晾数天，使曲晾干，以利于储存。成曲应放置于阴凉透风处，堆放时还须保留空隙，以防止发热。

如欲制备红心曲，则在曲将成熟的时候，继续保温，使曲皮边温度向中心夹击，两边温度达到中心时红心即成。

3. 大曲的病害及处理

(1) 不生霉：曲坯入室后 2～3 天如表面仍不生菌苔，则是温度过低或曲表面水分蒸发太大所致。应关好门窗保持室温，并在曲上盖席子及麻袋，用喷雾器洒 40℃温水以补救之。

(2) 受火：当温度越过 45℃以上，把曲烧黑或产生黑心子时，应拉宽曲间距，逐步降低品温，切勿大开门窗，使品温急剧下降。

(3) 受风：曲坯表面干燥不长菌，内生红心，此系对着门窗受风所致，应防止直接风吹。

(4) 生心：曲料过细、过粗，或因前期温度过高致使水分蒸发而干涸，都会使菌未长满而停止繁殖。如发现早，可将曲块放到上层，周围盖麻袋以补救之；如发现过晚则已来不及补救，此时切忌再喷水。

(5) 厚皮：晾霉时温度骤降，表皮收缩，曲内温度、水分放不出，使内部呈暗灰色、长黄黑圈等。小圈无大妨碍，圈过大时则曲质低下。如无上述毛病，曲表面光硬，皮薄，内外茬口一致，气味清香，入口苦涩，呈青白色青花茬即为好曲。

4. 大曲中的主要微生物群

虽说大曲是利用来自原料、制曲器具等附着的天然微生物，但仍以曲室所存在的微生物为主，最后成为优势菌，所以说主要微生物并非野生菌，而是经过长期驯养自然优选的微生物群，其中霉菌占主要地位，酵母、乳酸菌次之；霉菌中以根霉为主，毛霉、犁头霉、黑曲霉次之。对多种大曲中的微生物分离，虽微生物因季节、气温稍有差异，但都是这种变化规律。酵母中以酒精酵母菌为主，另外含有汉逊酵母和类酵母。细菌有乳酸菌、醋酸菌、芽孢杆菌等。大曲中的微生物见表 4-13。根据季节不同，各种微生物的比例不同。春秋季制的曲中酵母菌较多，夏季则霉菌较多，冬季细菌最少。因此，制曲时间一般从春末或夏初开始，持续到中秋节，这一阶段的气温和湿度是制曲的最适合时期。

表 4-13 大曲中主要微生物的来源

试样 \ 菌类	乳酸菌	芽孢杆菌	根霉	毛霉	梨头霉	黄曲霉	红曲霉	青霉	酵母菌	假丝酵母	汉逊酵母	拟内孢霉
粉碎的曲粮	+	±	++		++	±	±		±	+	+	++
曲室空气	+	+	++	±	+++		±	±	±	±		+++
制曲用芦苇秆	±	±	++		++	±			±			++
新鲜铺加谷糠	±		+		+		±			+		++
陈旧谷糠	++	+	++		++	±	±	+	±			++

注：＋表示可检测出；－表示未检测出。

（三）小曲的生产

1. 小曲的生产特点

如图 4-19 所示，酒药、药曲（其中包括无药曲、白曲和曲饼）是中国独特而优异的保存酿酒、醋菌种的载体及糖化发酵剂。中国一部分传统（老法）酿醋是在粮食原料中加小曲制成半固态发酵法酒醅，然后加谷糠、麸皮等拌和后，依靠优良醋醅及空气中落入的醋酸菌进行醋酸发酵（即先制酒后制醋）。小曲与大曲相比，因其曲坯小而得名。小曲的体积各有不同，江浙一带的曲块最小，广东一带的曲饼体积较大；所含微生物都是以根霉为主，酵母次之，或夹有毛霉及梨头霉，不纯者含有较多的生酸菌。

图 4-19　小曲

小曲酿制在中国具有悠久的历史。由于配料与酿制工艺的不同，小曲酿制各具特色，其中以四川邛崃米曲和糠曲、厦门白曲、汕头糠曲、桂林酒曲丸、浙江宁波酒药和绍兴酒药等较为著名。

生产小曲时，在中草药应用的问题上，不少工厂各施其法。有的只添加一种，有的添加许多名贵药材。例如，四川老法麸醋药曲制备中用陈皮、甘草、花椒、苍术、川芎等晒干磨粉，与菱粉混合。有人曾试验过若干种常用的药材对于酵母培养的作用，结果发现多数药材具有刺激酵母生长的功效，但也有部分药材反抑制酵母生长。药材能促进发酵微生物的发育繁殖，可能是由于药材中挥发油所含的醛类及微量生长素的刺激作用。据桂林酒曲丸生产经验，仅用一种桂林香草制曲。绍兴酒药和宁波酒药也仅用一种辣蓼草粉。此外，厦门白曲、四川永川的无药糠曲等，则不添加中草药。近年来，还有用纯粹培养根霉和酵母制造纯种无药小曲，在贵州及苏州酒药生产上均已取得良好的效果。

2. 小曲中的微生物群及其酶系特性

小曲中起主要糖化、发酵作用的微生物是根霉和酵母，经过近年很多人的研究已得到阐明。早在1892年，德国卡尔迈氏就将从中国酒药分离出的糖化力非常强的根霉，应用于酒精工业的糖化，创出所谓的折中法。1956年，中国科学院微生物研究所收集了全国137种小曲，对其中的根霉进行分离，研究了它的分类及生理特性，得到根霉643株、毛霉约185株，结论是微生物种群以根霉为主。至于酵母，还未分离出具有较强发酵力的菌株，这也是小曲产酒率不高的原因之一。除这些主要菌外，还有拟内孢霉，该菌具有一定糖化力，在糖化上可能也起到一定作用。犁头霉检出量不少，但糖化力低，不像是小曲中的主要作用菌。另外还分离出红曲霉，可能是制曲高温阶段产生菌。这些菌与小曲酒的风味可能有密切关系。

小曲中的霉菌一般包括根霉、毛霉、黄曲霉、黑曲霉等，主要是根霉（*Rhizopus*）。常见的根霉有河内根霉（*R. tonkinesis*）、米根霉（*R. oryzae*）、爪哇根霉（*R. javanicus*）、白曲根霉（*R. peka*）、中国根霉（*R. chinese*）、黑根霉（*R. nigricans*）等。

小曲制成酒后，通过品尝和气相色谱检验结果，确认构成其主体香气成分的主要是乙酸乙酯与乳酸乙酯。而当乳酸乙酯含量高时，酒的醇厚感特别浓，入口醇和，回味悠长。酒再经醋酸发酵成酸，风味也就有所提高。

3. 小曲生产工艺

1）无药糠曲制法

无药糠曲的创制是小曲生产上的一大进步，打破了从前无药不能制曲的说法。无药糠曲的糖化力也能使出酒率保持正常，但却降低了制曲成本，并为国家节约粮食与中药材。由于无药糠曲中没有刺激霉菌生长与抑制杂菌的药物，所以在制造时，更需注意卫生工作，必须采用优良的药曲为曲母。

（1）原料处理及配料：先将统糠碾细，因为粗料难以保持水分，后期穿心时难以长透。制曲时菌的代谢需要淀粉作碳源，根据经验需要20%～25%淀粉才能达到必需的发热量。其他氮源、B族维生素、无机盐足以敷用。为增加碳源，宜加入少量碎米。碎米粉碎成粉，并加入为碎米重量25%的清水；加水后的碎米应立即使用，以免变质。

配料为统糠87%～92%、碎米粉5%～10%、曲种3%，最后加入曲母共同碾碎（先用少量冷水将所需碎米粉泡湿，待水沸腾后将醉米粉倾入锅内，不等煮得过熟即取出与原料统糠混合，以增加黏着力）。每100kg混合粉，加水量应在64～70kg。要求入室曲坯水分控制在45%～48%。

（2）制坯：先在拌料场将曲母、碎米、糠粉按比例拌和均匀，拌匀后再过秤装入拌料盒。掺水时边掺边和，要和得快、和得散、和得匀，和3～4遍，要求达到无生粉、无疙瘩，并仔细检验水分。踩坯要踩紧、踩干，用切刀按紧抹平，切成3.7cm^{3}的曲块。切曲要切断，团曲要无棱角而光滑。表面提浆，使曲皮光润能保持水分，并有松心紧皮的效果，以利于霉菌生长匀壮。团曲时每100kg撒粉0.3kg（在3%曲母中扣出），要散布均匀。当天拌好的原料必须当天用完，绝对不能剩到第二天使用。工具要清洗。

团曲成型后送入曲室，由上而下、由边角而中央进行摆放，曲与曲的间隔保持不靠拢即可。

（3）培曲：根据小曲中微生物的生长过程大致可分为三个阶段进行管理（表 4-14）。

表 4-14　小曲培养记录

时间/h	品温/℃	室温/℃	外观	操作备注
0	22～25	22～25		
4	24～25			
8	26			
12	28		生香味	开小门窗
16	30	31	浅白	
20	33	34	甜香、生白霜	20h 后为中期
24	37～39	28～29		开门
30	28～29			
35	28～29		香	
37	28～29		收汗	关门窗，开小门窗
40	29～30			排潮
45	34	32	起烧	排潮。45h 后为后期
48	35	33		排潮
52	36	33	清香	排潮
60	38	33	清香	关小门窗
72～80	40	40～44	清香	烘曲
90～96		40～44	清香	成品出房

品温以中层的曲心为标准，室温温度表应悬于中层中间，成品率一般为原料的 80％～84％。出曲后将曲室打扫干净，每月用硫磺或甲醛将曲室灭菌 1～2 次。

（4）成曲的鉴定：成品一般采用外观鉴定，即气味、皮张、泡度、菌丝颜色等符合规定要求。

成曲的水分应控制在 9％～11％。小曲使用前先进行小型试验，不合格者作为废品，绝对禁止应用于生产。

2）酒药

酒药是以早稻生糙米粉和辣蓼草粉为原料，接种曲母粉制成以根霉为主的小曲，是小曲醋所用糖化发酵剂。其用曲量小，使用方便，现介绍其传统制造方法如下（图 4-20）。

选上等糙米，磨细成粉，过筛、摊晾备用。于 7 月采集尚未开花的辣蓼草，挑选，去杂，日光下晒干，搓碎，将茎除掉，进行粉碎、过筛，用其粉末。8～9 月是制造小曲的最佳季节，将米粉及辣蓼草粉加清水混合，其比例为 100 ∶ 0.625 ∶ 50，装入长 1m、宽 0.6m、高 7cm 的无底木箱，用木棒捶打后，铺上席子踩曲，不需很坚实，然后用小刀切成约 $3cm^3$ 小块，装入布袋，两人摇动，倒角成圆形酒药坯，将其移入竹匾，与曲母粉（生长正常的旧酒药粉，其用量为米粉的 3％）加以滚动，使之附着于酒药坯表面，取稻秆及砻糠铺于底，上面放一竹匾，并用竹竿加以支撑，然后将酒药坯一

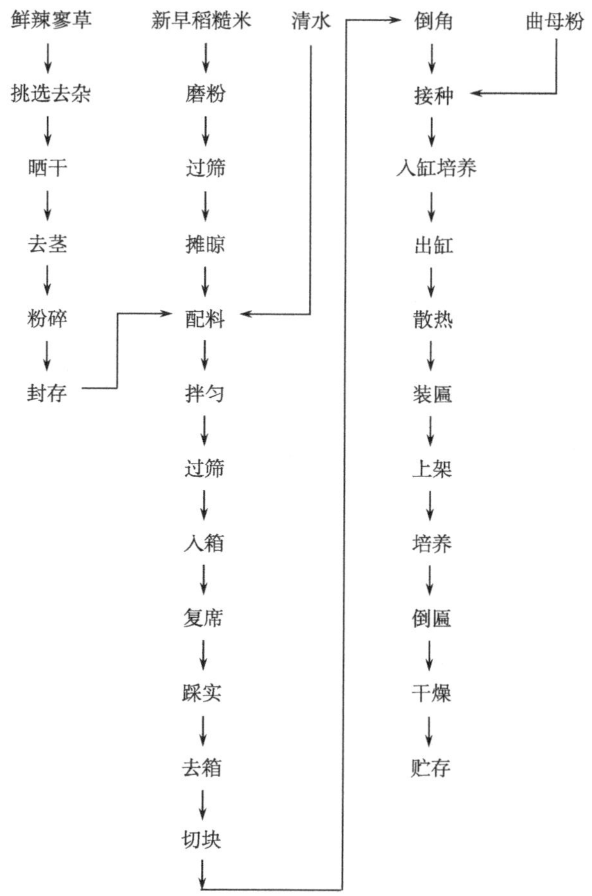

图 4-20　酒药的生产工艺流程

层一层码起，缸上盖一竹匾或麻袋以保温。24h 后品温逐渐升到 38～40℃，有白色菌丝出现，去掉麻袋，打开缸盖，留以 7cm 空隙，排除热气，并供给新鲜空气。0.5h 后留 14cm 空隙，再过 0.5h 后即可去掉缸盖，使品温下降，充分通气。4h 后将竹匾及酒药一起取出，放阴凉处，使水分挥发，3h 后将酒药并入竹匾，移入曲室木质曲架上；曲架共 5 层，每层距离约 33cm。6～8h 后，品温又升至 38～40℃，将酒药逐个倒入另一竹匾。7～8h 后，将 3 个竹匾的酒药合并为 1 个。10h 后再倒一次竹匾，这时酒药已逐渐干燥，10h 后将酒药集中于 25kg 容量的竹匾，装入半量即可。为了通风，中间可竖立一束稻草，9～10h 后，将 2 个竹匾的酒药合并在一起，以后每天倒一次匾，进行干燥，约 4 天即可储存。质量良好的酒药，色泽新鲜，白色略带黄色，用指弹有空响，无黑心，菌丝粗壮，有甜味，具有良好的香气而无霉酸等怪味。

3）药曲

药曲的原粉配比多有不同，所用中草药更是多种多样。现以四川麸醋所用药曲为例说明其生产概况。药曲生产工艺流程如图 4-21 所示。

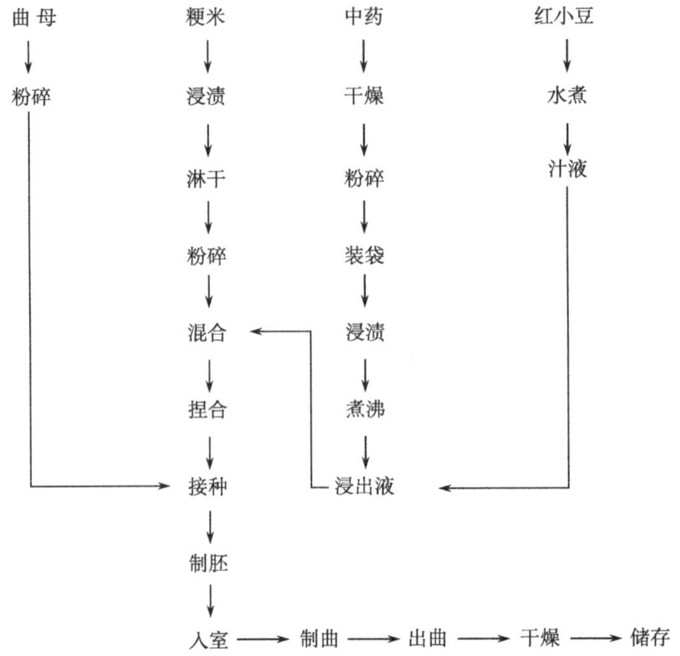

图 4-21　药曲的生产工艺流程

原料使用粳米粉 10kg、麦麸 1.25kg、中草药 400g，按工艺流程图 4-21 进行制曲。中草药配方（仅供参考）：杜仲 75.0g、陈皮 55.0g、生姜 120g、甘草 33.0g、升麻 72.7g、川芎 34g、草乌 34g、麻黄 52.5g、花椒 18.0g、小茴香 18.0g、肉桂 16.0g、大茴香 35.0g、苍术 24.0g、巴豆 70.0g。以上中草药要充分干燥，碾成细粉；取 150g 装入布袋，扎紧袋口，加水浸渍、煮沸，得浸出液。另取红小豆 40～50g，加少量水，长时间煮沸后，取其汁液。加入中药浸出液，供制坯用。

将上述原料充分混合，并将中药浸出液分数回加入，注意边加边搅，充分捏合，压成饼状，切成厚 3cm 左右的方块，每块约重 32g，按照酒药的要领进行制曲。

（四）红曲的生产

红曲也称红米，如图 4-22 所示，是我国的特产。红曲是利用红曲霉繁殖在蒸熟的米饭上制成的。当红曲霉在籼米上生长时能分泌出红、黄色素，将培养基染红。这种色素为一种蒽醌的衍生物，可以在红曲中提炼出它的结晶，分子式为 $C_{22}H_{24}O_5$，称为红曲霉红素。这种色素经日光照射，能逐渐褪色而变成黄色，遇到氧、氯也能使红色溶液变成黄色溶液。红曲霉适宜在籼米淀粉上培养，喜好醋酸和低度乙醇（4%～6%），需要生长在高温、高湿的空气中；氧化力强，能排斥杂菌。红曲广泛应用于增色及红曲醋、玫瑰醋的酿造。

图 4-22　红曲

1. 红曲霉菌

红曲霉菌主要有 4 种，它们是红曲霉属（*Monascus*）中的安卡红曲霉（*M. anka*）、紫红红曲霉（*M. purpureus* Went）、变红曲霉（*M. serorubosens* Sato）和巴克红曲霉（*M. barberi*）等。我国使用的菌种主要是紫红红曲霉。

2. 红曲生产方法

1）工艺流程

红曲生产工艺流程如图 4-23 所示。

红曲霉 → 斜面培养 → 米试管菌种
↓
水 → 煮沸 → 冷却 → 混合 → 冰醋酸
↓
籼米 → 浸泡 → 淘洗 → 沥干 → 蒸熟 → 冷却 → 接种 → 装袋 → 升温 → 盘装
→ 浸曲 → 装盘 → 翻曲 → 成曲 → 烘干 → 成品

图 4-23　红曲生产工艺流程图

2）操作方法

（1）用料配比：每 100kg 籼米，加冷开水 7L、冰醋酸 120～150g、红曲米试管菌种 3 支。使用前将红曲米试管菌种研细，并与冷开水及冰醋酸混合均匀。

（2）浸泡、蒸熟、接种：采用上等籼米放置于大缸中，加水浸泡 40min 后，捞起放入竹箩内淘洗，将米泔水洗掉、沥干，然后倒入蒸桶内，边开蒸汽边上蒸，当桶内周围全部冒汽时，加盖再蒸 3min，即移入木盘内，搓散结块并散热。冷却到 42～44℃时（不超 46℃）接入已混合冰醋酸液的研细红曲种子，充分拌和后装入麻袋，把口扎好，进入曲室培养。

（3）培养：进入曲室时，品温开始由原来的 36℃下降到 34℃，而后慢慢上升，从 34℃上升至 39℃需 17～19h。以后每小时能升温 1℃，到最后每 0.5h 即可升温 1℃，待升温至 50～51℃时立即拆开米饭包，移至备有长形固定木盘的曲室中。以上整个过程需 24h，曲室温度自始至终保持在 25～30℃。当米饭包摊至木盘时已有白色菌丛着生，渐渐散热冷却到 36～38℃时，再把米饭堆集起来，使温度上升到 46℃（约需 2h）。料温达到 46℃时第 2 次把米饭摊开，翻拌冷却至 36～38℃后，第 3 次把米饭堆积起来，再使温度上升到 44℃时，最后再将米饭散开刮平，这时米饭粒表面已染成淡红色，此后使品温正常保持在 35～42℃，不得超过 42℃，一直保持到浸曲为止。

（4）浸曲：培养 35h 左右，当米饭大部分已呈淡红色且已十分干燥时即进行浸曲，以后每隔 6h 浸曲吃水 1 次（即把水盘内的曲装入淘米箩内，放进小缸浸曲约 1min 后取出淋干），再倒入木盘内刮平，浸曲水温度要求在 25℃左右。如此进行浸曲吃水 7 次，浸曲前 4h 要翻拌 1 次，浸曲后也要翻拌 1 次。从米饭培养至出曲共 4 天，成品外观可全部呈紫红色。为了降低劳动强度，也可以不进行浸曲而直接加水操作，每 100kg 米每次吃水 7～12kg。

（5）烘干：将湿曲摊入盛器内，厚度约 1cm 以下，进入烘房进行干燥。干燥温度为 75℃左右，干燥时间 12～14h。每 100kg 籼米得红曲成品 38kg 左右。

（五）麦曲的生产

麦曲在酿造酒及香醋中占有极重要的地位，用量一般为糯米原料的 1/6。它的主要功用是作为糖化剂，同时与酒、醋的特有风味也有密切的关系。麦曲以生小麦为原料，但是以往有时混合少量大麦（小麦 9 份，大麦 1 份）。制造麦曲的时期，一般是在农历的 8～9 月间，此时正当桂花满枝的季节，所以制成的曲俗称“桂花曲”。曲室是普通的平房，有的是泥地，有的是石板地，室内两壁常设有木板窗，借其调节温度。

1. 麦曲中的微生物

麦曲中的微生物生长最多的是黄曲霉、根霉及毛霉，此外尚有数量不多的黑曲霉及青霉等。这些霉菌，其繁殖情况各批均有差异，一般情况下主要是黄曲霉，但有时根霉、毛霉占优势。根据经验介绍，麦曲黄绿色花（黄曲霉的分生孢子）越多，则曲的质量越优良，酿酒升温快，发酵猛烈，在严冬季节酿酒也容易管理。

2. 麦曲生产方法

1）工艺流程

麦曲生产工艺流程如图 4-24 所示。

水（↓ 拌曲）　稻草（↓ 包曲）

小麦→过筛→轧碎→拌曲→成型→包曲→堆曲→保湿→通风→拆曲→成品

图 4-24　麦曲生产工艺流程图

2）操作要点

（1）轧碎过筛：清理后的小麦不经淘洗，通过轧碎机或石磨粉碎成 3～5 片。

（2）拌曲：将轧碎的麦粒盛于直径 103cm、高 34cm 的拌曲盆中，每批原料 35kg，加入清水 6～7kg，迅速翻拌，务必使吸水均匀，以不产生白心及小块为宜，拌曲后含水分 21%～24%。

（3）成形：将拌水后的麦片放入长约 100cm、宽 21cm、高 14cm 的无底曲盒中。在曲盒的下面，平铺干燥洁净的稻草（最好一年陈的）。当麦片倒入曲盒后，轻轻地用手压平，防止中间突出、两端较少而影响曲包的均一。

（4）包曲：麦片成形后，抽起曲盒，即用稻草包好捆紧。包好后的曲包略呈圆柱形（长 90～100cm，半径为 53～60cm），每包约含干燥麦粒 9～10kg。包曲时应力求疏松，以利糖化菌的均匀生长与繁殖。

（5）堆曲：包曲完毕，将曲包竖直放入曲室，各个相靠，堆成曲堆。曲堆的大小一般长 6m、宽 2m，堆与堆之间距离为 0.5m，但需要注意“堆松、堆齐、堆直”，以增加空隙，有利于发散热量及糖化菌的均匀生长与繁殖。堆上及地上各平铺一层稻草（如果是泥地，须将稻草铺得较厚些），曲包上再堆竹箪，以利保温。曲室的保温主要根据气候及室温情况，适当地关闭门窗，以及利用曲堆上面和四周的稻草及竹箪等加以调节。

在制曲过程中，应及时检查并测定品温，以便调节控制品温，不使曲包品温过高或升温太慢（表 4-15）。

表 4-15　麦曲制造过程中品温控制要求

时间	室温/℃	品温/℃
第 0 天	15～20	20～25
第 1 天	24～26	28～30
第 2 天	26～28	30～32
第 3 天	32～36	35～38
第 4 天	38～42	40～44
第 5 天	40～43	44～45
第 6 天	38～42	43～44
第 7 天	32～36	38～40

培养过程除控制品温外，并要做好通风排湿工作。如果室温在 20℃左右，品温升到 38℃时，可将上面竹箪揭去；升温到 45℃时，应除去上面覆盖的部分稻草，适当地打开上面门窗，降低发酵温度，以免产生烘曲或黑心曲等现象。至第 7 天以后，品温与

室温相近，麦曲中水分已大部分蒸发，就要将全部门窗打开。经过 25～30 天，麦曲已结成硬块，但用手一捏即碎，此时可将草包拆开，取出曲块，每包曲拆成 2～3 块，搬至空房中，堆叠成“品”字形存放备用。

（六）液体曲的生产

液体曲的生产过程大致分为下列 6 个系统：无菌、干燥空气的制备；培养液的调制、杀菌、冷却；曲霉孢子悬浮液的制备；曲霉菌的深层通风培养；成熟液体曲的输送、保存、使用；控制调节仪表。

种子罐用孢子悬浮液接种，32℃通风培养 36h 左右，醪液成浆状即可供给培养罐使用。培养罐采用菌丝体接种，经分配站进入培养液，32℃培养 48h 左右，测定糖化力恒定即可。

1. 液体曲生产工艺流程

液体曲的生产工艺流程如图 4-25 所示。

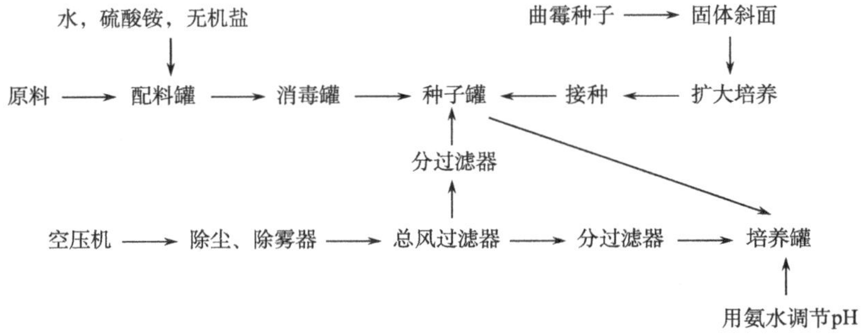

图 4-25　液体曲生产工艺流程图

2. 液体曲生产工艺

液体曲生产对糖化菌的要求同固体曲，糖化力要强，并能耐酸、耐热。但大多数固体曲所用菌种不适合于液体培养，因此需要选择在液体培养基中生长快、糖化力强的菌株。液体曲常用的菌中多为黑曲霉一类，如 AS 3.4309 即是较好的产糖化酶的新菌株。

1）孢子悬浮液的制备

生产菌种的培养：液体曲菌种要求孢子多，有活力。宜采用营养丰富的小米或米曲汁为培养基。小米培养基的制备及生产曲种的培养过程是：先将优质小米洗净，加入 15%～20%麸皮，再按 1∶1.2 的加水量加水后，常压蒸熟 30min，然后分装试管，每支装 3～5g，放成斜面，在 1.47×10^5Pa（$1.5kg/cm^2$）的蒸汽下，杀菌 60min，冷却后接种，30～32℃培养 5～7 天，前 2～3 天生长菌丝，后 2～3 天生长孢子，直到布满整个斜面，即可保证作孢子悬浮液用。

孢子悬浮液：用无菌水把生产菌种的孢子洗下，做成孢子悬浮液，置于冰箱中备用，使用时用微孔针刺法，利用突然减压，接入种子罐。AS 3.4309 生长缓慢，培养时间较长，为了缩短在种子罐的培养时间，可将孢子经摇瓶培养，待菌丝形成后接入种子罐，但这比孢子悬浮液接种麻烦。

2）液体曲种子培养

液体曲的工艺过程是先将原料豆饼粉、米糠、薯干粉及硫酸按等在配料罐中配成干物质浓度为8.5%的培养液。常用的配方为：薯干粉5.2%，米糠2%，豆饼粉1.2%，硫酸铵0.16%。培养基的组成直接影响到菌丝体的繁殖以及糖化酶活力。用往复泵将培养基压入连续加热器，料液加热到135℃，然后进入后熟器，在后熟器中维持40～50min，进行杀菌煮料，再进入喷淋冷却器，冷却至31～32℃，即将醪经酵液分配站供给种子罐或培养罐使用。小型厂可不用连续加热器及喷淋管，可采用实罐灭菌法。

种子培养基与液体曲培养基的配方原则上应有区别，但生产上为管理方便，不单独配制种子培养基，而是采用液体曲培养基，效果基本相同。

种子培养是先将孢子悬浮液接种于种子罐，其体积是培养罐的5%～10%。待孢子在种子罐发芽成菌丝后，作为种子接入培养罐，这较孢子直接接种可大大缩短培养时间。

种子罐空消条件为压力1.96×10^5Pa（$2kgf/cm^2$），温度126～132℃，时间20min。

培养条件为：喷嘴压力1.96×10^5Pa（$2kgf/cm^2$），罐压2.94×10^4Pa（$0.3kgf/cm^2$），培养温度30～32℃，培养时间48～56h，通风培养8～10h，用肉眼能见菌丝，醪液开始黏稠。接种量5%～10%，通风量20%，用$1m^3$醪液，每分钟通入$0.2m^3$空气，醪液循环周期为2.5～3.5min，不超过4min。

培养过程中，宜在循环管外壁喷冷却水，以控制温度不超过32℃。种子罐和培养罐所需要的无菌空气是由无菌空气制备系统完成的。

3）成熟液体曲的指标

外观似浓厚纸浆，气味清醇，口尝稍有甜味。pH3.3～3.5，酸度4.9%～5.1%，糖化力在4000～5000mg/ml（麦芽糖）。

3. 液体曲生产的技术管理与异常现象

液体曲生产要求严格的无菌条件，需要加强技术管理。

1）技术管理

菌种管理：为了使生产菌种不退化、变异或染菌，并保持菌株特性的相对稳定性，要求使用贫瘠营养培养基保存菌种，并定期分离纯化，测定糖化力，最好能建立菌株的档案制度，加强管理。

生产培养：健全配方与操作规程，加强无菌操作，每道工序应建立技术检验制度。

（1）种子系统；如冷却后的培养液以及培养24h成熟使用前种醪的无菌检查。检验项目还包括pH、酸度、还原糖（培养液0.15%，种子醪0.8%～1%）。

（2）液体曲：接种16h、24h、32h后进行pH、糖化力、镜检、还原糖的检查。培养液的pH即自然pH应为3.4左右，酸度应为0.6%（乳酸计）。

2）异常现象及防染菌的主要措施

液体曲感染常见的杂菌有枯草杆菌、马铃薯杆菌、乳酸菌及醋酸菌等。液体曲染菌后，假如 pH 在 4.6 以下可按原用曲量使用；若 pH 在 4.7 以上，应按降低酶活折算使用；若染菌后有硫酸或漂白粉气味则应废弃不用。

第五节 淀粉糖化工艺

淀粉糖化的基本工艺包括原料的润水、蒸煮、糖化等工艺。

一、原料蒸煮

淀粉原料蒸煮的最主要目的是促进淀粉吸水膨胀，从颗粒中溶出，加速糊化、溶解。除此之外，原料蒸煮还有以下作用：①酿醋原料经过蒸煮后有利于杀灭原料中污染的杂菌；②对辅料稻壳、麸皮等还有软化作用；③原料中的不同糖分在蒸煮过程中会发生糠醛反应、焦糖化反应，如醛糖会变酮糖、己糖脱水变成羟甲基糠醛（戊糖脱水变成糠醛），同时会产生黑色素，这些反应赋予食醋特有的风味、色泽和体态；④促进蛋白质的水解和溶解。蛋白质在蒸煮时主要发生蛋白质凝固变性，使可溶性氨基态氮下降，极少分解，而原料中的氨基态氮却溶解于水，使可溶性氮有所增加。在普通蒸煮操作中，谷物中的含氮物有 20%～25%转入蒸煮醪液中。

（一）原料润水和浸泡

蒸料发酵法是目前固态发酵制醋中应用最广的一种方法。为了便于蒸料糊化，以利于下一步糖化发酵，必须在干原料中加入一定量的水进行润料，并搅拌均匀，然后进行蒸料。润料所用水量视原料种类而定。高粱润料用水量为 50%左右，润料时间约 1h。大米原料（糯、粳、籼）则采用浸泡方法，浸泡时间夏季为 6～8h，冬季为 10～12h，浸泡后捞出沥干。

（二）蒸煮

原料蒸煮方法随制醋工艺而异。目前常用的固态制醋方法，除生料发酵法外，一般可分为煮料发酵法和蒸料发酵法两种。液体深层发酵法制醋的原料处理也须经过煮料阶段。

酿造食醋的淀粉原料蒸煮分为常压蒸煮和加压蒸煮两种方法。中国一些传统的、小型的食醋酿造厂常采用常压蒸煮法进行蒸料。先将润水的原料拌入填充剂稻壳、辅料麸皮等，等蒸甑锅内水开后，缓慢加料，上料后待“圆气”后再加料，直至蒸桶装满。蒸料时间一般 2h 左右，蒸料后自然冷却至料中心温度 40～60℃时出料，打散凝结、粘连的料块。

大规模、工业化以谷物为原料生产食醋，特别是全液态、酶法通风回流制醋等快速制醋法，大多采用高压、高温蒸煮淀粉原料，以 0.1MPa 加压蒸料，维持 30min 即可达到蒸料要求。加压蒸煮方法分间歇式和连续式两种。图 4-26 为常用的旋转蒸锅，谷物的浸渍、淋干、蒸煮和冷却都可以在这一装置内进行。为了节省能源，加压蒸煮是经常采用的方法，采用回转可以消除浸渍吸水以及蒸煮不匀的缺点。

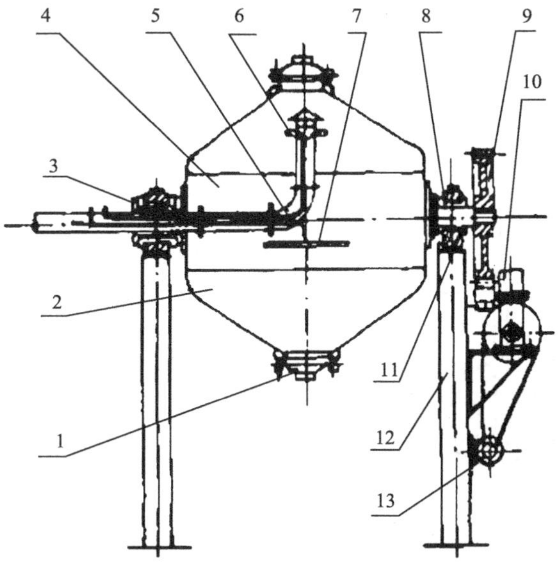

图 4-26　旋转式蒸煮锅结构图

1. 锅盖；2. 锥形封头；3. 空心轴；4. 锅体；5. 抽、排气管；6. 喷水管；7. 蒸汽管；8. 实心轴；9. 驱动齿轮；10. 减速机；11. 轴承座；12. 支柱；13. 电动机

用谷物大麦酿造大麦醋时，部分原料是发芽的大麦，麦芽中有丰富的淀粉酶系，以此为淀粉糖化剂，因此用发芽大麦制醋无需蒸煮。

二、淀粉糖化工艺

食醋原料的糖化可分为固态糖化、液态糖化和生料糖化三种方法。

（一）固态糖化工艺

中国传统食醋，如镇江香醋、四川麸醋、山西老陈醋、南方浙江玫瑰醋等和大部分白酒的生产都是采用固态糖化的典型。固态糖化工艺有两种类型：一种是原料蒸煮后，添加大曲、小曲、药曲或类似的糖化剂，进行淀粉糖化，这种糖化剂的产酶微生物来源于自然界，因而微生物种类繁多，酶系复杂，糖化产物多种多样，最终食醋的风味独特。另一种是以糖化性能优良的纯种微生物制成麸曲进行糖化。这是以纯种培养技术为手段制成的曲，其糖化力较前者强得多，但是微生物种类单纯，酶系简单，糖化产物种类有所减少，却也基本上保持了传统产品的风味。

在这两种形式的糖化过程中，淀粉的液化和糖化都没有明显阶段性，而且麸曲采用了黑曲霉后液化力更加降低了。另外，糖化和乙醇发酵同时进行，有的甚至是糖化、酒化、醋化发酵几乎同时进行，糖化时间长，一般 5～7 天。许多学者将这种糖化方式称为复式糖化法，这种方法可以做到边糖化边发酵，避免高浓度的糖液抑制后续的乙醇发酵或醋酸发酵，这样在发酵醪液中可产生更高的酒度和酸度。总的看来，固态糖化的效果不如高温糖化法。一般来说其原料利用率是较低的，糖化过程中产酸较多，这是由于糖化时水分较少，糖化温度低，需要较长时间，液化和糖化的各自优势未能得到充分发挥等。但是传统的糖化、乙醇发酵同时进行的液态工艺有其不可代替的优势，应是保证传统工艺风味主要因素之一，工艺合理化后的淀粉利用率应是高的，当然它的风味也是一流的。

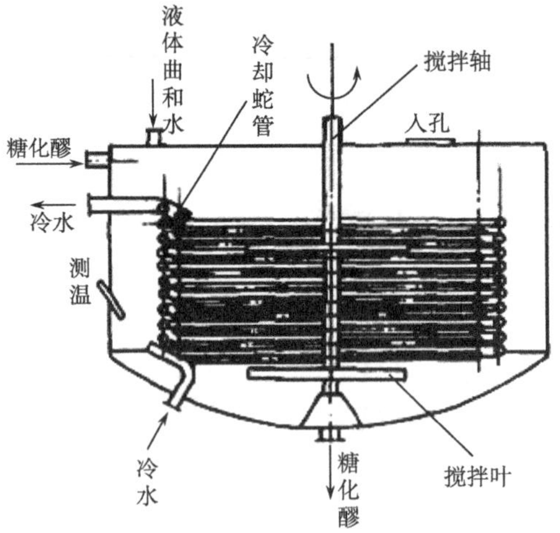

图 4-27 有冷却管的糖化罐

（二）液态糖化工艺

液态糖化法指原料加水变成稀醪后，经过蒸煮液化，加入纯种糖化剂，在一定条件下酶解淀粉。液态糖化法分为低温液态糖化法和高温液态糖化法两种。液态糖化法较固态法易于操作、糖化时间短、转化率高。糖化罐的结构如图 4-27 所示。

1. 液态低温糖化法

低温糖化法是我国复式发酵工艺所采取的糖化法。由于糖化与乙醇发酵同时进行，必然采取适合于乙醇发酵的 30℃左右的温度。

2. 高温液态糖化法

先用 α-淀粉酶制剂对原料淀粉浆在 85℃以上进行液化，然后用黑曲霉生产的麸曲在 65℃以下进行糖化，由于液化和糖化都在高温下进行，所以称为高温糖化法。这种糖化法广泛用于液体深层制醋和回流法制醋等新工艺中，具有糖化速度快、淀粉利用率高等优点。液化时 α-淀粉酶的用量为每克原料需 120 个酶单位，最少也不应低于 100 单位（以麦芽糖计），液化时间仅为 10～15min，麸曲的用量取决于酶活力的高低，酶活高则用量少。作为乙醇发酵的糖化醪要求浓度为 13～15°Bé，糖化时间不必过长。

高温液态糖化法分为两种：①液化和糖化全部使用酶制剂；②液化用酶制剂而糖化用曲法。目前，这两种方法在我国都有，但以后者较多，二者各有利弊：前者的优点是可以省去制曲工序、糖化效率及淀粉利用率高，缺点是产品风味不如曲法的好；后者的优点是产品风味较好（当然还不及低温糖化的好），但需制曲设备，操作较麻烦。至于液体曲法的效率较高，可以机械化，但产品风味不好。目前固态浇淋法、酶法液化通风回流法等制醋新工艺都在采用酶制剂液化及麸曲糖化工艺。糖化采用酶制剂，如速酿法、深层发酵法等，若采取了酶制剂法，就可取消食醋生产的制曲，减少投资，节省制曲人员，并使糖化工序机械化。

（三）生料糖化工艺

在 20 世纪 30 年代，曾经有人指出 α-淀粉酶能水解 4%～10%的小麦淀粉。后来人们又发现小麦中存在着一种能降解生淀粉的“生淀粉因素”，这种因素区别于 α-淀粉酶。此后又观察到霉菌固体麸曲浸出液有迅速降解生淀粉的现象，多数研究工作者认为是α-淀粉酶的作用。

在生料制醋中，生淀粉不经过蒸煮而直接进行糖化、乙醇发酵、醋酸发酵，这不仅可以节约能源，降低成本，而且也是对制酒制醋发酵工艺改革的一种新尝试。20 世纪 70 年代初，山东济南酿造厂首先采用生料糖化法制醋；日本三得利公司于 1981 年实现了玉米淀粉的生料无蒸煮酒精发酵的工业化生产；1972 年在北京市龙门醋厂改进为固态生料制醋工艺，并陆续在天津、河北、河南、内蒙古、东北等地推广。

生料制醋的原料经过粉碎处理省去了蒸煮工序。由于不经过高温蒸煮，原料淀粉颗粒不能大量吸水膨胀，变为溶胶状态，不能自我糖化，因此生料糖化有一定的困难。鉴于这一点，生产上采用加大麸皮用量方法，一般麸皮用量为主料的 100%～120%。其次是使用了较多的麸曲（黑曲霉），以黑曲霉（麸曲）作为糖化剂，其量占主料的 40%～50%。对生淀粉有一定的分解能力，可将生淀粉分解成葡萄糖。但生料糖化所需时间仍较熟料长。生料酿醋法的糖化、乙醇发酵和醋酸发酵这三个阶段是不能截然分开的，其生化反应过程是边糖化、边乙醇发酵、边醋酸发酵，多种酶同时起作用。在生料制醋中，麸曲水解淀粉所产生的糖类基本上能满足乙醇发酵所需要的糖源。乙醇发酵需在厌氧条件下进行，而醋酸菌却是好氧菌。为了解决这一矛盾，生产上采取制醋前期隔绝空气，静置发酵，以利于乙醇发酵，后期加强翻拌补充氧气，以利于醋酸发酵。

生料制醋法由于原料未经蒸煮，往往夹带着较多数量的杂菌。有些地方，生料制醋时，并不向原料里另外添加酵母及醋酸菌种子，而是靠容器壁上附着的或空气中自然存在的酵母及醋酸菌，因此，在发酵刚开始时，不能很快形成有益微生物的生理优势，以抑制杂菌繁殖。故生料制醋容易造成杂菌污染，从而降低原料利用率及影响产品风味。

日本研究生料糖化始于 1954 年山崎惠也和上田诚之助，根据其研究，不同霉菌对生淀粉的水解作用不同，黑曲霉中的泡盛曲霉较米曲霉生淀粉水解率要高，根霉也较米曲霉高很多。黑曲霉的糖化酶对不同生淀粉所表现的水解程度也不同，根据包启安的研究，谷物生淀粉要较根块类生淀粉易于糖化。谷物中以玉米最好，其次为大米、高粱。薯类中木薯淀粉较玉米淀粉易于糖化。

生料糖化的要点主要在于所选用的曲是否适合于该生料的糖化及糖化条件。目前我国所用的糖化菌以黑曲霉系的菌种较为普遍，即这一系统的 AS3.758、AS3.4309。从日本引进的雪白根霉（*R. nuvus*），具有更强的糖化生淀粉的能力。根据多年实用经验，黑曲霉 AS 3.758 的产品风味较好，这是因为其酶系较全的缘故。‘东酒一号’同样存在风味差的缺点。

三、影响淀粉糖化的因素

（一）温度

淀粉酶对淀粉的糖化作用，在一定范围内，温度越高，反应速度越快。在高温下淀粉易于糊化和液化，但是温度过高会造成酶的失活。因此要严格掌握液化和糖化的温度，不使之过高或过低。在传统工艺中，由于糖化时进行双边发酵，温度仅为微生物生长的适宜温度，不能过高，一般在 33～35℃，最高不超过 37℃。采用酶法液化和糖化时，应根据液化酶和糖化酶作用底物的最适温度而定。一般酶法糖化温度在 60～70℃。

（二）pH

酶的作用有个最适 pH 范围，超出这个范围就会使酶活力大幅度下降。枯草杆菌 α-淀粉酶的液化作用的 pH 控制在 6.2 左右，黄曲霉对淀粉糖化的最适 pH 为 5.0～5.8，黑曲霉为 4.0～4.6。在高温糖化法中，原料蒸煮前的浸润时间要适当，时间过长，由于微生物活动，使酸度增加、pH 下降，会使液化困难。

（三）糖化时间

在高温糖化法中，液化操作应在 90℃左右维持 10～15min，以利于液化。液化法的 DE 值应控制在 15 左右，过高或过低对糖化操作都不利。糖化操作应在 60～65℃下进行约 30min，不宜过长，如果过长，不但所增加的糖量有限，而且会影响"后糖化力"，降低淀粉利用率，同时也降低糖化设备利用率。在液化和糖化过程中，都需要进行搅拌操作。糖化后，应立即冷却至 30℃，转入乙醇发酵工序，缓慢冷却易染菌，使糖液酸度上升。

（四）糖化剂用量

无论是高温糖化法还是传统糖化法，都应保持一定酶单位，糖化剂酶单位过少，会严重影响原料利用率，造成乙醇发酵和醋酸发酵困难。不同种类的酶，酶活力的计算不尽相同，有用国际标准计算方法的，也有根据具体情况行业自己规定的，如耐高温 α-淀粉酶活力定义为：1g 固体（或液体）酶，在 70℃、pH6.0 条件下 1h 液化 1g 可溶性淀粉，计为 1 个酶活单位 [μ/g(ml)]。

（五）氯化钙用量

0.1%$CaCl_2$ 能使细菌 α-淀粉酶耐 92℃高温。高温液化时如果 $CaCl_2$ 数量不足，将使 α-淀粉酶失活，并使液化无法进行。

参考文献

包启安. 1999. 食醋科学与技术. 北京：科学普及出版社：1-40
陈騊声. 1982. 近代工业微生物学（下册）. 上海：上海科学技术出版社：450-570
葛向阳，田焕章，梁运祥. 2005. 酿造学. 北京：高等教育出版社：128-134
黄兴宗. 2008. 李约瑟中国科学技术史 · 生物学及相关技术. 第 6 卷第 5 分册. 发酵与食品科学. 北京：科学出版社：235-242
黄仲华. 1981. 食醋糖化发酵的酶化学探讨. 调味副食品科技，9：4-7
黄仲华. 1988. 食醋生产. 北京：化学工业出版社：15-32
贾树彪，李盛贤，吴国峰. 2004. 新编酒精工艺. 北京：化学工业出版社：1-37
二国二郎. 1990. 淀粉科学手册. 王薇青，高寿清，任可达译. 北京：中国轻工业出版社：375-350
刘亚伟. 2001. 淀粉生产及其深加工技术. 北京：中国轻工业出版社：194-250
路甬祥，包启安. 2007. 酿造. 中国传统工艺全集. 郑州：大象出版社：25-30

陶兴无. 2008. 发酵产品工艺学. 北京：化学工业出版社：148-159

姚汝华，赵继伦. 1999. 酒精发酵工艺学. 广州：华南工学院出版社：37-151

赵凯. 2009. 淀粉非化学改性技术. 北京：化学工业出版社：22-50

朱永义，周显青，郑学玲. 1999. 稻谷加工与综合利用. 北京：中国轻工业出版社：2-40

Konsula Z，Liakopoulou-Kyriakides M. 2004. Hydrolysis of starches by the actio of an α-amylase from *Bacillus subtilis*. Process Biochemistry，39：1745-1749

Lehmann U，Robin F. 2007. Slowly digestible starch-its structure and health implications：a review. Trends in Food Science & Technology，18：346-355

Soni S K，Arshdeep K. 2003. A solid state fermentation based bacterial α-amylase and fungal glucoamylase system and its suitability for the hydrolysis of wheat. Process Biochemistry，39：185-192

第五章　酵母菌与乙醇发酵

乙醇发酵是食醋酿造必经的生化过程，介于糖化和醋酸发酵之间，其主要作用是将原料中的糖经酵母菌的发酵作用转化为乙醇。除了用乙醇为原料生产食醋时无需乙醇发酵过程，用其他原料生产食醋时都需进行此过程。

第一节　用于乙醇发酵的酵母菌

一些细菌、酵母菌和霉菌都能产生乙醇。据报道，通过育种技术，将工程菌 *E. coli* 开发为一种有价值的产乙醇微生物，它可利用更多的糖类，且生长环境较粗放，前景喜人。但在目前生产实践中，最普遍使用的能生产乙醇的微生物是酵母菌。在酵母菌中，菌株 *Saccharomyces cerevisiae*（图 5-1）能在培养基中产生浓度为 18%的乙醇，是乙醇发酵中使用最广泛的酵母菌种。酿酒酵母也是被认为安全的食品添加剂（图 5-1）。

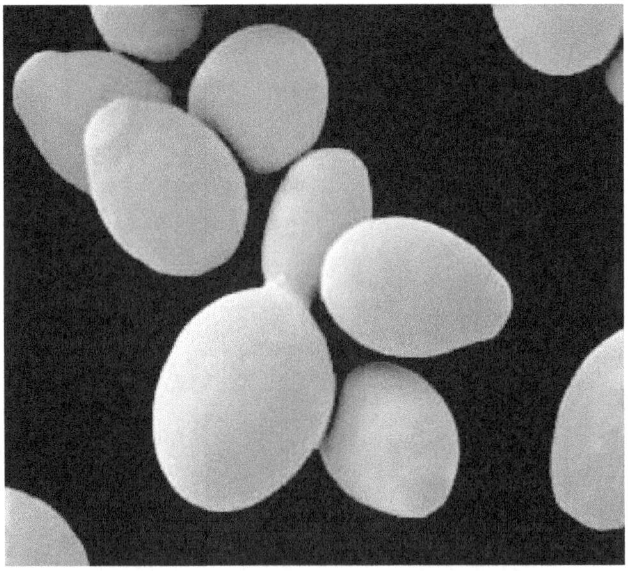

图 5-1　酿酒酵母菌（*S. cerevisiaes*）细胞

一、酵母菌的基本分类及食醋生产中相关的主要菌种

（一）酵母菌的基本分类

酵母菌分属于子囊菌纲、担子菌纲、半知菌纲。通过菌落观察和细胞镜检（图 5-2），可以简便地将常用的酵母菌进行分类。

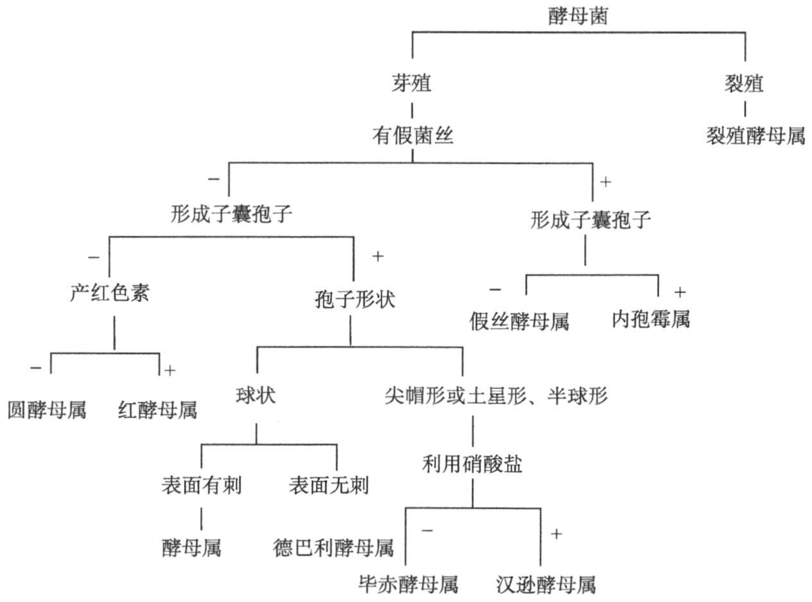

图 5-2　根据表型特征对酵母菌进行分类

酵母菌是一群单细胞微生物，属真菌类，是应用较广泛的一类微生物。在自然界中，酵母菌的种类很多，有些酵母菌能把糖发酵生成乙醇，有些则不能；有的酵母菌能产生酯香味；有的酵母菌生成乙醇的能力很强，有的则很弱；有的酵母菌在不良环境中仍能旺盛发酵，有的则不能。

（二）食醋生产中相关酵母菌属和种

1. 发酵工业优良酵母菌种的特征

发酵工业中选择的酵母菌株必需符合以下性能要求：

（1）应具有高的发酵能力，即能快速并完全地将糖分转化为乙醇；

（2）繁殖速度快，即具有高的比生长速率；

（3）具有高的耐乙醇能力，即对自身代谢产物的稳定性高，因而可以进行浓醪发酵；

（4）抵抗杂菌能力强，即对杂菌代谢产物的稳定性高，耐有机酸能力强；

（5）对培养基的适应性强，耐温、耐盐和耐干物质浓度的性能强。

2. 食醋生产中重要的酵母菌属和种

根据酵母菌特性将其分为 4 组：①酿酒酵母菌属（*Saccharomyces*）；②汉逊酵母菌属（*Hanseniaspora*）和克勒克酵母菌属（*Kloeckera*）；③能发酵乳糖的克鲁维酵母菌属（*Klugveromyces*）；④耐渗透压的结合酵母菌属（*Zygosaccharomyces*）。

1）酿酒酵母菌属

酿酒酵母菌属（Van der Walt，1970）分为三类：①*Saccharomyces sensu stricto* 类

酵母菌，包括 *S. cerevisiae* 和其他种，能旺盛发酵，耐高浓度乙醇；②*Saccharomyces sensu lato* 类的酵母菌，能发酵，但栖息地受严格限制；③*S. kluyveri*，只有一种，系统发育与前面两类差异很大。

Saccharomyces sensu stricto 类酵母菌有 *S. cerevisiae*、*S. bayanus*、*S. pastorianus*、*S. paradoxus*、*S. cariocanus*、*S. mikatae* 和 *S. kudriavzevii*。

酿酒酵母菌（*S. cerevisiae*）与其他酵母菌相比，有很强的乙醇耐受力，广泛生存于植物材料上。贝酵母菌（*S. bayanus*）可在 1～2℃低温环境中生长和发酵，产生大量的甘油、少量的醋酸，并能合成苹果酸，常是葡萄酒自然发酵中的起始菌种。巴氏酵母菌（*S. pastorianus*）用于大规模的酿造工业中，是生产麦芽醋的优良菌种，可从发酵的麦芽汁或啤酒中分离。巴氏酵母菌是酿酒酵母菌与其他酵母菌的自然杂交体，在低温环境中生长和发酵良好，产生独特的产物。奇异酵母菌一般在食品发酵中很少使用，现在发现在克罗地亚葡萄酒的发酵中为优势菌，能代谢苹果酸。

Saccharomyces sensu lato 类的酵母菌有：*S. barnettii*、*S. castellii*、*S. dairenensis*、*S. exiguus*、*S. rosinii*、*S. servazzii*、*S. spencerorum*、*S. transvaalensis* 和 *S. unisporus*。现已发现在乳品发酵中应用的菌为 *S. unisporus*。该菌从牛奶产品，如乳清、干酪、来菲尔和其他发酵牛奶中分离，能旺盛发酵半乳糖，是用乳清为原料发酵食醋的优良菌种。

2）尖端酵母菌（汉逊酵母菌属和克勒克酵母菌属）

汉逊酵母菌属和克勒克酵母菌属是自然界中分布最广的，也是在乙醇发酵中最具活力的菌种，有 *Hanseniaspora uvarum*（*Kloeckera apiculata*）和 *H. guillermondii*（*K. apis*）。这类酵母菌仅限于单糖，有很强的发酵活力，对麦芽糖、蔗糖和乳糖不能发酵，对乙醇耐受力极低，当乙醇浓度达到 4%时，*H. uvarum* 就停止生长。尖端酵母菌乙醇发酵时，产生丰富的小分子发酵产物，特别是醋酸。鉴于此，尖端酵母菌乙醇发酵在工业化生产乙醇饮料中是不受欢迎的，可致使葡萄酒挥发性酸升高，通过添加 SO_2 可防止尖端酵母菌的生长。

3）克鲁维酵母菌属（乳糖发酵酵母菌属）

克鲁维酵母菌属属于酵母菌亚门，该属发现有 15 个种，其中 *K. marxianus*、*K. lactic* 和 *K. thermotolerans* 有重要的应用前景，如能发酵乳糖、直接发酵菊粉、在 40℃温度中能生长。

4）嗜高渗结合酵母菌属

结合酵母菌属能发酵葡萄糖，不能吸收硝酸盐。该属现有 9 个种：*Z. bailii*、*Z. bisporus*、*Z. cidri*、*Z. fermentati*、*Z. florentinus*、*Z. mellis*、*Z. microellipsoideus*、*Z. mrakii* 和 *Z. rouxii*。

Kurtzman（2001）从茶树菇中分离出一株能用以生产食醋的菌种，命名为 *Z. kombuchaensis*，它与醋酸菌混合，发酵甜茶生产醋饮料，称 Kombucha。

结合酵母菌属到处都有，主要以糖为营养物。其细胞和孢子有很强的热抗性，有些细胞热处理后仍能存活。*Z. bailii* 被认为是软饮料败坏的主要菌之一。结合酵母菌属是嗜高渗酵母菌，能生长在高浓度的糖液中。*Z. rouxii* 和 *Z. mellis* 是从糖浓度接近 80%的发酵蜂蜜中分离的，有时在糖浆或浓缩果汁中存在。这些菌于意大利香醋中发现。

中国食醋常用的酵母菌基本上与白酒、黄酒、乙醇生产所用酵母菌相同。从分类系统来讲，淀粉质原料乙醇发酵常用的菌种为真酵母菌属中的酿酒酵母菌（*Saccharomyces cerevisiae*）及其变种，如‘拉斯 2 号’（RasseⅡ）、‘拉斯 12 号’（Rasse Ⅻ）、‘K 字’，以及从我国乙醇生产中筛选的‘南阳 5 号’（1300）、‘南阳混合’（1308），还有从黄酒生产中筛选出的‘工农 501’等酵母菌株。生成乙醇的主要酵母菌是酿酒酵母菌。

二、酵母菌对营养素和生长条件的要求

（一）酵母菌对营养素的基本要求

1. 碳源

酵母菌是一类异养型微生物。它可以以碳水化合物（如多种单糖及寡糖）和非碳水化合物（如乙醇、乳酸、多元醇、正构烷烃）等作为碳源和能源，以满足菌体生命活动的需要。酵母菌对糖类的利用见表 5-1。

表 5-1　酵母菌对糖类的利用情况（陈思妘和萧熙佩，1990）

酵母菌	糖类的发酵与同化							
	葡萄糖	半乳糖	麦芽糖	蔗糖	蜜二糖	棉子糖	乳糖	木糖
酿酒酵母菌（*S. cerevisiae*）	++	++	++	++	--	1/3+	--	--
葡萄汁酵母菌（*S. uvarum*）	++	++	++	++	++	++	--	--
少孢酵母菌（*S. exiguus*）	++	++	--	++	--	1/3+	--	--
巴氏酵母菌（*S. bayanus*）	++	--	++	++	--	1/3+	--	--
薛瓦酵母菌（*S. chevalieri*）	++	--	--	++	--	1/3+	--	--
糖化酵母菌（*S. diastaticus*）	++	++	++	++	--	1/3+	--	--
鲁氏酵母菌（*S. rouxii*）	++	-√	++	√√	--	--	--	--
脆壁克鲁弗酵母菌（*K. fragilis*）	++	++	--	++	--	1/3+	++	-+
乳酸克鲁弗酵母菌（*K. lactis*）	++	++	--	++	--	++	--	--
产朊假丝酵母菌（*C. utilis*）	++	--	-+	++	--	++	--	-+
皮克假丝酵母菌（*C. Picalis*）	++	++	--	++	--	1/3+	-+	-+
间型假丝酵母菌（*C. intermedia*）	++	++	++	++	--	--	++	-+
乳酒假丝酵母菌（*C. kefyr*）	++	++	--	++	--	--	++	--
法尔皮有孢汉逊酵母菌（*H. valbyensis*）	++	--	--	--	--	--	--	--
异常汉逊酵母菌（*H. anomala*）	++	++	--	++	--	1/3+	--	--
柠檬形克勒克酵母菌（*K. apiculata*）	++	--	--	--	--	--	--	--
发酵毕赤酵母菌（*P. fermentans*）	++	--	--	--	--	--	--	-+
解脂假丝酵母菌（*C. lipolytica*）	--	--	--	--	--	--	--	--
粘红酵母菌（*R. glutinis*）	-+	-+	-+	-+	--	--	--	--

注：“√√”表示发酵和同化都是可变化的；“-√”表示不发酵，同化是变化是；“--”表示发酵和同化都不进行“√”表示可变化的；“++”表示可发酵及同化；“-+”表示不发酵，但在有氧条件下可被同化；“1/3+”表示可发酵 1/3 分子，在有氧条件下，可利用整个分子。

除个别酵母菌（如糖化酵母菌）能利用糊精和淀粉外，一般酵母菌都利用单糖和二糖作碳源。酵母菌利用碳源的规律有以下几点。

（1）一种酵母菌如能在厌氧条件下发酵某种糖，则必然也能利用它进行有氧生长，但反之不然。

（2）红酵母菌属、掷孢酵母菌属、隐球酵母菌属及红冬孢酵母菌属全部酵母菌种均不能在厌氧条件下发酵糖。假丝酵母菌属和圆酵母菌属的一些酵母菌种，以及其他酵母菌属的某些种不能在厌氧条件下发酵糖。

（3）就呼吸与发酵能力而言，呼吸能力强而发酵能力弱的酵母菌为德巴利酵母菌属和毕赤酵母菌属的某些种。

（4）全部酵母菌种均能利用葡萄糖，其中一半以上能在厌氧条件下利用葡萄糖进行发酵。酵母菌中一半以上的种能在有氧条件下利用纤维二糖、葡萄糖醇、甘油、麦芽糖、甘露糖醇、蔗糖及海藻糖。

早在 20 世纪 30 年代，克鲁弗（Kluyer）和娄德等就已发现，酵母菌如不能发酵葡萄糖，则就不能发酵其他糖；如能发酵葡萄糖，则也能发酵果糖和甘露糖。酵母菌如能发酵蔗糖，则也能发酵棉子糖。一般葡萄糖和果糖的发酵程度相同，但对甘露糖发酵却缓慢些，半乳糖能被部分酵母菌发酵，取决于菌种。二糖，尤其是蔗糖、麦芽糖、乳糖和蜜二糖只能被含有专一性水解酶的酵母菌发酵。没有一种酵母菌能同时发酵麦芽糖和乳糖。

（5）能够利用 D-阿拉伯糖、半乳糖或内消旋-肌醇的酵母菌种不到 10%。

一般酵母菌能旺盛发酵糖的浓度达 20%，超过 20%，发酵代谢速度变慢；当糖浓度约 50%时，因渗透压极高而抑制了大量酵母菌的生长，只有个别耐渗透压酵母菌能生长。

一般情况下淀粉不能被酵母菌发酵，但发现西方许旺酵母菌（*Schwanniomyces occidentalis*）能发酵淀粉。*Kluyveromyces* 的个别种能发酵葡粉（果糖多聚物）。现在许多学者还尽力在寻找能水解淀粉的酵母菌。酵母菌水解淀粉具有重要的经济意义，因为以淀粉质为原料的乙醇发酵中，淀粉必须水解，若淀粉水解糖化和乙醇发酵用同一种酵母菌，将是发酵工业的革命。有报道 100 多种酵母菌的研究中，至少能产生 α-淀粉酶和葡萄糖糖化酶 2 种淀粉酶。能水解淀粉的酵母菌的特性取决于它转化淀粉为寡糖的能力。能产生胞外 α-淀粉酶和葡萄糖糖化酶的酵母菌主要有 *Candida tsukubaensis*、*Lipomyces kononenkoae*、*Lipomyces starkey* 等。*Saccharomycopsis fibuligera* 能发酵 20%的小麦淀粉醪液，*Schwanniomyces alluvius* 是发酵乙醇的酵母菌，利用它还能制造单细胞蛋白。*Schwanniomyces castelii* 和 *S. fibuligera* 能利用土豆、土豆皮和可溶性淀粉，不经过水解淀粉就能增殖，认为这两种菌有很强的淀粉水解能力。有报道 *S. fibuligera* 在生长后期能利用糊精和淀粉产生大量的胞外淀粉酶。*Schwanniomyces* 属的酵母菌能合成 α-淀粉酶和葡萄糖糖化酶，可直接发酵淀粉生产 3%的乙醇。

但是，能水解淀粉的酵母菌大多有一个致命的弱点，就是淀粉的水解能力低，生长速度较缓慢。

2. 氮源

酵母菌能以无机氮源（主要是硫酸铵及磷酸铵）及尿素为营养物质。酵母菌属酵母菌不能以硝酸盐和亚硝酸盐作为氮源，但假丝酵母菌属和汉逊酵母菌属的许多种能以它们作为氮源。酵母菌亦可利用各种氨基酸、胺、嘌呤和嘧啶碱作为氮源。

经比较得出，在各种铵盐对酵母菌生长的影响中，以磷酸氢二铵对面包酵母菌的生长最为有效，而磷酸二氢铵、磷酸铵、硫酸铵、碳酸铵、醋酸铵、乳酸铵和酒石酸铵也同样有效，但氯化铵的效果则较差。对硝基氮的同化能力，已被用作对酵母菌进行分类的标准。酿酒酵母菌在培养基中有充足的生长因子时，以天冬氨酸、天冬酰胺或谷氨酸为唯一氮源，酵母菌生长良好。酵母菌通常仅吸收 L 型氨基酸，但酿酒酵母菌可同化 L 型及 D 型的天冬酰胺和天冬氨酸，对天冬氨酸中 D 型异构体的吸收速度较慢。

以混合氨基酸（如酪蛋白水解液）为氮源时，与使用单一氨基酸或氨相比，对发酵作用更为有利。酵母属酵母如同利用硫酸铵一样，能很好地利用尿素。但假丝酵母属酵母菌则必须在供给丰富的生物素的前提下，才能很好地利用尿素。

3. 无机盐类

酵母菌生长除需有碳源和氮源外，还需要 P、Mg、S 及微量的 Zn、Cu、Fe 等，其中个别物质并不是酵母菌必需的生长因子，而是起到刺激酵母菌生长和发酵的作用。

4. 生长素

提供给酵母菌合成培养基的生长素有生物素（维生素 H）、泛酸钙（遍多酸钙）、叶酸、肌醇、尼克酰胺、对-氨基苯甲酸、吡哆醇和硫胺素。这些生长素在酵母菌代谢过程中，作为辅酶的组成是酶的催化功能所必需的。核黄素是酵母菌最普遍需要的生长素。尼克酰胺和核黄素是氧化还原酶类的辅酶组成，参与生物氧化中氢的传递。酿酒用酵母菌如葡萄酒酵母菌绝对需要生物素，尤其需要肌醇和泛酸，其次需要硫胺素和吡哆醇，其情况大致与酿酒酵母菌相似。

（二）酵母菌对生长条件的基本要求

影响酵母菌生长的主要因素如图 5-3 所示，酵母菌生长繁殖受多种因素的影响。

1. 发酵液糖浓度

糖浓度越高，发酵液的水分活度越低。一般酵母菌生长的最低水分活度为 0.85。从高浓度糖液中可分离出 *Zygosacchromyces* 属的菌株，*Zygosacchromyces bailii* 和 *Zygosaccharomyces youxii* 可从水果、果汁和色拉调味汁这些含糖量极高的败坏食物中分离，尤其是 *Z. youxii* 可从水分活度 0.62 的果糖液中分离。高浓度的醪液、糖类物质形成的渗透压较大，影响酵母菌的生长。但高糖浓度发酵对充分发挥设备利用率及生产高浓度产品有利。麦芽糖同样可以被酵母菌分泌的麦芽糖酶水解，生成两分子葡萄糖，如果培养基中麦芽糖的浓度稍高些，其渗透压必然较葡萄糖的减少，因此认为酵母

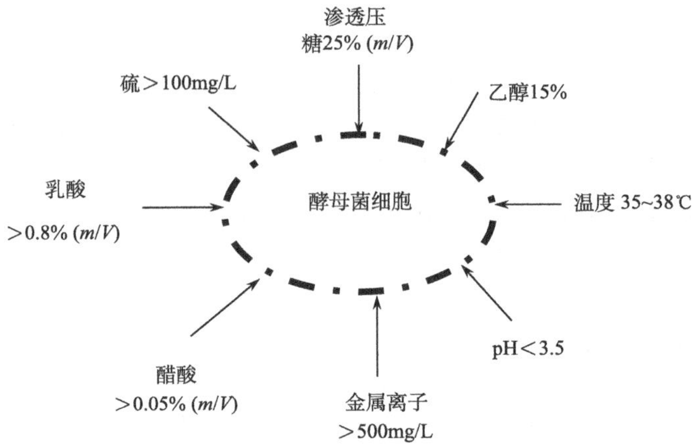

图 5-3　影响酵母菌生长的因素

图中数据表示超过该数时，酵母被抑制

菌培养基中糖分以麦芽糖多一点对发酵较为有利。有的酵母菌可在 20°Bx 糖化醪中旺盛发酵，其乙醇含量可达 11%左右（容量），具有较强的耐乙醇能力。对液态乙醇发酵来讲，为了获得旺盛发酵，得到较高浓度的乙醇，要控制发酵醪的糖浓度。对固态乙醇发酵来讲，就要添加适量的填充料以达到适量的糖浓度。

图 5-4 和图 5-5 分别为酵母菌在连续和分批培养时的代谢葡萄糖的规律，可以看到，在有氧分批培养中，当葡萄糖被耗尽时，酵母菌停止生长，经短暂的迟滞期后，再继续生长，其整个过程表现为二阶段生长曲线。第一阶段始于葡萄糖的发酵性生长期，随后利用发酵期形成的乙醇为碳源，进入氧化性生长期的第二阶段。在迟滞期，细胞合成对乙醇进行有氧代谢所需的酶类。酿酒酵母菌在发酵条件下的生长速度非常迅速，世代间隔时间为 1.6h，但消耗的糖量多，故细胞产量很低。如果给予充分的氧使其进入有氧代谢，则能产生类似的生长速率，所得到的酵母菌产量远比发酵条件下高。这一现象被巴斯德首先注意到，故称为巴斯德效应。

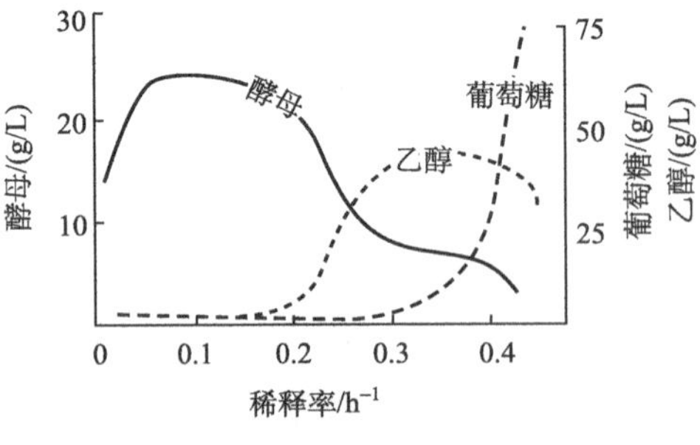

图 5-4　酵母菌连续培养时的代谢规律

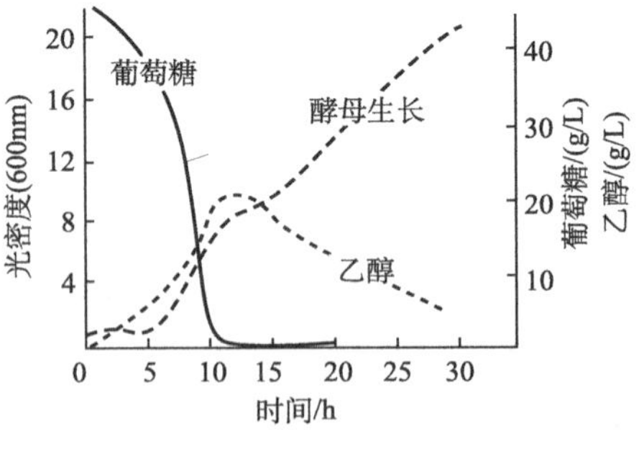

图 5-5　酵母菌分批培养时的代谢规律

在连续培养中，当酵母菌以不同的速率进行生长时，酵母菌的增殖率接近于稀释率。增殖率以细胞每小时增长百分率表示。当稀释率低于 0.2 时，酵母菌能将培养基中提供的葡萄糖全部进行有氧代谢，而不形成乙醇，在此条件下，酵母菌细胞的获得率较高；而当稀释率高于 0.2 时，开始有乙醇积累，酵母菌细胞产量降低，即发酵罐中酵母菌细胞浓度降低。这时，即使酵母菌生长率较高，但葡萄糖出现积累，因为供给的糖量高于酵母菌细胞所能同化的速率。

当酵母菌细胞生长速率过高时，即使葡萄糖浓度保持在低水平，酵母菌细胞仍可转变为发酵性代谢，从而使细胞产量降低。

在所需营养物质具备的情况下，酵母菌在无氧条件下亦能迅速生长。在葡萄酒发酵中，发酵后的酵母菌质量通常增加 10～20 倍；啤酒发酵中增加 4～8 倍。酵母菌在有氧条件下生长时，产量可达到可发酵性糖量的 50%。生产结束时，酵母菌在培养液中的浓度可高达 3.5%～4.5%。

一般乙醇酵母菌在含 5%（体积百分数）的乙醇中发酵，其发酵能力就减弱；当醪液中乙醇浓度达到 12%（体积百分数）时，则停止发酵。所以生产中常将糖化醪浓度控制在 15～18°Bx 之间，发酵成熟醪的乙醇含量为 8%～9%。

2. 培养温度

酵母菌增殖的最适温度因酵母菌的种类不同而不同。酵母菌是典型的嗜温型微生物，生长温度 20～40℃，最适生长温度不超过 40℃。克鲁维酵母菌属（*Kluyveromyces*）的一些种生长和发酵温度超过 40℃；酿酒酵母菌属（*Saccharomyces*）的一些种能在大约 0℃的温度条件下生长和快速发酵（称冷发酵酵母菌）；结合酵母菌属（*Zygosaccharomyces*）的一些种能耐高温，并能在使其他细胞和孢子致死的高温环境中存活。温度过高或过低，都影响酵母菌细胞的繁殖，甚至引起酵母菌的衰老或死亡。生产实践中，为了保证酵母菌顺利繁殖而不被细菌污染，酵母菌培养温度控制在 28～30℃，发酵温度则控制在 30～33℃。但由于我国南方气候较炎热，尤其是在夏季，发酵醪温度很难控制，往往达到 38℃以上。

有人认为，在 20～40℃温度范围内，酵母菌对葡萄糖的发酵率几乎呈线性增加，如将温度进一步提高，发酵率则迅速下降，当温度达到 47℃时，发酵率急剧下降至零。

3. pH

酵母菌的培养液 pH 一般控制在 4.0～4.5 的酸性条件下比较适宜，对防止杂菌的污染也有利，中性 pH 不适合生长。如果 pH 低于 3，则酵母菌的繁殖就受到严重影响，同时影响乙醇发酵的进行。有人将酵母的起始 pH 控制在 5.0～5.5，这样最适于酵母菌增殖和发酵，随着酵母菌的增殖和发酵的进行，一般发酵液 pH 要稍稍下降，达到 4.0～4.5，这属于正常现象。最能耐受 pH 的酵母菌是 *Z. bailii*，其次是 *Z. rouxii*，能在 pH1.8～8.0 的高浓度葡萄糖液或 pH1.5～10.5 的 12%葡萄糖培养基中生长。

4. 酵母菌的接种量与接种时间

生产上要求接种后的酵母菌数在 10 亿个/ml 较为适合。接种量与培养时间之间的关系较为密切，一般接种量大，培养时间可短些，成熟较快。

5. 氧气

早在1861年，巴斯德（Pasteur）在研究酵母菌的乙醇发酵时就发现，在通氧情况下，由于进行了呼吸作用，乙醇产量大为降低，单位时间内的糖消耗速度减慢，后人称这种因氧的存在而抑制发酵的作用为巴斯德效应。1925年，梅尔霍夫（Meyerhof）证实了巴斯德所提出的效应。酵母菌在有氧条件下呼吸，代谢4g糖，生成1g干酵母菌，产生的潜在能量为688kcal/mol。

$$C_6H_{12}O_6+6O_2 \longrightarrow 6H_2O+6CO_2+\text{热量}$$

在缺氧条件下，酵母菌生长非常缓慢，176g糖只产生1g干酵母菌，放出少量的热量，其主要产物为乙醇。

$$C_6H_{12}O_6 \longrightarrow 2C_2H_5OH+2CO_2+\text{热量}$$

在食醋酿造中，往往不考虑酵母菌乙醇发酵的通氧量。

表5-2为工业上常用的酵母菌的营养及培养条件。

表5-2 乙醇发酵常用的酵母菌的营养及培养条件（Yan and Tanaka，2006）

菌株	温度/℃	pH	碳源及浓度/(g/L)	氮源及浓度/(g/L)	培养时间/h	产乙醇浓度/(g/L)
27817-*Saccharomyces cerevisiae*	30	5.5	葡萄糖（50～200）	蛋白胨（2）和硫酸铵（4）	18～94	5.1～91.8
L-041-*S. cerevisiae*	30或27	—	果糖（100）	尿素（1）或硫酸铵（1～2）	24	25～50
181-*S. cerevisiae* (aerobic)	30	6.0	葡萄糖（10）	蛋白胨（5.0）	40～160	—
UO-1-*S. cerevisiae* (aerobic)	24	5.0	蔗糖（20）	硫酸铵（1）	60～96	—
V5-*S. cerevisiae*	30	—	葡萄糖（250）	—	V36	—
ATCC 24860-*S. cerevisiae*	30	4.5	糖蜜（1.6～5.0）	硫酸铵（0.72～2.0）	24	5～18.4
Bakers 酵母菌-*S. cerevisiae*	28	4.5	蔗糖（150～300）	—	192	53（最大）
Bakers 酵母菌-*S. cerevisiae*	30	5.0	蔗糖（220）	蛋白胨(5)和磷酸二氢铵(1.5)	96	96.71
Fiso-*S. cerevisiae*	30	5.0	半乳糖（20～150）	蛋白胨、硫酸铵和酪氨酸(10)	60	4.8～40
A3-*S. cerevisiae*	30	5.0	半乳糖（20～150）	蛋白胨、硫酸铵和酪氨酸(10)	60	4.8～36.8
L52-*S. cerevisiae*	30	5.0	半乳糖（20～150）	蛋白胨、硫酸铵和酪氨酸(10)	60	2.4～32.0
GCB-K5-*S. cerevisiae*	30	6.0	蔗糖（30）	蛋白胨(5)	72	27

续表

菌株	温度/℃	pH	碳源及浓度/(g/L)	氮源及浓度/(g/L)	培养时间/h	产乙醇浓度/(g/L)
GCA-II-*S. cerevisiae*	30	6.0	蔗糖(30)	蛋白胨(5)	72	42
KR18-*S. cerevisiae*	30	6.0	蔗糖(30)	蛋白胨(5)	72	22.5
CMI237-*S. cerevisiae*	30	4.5	食糖(160)	硫酸铵(0.5)	30	70(最大)
2.399-*S. cerevisiae*	30	5.5	葡萄糖(31.6)	尿素(6.4)	30	13.7(最大)
24860-*S. cerevisiae*	—	—	葡萄糖(150)	磷酸二氢铵(2.25)	27	48(最大)
27774-*Kluyveromyces fragilis*	30	5.5	葡萄糖(20～120)	蛋白胨(2)和硫酸铵(4)	18～94	48.96(最大)
30017-*K. fragilis*	30	5.5	葡萄糖(20～120)	蛋白胨(2)和硫酸铵(4)	18～94	48.96(最大)
30016-*Kluyveromyces marxianus*	30	5.5	葡萄糖(100)	蛋白胨(2)和硫酸铵(4)	18～94	44.4(最大)
30091-*Candida utilis*	30	5.5	葡萄糖(100)	蛋白胨(2)和硫酸铵(4)	18～94	44.4(最大)
ATCC-32691-*Pachysolen tannophilus*	30	4.5	葡萄糖(0～25)和木糖(0～25)	蛋白胨(3.6)和硫酸铵(3)	100	7.8(最大)

第二节　乙醇发酵的生化机制

一、酵母菌乙醇发酵的生化机制

(一) 乙醇生成机制

许多微生物，如 *S. cerevisiae* 通过 EMP 途径代谢葡萄糖。除此之外，许多酵母菌还能通过 ED 途径代谢葡萄糖，如 *Zymomonas* 是唯一在厌氧条件下通过 ED 途径代谢葡萄糖的微生物。ED 途径消耗 1mol 葡萄糖产生 ATP 的数量只有 EMP 途径产生的一半，因此，*Zymomonas* 产生的生物量要比酵母菌低，需更多的碳源转化为乙醇。由于低 ATP 产量结果，*Zymomonas* 通过 ED 途径保持了高葡萄糖通量。

在酵母菌体内，葡萄糖经醇解途径生成丙酮酸，在无氧条件下经丙酮酸脱羧酶催化作用生成乙醛，丙酮酸脱羧酶需要焦磷酸硫胺素为辅酶，并需要 Mg^{2+}。所生成的乙醛在乙醇脱氢酶作用下成为受氢体，被还原成乙醇。反应过程如图 5-6 所示。

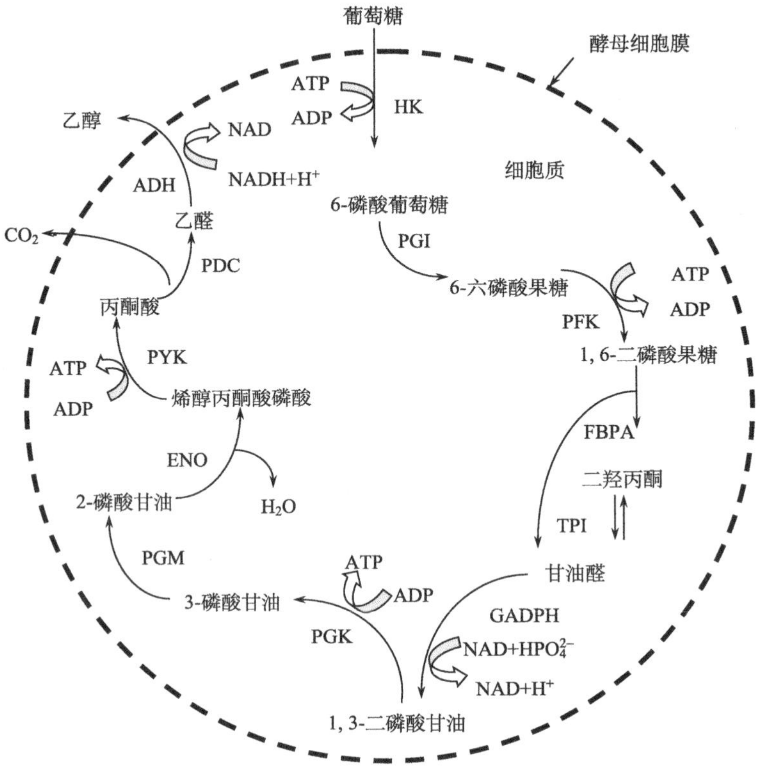

图 5-6 酿酒酵母菌的乙醇代谢途径（Bai et al.，2008）

HK，己糖激酶；PGI，磷酸葡萄糖异构酶；PFK，磷酸果糖激酶；FBPA，果糖二磷酸醛羧酶；TPI，磷酸甘油醛异构酶；GAPDH，甘油醛-3-磷酸脱氢酶；PGK，磷酸甘油酸激酶；PGM，磷酸甘油酸转化酶；ENO，烯醇酶；PYK，丙酮酸激酶；PDC，脱羧酶；ADH，乙醇脱氢酶

每 1mol 葡萄糖生成 2mol 乙醇，理论转化率为 51.1%。但是在生产中约有 5%葡萄糖用于合成酵母菌细胞和副产物，实际上乙醇生成量约为理论值的 95%，则乙醇对糖转化率约为 48.5%。

巴斯德效应与其说是乙醇的积累在好气条件下减少，不如说是细胞内糖代谢降低。现在研究认为，随着乙醇发酵的进行，酵母菌的生长和代谢逐渐被抑制。酵母菌对乙醇的耐受力随菌种不同而不同：尖端型酵母菌如 *Kloecker* 属在大于 4%的乙醇浓度中不能生长，而酿酒酵母菌属（*Saccharomyces*）能在 14%（*V*/*V*）的乙醇中生长。

（二）甘油生成机制

甘油具有甜味和润滑感，是酒和食醋的重要呈味物质。

在进行乙醇发酵的酵母菌代谢时，若在培养基中加入亚硫酸氢钠，则发酵就会从乙醇发酵转向甘油发酵。这是因为亚硫酸氢钠可与乙醛发生加成反应生成难溶的磺化羟基乙醛，致使乙醛不能作为 NADH 的受氢体，所以不能形成乙醇，而迫使磷酸二羟丙酮代替乙醛作为受氢体，生成磷酸甘油。磷酸甘油进一步水解脱磷酸生成甘油，称为酵母菌的第二型发酵。总反应式为：

$$C_6H_{12}O_6 + NaHSO_3 \longrightarrow CH_2OHCHOHCH_2OH + CH_3\underset{}{\overset{\overset{\displaystyle SO_3Na}{|}}{C}}HOH + CO_2$$

另外，在弱碱性条件下（pH 7.6），酵母菌的乙醇发酵也会转向甘油发酵，这就是酵母菌的第三型发酵。发酵终产物为甘油、乙醇和醋酸，总反应式为：

$$2C_6H_{12}O_6 + H_2O \longrightarrow CH_3COOH + CH_3CH_2OH + 2CO_2 + 2CH_2OHCHOHCH_2OH$$

二、细菌乙醇发酵的生化机制

细菌也能进行乙醇发酵。不同的细菌进行乙醇发酵时，其发酵途径也各不相同。例如，运动发酵单胞菌（*Zymomonas mobilis*）和厌氧发酵单胞菌（*Zymomonas anaerobia*）是利用ED途径分解葡萄糖为丙酮酸，丙酮酸脱羧生成乙醛，乙醛又被还原生成乙醇。由于发酵是经ED途径，所以每分子葡萄糖只能产生1分子ATP，产能是酵母菌乙醇发酵的一半，产生的乙醇仍是2分子。总反应式为：

$$C_6H_{12}O_6 + ADP + H_3PO_4 \longrightarrow 2C_2H_5OH + 2CO_2 + ATP$$

对于某些生长在极端酸性条件下的严格厌氧菌，如胃八叠球菌（*Sarcina ventriculi*）和兼性厌氧的肠杆菌（*Enterobacteriaceae*），则是利用EMP途径进行乙醇发酵。

细菌乙醇发酵是20世纪70年代出现的。其特点是代谢速率快，发酵周期短，比酵母菌的乙醇产率高，该类菌具有厌氧和耐高温的特点，且能利用各种糖类，目前处于研究阶段。

三、乙醇发酵副产物的形成及影响因素

乙醇发酵过程中，当存在可被同化的氮、磷酸盐和其他必需生长因子时，除了增长酵母菌体外，还形成一定量的杂醇油。酵母菌由糖形成乙醇是通过糖酵解途径进行的。在形成乙醇的同时也形成了其他副产物，主要有甘油、杂醇油、醛类、不挥发酸、挥发酸及酯类等，其中许多物质构成了食醋的风味组成。

这些副产物来源于三个方面：①通过合成代谢，来源于糖的乙醇发酵，其副产物与培养基中的成分无关；②来源于培养基中某些成分的分解代谢；③来源于分解和合成代谢。

巴斯德指出，酵母菌利用的葡萄糖中约95%转变成乙醇（48.4%）、CO_2（46.6%）、甘油（3.3%）、琥珀酸（0.5%）、干酵母菌（1.2%）。理论上，葡萄糖的碳如能完全转变成乙醇的碳，其转化率为66.7%，故乙醇理论产率为51.11%。

表5-3是食醋酿造中最常用的酵母菌 *S. cererisiae* 的代谢物组成。酿酒酵母菌与其他酵母菌相比，发酵时生成的乙醇最多，副产物的种类和数量最少。

表 5-3 *S. cererisiae* 在乙醇发酵中每产生 100ml 乙醇生成的其他产物

成分	产量	来源
甘油	4～7g	糖
琥珀酸	0.3～0.6g	糖
醋酸	0.1～1g	糖
乙醛	10～80mg	糖
正丙醇	20～50mg	糖和氨基酸
异丁醇	30～90mg	
戊醇	30～60mg	
异戊醇	100～300mg	
苯乙醇	10～100mg	

（一）甘油

甘油是乙醇发酵的必然副产物。甘油的形成量受氮源的影响而变动，一般占可发酵性糖的 2.5%～3.0%。以硫铵为氮源，可增加甘油的形成量；增加糖的浓度，即提高碳氮比，甘油量亦增加。发酵中乙醇形成量的降低，可使一定量的糖生成甘油和其他副产物。甘油的形成也受发酵条件影响，pH 上升和二氧化硫的添加均可提高甘油产量。

甘油可改善饮料酒的风味，使口味有醇厚感，是酒甜味的来源之一。甘油的含量一般在啤酒中约为 0.2%，葡萄酒中约为 0.5%，很少超过 1%。经研究得知，甘油的味阈值在水中为 0.38%～0.44%，pH3.4 时提高到 1.5%；在 10%乙醇溶液中为 1%。

（二）杂醇油

杂醇油（fusel oil）或称高级醇（higher alcohol）是指碳原子数超过 2 的脂肪醇的混合物。杂醇油是酵母菌乙醇发酵的正常副产物，产量一般为乙醇量的 0.5%～0.7%（对乙醇酵母菌而言），主要由正丙醇、异丁醇、活性戊醇、异戊醇（3-甲基-1-丁醇）组成。在啤酒、葡萄酒和白酒的杂醇油组成中，异戊醇常占总量的 50%以上。埃利希机制是酵母菌形成杂醇油的主要途径，此外还有威勃（Webb）和英格拉哈姆（Ingraham）等途径。

（三）酯类

酵母菌乙醇发酵时能形成一定量的酯类，酯的形成量主要取决于酵母菌株，并受发酵条件的影响，个别脂肪酸或高级醇浓度的提高会使相应酯的浓度提高。

四、酵母菌忍耐乙醇的机理

苏托（Suto）等于 1951 年提出在 30℃条件下将酵母菌置于 15%的乙醇中 14h，测定其发酵力下降程度，用此方法表示乙醇耐量。其后，诺吉里（Nojere）等于 1962 年用类似的测定方法，将酵母菌分别置于含 18%乙醇的和不含乙醇的培养基中，再测定二者的发酵力，然后以发酵力之比来表示乙醇耐量，得出被试验的全部菌株的乙醇耐量为 20%～30%。

酵母菌所能形成的乙醇量主要取决于酵母菌种，甚至是菌株，其次也受其他因素的影响。一般在8.5%（体积百分比）的乙醇浓度时，即显著阻碍酵母菌的繁殖能力，10%则完全停止繁殖。在液体中，由于许多条件如温度、糖度和酵母菌品种的不同，乙醇的生成量也不相同。一般乙醇酵母菌可以发酵到12%～14%乙醇，低温长时间发酵可达到15%～16%乙醇。通常乙醇发酵时，醪液内一般为7%～8%的乙醇浓度；固体发酵时，酒醅按水分70%、乙醇浓度6%计算，则其液浆中乙醇浓度为8.57%，说明酒醅中的乙醇浓度还高于乙醇醪中的酒糟浓度，但由于固态发酵的填充材料能起到冲淡乙醇含量的作用，因而减少了对酵母菌的危害，并可防止乙醇和浆水流失。

用于生产黄酒的酵母菌，正常发酵可得到10%～13%的乙醇；而用于生产绍兴酒的纯种培养酵母菌，可使乙醇度达18%以上，这种酵母菌的耐乙醇能力较强。适合于生产葡萄酒或蒸馏酒的酿酒酵母菌株，当供给足够的糖时，能迅速地发酵并得到12%～14%的乙醇。清酒酵母菌通常能生产含20%乙醇的清酒，粟酒裂殖酵母菌的某些菌株亦能产生浓度较高的乙醇。但柠檬形的酵母菌种，如柠檬形克勒克酵母菌，它们存在于葡萄酒自然发酵的早期，当乙醇度达到3.0%～6.0%时，它们就不能耐受。另外，葡萄酒酵母菌乙醇得率高，发酵1g葡萄糖可形成0.44～0.46g乙醇；而柠檬形克勒克酵母菌则只能形成0.36～0.39g乙醇，所以葡萄酒酿造主要用葡萄酒酵母菌选育培养而成。

观察发现，酵母菌在含乙醇的环境中不能进行正常的乙醇发酵。乙醇对乙醇发酵的抑制效应随乙醇浓度的增加而加剧。已知发酵时乙醇的形成量与酵母菌生长量间呈函数关系，但随着乙醇的形成，两者间的比率平稳地下降，最后达到一个最低值。

酵母菌的乙醇耐量与环境温度有关，有人做了这样的试验：在乙醇浓度为0时，加热到50℃、1min后，15%的酵母菌细胞继续存活；而在乙醇浓度为6%时仅有0.28%的酵母菌残存；在浓度为15%的乙醇中，仅有0.05%的酵母菌残存。经研究表明，与乙醇相接触时，细胞膜是最敏感的，因为乙醇是既亲水又亲脂的两性化合物。

微生物细胞置于乙醇环境中，乙醇作为抑制剂会调节胞内代谢。乙醇不仅影响细胞的生长，抑制酵母菌产生乙醇，而且由于环境中酵母菌细胞对乙醇抑制的推迟应答，触发了细胞不稳定性。只有认识了毒性乙醇对酵母菌的抑制机理，才能更好地选择发酵菌种和确定最适的发酵条件。

乙醇对酵母菌的抑制是复杂且多方位的，图5-3是乙醇对酵母菌细胞的影响因素及部位。

乙醇会影响糖酵解途经中的关键酶，如己糖激酶和ADH，还会影响营养物质的摄取，以及通过降低质膜ATPase的活性影响膜电位。虽然乙醇对酵母菌细胞的抑制机理研究有诸多不同的解释，但普遍认为乙醇攻击的主要目标是细胞器和细胞膜。另外，在发酵副产物乙醛、醋酸盐存在和高温发酵条件下，乙醇对酵母菌细胞的抑制会更加明显。

脂肪酸，特别是一些不饱和脂肪酸，如棕榈酸（$C_{16:1}$）和油酸（$C_{18:1}$）是细胞膜的保护剂，能通过增加细胞质膜的流动性降低乙醇的抑制作用。在厌氧发酵条件下通入少量氧会促进酵母菌合成不饱和脂肪酸，降低对细胞的抑制，早在1984年Ryu等就对少量氧的供应可提高酵母菌细胞对乙醇的耐受性的作用进行了研究，现这一理论已广泛应用于乙醇工业生产中。

膜电子的跨膜移动会驱动许多营养物质的运输，乙醇对此功能的影响较大。乙醇导致质子梯度的耗散，将增加细胞质膜的渗透性和抑制质子-泵质膜 ATPase 的活性。因此，质膜 ATPase 是关键的膜蛋白，它的活性将直接关系到菌种对乙醇的耐受性。据报道，乙醇在低水平上可激活 *S. cerevisiae* 和 *K. marxianus* 的质膜 ATPase 活性。在高水平上抑制足够活性的细胞质膜 ATPase 是酵母菌细胞保持胞内稳定 pH 的基础，因为在乙醇发酵中产生的 H^+ 需酵母菌细胞通过 ATPase 产生的质子移动力，连续不断地向外驱动。因此，当质膜 ATPase 被高浓度乙醇抑制，不能产生足够的驱动力去驱动质子向外移动时，就希望中和环境中的 H^+ 和降低跨膜质子梯度，进而减少乙醇在高浓度发酵液中对酵母菌的抑制。

在串联发酵罐中，后面发酵罐中发酵液 pH 高于前面发酵罐中的，主要是由于乙醇的抑制，可能增加了细胞质膜的渗透性，降低了 ATPase 的活性，这种 pH 的升高超过了发酵罐产生的有机酸等副产物导致的 pH 上升。在发酵罐中，当 0.1%～0.2%的残糖存在，乙醇浓度超过 12%（*V/V*）时，乙醇对酵母菌细胞就会产生强烈的抑制作用。

事实上，酵母菌的乙醇抑制机理在许多方面还不甚理想，特别是在遗传水平上，温度、营养等许多因素都会直接或间接影响酵母菌的抑制，有的使抑制加剧，有的使抑制减轻。

除乙醇抑制外，酵母菌细胞浓度也会对自身有抑制作用，有人推断，当酵母菌细胞浓度达 255g（PCW）/L 时，自身生长被完全抑制；当细胞浓度达 640g（DCW）/L 时，乙醇的产生完全被抑制。

五、酵母菌生长动力学模型

Aiba 等 1968 年在葡萄糖浓度 10g/L 和 20g/L 的恒化器中研究酵母菌发酵的动力学方程，添加乙醇至设计浓度，使此浓度可抑制酵母菌细胞的生长。酵母菌发酵产生的乙醇浓度很低，此时酵母菌发酵模型如下：

$$\mu = \mu_0 e^{-K_1 P} \frac{S}{K_s + S}$$

$$\nu = \nu_0 e^{-K_2 P} \frac{S}{K_s^* + S}$$

式中，μ 和 ν 分别为酵母菌细胞生长比速率和乙醇产生比速率；下标“0”表示无醇抑制时的参数；K_s 和 K_s^* 分别表示酵母菌生长和乙醇发酵的 Monod 常数；S 是限制性基质糖浓度；P 为乙醇浓度；K_1 和 K_2 为常数。

虽然 Aiba 模型能反映出乙醇对酵母菌的抑制效果，但只有在乙醇浓度趋于无限大时，才能彻底抑制，这明显不合实际。还可看出，在连续乙醇发酵中，抑制性底物糖浓度稀释至几乎检测不到时，从方程可知，μ 和 ν 都接近于零，但在实际中，无糖肉汤培养基中含有酵母菌细胞，乙醇仍能连续产生。

Luong 总结了乙醇抑制酵母菌的动力学模型并指出乙醇对酵母菌的生长是非竞争性抑制，如同酶的非竞争性抑制。其动力学方程如下：

$$\frac{\mu}{\mu_0}=1-\left(\frac{P}{P_m}\right)^{\alpha} \quad \frac{\nu}{\nu_0}=1-\left(\frac{P}{P'_{m}}\right)^{\beta}$$

式中，P_m 和 P'_m 分别为酵母菌细胞生长和乙醇产物完全被抑制时的乙醇浓度；α 和 β 可通过实验获得，其他参数的表示同 Aiba 方程。

第三节　食醋生产的乙醇发酵工艺

一、酵母菌的扩大培养

不同的食醋，其乙醇发酵的工艺不尽相同。中国用传统方法生产的谷物食醋，如山西老陈醋、镇江香醋、四川麸醋，日本生产的米醋如福山米醋等，这些醋在生产中只添加曲，不再单独加入酵母菌，乙醇发酵的酵母菌主要来源于曲和周围的生产环境中，这种发酵称复式发酵，淀粉的糖化、酒化和醋酸发酵同时进行，乙醇发酵不明显。现在工厂为了提高发酵效率、缩短发酵时间，在配料时也加入一些扩大培养的酵母菌。欧洲等国在生产葡萄、苹果等果醋、麦芽醋时，乙醇发酵靠接种扩大培养的纯种酵母菌进行。乙醇发酵工艺明显与淀粉的糖化、醋酸发酵分离，待乙醇发酵结束后，再进行醋酸发酵。乙醇发酵的酵母菌种主要来源于商品化的干酵母菌或工厂扩大培养的酵母菌。

（一）干酵母菌的活化

干酵母菌是将酵母菌经过扩大培养，收集菌体，真空冷冻干燥后的活性菌体，有安全、使用方便等诸多好处，使用时可直接投入或经简单活化，无需再经过繁琐的逐级扩大培养，越来越受到发酵企业的欢迎。常用于乙醇发酵的商品化干酵母菌按用途划分有三类：①用于面制品醒发的干酵母；②用于果酒生产的干酵母菌；③用于工业乙醇或白酒发酵的干酵母菌。食醋生产时，②和③酵母菌均可用于乙醇发酵。若生产一些有特别风味的食醋时，就应选择专一性酵母菌，如为增加米醋的香味，采用产酯酵母菌进行发酵。有些企业为保证食醋的固有品质，使用自己的专用酵母菌种。

干酵母菌的活化方法比较简单：将干酵母菌按质量比 1∶10 加入 35～42℃的温水，或含蔗糖 5%的水溶液（最好用无菌的水或糖液），静止活化 30min 左右，即可使用。要求在整个复水活化过程应做到无菌，避免杂菌的污染，复水活化后的酵母菌应立即投料于发酵液中，不宜久置。

（二）酵母菌的扩大培养

1. 扩大培养的工艺流程

酵母菌扩大培养工艺流程如图 5-7 所示。

酵母菌菌种 → 斜面种活化 → 小三角瓶培养 → 大三角瓶培养 → 卡氏罐培养 → 种子罐培养 → 发酵菌种

图 5-7　酵母菌扩大培养工艺流程图

2. 操作要点

（1）斜面种活化：用麦芽汁或米曲汁固体培养基活化，麦芽汁或米曲汁的糖浓度为

7°Bé（13～15°Bx）。

（2）小三角瓶培养：用7°Bé麦芽汁、或7°Bé米曲汁、或7～7.5°Bé饴糖液加豆饼粉0.5%～0.6%；或简便起见，直接用生产上的糖化醪液稀释至7°Bé，调节pH至4.1～4.4。三角瓶装量150ml。接种培养温度25～30℃，小三角瓶酵母菌液体培养时间为24h。瓶内有CO_2气泡产生，瓶底有白色酵母菌沉淀，达到酵母菌繁殖旺盛期即可。

笔者根据多年培养经验发现，用10%含糖量的红枣汁培养酵母菌效果也比较好，且红枣汁制作较麦芽汁、米曲汁容易。

（3）大三角瓶培养：液体培养基与小三角瓶的基本相同，也可根据实际生产具有的原材料而定。如生产麦芽醋时，可直接取糖化后的麦芽汁；生产葡萄醋、苹果醋时可直接用葡萄汁和苹果汁；液态发酵谷物醋时，可取糖化后的发酵液。

斜面种活化、小三角瓶培养和大三角瓶培养的培养基必须在120℃灭菌30min。

（4）卡氏罐培养：用15～20L卡氏罐，培养基与大三角瓶基本相同，直接用生产上的糖化醪稀释至8～9°Bé，调节pH至4.1～4.4。用高压或常压方法灭菌，常压杀菌时间应长一点，且不宜久置，一些用果汁作培养基时可加40ppm的SO_2。在25～30℃培养12～18h即可。

（5）种子罐培养：用果汁发酵食醋时，直接用含糖量10%的相应果汁为培养基，有时根据需要可添加一定浓度的SO_2，抑制杂菌污染，降低热杀菌对果汁的破坏。在种子罐的培养时间依据菌种的生长情况而定。

中国谷物食醋发酵，许多食醋生产企业探索出了简洁、高效的酒母生产技术，可用500L大瓷缸或种子罐作为酒母罐培养。

利用糖化醪培养可直接将生产上灭过菌的糖化醪稀释至8～9°Bé，装入酒母缸内450L，冷却至28℃左右，接入培养8～10h的卡氏罐酵母菌液，保持26～28℃，中间经常搅拌，培养8～10h即可使用。

利用碎米粉培养时，取碎米粉68kg、麸皮12kg，加水48kg，拌和均匀，入锅蒸熟，然后取出置于酒母缸内，加水3倍，再用蒸汽冲沸，冷却至70℃左右，加入麸曲12kg，保持55～65℃，糖化3～5h。糖化完毕，冷却至28℃左右，接入卡氏罐酵母菌液培养。

以玉米面为主要原料，另加谷糠或砻糠5%～10%、麦麸5%，加曲15%，用50～60℃热水闷料兼糖化4h，热水的用量为干料的45%，每百千克干料加工业硫酸320～360ml，拌匀，蒸熟1h。糊化的同时进行糖化，糖化3～4h，然后将蒸料打碎，加干料4～5倍的冷开水，调整接种温度30℃，接种卡氏罐酵母菌，室温保持23～24℃，培养8～12h，扩大的比例为10～20倍。总加水量为料∶水为1∶（4～5）。用大瓷缸培养酵母菌为开放式培养，从原料及麸曲带入杂菌较多，因此用硫酸进行液化、糖化后的蒸料用杀菌的开水稀释，这时的pH在4.0～4.5附近，也可抑制部分杂菌的污染。

用甘薯干粉及高粱粉培养时，酒母罐内装入甘薯干粉50kg、高粱粉40kg、麸皮10kg及水400kg进行液化和糖化，然后加热至100℃灭菌，冷却至30℃后，接入培养

8～10h的卡氏罐酵母菌液，其他培养条件基本相同。酵母罐形状如图5-8所示。

3. 扩大培养的酵母菌质量要求

酵母菌细胞数以每毫升培养液有酵母菌细胞 $8\times10^7\sim1.2\times10^8$ 为宜，成熟酵母菌出芽率要求在15%～30%，无杂菌污染或污染杂菌很少。

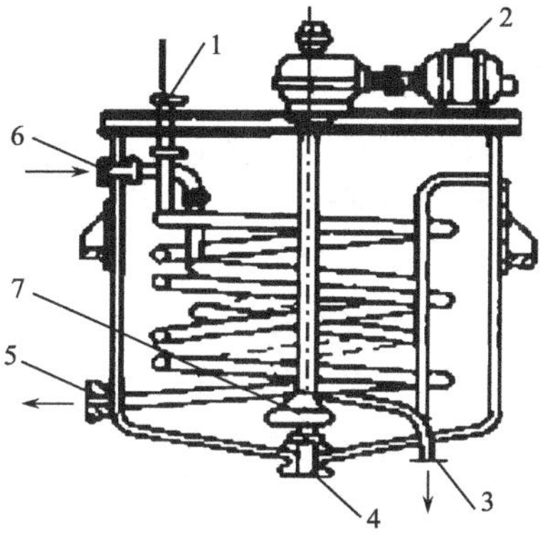

图5-8　酵母罐

1. 冷却水进口；2. 电动机；3. 冷凝水出口；4. 排料口；5. 冷却水出口；6. 蒸汽进口；7. 搅拌器

二、食醋的乙醇发酵技术

食醋工业经常采取乙醇发酵的形式有两种：一种是固态乙醇发酵，另一种是液态乙醇发酵。中国谷物食醋的酿造这两种形式都存在，除中国以外的其他国家一般都采用液态乙醇发酵。

（一）液态法乙醇发酵

以果品、蔬菜为原料生产食醋时，直接压榨或提取果蔬，大多都不需要对发酵液进行调整，直接接入酵母菌进行乙醇发酵，个别只是简单地调整发酵液的发酵糖度。含糖量过大，直接加水稀释；过低需要加入浓缩汁或其他可发酵的糖液。

以淀粉为原料的液态乙醇发酵，根据其含水多少分为浓醪发酵和稀醪发酵。稀醪的总加水量一般接近原料的6倍，因此醪液呈较稀流体状态，这种发酵多为液体回流制醋工艺和深层通气发酵工艺的乙醇发酵采用，浓醪发酵的加水量较少，成黏稠流体，一般为原料质量的2.5～3倍。我国绝大多数传统食醋生产工艺都采用此法进行乙醇发酵。

将糖化醪冷却到27～30℃后，接入已活化的酒母混合均匀，控制品温在30～33℃，经60～70h发酵即成熟。

有的厂采用分次添加法，此法一般适用于糖化罐容量小而发酵罐容量大的工厂。生产操作时，先打入发酵缸容积1/3左右的糖化醪，接入10%酒母进行发酵，隔2～3h后，再加入糖化醪于糖化罐，直至加到发酵罐容积的90%为止。但要求加满时间最好不超过8h，如拖延时间太长会降低淀粉产酒率。

乙醇发酵醪成熟指标为：①乙醇含量6%左右；②外观糖度0.5°Bx以下；③残糖0.3%以下；④总酸0.6%以下。

食醋生产时，液态法乙醇发酵过程从外观现象可以分为以下三个不同的阶段。

（1）发酵前期。从外观看，发酵作用不强，乙醇和二氧化碳产生得很少，发酵醪表面显得比较平静，糖分消耗也较慢。前发酵阶段时间长短与酵母的接种量有关，量大则短，反之则长。同时由于前发酵期间酵母菌量不多，发酵作用不强，品温上升也不快，接种时为26～28℃，前发酵期品温一般不超过30℃。如果温度太高，会造成酵母菌早期衰老；如温度太低，又会使酵母菌生长缓慢。

前期应注意防止杂菌污染，因为在此阶段酵母菌量少，易被杂菌污染而遭抑制，故应加强防止污染措施及车间的卫生管理。

(2) 主发酵期。此阶段酵母菌细胞已大量繁殖，细胞数可达1亿个/ml以上。由于发酵醪中氧气已接近消耗殆尽，故酵母菌基本停止繁殖而主要进行乙醇发酵。具体表现为醪液中的糖分迅速下降，乙醇逐渐增多，产生大量的二氧化碳，醪液温度上升较快。生产上应加强这一阶段的温度控制。根据酵母菌的性能，主发酵温度最好能控制在30～34℃，如果温度太高，易使酵母菌早期衰老，降低酵母菌活力，较易造成细菌污染。一般情况下．生产食醋的乙醇发酵容器并不完全密闭，更应注意防止杂菌污染。主发酵期的长短，取决于醪液中的营养状况和工艺条件，如果糖分高，则发酵时间长，反之则短。采用酶法液化通风回流工艺后，乙醇发酵的主发酵时间为12h左右。

(3) 后发酵期。此阶段糖分大部分已被酵母菌消耗，残存的大部分糊精继续被分解，生成葡萄糖。由于这一糖化作用进行得极为缓慢，生成糖分很少，故发酵作用也十分缓慢，接近尾声。此时品温逐渐下降，应控制在30～32℃；如果温度过低，会使糖化酶作用减弱。淀粉质原料的后发酵阶段一般需40h左右。

(二) 固态法乙醇发酵

固态乙醇发酵有两种情况：第一种是糖化及乙醇发酵都在固态状态下进行。生产特点是淀粉的糖化作用和乙醇发酵作用同时进行，在糖化酶和酵母菌的共同作用下，采用边糖化边乙醇发酵工艺，即所谓的复式发酵工艺。这一工艺的最大特点是边糖化边乙醇发酵，不存在浓醪糖化及浓醪乙醇发酵的困难，而是互相配合进行，可以得到较高的乙醇含量；开始发酵比较缓慢些，发酵时间较长，由于采用固态发酵，淀粉不容易被充分利用，残余淀粉较多，淀粉出酒率比液态法低。

第二种是糖化在液态下进行，而乙醇发酵在固态下进行。这一方式的优点正好弥补了固态糖化的缺点。糖化是在最佳条件下进行，因而可以在短时间内得到最好的糖化效果。然后再补充一些填料，使其在固态下进行乙醇发酵。这一工艺的特点是糖化及乙醇发酵截然分开进行，二者分别在最适条件下进行。中国采用小曲为糖化剂制醋，就是这种发酵方式的典型代表，保持了“先培菌糖化后发酵”与“边糖化边发酵”传统工艺的特点。霉菌与酵母菌在固态淀粉粒中扩大培养并合成酶系，随着根霉与酵母菌的繁殖，糖化酶、酒化酶活性的增大，固态培养糖化后酒醪中渗透压较高，发酵基质与曲扩散速度势必减小，影响酶的催化速度，最终导致发酵效率降低。“投水发酵”能相应地降低渗透压，这样不仅有利于发酵基质葡萄糖的扩散，而且有利于其通过菌体的细胞质膜，使成熟酒醪获得较高的乙醇浓度，而且残糖也较低。

固态乙醇发酵与液态乙醇发酵相比，最大优点是成熟发酵醪香气成分及呈味成分均较液态发酵者丰富，产品风味突出。这与其具有较多的固-液、固-气界面有关，不同界面上微生物所进行的代谢不同，代谢产物也就不同。不同界面所繁殖微生物的种类及量也不同。如前所述，产酯酵母菌在固态培养条件下不但繁殖旺盛，而且对产醋、产酸以及化学方面的香气形成有利，结果与单纯液态发酵的风味截然不同。

酵母菌品种不同，耐乙醇度也不一样，一般在8.5%（V/V）的乙醇浓度时，即显著阻碍酵母菌的繁殖能力，10%则完全停止繁殖。在液体中，由于许多条件如温度、糖度和酵母菌品种不同，乙醇的生成量也不相同。一般乙醇酵母菌可以发酵到12%～

14%乙醇，低温长时间发酵可达到15%～16%乙醇。通常乙醇发酵时，醪液内一般为7%～8%的乙醇浓度；固体发酵时，酒醅按水分70%、乙醇浓度6%计算，则其液浆中乙醇浓度为8.57%，说明酒醅中的乙醇浓度还高于乙醇醪中的乙醇浓度，但由于固态发酵的填充材料能起到冲淡乙醇含量的作用，因而减少了对酵母菌的危害，并可防止乙醇和浆水流失。

参考文献

陈思妘，萧熙佩. 1990. 酶母生物化学. 济南：山东科学技术出版社：5-100

黄仲华. 1988. 食醋生产. 北京：化学工业出版社：15-32

姚汝华，赵继伦. 1999. 乙醇发酵工艺学. 广州：华南工学院出版社：37-151

Aiba S，Shoda M，Nagatani M. 1968. Kinetics of product inhibition in alcoholic fermentation. Biotechnol Bioeng，11：846-864

Aiba S，Shoda M. 1969. Reassessment of the product inhibition in alcohol fermentation. J Ferment Technol，47：790-803

Bai F W，Anderson W A，Moo-Young M. 2008. Ethanol fermentation technologies from sugar and starch feedstocks. Biotechnology Advances，26：89-105

Buzzini P，Vaughan-Martini A. 2006. Biodiversity and biotechnology. *In*：Biodiversity and Ecophysiology of Yeast. Springer Berlin：533-559

Kurtzman C P，Robnett C J，Basehoar-Power E. 2001. *Zygosaccharomyces kombuchaensis*，a new ascosporogenous yeast from 'Kombucha tea'. FEMS Yeast Res，1：133-138

Luong J H T. 1985. Kinetics of ethanol inhibition in alcohol fermentation. Biotechnol Bioeng，27：280-285

Nigam P，Singh D. 1995. Enzyme and microbial systems involved in starch processing. Enzyme and Microbial Technology，17：770-778

Rainieri S，Zambonelli C. 2009. Organisms Associated with Acetic Acid Bacteria in Vinegar Production. Vinegars of the world. *In*：Solieri L，Giudici P. Milan，Italy：Springer：75-93

Ryu D Y，Kim Y J，Kim J H. 1984. Effect of air supplement on the performance of continuous ethanol fermentation system. Biotechnol Bioeng，26：6-12

Van der Walt J P. 1970. Genus 16 Saccharomyces Meyen emend. Rees. *In*：Lodder J. The Yeasts：A Taxonomic Study. 2nd ed. North Holland：Amsterdam：555-718

Yan L，Tanaka S. 2006. Ethanol fermentation from biomass resource current state and prospects. Appl Microbial Biotechnol，69：627-642

第六章　醋酸菌的种类及特性

第一节　醋酸菌的分类

醋酸菌在制醋生产过程中能氧化乙醇为醋酸，是食醋生产中醋酸发酵极为重要的微生物。东方国家传统上用谷物制醋法的醋酸发酵，完全是依靠空气、填充料及麸曲上自然附着的醋酸菌，因此生产周期较长，风味醇厚。而在德国、美国等国家以麦芽汁、稀释乙醇为原料，用液态法生产食醋时都是使用优良的醋酸菌种，有发酵速度快、产酸率高、发酵液不易被杂菌污染等优势。因此，为了科学地进行发酵管理，制造出安全优质的食醋，选择使用优良的醋酸菌发酵菌株尤为必要。

一、醋酸菌分类研究历史

在含有乙醇的溶液中依据微生物的生物氧化作用生成醋酸，这个学说最初是由顾箐（Kützing）提出的。但早在1822年，皮尔逊（Persoon）就把得到的醋的液面上生成的膜命名为"醭"或"醋母"，在文献中常可以看到"*Mycoderma*"、"*Mycoderma vihi*"、"*Mycoderma clrevisia*"及"*Mycoderma acid*"。

1837年，Kützing认识到黏膜与醋化过程的关系，但他认为此微生物是一种藻类（*Ulvina aceti*）。醋酸化过程也曾引起了生物学家和化学家之间的争论，如化学家柏则里（Berzelius）和Liebig认为乙醇的氧化类似于白金的氧化，是纯化学过程。

1864年巴斯德（Pasteur）以实验证明Kützing的学说，阐明了醋酸发酵的生理学特性，并且认为发酵过程是由单一细菌*Mycoderma aceti*作用的结果，这种微生物现今命名为醋酸杆菌［*Acetobacter*（*Mycoderma aceti*）］。1879年，汉森（Hansen）第一个认识到了醋酸菌的多形态，论述啤酒的酸变是乙醇溶液氧化成为醋酸的作用，并分离出两种醋酸菌，分别命名为纹膜醋酸杆菌（*Bacterium aceti*）和巴氏醋酸杆菌（*Bacterium pasteurianum*）。此后，又进一步分离出顾氏醋酸杆菌（*Bacterium kützingianum*）。1886年，布朗（Brown）证实了Hansen的观点，并从啤酒中分离了细菌*B. aceti*。

1894年，Hansen根据醋酸菌在液体培养基的液面形成皮膜的情况，进而把形成膜同碘反应着色或不着色来划分菌群。继Hansen后，许多醋酸菌被分离和认识，1895年Lafar做了大量实验证明醋酸菌不但有不同的形态，而且具有不同的生理特性。

1898年，Beijerinck和Henneberg研究了各种醋酸菌，根据它们的棲栖、自然习性划分为速酿醋酸细菌和啤酒醋酸细菌。醋酸细菌在Beijerinck培养液中不生长并产生皮革状的膜，建议采用醋酸杆菌属（*Acetobacter*）这一名称，用*Acetobacter aceti*代替*Bacterium aceti*。1905年弗尔曼（Fuhrman）及其他专家都赞成采用*Acetobacter*这一属名，Beijerinck被公认为醋酸菌分类的第一人。

1898年，Henneberg根据醋酸菌的习性和工业应用而把醋酸菌分为以下类群。

（1）啤酒醋酸细菌。这些菌种在啤酒酿造中出现。它们能忍受啤酒花的苦味成分，因此它们也存在于啤酒沉淀中，尤其是纹膜醋酸杆菌（*A. aceti*）、巴氏醋酸杆菌（*A. pasteurianus*）和顾氏醋酸杆菌（*A. küetzingianum*）。所有这三个菌种都能使醋酸进一步氧化成 CO_2 和水。啤酒醋酸细菌一般被当作啤酒的有害菌，特别对上面发酵啤酒，它能使之变黏，从而使之变酸。

（2）葡萄酒醋酸细菌。它可分为两个种群：①用于某些制造过程中的细菌种群，即培育的葡萄酒醋酸细菌，有两个最著名的菌种——拟胶醋酸杆菌（*A. xylinoides*）和奥尔兰醋酸杆菌（*A. orleanense*）。拟胶醋酸杆菌通常存在于葡萄醋制造业中，并且引起自发发酵。奥尔兰醋酸杆菌特别用于按奥尔兰法由葡萄酒制造食醋中，但也用于醋的速酿。②在工业生产中采用酿醋的菌群，即野生葡萄酒醋酸细菌，重要的菌群有胶醋酸杆菌（*A. xylinum*）和攀膜醋酸杆菌（*A. ascendens*）。胶醋酸杆菌存在于醋厂中，被称为“醋母”（mother of vinegar）。它们是一种黏滞团块，在大肚桶或桶中作为醋的形成者而出现。含有这种细菌的醋，因为热量不能很快透入黏质之内，故其巴氏杀菌时间须较通常时间更长些。胶醋酸杆菌不仅能慢慢地形成醋，而且能合成相当数量的恶臭或劣味物质，并能使醋较快分解，因此它被当作不良的污染物。

（3）醋速酿细菌。这是一群目前在天然的自然界中已不再存在的细菌，它只能在制醋厂中遇到。这是一种人工培育型细菌，对制醋具有特别良好的性能。①对营养物质要求简单，换言之，能生长于很稀的含乙醇的麦芽汁中，或生长于含糖并加乙醇的合成培养基中。②能形成很薄的膜，但是当振荡培养器皿时，薄膜会沉于瓶底。③能迅速并大量地生产醋酸。④只能形成少量的黏质。

Kluyver 和 de Leeuw（1925）、Herman 和 Neuschul（1931）、Asai（1935）及 Frateur（1950）先后根据醋酸菌的生理和生化特征，对其进行分类。1950 年，Frateur 重新采用 1931 年赫尔曼（Herman）等以氧化作用生酮的分群法，对醋酸杆菌的典型通用菌株（当时已超过 60 个）进行生化研究，根据结果提出了自己的分类观点：①过氧化氢酶的存在；②乙醇的过氧化反应通过醋酸生成 CO_2 和 H_2O；③氧化乳酸盐和碳酸盐；④生酮能力；⑤由葡萄糖生成葡糖酸。

根据上述 5 个特性考察醋酸杆菌的生理代谢情况，将醋酸细菌分为 4 群，即强氧化群、氧化群、中氧化群及弱氧化群，如表 6-1 所示。

1954 年 Leifson 又提出了一种新观点，认为醋酸菌可以分成具有明显区别的两大群：①醋杆菌属（*Acetobacter*）细菌，有周生鞭毛；②醋单胞菌属（*Acetomonas*）细菌，有极生鞭毛，不能氧化醋酸。1958 年 Shimwell 第一次用电镜观察了醋酸菌（*Acetobacter*），证实了 Leifson 的观点，这样就形成了两个观点相反的分类学派：一种认为醋酸菌应分别为醋杆菌属和醋单胞菌属，另一种认为醋酸菌应该分成醋杆菌属（*Acetobacter*）和葡糖杆菌属（*Gluconobacter*）。

1956～1958 年，Shimwell 经过反复实验，认识到分离培养的醋酸菌是野生醋酸菌和变异醋酸菌的集合体。醋酸菌容易变异，有些还会发生恢复突变的现象，并得出了错误的结论，认为在不同时间、不同条件下分离出的醋酸菌都是不同的，醋酸菌的生化特

表 6-1　Frateur 的醋酸菌分类

群	名称	过氧化氢酶	醋酸、乳酸的氧化	酮基化合物的生成	葡萄糖酸的生成	在乙醇培养基中铵盐作唯一氮源的生产能力	其他
强氧化菌群	奇异醋酸杆菌 *A. paradoxus*	−	+	−	−	−	
	过氧化醋酸杆菌 *A. peroxydans*	−	+	−	−	+	
氧化菌群	攀膜醋酸杆菌 *A. ascendens*	+	+	(+)	−	−	在啤酒中混浊
	恶臭醋酸杆菌 *A. rancens*	+	+	(+)	+	−	
	陆瓦尼醋酸杆菌 *A. lovaniense*	+	+	+	+	+	
中氧化菌群	中氧化醋酸杆菌 *A. mesoxydans*	+	+	+	+	−	形成厚的纤维质皱膜
	胶膜醋酸杆菌 *A. xylinum*	+	+	+	+	−	
	纹膜醋酸杆菌 *A. aceti*	+	+	+	+	+	
弱氧化菌群	弱氧化醋酸杆菌 *A. suboxdans*	+	−	+	+		在10%葡萄糖酵母膏琼脂上产生褐色素
	黑色醋酸杆菌 *A. melanogenus*	+	−	++	+		

注：① 酮基化合物的生成是根据转化2%甘油为二羟丙酮、转化2%甘露醇为果糖、转化10%葡萄糖（加3% $CaCO_3$）为5-酮基葡糖酸或2-酮基葡糖酸的量来决定。

② (+) 表示某些菌株产生少量2-酮基葡糖酸；++表示生成2,5-二酮基葡糖酸；+表示呈阳性反应；−表示呈阴性反应。

性在连续不断地发生变化，因此分离鉴定的意义不大。De Ley 坚决反对 Shimwell 的观点，不支持醋酸菌“不正常高变异性”的观点。

以上的分类系统都是围绕 *Acetobacter*。早在1935年，朝井氏（Asai）从各种水果中分离得到38株氧化型细菌。经试验，其表现的特性不同于醋酸菌，大部分菌能由不加碳酸钙的葡萄糖产生大量的葡萄糖酸，在液体培养基上不形成使培养液混浊的薄膜；能在麦芽汁培养基上良好生长，但是不能在米酒和啤酒中良好生长；其氧化乙醇的能力比醋酸菌弱，有2株完全不能氧化乙醇，少数的菌株能氧化醋酸为 CO_2 和水；即使在39～40℃仍能很好地生长，朝井氏把最适生长温度为30℃、能将乙醇氧化为醋酸的菌类归为醋酸杆菌属（*Acetobacter*），而把7～10℃低温时也能生长发育、增殖温度在30℃以下、能氧化葡萄糖为葡萄糖酸的细菌归属于葡萄糖杆菌属（*Gluconobacter*）。朝井氏又进一步将醋酸杆菌属（*Acetobacter*）分为真正的醋酸杆菌属（*Euacetobacter*）和醋酸葡萄糖氧化杆菌属（*Acetogluconobacter*）2 个亚属。真正的醋酸杆菌，仅能氧化乙醇，而不能氧化葡萄糖，例如，攀膜醋酸杆菌（*A. ascendens*）不能转化蔗糖，但能同化铵盐；醋酸葡萄糖氧化杆菌主要能氧化乙醇生成醋酸，同时又能氧化葡萄糖生成少量的葡萄糖酸，氧化甘露醇生成果糖，而果糖进而能被继续氧化。1978 年，柳田藤治氏在朝井氏分类方法的基础上，根据醋酸菌对维生素的要求和对有机酸的同化性，将食醋酿造的优良菌株分为醋酸杆菌属和葡萄糖杆菌属，进一步完善了分类标准。

Acetobacter：氧化乙醇，不氧化葡萄糖，不要求维生素，能同化主要有机酸（特别是对乳酸、琥珀酸同化力很强）。

Gluconobacter：氧化葡萄糖，不氧化乙醇，需要维生素，对主要有机酸几乎都不能同化。

1968 年朝井氏对醋酸菌进行了详细的总结：*Acetobacter* 有 3 个种，即 *A. aceti*（4 个亚种）、*A. pasteurianus*（5 个亚种）和 *A. peroxydans*；*Gluconobacter* 有 1 个种（*G. oxydans*），包含 5 个亚种。

二、醋酸菌的现代分类研究

1974 年 De Ley 和 Frateur 在《伯杰氏细菌鉴定手册》（第 8 版）有关章节中将醋酸菌划分为醋杆菌属和葡萄糖杆菌属。其鉴别特征如表 6-2 所示。

表 6-2 醋杆菌属和葡萄糖杆菌属的鉴别特征

		醋杆菌属	葡萄糖杆菌属
鞭毛		周生或无	极生或无
于 pH4.5 生长		+	+
氧化：	pH4.5 时乙醇到醋酸	+（s）	+（m）
	醋酸到 CO_2	+	－
	乳酸盐到 CO_2	+	－
	葡萄糖到葡萄糖酸	d	+
	静止细胞氧化氨基酸	+	－
三羧酸循环		+	－
产生 5-酮基葡萄酸盐		d	+
生酮作用		+	+
醌类：	Q_{10}	－	+
	Q_9	+	－
水解：	乳糖和淀粉	－	－
	明胶	－	－/w
绿色或荧光色素		－	－

注：m，中等；s，强；w，弱；d，部分菌种。

《伯杰氏细菌鉴定手册》中，醋杆菌属包含 3 个种：醋化醋杆菌（*A. aceti*）、巴氏醋杆菌（*A. pasteurianus*）、过氧化醋杆菌（*A. peroxydans*）。其中醋化醋杆菌含有 4 个亚种：醋化醋杆菌亚种、醋化醋杆菌奥尔兰亚种、醋化醋杆菌木质亚种、醋化醋杆菌液化亚种。巴氏醋杆菌含有巴氏醋杆菌巴氏亚种、巴氏醋杆菌罗旺亚种、巴氏醋杆菌埃斯群亚种、巴氏醋杆菌攀升亚种和巴氏醋杆菌奇异亚种共5个亚种。葡糖杆菌属仅含一个菌种，即氧化葡糖杆菌（*Gluconobacter oxyeans*），该种有4个亚种：氧化葡糖杆菌氧化亚种（*G. oxydans* subsp. *oxydans*）、氧化葡糖杆菌工业亚种（*G. oxydans* subsp. *industrius*）、氧化葡糖杆菌亚氧化亚种（*G. oxydans* subsp. *suboxydans*）和氧化葡糖杆菌产黑亚种（*G. oxydans* subsp. *melanogenes*）。

1980年，Gillis和De Ley在应用化学和分子技术研究醋酸菌科的分类中，发现DNA-rRNA杂交数据显示*Acetobacter*和*Gluconobacter*有高的rRNA顺反子相似性，都属于α类的蛋白微生物（proteobacteria）。1983年，Gosselé使用计算机对*Acetobacter*和*Gluconobacter* 200多个菌株的表型特征进行数值分析，进一步证实*Gluconobacter*只有单一种*G. oxydans*，并发现有周身鞭毛的*Acetobacter*的种和有两端鞭毛的*Gluconobacter*在进化上更相似，随后，在*Acetobacter*的分类中，他提出了*A. liquefaciens* sp. nov新种，该种包含了所有的*A. aceti* subsp. *liquefaciens*和*A. hansenii* sp. nov。

1984年，Yamada和Kondo发现醋酸杆菌属在亚属水平上有的可产生辅酶Q_9，有的可产生Q_{10}，提出了辅酶Q与醋酸菌分类的相关性，*Acetobacter*的辅酶Q（CoQ）为Q_9型，其他的醋酸菌属CoQ均为Q_{10}，大部分醋酸菌细胞膜含$C_{18:1}\omega$-7直链不饱和脂肪酸。

1986年，Uhlig等发现了能利用甲醇产生醋酸的甲醇醋酸菌（*Acetobacter methanolicus*）。

1989年，Gillis等发现了葡萄糖醋酸杆菌属的种为*A. diazotrophicus*；同年Urakami等提出了醋单胞菌属（*Acidomonas*）。

1992年，Sievers等研究在瑞典和德国的高酸度食醋中生长的醋酸菌，利用DNA-DNA杂交技术分析*Acetobacter*和*Gluconobacter*的基因组学，发现了新种*Acetobacter europaeus*，该菌能耐高酸（4%～8%），绝对需要醋酸生长，其后来被命名为*Ga. europaeus*。

1997年、1998年Yamada通过测定菌体16S rRNA序列和泛醌系统等化学特性的比对，提出了新属Glu conoacetobacter，后改写为*Gluconacetobacter*（*Ga.*）。将产生Q_{10}的菌*Ga. xylinus*、*A. liquefaciens*、*A. hansenii*、*A. diazotrophicus*和*A. europaeus*归类到*Gluconoacetobacter*。

Yamada（1999）和Yanti等从印度尼西亚热带国家的花和传统的发酵食品中分离了大量的醋酸菌，发现了两个新属*Asaia*和*Kozakia*。

从2000年到2008年，随着分子生物学技术在微生物分类领域的广泛使用，在醋酸菌科（Acetobacteriaceae）下面又发现了6个新属，为*Asaia* Yamada 2000、*Kozakia* Lisdiyanti 2002、*Swaminathania* Loganathan 2004、*Saccharibacter* Jojima 2004、*Neoasaia* Yukphan 2006和*Granulibacter* Greenberg 2006。因此，在醋酸菌科中已有10个属。在化学分类中，除了醋酸杆菌属产生辅酶Q_9、氧化醌外，其余的属都产生辅酶Q_{10}。在这10个属中有*Acidomonas*、*Kozakia*、*Swaminathania*、*Saccharibacter*、*Neoasaia*和*Granulibacter* 6个属都是单一种。这些属中，除了在淤泥里大量分离出醋单胞菌属外，另外属和种在常见分离物食醋、葡萄酒、果实和花中很难分离出，这也可能是人的认识所限。

现在的研究结果表明，*Acetobacter*、*Gluconobacter*、*Gluconacetobacter* 和 *Asaia* 4 个最常见的属已不能从表型和单纯的氧化乙醇成醋酸、乳酸进行区分。在醋酸的生产、醋酸和醋酸过氧化检测中，*Acetobacter* 又快又清楚地显示出深蓝色，而 *Asaia* 不能或少量转化乙醇为醋酸，色泽的变化也很慢。*Gluconobacter* 与 *Gluconacetobacter* 相比，前者显示清晰的黄色，且向蓝色转变的速度不是很快。

将醋酸菌按 16S rDNA 序列分析法进行聚类分析，如表 6-3 所示，其系统发育图见图 6-1。可将醋酸菌分为四大群，第一群为醋酸菌属（*Acetobacter*），第二群以葡萄糖杆菌属（*Gluconobacter*）为主，第三群由 *Asaia* 和 *Kozakia* 组成，第四群包含全部的葡萄糖醋杆菌属（*Gluconacetobacter*）和亚群 *Ga. entanii*。*Acidomonas methanolica*（原称 *Acetobacter methanolicas*）形成的单独群系，它的 16S rDNA 序列相似度与醋酸菌种的其他种相比，低于 96.0%，*Acetobacter* 属的全部菌 16S rDNA 序列相似值在 95.5% 左右，低于 96.3%，*Gluconobacter* 和 *Gluconacetobacter* 的 16S rDNA 序列相似度分别在 97.9%和 96.3%，*Ga. oboedient* 和 *Ga. xylinus* 有更高的相似性，超过 99%的序列相似。

表 6-3 醋酸菌科的菌种及典型菌种的 16S rDNA 编号（Kersters et al.，2006）

现在分类（2003 年）[a]	分类者	过去分类（1998 年之前）[a]	分类者	典型菌种[b]	16S rDNA 接收编号
Acetobacter aceti[T]	Beijerinck，1898	*Acetobacter aceti*[T]	Beijerinck，1898	NCIB8621，JCM76	X74066，D30768
Acetobacter cerevisiae	Cleenwerck et al.，2002			LMG 1625	AJ419843
Acetobacter cibinongensis	Lisdiyanti et al.，2001			4H-1，NRIC 0482	AB052710
Acetobacter estunensis	Lisdiyanti et al.，2000	"*Acetobacteres-tunense*"[c]	Carr，1958	IFO 13751	AB032349
Acetobacter indonesiensis	Lisdiyanti et al.，2000			5H-1，NRIC 0313	AB032356
Acetobacter lovaniensis	Lisdiyanti et al.，2000	*Acetobacter lovaniensis*[c]	Frateur，1950	IFO 13753	AB032351
Acetobacter malorum	Cleenwerck et al.，2002			LMG 1746	AJ419844
Acetobacter orientalis	Lisdiyanti et al.，2001			21F-2，NRIC 0481	AB052706
Acetobacter orleanensis	Lisdiyanti et al.，2000	*Acetobacter orleanensis*[d]	Henneberg，1906	IFO 13752	AB032350
Acetobacter pasteurianus	Beijerinck，1916	*Acetobacter pasteurianus*	Beijerinck，1916	LMD 22.1	X71863
Acetobacter peroxydans	Visser't Hooft，1925	*Acetobacter peroxydans*	Visser't Hooft，1925	IFO 13755	AB032352

续表

现在分类（2003 年）[a]	分类者	过去分类（1998 年之前）[a]	分类者	典型菌种[b]	16S rDNA 接收编号
Acetobacter pomorum	Sokollek et al.，1998[a]			LTH 2458	AJ001632
Acetobacter syzygii	Lisdiyanti et al.，2001			9H-2，NRIC 0483	AB052712
Acetobacter tropicalis	Lisdiyanti et al.，2000			Ni-6b，NRIC 0312	AB032354
Acidomonas methanolica [T]	Urakami et al.，1989	*Acetobacter methanolicus*	Uhlig et al.，1986	NRIC 0498	AB110702
Asaia bogorensis [T]	Yamada et al.，2000			71，NRIC 0311	AB025928
Asaia krungthepensis	Yukphan et al.，2004[b]			AA08，NRIC 0535	AB102953
Asaia siamensis	Katsura et al.，2001			S60-1，NRIC 0323	AB035416
Gluconacetobacter azotocaptans	Fuentes-Ramírez et al.，2001			CFN-Ca54	AF192761
Gluconacetobacter diazotrophicus	Yamada et al.，1997[e]	*Acetobacter diazotrophicus*	Gillis et al.，1989	ATCC 49037	X75618
Gluconacetobacter entanii	Schüller et al.，2000			LTH 4560	AJ251110
Gluconacetobacter europaeus	Yamada et al.，1997[e]	*Acetobacter europaeus*	Sievers et al.，1992	DES 11，DSM 6160	Z21936
Gluconacetobacter hansenii	Yamada et al.，1997[e]	*Acetobacter hansenii*	De Ley et al.，1984b	LMG 1527	X75620
Gluconacetobacter intermedius	Yamada，2000	*Acetobacter intermedius*	Boesch et al.，1998	TF2，DSM 11804	Y14694
Gluconacetobacter johannae	Fuentes-Ramírez et al.，2001			CFN-Cf55	AF111841
Gluconacetobacter liquefaciens [T]	Yamada et al.，1997[e]	"*Gluconobacter liquifaciens*"	Asai，1935	IFO 12388	X75617
Gluconacetobacter oboediens	Yamada，2000	*Acetobacter oboediens*	Sokollek et al.，1998a	LTH 2460	AJ001631
Gluconacetobacter sacchari	Franke et al.，1999			SRI1794，DSM12717	AF127407
Gluconacetobacter xylinus[f]	Yamada et al.，1997[e]	*Acetobacter xylinus*[d,f]	Yamada，1983	NCIB 11664	X75619
Gluconobacter cerinus[g]	Yamada and Akita，1984	*Gluconobacter cerinus*	Yamada and Akita，1984	LMG1368，IFO 3267	X80775，AB063286

续表

现在分类（2003 年）[a]	分类者	过去分类（1998 年之前）[a]	分类者	典型菌种[b]	16S rDNA 接收编号
Gluconobacter frateurii	Mason and Claus，1989	*Gluconobacter frateurii*	Mason and Claus，1989	IFO 3264	X82290
Gluconobacter oxydans^{T,h}	De Ley，1961	*Gluconobacter oxydans*^{T}	De Ley，1961	DSM 3503	X73820
Kozakia baliensis^{T}	Lisdiyanti et al.，2002			Yo-3，NRIC 0488	AB056321

注：T，每个属的种。缩写：ATCC，美国典型菌种保藏中心；DSMZ，德国微生物菌种保藏中心；CFN，墨西哥国家大学自治大学固氮研究所；IFO，日本大阪发酵研究所；IMET，前民主德国国家菌种保藏中心；LMD，荷兰技术大学微生物实验室；LMG，比利时根特大学国家菌种收藏中心；LTH，德国微生物学研究所；NCIB，苏格兰国家工业和海洋微生物保藏中心；NRIC，日本东京农业大学菌种培养研究所；SRI，澳大利亚糖研究所。

a. “”表示在已有的细菌名称列表中无此菌种名称。

b. 应用 16S rDNA 测序技术确定典型菌种的编号。

c. 在已有的菌种目录中（Skerman et al.，1980）“*Acetobacter estunense*”和“*Acetobacter lovaniensis*”分别是 *Acetobacter pasteurianus* 的亚种：*A. pasteurianu* subsp. *estunensis* 和 *A. pasteurianus* subsp. *lovaniensis*。

d. 在已有的菌种目录中 *Acetobacter orleanensis*、*Acetobacter liquefaciens* 和 *Acetobacter xylinus* 是作为 *Acetobacter aceti* 的亚种：*A. aceti* subsp. *orleanensis*、*A. aceti* subsp. *liquefaciens* 和 *A. aceti* subsp. *xylinum*。

e. 最初的拼写为 *Gluconoacetobacter*（Yamada et al.，1997）。

f. *Acetobacter xylinus* 含有亚种 *A. xylinus* subsp. *sucrofermentans* 和 *A. xylinus* subsp. *xylinus*。

g. *Gluconobacter asaii* 后来称为 *Gluconobacter cerinus*。

h. *Gluconobacter oxydans* 包含以下亚种：*G. oxydans* subsp. *industrius*、*G. oxydans* subsp. *melanogenes*、*G. oxydans* subsp. *oxydans*、*G. oxydans* subsp. *sphaericus* 和 *G. xydans* subsp. *suboxydans*。

三、醋酸菌多相分类（polyphasic taxonomy）法

（一）表型分类法

表型分类法（phenotypic method）是醋酸菌的传统分类方法，指依靠形态和生理生化特征对醋酸菌进行分类。这些特征是区别和发现新种的重要依据。醋酸菌重要的表现型特征包括细胞和菌落形态、革兰氏染色和水解氧化酶等内容。醋酸菌有氧化乙醇和糖类的能力，一般大部分醋酸菌都能氧化乙醇成醋酸，只有少数属除外，例如，*Asaia*（*As*）不能氧化乙醇成醋酸，*Saccharibacter* 和 *Granulibacter* 只能少量或不能氧化乙醇。*Acetobacter*、*Gluconacetobacter* 和 *Acidomonas* 不仅能彻底氧化乙醇成醋酸，还能进一步将醋酸氧化成 CO_2 和 H_2O，此过程称为醋酸菌的过氧化作用（overoxidation），但 *Gluconobacter*、*Saccharibacter* 和 *Neoasaia* 无此作用，*Asaia*、*Kozakia*、*Swaminathania* 和 *Granulibacter* 氧化醋酸的能力很弱。大部分醋酸菌对醋酸有相对高的忍受性，并且生长 pH 低于 5。

Cleenwerk 等总结了醋酸菌形态鉴定包含的内容：①利用乙醇产酸，产酸的培养基变得透明，可使培养基中的溴甲酚紫由绿色变成黄色；②氧化乳酸成 CO_2 和 H_2O；③在含 0.35%醋酸中能生长；④在 1% HNO_3 中能生长；⑤将 D-葡萄糖转化为 2-酮-D-

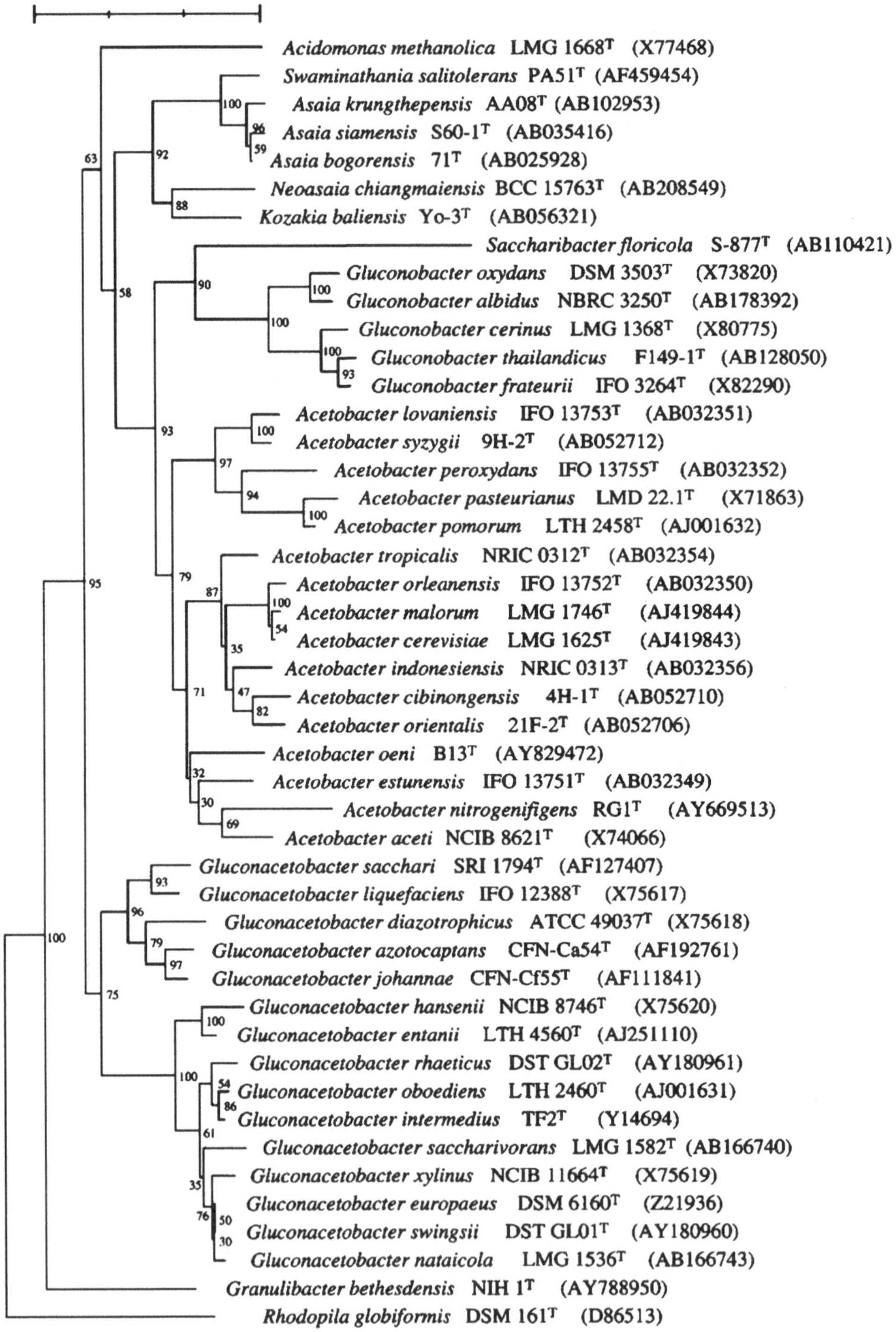

图 6-1　对醋酸菌 16S rRNA 基因序列进行聚类分析的系统发育树（Cleenwerck and de Vos，2008）
图中 *Rhodopila globiformis* 作为外群微生物。使用 BioNumerics 4.5 软件包通过邻近连接法构建了系统发育树，节点数据表示 1000 次建树中步长值（bootstrap values，%）

葡萄糖酸、5-酮-D-葡萄糖酸和 2,5-二酮-D-葡萄糖酸；⑥甘油的生酮作用；⑦能以甲醇为碳源或转化甲醇；⑧形成水溶性褐色素；⑨利用 D-葡萄糖或 D-果糖形成 γ-吡喃酮；⑩可利用糖或糖醇（sugar acohols）产酸；⑪产生纤维素，测试方法为将菌膜在 5.0% NaOH 中煮沸 2h，真正的纤维素在碱液中煮沸过程是不溶的；⑫在 30%的 D-葡萄糖中生长；⑬有鞭毛；⑭用悬滴液观察运动。

现在醋酸菌使用表型分析在属水平上的分类是相对简单的，但在种水平上进行的分类鉴定就显得不太准确。例如，*Acetobacter*、*Gluconacetobacter* 和 *Asaia* 在表型上有许多相似之处，无法找到明显差异，无法在种的水平上进行鉴定。一些从工业生产的食醋中分离出的 *Gluconacetobacters* 菌株（如 *Ga. europaeus*、*Ga. entanii*）很难在实验室培养，也就无法测定其表型特征。另外，在种的水平上鉴定，一些菌反映表型特征是不可靠的。还有醋酸菌常会发生变异，失去对醋酸的抵抗力和乙醇的氧化能力，失去产褐色素和纤维素能力，有些学者认为按醋酸菌鞭毛分类是不可靠的。所有这些都说明按表型特征进行醋酸菌分类是有局限性的。

（二）化学分类法

化学分类法（chemotaxonomical method）是依据生物细胞中某些特定化学物质的特征对生物体进行分类的方法。用于醋酸菌分类的化学分类法主要为醌类型和脂肪酸甲酯（FAME）分析。最早由 Yamada 等于 1983 年将化学分类法应用于醋酸菌的分类中，他们通过研究泛醌类型与醋酸菌系统分类的关系，提出应将醋杆菌属下的 *Acetobacter aceti* subsp. *xylinum* 亚种提升为种 *Acetobacter xylinum*。泛醌的研究发现，只有 *Acetobacter* 属的泛醌为 Q_9，其他均为 Q_{10}（*Granulibacter* 的未检测到）。大多数醋酸菌含有 $C_{18:1}\omega$-7 的直链不饱和脂肪酸和 2-羟基酸。

（三）以 DNA 和 RNA 分子为基础的基因型法

1. 全基因组 DNA-DNA 杂交

国际系统细菌学委员会规定，DNA 同源性≥70%、杂交分子热解链温度差 $\Delta T_m \leqslant$ 5℃为细菌种的界限。根据现代细菌学种的定义，全基因组 DNA-DNA 杂交在种的描绘中起着重要作用，DNA-DNA 分子杂交已成为醋酸菌新种建立的必要依据之一。常用的 DNA-DNA 杂交方法主要为：微量细胞培养法、膜法、SI 核酸酶法等，这些杂交方法通常具有较好的相关性，得出的分类学结论也大都相同，但仍有少量关于采用不同杂交方法而导致分类结果不同的报道。例如，Cleenwerck 和 Sokollek 等分别采用膜法对 *Acetobacter pomorum* 与 *Acetobacter pasteurianus* 的模式菌株进行 DNA-DNA 杂交，得出的同源性却分别为 53%和 17%，造成这一差异的原因在于进行杂交实验时没有进行交互反应。此外，Dellaglio 和 Lisdiyanti 等也曾分别采用微量细胞培养法对葡糖醋杆菌菌株进行 DNA 杂交，但得出的关于 *Gluconacetobacter oboediens* 与 *Gluconacetobacter intermedius* 模式菌株间的 DNA 同源度却不相同，分别为 63%和 85%。

2. 16S rRNA 基因序列、16S～23S 内转录间隔（ITS）区和 RecA 蛋白编码基因分析

16S rRNA 基因序列分析对于判断未知菌体在系统发育中的位置，是一种快速、准确和廉价的方法。在系统发育中，醋酸菌科属于变形菌纲的 α-亚纲。用全 16S rDNA 序列分析得出 α-变形菌纲所有醋酸菌之间的亲缘关系。在典型菌种之间，10 个属的醋酸菌的 16S rDNA 序列相似度在 92.1%～99.0%。在属内多个种之间相似度的范围：*Acetobacter* 为 95.4%～99.9%；*Asaia* 为 99.6%～99.8%；*Gluconacetobacter* 为 96.4%～100%；*Gluconobacter* 为 98.3%～99.6%。在 *Acetobacter* 和 *Gluconacetobacter* 聚类中，第一个 *Acetobacter* 子聚类包含 *A. lovaniensis*、*A. pasteurianus*、*A. peroxydans*、*A. pomorum* 和 *A. syzzgii*，16S rDNA 的序列相似度 97.4%～99.4%；另一个子聚类中序列相似度为 96.2%～99.9%。在 *Gluconacetobacter* 中，第一个子聚类包含 *Ga. azotocaptans*、*Ga. Diazotrophicus*、*Ga. Johannae*、*Ga. liquefaciens* 和 *Ga. Sacchar*。16S rDNA 相似度为98.2%～99.3%，第二个包含剩余的种，其 16S rDNA 相似度为 98.1%～100%。图 6-2 为从乙醇发酵液中分离醋酸菌的 16S rDNA 酶解图谱，相同的条带表示同一个种。

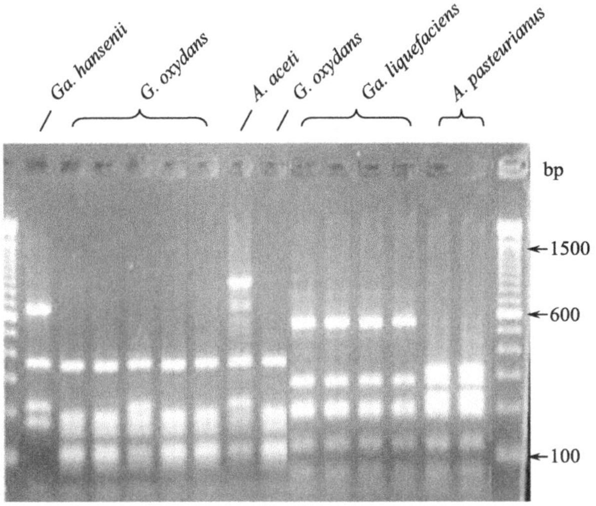

图 6-2　扩增的 16S rDNA 用 *Taq*I 酶水解片段（Gonzalez et al.，2006）

16S rRNA 全序列分析不仅可以判别系统发育，而且可以判别 DNA-DNA 杂交，并可准确地在种水平上进行分类。16S rRNA 基因相似度＜97%，不属于同一个种；相似度＞97%，也不一定属于同一个种。

最近，16S～23S 内转录区（ITS）的序列也可用于醋酸菌发育的相关性分析。一般情况下，ITS 序列分析较 16S 或 23S rRNA 有更高的鉴别力。根据 16S～23S rDNA ITS 区序列差异性，鉴定出了 *Ga. xylinus*、*Ga. europaeus* 和 *Ga. intermedius* 等种，还确定了从花中分离的 *Gluconobacter* 所处系统发育的位置，根据 16S～23S rDNA ITS 区域序列发现了 *G. thailandicus*。

另外，*recA* 蛋白编码基因也用到了醋酸菌的分类鉴定上。编码 DNA 修复层蛋白的 *recA* 有保守性。很多实例表明 *recA* 序列分析适合于微生物系统的发育分析。但 *recA* 序列分析只适合少数相似的菌株上，还需要 16S rRNA 和 16S～23S ITS 的进一步分析判断。

3. DNA 基本组成分析

在 1984 年《伯杰氏系统细菌学手册》中最先使用（G+C）mol%分子技术，快速鉴定醋酸菌。大部分醋酸菌的（G+C）mol%为 52%～67%。一般认为（G+C）mol%含量差异在种内不超过 3%，在属内不超过 10%。目前，（G+C）mol%含量已成为醋酸菌新种描述的必备特征之一，可通过结合其他基因型特征，如 DNA-DNA 或 DNA-rRNA 杂交等，对醋酸菌进行种或种下分类单元的鉴别。例如，Yamada 等通过研究 11 株葡萄糖杆菌菌株的（G+C）mol%含量，将这些菌株分为两组，其中一组的（G+C）mol%含量较高，为 60.3mol%～63.5mol%，与 *Gluconobacter oxydans* 的 DNA 杂交同源性为 64%～94%；另一组（G+C）mol%含量相对较低，为 57.5mol%～57.7mol%，与 *Gluconobacter frateurii* 的 DNA 杂交同源性为 63%～77%。据此，他们将（G+C）mol%含量较高的菌株归入葡萄糖杆菌属 *Gluconobacter oxydans* 种中，而将（G+C）mol%含量较低的菌株归入 *Gluconobacter frateurii* 种中。

4. 16S rDNA、16S～23S rDNA 和 16S～23S～5S rDNA 的 PCR-RFLP 分析

这项技术适合于微生物种群在种系发生相关基础上的分类。在真细菌的 DNA 中，rRNA 的位点包括 16S、23S 和 5S rRNA 基因，这些基因的 ITS（转录间隔区）不同。该技术包括 16S、23S 和 5S rDNA 基因的提取、水解和扩增，将 16S rDNA、16S～23S rDNA 和 16S～23S～5S rDNA 处理成约 4500bp 的片段，用电泳分离 DNA 片段，依此来判断醋酸菌的种属。Poblet 等测定了 16 个菌株 8 个种的 16S rDNA 的 RFLP，展示了用 *Taq* I 酶水解的 *Acetobacter*、*Gluconobacter* 和 *Gluconacetobacter* 的电泳条带。16S～23S ITS 区域比单独的 rRNA 操纵子的功能序列的可变性更高，在分类学水平上更加精确，可鉴定到种的水平上。DNA-DNA 杂交对一些额外 PCR-RFLP 结果判别是很有用的。Ruiz 用 16S rDNA 和 16S～23S rDNA 的 RFLP 技术定性了醋酸菌，分出了一个新种，他们认为使用 *Taq* I 和 *Rsa* I 对 16S rDNA-RFLP 分析的技术是一种快速可靠的醋酸菌鉴定方法。Gallo 等运用 RFLP 分析了用限制性 *Rsa* I 酶处理的 16S～23S～5S ITS，成功鉴定了意大利传统香醋的醋酸菌，包括 13 个 *Acetobacter*、1 个 *Gluconobacter* 和 1 个 *Glucocetobacter*，并认为在香醋中广泛存在 *Ga. xylinus*。

Trcek 和 Teuber 等通过对醋酸菌 57 株菌株和一些自然隔离种群的 ITS 区域进行 RFLP 分析，并用 *Hae* Ⅲ和 *Hpa* Ⅱ消化扩增产物，得到了 12 个不同的染色体带型群，每个带型群代表一个种（如 *Gluconacetobacter liquefaciens*）或一个物种群（如 *Gluconacetobacter oboediens*、*Gluconacetobacter intermedius*）。此外，这些染色体带型群在未知醋酸菌的分类鉴定上起着重要的参考作用，有助于高酸度醋酸菌的快速鉴别。

5. 变性梯度凝胶电泳（DGGE）

菌体 DNA 扩增片段用 DGGE 法分离常用于从特殊环境中定性分离的微生物，这项技术不需要分离出微生物。DGGE 法最常用在 16S 和 23S rDNA 基因鉴定中，区别种的差异性，不同的条带显示出存在种的数量，每一个条带可用于序列的分析。这项技术的局限性在于只能鉴定样品中的优势菌，而含量少的种很难鉴定出。

（四）其他分子生物学技术

1. 实时 PCR（RT-PCR）

这项技术不需要培养微生物就可区分和辨别出不同种的菌。利用这项技术曾成功地计量出葡萄酒和醋中的醋酸菌数，还用于清点出软饮料中的 *Gluconobacter* 和 *Gluconacetobacter* 的种。RT-PCR 的优点在于应用广泛，不仅能用在种的区分，还可用在属、群的鉴定上。

2. 随机扩增多态性 DNA-PCR（RAPD-PCR）

用单独引物和随机序列，RAPD 指纹印迹扩增 DNA 基因组，约 9～10 单位长度的随机序列在低的退火温度下与亲缘性近的染色体 DNA 序列杂交。扩增序列经过琼脂糖凝胶电泳，根据条带定性不同的醋酸菌。这种方法成功鉴定了败坏葡萄酒、谷物醋和酒精醋中的醋酸菌。

3. ERIC-PCR（enterobacterial repetitive intergenic consensus-PCR）和 REP-PCR（repetitive extragenic palindromic-PCR）

在大肠杆菌中从高的保守反向重复区域中发现作为共同序列的 ERIC 和 REP，不过这些序列都广泛分布于不同菌群的基因组中，不同的菌种扩增的重复性序列变成 DNA 印迹。ERIC-PCR 已广泛用于醋酸菌的鉴定。Nand 用 RAPD 指纹和 ERIC-PCR 研究日本米醋（Komesu）和糙米米醋（Kurosu）的醋酸菌，用两种方法分析得到的结果相似，显示自然发酵的两种米醋的菌种几乎是纯种。RAPD 技术还可用于分析葡萄酒酸败的微生物。

Fernández-Pérez 等采用 ERIC-PCR 和总 DNA 降解的脉冲场凝胶电泳（PEGE）分析方法，对 103 个用液态深层发酵的食醋进行了微生物分析（图 6-3）。结果发现醋酸菌 *Ga. eurpaeus* 在大部分食醋中都存在，是数量最多的一种菌，在红葡萄醋、白葡萄醋和酒精醋中都存在。在酒精醋中只有单一菌种 *Ga. europaeus*，再未发现有其他菌。在苹果醋中发现的醋酸菌较多，至少 2 种以上，如 *Ga. europaeus*、*Ga. xylinus* 和 *A. pasteurianus* 等。

4. 种的特异性、群的特异性探针和 PCR

寡聚核苷酸探针用于醋酸菌种的鉴定。以 16S rDNA 序列为基础，*G. oxydans*、*A. aceti*、*Ga. oboediens* 和 *Ga. entanii* 菌株种特异性及 *Ga. europaeus*、*Ga. xylins* 群特

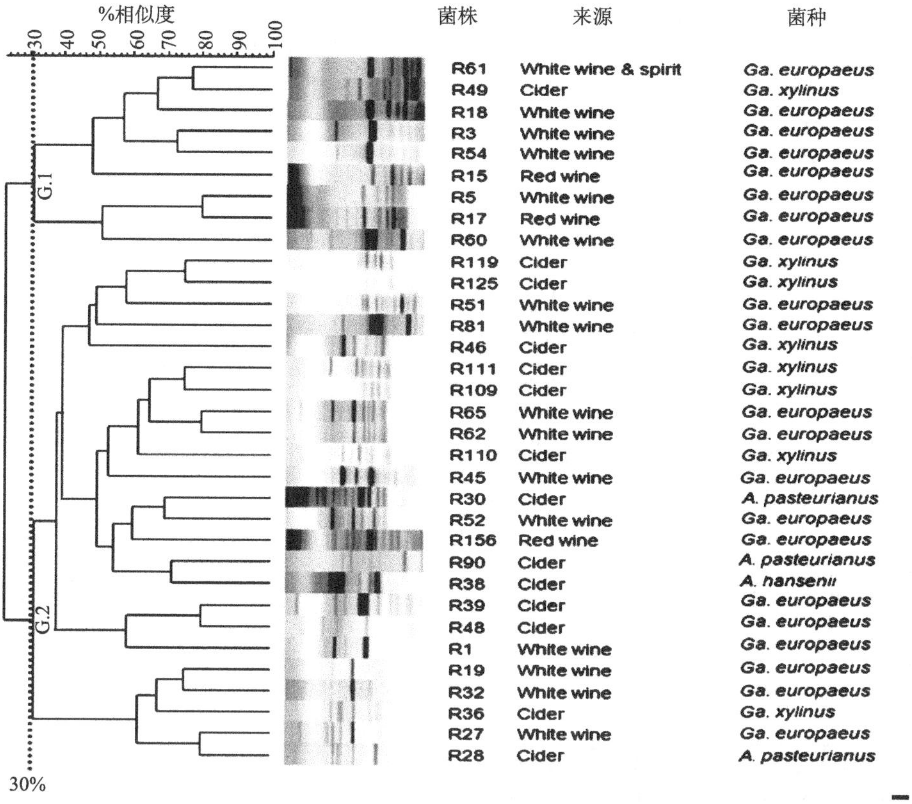

图 6-3　醋酸菌的 ERIC-PCR 条带和 UPGMA 聚类分析图（Fernández-Pérez et al.，2010）

异性的寡聚核苷酸探针被建立。以 23S rDNA 序列为基础，用寡聚核苷酸探针鉴定了 *Ga. intermedius* 与 *Ga. europaeus* 和 *Ga. xylinus* 的差异性。Fuentes-Ramirez 用种特异性 PCR 鉴定了 *Ga. johannae* 和 *Ga. azotocaptans*。种特异性 PCR 是利用种特异性引物与醋酸菌的通用引物结合进行检测的。Franke 设计了种特异性探针，应用于原位杂交（FISH）和种特异性 PCR 中，很好地区分了 *Ga. sacchari*、*Ga. diazotrophicus* 和 *Ga. liquefaciens*。

5. *nifD* 和 *nifH* 的 PCR 分析

一些醋酸菌能够固氮，如 *Ga. diazotrophicus*、*Ga. azotocaptans* 和 *Ga. johannae*，这三种菌的系统进化关系很相近。后来又发现 *A. peroxydans* 也有固氮作用。能够固氮的基因称为 nif-fix 簇。该簇包含 *nifD* 和 *nifH*，通过用 PCR 分析 *nifD* 和 *nifH* 鉴定固氮醋酸菌。

6. PQQ 依赖型乙醇脱氢酶基因

adhA 是编码 PQQ 依赖型 ADH 的亚基Ⅰ的基因。根据在基因 *adhA* 序列中存在保守片段和可变片段，这样可设计 PCR 引物去检测醋酸菌。Trček 以 *adhA* 为基础，发现了用种特异性研究 *A. aceti*。在醋酸菌中，PQQ 依赖型 ADH 氧化乙醇成醋酸，ADH 由几个亚

基组成，Trěck 认为不能氧化乙醇成醋酸的 *Asaia* 的 ADH 至少存在一个亚基。*adhA* 的部分序列的排列反映出种内相似度在 69.9%～94.7%，这个值低于 16S rDNA 序列的测定结果（93.6%～99.7%），高于 16S～23S ITS rDNA 间隔区序列的相似度（60.7%～88.0%）。由此可知，部分 *adhA* 序列分析对醋酸菌的判别力比 16S rDNA 要强，但低于 16S～23S ITS rDNA 序列。

7. 荧光原位杂交（FISH）

这项技术曾用于检测 *Ga. sacchari* 和与葡萄酒相关的微生物，如乳酸菌。FISH 可借助显微镜直接鉴定和计量菌体，不需要培养。首先建立 DNA 荧光标记的探针，然后在种或属间进行专一性杂交。在酒和醋中，高浓度菌体的不同结合物能淬灭荧光。

第二节　醋酸菌形态、生理和生化特征

一、一般特征

醋酸菌是一大类革兰氏阴性、严格需氧菌，主要栖息于含糖、酸或乙醇的原料中，如图 6-4 所示。醋酸菌在食品制造和保存中起到了正面或负面的作用，特别是在食醋酿造中，早在 1898 年就有关于醋酸菌的研究报道。

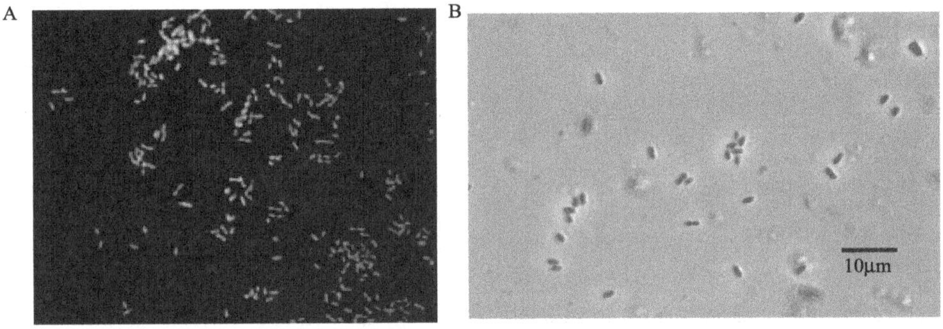

图 6-4　荧光显微镜（A，1～2μm）和普通显微镜（B）观察的醋酸菌

醋酸菌纲（Acetobacteraceae）的微生物是严格需氧的，氧在呼吸代谢中是电子的最终受体，醋酸菌中除 *Asaia* 外，都能通过呼吸作用氧化乙醇，在培养基中最终积累醋酸。*Acetobacter*、*Gluconacetobacter* 和 *Acidonomas* 又能将醋酸氧化成 CO_2 和水，该过程称为过氧化作用（overoxidation），*Gluconobacter* 无此过氧化作用，*Asaia* 和 *Kozakia* 过氧化作用较弱。*Gluconobacter* 和 *Kozakia* 能在 0.35%的醋酸中存在，将葡萄糖直接氧化为葡萄糖酸。*Acetobacter* 的辅酶 Q（CoQ）为 Q_9 型，其他的醋酸菌属 CoQ 均为 Q_{10}，大部分醋酸菌细胞膜含 $C_{18:1}\omega7$ 直链不饱和脂肪酸。

表 6-4 总结了 12 个醋酸菌属的基本特征。

表 6-4　不同醋酸菌属的基本特征（Sengun and Karabiyikli，2011）

特点	*A*	*Ac*	*As*	*Ga*	*G*	*K*	*S*	*Sa*	*N*	*Gr*	*T*	*Am*
鞭毛	pe/pe/n	n	pe/n	pe/n	po/n	n	pe	n	n	n	n	po
氧化乙醇为醋酸	+	+	−/w	+	+	+	+	v	+	v	+	+
氧化醋酸为 CO_2 和 H_2O	+	+	+	+[b]	−	w	w	−	−	w	−	+
氧化乳酸为 CO_2 和 H_2O	+	w	+	+/−	−	w	w	w	−	+	−	+
在含 0.35%醋酸培养基中生长	+	+	−	+	+	+	+	−	+	nd	+	+
在甲醇中生长	−/w	+	−	−	−	−	−	−	−	+	−	w
在 D-甘露醇中生长	+/−	w	+/−	+/−	+	+						
在含 30%D-葡萄糖培养基中生长	−	−	+	+/−	−/+	−	nd	+	+	nd	+	−
产纤维素	−	−	−	+/−	−	−	nd	−	nd	nd		
用蔗糖产黏液汁果聚糖	−/+	−	−	−/+	−	+	nd	−	−	nd	−	−
固定分子氮	−	−	−	−/+	−	−						
甘油的生酮作用（二羟基丙酮）	+/−	w	−/w	+/−	+	+	+	−	w	−	+	w
利用 D-甘露糖产酸	−/+	−	+/−	+/−	+	−	−	+	w	−	−	−
利用甘油产酸	−/+	−	+	+	+	+	+	−	+	v	+	w
利用棉子糖产酸	−	nd		−	−	+		−	+	nd		
脂肪酸类型	$C_{18:1}$	$C_{18:1}$	$C_{18:1}$	$C_{18:1}$	$C_{18:1}$	$C_{18:1}$						
辅酶 Q 类型	Q_9	Q_{10}	Q_{10}	Q_{10}	Q_{10}	Q_{10}	Q_{10}	Q_{10}	Q_{10}	Q_{10}	Q_{10}	Q_{10}
mol%（G+C）	52～60	63～66	59～61	55～66	55～63	56～57	57～60	52～53	63.1	59	66.0	65.6

缩写：①*A*，*Acetobacter*；*Ac*，*Acidomonas*；*As*，*Asaia*；*Ga*，*Gluconacetobacter*；*G*，*Gluconobacter*；*K*，*Kozakia*；*S*，*Swaminathania*；*Sa*，*Saccharibacter*；*N*，*Neoasaia*；*Gr*，*Granulibacter*；*T*，*Tanticharoenia*；*Am*，*Ameyamaea*。

②pe，周生鞭毛；po，单端编码；n，无；

③+，阳性菌株≥90%；w，弱阳性反应；−，阴性菌株≥90%；v，可变的；nd，未检测。

二、醋酸杆菌（*Acetobacter*）

（一）栖息地

Acetobacter 菌分离于食醋、酒饮料（啤酒、酒精、葡萄酒、棕榈酒、苹果酒、龙舌兰酒和可可酒）、发酵食品（腌菜、纳豆、酒醪）、果实（葡萄、番石榴、人心果、柿、芒果、香蕉、木瓜等）、花（美人蕉）和另外一些材料（可可汁、棕榈种子、豆腐）中。其形态如图 6-5 所示。

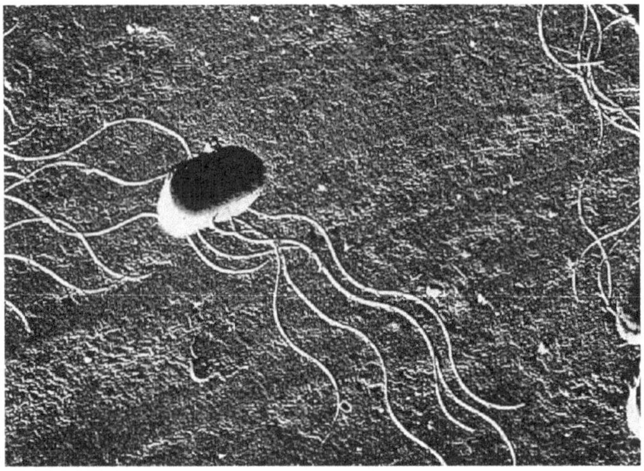

图 6-5　*A. rancens* 电镜图（15 000×；De Ley and Fratear，1974）

（二）分离、培养和保存

1. 分离

分离 *Acetobacter* 的培养基组成为：葡萄糖 10.0g，乙醇 5.0ml，醋酸 3.0ml，蛋白质 15.0g，酵母提取物 8.0g，放线菌酮 0.1g，蒸馏水 100ml。该培养基称 AE 培养基，此培养基分离出的 67%以上的菌都属于 *Acetobacter*。

2. 培养

生长培养基：*A. aceti*，*A. pasteurians*，*A. pomorum*，*A. orleanensis*，*A. peroxydans* 和 *A. estunensis* 都可在标准醋酸菌培养基 YPM 上良好的生长，YPM 的配制见本书第八章。*A. indonesiensis* 和 *A. tropicalis* 不能利用甘露醇，但能在含葡萄糖、甘油和乙醇的培养基上生长。醋酸菌属中温性菌，最适生长温度 28～30℃，而耐热性的 *Acetobacter* sp. 能在 37℃产生醋酸。

3. 保存

Acetobacter 在 4℃下的琼脂平板上可保存 2 周，在－75℃冷冻保存时可加 24%

(*V*/*V*) 甘油作为保护剂。

(三) 主要特性

表 6-5 列举了 *Acetobacter* 的不同种的基本生化特性。

1. 生理生化特征

Acetobacter 分为能运动的菌体和不运动的菌体，能运动的菌体长周身鞭毛。醋酸菌严格需氧，其氧化酶阴性，能够氧化乙醇成醋酸，并能将醋酸和乳酸进一步氧化成 CO_2 和 H_2O。乙醇、葡萄糖和丙三醇是醋酸菌良好的生长碳源，在液体培养基表面 *Acetobacter* 能形成菌膜（pellicles）和环。它们不能在 Hoyer-Frateur 培养基或 Frateur 的改良培养基上生长，这种培养基将葡萄糖、乙醇和甘露醇作为唯一碳源，因此醋酸菌不能利用 D-葡萄糖或 D-果糖形成吡喃酮，也不能利用葡萄糖形成 2,5-二酮基-葡萄糖酸。*Acetobacter* 利用乙醇可产生醋酸，但不能利用糖醇，如丙三醇、山梨醇和甘露醇产生醋酸。*A. pasteurianus* 能耐乙醇，有较强的抵抗力；*A. pomorm* 能利用醋酸生长；*A. peroxydans* 的过氧化氢酶为阴性，缺乏利用葡萄糖产酸的能力。

醋酸菌依靠两个膜连接酶 ADH 和 ALDH 氧化乙醇。有关 ADH 和 ALDH 见本书第七章内容，*Acetobacter* 的糖降解主要是依靠已糖单磷酸途径和 TCA 循环。

有人认为，*A. pasteurianus*、*A. lovaniensis*、*A. pomorum* 和 *A. malorum* 能在甲醇中生长或利用甲醇，但是这些菌的同化作用利用甲醇并在甲醇中生长的理论却模糊不清，另外用不同的培养基培养这些菌得出的结论有很大差别。以酵母提取物和蛋白胨为碳源，混合不纯的琼脂培养醋酸菌，产生对甲醇的同化或利用甲醇为假阳性的结果。因此定性这些菌时一定要注明培养基。

很多人对嗜热醋酸菌进行了研究，并应用于食醋的生产上，能在 38～40℃生长，其 DNA 的（G+C）mol％为 52～61mol％。

2. 遗传学特征

Acetobacter 的遗传研究主要集中于描述对醋酸发酵机理、对乙醇和醋酸的抗性，以及生长和环境条件对菌的变异的影响等。许多醋酸菌的基因都被克隆和定性分析，如 *A. aceti* K6033、*A. pasteurianus* NCI1380 和 *A. pasteurianus* NCI1452 的编码 ADH 亚基的基因都被克隆过，*A. pasteurianus* 的 ADH 活性可被乙醇激活。为了研究对乙醇和醋酸的控制机理，Fukaya（1990）分离出了对醋酸敏感的 *A. aceti* 突变株，并从突变株中克隆了 3 个对醋酸有抗性的基因：*aarA*、*aarB* 和 *aarC*。*aarA* 被认为转录柠檬酸合成酶，*aarC* 好像与醋酸的同化作用相关，*aarB* 的机理暂不清楚。使用相同的变异方法，Takemura 等分离了 *A. pasturianus* NCI1380 的抗乙醇突变株，并克隆了抗乙醇的基因 *hisI*，*hisI* 编码多肽，这种多肽与来自大肠杆菌和其他菌的磷酸组氨醇转氨酶（HPAT）有明显的同源性。虽然有几种突变株，但其有相同的 HPAT 活性，并对乙醇和醋酸的抗性机理仍不甚清楚，只认为细胞膜上的能量产生系统与这些机理相关。

Acetobacter 会发生自然突变。Ohmori 发现，*A. aceti* 1023 自然突变后会丧失对醋

酸的抗性和对乙醇氧化的能力。将插入序列（IS）整合到*Acetobacter*的基因中，基因的不稳定性致使生理变化的多样性，如ADH失活。

卵磷脂是细胞膜脂类的重要组成成分，在醋酸菌细胞中发现其含量丰富。Hanada等克隆了*pmt*基因，编码醋酸菌的磷脂酰乙醇胺*N*-转甲基酶，催化磷脂酰乙醇胺的甲基成卵磷脂，证明醋酸菌卵磷脂的生物合成与对醋酸抗性存在相关性。

（四）*Acetobacter*在食醋酿造中的常用菌株

1. *A. aceti*

所有的菌株都能利用甘油和山梨醇生酮，大部分菌株利用D-甘露醇生酮。利用葡萄糖可生成2-酮基-或5-酮基-葡萄糖酸，不产生2,5-二酮基-葡萄糖酸。所有的菌株都能使乙醇、*n*-丙酮、*n*-丁醇、D-木糖、D-甘露糖和葡萄糖醋酸化，乙醇、甘油、D-甘露醇、醋酸钠、D，L-乳酸钠是良好的碳源。大部分菌能利用丙氨酸、L-脯氨酸作为氮源。

DNA（G+C）mol%：56.2～57.2（T_m）。

典型菌株：ATCC15973，DSM3508，IMET10732，JCM7641，NCIB8621。

GenBank登录号（16S rRNA）：D30768，X74066。

2. *A. orientalis*

该菌为棒形，（2.0～3.0）μm×（0.6～0.8）μm，菌落呈圆形凸起，有光泽，无色素产生。其基本培养基为1.0%葡萄糖、1.0%甘油、1.0%乙醇、1.0%蛋白胨、0.5%酵母提取物、1.5%琼脂，pH6.8。*A. orientalis*能将葡萄糖变成D-葡萄糖酸（盐）和2-酮-葡萄糖酸（盐），其利用葡萄糖、乙醇、*n*-丙醇产酸，在42℃，pH3.0或9.0，存在20%葡萄糖和10%乙醇时，有较弱的生长。该菌从美人蕉花、杨桃、椰子和发酵食品中分离得到。

DNA（G+C）mol%：57～59（T_m）。

典型菌株：IFO16606，JCM11195，NRIC0481。

GenBank登录号（16S rRNA）：AB052706。

3. *A. orleanensis*

该菌可从食醋发酵中分离得到。它氧化葡萄糖成葡糖酸，能产生2-酮基-葡萄糖酸，不产生5-酮基-葡萄糖酸，不能将D-阿拉伯糖、D-果糖、L-山梨糖、D-甘露醇、D-山梨醇、甘油、蔗糖和乳糖转化为酸，能利用甘露糖、D-半乳糖、L-阿拉伯糖和D-木糖产酸。*A. orleanensis* IFO13752有81.0%是属于Q_9型，14.2%是属于Q_8型，还有4.8%属于Q_{10}型。

DNA（G+C）mol%：52～52.8（T_m）。

典型菌株：ATCC12876，DSM4492，IFO13752，LMG1583，NCIMB8622。

GenBank登录号（16S rRNA）：AB032350。

表 6-5 *Acetobacter* 的基本生化特征（Kersters et al.，2006）

特点	*A. aceti*	*A. cerevisiae*	*A. cibongensis*	*A. estunensis*	*A. indonesiensis*	*A. lovaniensis*	*A. malorum*	*A. orientalis*	*A. orleanensis*	*A. pasteurianus*	*A. peroxydans*	*A. pomorum*	*A. syzygii*	*A. tropicalis*
过氧化氢酶	+	+	+	+	+	+	+	+	+	d	−	+	+	+
甘油生酮作用	+	nd	−	−	−	−	nd	−	d	−	−	+	−	−
D-葡萄糖转化为醋酸	+	+	+	+	+	+	+	+	+	d	−	w	+	+
D-葡萄糖形成 2-酮-D-葡萄糖酸	+	+	+	+	+	−	+	+	+	−	−	−	−	+
5-酮-D-葡萄糖酸	+	−	−	−	−	−	−	−	−	−	−	−	−	−
在 30%葡萄糖浓度生长	−	−	nd	−	−	−	+	nd	−	−	−	−	nd	−
在 10%乙醇浓度生长	−	nd	−	−	−	−	nd	−	−	+	−	−	−	−
硝酸盐还原	−	nd	−	+	d	d	nd	−	d	+	−	nd	−	+
辅酶 Q	Q_9	Q_9	Q_9	Q_9	Q_9	Q_9	Q_9	Q_9	Q_9	Q_9	Q_9	Q_9	Q_9	Q_9
DNA（G+C）mol%	56.2～57.2		53.8～54.5	59.3～59.7	53.3～55.1	57～59		52.0～52.8	56.5～58.7	51.8～53	60.3	50.5	54.3～55.4	55.2～56.6

注：+，90%以上的菌呈阳性；w，弱阳性；d，11%～89%呈阳性；−，90%以上呈阴性；nd，未检测到。

4. *A. paseurianus*

表型的菌落特征见属的描述，大部分菌能生长在GYC培养基上，对甘油无生酮作用，不能将D-葡萄糖转变成5-酮基-葡萄糖酸，一些菌过氧化氢酶反应呈弱阳性。大部分菌能利用乙醇、*n*-丙酮和丁醇产酸，但不能利用D-葡萄糖。所有菌生长都需要D-甘露醇。

DNA（G+C）mol%：51.8～53（T_m）。

典型菌株：ATCC 33445，DSM 3509，IMET 10733，LMD22.1。

GenBank 登录号（16S rRNA）：X71863。

5. *A. peroxydans*

菌株IFO13755为典型菌株，从废水沟中分离，*A. peroxydans* 能氧化乙醇、醋酸和乳酸，但不能利用D-葡萄糖、D-甘露糖、D-半乳糖、D-果糖等产酸，不产生2-酮基-或5-酮基-葡萄糖酸。过氧化物酶阳性，过氧化氢酶阴性。

DNA（G+C）mol%：60.3（T_m）。

典型菌株：IFO 13755，ATCC 12874，LMG 1635，NCIMB8618。

GenBank 登录号（16SrRNA）：AB032352。

三、葡萄糖醋杆菌（*Gluconacetobacter*）

Gluconacetobacter 菌分为不能运动或通过周身鞭毛运动两大类。运动型菌鞭毛周生，不能形成内孢壁，如图6-6所示。它能氧化乙醇成醋酸，并能将醋酸通过过氧化作用生成CO_2和H_2O；含有Q_{10}型的辅酶Q（泛醌）。*Ga. diazotrophicus* 是一种能生长在甘蔗等植物上有益的固氮菌。*Ga. xylinus* 能在液体培养基上生长出厚的纤维素膜。另外，*Ga. europaeus* 是一种能生产高酸食醋的菌。细胞呈椭圆形或杆状，（0.6～1.2）μm×（1.0～3.0）μm，细胞以单生、成对或短链的形式存在。

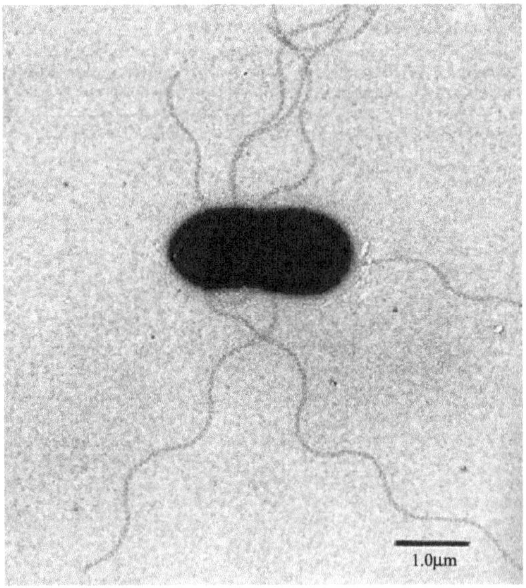

图6-6 *Gluconacetobacter sacchari* DSM 12717 电镜图（Franke et al.，1999）

（一）栖息地

从花、水果、甘蔗组织、咖啡树的根部和根面、茶树菇、可可和食醋生产的地方都能分离出*Gluconacetobacter*。食醋工业上用的菌种有的是*Gluconacetobacter*（如*Ga. europaeus*）。*Gluconacetobacter* 可使饮料或烈性酒败坏。

（二）分离、培养、保存和鉴定

大部分的 *Gluconacetobacter*，如 *Ga. liquefaciens*、*Ga. azotocaptans*、*Ga. johannae*，*Ga. diazotrophicus*、*Ga. hansenii* 能够生长在含甘露醇、酵母抽提物（MYP）的培养基上。表 6-7 列出了培养不同 *Gluconacetobacter* 菌株的培养基。

在 1985 年之前，用以生产高酸食醋（≤17%）的发酵菌种不能在普通的醋酸菌培养基上生长，并且对醋种子的细菌学组成不清楚，对高酸食醋生产纯种的分离、培养和保存的知识缺乏。1985 年 Entani 发明了双层培养基，克服了部分从食醋中分离醋酸菌的困难。双层改良 AE-培养基为醋酸菌生长提供了恒定的乙醇及从培养基底部到顶部的高湿度，醋酸菌能在培养基表层生长菌落，相对湿度保持在 92%～97%。利用双层培养基发现了诸多新种，如 *Ga. europaeus*、*Ga. entanii*、*Ga. oboediens* 等。

Gluconacetobacter 在 4℃琼脂培养基中可保存 2～3 周，除 *Ga. europaeus* 外，其他能在−75℃的甘油中保存，还可冻干保存和在液氮中保存。从醋中分离，在调整的 AE 培养基中培养的菌，在对数生长期的末期，用离心力 3000*g* 的离心机−10℃离心收集，然后再用结冰的 20%麦芽汁为培养基在液氮中保存。值得注意的是，从醋化器中分离的高酸 *Gluconacetobacter*，如 *Ga. entanii* 和 *Ga. europaeus* 的保存问题，20%的麦芽提取物是该菌良好的冷冻保护剂。

Yamada 等分析辅酶 Q_{10}，并认为 *Gluconacetobacter* 应从 *Acetobacter* 和 *Gluconobacter* 属中分离，该属含 Q_{10} 辅酶菌株的 16S rRNA 序列的同源性在 96.5%左右，且在所有的 *Acetobacter* 和 *Glucoacetobacter* 中只有 94.0%。在 16S rRNA 序列中，含 Q_{10} 的 *Gluconacetobacter* 形成的群与 *Acetobacter* 在系统发育中有良好的相关性，*Acetobacter* 和从醋中分离的 *Gluconacetobacter* 有共同特性和生态环境。两个属都能利用甘露醇产生醋酸。16S rDNA 序列分析表明，不同 *Gluconacetobacter* 菌株的相似性在 96.6%～99.6%。

表 6-6 是 11 种 *Gluconacetobacter* 的典型区别。一些特殊的菌生长在高浓度醋酸和葡萄糖培养基上。用 16S rDNA 序列分析和 DNA-DNA 杂交技术可正确地对菌株进行鉴定。基于 *Ga. europaeus* 23S rDNA 的寡聚核苷核探针是用来从 *Ga. europaeus* 和 *Ga. xylinus* 中区别 *Ga. intermediums* 的良好工具。

表 6-6 的培养基的组成成分及配制见第八章的相关内容。

（三）生理和生化特性

1. 一般特性

Gluconacetobacter 为革兰氏阴性菌，专性需氧，严格需氧型，氧为电子传递末端的受体，无发酵作用，一些菌株产生菌膜，过氧化氢酶呈阴性，氧化酶呈阴性，无明胶液化，无 H_2S、吲哚产生，氧化乙醇产生醋酸，过氧化醋酸盐形成 CO_2 和 H_2O，最佳生长碳源是乙醇、葡萄糖和醋酸盐，一些特殊种能生长在高浓度的葡萄糖或醋酸糖培养基中。

表 6-6 *Gluconacetobacter*、*Acidomonas* 和 *Asaiaa* 的特点（Kersters et al.，2006）

特点	*Ga. liquefaciens*	*Ga. azotocaptans*	*Ga. diazotrophicus*	*Ga. entanii*	*Ga. europaeus*	*Ga. hansenii*	*Ga. intermedius*	*Ga. johannae*	*Ga. oboediens*	*Ga. sacchari*	*Ga. xylinus*	*Acidomonas methanolica*	*Asaia bogorensis*	*Asaia siamensis*
在 3%（V/V）的乙醇和 5%～8%醋酸培养基上生长	−	−	−	+	+	−	+	−	+	−	−	−	−	−
生长需要醋酸	−	−	−	+	+	−	−	−	−	−	−	−	−	−
只在含醋酸、乙醇和葡萄糖的培养基上生长	−	−	−	+	−	−	−	−	−	−	−	−	−	−
在甲醇培养基生长	−	−	−	−	−	−	−	−	−	−	−	+	−	−
D-葡萄糖形成														
5-酮基-葡萄酸	d	nd	−	−	d	d	−	nd	−	+	+	−	+	+
2,5-二酮基-葡萄糖酸	+	nd	+	−	−	−	−	nd	−	+	−	−	−	−
乙醇为碳源的培养基上生长	+	+	+	+	+	d	+	+	+	+	d	+	−或 w	−或 w
在含 30%（m/V）的葡萄糖培养基上生长	−	+	+	−	−	−	+	+	+	+	−	−	nd	nd
在含 30%（m/V）的葡萄糖培养基上生长，形成≥130g/L 葡萄糖酸	nd	nd	nd	nd	nd	nd	nd	nd	+	nd	nd	nd	nd	nd
在 0.01%孔雀绿琼脂培养基生长	+	nd	−		−	nd	nd	nd	nd	+	−	nd	nd	nd
N_2 固定	−	+	+	−	−	−	−	+	−	+	−	−	−	−
纤维素形成	−	−	−	−	+或−	−	+	−	−	−	+	−	−	−
辅酶 Q 类型	Q_{10}	Q_{10}	Q_{10}	Q_{10}	Q_{10}	Q_{10}	Q_{10}	Q_{10}	Q_{10}	Q_{10}	Q_{10}	Q_{10}	Q_{10}	Q_{10}
DNA（G+C）mol%	62～65	64	61～63	58	56～58	58～63	62	58	60	62～67	55～63	62	59～61	59～60
培养基	GYC 或 MYP	MYP	GYC 或 MYP	AE	AE	GYC 或 MYP		MYP	RAE	GYC 或 MYP	GYC 或 MYP	PYM	AG	AG

注：+，90%以上菌株阳性；w，弱阳性反应；−，90%以上菌株阴性；d，11%～89%的菌株呈阳性，nd，没有检测。

最适生长温度 30℃，生长最适 pH2.6～6.0，主要的辅酶为 Q_{10}。主要的直链不饱和脂肪酸为 $C_{18:1}\omega7$。该菌主要存在于食醋、昆虫、甘蔗、茶树菇、花和水果中，可导致酒和饮料变酸，未发现对人和动物有任何致病性。

Gluconacetobacter 在乙醇、葡萄糖和醋酸为碳源的培养基上生长良好。利用乙醇、葡萄糖、果糖和丙三醇产生酸，醋酸的过氧化取决于培养基的醋酸浓度。不同种类的菌生长最适 pH 为 2.5～6.0。*Ga. europaeus* 和 *Ga. entanin* 生长需要醋酸（表 6-4）。*Gluconacetobacter* 呼吸链含有细胞色素 c、CoQ 和末端泛醌氧化酶，存在完整的 TCA 循环。从 *Ga. europaeus* 中纯化的柠檬酸合成酶可被醋酸激活产生活性，但会被 ATP 抑制，NADH 对该酶无影响。*Ga. oboediens* 能生长在 30%葡萄糖培养基中，并可积累高浓度的葡糖酸（至少每升 130g）。*Gluconacetobacter* 的 DNA（G+C）mol%为 6mol%～67mol%。

研究发现，几种 *Gluconacetobacter* 菌株有插入因子，正如其他醋酸菌的插入因子造成遗传的不稳定性。分别在两种不同的 *Ga. xylinus* 中发现了插入因子致使菌体对纤维素和“acetan”合成功能的散失，插入因子分别为 IS1031（930bp）和 IS1032（916bp），前者能插入到纤维素合成操纵子（500bp），后者能插入至“acetan”合成的基因中。Valla 等（1987）从不同的 *Gluconacetobacter* 种类中分离并定性了质粒，构建了质粒受体菌。P21R1（由 PK2 衍生，携带蔗糖-6-果糖基转移酶基因）被转移到 *Ga. diazotrophicus*，通过基因修饰醋醋菌，提高了蔗糖-6-果糖基转移酶的产量。

在 *Ga. xylinus* 中，纤维素合成基因位于操纵子上，存在于菌株上的大量 ORF（open reading frame）是不相同的。*Ga. xylinus* ATCC 53582 的 *acs* 操纵子负责纤维素生长合成，由三个基因组成，*acsA* 基因编码分子质量 168kDa 的纤维素合成酶，*acs*B 基因编码 138kDa 的孔蛋白，第三个基因（*acsD*）编码与纤维素晶体形成有关的小蛋白。

2. *Ga. europaeus* 与食醋的生产

Ga. europaeus（从高酸食醋醋化器中分离）的乙醇脱氢酶和乙醛脱氢酶已被深入研究。膜连接的乙醇脱氢酶和乙醛脱氢酶分别由 2 个和 3 个亚基组成。乙醇脱氢酶的大亚基含有亚铁血红素 c 和 PQQ（吡咯喹啉苯醌）。乙醛脱氢酶组合体含有 3 个连续的 ORF，起操纵子作用，调节蛋白质，3 个亚基的分子质量分别为 84kDa、49kDa 和 17kDa。大催化亚基含有亚铁血红素 b 和亚钼嘌呤，中亚基由细胞色素 c 和 3 个亚铁血红素 c 连结端，最小的亚基含有 2 个［2Fe-2S］团。

Ga. europaeus 是一种在乙醇培养基上必须有醋酸存在才能够生长的菌，而 *Ga. entanii* 生长时需要乙醇、醋酸和葡萄糖同时存在，且只有在乙醇和醋酸浓度之和超过 6%时才生长。

一些 *Gluconacetobacter* 应用于工业食醋发酵中，特别是在高酸度醋酸发酵器中，如 *Ga. europaeus* 和 *Ga. entanii*。

3. *Ga. xylinus* 形成纤维素和乙酰

细菌纤维素与植物纤维素不同：植物纤维素含有半纤维素和木质素；细菌纤维素具有高机械强度和超细的网状结构，因此广泛用于纸、纺织、食品工业、医药和化妆品。

Hestrin 等（1947）是研究细菌纤维素的先驱。*Ga. xylinus*（以前为 *A. xylinus*）是研究细菌纤维素的生物化学和起源的模式菌，透过它可研究植物纤维素的生物起源机制。大部分的 *Ga. intermedius*、一些 *Ga. hansenii* 和 *Ga. europaeus* 都同样形成细胞纤维素。

在静态培养中，*Ga. xylinus* 合成厚的纤维素垫（pellicle）覆盖在培养基表面，在振荡培养中形成圆球状纤维素，自然变异的菌株在振荡和搅拌培养中不能形成纤维素，形成纤维素的菌体包埋于聚合物载体中，载体对菌体在液体界面上起支撑作用。纤维素载体靠吸附特性富集营养素，造成载体中的营养素浓度高于周围环境中的浓度，使得 O_2 和营养素更容易供给菌体。

尽管细菌纤维素的化学性与植物纤维相同，但在大分子结构和特性方面却有别于植物纤维。*Ga. xylinus* 形成的纤维，沿纵轴方线为线型、有序的多孔状，基本组成为长的 β-1,4-葡聚糖链。葡聚糖聚合形成直径 1.5nm 的亚纤维，亚纤维通过结晶化聚集成微纤维丝，进而在培养基周围形成条带，其平均厚度 3～4nm，宽度 70～130nm，比植物纤维的宽度大 2 个数量级。细菌纤维素的超细条带长 1～10μm，靠大范围的氢键形成非常致密的网状结构。*Ga. xylinus* 形成纤维素的关键酶是膜结合的纤维素合成酶，该酶以 UDP-葡萄糖（1,4-β-D-萄聚糖 4-β-D 萄聚糖转移酶）为底物。从葡萄糖到纤维素路径由下列 4 种酶步骤组成：

葡萄糖⟶葡萄糖-6-磷酸⟶葡萄糖-1-磷酸⟶UDP-葡萄糖⟶纤维素

纤维素合成酶能被环二鸟嘌呤核苷酸（c-di-GMP）激活催化异构化反应，使酶活反应速率提高 200 倍。单一的环寡核苷酸是由二鸟嘌呤环化酶合成，其降解由 Ca^{2+} 敏感性的磷酸二酯酶 A 作用。

大部分 *Ga. xylinus* 和 *Ga. intermedius* 除生成水不溶性纤维素外，还形成水溶性多糖，称为“acetan”，是一种杂多糖，其由葡萄糖、甘露糖、葡萄糖醛酸和鼠李糖按摩尔比 4∶4∶1∶1 组成。

（四）*Gluconacetobacter* 常见菌株

1. *Ga. entanii*

细胞呈椭圆形或棒形，直形或略弯曲，（0.8～1.2）μm×（1.3～1.6）μm，不运动，大多数成对，个别单个或形成链。菌落圆形，有规则，在 AE 培养基上形成凸起、光滑、柔软、直径 1～2mm 的菌落。

Ga. eutanii 生长需乙醇和醋酸同时存在，醋酸和乙醇浓度之和应大于 6%，在此浓度下，不会氧化醋酸成 CO_2 和 H_2O，能氧化乙醇成醋酸，能在含醋酸浓度为 11%（*V*/*V*）的培养基上氧化 3%乙醇。葡萄糖酸、甘油、甲醇和乳酸不能作为其碳源，此菌株能利用甘露醇和山梨醇，不形成酮糖酸，也不形成纤维素，在 AE（4 份醋酸、3 份乙醇）培养基上有葡萄糖、果糖、蔗糖时能良好的生长。根据 16S rRNA 序列相似度，*Ga. entanii* 和 *Ga. hansenii* 关系很近，区别方法是：*Ga. entanii* 能在含 4%～8%（*m*/*V*）和 3%（*V*/*V*）的乙醇培养基上生长。

DNA（G+C）mol%：58（T_m）。

典型菌株：DSM 13536，LTH 4560。

GenBank 登录号（16S rRNA）：AJ251110。

2. *Ga. europaeus*

细胞棒状，直形，0.7μm×2μm，单个或成双，没有观察到鞭毛，因此不会移动。菌落无色素产生，菌株生长必须需要醋酸，在 AE 培养基上生长时，要求湿度 92%～97%，该菌株生长在 AE 培养基上同时需要葡萄糖和乙醇。缺氧时细胞立即死亡，过氧化氢酶反应呈阳性，氧化酶反应阴性。在乙醇浓度低于 6%时，可将醋酸氧化成 CO_2 和 H_2O，葡萄糖氧化为 5-酮基-葡萄糖酸或 2-酮基-葡萄糖酸，一些菌株产生纤维素或 acetan。

该菌从食醋中分离，主要用于工业液态深层发酵和滴淋发酵食醋生产。

该菌冷冻后能恢复活性，但在－70℃、25%甘油保存下，复活时仍有一定难度。

DNA（G+C）mol%：55～58（T_m）。

典型菌株：ATCC 51845，DSM 6160。

GenBank 登录号（16S rRNA）：Z21936。

3. *Ga. hansenii*

该菌形态特征同属的特征，利用甘油、D-甘露醇和山梨醇可生酮，大多数菌株利用葡萄糖生成 2-酮基-葡萄糖酸和 5-酮基-葡萄糖酸，*Ga. hansenii* 不能在酵母提取物缺乏时以乙醇为唯一碳源的培养基上生长，该菌生长需要生长因子。

DNA（G+C）mol%：58～63（T_m）。

典型菌株：ATCC 35959，DSM 5602，LMG 1527，NCIMB8746。

GenBank 登录号（16S rRNA）：X75620。

4. *Ga. intermedius*

细胞棒状，直形，0.7μm×2μm，细胞单个或成双，没有观察到鞭毛或运动，不产生色素，过氧化氢酶反应阳性，氧化酶反应阴性。在醋酸浓度低于 6.9%时，醋酸会被氧化成 CO_2 和 H_2O，该菌菌株在有醋酸和无醋酸的培养基上都能生长，可在含 3%（*V/V*）乙醇和低于 8%（*V/V*）醋酸的 AE 培养基上生长。所有的菌株都能在 MRS 培养基上生长，葡萄糖不能氧化成 5-酮基-葡萄糖酸，大部菌株不能以蔗糖为碳源，菌株可产生纤维素。该菌在红茶菌饮料、酒精醋和苹果醋发酵中都能被发现，能产生厚的纤维素膜或 acetan。

DNA（G+C）mol%：62（T_m）。

典型菌株：TF2，DSM 11804。

GenBank 登录号（16S rRNA）：Y14694。

5. *Ga. xylinus*

细胞单个或成双、成链、成簇，周生鞭毛，能运动，合成纤维素和 acetan。在含 3%（*V/V*）乙醇和 5%～8%的醋酸培养基上不能生长。*Ga. xylinus* 在含 100g/L 的 D-

葡萄糖培养基上能很好地生长，能利用乙醇、D-葡萄糖和 D-木糖产生醋酸。有些菌种能利用蔗糖、D-半乳糖产酸，也可利用葡萄糖产生 5-酮基-葡萄糖酸。典型菌株 *Ga. xylinus* 不能利用蔗糖产酸，典型菌株的 DNA 与其他能利用蔗糖产酸的 *Ga. xylinus* 的 DNA 相似度在 69%～100%。

DNA（G+C）mol%：59～63（T_m）。

典型菌株：ATCC 23767，DSM 6513，IFO 15237，NCIMB11664。

GenBank 登录号（16S rRNA）：X75619。

四、葡萄糖杆菌（*Gluconobacter*）

Gluconobacter 分能运动和不能运动两大类，能运动的菌长有极端鞭毛，能氧化乙醇成醋酸，如图 6-7 所示。与其他醋酸菌性质截然相反的是，葡萄糖杆菌不能氧化醋酸、乳酸成 CO_2 和 H_2O。所有的菌能利用 D-葡萄糖产生 2-酮基-葡萄糖酸，大部分菌还形成 5-酮基-葡萄糖酸。*Gluconobacter* 与大多数 *Acetobacter*、*Gluconacetobacter* 相比，更偏好于在富含糖的培养基上生长，后两个属更偏好于在含乙醇的培养基上生长。*Gluconobacters* 在几种碳源上生长产生酸，通过单步氧化利用多羟基醇类断定有明显的生酮作用。

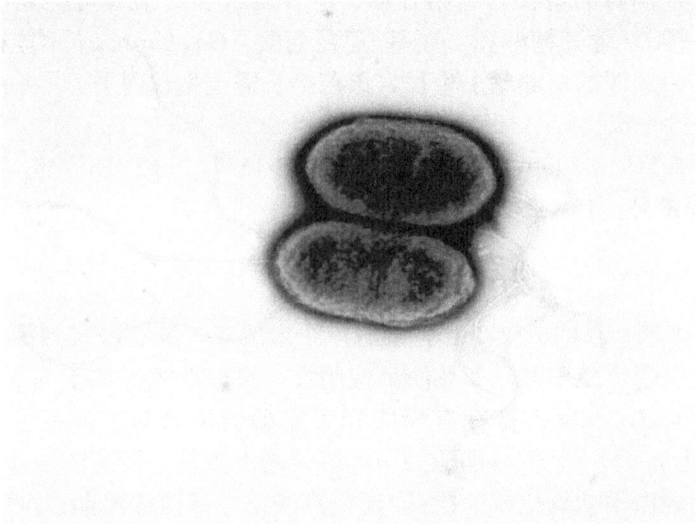

图 6-7 *Gluconobacter oxydans*

图片来源：http：//accafe. jp/microorganisms _ yu/index. php?%E9%85%A2%E9%85%B8%E8%8F%8C

（一）分类

1935 年 Asai 第一次研究了此菌。它的特性与其他大多数醋酸菌有许多不同之处，主要在氧化葡萄糖和乙醇的能力方面。当时 Asai 提出醋酸菌分为 *Acetobacter* 和 *Gluconobacter* 两个属。Leifson 依据鞭毛和氧化醋酸、乳酸的特性，将醋酸菌分为 *Acetobacter* 和 *Acetomonas* 两个属。De Ley 和 Frateur（1970）讨论了有关 *Gluconobacter* 分类和命名混乱的问题，指出 *Gluconobacter*、Frateur 的弱氧化组和 *Acetomonas* 都属于 *Gluconobacter*。在《伯杰氏细菌学手册》（第 8 版）中，*Gluconobacter* 归类在假单胞菌科（Pseudomonadaceae）中，且只有单种 *G. oxydans*，有 4 个亚种。在后来的《伯杰氏系统细菌学手册》中，*Gluconobacter* 和 *Acetobacter* 都归在醋酸菌科中。

现在，根据表型和化学分类特征，结合 DNA-DNA 分子杂交和 rDNA 序列分析，*Gluconobacter* 有 4 个种：*G. oxydans*（典型种）、*G. asaii*、*G. cerinus* 和 *G. frateurii*。这 4 个种相似度很近。*G. oxydans* ATCC19357 的 CoQ，3%为 Q_9，97%的为 Q_{10}。在 *G. cerinus* IFO3267 和 *G. asaii* IFO3276 的 CoQ 中，4%为 Q_9，96%的为 Q_{10}。

（二）栖息地

Gluconobacter 可从水果、花、蜜蜂、葡萄及葡萄酒、可可、李汁、苹果酒及软饮料等富含糖的环境中分离到。

（三）分离、培养和保存

分离培养基：D-葡萄糖 100g，酵母提取物 5.0g，蛋白胨 3.0g，醋酸 1.0ml，放线菌酮 0.1g，蒸馏水 1000ml，培养时温度 28～35℃，时间 3～5 天。

扩大培养基：葡萄糖 0.5g，酵母提取物 5.0g，蛋白胨 3.0g，$CaCO_3$ 15.0g，琼脂 12.0g。

能过氧化醋酸的 *Acetobacter*、*Gluconacetobacter* 和 *Acidomonas*，致使 $CaCO_3$ 沉淀；而 *Gluconobacter* 使 $CaCO_3$ 溶解，无沉淀。*Gluconobacter* 能生长在 GYC 或 MYP 培养基上，pH6.0～6.8，适宜温度 28～30℃。

保存：菌体在冰箱（4～5℃）可保存 3～4 周。若长时间保存，须加 24%（*V/V*）甘油后，速冻，在－75℃保存。

（四）生理和生化特征

Gluconobacter 在 D-葡萄糖、D-果糖、D-木糖、D-甘露醇和麦芽糖培养基中生长产酸，且能耐 10%葡萄糖。生长所需最好碳源是 D-葡萄糖、D-甘露醇和 D-山梨酸。在含葡萄糖的培养基上形成水溶性褐色素，原因是 D-葡萄糖转化成了 2,5-二酮基-葡萄糖酸和 γ-吡喃酮。不同种之间的差异性见表 6-7。

表 6-7　*Gluconobacter* 不同种之间的差异性

特点	*G. oxydans*	*G. frateurii*	*G. cerinus*
在 *meso*-核糖醇上生长	－	＋	－
在 L-阿拉伯醇上生长	－	＋	－
无烟酸生长	－	＋	＋
Meso-核糖醇	－	＋	－
D-阿拉伯醇	－	＋	＋
L-阿拉伯醇	－	＋	－

注：＋，90%以上菌为阳性；－，90%以上菌为阴性。

Gluconobacter 能通过 HMP 途径催化 D-葡萄糖，与醋酸菌科中的 *Acetobacter* 和其他菌属相比，它不能过氧化醋酸产生 CO_2 和 H_2O，因为该菌无完善的 TCA 循环，缺乏琥珀酸脱氢酶。其呼吸链由细胞色素 c、泛醌和细胞色素 o 组成，形成了末端泛醌氧化酶。细胞还含有氰化物敏感性的选择性泛醌氧化酶。

Gluconobacter 为主要的醋酸菌属，其膜连接的醇脱氧酶和醛脱氧酶复合物由几个亚基组成。醇脱氢酶复合物的较大亚基含有亚铁血红素 c 和 PQQ。

Gluconobacter 最明显的生化特征是不能完全氧化碳水化合物、醇和其他成分。这种迅速但不彻底氧化碳源的特性未广泛应用于生物工艺中。

Gluconobacter 对糖、醇和多元糖的氧化是通过两条选择性途径完成的。一条是所谓的“直接氧化途径”，其脱氢酶位于细胞膜上，有活性的一端朝向细胞周质空间，氧化性底物透过外膜，碳源几乎全部转化成氧化产物，再透过外膜的膜孔蛋白释放到培养基中。这些膜连接的脱氢酶与呼吸链结合，快速氧化重要生物代谢底物；另一条是酶系统的第二类型，使底物进入到细胞质中，可溶性的 $NAD(P)^+$ 依赖型的脱氢酶在细胞质氧化底物，形成磷酸化的中间产物，进一步参与戊糖磷酸途径。$NAD(P)^+$ 依赖型酶参与了前体物的合成，这些前体物对维持细胞起重要作用。

许多膜连接的脱氢酶被鉴别和定性。对葡萄糖、乙醇、乙醛、甘油、山梨酸、D-阿拉伯醇、果糖和葡萄糖酸盐作用的脱氢酶都含有辅酶 PQQ，一些还含有亚铁血红素 c 亚基；另外，膜连接黄素依赖型的脱氢酶能氧化 D-葡萄糖酸、2-酮基-D-葡萄糖酸和山梨醇。许多 *Gluconobacter* 菌都含有比此更多的脱氢酶类。几种 *Gluconobacter* 菌呈现出很强的奎尼酸脱氢酶活性（PPQ 连接），产生 3-脱氢奎尼酸。由于不彻底的氧化，伴随非高效的电子的传递和质子的转运，致使菌生长速率、热效应低。人们关注寻找耐热性的 *Gluconobacter*，这样在发酵中即可降低冷却消耗的成本。

Gluconobacter 氧化不同的多元醇，根据 Bertrand-Hudson 规则，其碳链长度范围从甘油到庚糖醇、从 octitols 到酮糖。

Cleton-Jansen 等（1991）指出，*G. oxydans* 编码 PQQ 连接的脱氢酶发生基因突变，第 787 位的组氨酸被天冬酰胺替代，单氨基酸的替换改变了葡萄糖脱氢酶对底物的特异性，致使氧化麦芽糖成麦芽糖酸。

主要的泛醌是 Q_{10}，且 DNA（G+C）mol%：54～63（T_m）。

（五）基因及基因组学

有关 *Gluconobacter* 的变异研究和 DNA 重组分析集中于氧化代谢作用的不同脱氢酶的基因方面。通过克隆 *G. oxydans* T-100 的 L-山梨糖脱氢酶和山梨糖酮脱氢酶的基因，经过穿梭载体导入 *G. oxydans* G624 中，菌株产生 L-山梨醇。同样，有人将 *Gluconobacter* 的 L-山梨醇脱氢酶和山梨糖酮脱氢酶基因克隆，并转移到 *Pseudomonas putida* 菌株中，相应地可提高 2-酮基-L-古洛糖酸（维生素 C 前体物）的产量。克隆 *G. oxydans* 细胞质的木糖醇脱氢酶，从而提高其将 D-阿拉伯糖醇转化为木糖醇的能力。

G. oxydans 存在戊糖磷酸途径和 ED（Enter-Doudoroff）途径，其主要功能是合成一些生物前体物，但由于缺乏编码磷酸果糖激酶和琥珀酸脱氢酶的基因，证实 *G. oxydans*

缺乏 EMP 途径，导致柠檬酸循环不完整。基因组序列分析表明，在 80 个 RF 编码未知功能假设的脱氢酶和氧化还原酶中，包括 20 个乙醇脱氢酶和 30 个糖脱氢酶。

在 *G. oxydans* 中发现有 PAG5（5648bp）和 PGO128（4340bp）两种质粒。

从 *Gluconobacter* 中已分离出至少 3 种 DNA-噬菌体，phageA-1 导致 *G. oxydans* 氧化 D-山梨醇成山梨糖。

（六）应用

Gluconobacter 在生物工业上广泛应用，主要是它能快速和不完全氧化多种碳水化合物、乙醇、多元醇，产生几乎同等量的酸和酮，期间消耗很少能量。其应用主要有以下方面。

1. 葡萄糖酸（盐）和酮葡萄糖酸的生成

Gluconobacter 能氧化葡萄糖和葡萄糖酸为酮葡萄糖酸（2-酮基-葡萄糖酸、5-酮基-葡萄糖酸和 2,5-二酮基-葡萄糖酸）。2-酮基-葡萄糖酸和 5-酮基-葡萄糖酸是异抗环血酸和酒石酸合成的前体物。2,5-二酮基-葡萄糖酸能转化成 2-酮-L-古洛糖酸，是工业生产维生素 C 的前体物。

2. L-山梨糖和维生素 C 的生产

应用 *Gluconobacter*，氧化 D-山梨醇转化为 L-山梨糖，L-山梨糖是抗环血酸合成的中间产物。

3. 二羟基丙酮和乙偶姻的生成

二羟基丙酮作为化妆品褐色剂、有机化合物合成的中间物和表面活性剂广泛应用于生产上。*G. oxydans* 靠膜连接的 PQQ-甘油脱氧酶，氧化甘油成二羟基丙酮。同样，它还能氧化 2,3-丁二醇成乙偶姻。

五、酸单胞杆菌（*Acidomons*）

甲基营养型的 *Acidomons* 也与醋酸菌科中的其他属相似，能利用乙醇、葡萄糖产生醋酸、葡萄糖酸，在低 pH 条件下能生长。

（一）栖息地

Acidomonas 仅仅在污水处理厂的淤泥中被发现，在水果和植物材料中都没有被发现和报道，淤泥被酵母发酵时，甲醇为唯一碳源和能量。

（二）分类与鉴定

Acidomonas 为革兰氏阴性、棒状、嗜酸、甲基营养型菌。Bulygina 通过 5S rRNA 和现今的 16S rRNA 序列分析，将 *Acidomonas* 单列为属，归类于醋酸菌科中。现在只发现了该属的一个种，即 *Acidomonas methanolica*（甲醇酸单胞菌）。*Acidomonas* 与其

他醋酸菌不同的是能在培养基中利用甲醇，能氧化乙醇，但不能（或弱）氧化乳酸。其分为能运动和不能运动的菌，能运动的长有单端鞭毛，偶有两端鞭毛。该菌在 PYM 培养基中能够生长，嗜酸但不耐酸；最适生长温度为 30℃，在 45℃时不能生长。

（三）生理和生化特性

Acidomonas 被认为是一类能利用甲醇良好地制造单细胞蛋白的菌，许多人对其生理生化性进行了详细的研究。*Acidomonas* 将甲醇、甘油或葡萄糖作为唯一碳源，通过周质的氧化、还原酶系统和细胞质的单磷酸核酮糖途径产生能量，进而生长。该菌在低 pH 条件下有甲醇氧化酶呼吸链和乙醇氧化酶呼吸链的功能，但甲醇氧化酶系统完全不同于乙醇氧化酶系统。在甲基营养素的条件下，甲醇氧化酶系统通过耦合的甲醇脱氢酶和细胞色素 co 工作。甲醇脱氢酶有两种不同的类型，类型Ⅰ是由 62kDa 和 8.5kDa 多肽组成的 $\alpha_2\beta_2$ 形式，类型Ⅱ是由 32kDa 的 γ-亚基组成的 $\alpha_2\beta_2\gamma$。在甘油培养基上生长的 *Acidomonas*，其乙醇氧化酶呼吸链由乙醇脱氢酶、Q_{10} 和细胞色素 bo 泛醇氧化酶组成，乙醇脱氢酶由 3 个亚基组成。*Acidomonas* 只利用葡萄糖产生葡萄糖酸，泛酸为生长因子，当培养基中存在泛酸时，*Acidomonas* 可吸收氨态氮、D-葡萄糖和其他碳源，并可利用 L-阿拉伯糖、D-木糖、D-核糖、D-半乳糖、D-甘露糖，D-葡萄糖、甘油、*n*-丙醇、*n*-丁醇、异丁醇、乙醇和甲醇等碳源。

Yamashita 指出，*Acidomonas* 主要的泛醌（CoQ）为 Q_{10} 型，主要的细胞脂肪酸是 $C_{18:1}$，主要的醇酸为 3-OH $C_{16:0}$ 和 2-OH $C_{16:0}$，DNA（G+C）mol%：62～63（T_m）。

六、*Asaia*

Asaia 与其他属醋酸菌相比是与众不同的，它不产酸或产生少量酸；在 0.35%的醋酸中生长被完全抑制；生长于热带花朵中，更喜好糖类。

Yamada 第一次对该菌进行了描述，现已发现了 3 个种：*As. bogorensis*（模式种）、*As. krungthepensis* 和 *As. siamensis*。

Asaia 利用葡萄糖生成葡萄糖酸、2-酮基-葡萄糖酸和 5-酮基-葡萄糖酸，不生成 2, 5-二酮基-葡萄糖酸。其在以 D-葡萄糖而不是以乙醇为唯一碳源的富含维生素的培养基上生长旺盛，可利用 D-葡萄糖、D-甘露糖、D-半乳糖、D-果糖等生成酸，而不能利用乳糖。DNA（G+C）mol%：59～60（T_m）。

参 考 文 献

包启安. 1989. 醋酸菌与其发酵的机理. 中国调味品，8：1-3
包启安. 1999. 食醋科学与技术. 北京：科学普及出版社：1-40
朝井勇宣. 1966. 细菌利用工业. 平安译. 北京：中国轻工业出版社：9-20
戴振东. 1990. 论食醋的过氧化反应及防治措施. 中国酿造，4：11-14
李姆 H J. 1975. 工业微生物学. 北京：科学出版社：8-10
王扬，李宏，张建利. 1991. 醋酸菌分类概要. 中国酿造，6：7-10
徐跃. 1989. 国外醋酸发酵基础的研究. 中国调味品，3：1-8
Asai T. 1935. Taxonomic studies of acetic acid bacteria and allied oxidative bacteria in fruits and a new

classification of oxidative bacteria. J Agr Chem Soc Jap, 11: 50-60

Beijerinck M W. 1898. Ueber die Arten der Essigbakterien. Zbl. Bakteriol. Parasitenkde. Infektionskrankh. Hyg, 2 Abt. 4: 209-216

Bulygina E S, Gulikova O M, Dikanskaya E M, et al. 1992. Taxonomic studies of the genera *Acidomonas*, *Acetobacter and Gluconobacter* by 5S ribosomal RNA sequencing. J Gen Microbiol, 138: 2283-2286

Cleenwerck I, de Vos P. 2008. Polyphasic taxonomy of acetic acid bacteria: an overview of the currently applied methodology. International Journal of Food Microbiology, 125: 2-14

Cleton-Jansen A-M, Dekker S, van de Putte P. 1991. A single amino acid substitution changes the substrate specificity of quinoprotein glucose dehydrogenase in *Gluconobacter oxydans*. Molec Gen Genet, 229: 206-212

De Ley J, Frateur J. 1974. Genus Acetobacter Beijerinck 1898. 8th ed. *In*: Buchanan R E, Gibbons N E. Bergey's manual of determinative bacteriology. Baltimore: Williams & Wilkins: 276- 278

De Ley J, Gillis M, Swings J. 1984. Family VI Acetobacteraceae. *In*: Krieg N R, Holt J G. Bergey's Manual of Systematic Bacteriology. Baltimore: Williams and Wilkins, 1, 267-277

De Vero L, Gala E, Gullo M, et al. 2006. Application of denaturing gradient gel electrophoresis (DGGE) analysis to evaluate acetic acid bacteria in traditional balsamic vinegar. Food Microbiology, 23: 809-813

Drysdale G S, Fleet G H. 1988. Acetic acid bacteria in winemaking: a review. American Journal of Enology and Viticulture, 39: 143-154

Fernández-Pérez R, Torres C, Sanz S, et al. 2010. Strain typing of acetic acid bacteria responsible for vinega production by the submerged elaboration method. Food microbiology, 27 (8): 973-281

Franke I H, Fegan A C, Hayward G, et al. 1999. Description of *Gluconacetobacter sacchari* sp. nov. a new species of acetic acid bacteria isolated from the leaf sheath of sugarcane and from the pink sugarcane mealy bug. Int J Syst Bacteriol, 49: 1681-1693

Frateur J. 1950. Trial on classification of *Acetobncter*. Cellule, 53: 287-392

Fukaya M, Takemura H, Okumur A, et al. 1990. Cloning of genes resposible for acetic acid resistance in *Acetobacter aceti*. J Bacteriol, 172 (4): 2096-2104

Gillis M, De Ley J. 1980. Intra- and itergeneric similarities of the ribosomal ribonucleic acid cistrons of *Acetobacter* and *Gluconobacter*. International Journal of Systematic Bacteriology, 30: 7-27

Gonzalez A, Guillamon J M, Mas A, et al. 2006. Application of molecular methods for routine identihcation of acetic acid bacteria. International Journal of Food Microbiology, 108: 141-146

Guillamón J M, Mas A. 2009. Acetic Acid Bacteria. Biology of Microorganisms on Grapes, in Must and in Wine. Berlin Heidelberg: Springer-Verlag 31-46

Gullo M, Caggia C, De Vero L, et al. 2006. Characterization of acetic acid bacteria in "traditional balsamic vinegar". International Journal of Food Microbiology, 106: 209-212

Gullo M, Giudici P. 2006. Isolation and selection of acetic acid bacteria strains for traditional balsamic vinegar. Industrie Delle Bevande, 35: 345-350

Gullo M, Giudici P. 2009. Acetic Acid Bacteria Taxonomy from Early Descriptions to Molecular Techniques. *In*: Solieri L, Giudici P. Milan Vinegars of the world, Italy: Springer: 41-56

Hanada T, Kashima Y, Kosugi A, et al. 2001. A gene encoding phosphatidylethanolamine N-methyltransferase from *Acetobacter aceti* and some properties of its disruptant. Biosci Biotechnol Biochem,

65：2741-2748

Hestrin S，Aschner M，Mager J. 1947. Synthesis of cellulose by resting cells of *Acetobacter xylinum*. Nature (London)，159：64-65

Kersters K，Lisdiyanti P，Komagata K，et al. 2006. The Family Acetobacteraceae：The Genera *Acetobacter*，*Acidomonas*，*Asaia*，*Gluconacetobacter*，*Gluconobacter*，and *Kozakia*. Prokaryotes. New York：Springer：5：163-200

Kittelmann M，Stamm W W，Follmann，H. 1989. Isolation and classifcation of acetic acid bacteria from high percentage vinegar fermentations. Applied Microbiology and Biotechnology，30：47-52

Leifson E. 1954. The flagellation and taxonomy of species of *Acetobacter*. Antonie van Leeuwebhoek，20：102-110

Ohmori S，Uozumi T，Beppu T. 1982. Loss of acetic acid resistance and ethanol oxidizing ability in an *Acetobacter* strain. Agric Biol Chem，46：381-389.

Rainieri S，Zambonelli C. 2009. Organisms Associated with Acetic Acid Bacteria in Vinegar Production. *In*：Solieri L，Giudici P. Vinegars of the World. Milan，Italy：Springer：75-93

Sengun I Y，Karabiyikli S. 2011. Importance of acetic acid bacteria in food industry. Food Control，22：647-656

Shimwell J L，Carr J G. 1959. The genus *Acetomonas* Antonie van Leeuwenhoek，25：353-368

Sievers M，Teuber M. 1995. The microbiology and taxonomy of *Acetobacter europaeus* in commercial vinegar production. J Appl Bacteriol，79：84S-95S

Sievers M，Swings J. 2005. Bergey's manual of systematic bacteriology. Vol. 2. *In*：Garrity G M. Family Acetobacteraceae. 2nd ed. New York：Springer：41-95

Takemura H，Horinouchi S，Beppu T. 1991. Novel insertion sequence IS1380 from *Acetobacter pasteurianus* is involved in loss of ethanol-oxidizing ability. J Bacteriol，173：7070-7076

Valla S，Coucheron D H，Kjosbakken J. 1987. The plasmids of *Acetobacter xylinum* and their interaction with the host chromosome. Molec Gen Genet，208：76-83

Yamada Y，Hosono R，Lisdiyanti P，et al. 1999. Identification of acetic acid bacteria isolated from indonesian sources，especially of isolates classified in the genus *Gluconobacter*. Journal of General and Applied Microbiology，45：23-28

Yamada Y，Yukphan P. 2008. Genera and species in acetic acid bacteria. International Journal of Food Microbiology，125：15-24

Yamashita S，Uchimura T，Komagata K. 2004. Emendation of the genus *Acidomonas* Urakami，Tamaoka，Suzuki and Komagata 1989. Int J Syst Evol Microbiol，54：865-870

第七章　醋酸发酵机理

第一节　醋酸菌的代谢

一、醋酸菌的碳代谢

（一）碳代谢的基本规律

像其他微生物一样，醋酸菌可利用的碳水化合物种类很多。对大多数醋酸菌来说，葡萄糖是很好的碳源。在醋酸菌中，*Acetobacter*、*Gluconacetobacter* 和 *Gluconobacter* 三个属的微生物最为常见，应用最广，其代谢研究得最为清楚。De Ley 和 Schell 发现，*A. aceti* 能将吸收的葡萄糖 80%转化为葡萄糖酸盐，剩余 20%作为碳源和能量。葡萄糖经两个独立的竞争性氧化途径氧化，一方面形成葡萄糖酸（盐），另一方面通过 HMP（hexose monophophate pathway）循环中的己糖激酶途径氧化。大部分醋酸菌能将甘露糖、半乳糖、木糖、L-阿拉伯糖和核糖氧化成相应的糖酸，但这些糖不是适宜菌体生长的碳源。*A. aceti* 由于无磷酸果糖激酶，不存在糖酵解途径，但能氧化甘露醇、果糖、半乳糖、丙三醇、木糖、赤藻糖醇、D-乳糖盐、乙醇和醋酸盐。Stouthamer 研究了 20 株醋酸菌菌株的碳水化合物代谢，将其分为强氧化、中氧化和弱氧化组。在这三组中，戊糖和己糖单磷酸氧化循环的酶都存在，在强氧化和中氧化组中存在三羧酸循环（TCA），而在弱氧化组中缺乏 TCA 循环。后来发现，可形成纤维素的 *Gluconacetobacter* 的 ED（Entner-Doudoroff）途径的活性高于 HMP 途径。

Gluconobacter 具有葡萄糖的生酮作用。*Acetobacter* 氧化 D-葡萄糖的能力较 *Gluconobacter* 弱得多。*Acetobacter* 能将少量的 D-葡萄糖转化成 D-葡萄糖酸（盐），D-葡萄糖酸（盐）在食醋中虽量少，但意义重大，它能调节食醋的风味，使其变得柔和。

Acetobacter 利用碳源的种类取决于种或菌株。但是，*A. aceti* 的所有菌株能在以乙醇、甘露醇、醋酸和乳酸为碳源的培养基上生长，有超过 50%的菌可以在含戊醇、果糖和葡萄糖的培养基上生长。与 *A. aceti* 相比，*A. pasteurianus* 利用碳源的种类很少，仅包括乙醇、醋酸和乳酸。

在 *Gluconobacter* 中，不含有 TCA 循环途径，因此不能将醋酸或乳酸氧化为 CO_2 和水。*Acetobacter* 与 *Gluconobacter* 的主要区别是前者能将乙醇氧化成醋酸，随后可将醋酸完全氧化成 CO_2 和 H_2O。但是，这两种细菌均可以直接将葡萄糖氧化成葡萄糖酸和少量的葡萄糖酮酸。根据菌株和环境条件的差异，在接种 *Gluconobacter* 的葡萄醪汁中葡萄糖酸大量积累，浓度可以达到 30g/L。据报道，当环境 pH 大于 3.5 及葡萄糖浓度小于 10mmol/L 时，菌体对葡萄糖酸的利用会受到抑制。另外，在 *Gluconobacter* 中也发现了 ED 途径。从基因序列分析，醋酸菌无形成磷酸果糖激酶的基因，但发现了与戊糖磷酸循环和 ED 途径酶相关的基因。分析认为，当 *Gluconobacter* 丧失醋酸盐激酶活性后，仅有磷酸甘油酸激酶和丙酮酸激酶能作为进行底物水平磷酸化的酶。

在醋酸菌内，丙酮酸经丙酮酸脱氢酶作用形成乙酰-CoA，再进入不完全的 TCA 循环中。*G. oxydans* 同样含有丙酮酸脱氢酶，降解丙酮酸形成乙醛，乙醛在可溶型的乙醛脱氢酶作用下形成醋酸。

Acetobacter 和 *Gluconacetobacter* 存在完整的 TCA 循环途径，在含有乙醇的培养基中，还有乙醛酸支路途径。相反，*Gluconobacter* 的 TCA 循环不完整，缺乏乙醛酸支路途径，从基因序列证实，是由于琥珀酸激酶和琥珀酸脱氢酶缺失。当 TCA 循环没有闭合时，PEP 羧化酶提供草酰乙酸盐作为乙酰-CoA 的受体。醋酸菌以葡萄糖为碳源和能源的总代谢途径如图 7-1 所示。

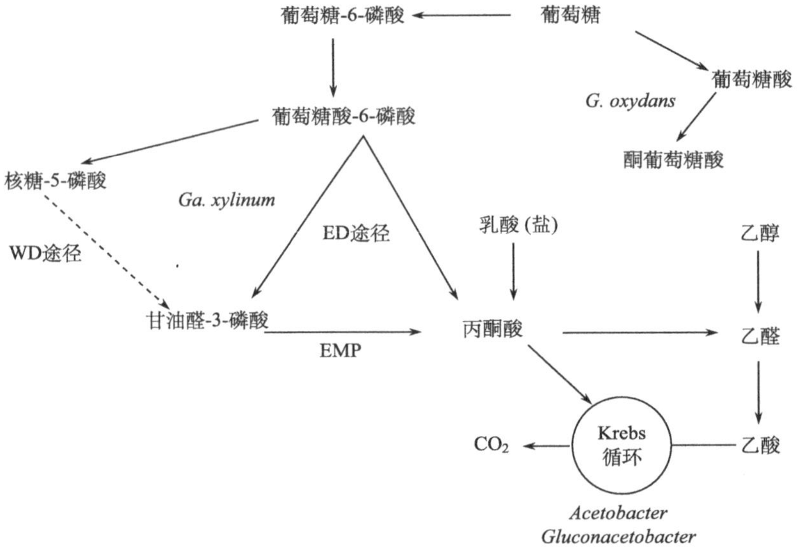

图 7-1　醋酸菌的碳水化合物的代谢简图（Guillamon，2009）

ED，Entner-Doudoroff；EMP，Embden Meyerhoff Parnas；WD，Warburg-Dickens

醋酸菌对碳水化合物代谢的规律总结如下。

（1）葡萄糖-6-磷酸脱氢酶系统转换 1mol 葡萄糖-6-磷酸成核糖-5-磷酸，并通过三种反应生成 2mol 的 NADPH。NADPH 经过呼吸链氧化产生能量，以及通过氧化磷酸化产生 ATP。

（2）ED（Entner-Doudoroff）途径。ED 途径是葡萄糖-6-磷酸途径的延伸，葡萄糖-6-磷酸转化成葡萄糖酸（盐）-6-磷酸，然后由醛缩酶水解形成丙酮酸盐和甘油醛-3-磷酸，再脱羧形成醋酸盐。*G. oxydans* 的代谢属于该途径。

（3）WD（Warburg-Dichen）或己糖单磷酸循环。所有的醋酸菌都可利用该途径进行葡萄糖代谢，主要包括三个步骤：先由葡萄糖-6-磷酸脱氢酶系统分解葡萄糖产生不同大小的单糖，单糖进一步转化为磷酸三碳糖，然后通过 EMP 途径代谢。

以上三种途径的最终产物进入 TCA 循环，产生能量、CO_2 和 H_2O。在所有醋酸菌中，仅 *Acetobacter*、*Acidomonas* 和 *Gluconacetobacter* 三个属能过氧化乙醇；*Glu-*

conobacter 缺乏 α-酮戊二酸（盐）和琥珀酸（盐）脱氢酶，TCA 循环不完整，不能氧化乙醇。

由于醋酸菌不能完全分解葡萄糖，在代谢过程中可产生更多的小分子中间产物。虽然醋酸菌的典型特征是部分氧化乙醇等底物，但也可水解一些单糖，如葡萄糖等。葡萄糖被直接氧化成葡萄糖-δ-内酯，再进一步形成葡萄糖酸。*G. oxydans* 是这方面的典型微生物，该菌易生长于含糖类物质的培养基上，如葡萄和葡萄浆中。因此，葡萄糖酸是醋酸菌生长的典型产物。

醋酸菌利用葡萄糖或其他一些糖类，转化为己糖单磷酸或直接转化为葡萄糖酸，通过哪一条途径代谢是由培养基的糖浓度和 pH 决定的：pH 低于 3.5 或葡萄糖浓度在 0.9～2.7g/L 时，葡萄糖通过单磷酸己糖途径氧化被抑制，促进了葡萄糖酸的产生。

小分子糖是醋酸菌极好的碳源，不同的醋酸菌对糖浓度的要求不尽相同。在醋酸菌中，*Saccharibacter* 是耐高渗透性的菌，能在 40%（*m/V*）的糖液中生长，但将该菌引入食醋酿造工业中，耐高渗透性却丧失。*Ga. europaeus* 能在 20% 葡萄糖中生长，*Ga. diazotrophicus* 和 *A. malorum* 可在 30%D-葡萄糖中生长。从传统的 Balsamic 醋分离出的醋酸菌最高可耐 25%葡萄糖。

有些醋酸菌可以产生胞外多糖，如胶醋杆菌和氧化葡萄糖杆菌的部分种在含有葡萄糖的培养基中能够产生胞外纤维素原纤维；另外，有些种的醋酸菌还能产生葡聚糖和果聚糖，有些醋酸菌还能产生一系列可溶性的多糖。

（二）乙醇或其他醇类代谢

在食醋酿造工业中，醋酸菌代谢乙醇，将乙醇转变为醋酸，且进一步将醋酸代谢为 CO_2 和 H_2O。醋酸菌的乙醇代谢和甘油代谢途径如图 7-2 所示。

甘油是乙醇发酵的副产物，也是绝大多数醋酸菌生长的良好营养物。大部分甘油通过醋酸菌转化为二羟基丙酮，另一些与菌体的生长有关。

与甘油代谢相同，醋酸菌也可直接氧化其他醇类或多元醇，形成酮或酮糖。为此，2,3-丁二醇转化成乙偶姻，1,2-丙二醇转化成丙酮醇，一些多元醇转化成相应的糖。

（三）乙醛酸循环

研究证实，许多醋酸菌存在乙醛酸循环途径。野生型的 *A. aceti* NBRC 14818 有编码异柠檬酸裂合酶（aceA）和苹果酸合成酶（glcB）的基因，这两种酶参与乙醛酸循环途径，但常用于食醋酿造的醋酸菌却缺乏这两种酶。Sakurai 等将 NBRC 14818 的 *aceA-glcB* 基因敲除，重建成新的醋酸菌（GP），GP 在含乙醇的培养基上能正常生长，将乙醇氧化为醋酸，但与 NBRC 14818 相比，对醋酸的过氧化作用较慢。在以葡萄糖为碳源的培养基上生长时变异菌和野生菌差别不大，说明醋酸菌的乙醛酸循环在葡萄糖代谢中不是必需的。在含乙醇和葡萄糖的培养基上，GP 较野生醋酸菌表现出生长速率缓慢、葡萄糖消耗少的特性，如图 7-3 所示。

A. aceti 在乙醇中生长时，被乙醛酸抑制数个小时仍能够生长，但是在丙酮中不能生长。处在丙酮酸中的微生物，检测不出异柠檬酸裂合酶活性，但在乙醛酸循环中该酶

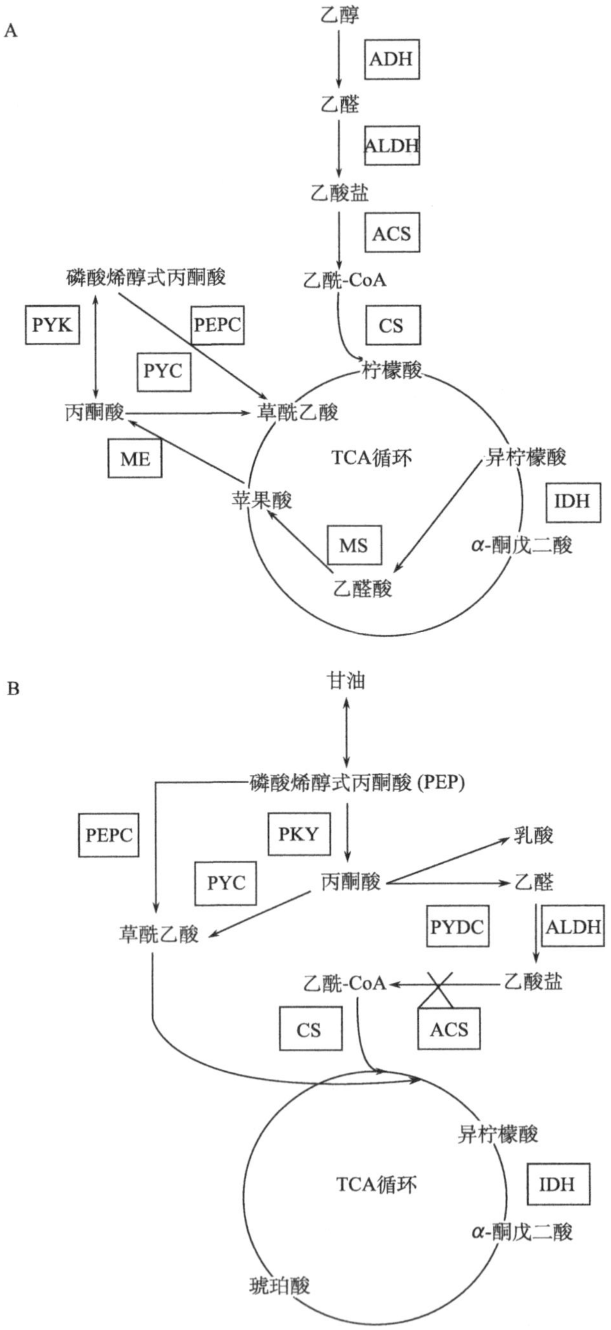

图 7-2　醋酸菌 IFO3821 利用乙醇（A）和甘油（B）的代谢途径（Kylma et al.，2004）

图中实线框显示酶促反应的酶，叉号表示未检测到该酶的活性。其中，ACS（acetylcoenzyme A synthetase）为乙酰-CoA 合成酶，ADH（alcohol dehydrogenase）为乙醇脱氢酶，ALDH（aldehyde dehydrogenase）为乙醛脱氢酶，CS（citratesynthase）为柠檬酸合成酶，IDH（isocitratedehydrogenase）为异柠檬酸脱氢酶，ME（malicenzyme）为苹果酸酶，MS（malatesynthase）为苹果酸合酶，PEPC（phosphoenolpyruvatecarboxylase）为磷酸烯醇式丙酮酸羧激酶，PYC（pyruvatecarboxylase）为丙酮酸羧化酶，PYDC（pyruvatedecarboxylase）为丙酮酸脱羧酶，PYK（pyruvatekinase）为丙酮酸激酶

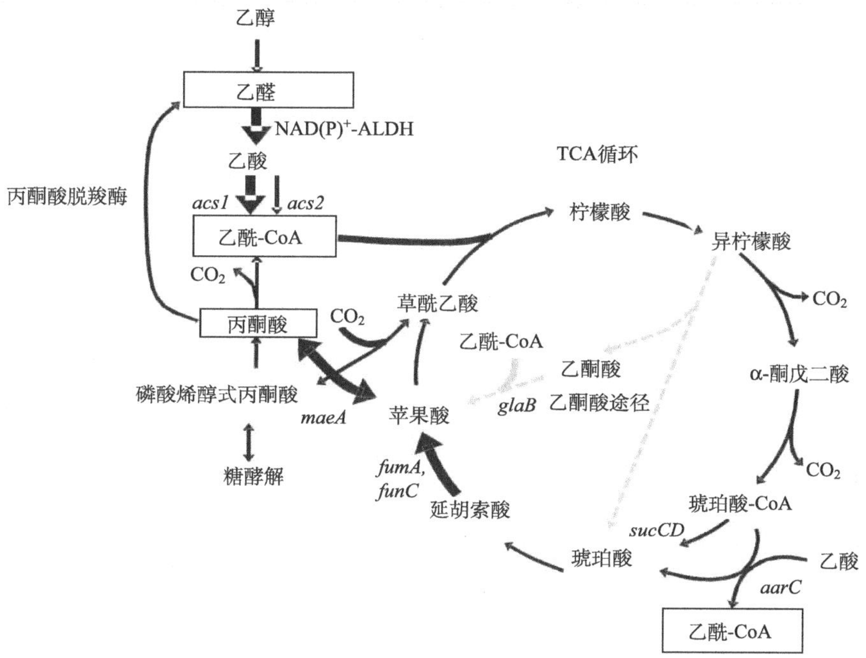

图 7-3　醋酸菌碳源代谢途径（Sakurai et al.，2013）

实线表示醋酸菌的碳代谢途径，虚线表示变异醋酸菌体内缺乏乙醛酸循环途径

可被检测到。乙醛酸循环和异柠檬酸裂合酶的出现与乙醛酸有关。这两种酶的活性和合成可能都受乙醛酸的控制。异柠檬酸裂合酶可被琥珀酸［$I_{0.5}$(V)≤1.7mmol/L］强烈抑制，其次可被磷酸烯醇式丙酮酸（2.5mmol/L）、苹果酸（5.5mmol/L）、草酰乙酸（8.7mmol/L）和延胡索酸（18.2mmol/L）抑制，再次为乙醛酸。醋酸菌分别在含乙醛酸和不含乙醛酸的培养基中振荡培养，在无乙醛酸的培养基中，生长初期异柠檬酸裂合酶的比活迅速增加，培养 7h 后达到最大，在对数期生长后期（10h），该酶活性迅速下降；在含乙醛酸的培养基中（4mmol/L），菌体培养 10h，检测不出异柠檬酸裂合酶比活，当乙醛酸被消耗为初始浓度的一半时，菌体恢复生长，酶的比活上升，但仍低于不加乙醛酸时的最大值的一半。

二、醋酸菌的氮代谢

一些醋酸菌对大气中的氮有固定作用，如 *Gluconacetobacter diazotrophicus*、*Ga. johannae*、*Ga. azotocaptans*、*Acetobacter peroxydans*、*Swaminathania salitolerans*、*Ga. Kombuchae*，最近又发现 *A. peroxydans* 和 *A. nitrogenifigens* 也有固氮作用。

一些醋酸菌可将氨作为基本氮源，这些菌利用氨可生成所需的全部氨基酸和含氮成分。培养基中氨基酸不同，对菌体的影响不尽相同，一些氨基酸对醋酸菌有促进生长作用，另一些却有抑制作用。醋酸菌在低 pH（3.0～4.0）、高乙醇浓度（10%～15%）条件下生长，营养需求会发生改变。有效的碳源和能量会影响到醋酸菌对氮源和生长因子的需求。醋酸菌能够利用无机氮作为唯一的氮源生长。另外，谷氨酸（盐）、脯氨酸和组氨酸有促进醋酸菌生长的作用，而另一些氨基酸，如缬氨酸，对 *G. oxydans* 有抑制作用，丝氨酸和高丝氨酸对 *A. aceti* 有抑制作用。用乙醇或含氮较低的物质（如苹果汁）发酵醋时，添加氮源物质是必需的。用发酵的果酒生产食醋时，由于酵母菌的自溶，可释放许多氮源，有利于醋酸菌的生长和发酵。*Acetobacter* 在以乳糖为能源和碳源的培养基中生长良好，不适宜在氨基酸和葡萄糖的培养基中生长。

三、醋酸菌的有机酸代谢

醋酸菌的有机酸代谢产物多种多样，如醋酸、柠檬酸、反丁烯二酸、乳酸、苹果酸、丙酮酸和琥珀酸等。培养基中的有机酸可被醋酸菌氧化。通过不同的途径，醋酸菌可氧化乳酸，形成不同的产物。乳酸氧化形成丙酮酸（盐），再由丙酮酸脱羧酶催化，水解为乙醛和 CO_2，乙醛被氧化形成终产物醋酸。培养基中的主要营养成分决定了丙酮酸脱羧酶的活性。

多种有机酸能否彻底氧化，主要取决于菌体 TCA 循环的有效性。*Gluconobacter* 不能彻底氧化醋酸，同样也不能彻底氧化其他有机酸。醋酸氧化是靠乙酰-CoA 合成酶进行，该酶将醋酸转化为乙酰-CoA，进入到 TCA 循环中，最终氧化成 CO_2 和 H_2O，醋酸的增加能诱导乙酰-CoA 含成酶的活性，但该酶会被乙醇和葡萄糖强烈抑制。

第二节　醋酸菌的呼吸

众所周知，酿造食醋的醋酸菌是专性需氧菌，可利用细胞膜上的乙醇脱氢酶（ADH）和乙醛脱氢酶（ALDH）氧化乙醇生成醋酸。除了乙醇和乙醛，醋酸菌还能氧化不同的糖类和糖醇类物质，如 D-葡萄糖、甘油和 D-山梨糖醇。这样的氧化反应称为氧化性发酵（oxidative fermentations），在产生醋酸的同时会在培养基中产生大量的副产物。

位于细菌细胞质膜上的脱氢酶，通过呼吸链进行氧化反应。膜脱氢酶可分为醌蛋白和黄素蛋白，醌蛋白含有吡咯喹啉醌（pyrroloquinoline quinine，PQQ）辅基，黄素蛋白含有 FAD 辅基。这些醌蛋白和黄素蛋白通过呼吸链转移电子，同时有许多酶参与氧化反应，在培养基中产生大量的羧基和糖酸等产物。

醋酸菌中的 *Acetobacter* 有高活性的乙醇氧化系统，但缺乏糖类氧化的酶系；相反，*Gluconobacter* 对乙醇、D-葡萄萄、D-葡萄糖酸、D-山梨醇和甘油有高的催化活性。尽管两个属表现出不同的氧化系统，但二者都紧紧地与需氧呼吸链联系在一起，有很多共同之处。*Gluconobacter* 的呼吸链存在大量的细胞色素 c、辅酶 Q 和细胞色素 o 末端泛醇氧化酶，还存在氰非敏感性的转化酶；*Acetobacter* 呼吸链有辅酶 Q、细胞色素 b、细胞色素 c 和 a_1（或 o）的末端泛醇氧化酶。

一、醋酸菌对乙醇和糖氧化的位置

醋酸菌是革兰氏阴性菌，细胞质膜由内、外两层膜组成。一般来说，革兰氏阴性菌中与呼吸作用相关的组分，包括基本的脱氢酶都存在于膜上，如ADH、ALDH、葡萄糖脱氢酶（GDH）、乳酸盐和NADH脱氢酶。*Gluconobacter* 属的醋酸菌有能氧化乙醇和糖类物质的各种脱氢酶，早期报道主要集中于可溶性NAD（P)$^+$依赖型脱氢酶的研究。但无论怎样，NAD（P)$^+$依赖型脱氢酶主要存在于细胞质中，NAD（P)$^+$非依赖型脱氢酶主要存在于细胞质膜上。有人研究过 *Gluconobacter suboxydans* 完整细胞膜片段的NADH氧化酶活性、乙醇或糖氧化活性，证明大部分涉及醇和糖氧化系统的基础脱氢酶都存在于机体膜上，被纯化的基本脱氢酶是醌蛋白，含PQQ或者是以共价键连接的是黄素蛋白。能氧化乙醇、乙醛、D-葡萄糖、D-果糖和甘油的脱氢酶是醌蛋白，能氧化D-葡萄糖酸盐、2-酮-D-葡萄糖酸盐、D-山梨醇和L-山梨醇的是黄素蛋白。

在完整的原生质体中，ADH、GDH和甘油脱氢酶（GLDH）都比水解的细胞表现出高的铁氰化物还原酶活性（水解原生质酶活性为100%时，完整原生质体的ADH活性为113%、GDH活性为142%、GLDH活性为143%），此时细胞质中酶活性，如葡萄糖-6-磷酸脱氢酶、2-酮葡萄糖还原酶和NADH氧化酶系统的NADH脱氢酶的活性都低于破碎原生质体膜上的酶（葡萄糖-6-磷酸脱氢酶为8%，NADH脱氢酶为9%），乳糖脱氢酶是一个例外，表现出中间值（26%），当添加质子解偶联剂CCCP（carbonyl cyanide-*m*-chlorophenyl hydrazone）时下降至3%，原因是其抑制了乳酸转运至细胞质中。图7-4显示了存在于细胞质膜外侧的ADH、GDH和GLDH，以及存在于细胞质膜内侧的NADH和乳糖脱氢酶活性点。

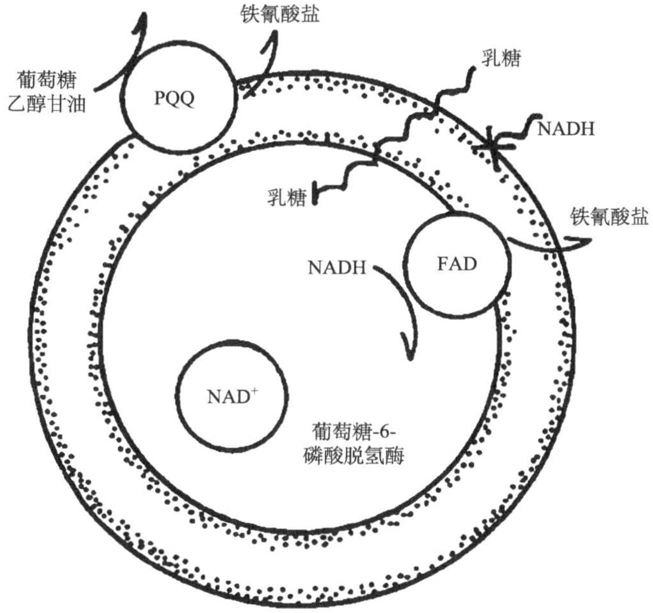

图7-4　醋酸菌 *G. suboxydans* 细胞脱氢酶的位置（Matsushita et al.，1994）

由图7-4可知，醋酸菌中涉及的乙醇和糖类氧化系统的几乎全部的脱氢酶都存在于细胞质膜上。一些脱氢酶组成了膜成分，与周质空间的亚基单位紧密结合。

二、乙醇和糖氧化的主要脱氢酶

乙醇和糖氧化的主要脱氢酶如表 7-1 所示。

表 7-1　醋酸菌作于糖和醇呼吸链的脱氢酶功能

	酶	亚基结构和辅基	醋酸菌
醌蛋白酶	葡萄糖脱氢酶（GDH）	80kDa（PQQ）	*G. suboxydans*
	甘油脱氢酶（GLDH）	80kDa（PQQ），约 14kDa	*G. industrius*，*G. suboxydans*
	乙醇脱氢酶（ADH）	2kDa（PQQ/亚铁血红素 c），48kDa（3 亚铁血红素 c），约 15kDa	*G. suboxydans*，*A. aceti*，*A. polyoxogenes*，*A. Pasteurianus*，*A. methanolicus*
黄素蛋白酶	葡萄糖酸脱氢酶（GADH）	64kDa（FAD），45kDa（亚铁血红素 c），约 21kDa	*G. dioxvacetonicus*
	2-酮葡萄糖酸脱氢酶（2KGDH）	61kDa（FAD），47kDa（亚铁血红素 c），约 25kDa	*A. methanolicus*
	山梨醇脱氢酶（SLDH）	63kDa（FAD），51kDa（亚铁血红素 c），约 17kDa	*G. suboxydans* var.
	山梨糖脱氢酶（SDH）	58kDa（FAD）	*G. oxydans*
尚不清楚的酶	乙醛脱氢酶（ALDH）		*G. suboxydans*，*A. polyoxygenus*，*A. rancens*，*Ga. europaeus*
	果糖脱氢酶（FDH）		*G. industrius*
	山梨醛脱氢酶（SNDH）		*A. liquefaciens*

（一）乙醇氧化的主要脱氢酶

依赖于 NAD（P）$^+$的乙醇和乙醛脱氢酶从 *Acetobacter* 和 *Gluconobacter* 的细胞质中分离；而非依赖于 NAD（P）$^+$的 ADH 和 ALDH 主要存在于细胞质膜中，且含辅基 PQQ，称醌蛋白酶。依赖于 NAD（P）$^+$的酶在细胞质的氧化反应中的最适 pH 不尽相同，其酶比活性低于醌蛋白酶，似乎依赖于 NAD（P）$^+$的酶没有参与食醋的发酵，起主要作用的是醌蛋白 ADH 和 ALDH。虽然 *Acetobacter* 和 *Gluconobacter* 菌间表现的酶活性基本相同，但 *Acetobacter* 属的醌蛋白 ALDH 活性比 *Gluconobacter* 更高，更易检测到。研究认为 *A. aceti* 与 *G. suboxydans* 相比，在酸性条件下前者的 ADH 的活性更高、稳定性更好。另外，*Acetobacter* 对醋酸抵抗力很强，因此，*Acetobacter* 的醋酸产率较 *Gluconobacter* 高。

1. ADH

醋酸菌氧化乙醇成醋酸靠两种顺序性催化酶起作用，首先是膜连接的吡咯并喹啉醌依赖型乙醇脱氧酶（PQQ-ADH），其次是膜连接的乙醛脱氢酶（ALDH）（图 7-5）。

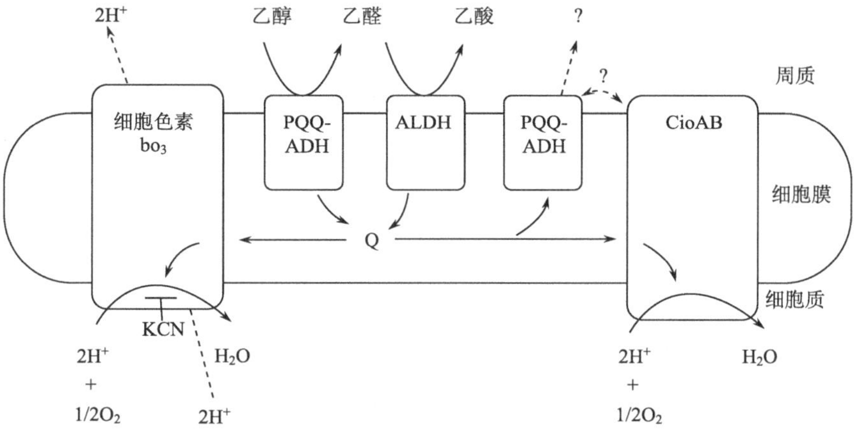

图 7-5　醋酸菌呼吸链（Yakushi and Matsushita，2010）

PQQ-ADH 是一种醌素蛋白-细胞色素 c 的复合体，连接在细胞膜的外周质端，是催化乙醇成醋酸、将电子传递给泛醌（ubiquinone）Q（coQ）的第一步生化反应。醋酸菌的呼吸链有细胞色素 bo_3 泛醇氧化酶，以及产生能量较少、氰化物非敏感型的旁路氧化酶 CioAB 两个分支，二者将 O_2 还原转变为 H_2O。PQQ-ADH 是乙醇氧化呼吸链上最主要的酶。

1）ADH 概述

从 *Acetobacter*、*Gluconacetobacter*、*Gluconobacter* 都能分离到 PQQ-ADH，除 *Gluconacetobacter* 的 PQQ-ADH 只有 2 个亚基Ⅰ和Ⅱ外，其余都由 3 个亚基组成。亚基Ⅰ由基因 *adhA* 编码，分子质量 80kDa，包含 PQQ 和亚铁血红素 c 基团，功能为氧化乙醇的催化端。亚基Ⅱ由基因 *adhB* 编码，分子质量约 50kDa，含 3 个血色素 c 构造（表 7-2）。Tamaki 等推测，辅酶 Q 作为氧化还原中间体，与蛋白质紧密结合，将电子传递给与细胞质膜松散结合的电子接受体辅酶 Q。因此，亚基Ⅱ作为电子传递的中间体，将电子由亚基Ⅰ传递给膜结合的辅酶 Q。

表 7-2　醋酸菌 PQQ-ADH 的分子组成（Yakushi and Matsushita，2010）

菌种	菌株代码	亚基分子大小/kDa		
		Ⅰ	Ⅱ	Ⅲ
A. lovaniensis	IFO3284	72	50	15
A. Pasteurianus	NCI1452	72	44	20
	KKP584	74	44	16
	IFO3191	76	55	16
	SKU1108	76	55	16
	MSU10	76	55	16

续表

菌种	菌株代码	亚基分子大小/kDa		
		Ⅰ	Ⅱ	Ⅲ
A. polyoxogenes	NBI1028	72	44	—
Ga. europaeus	V3	72	45	—
Ga. intermedius	JK3	72	45	—
Ga. diazotrophicus	PAL5	71	44	—
Ga. xylinus	—	71	44	-
G. oxydans	IFO12528	85	49	14
A. methanolica	JCM689180	80	54	8

在 *Gluconobacter oxydans*（旧称 *Gluconobacter suboxydans*）的酶中，PQQ-ADH 复合体被部分解离，进入亚基Ⅰ/Ⅲ和亚基Ⅲ。亚基Ⅰ/Ⅲ复合体有乙醇：铁氰合物氧化酶活性，但没有乙醇：Q-1（人工合成 Q 的同分异构体）氧化还原酶活性。另外，亚基Ⅱ无 ADH 活性。当亚基Ⅰ/Ⅲ复合体与亚基Ⅱ结合时，构建的 PQQ-ADH 恢复 Q-1 还原酶活力和铁氰化物还原酶活性，因此，亚基Ⅱ与 Q 的还原有关系。亚基Ⅲ由基因 *adhS* 编码，分子质量 15kDa，并推测无辅基参与氧化还原。事实上，从 *Gluconacetobacter* 纯化的 PQQ-ADH 不含亚基Ⅲ。

随着蛋白质的折叠，PQQ 和细胞色素辅酶被装配于细胞的周质空间中。Q 连接于 PQQ-ADH 是在蛋白质折叠后进行的，因为无 Q 连接的 PQQ-ADH 可用两种不同的人工方法与 Q 相似物连接。亚基Ⅲ作为分子伴侣辅助亚基Ⅰ折叠或成熟。亚基Ⅲ游离于周质空间，而 PQQ-ADH 在细胞膜中存在。突变的 *A. pasteurianus* 缺失 *adhS*，丧失 ADH 酶活性，只能合成亚基Ⅱ，不能合成亚基Ⅲ和亚基Ⅰ。

醋酸菌在氧化发酵中主要的末端氧化酶为细胞色素 ba_3 型的泛醇氧化酶，该氧化酶对氰化物敏感，纯化的 PQQ-ADH、细胞色素 ba_3 氧化酶、磷脂和泛醌 Q_9 重建成脂蛋白的人工生物膜，在膜内产生负电化学势的同时，乙醇发生氧化作用。自然变异的 *G. oxydans* 缺乏 PQQ-ADH 的亚基，有相对弱的氰化物抑制性。当在变异菌株的膜上重建亚基Ⅱ时，氰化物抑制呼吸的活性将提高，乙醇：铁氰化物氧化还原酶和乙醇氧化酶的活性也提高。另外，当野生型 *G. oxydans* 细胞在酸性环境下生长时，PQQ-ADH 和部分亚基Ⅱ的数量增加，氰化物抑制的呼吸作用增强。这些都说明 PQQ-ADH 或亚基Ⅱ处于氰化物抑制的呼吸链上。

PQQ-ADH 结合 4 个细胞色素 c 分子，为乙醇氧化的辅助因子，通过添加乙醇，可使铁氰化物氧化的 PQQ-ADH 被还原。乙醇氧化发生在 PQQ 的一端，之后，PQQ 被还原为 $PQQH_2$，再将电子传递于细胞色素 c，与 Q 紧密结合，最终酶还原出游离 Q。

在多种氧化还原酶，如细胞色素 bo_3 泛醇氧化酶、PQQ-葡萄糖脱氢酶中都发现存在连接型 Q。连接型 Q 在 *S. cerevisiae* 的线粒体选择性的 NADH 脱氢酶中促进胞内电子的传递。PQQ-ADH 分子内电子转移是从有 2 个电子的氧化还原分子转移至有 1 个电子的氧化还原中心（血红素 c 和连接型 Q），再转移给另外有 2 个电子的氧化还原分子

(游离 Q)，当电子从 2 个电子的氧化还原分子和辅因子转移到 1 个电子的氧化还原分子和辅因子上时，PQQ 和泛半醌被激活。由此推测，PQQ-ADH 的连接型 Q 主要是确保分子之间的电子转移，预防电子的泄露。

醋酸菌形成的无活性 PQQ-ADH 可被醇或高的通气状态激活。虽然 PQQ-ADH 和 Q-1 在亚基和辅酶组成上无多大差别，但无活性的 PQQ-ADH 的酶活性比 Q-1 还原酶活性低 10 倍。PQQ-ADH 无活性酶在体外可转化成有活性的酶，但这种有活性酶仍不同于 PQQ-ADH 活性酶。这证明了 PQQ-ADH 泛醇氧化活性是调节细胞质膜的泛醌/泛醇的氧化还原水平。无活性的 PQQ-ADH 更像在体内作用于泛醇的氧化，这对醋酸菌生长在高酸和高氧状态下的生理有重要作用。

2）ADH 的底物专一性

有研究认为，*G. oxydans* 和 *A. aceti* 的酶催化的底物为脂肪族醇。除甲醇外，至多含 6 个碳的醇能被 PQQ-ADH 氧化，但甘油、甲醛、乙醛不能氧化。后来研究发现，乙醛也是 PQQ-ADH 的催化底物，还发现 *Gluconacetobacter diazotrophicus* 的 PQQ-ADH 在对乙醇保持约 90%催化活性的同时，还能氧化乙醛。*A. pasteurianus* 酶也有氧化乙醛的活性，但该菌因菌株的不同对乙醇的氧化相差较大，MSU10 菌株 PQQ-ADH 对乙醇有 80%的氧化活性，SKU1108 对乙醇只有 20%的氧化活性。甲醛也是 PQQ-ADH 的催化底物。纯化的甲醛氧化酶，PQQ-ADH 有相同的亚基组成。有报道，PQQ-ADH 在高浓度碳源（>1mol/L）的条件下能氧化甘油。

3）ADH 对食醋的影响

Gluconacetobacter europaeus 能产生高浓度的醋酸，对醋酸有很强的抗性，能用含 3%乙醇和 7%醋酸的发酵液发酵生产含 10%醋酸的食醋。*Ga. europaeus* 膜上的 PQQ-ADH 含量高于能产生中浓度醋酸的 *A. pasteurianus* 的 PQQ-ADH，且前者特性不同于后者。*Ga. europaeus* 的 PQQ-ADH 更能耐高浓度的醋酸。用无醋酸存在时的 PQQ-ADH 作为对照，醋酸浓度达 10%时，*Ga. europaeus* 仍具有约 70%的活性；相反 *A. pasteurianus* 和 *Ga. intermedius* 的酶分别只剩下 3%和 15%的活性。

2. ALDH

有关乙醛脱氢酶的研究较 ADH 少。醌蛋白 ALDH 在细胞膜上大量存在，对食醋的发酵起着重要的作用。从 *A. aceti*、*A. polyoxogenes* 和 *A. rancens* 中都已分离得到此酶。乙醛脱氢酶与细胞膜的连接比 ADH 更紧，且提取溶解后更不稳定，因此，纯化时应添加苯甲醛增加稳定性。研究发现，磷脂特别是磷酯酰甘油可提高该酶的稳定性和活性。该酶可氧化除甲醛以外广泛的脂肪醛类。*A. polyoxogenes* 的 ALDH 基因已被克隆，是一个单开链片段，编码 773 个氨基酸残基，在加工中从 N 端可移除 44 个残基。ALDH 催化乙醛为醋酸，它仍含有 3 个亚基（aldFGH）。最大亚基（aldH）的醌蛋白无序列同系性，但亚钼嘌呤酶却有高的同源性；第二个亚基（aldF）与 ADH 的亚基Ⅱ相似，仍有 3 个亚铁血红色素 c 相连。

嗜甲醇醋酸菌（*A. methanolicus*）不同于上述菌，培养在甲醇或甘油培养基上产生醌蛋甲醇脱氢酶（MDH）或者 ADH，MDH 由 2 个 60kDa 和 2 个 10kDa 的亚基组成，是可溶性酶。甲基营养菌（*Methylotrophs*）的甲醇和甲胺的氧化系统及假单胞菌的乙醇氧化系统都有可溶性的醌蛋白脱氢酶，认为这些酶游离于周质空间或松散地与细胞质膜的周质空间一边连接，它们与膜连接的末端氧化酶通过细胞色素 c 或含有 Cu^{2+} 的蛋白质相偶合，末端氧化酶一定是细胞色素 c 氧化酶、细胞色素 co，或者是 aa_3。

（二）葡萄糖氧化的主要脱氢酶

在醋酸菌细胞质中除 NAD（P）$^+$依赖型酶外，还有 D-葡萄糖脱氢酶（GDH）和 2-酮-D-葡萄糖还原酶（2KGR）、NAD（P）$^+$非依赖型膜连接的 GDH、葡萄糖酸（盐）脱氢酶（GADH）、2-酮-D-葡萄糖酸盐脱氢酶（2KGADH）等。D-葡萄糖和 2-D-葡萄糖被转运到细胞质中，并被细胞质酶转化为 D-葡萄糖酸盐，NAD（P）$^+$依赖型 GDH 和 2KGR 在中性 pH 条件下的主要产物是 D-葡萄糖酸盐。

NAD（P）$^+$非依赖型 GDH（醌蛋白 GDH）直接催化氧化 D-葡萄糖或 D-葡萄糖酸盐，存在细胞质膜的外表层。革兰氏阴性菌，包括兼性厌氧菌肠道菌、*Zymomonas* 和严格需氧菌，如假单胞菌和醋酸菌都有该酶。免疫学研究证实，GDH 之间有很高的同源性，从 *G. suboxydans* 分离纯化的葡萄糖脱氢酶，与 PQQ 之间靠非共价键紧密连接，以至于不能用 EDTA 透析剂去除 PQQ。相反，在另外一些细菌中 GDH 中的 PQQ 可以去除，且能将纯化的脱氢辅基酶蛋白和 PQQ 在 Ca^{2+} 或 Mg^{2+} 存在的条件下成功重组。酶能够提供电子给长链辅酶 Q（Q_6 或 Q_9），或人工染色剂和短链辅酶 Q 异构体。*G. suboxydans* 的 GDH 为有 808 个氨基酸残基、分子质量 87kDa 的蛋白质。GDH 在 N 端有 5 个疏水区，包含 145 个氨基酸残基，它可能是作为辅酶 Q 的反应端对细胞质膜的延伸有作用，此时，残留的 C 端区处在周质空间上。

从 *Ga. dioxyacetonicus* 纯化了葡萄糖脱氢酶，能催化 D-葡萄糖酸盐产生 2-酮-D-葡萄糖酸盐。从这些氧化菌中纯化的酶都表现出相同的特性，包括亚基结构、亚铁血红素含量和最适 pH。从 *G. melanogenuc* 中纯化了催化 2-酮-D-葡萄糖酸盐合成 2，5-二酮-D-葡萄糖酸盐的 2-酮-D-葡萄糖酸脱氢酶，其特点是葡萄糖酸脱氢酶和 2KGADA 几乎含有相同的三个亚基结构，前两个是黄素蛋白和细胞色素 c，第三个暂不清楚。黄素蛋白亚基上的 FAD 靠甲基连接在含组氨酸残基的 C^8 位点上。这两种酶对 D-葡萄糖酸盐和 2-酮-D-葡萄糖酸盐有更高的专一性。有一些 *Gluconobacte*r 菌株，如 *G. suboxydans* 能产生 5-酮-D-葡萄糖酸盐和 2-酮-D-葡萄糖酸盐。从 *G. suboxydans* 分离纯化的 $NADP^+$ 依赖型 5-酮-D-葡萄糖酸盐还原酶，氧化葡萄糖酸盐的最适 pH 接近 10，而另一些氧化 D-葡萄糖酸盐为 5-酮-D-葡萄糖酸盐的酶可能存在于这些菌株的细胞质膜上。

（三）其他糖氧化系统的主要脱氢酶

De ley 和 Dochy 报道，*Ga. liquefaciens* 催化甘油、产生二羟基丙酮的酶位于特定的颗粒中。有学者从 *Ga. industrius* 中分离、纯化并定性了 NAD（P）$^+$非依赖型甘油脱氢酶（GLDH），该酶有很高的疏水性，在缺乏 0.1%二甲基正十二烷基氨氧化物和 10%的甘油时很快成团，失活速率加快。从 *E. coli* 提取的有活性 apo-GDH 带有 PQQ

辅基，当酶膜片段用 2mmol/L EDTA 处理时，GLDH 完全失去活性，但是若在 Mg^{2+} 存在的条件下添加 PQQ，酶活性又恢复到原来的状态。以上都表明酶对 PQQ 的亲和力相对低。甘油脱氢酶还可以同样速率催化氧化另外的多羟基醇，如内消旋赤藻糖醇和 D-阿拉伯糖醇，对 D-山梨糖醇、D-甘露糖醇、聚乙二醇、核糖醇和卫矛醇也能氧化，只是比前两者的速率低；对 D-葡萄糖、D-果糖、乙醇和乙醛不能氧化。甘油、山梨糖醇和甘露糖醇的氧化产物为二羟基丙酮、L-山梨醇和 D-果糖。NAD（P）$^+$ 和分子氧都不是电子受体，PMS-DCIP 对其有很好的作用。

从 *Ga. industrius* 菌株膜纯化的 D-果糖脱氢酶可产生 5-酮-D-果糖，它对果糖有专一性，对底物的类似物，如 D-葡萄糖、6-磷酸果糖、D-1,6-二磷酸果糖和 5-酮-D-果糖也都有亲和性。酶这些特点对应用酶为检测 D-果糖的微检测剂很有利。该酶含三个亚基，分别为Ⅰ（67kDa）、Ⅱ（50kDa）和Ⅲ（20kDa）。亚基Ⅰ含 PQQ 辅酶，亚基Ⅱ是细胞色素 c，铁氰化合物、PMS 和 DCIP 是 D-果糖脱氢酶的最好电子受体，对 NAD（P）$^+$ 和分子氧无此功能。5-酮-D-果糖还原酶存在于细胞质中。

三、醋酸菌的末端氧化酶

（一）组成及基本特征

按呼吸链末端氧化酶不同，将醋酸菌呼吸链分为两类，一类是以细胞色素 c 为末端氧化酶的呼吸链，另一类则是以泛醇为末端氧化酶的呼吸链。前一类发现在所谓“氧化酶呈阳性”的细菌中，如 *Paracoccus*、*Pseudomonas* 和 *A. zotobacter* 菌中，末端氧化酶为细胞色素 aa_3 或 caa_3 或 co；后一类发现在“氧化酶阴性菌”中，主要有 *E. coli* 和醋酸菌，其呼吸链中有细胞色素 o、a_1、aa_3 或 d。现在认为醋酸菌有相同的末端氧化酶——泛醇氧化酶，但对细胞色素的种类的认识有很大的分歧。末端泛醇氧化酶的位置如图 7-6 所示。

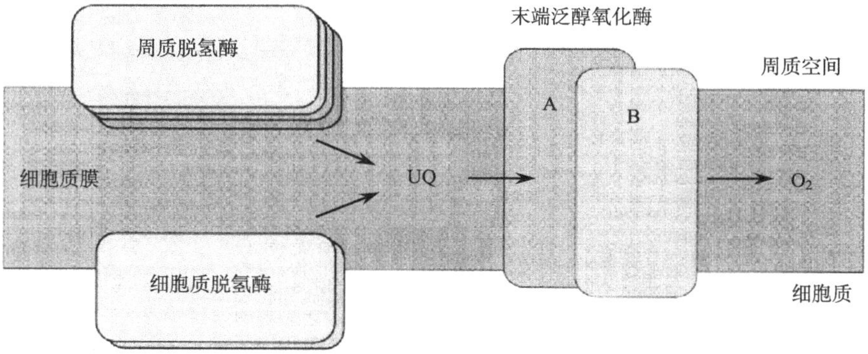

图 7-6　由最基本的脱氢酶和末端氧化酶组成的醋酸菌呼吸链（Matsushita et al.，2004）

连接脱氢酶和末端氧化酶的物质是泛醌（UQ）。醋酸菌的泛醌有 Q_9 和 Q_{10}，Q_9 主要在 *Acetobacter*，Q_{10} 主要在 *Gluconobacter*、*Gluconacetobacter* 和 *Acidomonas* 等中。虽然醋酸菌的基本脱氢酶和末端氧化酶在呼吸链上是完全隔离的，但在呼吸链上的末端氧化酶基本稳定，而基本脱氢酶却总是在变化。醋酸菌中许多特殊的周质空间脱氢酶对乙醇、糖和糖醇作用是有专一性的，主要作用于糖、醇和糖醇分子。

Bächi 和 Ettlinger（1974）最早将醋酸菌按细胞色素在长波长范围（约 570nm）的 α 吸收峰分为三组。①*Acetobacter* 菌（过氧化组），吸收峰在 590nm 和 630nm；②另一组 *Acetobacter* 菌（氧化和中氧化组），只有在 590nm 有吸收峰；③*Gluconobacter*，不显示任何相关的吸收峰。当然，现在已清楚，不同醋酸菌有不同的末端氧化酶，其吸收峰也就不同。*Acetobacter* 有细胞色素 d（bd）氧化酶，由于存在细胞色素 b 和 d，b 和 d 分别在 590nm 处和 630nm 处有吸收峰。氧化和中氧化组的 *Acetobacter* 存在细胞色素 a_1（ba_1），仅仅在 590nm 处有吸收峰，亚铁血红素 a 与细胞色素 b 组合，*Gluconobacter* 仅有末端氧化酶为细胞色素 o，o 在长波下无 α 吸收峰。不同的菌体末端氧化酶见表 7-3。

表 7-3 醋酸菌呼吸末端氧化酶（Matsushita et al.，2004）

序号	末端氧化酶类型	辅基	菌株
1	细胞色素 o（bo_3）	亚铁血红素 b	*G. suboxydans*
		亚铁血红素 o	
		Cu^{2+}	
			A. pastearianus
			A. aceti
			A. methanolicus
2	细胞色素 a_1（ba_3）	亚铁血红素 b	*A. aceti*
		亚铁血红素 a	
		Cu^{2+}	*A. diazotrophicus*
3	细胞色素 d（bd）	亚铁血红素 b	*A. pastearianus*
		亚铁血红素 d	*A. diazotrophicus*
4	CN-抑制旁路氧化酶	??	*G. suboxydans*
			A. diazotrophicus
5	细胞色素 co（cbb_3）	亚铁血红素 b	*A. methanolicus*
		亚铁血红素 a	
		Cu^{2+}	

总结研究结果，醋酸菌的末端氧化酶在 *Gluconobacter* 中主要为细胞色素 o，在 *Acetobacter* 中主要为细胞色素 a_1 和细胞色素 d。

末端氧化酶的不同取决于菌体的生长状况，两种泛醇氧化酶产生的原因如图 7-7 所示。

A. methanolicus 在碳源代谢方面不同于其他醋酸菌，能生长在以甲醇为碳源的培养基上，有甲醇氧化酶呼吸链，其末端氧化酶为细胞色素 c 氧化酶，当以乙醇和甘油为培养基生长时，*A. methanolicus* 的末端氧化酶是泛醇氧化酶。呼吸链的细胞色素和泛醇两种氧化酶可表示为细胞色素 c 和细胞色素 o。

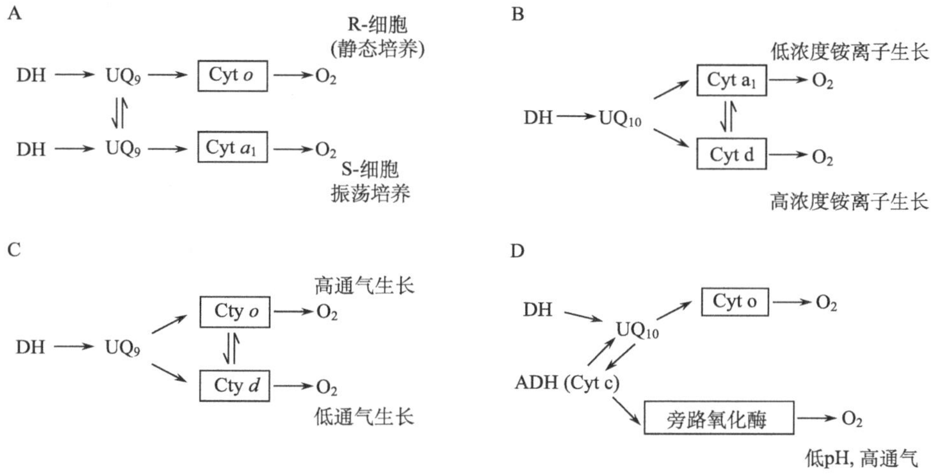

图 7-7　几种典型醋酸菌呼吸链

DH，脱氢酶；A. *Acetobacter aceti*；B. *Gluconacetobacter diazotrophicus*；C. *Acetobacter pasteurianus*；D. *Gluconobacter suboxydans*

（二）几种主要的末端氧化酶

1. 细胞色素 o 作为主要的末端氧化酶

1950 年在 *G. suboxydans* 中发现了细胞色素 o，1987 年纯化了该色素。虽然早期研究认为微生物在呼吸链中含有细胞色素 c、b、o 和 a，但在膜呼吸链上只发现了细胞色素 c 和 o，无细胞色素 d 或 a。

G. suboxydans 的细胞色素 o 是泛醌氧化酶，有 4 个未确定的亚基组成，含有亚铁血红素 b、o 和作为辅基的 Cu 原子，最近在 *A. aceti* R 菌株中也发现了细胞色素 o。*A. aceti* 的细胞色素 o 由 1 个亚铁血红素 b、1 个亚铁血红素 o 和 1 个 Cu 原子组成。细胞色素 o 通过重速产生质子移动力进入蛋白脂酶中。细胞色素 o 作为末端氧化酶在大多醋酸菌中都存在。

2. 细胞色素 a_1 作为主要的末端氧化酶

细胞色素 a_1 在 589nm 处有弱吸收峰，能被 CN^- 强化，*A. aceti* 用振荡培养法增殖时，在细胞膜上存在。*A. aceti* 的培养方法不同，其末端氧化酶也存在两种类型：振荡培养时主要为细胞色素 a_1，静态培养时为细胞色素 o。细胞色素 a_1 属于细胞色素 ba 型的泛醌氧化酶。细胞色素 a_1 还能在其他的 *Acetobacter* 属中找到，但在 *Gluconobacter* 属中未发现。此外，发现 *Ga. diazotrophicus* 在强通气固氮状态下会生成细胞色素 a_1，固氮时需要更多的能量。

3. 细胞色素 d 作为末端氧化酶。

细胞色素 d 也是醌氧化酶，含有 2 个亚铁血红素 b 和 1 个亚铁血红素 d，氧反应的双核中心含 1 个亚铁血红素 b 和 1 个亚铁血红素 d。与细胞色素 a_1 和 o 不同的是细胞色素 d 在氧缺乏时产生，产生较小的质子推动力。细胞色素 d 作为 *Acetobacter* 附加的末端氧化酶，在 *A. peroxydans* 和 *A. pasteurianus* 中都被发现。在 *A. pasteurianus* 中，当通气量足够时形成细胞色素 o；当通气量不足时会形成细胞色素 d，取代细胞色素 o。

4. *Gluconobacter* 对氰化物有抗性的旁路氧化酶

G. suboxydans 生长在高糖培养基上，表现出对糖、乙醇的高氧化活性，同时 NADH 也有很高的活性。这些糖和乙醇的呼吸作用对氰化物有高的抵抗性，在 10mmol/L CN^- 浓度中仍有 50%的酶活性。*G. suboxydans* 的呼吸链分为 CN^- 敏感型和抵抗型两支，CN^- 敏感型末端氧化酶为细胞色素 o。

四、醋酸菌对糖和乙醇的呼吸作用

醋酸菌的醇和糖氧化系统中的基本脱氢酶全都与细胞质膜连接紧密，在周质空间与底物反应。GDH 与 ADH 给位于膜磷脂上的泛醌（Q）提供电子，使其最终被膜上的末端氧化酶氧化。黄素蛋白脱氢酶，如 GADH 或 2KGDH 同样直接提供电子给泛醌 Q。在醋酸菌中，醇和糖氧化呼吸链是简单的，主要是末端氧化酶参与到了电化学质子梯度的变化中，如图 7-8 所示。这样的呼吸链可能对快速氧化大量底物是最合适的。葡萄糖和乙醇通过醋酸菌紧密连接在细胞质膜上的醌蛋白脱氢酶（PQQ）被氧化，然后脱氢酶贡献电子给 Q，Q 将电子转移到末端的泛醇氧化酶，如细胞色素 o、d 和 a_1 等。

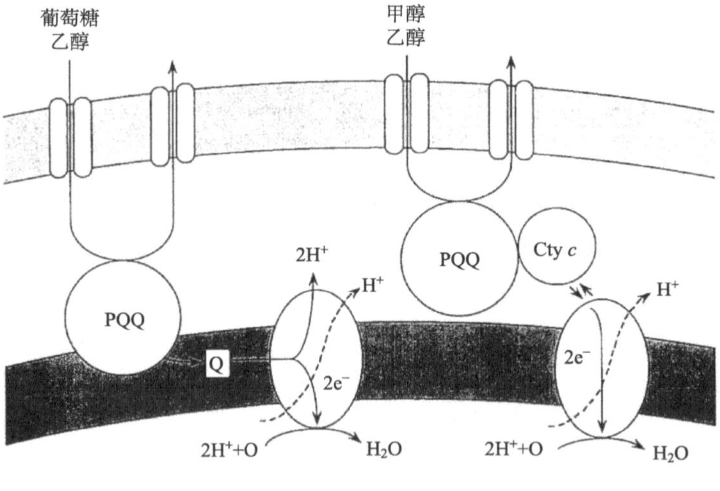

图 7-8　周质空间的氧化酶系统（包括醋酸菌和甲基营养菌、假单胞菌的糖氧化系统）（Matsushita et al.，2004）

（一）乙醇呼吸（醋酸产生）

最典型的氧化性发酵（oxidative fermentation）是乙醇呼吸，该呼吸是醋酸菌产醋所必需的。醋酸菌不仅在细胞质中存在 NAD（P）$^+$ 依赖型的乙醇脱氢酶和乙醛脱氢酶，同时在细胞质膜的周质空间也存在膜连接型的 NAD（P）$^+$非依赖型的乙醇脱氢酶和乙醛脱氢酶。在变异的 *Acetobacter* 中缺失膜连接的 ADH，但 NAD-ADH 和 NADP-ALDH 在含乙醇却不产醋酸的培养基中急剧增加，其细胞长势很好。膜连接的 ADH 和 ALDH 与醋酸的产生有关，而细胞质中的这些酶却与乙醇同化（alcohol assimilation）有关，如图 7-9 所示。

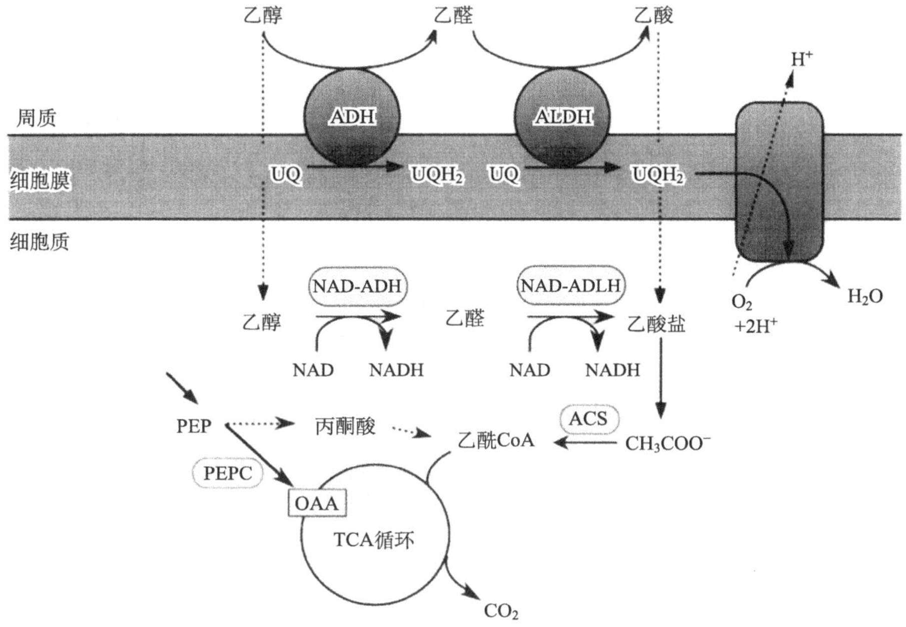

图 7-9　*Acetobacter* 的醇呼吸（Matsushita et al.，2004）

ACS，乙酰-CoA 合成酶；PEPC，磷酸烯醇丙酮酸羧化酶

膜连接的 ADH 和 ALDH 几乎在所有的 *Acetobacter* 和 *Gluconobacter* 中都存在，其连接在呼吸链上工作。呼吸链上的第一个酶就是 ADH，而 ALDH 催化乙醛为醋酸。

ADH 接纳膜磷脂中的 UQ 的电子，再送至末端氧化酶。许多证据表明，从乙醇获得的电子转移给 PQQ，之后通过亚基Ⅰ的亚铁血红素 c 构造，再转移给其他的亚铁血红素 c 端。因此，ADH 的 UQ 还原性是从 PQQ 通过 4 个亚铁血红素 c 构造的 3 个进行电子转移。

1992 年，Mutsushita 研究发现 *A. aceti* 在振荡和静止培养中，膜连接的呼吸链表现出对葡萄糖、乙醇、乙醛和乳糖相对高的氧化酶活性。细胞生长在乙醇中，形成醋酸产物的乙醇和乙醛氧化酶大幅度增加，甘油、山梨醇和葡萄糖酸盐氧化酶活性则检测不到，在细胞膜上有高的泛醌氧化酶活性，但缺乏细胞色素 c 氧化酶活性。在振荡培养的 *A. aceti* 的膜上含有 b、c 型细胞色素和 a_1 型细胞色素。当存在氧化物时，a_1 型吸收光谱从宽峰（580～600nm）漂移到尖峰（587nm）处。用相对低浓度的降解剂溶解膜碎片后，仍能保持几乎全部的葡萄糖氧化酶活性和泛醌氧化酶活性，但细胞色素 d 和 ADH 活性几乎全部消失。由此可知，*A. aceti* 的细胞色素 c 不是末端氧化酶的电子提供者，而是 ADH 和 ALDH 的组成物。因此，*A. aceti* 的呼吸链含有基本的脱氧酶、泛醌（Q_9）和末端氧化酶，这很像 *G. suboxydans* 的氰化物敏感型呼吸链。

（二）葡萄糖呼吸

图 7-10 为醋酸菌 *Gluconobacter* 中进行葡萄糖代谢可能参与的酶。虽然 NAD（P）$^+$ 依赖型的酶，如 D-葡萄糖脱氢酶、2-酮-D-葡萄糖酸还原酶存在于细胞质中，但在 *Gluconobacter* 中膜连接酶 NAD（P）$^+$-非依赖型酶，如 GDH（葡萄糖脱氢酶）、葡萄糖酸脱氢酶（GADH）和 2-酮-D-葡萄糖酶脱氢酶（2GADH）可直接氧化 D-葡萄糖为葡萄糖酸，葡萄糖酸氧化为 2-酮-D-葡萄糖酸，再进一步变为 2，5-二酮-D-葡萄糖酸。因此，NAD（P）$^+$ 非依赖型酶 GDH、GADH 和 2KGDH 是葡萄糖、葡萄糖酸和 2-酮-D-葡萄糖酸呼吸链最基本的脱氢酶。在这些基本脱氢酶中，GDH 和 GADH 不是醋酸菌特有的酶，在原核微生物中的厌氧型肠杆菌和需氧型的假单胞菌中都已发现，但是 2KGDH 是醋酸菌，尤其是 *Gluconobacter* 的特有酶。醌蛋白 GDH 含有辅基 PQQ，GADH 和 2KGDH 含有共价结合的黄素，通过 C^8 位甲基与 N^3 位组氨酸残基结合为 FAD。*G. oxydans* 的 GDH 特性与 *Pseudomonas* sp. 和 *E. coli* 的 GDH 相同，是一个单独的醌蛋白肽，N 端含疏水性的 5 个跨膜 α 螺旋；C 端含 PQQ 主链，位于外周质空间。虽然这些酶能提供电子给长链 UQ、UQ_6 或 UQ_9，以及短链 UQ_1 或 UQ_2，但仅有 C 端区域将电子转移给 UQ。不像 GDH，GADH 和 2KGDH 有三个亚单位复合体，包括黄素蛋白和细胞色素 c。

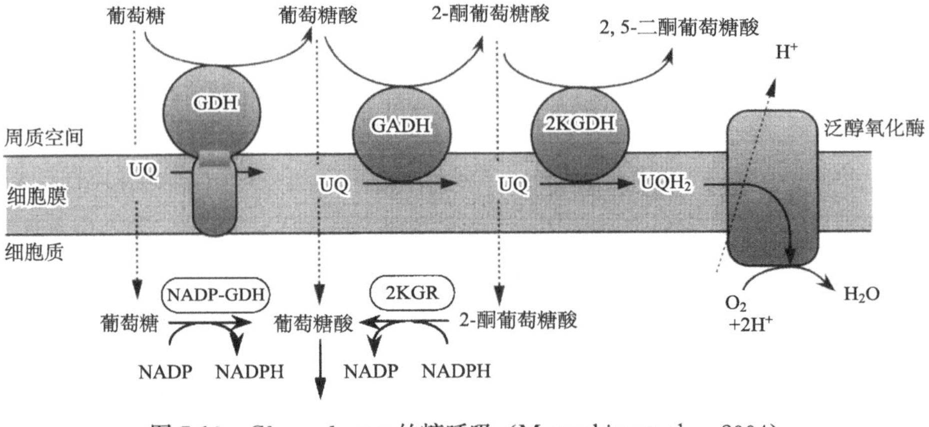

图 7-10 *Gluconobacter* 的糖呼吸（Matsushita et al.，2004）

（三）多元醇呼吸链和其他糖呼吸链

几乎所有的 *Gluconobacter* 对糖醇，特别是甘油都有高的"氧化性发酵"能力，最典型的是甘油转化为二羟基丙酮的例子。另外，*Gluconobacter* 还能氧化糖醇，如 D-山梨醇、D-甘露醇和 D-阿拉伯糖醇为相应的 L-山梨醇、D-果糖和 D-木糖。上述转化都是由不同的酶完成，从 *G. suboxydans* 中分离纯化了阿拉伯醇脱氢酶和山梨醇脱氢酶，这两种酶表现出相同的分子特性和底物专一性，说明糖醇脱氢酶中功能相同的酶是由相同的基因决定的。

（四）氧化反应和产能之间的关系

醋酸菌能在细胞外产生大量的氧化性产物。氧化反应是通过醇和糖氧化系统与呼吸链偶合进行的。在呼吸链中，透过细胞质膜的电子转移产生质子梯度，最终形成细胞生长的 ATP 和其他物质。作为一般规律，形成的质子梯度通过反馈调节抑制电子传递，因此，呼吸链快速的氧化反应会干扰自身的电子转移，这对机体是不利的。有两种方法可解决这种不利情况：一种是至少在部分呼吸链上有无能量产生的通道；另一种是在呼吸链上电子的转移和能量的合成是非偶合的。

有人认为 *Gluconobacter* 的呼吸链中有非能量产生的氰化物非敏感支路系统，乙醇和糖快速氧化的同时，只有很少的能量产生，不会干扰电子的传递。事实上，*G. suboxydans* 的支路氧化酶系统，在胞外低 pH 的条件下，支路氧化酶系统是增强的，产生大量的氧化产物。

在 *Acetobacter* 中，醋酸的产生、电子转移和能量产生是非偶合的，不像 *Gluconobacter* 那样没有非能量产生支路途径。醋酸菌可在相对较高浓度的醋酸中生长，估计醋酸是强的解偶联剂和杀菌剂，可促进乙醇和糖的氧化。

第三节　醋酸菌对醋酸的过氧化作用

当发酵液中溶解氧充足、缺乏乙醇时，*Acetobacter* 和 *Gluconacetobacter* 通过三羧酸循环，氧化醋酸成 CO_2 和水，将此过程称为醋酸过氧化（acetate overoxidation）。

Gluconobacter 无此现象，因为该菌无三羧酸循环中的 α-酮戊二酸脱氢酶和琥珀酸脱氢酶的功能，只能氧化乙醇为醋酸。Matsushita 等认为，*A. aceti* 在乙醇培养基中的生长分为三个阶段。第一阶段，*A. aceti* 完全氧化乙醇成醋酸进行生长（乙醇氧化阶段）；第二阶段，菌体停止生长，有大量活细胞，但数量逐渐下降（第一稳定阶段）；第三阶段，菌体利用醋酸重新生长（氧化醋酸阶段）。第一阶段和第二阶段中醋酸菌对醋酸有抗性，不能利用醋酸进行细胞增殖，如图 7-11 所示。

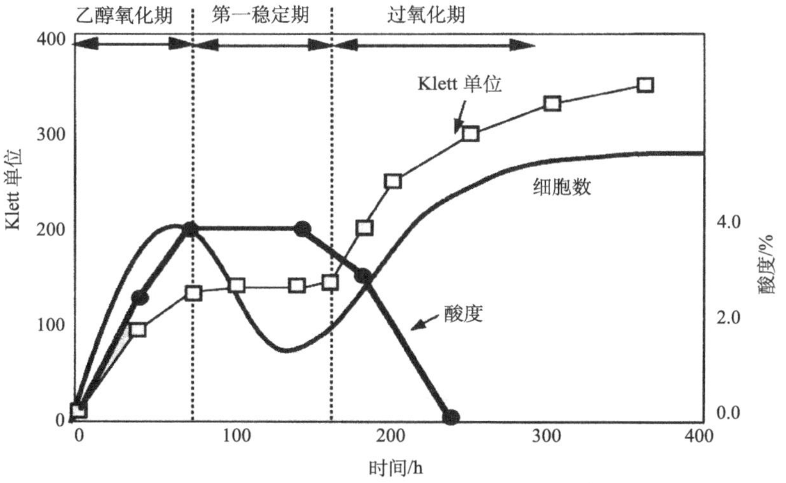

图 7-11　*Acetobacter* 用乙醇培养的生长曲线

醋酸菌的醋酸过氧化作用是醋酸菌维持生命的正常生理需要，但在食醋生产中是不希望发生的。许多人对食醋的过氧化进行了研究。Saeki 报道，特别是在热带和亚热带国家无温度控制的食醋酿造中，过氧化问题是非常严重的。中国食醋常用固态法发酵，由于醋醅中的乙醇和醋酸浓度不易控制，较液态发酵醋酸的氧化作用更易发生，出现“烧醅”，其明显特征是倒醅后醋醅出现二次升温，反应剧烈，酸度迅速下降，最终醋醅无酸味或酸度低，有异味，颜色深且发暗，淋出的醋汁发混。

一、醋酸菌的过氧化作用机制

醋酸菌氧化醋酸主要是靠 TCA 循环和乙醛酸循环来完成的。

醋酸菌在没有乙醇的情况下，$NADPH_2$ 和 $NADH_2$ 的抑制作用解除，乙酰-CoA 合成酶被激活，从而使发酵液中的醋酸在该酶的作用下生成乙酰-CoA 进入 TCA 循环彻底氧化成 CO_2 和 H_2O，并释放出大量热量。Seaki 等发现，当培养基中所有的有效碳和能源被耗尽时，只剩下醋酸菌在培养过程中产生的醋酸，处在稳定期的醋酸菌开始氧化醋酸作为能源，此时醋酸菌生长很快，当培养基中存在乙醇或其他有效碳源时，醋酸菌在氧化乙醇或其他碳源时，对醋酸的氧化不是很明显。从酶学角度分析，利用醋酸形成的乙酰-CoA 中，乙酰-CoA 合成酶数量增加，同时在细胞利用醋酸时，异柠檬裂合酶和苹果酸合成酶的活性增强，由此推断，醋酸在乙酰-CoA 合成酶的作用下转化为乙酰-CoA，使醋酸进入到 TCA 和乙醛酸循环中，保证细菌在乙醇消耗完后能快速生长。

二、影响醋酸菌过氧化作用的因素及其控制

（一）醋酸菌种类

Gluconobacter 和 *Acetobacter* 两个属的菌相比较，前者因不能进行 TCA 循环，故不能进行醋酸的氧化作用；后者是食醋酿造的主要微生物，对醋酸有很强的氧化作用，且 *Acetobacter* 的不同种间氧化醋酸的能力也不尽相同。如图 7-12 所示，研究 *A. rancens* 和 *A. aceti* 两种常见醋酸菌中酶对醋酸过氧化作用的影响，*A. rancens* 在第二阶段生长中对醋酸有很强的氧化力，生物量迅速增加，而 *A. aceti* 无此功能。在氧化

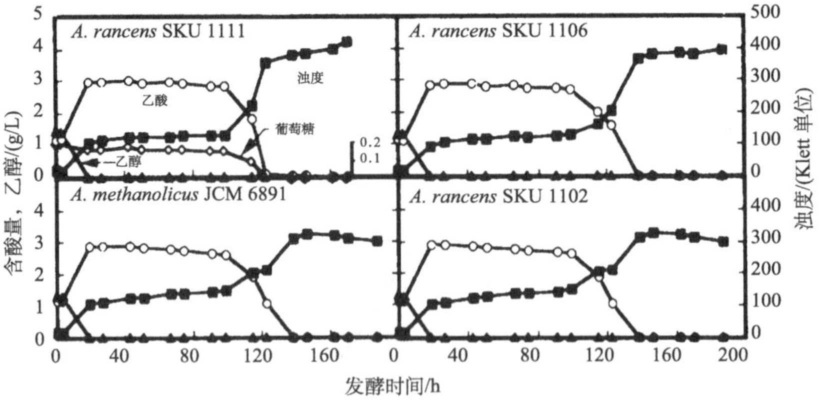

图 7-12　醋酸菌的生长和过氧化作用（Saeki et al.，1997）

醋酸时，机体乙酰-CoA 合成酶和磷酰转移酰化酶的活性明显增加。在甘油代谢中添加微量乙酰-CoA，可促进磷酸烯醇式丙酮酸羧化酶的活性，*A. rancens* 的磷酸烯醇式羧化酶在乙酰-CoA 存在时呈 S 型饱和曲线，因此认为醋酸的过氧化作用是由乙酰-CoA 合成酶或磷酸转运酰合酶与磷酸丙酮酸羧化酶共同作用的结果。研究证实 *A. rancens* 能在乙醇中生长，酶氧化醋酸的比活性高于氧化乙醇的细胞。

（二）醋酸和乙醇浓度

基质中乙醇和醋酸含量的高低决定着过氧化反应能否发生，当底物醋酸和乙醇浓度的和较高时，过氧化反应就不易发生。Jucker 发现，用乙醇培养的 *A. aceti* 和用醋酸培养的 *A. aceti* 有一定的差别。在乙醇中生长的细胞不氧化醋酸，能被乙醇完全抑制，但在醋酸中生长的细胞用乙醇抑制醋酸的氧化，乙醇浓度要达到 20%；在乙醇中生长的细胞，膜连接型的 NAD（P）$^+$非依赖型乙醇脱氢酶的比活性在醋酸中生长的细胞高 65 倍；相反，在醋酸中生长的细胞的醋酸呼吸速率比在乙醇中生长的细胞高出 3 倍，一些三羧酸循环酶比活也高出 3 倍。

许多人研究认为在食醋中醋酸浓度＞4.5%时，无明显的过氧化作用发生。对大多数筛选的醋酸菌种实验发现，醋酸菌过氧化作用在醋酸浓度低于 3.7%时发生。

经实验研究表明，当底物总浓度（乙醇和醋酸浓度之和）达到 12%时，就会抑制醋酸菌的生长和发酵；当底物浓度为 5%～6%时，就会发生氧化反应。因此，把底物的总浓度控制在 9%～10%时，既能使醋酸菌正常生长和发酵，又能够控制过氧化反应的发生。

在中国谷物食醋生产中，若用瓷缸固态发酵食醋时，醋醅中有 2%以上的乙醇含量便能有效地抑制过度氧化的发生。翻缸过程中，翻前三遍缸时，由于醋化不彻底，料中一般剩余 2%以上的乙醇，过度氧化反应受到有效抑制，因而很少“跑醋”，这样的缸一般可存放 3～5 天而不“上温”、不“跑醋”；而在第三遍翻缸以后，料中乙醇含量一般已降至 1%以下，则很容易“跑醋”了。

（三）基质中的营养物质

基质中的糖、氨基酸和其他生长因子越丰富，过氧化反应就越易发生。营养物质主要是补充了醋酸菌因进行氧化反应时合成细胞物质的能力所受到的影响，使醋酸菌保持较高的活力。一部分 *Acetobacter* 属的醋液菌在生长后期，培养基中缺乏碳源和能源，只有醋酸存在时，会将它作为碳源被消耗，若在培养基中添加甘油，可促进 *A. rancens* 氧化醋酸。当醋酸菌代谢唯一的碳源和能源为醋酸时，氧化醋酸会有一个很长的延滞期，添加一些容易利用的碳源，如乙醇，可缩短延滞期。

（四）发酵温度

醋酸菌正常生长温度约为 30℃，温度低时氧化乙醇和氧化醋酸的速度就慢，温度高时氧化乙醇和氧化醋酸的速度就加快。谷物食醋固态发酵时，乙醇发酵结束后转入醋酸发酵，从醋酸发酵开始就应注意醅温的变化，特别是上层的醅温。由于上层的醅直接接触空气，醋酸发酵快，乙醇耗用也快，因此氧化反应也易于发生。生产中一旦发现醋醅醅温上升停止并稍有降温时，就应立即倒醅，以防止“二次升温”，即氧化反应发生。

（五）氧含量

醋酸菌是好氧菌，不论是氧化乙醇还是氧化醋酸，都需要在有氧情况下才能进行。因此，氧含量的高低影响醋酸的氧化反应的速度。氧充足时，氧化反应速度加快；氧缺乏时，氧化反应会受到抑制。无论是液态发酵还是固态发酵食醋，通过控制醪液或醅中的氧含量，均可有效防止醋酸的进一步氧化。液态发酵可采用停止供氧措施，固态发酵采用封醅和上盖密封等技术。

（六）食盐

食盐能抑制醋酸菌的生长繁殖。当食盐浓度达到1%时，就可抑制其生长；超过2%时，就可完全抑制醋酸菌的活动。中国食醋，特别是固态发酵好的醋醅，需要长时间陈酿，均在醋醅中添加食盐，一方面可保存醋醅，另一方面用来防止醋酸菌对醋酸的进一步氧化。

（七）激活剂

研究发现二磷酸吡啶核苷酸（添加 10^{-6} g/ml）、丙酮酸（添加 10^{-3} g/ml）可激活醋酸菌进行过氧化反应，琥珀酸会引起氧化反应的进行。

第四节　醋酸菌的耐酸性和耐酸机理

在食醋生产中，醋酸是抑制醋酸菌产酸的关键因素。由于过量醋酸的作用，醋酸菌氧化乙醇、生成醋酸的能力，以及对醋酸的抗性都会减弱甚至丧失，致使发酵失败。因此，醋酸菌耐酸的生化机制引起了许多研究者的浓厚兴趣，因为研究醋酸菌耐酸的机理对于提高食醋生产工业的产量和探究微生物抵抗不良环境的生命机制有重要的实际和理论意义。

一、醋酸菌的耐酸性

Trcěk 研究发现，有些醋酸菌不耐酸，如 *Asaia* 和 *Saccharibacter*；有些醋酸菌耐酸，如 *Ga. europaeus*、*Ga. intermedius*、*Ga. oboediens*、*Ga. entanii*。传统自然发酵的食醋中的优势菌和主要菌为 *A. aceti* 和 *A. pasteurianus*，其耐酸性介于这两者之间，最高耐酸浓度6%（*V*/*V*）。几种醋酸菌的耐酸浓度见表7-4。

Ga. europaeus 菌对醋酸表现出很强的抵抗性，能生长在7a3e（7%醋酸，3%乙醇）的培养基中，*A. pasteurianus* 只能生长在3a3e的培养基中，但它的延缓期却是 *Ga. europaeus* 的2倍，为4天。将培养基的醋酸浓度提高至4a3e后 *A. pasteurianus* 生长缓慢，当酸度增加至5.5%时，已停止生长，*Ga. europaeus* 却在同样条件下生长良好。虽然 *A. pasteurianus* 能过氧化醋酸，但在3a3e的培养基中不能进行，而 *Ga. europaeus*

表 7-4　醋酸菌的耐酸浓度

醋酸菌	醋酸浓度（V/V）/%
Ga. europaeus V3（LMG 18494）	10
Ga. europaeus JK2（DSM 13109）	8
Ga. intermedius JK3（DSM 13111）	6
A. pasteurianus（KKP 584）	6

却能正常进行。在相同培养基中，*Ga. europaeus* 在乙醇未消耗完时就能代谢葡萄糖，乙醇消耗完 2 天开始过氧化醋酸。另外 *Ga. europaeus* 产酸时，产酸率缓慢增加的同时，菌体在培养基中的比生长率却是降低的。

二、醋酸菌耐酸机理

有报道称，醋酸浓度高于 0.5%（V/V）时，就会对细菌细胞产生毒素。其原因是未解离的亲脂性分子会穿过细胞膜渗透到细胞中，细胞内分子的解离致使更多的醋酸根离子产生，细胞内的 pH 下降，破坏了跨膜质子梯度和产物代谢的解偶联，但醋酸菌是一种例外。醋酸菌在接近中性 pH 时，如 pH6.5，能产生浓度大于 3mol/L 的醋酸根离子，胞外浓度却低于 0.4mol/L。*A. aceti* 菌体只能保持一很窄的 pH 变化幅度，当细胞剩余大量的阴离子（醋酸根）时，细胞被抑制。抗酸性菌株醋酸根离子浓度低于野生型菌株。醋酸菌从生理上有两个不同的抗酸阶段：①氧化乙醇成醋酸的乙醇氧化阶段；②氧化醋酸成 CO_2 和 H_2O 的过氧化阶段。研究发现，醋酸菌耐酸的生化机理是十分复杂的，细胞中的许多组分与醋酸菌耐酸能力有密切的关系。

（一）ADH 的耐酸性

Ga. europaeus 是已发现的工业用醋酸菌中最为耐酸的菌之一。在乙醇发酵醋的过程中，其细胞同时置于乙醇和醋酸两种刺激物中，尤其是半连续醋酸发酵，每一次在补充的发酵料中都含有一定量的醋酸，即使如此，该菌还能产生大量的醋酸。耐酸的 *Ga. europaeus* 与 *A. pasteurianus* 相比，前者有短的菌体生长延缓期。*Ga. europaeus* 细胞中的 PQQ 依赖型 ADH 活性是 *A. pasteurianus* 的两倍。无醋酸存在时，将 *A. pasteurianus*、*Ga. europaeus* 和 *Ga. intermedius* 的 ADH 纯化，发现三种菌的 ADH 比活性基本相同；在有醋酸存在时，*A. pasteurianus* 和 *Ga. intermedius* 的 ADH 比活性迅速下降，但 *Ga. europaeus* 仍维持一定的活性。

从图 7-13 可知，*Ga. europaeus* 与 *A. pasteurianus* 和 *Ga. intermedius* 相比较，其 ADH 对酸的耐性更强。*Ga. europaeus* 的 ADH 在 10mmol/L KPB、含 14%的醋酸中 4℃保温 30min，酶活性仍保存 2.7%；而 *A. pasteurianus* 和 *Ga. intermedius* 的 ADH 在 12%醋酸中活性全部丧失。在 10% 醋酸中，*Ga. intermedius* 的 ADH 活性保持原活性的 15%，*A. pasteurianus* 仅存 2.3%，说明 *Ga. europaeus* 的 ADH 比其他醋酸菌有更高的活性和醋酸稳定性。

Mutsushita 等提出，醋酸菌对醋酸的抗性机理是受能量控制的。当细胞缺乏 ADH

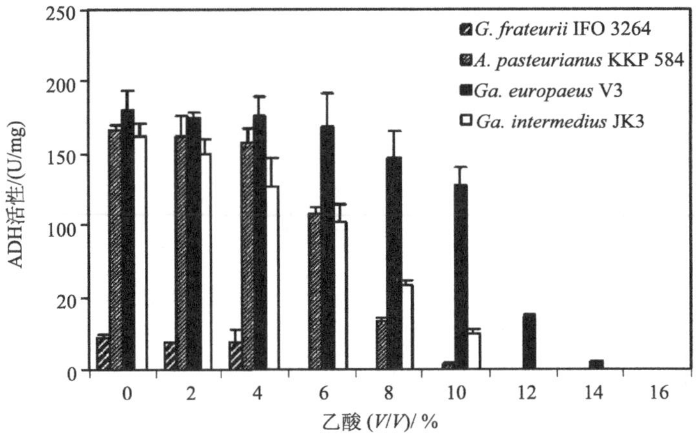

醋酸 (V/V)/ %	0	2	4	6	8	10	12	16	18
pH	6.0	2.9	2.7	2.5	2.4	2.3	2.3	2.2	2.2

图 7-13　*Gluconacetobacter*、*Acetobacter* 和 *Gluconobacter* 的 ADH 酸稳定性比较（Trcěk et al.，2006）

时，导致乙醇氧化失败，细胞的 ADH 突变后，对醋酸丧失抗性；还认为醋酸菌的呼吸属于非偶合型，乙醇的氧化反应速度很快，不被呼吸产生的质子梯度干扰。

（二）细胞形态变化与耐酸性

醋酸对醋酸菌的形态有一定的影响力。醋酸导致细胞形态发生变化，减少醋酸被动扩散进入细胞的有效面积，加入乙醇、醋酸后，细胞由原来的短圆形变成长条形，细胞表面覆盖海绵层。但实验发现，*A. pasteurianus* 在醋酸中的生长形态却没有多大的变化。细胞表面覆盖海绵层，如图 7-14。

（三）细胞组成与耐酸性

Russell 和 Diez-Gonzalaz 认为在高 pH 的菌体细胞质中，质子化的酸更容易渗透细胞膜，在细胞内部溶解，其产物特别是 H^+ 对细胞有毒性。在醋生产中，细胞一方面利用培养基中的乙醇，另一方面还要遭受乙醇产生的酸的毒害。细胞产生的酸通过流动泵（efflux pump）扩散到细胞质中，并从细胞内转移到细胞外。靠流动系统作用，细胞在膜上能适应高浓度醋酸，并防止醋酸扩散到细胞质中。磷脂是调节细胞膜渗透的基本成分。在 *Ga. europaeus*、*Acetobacter*、*Gluconobacter* 中主要的磷脂为卵磷脂、磷脂酰甘油。磷脂酰甘油不仅与细胞膜的完整性有关，而且还参与了其他活动，如在 *E. coli* 中与初始 DNA 复制有关。在醋酸中生长的 *Ga. europaeus*，磷脂含量相对下降，引起能转运脂溶性分子如醋酸的区域减少，这如同 *E. coli* 在乙醇中生长，磷脂含量是对照的一半，使膜中磷脂/蛋白质比率下降，膜刚性增强。另外，醋酸菌在 3%（*V/V*）的醋酸中生长，无极性糖脂类物质在细胞中增加，增强了细胞的疏水性。

Trcěk 等研究了耐酸性菌（>10%）*Ga. europaeus* 的脂肪组成，结果表明，醋酸

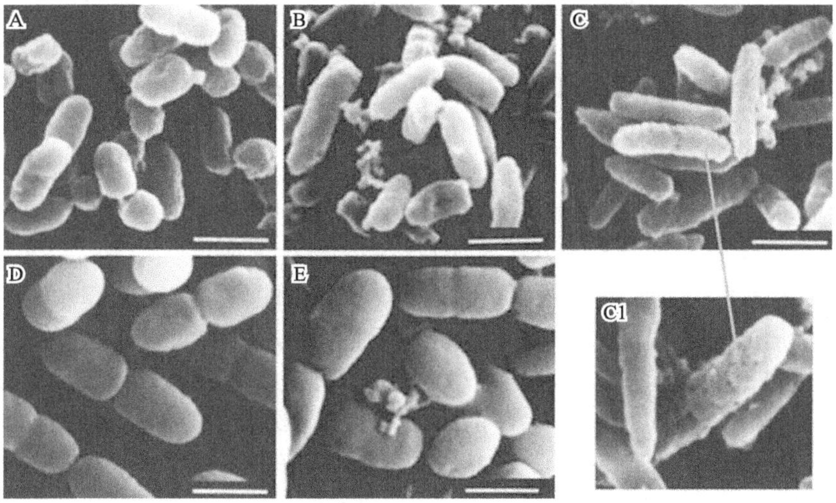

图 7-14 醋酸菌电镜扫描图（Trček et al.，2007）

A. *Ga. europaeus* V3 生长在不含醋酸和乙醇的 RAE 培养基中；B. *Ga. europaeus* V3 生长在含 3%（V/V）醋酸和 3%（V/V）乙醇的 RAE 培养基中；C. *Ga. europaeus* V3 生长在含 7%（V/V）醋酸和 3%（V/V）乙醇的 RAE 培养基中；C1 是细胞 C 的放大；D. *A. pasteurianus* KKP 584 生长在不含醋酸和乙醇的 RAE 培养基中；E. *A. pasteurianus* KKP 584 生长在含 3%（V/V）醋酸和 3%（V/V）乙醇的 RAE 培养基中。标尺=1μm

浓度超过 10%时，醋酸菌细胞的总脂肪酸发生变化，不饱和脂肪酸和顺式-十八碳烯酸增加，在含 3%的醋酸培养基中培养的醋酸菌，磷脂酰甘油增加了 7.3 倍，而磷脂酰乙醇胺下降了 2.7 倍。细胞由原来的短圆形变成长条型，细胞表面覆盖海绵层。当醋酸从 1%增加 2%时，PQQ 依赖型的乙醇脱氢酶表达。在 *Ga. europaeus* 中，含有很高浓度的顺式-十八碳烯酸不饱和脂肪酸，在培养液中增加醋酸或产生醋酸时，顺式不饱和脂肪酸的含量就会增加。耐酸性的 *Ga. europaeus* V_3 和 *Ga. intermedius* 的 PQQ-ADH 活性是耐酸性一般的 *A. pasteurianus* KKP584 的两倍。

（四）蛋白质与耐酸性

Nakano 研究 *A. aceti* 的耐酸性与蛋白质之间的关系，发现醋酸能诱导产生一种 60kDa 的蛋白质，将其命名为 aatA，它由 591 个氨基酸组成，含有 ATP 连接盒式序列和醋酸菌信号序列，属于转运家族。在 *aatA* 基因编码区域，将新霉素抗性基因插入到 *aatA* 基因中，基因突变株耐醋酸、富马酸、丙酸和乳酸的性能降低，但是 *aatA* 以外基因的突变株对柠檬酸、药物的抗性在低 pH 条件下生长（醋酸造成）没有受到影响。将 *aatA* 基因中含有的质粒 pABC101（受 *E. coli* 乳糖操纵子控制）插入到 *aatA* 突变株中，可恢复对醋酸的抗性。另外，在 *E. coli* 中存在 pABC101，也可增加耐醋酸性，认为蛋白质 aatA 对宿主细胞的耐酸性起主要作用。

Lasko 等比较了 *A. aceti* 和 *G. oxydans* 对酸作用的蛋白质，发现 8 种特殊性应激蛋白（APS）与菌体的抗酸性有关。APS 的分子质量在 20～60kDa，等电点在 4～7。

Steiner 等研究认为，*A. aceti* 的耐酸性与醋酸诱导产生的 50 种蛋白质有关。将这些高表达的蛋白质分为三类：①醋酸适应性蛋白，在分批培养和连续培养中由醋酸诱导产生的蛋白质；②醋酸诱导蛋白，在分批培养或者链接培养产生的蛋白质；③一般应激蛋白。Nakano 等发现，TCA 循环中的顺乌头酸酶和假设的醋酸菌转移子作为两种蛋白质，都与 *A. aceti* 的耐酸性有关；认为 *A. aceti* 能复制更多的顺乌头酸酶基因（过量表达），产生更多的醋酸，与原来菌株相比，对醋酸更具有抗性。很明显，顺乌头酸酶的增加使胞内醋酸大量消耗和脱毒，促使细胞对酸的抗性增加。

Nakano 等研究认为醋酸菌的耐酸性、醋酸过氧化性与醋酸菌中存在醋酸菌转移子（ABC transporter）有关，它将胞内醋酸转移至胞外，产生的醋酸通过 TCA 循环代谢，或通过假定的醋酸菌转运子和由流出泵形成的质子推动力将醋酸输送到细胞外，醋酸菌转移子的能量来源于 ADH 和 ALDH 的作用。醋酸菌细胞质内的酶对酸有固有的抗性，同时应激蛋白，如 GroES 和 GroEL 也对这些酶有很好的保护作用，可预防变性。

从蛋白质代谢分析，*Acetobacter* 和 *Gluconobacter* 长时间或短时间处在醋酸中，都会合成大量的蛋白质。这些蛋白质不同于经过热激等方法处理产生的蛋白质，被认为是醋酸适应性蛋白，对细胞有利。这些蛋白质可能与细胞膜和转运有联系。

（五）醋酸菌的变异与耐酸性

醋酸是抑制醋酸菌产酸的关键因素。在食醋生产中，由于醋酸作用，醋酸菌的自然变异常致使乙醇的氧化、醋酸生成和对醋酸的抗性丧失，发酵失败。

1982 年，Ohmori 发现 *A. aceti* 的乙醇氧化呼吸链的不稳定性。醋酸菌有很高的自然变异性，致使对醋酸的耐受性、乙醇的氧化性和纤维素的形成等生理特性丧失，这主要是由于基因的不稳定性造成的。

在 *A. aceti* 振荡培养中，当培养基的醋酸浓度超过 6%时，瞬间缺氧会导致产生醋酸能力的丧失（使用乙醇培养基），同时氧不足会使细胞结构遭到破坏。同样，若振荡培养时间延长，*A. aceti* 的氧化乙醇和对醋酸耐性降低的细胞比例增多。虽然自然变异频率较低，但长时间的通风会使醋酸菌氧化乙醇的能力下降，乙醇或醋酸产物可能是变异的原因。

Takemura 等确证了 *A. pasteurianus* 的变异现象，在长时间的含乙醇培养基中振荡培养，自然变异导致菌株缺失乙醇氧化能力。随着醋酸菌高浓度醋酸积累的加剧，活细胞从 10^9 个/ml 下降到 10^3 个/ml 以下，出现缺失性变异的频率更高。变异都是 ADH 活性完全散失，伴随着乙醇氧化的缺失，对醋酸的耐受力下降。*A. pasteurianus* 发生变异后，ADH 的细胞色素 c 亚基基因中插入了 1.5kb DNA 片段Ⅰ S1380。现已证实，将Ⅰ S1380 转运到另外相关的 ADH 基因中，也可致使缺失乙醇氧化。同样，Ⅰ S 插入序列导致 *Ga. xylinum* 自然缺失变异，不能合成纤维素。

大部分突变菌株表现出对醋酸的抵抗性下降、乙醇的氧化性和耐热性同时降低的特性。一些醋酸菌株在完全丧失 ADH 活性时，ALDH 活性也完全丧失。但也发现，有的醋酸菌突变菌株尽管保存 ADH 和 ALDH 的活性，但乙醇氧化能力却完全丧失。

根据分析，醋酸菌的耐酸性由基因簇组成，至少与 *aarA*、*aarB* 和 *aarC* 三个基因有关。

如图 7-15 所示，基因 *aarA* 编码 436 个氨基酸的蛋白质，生成进行 TCA 循环的柠檬酸合成酶，它的序列与 *E. coli* 及其他菌中的柠檬酸合成酶基因序列有很高的同源性。实验证实，突变株缺乏柠檬酸合成酶活性，将 *aarA* 基因导入后，其活性恢复。基因 *aarC* 编码 492 个氨基酸的蛋白质，参与醋酸（盐）水解，它与 *Neurospora crassa acu*-8 基因产物有明显的相似性。干扰 *A. aceti* 的染色体基因，会导致对醋酸的抗性和利用醋酸的能力明显下降，将 *aarC* 基因导入后，这两种功能会恢复。基因 *aarB* 的作用目前研究得还不甚清楚。

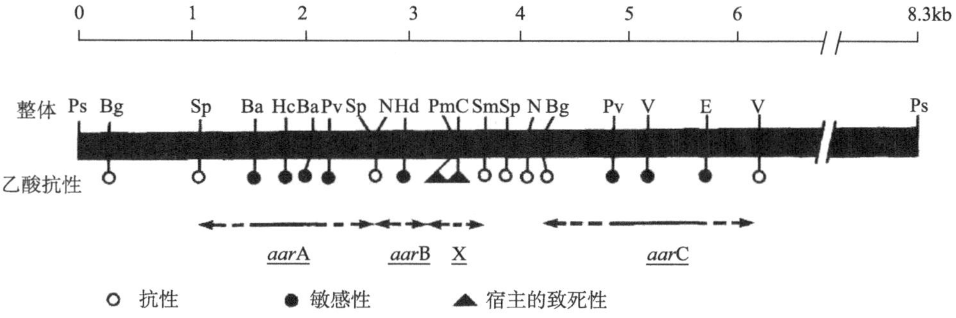

图 7-15　*A. aceti* 1023 DNA 的限制性酶切图（Fukaya et al.，1990）

Ba，*Bal* Ⅰ；Bg，*Bgl* Ⅱ；C，*Cla* Ⅰ；E，*Eco*R Ⅰ；Hc，*Hinc*Ⅱ；Hd，*Hind*Ⅲ；N，*Nsi* Ⅰ；Pm，*Pma* Ⅰ；Ps，*Pst* Ⅰ；Pv，*Pvu* Ⅱ；Sm，*Sma* Ⅰ；Sp，*Sph* Ⅰ；E，*Eco*R Ⅰ

根据上述研究，Matsushita 和 Nakano 认为醋酸流系统是醋酸菌在乙醇氧化阶段耐酸的主要机理。醋酸菌存在两种类型的转运子（ABC transporter）：质子移动力决定的醋酸流系统和醋酸菌转运子。他们提出 *A. aceti* 耐酸机理“质子推动力决定的流出系统”，该系统对质子载体和离子载体敏感。这些载体提供质子和离子梯度，因此，醋酸流通过质子移动力被能量化。

第五节　醋酸菌的耐热性和耐热机理

醋酸菌生长和发酵时对温度的要求极其严格，常用的一些醋酸菌，无论是表面静态发酵还是深层通气发酵醋酸，最适温度在 30℃左右。若温度提高 2～3℃，都会致使醋酸发酵终止或发酵速率下降。在深层通气发酵中，由于大量的发酵生物热的产生，造成冷却耗费昂贵，特别是一些年平均气温较高的炎热国家，用耐高温的醋酸菌发酵食醋意义重大。若有适宜的醋酸菌能在 37～40℃生长、发酵，可大大减低冷却成本。

在 37～40℃生长的嗜热型醋酸菌，根据表型和生理特点，如快速氧化乙醇、快速醋酸氧化、纤维素的形成、在 8%乙醇或 3%醋酸生长等进行分类。目前主要分离并分类的嗜热型醋酸菌有 *A. rancens* subsp. *pasteurianus*、*A. lovaniensis* subsp. *lovaniensis*、*A. aceti* subsp. *liquefaciens* 和 *Ga. xylinum* subsp. *xylinum*，这些菌株生长温度可达

40℃。一些嗜温型醋酸菌在2%的醋酸环境中，当升高温度时生长受到限制；嗜热型醋酸菌在初始醋酸浓度为4%时，仍能在高温环境中氧化乙醇为醋酸，这类菌能在乙醇浓度达9%时生长无延滞期，而嗜温型醋酸菌此时已不能进行正常的工作。

食醋高温醋酸发酵已在深层通气发酵和表面静态发酵中有应用。用耐热型醋酸菌进行连续醋酸发酵，其发酵速率是用中温醋酸菌发酵的2～3倍。研究表明，醋酸菌在静态培养（static culture）中，其耐热性高于深层培养。有研究认为，无论是感官分析还是化学检测，用嗜热型醋酸菌生产的食醋的风味、口感与嗜温型醋酸菌差异不大。

图7-16中实验菌 *A. rancens* SKU 1108 为嗜热型，*A. rancens* IFO 3289 和 *A. aceti* IFO 3283 为嗜温型。发酵培养基为：0.2%酵母提取物，0.2%蛋白胨，1%醋酸（*V/V*），4%乙醇（*V/V*），搅拌速率1000r/min，通气量0.2 VVm，发酵温度37℃。*A. rancens* SKU 1108 在37℃能正常发酵产生醋酸，嗜温型的菌 *A. rancens* IFO 3289 的乙醇氧化推迟10h，而 *A. aceti* IFO 3283 在37℃几乎不能生长。

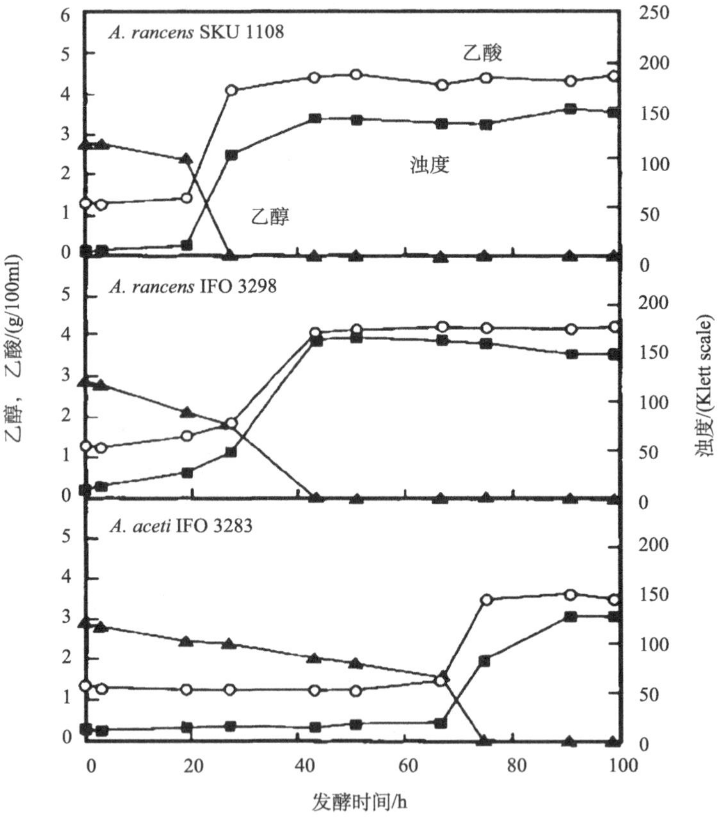

图7-16　嗜热型醋酸菌与嗜温型醋酸菌发酵效果的比较（Kanchanarach，2009）

此外，许多学者想用热醋酸梭菌（*Clostridium thermoaceticum*）生产食醋。该菌可直接将葡萄糖转变为醋酸，只需要单个生物反应器就能进行，发酵所需温度为55～60℃，在醋酸发酵时可产生大量其他有机酸等副产物。但热醋酸梭菌不耐醋酸，将糖转化为醋酸的能力很弱，且生成醋酸少，只能生成低浓度醋液。目前还未将该菌应用于生产上。

Saeki 等研究了嗜热醋酸杆菌氧化醋酸的酶作用机理，几种菌株均属于 *Acetobacter* 属，都有很强的氧化醋酸变成 H_2O 和 CO_2 的能力。嗜热型的 *A. rancens* SKU 生长表现出典型的两阶段生长曲线，氧化醋酸时能快速生长，而嗜温型的 *A. aceti* IFO 3284 对醋酸氧化能力就比较弱。嗜热型醋酸菌培养时，伴随着醋酸的氧化，甘油生成量增加，使其第二阶段的醋酸菌生物量增加。酶学研究发现，当醋酸氧化时，乙酰-CoA 和磷酸转乙酰酶（EC 2. 3. 1. 8）活性明显升高。在甘油分解代谢的酶中，磷酸烯醇式丙酮酸羧化酶（EC 4. 1. 1. 31）被微量的乙酰-CoA 激活。从 *A. rancens* SKU 纯化的磷酸烯醇式丙酮酸羧化酶，在米氏方程动力学方程中和乙酰-CoA 呈“S”形饱和曲线，认为乙酰-CoA 的形成与乙酰-CoA 合成酶和（或）磷酸转乙酰酶、磷酸烯醇式丙酮酸羧化酶的激活有关。

日本学者 Kanchanarach 等分离出的嗜热型 *A. pasteurianus* MSU10 醋酸菌株，能在 41℃条件下的琼脂平板上生长，在 39℃含 1. 5%醋酸和 4%的乙醇中生长，在 37℃含 6%乙醇的培养基中有很强的产醋酸能力，而嗜温型的标准菌株 *A. pasteurianus* IFO3191 在 37℃含 4%乙醇中生长缓慢且产酸能力很弱。比较这两种菌的 ADH 发现，嗜热型菌株 MSU10 的 ADH 较嗜温型菌的最适反应温度高，有很好的热稳定性。另外，MSU10 的 ADH 在高温下对乙醇和醋酸的忍耐性也较强。进一步分析了 ADH 的亚基Ⅰ、Ⅱ和Ⅲ，认为嗜温型和嗜热型的菌亚基的氨基酸片段是有差别的。

第六节　食醋醋酸发酵与菌膜形成

在食醋的醋酸发酵过程中，特别是表面静态醋酸发酵或滴淋发酵，会在醋液表面形成一层薄膜，随着发酵时间的延长，薄膜逐渐变厚，将此膜称为菌膜（pellicle），有些食醋厂称“菌盖”，如图 7-17 所示。食醋醋酸发酵过程中，菌膜的形成直接影响食醋醋酸发酵的速度、食醋品质和生产得率。有关菌膜形成对食醋发酵的影响研究主要集中于两个方面。①不利于醋酸发酵。首先，大量的研究报道，醋酸菌产生的菌膜组成成分主要为纤维素和胞外多糖，形成这些物质时菌体会消耗培养基中的营养物质，特别是碳源和氮源，减少食醋的产量，降低发酵液的醋酸酸度；其次，用滴淋发酵法发酵食醋时，在填充物表面或空隙之间会形成大量的菌膜，阻碍醋液的流动，减低醋液的溶氧量，严重时会堵塞填充物导致发酵失败。用液态深层发酵法发酵食醋时，由于菌膜的形成，发酵液变得黏稠不易流动，增加搅拌功率，减低发酵液的溶氧量；最后，醋液中菌膜的形成会影响食醋的过滤和澄清。因此酒精醋的生产中应严格控制食醋菌膜的形成。醋酸菌的菌膜会大量吸食醋液，在发酵过程中减少醋液体积，须打捞醋膜并将其中的醋液淋出；其还会造成环境污染，产生大量废弃物，导致醋醅更换频繁等问题，这将会加大醋酸生产的成本。②有利于醋酸发酵。早在中国古代的《齐民要术》中就将菌膜称为“衣”，有“……衣生，停置勿移动，挠搅之，数十日醋成衣沉”的叙述。用表面静态法酿造食醋中，如用奥尔良法生产的葡萄醋、日本福山米醋、中国封缸发酵生产小米醋、柿醋等，都会在表面生长一层由醋酸菌胞外多糖形成的菌膜。大多研究者认为，醋膜的形成可固定醋酸菌，对发酵菌种起保护作用，调节醋酸中的成分，改变有机酸的组成，减缓醋酸对醋酸菌造成的伤害。笔者认为，在表面静态发酵中菌膜的形成是发酵液正常发酵的表现，在自然发酵的食醋中，一层薄的菌膜的产生是造醋成功的标志，菌膜可控制 O_2 通透性，避免污染杂菌。

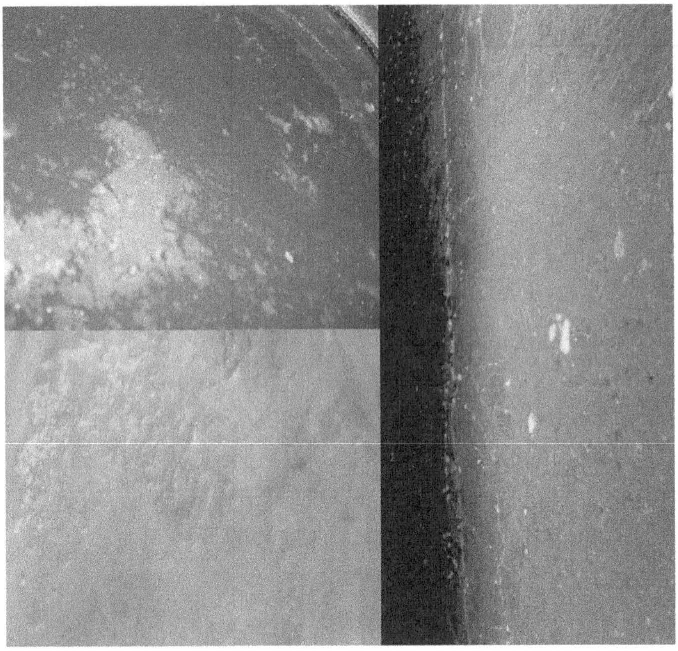

图 7-17　醋液表面的菌膜（另见图版）

一、产菌膜的醋酸菌

菌膜主要由纤维素和胞外多糖组成，据报道，真菌、细菌和藻类等许多微生物都能产生这些物质。在醋酸菌中产纤维素，即产生菌膜。研究最多的为 *Ga. xylinum*（以前为 *A. xylinum*）、*Ga. hansenii* 和 *A. pasteurianus*，其中在食醋发酵中，*Ga. xylinum* 被公认为是菌膜产生的主要菌种。Chawla 等学者总结了产菌膜的主要醋酸菌，见表 7-5。

表 7-5　醋酸菌株产生纤维素的条件和产量

微生物	碳源	营养物质	培养时间	产量/(g/L)
Ga. xylinum BRC5	葡萄糖	乙醇、氧	50h	15.30
Ga. hansenii PJK（KCTC 10505 BP）	葡萄糖	氧	48h	1.72
Ga. hansenii PJK（KCTC 10505 BP）	葡萄糖	乙醇	72h	2.50
Acetobacter sp. V6	葡萄糖	乙醇	8d	4.16
Acetobacter sp. A9	葡萄糖	乙醇	8d	15.20
Ga. xylinum BPR2001	蜜糖	无	72h	7.82
Ga. xylinum BPR2001	果糖	琼脂、氧	72h	14.10

续表

微生物	碳源	营养物质	培养时间	产量/(g/L)
Ga. xylinum BPR2001	果糖	琼脂	56h	12.00
Ga. xylinum ssp. *sucrofermentans* BPR2001	果糖	氧	52h	10.40
Ga. xylinum ssp. *sucrofermentans* BPR2001	果糖	琼脂、氧	44h	8.70
Ga. xylinum E25	葡萄糖	无	7d	3.50
Ga. xylinum (K3)	甘露糖醇	绿茶	7d	3.34
Ga. xylinum IFO 13773	葡萄糖	木质磺酸盐	7d	10.10
Ga. xylinum NUST4.1	葡萄糖	藻酸盐	5d	6.00
Gluconacetobacter sp. RKY5	葡萄糖	无	144h	5.63
联合培养 *Gluconacetobater* sp. st-60-12 和 *Lactobacillus mali* JCM1116	蔗糖	无	72h	4.20

不同醋酸菌产生菌膜的环境条件和菌膜特性不尽相同。日本学者研究表明，*A. aceti* 较 *Ga. xylinum* 产生的菌膜松散，后者形成的菌膜致密。将能产菌膜的 *A. aceti* IFO3284 分成两类：一类菌落表面光滑，称 S 菌；另一类菌落表面粗糙，称 R 菌。S 菌株能很好地生长在液态深层通气培养的醋酸发酵液中，更适合漂浮在表面静态培养发酵液和浅层振荡培养液中，R 菌株形成的菌膜多糖比 S 菌株形成的高 5 倍多。不同菌株分泌的菌膜多糖不尽相同。据推测，醋酸菌多糖的生物合成与分泌过程同时进行，醋酸菌多糖随着醋酸菌的生长，将从细胞表面间隔大约为 10nm 的微孔分泌到培养基中。*Ga. xylinus* 和 *Ga. intermedius* 产生的多糖大部分为同聚多糖，又称薄膜多糖，形成纤维素，除产生水不溶性纤维素外，还会产生水溶性杂化多糖，称为“acetan”，是含有葡萄糖、甘露糖、葡萄糖醛酸和鼠李糖单体的杂聚物，摩尔比率为 4∶1∶1∶1。*A. tropicalis* SKU1100 等菌株产生的杂化多糖是由葡萄糖、半乳糖和鼠李糖组成的胶状多糖，*A. aceti* IFO3284 分泌出由葡萄糖和鼠李糖组成的胶状多糖。醋酸菌属于 α-变形菌门，具有高频率的突变性，特别在连续转移培养后更易变异。有些产薄膜多糖的醋酸菌变异后，会失去产菌膜的能力；有些不产菌膜的菌变异后开始产菌膜。

醋酸杆菌属能够在菌体细胞表面产生薄膜多糖，其可能具有有效的耐药性，包括耐酸性。与木醋杆菌的纤维素不同，巴氏醋杆菌的 R 菌薄膜多糖具有纤维素酶的耐受性和碱敏感性。*A. tropicalis* SKU1100 作为耐热的醋酸菌菌株被分离，它分泌的薄膜多糖由葡萄糖、半乳糖和鼠李糖组成，对醋酸具有更高的抵抗性。另外，薄膜多糖具有很强的生物适应性，容易被微生物分解利用。因此，菌膜表面容易被霉菌附着生长，但醋酸菌生长于薄膜多糖中，其对黄曲霉毒素 B_1 有生物清除作用，可清除 81%的黄曲霉毒素 B_1。

二、醋酸菌合成纤维素的生化过程

以 *Ga. xylinum* 为例，醋酸菌菌膜的形成如图 7-18 所示。纤维素形成有 4 个主要的酶催反应步骤，分别是：①葡萄糖激酶催化葡萄糖的磷酸化；②6-磷酸葡萄糖在葡萄糖磷酸变位酶的催化下，通过异构作用转化成 1-磷酸葡萄糖；③焦磷酸尿苷二磷酸葡萄糖酶将 1-磷酸葡萄糖转化成尿苷二磷酸葡萄糖；④纤维素合成酶将 UDPGlc 合成纤维素。

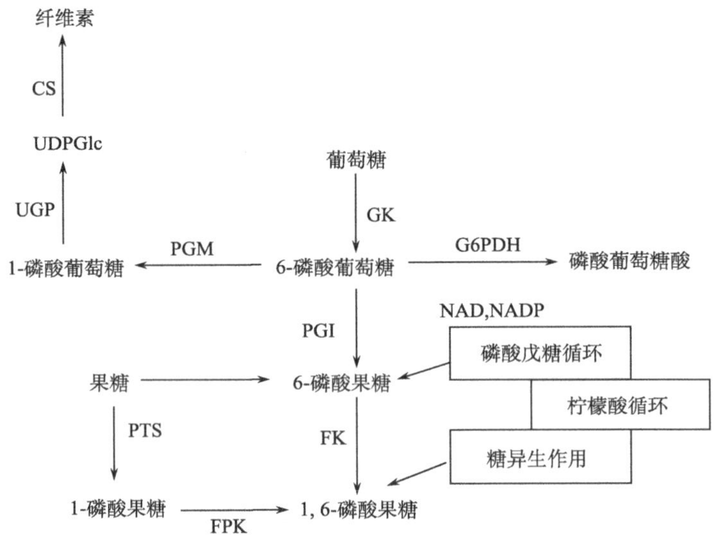

图 7-18 醋酸杆菌合成纤维素的生物途径

CS，纤维素合成酶；GK，葡萄糖激酶；FBP，果糖-1，6-二-磷酸磷酸酯酶；FK，果糖激酶；FPK，果糖-1-磷酸激酶；PGⅠ，磷酸葡萄糖异构酶；PGM，葡萄糖磷酸变位酶；PTS，磷酸转移酶系统；UGP，焦磷酸尿苷二磷酸葡萄糖酶；UDPGlc，尿苷二磷酸葡萄糖；G6PDH，6-磷酸葡萄糖脱氢酶；NAD，烟酰胺腺嘌呤二核苷酸；NADP，还原型烟酰胺腺嘌呤二核苷酸

在许多生物中，包括植物，普遍都会涉及葡萄糖经葡萄糖激酶催化磷酸化反应生成 6-磷酸葡萄糖，再经葡萄糖磷酸变位酶催化发生异构化反应，生成中间产物 1-磷酸葡萄糖，再由焦磷酸尿苷二磷酸葡萄糖酶分解为 UDPGlc。纤维素合成的底物为尿苷二磷酸葡萄糖（UDPGlc）。随后葡萄糖以 β-1→4 糖苷链和纤维素链形成带状结构的初期聚合链，纤维素链由成百上千个单体纤维素链形成，它们分布在细胞外组成纤维结构。通过纤维素体外合成试验，在醋酸菌纤维素缺陷突变体（cel^{-}）中，未检测到焦磷酸尿苷二磷酸葡萄糖酶（UGP）的活性，但是在 cel^{-} 菌株细胞破碎后的提取物中加入 UGP 可合成纤维素，证实 UGP 具有纤维素合成酶的活性且是参与纤维素合成唯一的限制性酶。此外，焦磷酸化酶活性随不同木醋杆菌菌株而具有差异，并且在产纤维素最有效的菌株中活性最高，如 *Ga. xylinum* ssp. *sucrofermentans* BPR2001。

在 *Ga. xylinum* 中，纤维素的合成与氧化分解代谢的过程紧密相关，并且消耗来自分解代谢反应中能量的 10%。细菌纤维素的产生不会干扰包括蛋白质的合成在内的其他合成代谢的过程。在醋酸菌发酵中，约有一半不同种类的碳水化合物能被醋酸杆菌转化为薄膜多糖，如己糖、甘油、二羟基丙酮、丙酮酸和二羧酸等。

三、菌膜对食醋醋酸发酵的影响

早在1886年，英国Brown A J. 发现在传统酿造液表面生成类似凝胶的半透明膜状物质，利用化学分析方法确定为纤维素，在光学显微镜下观察到发酵生成的菌膜中存在菌体。所有的醋酸菌属产酸的过程严格依靠高度膜结合需氧的呼吸作用。为了维持高度需氧的状态，几乎所有的醋酸菌属包括醋酸杆菌属必须通过在静态培养基表面产生薄膜，依附在悬浮的薄膜上生长，从而保证获得充足的氧气，供给醋酸发酵。因此在静态发酵过程中，醋酸菌产菌膜具有必要性。

在静态培养中，醋酸菌产薄膜多糖使细胞之间产生聚集作用，提高菌体适应环境能力，以抵御外部环境的毒害作用。醋酸菌在静态培养中合成厚的薄膜多糖垫，覆盖在培养基表面，在振荡培养中形成圆球状薄膜多糖（自然变异的菌株在振荡和搅拌培养中不能形成薄膜多糖），菌体包埋于薄膜多糖的聚合物载体中，载体对菌体在液体界面上起支撑作用。另外，薄膜多糖悬浮于液-气界面上，载体通过吸附特性富集营养素，造成载体中的营养素浓度高于周围环境中的浓度，使得O_2和营养素更容易供给菌体。

在深层液态醋酸发酵中，若在发酵罐上层形成薄膜层，可有利于阻碍乙醇和醋酸的挥发，并会提高醋液中分散均匀的氧气含量。但是若在发酵液中生成大量的薄膜多糖，会使发酵液变得黏稠，不利于发酵。在食醋液态滴淋发酵塔中，填充料在使用一段时间后，产酸会下降，主要是因为在填充料的缝隙间，醋酸菌会在与空气的接触面上产生菌膜，导致醋醅内的空气降低，菌体失活从而产酸下降。如果产膜过快会将导致更换填充料的频率加大。

醋酸菌生成菌膜的同时会消耗大量的营养物质，影响食醋的发酵。研究发现，在培养基中加入碳源物质甘露糖、葡萄糖和果糖，更能促进醋酸菌生产菌膜；山梨（糖）醇、半乳糖、麦芽糖、醋酸和淀粉作为培养基时，醋酸菌菌膜产率比较低。用*Ga. hansenii*在含乙醇的发酵液中进行醋酸发酵，产生菌膜的速率加快，认为乙醇可抑制醋酸菌的自然变异。有机酸柠檬酸促进醋膜的生长，而乳酸和琥珀酸抑制醋膜的生成。研究发现，醋膜生成会伴随有葡萄糖酸的生成，这对改善食醋风味有很重要的作用。不同的氮源，如蛋白胨、硫酸铵或酪蛋白水解物与葡萄糖、果糖或甘露糖配合，适合于生产细菌纤维素和菌膜，用一定浓度的玉米浆液和果糖混合，可促进菌膜的生长。甲硫氨酸和烟碱作为生长因子能促进*Ga. xylinum*产纤维素。在培养基中添加1%（m/V）的木质磺酸素（lignosulphonate）可刺激菌膜的生成。

醋酸菌最适产菌膜的温度在28～30℃，这也是醋酸发酵的最适温度。适宜pH在4～6，随着醋酸的生成，菌膜的生成量会下降，因此，在食醋发酵中，低酸度的食醋易长菌膜，高酸度的食醋不易长菌膜。

参考文献

包启安. 1989. 醋酸菌与其发酵的机理. 中国调味品，8：1-3

包启安. 1999. 食醋科学与技术. 北京：科学普及出版社：1-40

包启安. 日本的食醋酿造技术——应邀考察日本食品工业报告之四. 中国调味品，10：1-9

戴振东. 1990. 论食醋的过氧化反应及防治措施. 中国酿造，4：11-14

福杰桑. 2010. 葡萄酒酿造微生物学实验技术与规程. 北京：中国轻工业出版社：50-100

黄仲华，殷小平. 2000. 食醋生产问答. 北京：中国轻工业出版社：35-46

黄仲华. 1988. 食醋生产. 北京：化学工业出版社：15-32

李华，王华，袁春龙. 2004. 葡萄酒化学. 北京：科学出版社：101-120

沈政燮，段丽. 1995. 日本食醋（二）. 中国调味品，197：28-33

Andrés-Barrao C，Saad M M，Chappuisa Marie-Louise，et al. 2012. Proteome analysis of *Acetobacter pasteurianus* during acetic acid fermentation. J of Proteomics，75：1701-1717

Bartowsky E J，Henschke P A. 2008. Acetic acid bacteria spoilage of bottled red wine-A Review. Int J Food Microbiol，125：60-70

Beppu T. 1993. Genetic organization of acetobacter for acetic acid fermentation. Antonie van Leeuwenhoek，64：121-135

Boesch C，Trček J，Sievers M，et al. 1998. *Acetobacter intermedius* sp. nov. Systematic and Applied Microbiology，(21)：220-229

Bächi B，Ettlinger L. 1974. Cytochrome difference spectra of acetic acid bacteria. Int J Syst Bacteriol，24：215-220

Chawla P R，Bajaj I B，Survase S A. 2009. Microbial Cellulose：Fermentative Production and Applications. Fermentative Production of Microbial Cellulose. Food Technol Biotechnol，47 (2)：107-124

Chinnawirotpisan P，Theeragool G，Limtong S，et al. 2003. Quinoprotein alcohol dehydrogenase is involved in catabolic acetate production，while NAD-dependent alcohol dehydrogenase in ethanol assimilation in *Acetobacter pasteurianus* SKU1108. Journal of Bioscience and Bioengineering，96：564-571

Conner D，Kotrola J. 1995. Growth and survival of *Escherichia coli* O157：H7 under acidic conditions. Applied and Environmental Microbiology，61：382-385

Cronan J. 2003. Bacterial membrane lipids：where do we stand. Annual Review Microbiology，57：203-224

De Ley J，Gillis M，Swings J. 1984. Acetobacteriaceae. *In*：Krieg N R，Holt J G. Bergey's Manual of System-atic Bacteriology. Baltimore：Williams and Wilkins：267-278

De Ley J，Schell J. 1963. Deoxyribonucleic acid base composition of acetic acid bacteria. J Gen Microbiol，33：243-253

Dombek K，Ingram L. 1984. Effects of ethanol on the *Escherichia coli* plasma membrane. Journal of Bacteriology，157：233-239

Ebner H，Sellmer S，Follmann H. 1995. Vinegar. Ullmann's encyclopedia of industrial chemistry. VCH，27：403-418

Fregapane G，Rubio-Fernandez H，Nieto J，et al. 1999. Wine vinegar production using a noncommercial 100-litre bubble column reactor equipped with a novel type of dynamic sparger. Biotechnology and Bioengineering，63 (2)：142-146

Fukaya M，Takemura H，Okumura H，et al. 1990. Cloning of genes responsible for acetic acid resistance in *Acetobacter aceti*. Journal of Bacteriology，172：2096-2104

Fukaya M，Takemura H，Tayama K，et al. 1993. The aarC gene responsible for acetic acid assimilation confers acetic acid resistance on *Acetobacter aceti*. Journal of Fermentation and Bioengineering，76：270-275

Guillamón J M, Mas A. 2009. Acetic Acid Bacteria. Biology of Microorganisms on Grapes, in Must and in Wine. Berlin Heidelberg: Springer-Verlag: 31-46

Gullo M, Giudici P. 2009. Acetic Acid Bacteria Taxonomy from Early Descriptions. *In*: Solieri L, Giudici P. Vinegars of the World. Milán: Spinger-Verlag: 41-56

Gullo M, Giudici P. 2008. Acetic acid bacteria in traditional balsamic vinegar: Phenotypic traits relevant for starter cultures selection. International Journal of Food Microbiology, 125: 46-53

Hanada T, Kashima Y, Kosugi A, et al. 2001. A gene encoding phosphatidylethanolamine *N*-methyltransferase from *Acetobacter aceti* and some properties of its distruptant. Bioscience, Biotechnology, and Biochemistry, 65: 2741-2748

Hendrick J, Wickner W. 1991. SecA protein needs both acidic phospholipids and SecY/E protein for functional high-affinity binding to the *Escherichia coli* plasma membrane. Journal of Biological Chemistry, 266: 24596-24600

Jara C, Mateo E, Guillamón J-M. 2012. Analysis of proteins responsive to acetic acid in *Acetobacter*: molecular mechanism conferring acetic acid in acetic acid bacteria. Ann Microbiol, 3: 18-24

Jojima Y, Mihara Y, Suzuki S, et al. 2004. *Saccharibacter floricola* gen. nov. , sp. nov. , a novel osmophilic acetic acid bacterium isolated from pollen. International Journal of Systematic and Evolutionary Microbiology, 54: 2263-2267

José M G, Albert M. 2011. Acetic Acid Bacteria. *In*: Molecular Wine Microbiology. Santiago A V: Munoz R. Elsevier Inc. 227-255

Jucker W, Ettlinger L. 1985. The inhibition of acetate oxidation by ethanol in *Acetobacter aceti*. Arch Microbiol, 143: 283-289

Kanchanarach W, Theeragool G, Yakushi T, et al. 2009. Characterization of thermotolerant *Aceto bacter pasteurianus* strains and their quinoprotein alcohol dehydrogenases. Appl Microbiol Biotechnol, 85 (3): 741-751

Kaneshiro T, Law J. 1964. Phosphatidylcholine synthesis in *Agrobacterium tumefaciens*. I. Purification and properties of a phosphatidylethanolamine *N*-methyltransferase. Journal of Biological Chemistry, 239: 1705-1713

Kersters K, Lisdiyanti P, Komagata K, et al. 2006. The Family Acetobacteraceae: The Genera *Acetobacter*, *Acidomonas*, *Asaia*, *Gluconacetobacter*, *Gluconobacter*, and *Kozakia*. Prokaryotes. New York: Springer: 163-200

Kim J N, Choo J S, WeeY J, et al. 2005. Culture medium optimization for acetic acid production by persimmon vinegar-Derived bacterium. Applied Biochemistry and Biotechnology, 5: 121-124

Kittelmann M, StammW W, Follmann H, et al. 1989. Isolation and classification of acetic acid bacteria from high percentage vinegar fermentations. Applied Microbiology and Biotechnology, 30: 47-52

Kylma A K, Granstrom T, Leisola M. 2004. Growth characteristics and oxidative capacity of *Acetobacter aceti* IFO 3281: implications for L-ribulose production. Appl Microbiol Biotechnol, 63: 584-591

Lasko D, Zamboni N, Sauer U. 1997. Acetate-specific stress response in acetate-resistant bacteria: an analysis of protein patterns. Biotechnology Progress, (13): 519-523

Lill R, Dowhan W, Wickner W. 1990. The ATPase activity of SecA is regulated by acidic phospholipids, SecY, and the leader and mature domains of precursor proteins. Cell, (60): 271-280

Matsushita K, Inoue T, Adachi O, et al. 2005. *Acetobacter aceti* possesses a proton motive force-dependent efflux system for acetic acid. Journal of Bacteriology, 187: 4346-4352

Matsushita K, Inoue T, Theeragol G, et al. 2005. Acetic acid production in acetic acid bacteria leading to their "death" and survival. *In*: Yamada M. Survival and death in bacteria, Research Signpost, Trivandrum-695 023, Kerala, 169-181

Matsushita K, Toyama H, Adachi O. 1994. Respiratory chains and bioenergetics ofacetic acid Bacteria. *In*: Rose A H, Tempest D W. Advances in Microbial Physiology. London: Academic, 36: 247-301

Matsushita K, Toyama H, Adachi O. 2004. Respiratory chains in acetic acid bacteria: Membrane-bound periplasmic sugar and alcohol respirations. *In*: Zannoni D. Respiration in Archaea and Bacteria. Springer, Dordrecht: 81-99

Murooka Y. Yamshita M. 2008. Traditional healthful fermented products of Japan. Ind Microbiol Biotechnol, 35: 791-798

Nakano S, Fukaya M, Horinouchi S. 2004. Enhanced expression of aconitase raises acetic acid resistance in *Acetobacter aceti*. FEMS Microbiology Letters, 2004 (235): 315-322

Nakano S, Fukaya M, Horinouchi S. 2006. Putative ABC transporter responsible for acetic acid resistance in Acetobacter aceti. Applied and Environmental Microbiology, (72): 497-505

Ohmori S, Uozumi T, Beppu T. 1982. Loss of acetic acid resistance and ethanol oxidizing ability in an *Acetobacter* strain. Agric Biol Chem, 46: 381-389

Russell J, Diez-Gonzalez F. 1998. The effect of fermentation acids on bacterial growth. Advances in Microbial Physiology, (39): 205-234

Russell J. 1992. Another explanation for the toxicity of fermentation acids at low pH: anion accumulation versus uncoupling. Journal of Applied Bacteriology, (73): 363-370

Saeki A, Matsushita K, Takeno S, et al. 1999. Enzymes responsible for acetate oxidation by acetic acid bacteria. Biosci Biotechnol Biochem, 63: 2102-2109

Saeki A, Taniguchi M, Matsushita K, et al. 1997. Microbiological aspects of acetate oxidation by acetic acid bacteria, unfavorable phenomena in vinegar fermentation. Bioscience, Biotechnology, and Biochemistry, 61: 317-323

Sakurai K, Arai H, Ishii M, et al. 2012. Changes in the gene expression profile of *Acetobacter aceti* during growth on ethanol. Journal of Bioscience and Bioengineering, (113): 343-348

Sakurai K, Yamazaki S, Ishii M, et al. 2013. Role of the glyoxylate pathway in acetic acid production by *Acetobacter aceti*. Journal of Bioscience and Bioengineering, 115 (1): 32-36

Schüller G, Hertel C, Hammes W. 2000. *Gluconacetobacter entanii* sp. nov., isolated from submerged high-acid industrial vinegar fermentations. International Journal of Systematic and Evolutionary Microbiology, (50): 2013-2020

Sengun Y I, Karabiyikli S. 2011. Importance of acetic acid bacteria in food industry. Food Control, 22: 647-656

Sievers M, Swings J. 1980. Family II Acetobacteriaceae Gills and De Loy. *In*: Garrity G M, Winters M, Searles D B. Bergey's Manual of Systematic Bacteriology. Vol 2, 2nd ed. New York: Springer-Verlag: 41-48

Sievers M, Teuber M. 1995. The microbiology and taxonomy of *Acetobacter europaeus* in commercial vinegar production. Journal of Applied Bacteriology, (79): 84-95

Sokollek S J, Hammes W P. 1997. Description of a starterculture preparation for vinegar fermentation. System Appl Microbiol, 20: 481-491

Sokollek S, Hertel C, Hammes W. 1998. Cultivation and preservation of vinegar bacteria. J Biotechnol, 60: 195-206

Sokollek S, Hertel C, Hammes W. 1998. Description of *Acetobacter oboediens* sp. nov. , and *Acetobacter pomorum* sp. nov. , two new species isolated from industrial vinegar fermentations. International Journal of Systematic Bacteriology, (48): 935-940

Steiner P, Sauer U. 2001. Proteins induced during adaptation of *Acetobacter aceti* to high acetate concentrations. Applied and Environmental Microbiology, (67): 5474-5481

Steiner P, Sauer U. 2003. Long-term continuous evolution of acetate resistant *Acetobacter aceti*. Biotechnology and Bioengineering, 84: 40-44

Stouthamer A H, van Boom J H, Bastiaanse A J. 1963. Metabolism of C2 compounds in *Acetobacter aceti*. Antonie van Leeuwenhoek J Microbiol Serol, 29: 393-406

Tahara Y, Yamada Y, Kondo K. 1976. Phospholipid composition of *Gluconobacter cerinus*. Agricultural Biology and Chemistry, (40): 2355-2360

Takemura H, Horinouchi S, Beppu T. 1991. Novel insertion sequence IS1380 from *Acetobacter pasteurianus* is involved in loss of ethanoloxidizing ability. Journal of Bacteriology, (173): 7070-7076

Takemura H, Kondo K, Horinouchi S, et al. 1993. Induction by ethanol of alcohol dehydrogenase activity in *Acetobacter pasteurianus*. Journal of Bacteriology, (175): 6857-6866

Tamaki T, Horinouchi S, Fukaya M, et al. 1989. Nucleotide sequence of the membrane-bound aldehyde dehydrogenase gene from *Acetobacter polyoxogenes*. J Biochem, 106: 541-544

Trcěk J, Toyama H, Czuba J, et al. 2006. Correlation between acetic acid resistance and characteristics of PQQ-dependent ADH in acetic acid bacteria. Applied Microbiology and Biotechnology, 70: 366-373

Trček J, Jernejc K, Matsushita K. 2007. The highly tolerant acetic acid bacterium *Gluconacetobacter europaeus* adapts to the presence of acetic acid by changes in lipid composition, morphological properties and PQQ-dependent ADH expression. Extremophiles, (11): 627-635

Trček J, Teuberb M. 2002. Genetic and restriction analysis of the 16S～23S rDNA internal transcribed spacer regions of the acetic acid bacteria. FEMS Microbiology Letters, 2002 (208): 69-75

Xia W, Dowhan W. 1995. In vivo evidence for the involvement of anionic phospholipids in initiation of DNA replication in *Escherichia coli*. Proceedings of the National Academy of Sciences of the United States of America, (92): 783-787

Yakushi T, Matsushita K. 2010. Alcohol dehydrogenase of acetic acid bacteria: structure, mode of action, and applications in biotechnology. Appl Microbiol Biotechnol, 86: 1257-1265

Yamada Y, Katsura K, Kawasaki H, et al. 2000. Asaia bogorensis gen. nov. , sp. nov. , an unusual acetic acid bacterium in the α-proteobacteria. International Journal of Systematic and Evolutionary Microbiology, 2000 (50): 823-829

第八章　醋酸菌种的分离、培养、保存及发酵剂的生产

第一节　醋酸菌的来源及分布

醋酸菌广布于自然界中，可从不同的地方分离到不同的醋酸菌，如表 8-1 所示。在所有的醋酸菌属中，*Acetobacter* 比其他菌更容易分离得到，其次是 *Gluconacetobacter* 和 *Gluconobacter*，已发现的其他属在自然界中不常见，如 *Acidomonas methanolica* 是从软泥或淤泥中分离，而不是在花和水果中。Yamada 等从印度尼西亚的花、水果及发酵品中分离出 60 多种醋酸菌，其中 45 种属于 *Acetobacter* 的菌种，8 种属于 *Gluconacetobacter* 的菌种，12 种属于 *Gluconobacter*。醋酸菌嗜好富糖的培养基上生长，*A. pasteurianus* 在绝大多数水果和发酵食品中都能分离到。*G. oxydans* 在葡萄浆、葡萄酒中的占优势，其次是 *A. pasteurianus* 和 *Ga. liquefaciens*，但 *G. oxydans* 对乙醇的忍耐性较低，在葡萄酒的发酵中，发酵前期因乙醇含量较低，其生长较快，但在发酵结束时很快死亡。

表 8-1　醋酸菌的来源（Sengun and Karapinar，2011）

来源	种	分离者
阿拉伯咖啡	*Ga. diazotrophicus*	Jimenez-Salgado et al.（1997）；Madhaiyana et al.（2004）
咖啡厂	*Ga. azotocaptans*，*Ga. johannae*	Fuentes-Ramírez et al.（2001）
发酵的可可豆	*A. pasteurianus*，*A. syzgii* 或 *A. lovaniensis* 和 *A. tropicalis*；*A. syzygii*，*A. pasteurianus*，*A. tropicalis*，*A. malorum*，*G. oxydansA. aceti*，*A. pasteurianusA. lovaniensis*	Ardhana and Fleet（2003）；Carr et al.（1979）；De Vuyst et al.（2008）；Lagunes-Gálvez et al.（2007）；Nielsen et al.（2007）；Schwan and Wheals（2004）
热带水果（椰子、芒果、番石榴、人心果等）	*A. orleanensis*，*A. lovaniensis*，*A. syzygii*，*A. indonesiensis*，*A. cibinongensis*，*A. tropicalis*，*A. orientalis*，*G. oxydans*，*G. frateurii*，*Ga. hansenii*，*F. aurantia*	Lisdiyanti et al.（2003）
腐烂的苹果	*A. malorum*	Cleenwerck et al.（2002）
玉米根	*G. azotocaptans*	Menhaz，Weselowski and Lazarovits（2006）
樱桃（*Prunus* sp.）	*G. cerinus*	Yamada and Akita（1984）
草莓	*G. frateurii*	Mason and Claus（1989）
葡萄	*G. oxydans*，*A. aceti*	Joyeux et al.（1984）；Gonzales（2005）
干水果	*Ga. liquefaciens*	Yamada et al.（1997）

续表

来源	种	分离者
花	*A. orleanensis*, *A. indonesiensis*, *A. syzygii*, *A. orientalis*, *G. oxydans*, *G. frateurii*, *As. bogorensis*, *As. siamensis*, *As. indonesiensis*, *F. aurantia*	Lisdiyanti et al. (2003); Yukphan et al. (2009)
红姜花	*Am. chiangmaiensis*	
花粉	*Sa. floricola*	Jojima et al. (2004)
啤酒	*A. cerevisiae*, *A. pasteurianus*, *G. oxydans*	Cleenwerck et al. (2002); Skerman et al. (1980)
甘蔗根	*Ga. diazotrophicus*	Yamada et al. (1997)
甘蔗上的小虫	*Ga. sacchari*	Franke et al. (1999)
棕榈褐色糖、鸭脚稗	*K. baliensis*	Lisdiyanti et al. (2003)
湿地稻	*G. diazotrophicus*, *A. peroxydans*	Muthukumarasamy et al. (2005)
野生稻	*Sw. salitolerans*	Loganathan and Nair (2004)

缩写：*A.*, *Acetobacter*; *G.*, *Gluconobacter*; *Ga.*, *Gluconacetobacter*; *K.*, *Kozakia*; *As.*, *Asaia*; *Am.*, *Ameyamaea*; *Sa.*, *Saccharibacter*; *Sw.*, *Swaminathania*; *F.*, *Frateuria*（是γ变形菌纲的属）

第二节　醋酸菌的分离和保存

一、醋酸菌分离、培养和保存常用培养基

（一）培养基

1. GYC培养基（葡萄糖酵母碳酸钙培养基）

10%葡萄糖，1%酵母提取物，2.0%$CaCO_3$，1.5%琼脂。

2. GYEC培养基（葡萄糖酵母乙醇培养基）

1%葡萄糖，1%酵母抽提物，3%（V/V）乙醇，2%$CaCO_3$，1%琼脂，pH6.8。

3. YPM培养基（酵母蛋白甘露醇培养基）

0.5%酵母提取物，0.3%蛋白胨，2.5%甘露醇，1.2%琼脂，pH自然。
上述三种培养基适合于大多数醋酸菌的分离、培养。

4. AE培养基（醋酸乙醇培养基，除*Ga. europaeus*和*Ga. entanii*）

0.5%葡萄糖，0.3%酵母提取物，0.4%蛋白胨，0.9%琼脂，3ml无水乙醇，3ml

冰醋酸。若制作双层琼脂培养基时，下层为0.5%琼脂，上层为1%琼脂。

双层培养基制备时，先将醋酸和乙醇混入培养基混合后，倒入底层AE-琼脂于平皿，凝固，再倒入顶层AE-琼脂（5～10ml，不易过多），凝固，在30℃、92%～96%的相对湿度培养1～2周。

5. RAE培养基（强化AE）

4%葡萄糖，1%酵母抽提物，1%蛋白胨，0.338%$Na_2HPO_4 \cdot 2H_2O$，0.15%一水合柠檬酸，2%（*V/V*）乙醇（过滤灭菌），1%（*V/V*）醋酸（过滤灭菌）。

AE和RAE培养基适合于以乙醇为发酵液或高酸度醋酸菌的分离、培养和保存。

6. 米曲汁培养基

常用于以大米为原料的食醋生产中。

（1）分离培养基：6～7°Bé米曲汁92%，4%乙醇，2%$CaCO_3$，2%琼脂，pH自然。

（2）增殖培养基：10～12°Bé米曲汁100ml，结晶紫0.5ml（0.02 %溶液），无水乙醇3ml，pH6.0～6.4。

米曲汁制备方法如下：将大米洗涤后加适量水制成米饭，凉至40℃以下，接入米曲霉菌种，装入曲盘30℃保温20h左右，米粒表面菌丝茂盛，呈现微黄色，即为米曲。取米曲1份加水3份，60～65℃糖化几小时，直到糖化液加碘液无蓝紫色为止。煮沸，过滤即得米曲汁。

7. 葡萄汁培养基（任选）

（1）灭菌的葡萄汁；

（2）灭菌的葡萄汁，1%乙醇，1%醋酸；

（3）灭菌的葡萄汁，1%乙醇，4%醋酸；

（4）灭菌的葡萄汁，1%葡萄糖酸，1%山梨醇。

8. 耐酸性醋酸菌分离培养基

20g/L酵母抽提物，乙醇2%，溴甲酚绿0.02g/L，20g/L琼脂，pH5.5。

9. 保存培养基

0.8%酵母抽取物，0.5%蛋白胨，2% D-葡萄糖，0.5%（*V/V*）乙醇，0.03% $CaCO_3$，0.03%琼脂。

该培养基常用在4℃斜面短期保存醋酸菌。

10. YAC培养基（酵母甘油阿拉伯糖醇培养基）

1%酵母提取物，2%D-阿拉伯糖醇，0.1%甘油，1%$CaCO_3$，pH7.0

该培养基适合于弱氧化醋酸菌的培养。

11. GY 培养基（葡萄糖酵母培养基）

100g/L D-葡萄糖，10.0g/L 酵母抽提物 10.0g/L，琼脂 12.0g/L，用蒸馏水配制。此培养基适合于 *Ga. xylinus* 菌。

12. AG 培养基（葡萄糖甘油培养基）

0.1% D-葡萄糖，1.5%甘油，0.5%蛋白胨，0.5%酵母抽提物，0.2%麦芽提取物，0.7%$CaCO_3$，1.5% 琼脂。

13. PYM 培养基（麦芽汁酵母培养基）

0.5%蛋白胨，0.3%酵母提取物，0.3%麦芽汁提取物，1.0%葡萄糖，2%琼脂，用 HCl 调整 pH 至 4.5。

14. 以乙醇或其他原料发酵食醋的营养强化剂

（1）2.1g/L 葡萄糖，1.0g/L 蔗糖，1.72g/L 酵母抽提物，0.3g/L 硫酸铵，0.47g/L 磷酸氢二钾，16mg/L 烟酰胺，8mg/L 生物素。

（2）0.6g/L $(NH_4)_2HPO_4$，2 g/L 葡萄糖，2.6mg/L 泛酸钙，0.24g/L 柠檬酸钠，0.4g/L K_2HPO_4，0.2g/L $MgSO_4 \cdot 7H_2O$，0.01g/L $MnSO_4 \cdot 4H_2O$，0.002g/L $FeCl_3$，0.35 g/L 酵母提取物。

该强化剂适合于用 12%（*V/V*）乙醇液发酵食醋。

（3）3.6kg 玉米淀粉水解液，1.8kg $(NH_4)_2HPO_4$，0.45kg $MgSO_4$，0.45kg 柠檬酸钾，5.0g 泛酸钙。

上述营养剂每 1000L 发酵液添加 1.0～1.5kg 营养强化剂。该营养剂适合于用 Frings 等发酵设备快速制醋。

（二）培养基配制注意事项

（1）在培养基中添加乙醇和醋酸时，应先将其他培养基和水混合灭菌，冷却后再添加乙醇和醋酸，若用乙醇和醋酸的水溶液，需用微孔膜过滤再添加。

（2）为了防止杂菌生长，有时在培养基中添加 100mg/L 的游霉素（natamycin）或放线菌酮（cycloheximide）100mg/L 可抑制酵母菌和霉菌的生长，添加 3U/ml 青霉素可抑制乳酸菌的生长。

二、醋酸菌的分离

至今，醋酸菌的分离、保存仍是个难题。传统醋酸菌的选育都是采用多次筛选，现在采用基因修饰去改性醋酸菌的遗传特性来选育菌种，常用的有细胞结合法，另外还有基因克隆，但成功的较少。

另外，良好的醋酸菌在保存中应有良好的稳定性，一些醋酸菌发生自然变异后，生理特性发生改变。许多学者都观察到基因插入序列会导致醋酸菌高频率的自发突变，基因的不稳定导致醋酸菌缺失某些生理功能，如 *A. aceti* 的 *adhA* 中插入序列使其 ADH 失活。

一般醋酸菌分离都是在 30℃培养 2～5 天，使其增殖，醋酸菌在固态培养基上能看到明显的代谢圈。GYC 培养基能使大多数从传统发酵醋中分离的醋酸菌恢复和生长。有报道，AE 培养基是专用于以乙醇为原料发酵的醋酸液中分离的醋酸菌的培养，但它更适于培养从葡萄醋和苹果醋中分离的醋酸菌，在培养过程中富氧有利于醋酸菌的培养。醋酸菌纯种较其他微生物困难，特别是从高浓度醋酸中分离出的微生物。用不同的原料和发酵方法生产醋时的优势醋酸菌不尽相同，如表 8-2 所示。许多学者研究发现，食醋厂无论采用接种发酵，还是自然发酵，经过长时间的演变，最终发酵环境中的醋酸菌群都将趋于稳定，维持在几个优势菌种上面。

表 8-2　发酵食醋中的优势醋酸菌（Gullo and Giudici，2008）

醋源	优势醋酸菌	鉴定者
谷物醋	*A. pasteurianus*	Nanda et al.（2001）
工业酒精醋	*Ga. europaeus*	Sievers et al.（1992）
	A. oboediens，*A. pomorum*	Sokollek et al.（1998）
	A. intermedius	Boesch et al.（1998）
	Ga. entanii	Schüller et al.（2000）
传统的意大利香醋	*Ga. xylinus*，*A. aceti*，*A. pasteurianus*，*Ga. europaeus*，*A. malorum*	Gullo et al.（2006）
葡萄酒醋	*A. pasteurianus*	Bartowsky et al.（2003）
	G. oxydans，*Ga. hansenii*，*A. aceti*	González et al.（2004）
	A. nitrogenifigens	Dutta and Gachhui（2006）
	A. oeni	Silva et al.（2006）
啤酒醋	*A. cerevisiae*	Cleenwerck et al.（2002）
	Ga. sacchari	Franke et al.（1999）

具体操作方法如下：

（1）取样时根据筛选目的，取不同发酵时间的醋醪或醋醅。

（2）增殖培养。称取醋醅或醋醪 1g，于增殖培养基中，30℃培养（振荡培养或静置培养）2～3 天，观察增殖情况，液面生菌膜，有时菌膜沿瓶壁上升，增殖液 pH 明显下降，并有醋酸味。镜检可见较大的卵形到长形的芽殖酵母菌细胞，以及微细的杆状细菌细胞，多数呈革兰氏阴性。

（3）分离。取增殖液 10ml，或将菌膜于 90ml 无菌水中充分摇匀，依次稀释接种于分离培养基平板上，30℃培养 3～4 天，观察是否生出小型菌落，菌落周围出现透明圈的是醋酸杆菌，出现的白色菌落较大、边缘微带毛状者是产膜酵母。挑选透明圈大的菌落，将其移植于斜面培养基上，30℃培养 24～48h。

三、醋酸菌的保存

Sokollek 等研究了醋酸菌的保存方法，认为所有的醋酸菌都能生长在 RAE-琼脂培养基上，用 20% 的麦芽提取物作为冷冻保护剂，有利于菌株的保存。除了

Ga. europaeus 外，从工业化生产的醋中分离的醋酸菌都能用 RAE 培养基保存。

大多数醋酸菌在琼脂斜面上 4℃可保存数周。可在培养基中已加入碳酸钙，以中和产生的酸，延长保藏时期。采用真空冷冻干燥和－70～－80℃的液态冷冻可长期保存所有醋酸菌种；少数嗜酸性的 *Gluconacetobacter* 保存需要特殊的条件，在－70℃保存。

在醋酸菌冷冻保存中常使用 25%（*V/V*）甘油（悬浮剂）作为保护剂，也有报道在醋酸菌保存中可添加 20%的麦芽糖作为保护剂，能有效地保护醋酸菌。在耐热性醋酸菌冷冻干燥中，使用 20%的甘露醇作为冷冻保护剂，能增加醋酸菌的活细胞数，制备的冻干粉在 4℃保存 6 个月，醋酸菌的生存力变化不大。日本人利用米曲汁琼脂培养基（7°Bx），于 30℃培养 24～48h，悬浮于脱脂乳 5%、蔗糖 2.5%及谷氨酸钠 2.5%的分散剂中，装入安瓿瓶。

用甘油作为保护剂冷冻保存醋酸菌的具体操作方法如下：将醋酸菌菌株斜面活化 36h 后，刮下菌苔制成 25%的甘油菌悬液，混合分散均匀，分装于 2ml 的冻干管中，至 4℃冰箱内平衡 24h，使菌体充分吸收甘油，再放置于－20℃或－80℃冰箱内长期保藏。

第三节　醋酸菌种的扩大培养

早在 1909 年，Henneberg 发现将纯的醋酸菌引入到食醋酿造中，会降低食醋中的醋鳗、“Kahm”酵母菌和 *A. xylinum*（现在称 *Gluconacetobacter xylinus*）的污染。

1952 年，Frateur 和 Simonart 发现了能用于液态和固态发酵的醋酸菌种 *A. pasteurianus* 和 *A. xylinum*，它们特别耐酸，随着醋酸菌群的质粒方面的检测应用，发现食醋发酵不只有一种菌在作用，而是多种菌混合作用。1954 年 Shimwell 分离了 *A. aceti* 菌株，该菌因产醋率高、性能稳定而被广泛应用于麦芽、乙醇和葡萄醋的生产中。1959 年 Wiame 从滴淋罐的刨花中分离出了 *A. acidophilus*，它是一种嗜酸性菌（最适 pH3.1），但该菌现在已遗失。

Turtura 等从醋液和压榨葡萄中分离出 1000 多株醋酸菌，发现 56%的菌株为 *A. pasteurianus*，34%为 *A. aceti*，10%是 *Ga. xylinus*。1975 年，Passmore 和 Carr 在苹果醋发酵罐中分离出了 *A. pasteurianus*、*A. aceti* 和 *Ga. xylinus*，未发现 *Gluconobacter*。在日本传统的表面静态发酵法生产的米醋中也分离到了 *A. pasteurianus*。

Entani 等采用双层醋酸乙醇琼脂培养技术，可使醋酸菌产醋酸的量提高到 10%～15%，这大大激发了人们开展适宜液态深层发酵、能产高浓度醋酸菌株的研究。

一、食醋酿造用醋酸菌的要求及来源

（一）优良醋酸菌具备的特征

（1）优先利用乙醇且能有效氧化；
（2）产酸快；
（3）耐醋酸；

(4) 无过氧化作用；
(5) 低 pH 抗性；
(6) 抗噬菌体；
(7) 无纤维素产生；
(8) 无不良风味。

(二) 食醋酿造用醋酸菌种的来源

食醋工业都要应用醋酸菌进行醋酸发酵，但绝大多数厂都不是用纯培养的菌种，事实表明，由于工业发酵食醋醋酸菌生长环境与纯培养差别较大，在醋酸菌分类学中描述的一些生长特征并不能用在食醋生产中。在亚洲等地区的谷物醋固态发酵中，采用已发酵好含丰富醋酸菌的醋醅为“引子”，或什么也不加入，利用醋厂环境周围漂浮的野生醋酸菌，就可完成醋酸发醋；在欧洲等地区果醋生产中，一般是一批醋发酵结束后，在发酵器中预留少部分醋液，称为“醋母”，与新鲜发酵液混合，继续下批发酵。用这种方法生产食醋，许多年都不会使醋酸发酵中断或生产能力下降。

醋酸菌有易变异特点，往往分离的菌株培养一段时间后，其生理、遗传特性都会发生较大变化，尤其是发酵器中高密度培养。食醋醋酸发酵能够持续多年不中断，主要原因是长时间发酵中，微生物会根据环境条件的变化而变化，最终形成一个稳定的发酵菌系，此菌系耐醋酸菌，需营养物质最少。

二、食醋酿造用醋酸菌种的生产

(一) 使用旺盛醋酸发酵的醋醅和醋醪

一般酿造工业都是将适合于该生产的纯粹菌扩大培养后进行发酵的。食醋生产至今还在使用发酵经过良好的部分发酵醪或醅作为种醋引发发酵的方法。中国固态发酵的食醋和表面静态发酵的食醋，醋酸发酵时大都不需要接种，完全靠自然发酵，个别企业为加速发酵加一点上一批的成熟醋醅。在中国和日本的食醋工业几乎全部是将发酵经过良好的醋醪作为种醋来使用的，原因有：①醋酸发酵在极低的 pH 条件下进行，受一般微生物污染的危险性很小，假如用纯粹培养菌进行扩大培养，要求相当大的无菌设备，需很大的经济负担和能源，从效益上讲是不合算的；②醋酸发酵的主要发酵菌并非单一醋酸菌，一般是数种菌混合存在，共同掌握发酵，某些非醋酸菌微生物的代谢产物，赋予酿造食醋特有的风味。基于这些理由，现在多使用发酵良好的醋醪为种醋。

食醋液态深层发酵时，也无需单独进行醋酸菌种的逐级扩大培养，大多采用半分批式发酵，即发酵罐的发酵液醋酸发酵结束时，将罐内剩的 1/3 左右的醋液作为下一批的种子。

在表面静态发酵中，可用菌膜菌膜移植法加速醋酸发酵（图 8-1）。掬取表面静态发酵旺盛醋醪面上的菌膜，移植于新制的醋醪液面或变质失调的液面。菌膜的移植不宜选用老熟或过嫩的幼菌膜，选用制醪后 7～15 天左右发酵正常的醋醒较为适宜。当然要避免污染了产膜酵母或有害菌的醋醪。移植操作要仔细，不要破坏菌膜，否则很容易下沉，稍加动摇有时就下沉，因此宜使用较大的容器，如用面盆或塑料薄膜轻轻地将菌膜捞起，再小心地将其浮在新醪液面，一般在第二天就可以在液面上增殖蔓延开来。菌膜如破裂下沉，即使移植了其效果也不大。

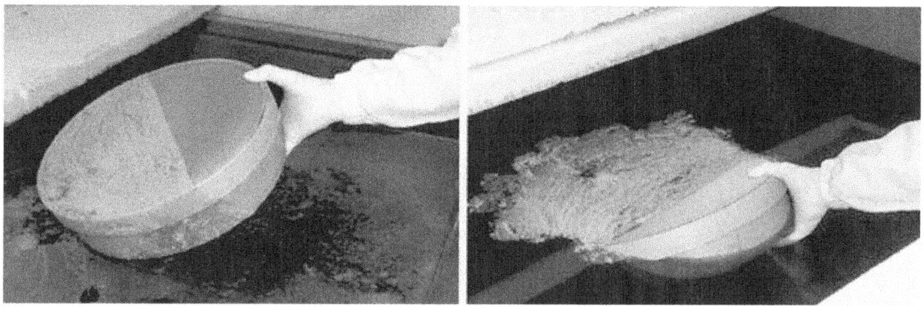

图 8-1　人工转接醋膜于醋液表面（Murooka and Yamshita，2008）

（二）扩大培植

1. 大缸固态培植

取生产上新鲜醋醅放置于设有假底、下面开洞加塞的大缸中，再将培养成熟的三角瓶纯醋种拌入醋醅面上，使之均匀。接种量为原料的 2%～3%。然后将缸口盖好盖子，使醋酸菌在醅子内生长繁殖。待 1～2 天后品温升高，采用回流法降温，即将缸底塞子开启，放出醋汁回浇在面上，要求控制品温不高于 38℃。待发酵至醋汁酸度（以醋酸计）达 4g/100ml 时，说明醋酸菌已大量繁殖，即可将此醋醅接种于大生产中应用。

2. 液态培植

中国应用陶瓷缸，容量约 150L。在缸中加入种醋 50kg、50%白酒 6kg、酵母水解液 7.5kg，其余用冷开水补充。调兑好的培养液含醋酸 3.2%～3.5%、乙醇 2.2%～2.5%、酵母液 5%，接入备用醋酸菌种，于 28～30℃静置培养 12～14 天，待液面出现一层醋酸菌的菌膜时，即可投入使用。

日本种醋的扩培用清酒（相当于中国黄酒）、曲汁、酒槽浸出液或合成培养基等。方法为：清酒 4 份（乙醇含量 16%）、温水 4 份、杀菌食醋 6 份（酸度 5%）加以混合，这种培养基即成为酸度约 2%的醋醪。用三角瓶培养，轻轻加塞，使其通气，于 35～40℃培养即迅速产生菌膜，发酵顺利进行，10～15 天即成酸度达 5%的种醋。另外的方法是加热市售啤酒，排除气体，加乙醇及食醋，使其含量分别达到 4 %、1.5%～2%即可。培养可采用振荡培养或通气搅拌培养，短时间内培养出种醋。

3. 深层通气培植

醋酸菌通过三级扩大培养。菌种经过活化、三角瓶扩大后，再经两级种子罐扩大培养。培养基本条件如表 8-3 所示。值得注意的是，二级种子罐和三级种子罐需要通风。二级种子罐通风量为每分钟 1∶0.3（V/V）。罐压要求 0.03MPa，不宜过高，培养温度

32～34℃，培养12～14h，要求酸度达到2g/100ml左右；三级种子罐通风量应控制在每分钟1∶0.25（V/V）。

表 8-3 深层通气扩大培养醋酸菌 AS 1.41 技术要点

	斜面试管	三角瓶	100L 二级种子罐	100L 二级种子罐
容器	ϕ1.8cm×1.8cm 试管	1000mL	100L	1000L
数量	6～7ml	200ml×20瓶	75 L	700 L
培养基	6～7°Bé 米曲汁 92%，95% 乙醇 4%，$CaCO_3$1.5%，琼脂 2%，pH5.5	6～7°Bé 糖液，灭菌，冷却后加入 95%乙醇 3.5%	酒醪液 50L，6～7°Bé 糖液 10L，自来水 15L	酒醪液 700L
接种及接种量	移种	接种	5.3%	10.7%
培养时间	48h	24h	24h	24h
培养温度	30～31℃	30～31℃	30～31℃	30～31℃
方法	常规	振荡培养	深层通气培养	深层通气培养

参 考 文 献

包启安. 日本的食醋酿造技术——应邀考察日本食品工业报告之四. 中国调味品，(10)：1-9

黄仲华，殷小平. 2000. 食醋生产问答. 北京：中国轻工业出版社：35-46

黄仲华. 1988. 食醋生产. 北京：化学工业出版社：15-32

沈政燮，段丽. 1995. 日本食醋（二). 中国调味品，197（7)：28-33

王瑞果，王丽丽，陈学武. 2007. 介绍一种简便长期保藏醋酸菌的方法. 中国调味品，(12)：32-33

中国科学院生物研究所本书编著组. 1980. 菌种保藏手册. 北京：科学出版社：220-222

de Ley J，Gillis M，Swings J. 1984. Acetobacteriaceae. *In*：Krieg N R，Holt J G. Bergey's Manual of System-atic Bacteriology. Baltimore：Williams and Wilkins：267-278

Ebner H，Sellmer S，Follmann H. 1995. Vinegar. Ullmann's Encyclopedia of Industrial Chemistry. VCH，27：403-418

Entani E，Ohmori S，Masai H，et al. 1985. *Acetobacter polyoxygenes* sp. nov.，a new species of an acetic acid bacterium useful for producing vinegar with high acidity. J Gen Appl Microbiol，31：475-490

Gullo M，Giudici P. 2008. Acetic acid bacteria in traditional balsamic vinegar：Phenotypic traits relevant for starter cultures selection. International Journal of Food Microbiology，125：46-53

Kersters K，Lisdiyanti P，Komagata K，et al. 2006. The Family Acetobacteraceae：The Genera *Acetobacter*，*Acidomonas*，*Asaia*，*Gluconacetobacter*，*Gluconobacter*，and *Kozakia*. Prokaryotes. New York：Springer：5：163-200

Kim J N，Choo J S，WeeY J，et al. 2005. Culture medium optimization for acetic acid production by persimmon vinegar-Derived bacterium. Applied Biochemistry and Biotechnology，(5)：121-124

Kittelmann M，StammW W，Follmann H，et al. 1989. Isolation and classi-cation of acetic acid bacteria from high percentage vinegar fermentations. Applied Microbiology and Biotechnology，30：47-52

Murooka Y. Yamshita M. 2008. Traditional healthful fermented products of Japan. Ind Microbiol Biotechnol，35：791-798

Ndoye B，Cleenwerck I，Destain J. 2009. Preservation of Vinegar Acetic Acid Bacteria. *In*：Solieri L，Giudici P. Vinegars of the World. Milán：Spinger-Verlag：61-69

Sengun Y I，Karabiyikli S. 2011. Importance of acetic acid bacteria in food industry. Food Control，22：647-656

Sievers M，Swings J. 2005. Family II Acetobacteriaceae Gills and De Loy. *In*：Garrity G M，Winters M，Searles D B. Bergey's manual of systematic bacteriology，Vol 2，2nd ed. New York：Springer-Verlag：41-48

Sokollek S J，Hammes W P. 1997. Description of a starterculture preparation for vinegar fermentation. System Appl Microbiol，20：481-491

Sokollek S，Hertel C，Hammes W. 1998. Cultivation and preservation of vinegar bacteria. J Biotechnol，60：195-206

Trcek J，Katarina J，Matsushita K. 2007. The highly tolerant acetic acid bacterium *Gluconacetobacter europaeus* adapts to the presence of acetic acid by changes in lipid composition，morphological properties and PQQ-dependent ADH expression. Extremophiles，11：627-635

Turtura G C，Casaliccio F，Biavati B. 1973. Isolamentoe identificazione di acetobatteri. Annali di Microbiologiaed Enzimologia，23：157-164

Wiame J M，Harpigny R，Dothey R G. 1959. A new type of Acetobacter：*Acetobacter acidophilum* nov. sp. J. Gen. Microbiol，20：165-172

Yakushi T，Matsushita K. 2010. Alcohol dehydrogenase of acetic acid bacteria：structure，mode of action，and applications in biotechnology. Appl Microbiol Biotechnol，86：1257-1265

第九章　食醋醋酸发酵基本工艺

第一节　食醋醋酸发酵工艺概况

食醋酿造是醋酸菌将糖类和醇类等物质发酵为醋酸及其他有机酸的生化过程。进行醋酸发酵必须满足两个基本条件：一是有能转化醋酸的醋酸菌，二是有醋酸菌繁殖、发酵的适宜环境条件。在几千年食醋生产、应用的悠久历史中，劳动人民发明创造了许许多多的食醋制造方法，以陕西为例，从西到东绵延八百里，就有十多种酿造方法，不同的地方生产的醋风味也不尽相同。

根据醋酸发酵的发酵液（醅）含水量的多少，可将醋酸发酵工艺分为固态发酵和液态发酵；根据醋酸发酵是否通气于发酵液（醅）中，可将醋酸发酵工艺分为通气发酵和静止发酵。总结各类发酵工艺，食醋醋酸发酵的工艺可图 9-1 所示进行分类。

- 固态醋酸发酵
  - 翻醅法
  - 循环浇淋法
- 液态醋酸发酵
  - 表面静态发酵法
    - 纯液态表面发酵法
    - 固液复合发酵法
  - 滴淋发酵法
  - 深层通气发酵法
    - 连续发酵法
    - 半连续发酵法
  - 固定化连续发酵法

图 9-1　醋酸发酵工艺类型

第二节　固态醋酸发酵工艺

固态醋酸发酵是中国的独特工艺，如名醋镇江香醋、山西老陈醋、四川保宁醋、福建红曲醋都采用固态工艺酿造。由于固态发酵食醋文化积淀丰富、风味独特，深受消费者的喜爱。固态醋酸发酵工艺一般使用不锈钢槽、大缸（瓮）或镶砌耐酸瓷砖的水泥池为发酵容器，将待发酵的淀粉质原料与曲、麸皮、砻糠等材料混合，制醅，醅采用倒（翻）醅等方法控制发酵温度和通气量。其中，曲为糖化剂，砻糠为疏松剂，麸皮为营养剂和疏松剂。

一、固态醋酸发酵基本工艺及特点

（一）固态醋酸发酵基本工艺

传统固态醋酸发酵工艺是将淀粉原料蒸煮糊化后，拌入麸皮、稻壳，加入曲等辅料，调节发酵料水分约50%，如图9-2所示。在发酵中不再单独添加酵母菌和醋酸菌，依靠曲和醋厂环境中的野生菌，淀粉糖化、乙醇发酵和醋酸发酵同时在醋醅中进行，边糖化边发酵，每天通过人工翻醅控制醋醅的发酵温度，发酵前期一般控制在41～43℃，发酵后期的温度为36℃左右，并逐渐下降至25～26℃，约21天醋醅发酵成熟。现代固态醋酸发酵工艺为缩短发酵期，淀粉的糖化和乙醇发酵分别单独进行，在液态条件下用曲和淀粉糖化酶进行糖化，添加纯酵母菌种进行乙醇发酵。发酵后的酒醪再拌入麸皮、砻糠等填充物，将醪液变成固态醅。大多数厂在醅中不添加醋酸菌，仍通过自然醋酸发酵；也有一些厂家在醅中拌入一定量成熟的新鲜醋醅，称“引子”，加速醋酸发酵和保证食醋风味不变。很少在料醅中添加活化的纯醋酸菌种。

图9-2　固态醋酸法发酵料醅

固态醋酸发酵的供氧及降温方法有两种。

1. 倒醅法

倒醅法是最原始的方法，将发酵池或缸（瓮）中的料醅靠人力用木锹翻倒醋醅进行供氧和降温，小规模时用手翻倒。这种翻醅方法因翻倒细致，散热适当，供氧充足，产品风味最好，但操作方法劳动强度大，醋酸、蒸气逸散，劳动环境有时很差，只适合于小规模的食醋生产。现在有很多优质食醋大多在砌瓷砖的发酵池内进行翻倒，也有许多中小型厂采用这种传统方法。

发酵缸（瓮）如图 9-3 所示，体积大小不一，口径有大有小，因缸是陶瓷容器，价格低廉，能反复使用，其壁有通气性，是酿造食醋的良好容器，但这些容器有时会造成食醋重金属污染。

图 9-3　固态醋酸发酵的缸（坛）

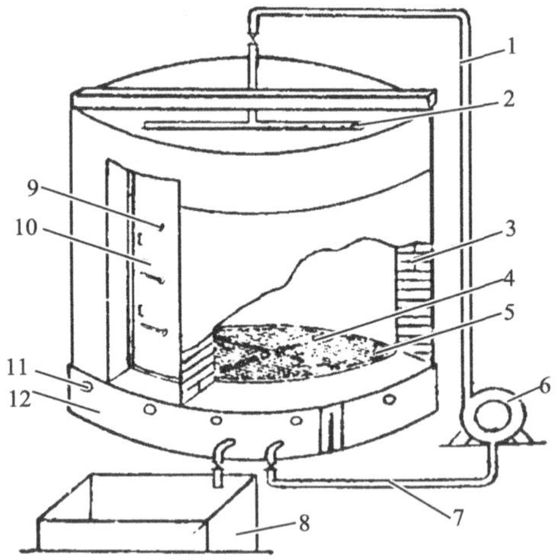

图 9-4　食醋浇淋发酵装置

1. 回流管；2. 喷淋管；3. 水泥池壁；4. 木架；5. 竹米假底；6. 水泵；7. 醋汁管；8. 储酒池；9. 温度计；10. 醋糟出口；11. 进气孔；12. 醋汁储存处

在中国有许多醋厂采用水泥池或贴有耐酸性瓷片的发酵池为固态醋酸发酵设备，发酵池的大小一般以操作方便和生产规模为准，但不宜过深，高 50～70cm 为宜，池底最好有坡度，醅中的醋液会流向一边，有利于发酵。由于水泥发酵池的不耐腐蚀、生产的食醋重金属超标等卫生质量问题，生产企业采用无毒安全的树脂材料（玻璃钢）作为发酵池的内壁，或直接用耐酸不锈钢材料制造发酵池。

2. 浇淋法

浇淋法所需设备如图 9-4 所示。制醋设备简单，占用厂房面积小，生产易于实现自动化操作。原料出醋率较高，醋酸发酵速度快，生产周期短，产量高，因而被许多生产广家采用。速酿法所采用的醋酸发酵装置，通常叫速酿塔，多为圆桶式，直径 1～1.5m，高 2～5m，塔身用碳钢板或用水泥浇注并内涂环氧树脂防腐层，也有用整个不锈钢板制成。原料池设置在速酿塔的下方，发酵液借助于重力作用自流进入喷淋管，再流经填充料。池底设有出液兼通气管，填充料上方的壁上开有排除菌膜的出口，每当填充料料长有菌膜时，关闭出液管阀门，使原料浸没填充料，稍搅动，菌膜浮于液面上，经除膜器随表面料液一起流出。原料池可以安装液位控制仪，当原料流完后自动启动泵进料，满池时停泵，从而实现自动进料。喷淋管上的进液管装有流量控制阀，通过测定出液管流出醋液中的含酸量来调节流量的大小，使原料通过填充料便完成发酵，不需用泵反复回淋。出液管装在底池的上方，使底池有足够的容积，利于醋液中的凝固物等杂质沉淀在池底，以降低成品过滤难度。

含氧醋液与自然进气相结合的浇淋发酵法仍属于固态发酵法，有别于快速滴淋醋酸发酵法，前者是将发酵池中的固态醅料用醅中淋出的醋液浇淋，后者是纯液态发酵。本方法的特点是以浇淋取代了倒醅的体力劳动，效率提高，产品基本上还能保持传统的风味，但目前所采用的工艺还需要多方面的改进。

（二）固态醋酸发酵特点

固态发酵法生产出的食醋与液态法相比，香气浓郁、口味醇厚、色泽优良，主要原因如下。

1. 食醋营养丰富，诸味协调

固态发酵必然采用多种原料，大量辅料的加入使各种成分齐备，特别是可供选择的原辅料（大米、糯米、高粱、玉米、青稞、麦麸、谷糠）种类繁多，这些物质既是有益微生物生长繁殖的营养成分，又是食醋产酸、呈香、生色、增稠的反应底物；同时原辅料资源丰富，来源广泛。固态醋酸发酵时间较液态发酵明显长，酿制的食醋无液态发酵醋的尖酸味，通常色泽深艳，呈琥珀色或红棕色；具有浓郁的醇香和酯香；酸味柔和，回甜醇厚；体态澄清。采用固态发酵工艺生产的食醋，因含有多种氨基酸所具有的缓冲、调和作用，可溶性固形物明显高于其他方法酿造的食醋；菌体自溶后产生的各种风味物质的作用，使产品醋酸含量虽高，却无尖锐刺激感，其明显的优良品质远非其他工艺所能及。另外，固态醋酸发酵的工艺独特性，如陈酿、熏醅和淋醋等造就了食醋风味的独特性。

2. 中温水解复式发酵

固态发酵工艺醋醅的品温通常控制在40℃左右，食醋生化反应处于低温糖化、中温酒化、适温醋化中，此时各类有益菌及其分泌酶系共存，履行各自的功能与作用，使糖化、酒化、醋化三边发酵得以同步进行，缓和了淀粉、乙醇对酵母菌、醋酸菌的干扰，促进有益微生物的生长，而不是液态发酵条件下的完全分离、互不干扰。发酵过程充分而完全，代谢产物间能进行多级转化，相互补充、相互融合，从而使各类有益微生物在适宜的环境中缓慢、持久、充分、彻底地完成食醋生产的各类生化反应。

3. 各类微生物并存，多种酶系共酵

固态发酵法酿制食醋，发酵方式为开放式，发酵体系中菌种复杂，发酵培养周期长，发酵过程中霉菌、酵母菌、醋酸菌并存，液化型淀粉酶、糖化型淀粉酶、酸性蛋白酶、中性蛋白酶、碱性蛋白酶、纤维素酶、果胶酶、酒化酶、醋化酶等多种酶系共酵，为糖化、酒化、醋化的顺利反应，以及食醋色、香、味、体的协调生成奠定了良好的基础。

4. 工艺简单、合理

醋酸发酵在固态条件下完成，有的甚至糖化、酒化、醋化过程均在固态条件下进行。在该条件下，醋醅含水量约为50% ，物料水分大部分包溶于醅料中，基质固、气、液三相并存，有明显的固-气、固-液、气-液界面，利于生物生息繁衍、优胜劣汰。同时，基质的低水分还可以减少发酵容器的体积，勿需处理废水，后处理加工方便。

固态发酵与液态发酵相比较，优缺点总结于表 9-1。

表 9-1　固态发酵的优缺点

优点	缺点
①更高的生产力	①生产规模小
②氧循环效果好	②氧的有效混合低
③培养基成本低	③生产要素（pH、热、温度、营养成分）难控制
④产品下游加工费用低	④传热性差
⑤能耗和设备费用低	⑤产品纯度越高，成本越大
⑥技术简单	
⑦易操作	
⑧更接近于微生物的自然发酵特性	

二、固态醋酸发酵的温度变化规律及控制

待发酵的物料入缸（池）温度的高低，直接影响醋酸发酵过程的控制及发酵醅的质量。一般原则是低温入缸（池），有利于控酸保醅。低温入缸（池）有利于低温缓慢发酵，保持淀粉酶及酵母菌的活力，使得污染杂菌生长缓慢，发酵料液不易败坏。入缸（池）的温度要从两个方面控制：一是依据配料的淀粉浓度，淀粉浓度高，其入缸（池）温度可低一些；反之，可适当高些；二是气候条件，冬季不要太低，一般不低于 24℃为宜，夏季应尽量低，以不超过 28℃为限，必要时用通风机进行降温。

料醅发酵时，温度一般控制在微生物及酶作用的最适温度范围内。对于固态发酵而言，由于料醅中水分含量低，热传递慢，使微生物对热的抵抗能力增强，所以温度的控制可比其最适温度适当提高 3～5℃，这样有利于提高发酵进程。对温度的控制可遵循“前缓、中挺、后缓落”的原则。前期主要是适应及生长繁殖阶段，升温过快，微生物衰老加快，影响后发酵力，也容易感染杂菌。一般应控制 2～3 天升到最高温度；中期

主要是发酵作用，乙醇或醋酸大量生成，并产生大量生化热，使品温上升较快，此时一定要注意降温，一般乙醇发酵不超过 38℃，醋酸发酵不超过 42℃；后期要控制温度不要降低太快，以利于将残余的淀粉、糖、乙醇继续转化，提高产量。

初发酵期：时间 7～8 天，料醅在 12～20h 内温度由 25℃可升高至 38℃。

主发酵期：时间 8～16 天，料醅在 15～20h 内温度可达 36～38℃，22h 后可达 40～44℃。

后发酵期：时间 17～24 天，料醅温度由 40～42℃逐渐降至 36～38℃。

三、固态醋酸发酵的微生物群落

中国传统的固态醋酸发酵为复式发酵，其中包括了淀粉水解、蛋白质水解、乙醇发酵、醋酸发酵等生化过程。因食醋生产的环境、使用的原料、发酵方式的不同，决定了固态醋酸发酵的微生物群落的演替复杂多变。朱其瀚等研究了镇江香醋发酵过程中微生物的变化。产酸菌数量在 7 天时最高，真菌数量在发酵开始时最高，此后随着发酵的进行，产酸菌、真菌数量均显示不断减少的趋势，分离出 1 种酵母菌（*Candida rugosa*）和 5 种产酸菌（*Staphylococcus* sp.、*Bacillus ruris*、*Paenibacillus* sp.、*Lactobacillus casei* 和 *A. pasteurianus*）。这 5 种产酸菌中乳酸菌、醋酸菌、芽孢杆菌均属于醋醅中可以检出的常见菌群，芽孢杆菌还与醋的风味、成品醋的返混和沉淀现象有关。5 种产酸菌均能生成乳酸，镇江香醋中的有机酸除醋酸外含量最多的就是乳酸，因此这些产酸菌的共同作用可能是成品醋中乳酸含量较高的真正原因。

Xu 研究认为镇江香醋在醋酸发酵时，与食醋发酵的微生物群体相对稳定、微生物群落在不同发酵阶段的变化是相关的。进一步研究发现醋醅的主要细菌为 *Lactobacillus*、*Acetobacter*、*Gluconacetobacter*、*Staphylococcus*、*Enterbacter*、*Pseudomonas* 和 *Sinorhizobium*，真菌主要为 *Saccharomyces*。镇江香醋不同于欧洲水果醋，醋酸发酵的微生物全来自于自然，因此微生物菌落比较复杂。另外，固体发酵的醋醅厚度约 1m，表层通风好，存在大量的需氧型微生物，而在中下部和底层通风不好，氧溶解量低，故存在一些酵母菌和乳酸菌属的兼性厌氧微生物。研究还认为醋酸中存在的 *Sinorhizobium*、*Enterobacter* 和 *Gluconacetobacter*，在发酵时能起到固氮作用，增加发酵料中的氮，为 *Acetobacter* 的醋酸发酵提供必需能量。

山西老陈醋是以多种谷物为原料，经过自然固态发酵生产的。吴佳佳等用表型和分子生物学分类技术，包括 inter-delta/PCR、PCR-RFLP、ERK/PCR 分析和 16S rRNA、26S rRNA 基因序列分析技术。在山西老陈醋的乙醇发酵阶段，优势酵母菌为 *S. cerevisiae*（96%），该菌在分离中表现出低的表型和基因型变异，在同一阶段分离的乳酸菌有 *Lactobacillus fermentum*、*L. plantarum*、*L. buchneri*、*L. casei*、*Pediococcus acidilactic*、*Pediococcus pentosaceus* 和 *Weissella confusa*。在醋酸发酵阶段，醋酸菌的优势菌为 *A. pasteurianus*，约占总数量的 76%，在表型和基因型方面有较大的变异性。另外，在乙醇发酵初期和醋酸发酵阶段还分别分离出了 *A. senegalensis*、*A. indonesiensis*、*A. malorum*、*A. orientalis* 和 *G. oxydans*。弓晓艳等跟踪山西老陈醋醋醅的酿造过程，分离了醋醅中的可培养微生物共 96 株，有 8 株产酸菌，采用16S rDNA序列分析归属为 *Lactobacillus plantarum* 和 *A. pasteurianus*。

山西老陈醋酿造过程中微生物的变化规律：在酒醅发酵过程中，酵母菌和细菌是其主要菌群，数量的变化比较大，变化趋势是先增后减，代谢产物中乙醇的产量持续增加；在醋醅发酵过程中，主要的菌群是醋酸细菌和细菌，其他菌群的数量较少，所有的菌群都随着发酵过程的进行逐渐进入残留期，代谢产物的种类在该阶段比较丰富。对浙江玫瑰醋酿造过程中的微生物多样性进行了研究，也有相同规律，在发酵过程中微生物群落结构由复杂变为简单，不同发酵时期微生物群落结构有较明显的差异。

大曲是山西老陈醋酿造糖化发酵剂的主要来源，也是山西老陈醋酿造中主要的微生物来源。武晋海对山西老陈醋大曲进行了微生态研究，大曲由里向外，微生物群体死亡率呈下降趋势，有害霉菌污染程度呈上升趋势，乳酸菌、芽孢细菌呈下降趋势。大曲中心以毛霉为主，有少量红曲霉，假丝酵母和汉逊酵母较多；大曲边角以犁头霉和毛霉为主，有假丝酵母、汉逊酵母、拟内孢霉，醋酸菌较多；大曲表面醋酸菌最多，还有毛霉、犁头霉等。

此外，李宜丰等认为山西老陈醋芽孢杆菌是固态法发酵食醋不可缺少的微生物类群之一。醋酸发酵阶段参于发酵的芽孢杆菌主要是巨大芽孢杆菌、凝结芽孢杆菌等。芽孢杆菌的主要作用在于与醋酸细菌协同产酸，增强鲜味，有提高食醋风味的作用。

因此，固态发酵醋醅中的微生物菌群变化比较复杂，包括霉菌、酵母菌和细菌，随着发酵时间的变化，其优势菌是变化的。

第三节　表面静态发酵工艺

表面发酵法（surface fermentation）是指醋酸发酵进行在发酵液的气-液界面上。它是世界上最古老的制醋法，也是至今最普遍的食醋制造工艺，东方食醋和西方食醋制造都有用此方法的。在中国北魏时期《齐民要术》总结的28种酿醋方法中，就有21种为表面液态发酵法。例如，“动酒酢法”称“春酒压讫而动不中饮者，皆可做醋。大率酒一斗，用水三斗。雨则勿令水入；晴还去盆。七日后当臭，衣生，勿得怪也，但停置、勿移动。数十日，醋成，衣沉，反更香美，日久弥佳”。奥尔兰加工法是以法国城市命名的最古老的商业性葡萄食醋，是将葡萄酒盛放到木桶中，经过表面静态醋酸发酵生产果醋。现在许多人都试图改进奥尔兰法，但在生产方式上只有微小的改动。日本有60%～70%的醋采用表面培养技术生产。在菲律宾尼巴棕榈醋生产中，棕榈汁在竹制的容器中经过乙醇发酵后，转入大陶罐中，盖上木板，静置，醋酸化大约3周的时间。

表面发酵法广泛应用于农场、家庭等小型制醋业中，与其他醋化技术相比，所用的技术简单，设备低廉，投资少，所用劳动强度不大，图9-5为表面发酵法生产食醋使用的木桶，通过改变醋化设备的大小和数目，就可进行大规模的生产，在生产中不需使用冷却水，能耗很低，生产的食醋风味、质量明显高于液态深层发酵的。欧洲、日本等国生产的许多传统著名品牌食醋均采用此法。不足之处是生产速度慢，耗时长，有些名醋生产需几年甚至几十年，需要很大的厂房面积，生产规模有限。

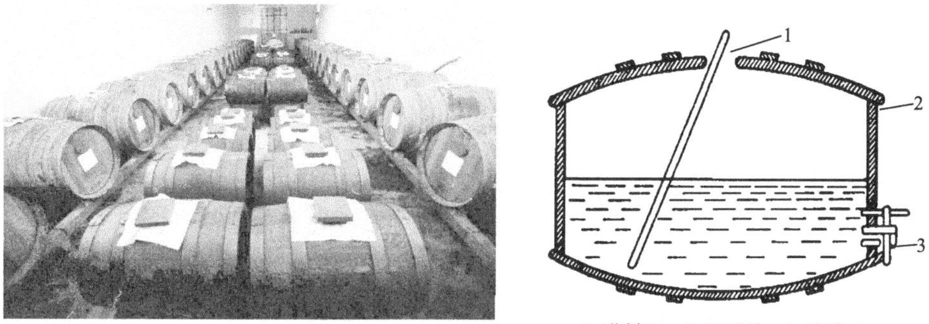

1. 进料口；2. 通风孔；3. 放醋口

A. 食醋发酵用木桶　　B. 木桶结构示意图

图 9-5　用木桶进行食醋表面发酵

一、表面静态发酵基本工艺

(一) 分批表面醋酸发酵法

一般表面静态发酵是在发酵容器中先分别进行淀粉糖化和乙醇发酵，待乙醇发酵旺盛期结束再进行醋酸发酵。酵母及醋酸菌来自曲或空气及容器，醋酸菌增殖后即在醋液表面结成菌膜，一般需要 6 个月才能完成醋酸发酵。由于制醋后一直静置，故有静置法之称。醋酸菌在醪液表面形成菌膜并进行醋酸发酵时，完全依靠液面与空气的接触来供氧，因此，为了缩短发酵周期，应尽可能降低发酵容器内发酵液的高度，而增加单位液量的表面积。

表面醋酸发酵法需要的发酵设备相对简单，欧洲等国常用橡木等硬质材料制作的木桶，日本米醋用陶瓷坛子，中国用磁缸或瓮，如图 9-6 和图 9-7 所示。

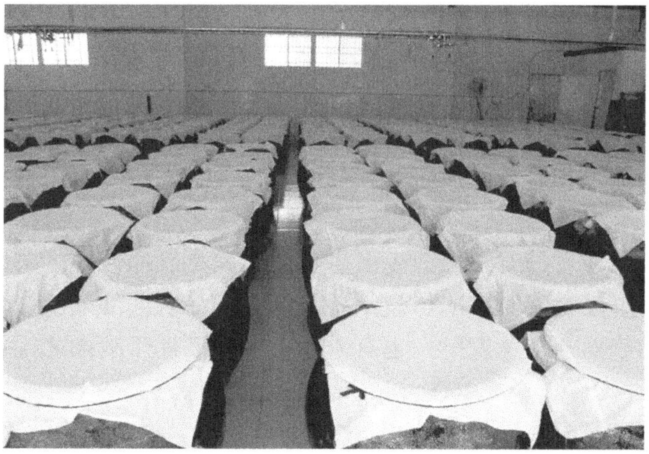

图 9-6　用缸进行食醋表面发酵

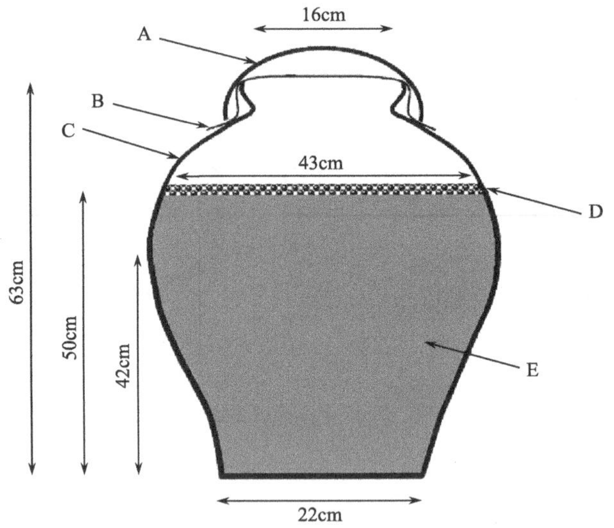

图 9-7　日本米醋发酵容器（Haruta et al.，2006）

A. 陶瓷盖；B. 覆盖纸；C. 坛子；D. 发酵前漂浮的曲；E. 发酵液

表面静态发酵法因发酵醪液的组成不同，可分为纯液态表面发酵法和固液混合表面静态发酵法两类。用纯液态表面发酵法生产的食醋有法国传统的奥尔兰果醋、意大利摩德纳香醋、西班牙的雪利醋和中国富平小米醋等知名品牌；用固液混合表面静态发酵法生产的食醋有日本的福山米醋、中国江浙的玫瑰香醋、福建永春红醋等品牌，它是将蒸煮的大米等淀粉质原料装入坛、瓮等发酵容器中，加入曲等糖化剂和酵母菌，进行糖化和乙醇发酵，之后往坛中补水稀释发酵醪液至一定浓度，开始表面静态发酵，醋酸发酵结束后采用压榨等工艺分离醋液。

（二）半连续和连续表面醋酸发酵法

1. 半连续表面醋酸发酵

每批食醋发酵结束后，不全部从发酵容器中取出，而是留 1/4～1/3 体积的醋液于发酵容器中，作为种子，继续添加新鲜发酵液，再进入发酵。有关操作和技术要点见第十一章第十节。

在半连续表面醋酸发酵时，醋液表面生长的菌膜是制醋成败的关键，在从发酵桶中取出醋液和补充新鲜发酵液时，应尽量不要破坏发酵液表面的醋膜。可以将好的菌膜移至于醋酸发酵液的表面，加速发酵；也有采用木栅格漂浮于液面之上以支持细菌膜的技术措施。

另外，根据醋酸发酵原理，如图 9-8 和图 9-9 所示，改造半连续表面醋酸发酵装置，在静置循环式表面发酵装置中，在发酵罐底部装有一泵，用来将罐内的发酵液引出，并在泵内与空气混合。经过调温装置后再送回发酵罐，通过调节泵的流量，使回流发酵液适速地流动，以保证温度和酸度的均匀，同时可在接近表面发酵液处安装具有耐酸性能的留膜保持网，从而达到不破坏菌膜的目的。在静置搅拌式发酵罐中，罐底安装一个搅拌器，缓慢搅动发酵液，其他同半连续表面醋酸发酵。

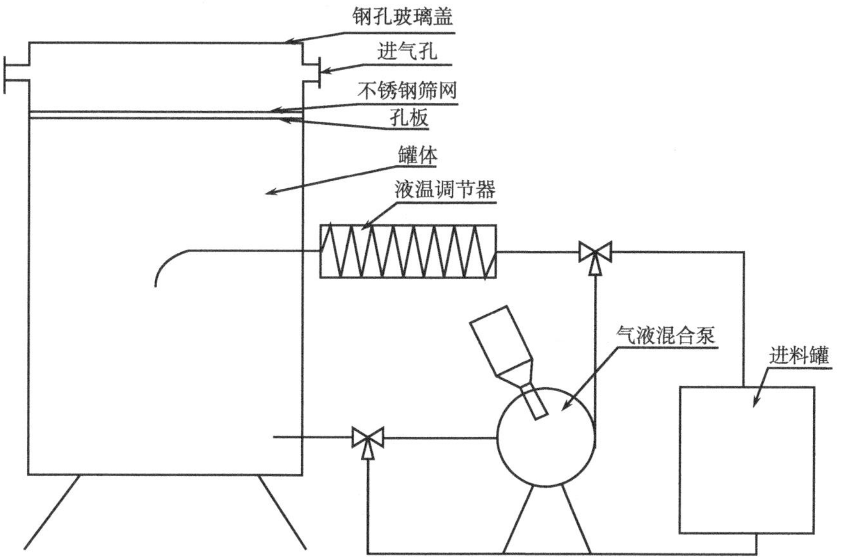

图 9-8　静置循环式表面发酵装置

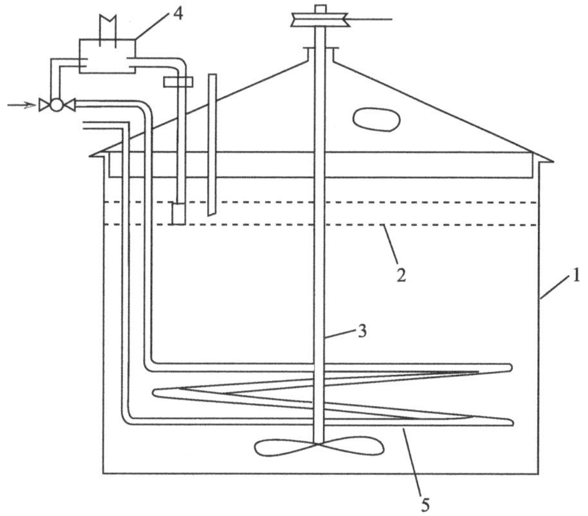

图 9-9　静置搅拌式表面发酵装置

1. 发酵罐体；2. 不锈钢菌膜保护网；3. 搅拌器；4. 热交换器；5. 冷却管

2. 连续表面醋酸发酵

可以将多个发酵槽或罐串连起来，实现连续表面发酵，使菌膜飘浮于液面，只使醋液流动，添加原料液于第一槽（罐），从最末端的槽（罐）流出产品，这样可大大提高表面发酵法的生产效率。

Park 等在实验室基础上设计了栅栏式浅盘食醋发酵器，采用表面发酵法生产乙醇食醋，发酵器结构如图 9-10 所示。醋酸浓度在最大稀释率 0.2h^{-1}时为 98g/L，产率高达 4.3 [g/(L·h)]。

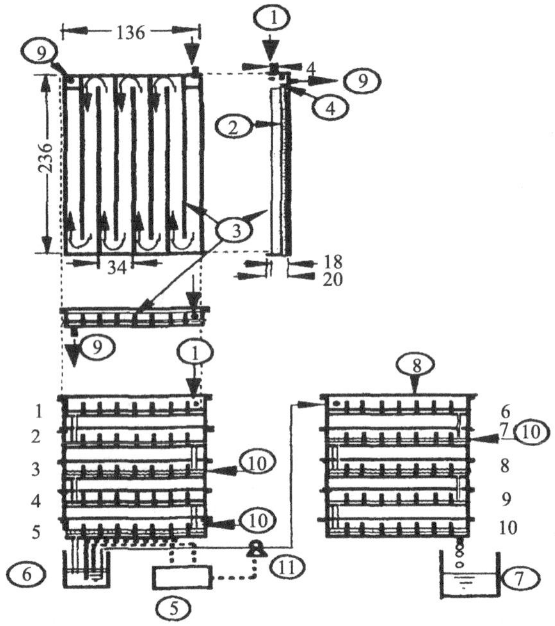

图 9-10　多层栅栏式浅盘表面醋酸发酵设计图（Park，1992）
1. 进料口；2. 生物膜；3. 栅栏；4. 控制液面的挡板；5. 水平控制器；6. 发酵液回流槽；7. 收集槽；8. 盖；9. 发酵液出口；10. 含乙醇发酵液进口；11. 泵

以乙醇为主要发酵原料，添加酒糟浸提液 3.01%（*V/V*）和葡萄糖 0.157%（*m/V*），进行表面连续醋酸发酵。其结果如表 9-2 所示。

表 9-2　连续表面发酵产酸率

发酵表面积	1	m^2	进料总浓度	5.07	%
工作体积	0.1	m^3	出料平均酸度	4.54	%
比表面积	10	m^2/m^3	出料平均乙醇浓度	0.34	%
流速	0.9627	L/h	酸产率	41.3	$g/(m^2 \cdot h)$
进料酸度	0.25	%	生产能力	0.99	%/d
进来乙醇浓度	4.82	%			

二、表面醋酸发酵的微生物群落

裘纪莹等对浙江传统玫瑰醋生产过程微生物群落进行研究，发花阶段的微生物群落前期（9 天前）以霉菌为主，中后期（9～15 天）以酵母和细菌为主。醋醅表面和内部微生物群落差异较大，主要表现在三类微生物的数量和组成比例上。酒化阶段，醪液的表层是酵母和细菌共存，后呈下降趋势，醋化前期细菌数量下降，后期主要菌群为醋酸菌，菌数开始回升，成熟期醋酸菌数量下降。分离得到不同形态的霉菌 43 株、酵母 9 株、普通细菌 16 株，霉菌有冰岛青霉、红色红曲霉、黄曲霉和褶皱青霉等，酵母有布拉酵母、双倒卵形红冬孢酵母、粘红酵母和马克斯克鲁维酵母等，分离、筛选得到 11 株醋酸菌，浙江玫瑰醋醋化阶段主要醋酸菌为巴氏醋杆菌（*A. pasteurianus*）。

日本米醋发酵用坛子进行，糖化、乙醇发酵和醋酸发酵都在同一个容器中进行，其主要成分变化如图 9-11 所示。米的糖化和酒化同米酒制作基本相同，需要添加曲(koji)。研究发现，乙醇发酵的微生物主要是 *S. cerevisiae*，还有学者认为还有 *Zygosaccharomyces* sp. 和 *Candida* sp.。这些菌来源于曲。*S. cerevisiae* 与其他非糖化菌相比，是一种超级酵母菌，在米醋的制作中与乳酸菌共存，一方产生的乙醇或乳酸对另一方有抑制作用，两种菌在利用氨基酸等生长因子时相互竞争。从真菌 DNA 检测发现，米醋发酵 20 天后，其真菌的细胞数量已很少，因醋酸菌产生大量的醋酸，降低了生长环境的 pH，抑制了酵母菌的增殖。醋发酵前期，乳酸菌产生的乳酸使发酵液 pH 下降，抑制了大量的杂菌，如不产孢子、革兰氏阳性的 *Exiguobacterium*。乳酸菌仍来源于曲中，但从制造米醋的曲中从未分离出醋酸菌，它可能来自于陶瓷坛的内壁和盖子上，因为酿醋的坛子从来不灭菌就直接进行下一次发酵。在米醋醋酸发酵中，分离最多的醋酸菌是 *A. pasteurianus*，还从壶醋中分离出 *A. aceti* 和 *Ga. xylinum*。

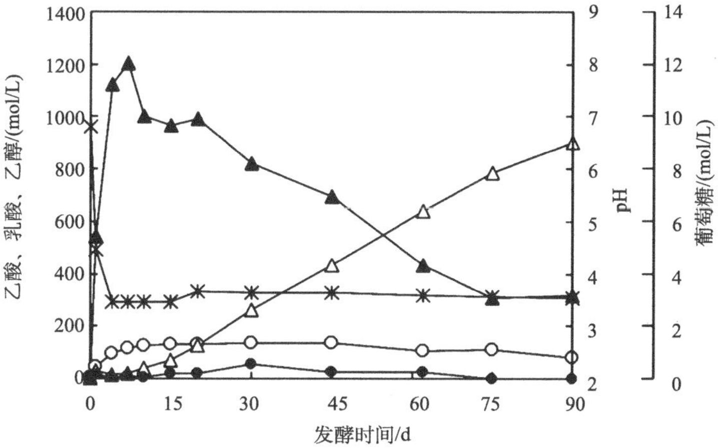

图 9-11　日本米醋发酵过程参数变化（Haruta et al.，2006）

实心三角，乙醇；空心三角，乙酸；空心圆圈，乳酸；实心圆圈，葡萄糖；星号，pH

利用平板分离技术，发现在发酵前期主要存在的乳酸菌有 *L. casei*（或 *paracasei*）、*L. plantarum*、*L. brevis*、*P. acidilactici*、*L. casei* subsp. *casei* 和 *L. plantarum*，它们分离出的频率较高。米醋在发酵中产生的乳酸对其他有害杂菌有很好的抑制作用。*A. pasteurianus* 是谷物食醋酿造的优势醋酸菌，一般发酵醪发酵 2～3

周后就会有该菌出现。从米醋发酵用曲中很难分离到 *A. pasteurianus*，这就说明该菌不是从曲中带到发酵醪中，分析认为醋酸菌主要从壶口覆盖的纸或没灭菌的发酵容器中来。

意大利香醋发酵初期的葡萄汁浆液可溶性固形物浓度在 20%～60%，高浓度的发酵液对醋酸菌影响较大。Gullo 等分析了香醋中醋酸菌的变化规律，认为香醋的醋酸菌发酵中，引起醋酸发酵的菌种为 *A. pasteurianus*，发酵 60 天时，该菌为主要的醋酸菌，发酵时间到 120 天后，葡萄香醋中的优势醋酸菌逐渐变为 *Ga. europaeus*。他认为 *A. pasteurianus* 为葡萄香醋发酵的先驱醋酸菌，当酸度达到一定浓度时，生长需要醋酸的 *Ga. europaeus* 开始作用。*A. pasteurianus* 在高浓度葡萄汁中有两个积极作用：①在不含醋酸的葡萄汁中开始醋酸发酵；②促进发酵速率快、产酸高的 *Ga. europaeus* 生长并进行醋酸发酵。因此，在香醋生产中，醋酸发酵的开始和营造一个良好的醋酸发酵环境是至关重要的。

总之，表面法发酵食醋靠自然接种，发酵微生物菌群变化复杂，是霉菌、酵母菌和醋酸菌共同作用的结果。在醋酸发酵的过程中，无论是东方的谷物食醋还是西方的水果醋，*A. pasteurianus* 都是最关键的发酵菌。

三、影响表面醋酸发酵的主要因素

1. 醋酸菌

包启安总结了优秀表面发酵醋酸菌应具备如下特征：

(1) 结膜迅速，其菌膜具绢状光泽和弹性；

(2) 菌膜老化缓慢，保持菌膜于液面直到发酵完成；

(3) 产酸迅速，产酸速度始终保持成一直线，直至终了；

(4) 移植菌膜后能迅速形成完整菌膜；

(5) 具有强氧化性，能达到目标酸度；

(6) 无过氧化性；

(7) 在残留乙醇至一定限度前，中途发酵不应停止；

(8) 能在天然培养基上很好地繁殖，并进行醋酸发酵；

(9) 生成的食醋应有一定芳香气味；

(10) 生成的食醋不混浊，易于过滤及精制。

从上述分析，*A. pasteurianus* 不失为优秀的表面发酵醋酸菌。

2. 发酵液深度及比表面积

决定表面醋酸发酵速率的关键因素是发酵液的氧气含量，溶氧量与发酵液的比表面积或发酵液深度呈正相关。

表面静态法发酵米醋时，发酵液的深度对产醋的影响极大，从表 9-3 可知，比表面积越大，产醋量越大，从产量和得率综合考虑，发酵液深度为 10cm 是最适深度。

表 9-3 食醋表面发酵发酵液深度对产醋的影响

	发酵液深度/cm				
	20	10	5	3	2
产量/(%/h)	0.015	0.03	0.043	0.05	0.087
酸产率/[g/(m² · h)]	30	30	21.5	15.3	17.4
发酵温度/℃	32～31	32～31	31～30	30～29	29～28
表面积/m²	0.16	0.16	0.16	0.16	0.16
总体积/L	32	16	8	4.8	3.2
比表面积/(m²/m³)	5	10	20	33.3	50

以适宜浓度的乙醇液为发酵醪，有人提出了表面发酵法的表面积（S）、发酵所需时间（T）和发酵醪量（L）之间的关系：

$$T = K \times L/S \text{（K 为常数）}$$

一般，常数 K 约等于 5，从方程可知，发酵总时间与表面积成正比。用半连续发酵槽进行发酵时，尽可能降低发酵液的深度，可增加其表面积。

第四节 快速滴淋发酵工艺

快速滴淋发酵法（quick trickle vinegar fermentation）是继 Orléans 法之后由法国人发明的新的酿醋方法，发酵器由带有假底的大木桶构成，木桶内填满葡萄碎枝。1732 年，荷兰人 Boerhaave 设计了滴淋法酿醋器，酿醋器中填充葡萄渣、浮石、葡萄枝或杆。1820～1830 年，此工艺进行了许多重要的改进。1823 年，Schützenbach 用一个木桶替代了普通发酵设备，并对其改进，使发酵液可反复流过填料的表面，如图 9-12 所示，后来有人将醋化液实现再循环、使用喷头使发酵液完全浸润填料，并安装温度控制器以及通风设备。该装置在桶底，开洞为通风孔，将把这种发酵醋的方法称德国速酿法。德国 Frings 公司一直致力于食醋发酵的设备的开发和研究，Frings 滴淋食醋发酵器如图 9-13 所示，较其他发酵设备有如下有点：①费用低，工艺相对简单且容易控制；②可获得较高醋酸浓度的醋；③发酵罐占地面积小；④蒸发损失低。

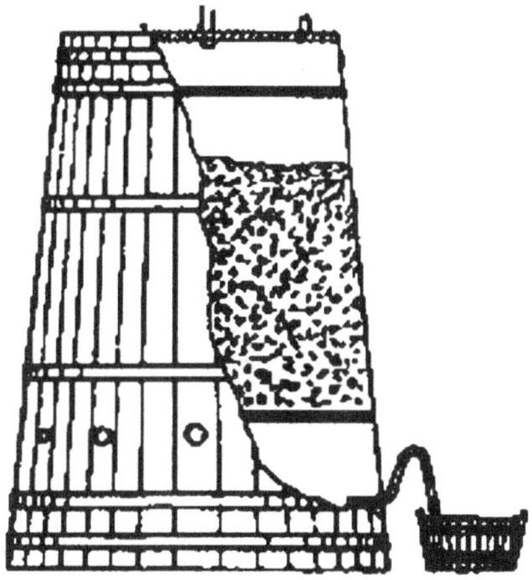

图 9-12 简单的滴淋醋酸发酵器

在 Frings 发酵器中，发酵液温度控制在 28℃左右，保证流经填料顶部时温度为 28℃，到填料底部时温度升高到最大值 35℃。在英国，一些厂家的温度控制较高，为 40～43℃。

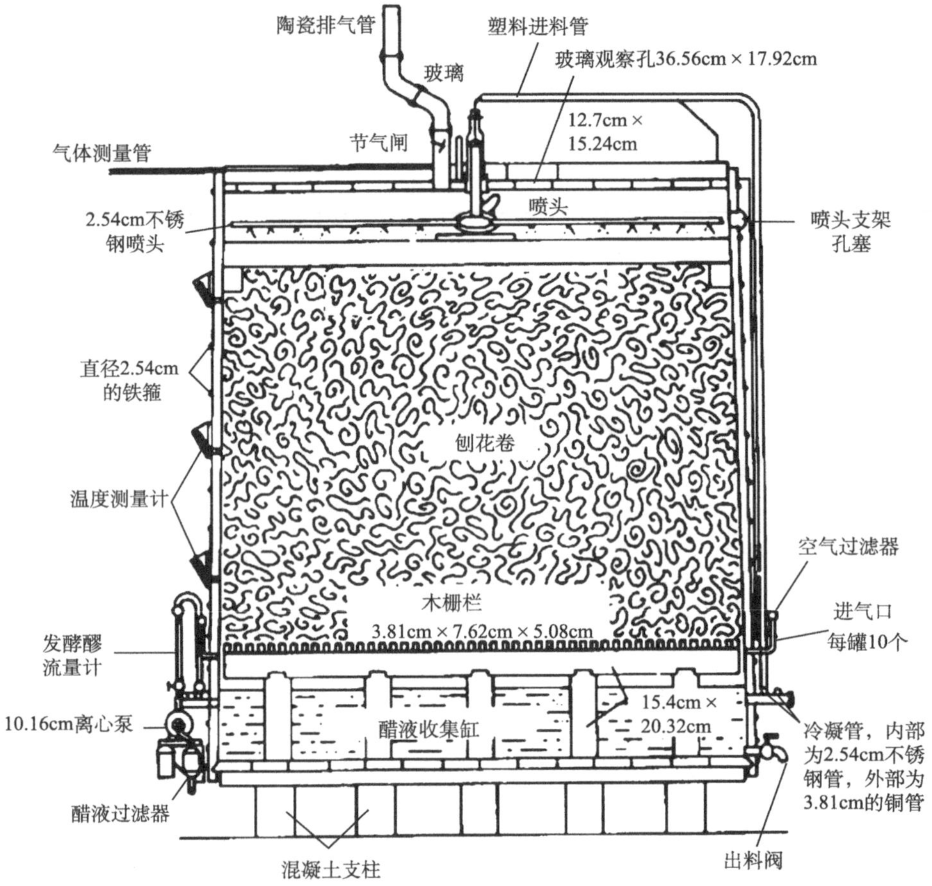

图 9-13 Frings 滴淋醋酸发酵器

发酵中通风需要小心控制和操作，但在一些简单设备中，仅需开放和关闭通风口就可控制空气流。理论上，30℃下氧化 1L 乙醇需要 430L 的氧气，由于空气中含氧量仅 20%，且不能被菌体全部利用，所以生产中至少需要提供 10 倍的空气。在小型制醋设备实验生产中，最佳通风量是理论值的 3.2 倍。

由于微生物对填料表面的适应能力很强，因此在速酿设备中填料的选择范围较广，木质纤维材料通常均可使用。在醋化器中的填充材料有藤条、木炭、焦炭、玉米穗轴、陶瓷、葡萄枝、各种类型的木头，如山毛榉材、杉木、柏树枝、红木、橡木和一些松木。人们在选择填料时，通常考虑填料的适用性和成本，很少选用木屑。一般山毛榉刨花是较好的填充物，在一些醋厂连续使用达 50 年之久。使用填料的速酿设备，其生产能力为 2～5kg 醋酸/(m^3 填料 · d)。经过长时间的生产以后，填料会被压缩形成堵塞，特别是当可产生纤维素的菌种木醋酸杆菌大量生长时，会出现此类现象。发酵设备中填料的更替所需要的劳动强度很大，尤其是对于大型的生产设备。但在一些生产中，填料的替换频率并不高，如在酒精醋生产中，发酵液中营养成分低，限制了微生物的过量生长，因此不宜形成填料堵塞，填料可多年使用而不用替换。对于营养较为丰富的发酵液，在生产中可通过高温和高GK值（发酵醪酒精浓度和醋酸浓度之和）的控制来限制微生物的过量生长，从而减少填料更换频率。

速酿工艺通常是半连续操作，因此要在发酵液中添加成品醋以保证较低的乙醇浓度（<4%～5%），避免醋化过程的推迟；当发酵液中乙醇含量为0.3%时，醋化过程即可停止。残存的乙醇可在储存阶段醋化，增进醋的香味，更重要的是乙醇可以抑制过氧化作用，避免生产损失。当生产过程中出现过度醋酸过氧化时，唯一的补救措施是停止生产，并进行灭菌处理。

速酿设备型号不同，生产效率也有明显的不同。在大型制醋厂，一个发酵设备能容纳50～60m^3的填料，并装有能容纳14m^3发酵液的储槽。依据发酵设备的先进程度和操作技术的不同，GK值为10、乙醇浓度为4%的发酵液醋化时间为4～5天，产量为85%～95%。速酿工艺的醋酸生产量大约为10.4g/(L·h)。

快速滴淋制醋工艺控制的主要参数为：①发酵液的循环次数；②通过发酵液中的冷却水的流量；③进入发酵器的通风量，在桶壁的不同高度安装温度计，检测温度。这种方法不能密封，发酵温度、通风量、循环量都不能保持恒定，通风时发酵液乙醇的损失在0.3%～0.5%，但它可以长久使用，只是醋酸产量会下降。发酵温度不是影响醋酸产率的主要因素，温度随一年季节的变化而变化。发酵器中菌群的变化或优势菌群的变异是影响产醋量的主要因素。

适宜于醋化器发酵的发酵液有苹果酒、各种提取物、葡萄酒或稀释的乙醇溶液，发酵液的乙醇浓度一般为10%～14%。除了乙醇外，发酵液中还需添加醋酸菌的营养剂，许多醋厂喜欢自己配制营养剂，而不是使用市场上购买的。常用的营养剂配制成分有氨基氮、磷酸盐（巴斯德第一个证实醋酸菌生长需磷酸二铵）、葡萄糖、酵母水解液或泛酸、有机酸盐等。

第五节　深层醋化发酵工艺

深层醋化发酵（submerged vinegar fermentation）又称强制通风醋化发酵，是在发酵液中通入无菌空气和氧气，醋酸菌将发酵醪中的乙醇转化为醋酸的过程。深层醋化发酵与滴淋发酵相比主要的先进性为：

（1）深层发酵氧化醋酸的能力是滴淋法的30倍；

（2）生产相同量的醋，深层发酵的设备体积是滴淋发酵设备的16%；

（3）有更高的转换系数，滴淋法乙醇氧化为醋酸的转换系数90%左右，深层发酵可达95%～98%；

（4）更易实现自动化，在醋酸发酵中不像滴淋发酵法，会出现发酵器容易堵塞、中断发酵等问题。

缺点在于：

（1）短时间停电就易使发酵生产停止，一般的厂家都有备用的电源；

（2）虽然总体的电力消耗比循环发酵器要低，但电能消耗仍然很高；

（3）生产的醋液混浊，在过滤之前须经过处理。

一、深层醋化发酵设备

（一）Frings 醋酸发酵器（acetator）

Frings 醋酸发酵器由 Hromatka 和 Ebner 发明，并由 Heinrich Frings GmbH&Co 公司推向市场。全世界用 Frings 醋化器年生产含 10%醋酸的食醋约 1354×10^6L，每发酵 1L 乙醇消耗能量为 400W，乙醇的转化率达 98%，商业性醋化器 24h 可发酵 3600L 乙醇。

该发酵设备结构如图 9-14 所示，是由不锈钢或木质材料所制成，所有装配部件由不锈钢或塑料制成。此设备中最重要的设计是自动供气系统，它装有一个底部传动、配有非旋转导叶轮空心的搅拌器，搅拌器以 1450～1750r/min 的速度旋转，将空气带入中心入口管，再经一系列逆旋转方向开口的分布孔进入发酵液中。搅拌器的结构如图 9-15,其他技术参数如表 9-4 所示。

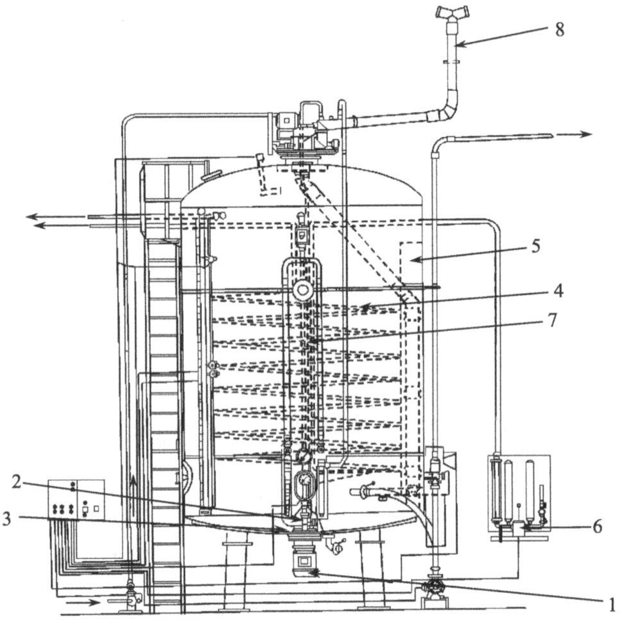

图 9-14　Frings 醋化器结构图（Sambamurthy，2006）

1. 搅拌电机；2、3. 轴连接；4. 热交换器；5. 挡板；6. 冷却水；7. 机械去除泡沫器；8. 排气管

另外，Frings 发酵器带有一个除泡沫装置。泡沫进入蜗壳装置后，通过内部的转子作用将气体和液体分离，液体流入发酵罐低的部位。发酵结束后再将这部分易产泡沫的醋液放出，与其他醋混合。主要原因是有害的醋酸菌水解会形成大量泡沫，去除这部分液体，会避免产生大量泡沫。另外，除泡沫装置长时间运转，或采用大功率的吸气装置都会增加泡沫。

图 9-15　Frings 带搅拌的进气装置

图片来源：http://www.frings.com

表 9-4　Frings 发酵罐技术参数

发酵罐型号	V 300	V 600
乙醇 100%/(L/24h)	360	720
醋 10%/(L/24h)	3 400	6 800
醋 10%/(L/a)	1 200 000	2 400 000
操作体积/L	12 000	24 000
原材料消耗（95%年产率）		
乙醇（96% Vol./a）	131 600	263 200
用水量（m^3/a）	1 120	2 250
冷却		
发酵热/(kcal/h)	55 000	110 000
进口温度 24℃（Delta T=4℃）/(m^3/h)	13.8	27.6
进口温度 20℃（Delta T=6℃）/(m^3/h)	10.2	20.4
进口温度 16℃（Delta T=8℃）/(m^3/h)	6.6	13.2
电力		
联结载荷/kW	13.2	24
动力消耗/(kW・h/a)	33 600	67 200
电机功率/(kV・A)	50	60
罐参数		
质量/kg	18 500	36 000
直径/m	2.2	3
需要的空间/(m * m)	3 * 4	4 * 4
罐高度，包含除泡器/m	5.7	6.3

数据来源：http://www.frings.com/wEnglisch/essigtechnik/produkte/acetatoren _ solutionfinder.shtml? navid=23#。

Frings 发酵器还装有乙醇自动检测仪，称 Alkograph。其基本测定原理为：少量的发酵液流经检测仪后，首先通过加热器，然后再通过三个沸腾室，由于第二和第三沸腾室蒸馏除去了乙醇，第三沸腾室沸点高于第一沸腾室，第一和第三沸腾室温差大小即可表示出乙醇的浓度。从发酵液进入检测仪到读出数据只需 15min。在半连续发酵中，可用 Alkoraph 控制醋液卸料泵，还可用于发酵器的发酵温度控制，使其达到恒温。现在 Frings 研发出了膜生物传感器，称为 Frings Alkosens，这种传感器可用来测量乙醇浓度和其他挥发性组成成分。日本等相继开发了酶固定化传感器、微生物固定化传感器和半导体乙醇传感器。

Frings 醋化器在操作中主要应注意通气、降温、发酵终点判别及大量泡沫去除等要点。商业用的醋化器每 24h 可发酵纯乙醇 3600L。

在深层培养中缺氧对微生物的影响是十分严重的。对于 GK 值（乙醇和醋酸浓度之和）为 11.35 的发酵液，若空气供应停止 1min 或更长时间，再次通气时，则不能恢复生产。相对而言，在低 GK 值时，长时间停止通风所造成的损失则较少，如 GK 值为 4.80 时，停止通风 2min，醋化率降低 34%。若 GK 值恒定，缺氧的破坏程度随含酸量的增加而增大。可见缺氧使得细胞的耐酸性降低，同时微生物要消耗大量的 ATP 来阻止醋酸渗入细胞内。

通风机的能耗大多数随型号而改变，一般为 1.2～20.0kW，因此，足够的能量供应是十分重要的。当供能不足时，添加辅助发电机是十分必要的。发酵过程通常是半连续性的，每次耗时 24～48h，温度在 38℃左右。冷凝管中的循环水流量 500～800L/h，有时需要建立冷却塔和制冷车间使冷却水再循环。

为了防止过氧化，应在发酵液中乙醇含量为 0.1%～0.3%（V/V）时就停止发酵。因此，要定期对发酵液进行分析，根据经验可准确预测发酵结束时间，减少测定过程中出现的问题，实现自动化操作。

此外，在食醋酿造中，挥发性成分在发酵过程中的蒸发是引起食醋产量下降的原因之一，如发酵前乙醇、中间产物乙醛和生成的醋酸，在通气发酵中都极易挥发。一般来讲，乙醇在食醋的工业发酵中损失 10%～30%，主要取决于发酵温度，可采用回收未利用完的气体、补加于发酵液、将发酵罐密封等方法来减少损失。

（二）Cavitator 醋酸发酵器

此种发酵器由 Cohee 和 Steffen 在 1959 年发明，如图 9-16 所示，其搅拌器不同，但基本的操作与 Frings 类似，安装在发酵罐中心的通风管（draft tube）则使培养液能够循环，使气泡均匀分散。搅拌器由通风管吸入液体，再送入罐的中心部，通风管外部的液面会上升，通风管内溢流的液体就会流入。

（三）改良的深层醋化器

改良的深层醋化器如图 9-17 所示，其构造核心部分是能高速旋转的涡轮和中心套筒，液体或空气在离心力作用下向外甩散，套筒中心形成负压，吸进大量的气体。由于涡轮的作用，气液在其周围形成强烈的混合流（湍流），空气分裂成细微的气泡，并在

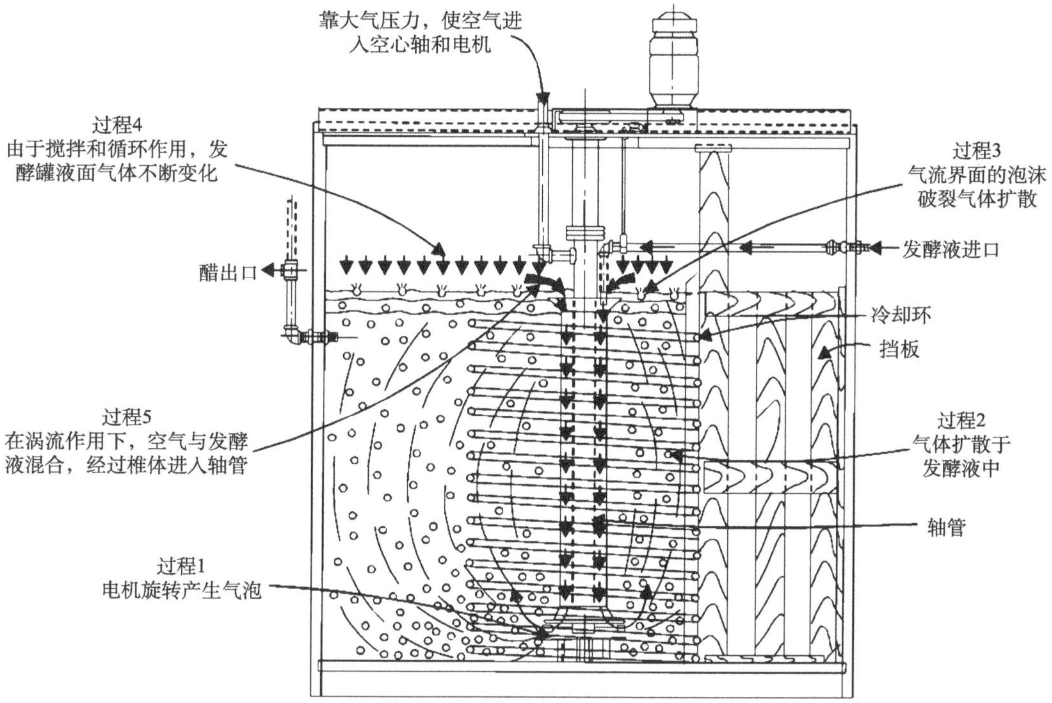

图 9-16　Cavitator 醋酸发酵器结构图（Casida，2004）

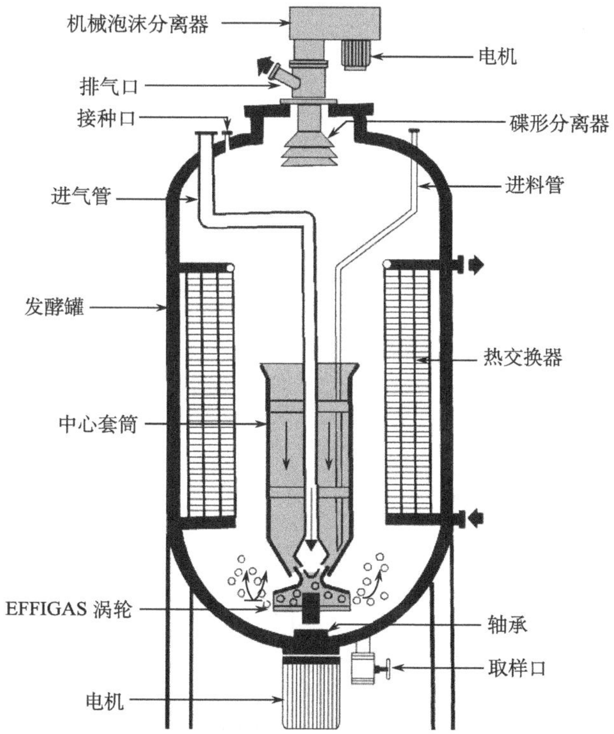

图 9-17　改良的深层醋化器结构图（Sambamurthy，2006）

强烈的湍流中气液混合、翻腾、扩散到整个罐中。该设备溶氧系数高，醋酸发酵速度快。在罐顶端安装了蝶式泡沫分离器，有较好的泡沫分离效果。缺点是一旦发酵开始，就不能停机，尤其是断电，停机几分钟就可能导致发酵失败。另外，发酵耗能相对较高。

（四）塔式醋化器

英国使用塔式深层培养醋化器（tower vinegar fermenter），如图 9-18 所示。这种深层酸化器的特点是没有任何运动部件，完全依靠吸入的空气进行搅拌，压缩机从底部将空气泵入塔内，经过烧结玻璃板进入物料。塔式发酵器可用聚丙烯材料制造，再用玻璃纤维加固。其纵横比（高度：直径）约为 12：1。原料由塔底慢慢进入，成品醋由塔顶慢慢流出，这是真正的连续式发酵器，从底部通入的空气在上升的过程中有搅拌和通气的作用。该发酵器常用于苹果醋的发酵。

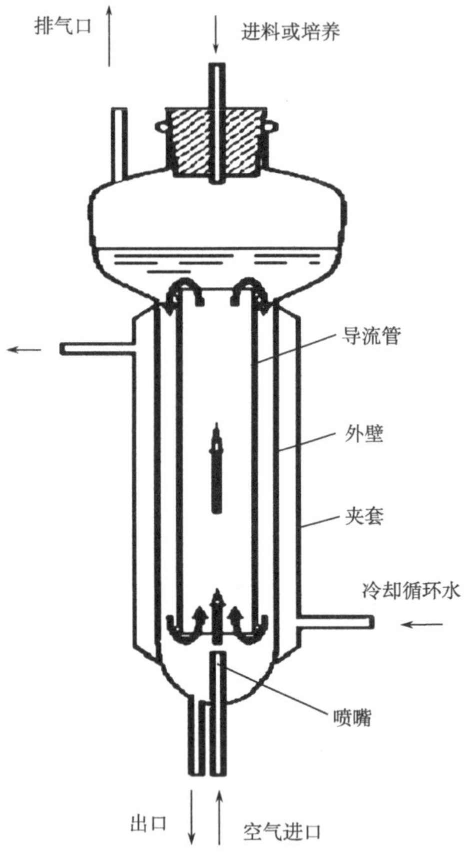

图 9-18　塔式醋化器结构图

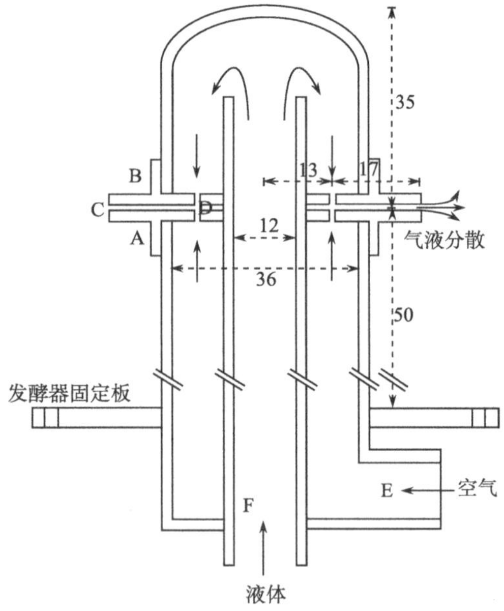

图 9-19　喷头结构图（Fregapane et al.，1999）

（五）鼓泡式醋化器

Fregapane 发明了有推动力喷头的鼓泡式醋化器（bubble column fermenter）。喷头如图 9-19 所示，用 PVC 材料制作 100L 的发酵缸，发酵缸内径 30cm，有效装液量约 70L，柱直径/液高比值为 1∶5。其结构为：由两个圆形不锈钢盘（A、B）组成喷头，两圆盘之间（C）的距离可以调节。两圆盘有 30 个直径 1mm 的孔（D），发酵液用循环泵从底部输送到顶部，与从下面向上流的空气碰撞，形成气液混合物，再经过平板空间流出。离心泵的液量控制在 12L/min，通气量为 1VVm，空气氧分压 0.21atm 或 0.8atm，体积氧转移系数约 $50h^{-1}$。

二、深层醋化发酵主要工艺

（一）半连续醋化工艺

半连续醋化指用深层醋化发酵器进行醋酸发酵时，发酵液中乙醇转化为醋酸到规定值，放罐后在罐内留 1/4～1/3 的醋液，剩余的空间用新鲜发酵液补充，进行下次发酵，如此循环。也有学者研究认为，每批发酵液发酵结束时，取醋液为 50%比较适宜，即 1∶1，这样做的目的是未取出的醋液中保留的醋酸菌数量对发酵下一批醋刚合适。

在半连续发酵中，乙醇检测器控制放料泵，当乙醇浓度下降至规定值时，启动放料泵放料，放料至规定刻度时，加料泵启动，补充新鲜发酵液，进料泵受发酵液温度控制。半连续发酵在当今食醋工厂化生产中是比较适合的发酵模式。一般卸料时要速度快，而进料时应逐步缓慢添加，避免环境条件急剧改变生物量（乙醇、醋酸、营养素、温度、pH）。

以用葡萄酒发酵葡萄醋为例，半连续醋化操作步骤如下：

（1）发酵液为葡萄酒，其乙醇浓度为 70～80g/L，醋酸浓度 2.5～5g/L。

（2）开始发酵。先在发酵罐中注入发酵罐体积 30%的发酵汁，调整醋酸浓度为 30g/L，乙醇浓度 47g/L，发酵几小时后，醋酸浓度达到 45g/L，乙醇浓度为 35.5g/L，然后用新葡萄汁补加至发酵罐体积的 45%，连续发酵至上述的酸度和酒度时，再按发酵罐体积的 67%添加葡萄汁，然后再填满（100%）进行发酵。

（3）循环发酵。待发酵液加满发酵罐后，在最适合条件下进行发酵，待发酵液酸度 >8%时开始取醋，之后操作如图 9-20 所示。

在整个发酵过程中保持发酵液中的 O_2 浓度 2mg/L。

又以乙醇为发酵液为例，开始发酵时发酵液的醋酸浓度为 7%～10%，乙醇浓度为 5%，当发酵液乙醇浓度下降至 0.05%～0.3%时，取出 2/3 的醋液，再用含 0～2%醋酸、12%～15%的乙醇的新鲜发酵液添加于发酵罐中，发酵罐液体总体积维持开始发酵体积，进行新一轮的循环，出料必须要快，防止乙醇消失，而进料要慢，维持一个恒定的发酵温度并快速混合。用此方法可酿造 12%～15%的酒精食醋。

半连续醋化是现代主要的醋酸发酵方式，影响其发酵速度的因素除菌种、温度、酒精度外，还应注意发酵液装载量和乙醇挥发损失。

（二）连续醋化和细胞循环醋化工艺

有关通过连续培养提高食醋生产能力的报道较多。用 $100m^3$ 的通过搅拌发酵器连

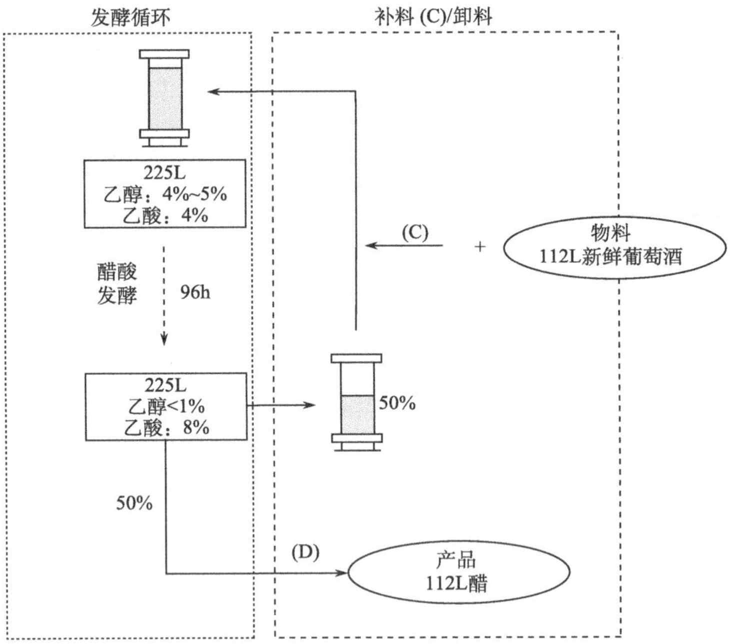

图 9-20 葡萄醋半连续醋化操作图（de Ory et al.，2004）

续培养，可使酸度提高至15%［平均1.6g/(L·h)或最大发酵率2.4g/(L·h)］，通气率只有0.1VVm（每分钟每单位体积的通气体积数），连续培养的最适条件为：乙醇23g/L，醋酸36g/L，氧2.5～3mg/L。醋酸的产率不仅与醋酸菌的细胞数有关，而且与生长速率有关。当乙醇浓度为32g/L、醋酸为60～66g/L，最大生产率为6～6.6g/(L·h)。在连续醋化时，将流出的醋液用膜过滤器过滤，截留发酵的醋酸菌，增加发酵液中的醋酸菌浓度，提高醋化率。Park等发现，在半连续发酵中进行细胞循环，可提高产酸率，细胞循环可提高发酵液中的总细胞数，但活细胞数量维持在一个低水平的恒态中，原因是受产物的抑制，无细胞循环产率为2.9g/(L·h)，有细胞循环的可达5.0g/(L·h)，总酸6%，当在总酸为3%时，产率可达14g/(L·h)。研究发现，当*Acetobacter*用6%醋酸的发酵液进行发酵时，醋酸浓度可达9%，此时醋酸菌已失去生存活力，但仍有乙醇氧化能力。为了克服这种反应，可采用以下方法：①用阴离子树脂交换柱进行电渗析，分离醋酸，降低发酵液的醋酸浓度；②用系列发酵罐逐级发酵，提升食醋酸度。

用膜反应器连续生产食醋（图9-21），发酵液流速450ml/min，滤膜为聚烯烃，内径0.7mm，总表面积0.2m^2，膜孔径0.1μm。用聚砜为包材，内径4.2cm，高28.5cm，内含400个纤维管，要求发酵液泡沫中的溶解氧不能低于1.0ppm。另外用孔径0.25μm的纤维膜生产食醋，稀释率可达3.0/h。

细胞循环发酵因发酵液连续过滤，导致供氧量严重不足，因此这种发酵加大通气量是应首先考虑的。用中空纤维制作的连续式发酵器进行醋酸发酵，虽然醋酸浓度最大只有5%，但产率可达107g/(L·h)，溶解氧仍然是限制性因素，尽管用纯O_2，通气量达

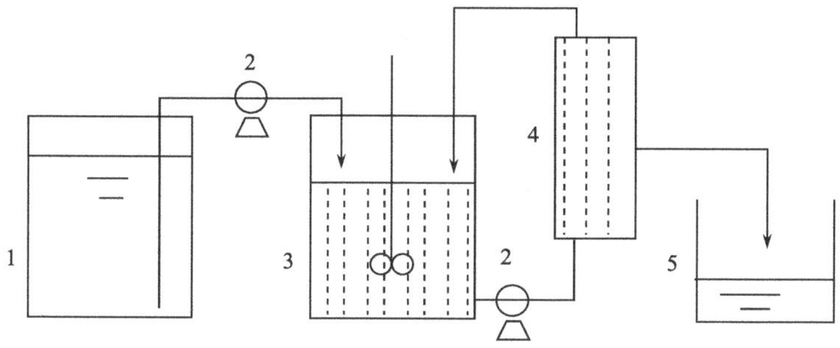

图 9-21 用高密度醋酸菌发酵食醋
1. 发酵液储罐；2. 恒流泵；3. 发酵罐；4. 过滤器；5. 醋收集器

1VVm，但溶解氧浓度仍低于 1ppm 的临界氧浓度。这种连续发酵，因细胞受醋酸、乙醇和溶解氧缺少的致死作用，在发酵液中很难维持高浓度活细胞的醋酸菌。细胞循环发酵中最适的溶氧浓度在 2ppm。但是，当溶氧浓度＞2ppm、醋酸浓度＞4.5%时，醋酸比产率接近于零，说明用纯氧通气会抑制醋酸菌生长。

Hromatka 等计算了醋酸菌的比生长速率。在半连续发酵中，比生长速率不随醋酸浓度的增加而降低，但培养液总浓度升高时，比生长速率会下降，5%培养液比生长速率 $0.49h^{-1}$，11%培养液为 $0.16h^{-1}$。在连续培养中，培养液总浓度为 12%、乙醇浓度为 4.5% 的比生长速率为 $0.027h^{-1}$，乙醇浓度下降至 1% 时，比生长速率只有 $0.006h^{-1}$。在乙醇和醋酸浓度为常数的连续发酵中，比生长速率表示的数据意义没有半连续发酵的重要。

现在细胞循环发酵只在实验室进行，发酵酸度低于 10%，还未工业化生产。

三、深层液态醋酸发酵的微生物群落

深层液态醋酸发酵与固态、表面静态发酵相比，前者发酵时微生物菌群变化较单一，主要是醋酸菌。因为深层液态醋酸发酵主要生化作用是将发酵液中的乙醇转变醋酸，不像固态和表面静态发酵，还要进行糖化和乙醇发酵。

1958 年，Shimwell 报道从用滴淋发酵和 Frings 发酵中分离了 *Acetobacter* 的 4 个种，先用麦芽汁纯培养 *A. mesoxydans*，然后使用两种选择性培养方法，获得了 4 株变异株，分别为 *A. xylinum*、*A. xylinoides*、*A. orleanse* 和 *A. rancens*。前 3 株菌株能产纤维素，可从滴淋醋化器中的木头刨花中得到，从深层液态发酵中获得 *A. rancens*。

Fernández-pérez 等研究了 41 个用液态深层发酵的醋样，发现苹果汁发酵食醋时发酵速率和活醋酸菌的数量都高，而用乙醇为原料发酵食醋时，活菌数和发酵速率最低。用不同的原料采用液态深层发酵生产食醋时，醋酸菌的类型不同。研究发现，在深层发酵中，优势菌为 *Ga. europaeus*，约占总醋酸菌数量的 79%；用乙醇发酵的醋中只有 *Ga. europaeus*；而在用苹果汁、葡萄汁酿醋时，菌的种类差异较大，*Ga. europaeus* 占分离菌的 35.3%，*Ga. xylinus* 占 35.3%，*A. pasteurianus* 占 17.6%，*Ga. hansenii* 占 11.8%；在用红葡萄汁酿醋时，*Ga. xylinus* 占分离菌的 71.4%，*Ga. europaeus*

占 28.6%。

第六节 固定化醋酸菌发酵食醋

中国传统的固态法发酵食醋使用的麸皮、稻壳等填充物，一方面起提供营养、通风的作用，另一方面也是醋酸菌的固定剂。滴淋法发酵食醋是固定细胞发酵的典型例子。用表面静态发酵食醋时，醋酸菌在液面形成以纤维素为主的醋膜，漂浮于液面，笔者认为这是一种固定醋酸菌的极好方法，聚集固定，有利于菌的生长和发酵。醋酸菌的固定方式分为两种：一种是靠吸附作用固定于载体（支持物）表面，如纤维、陶瓷和前述的刨花用作载体的固定方法；另一种是靠包埋等方式固定醋酸菌，如卡拉胶、海藻酸钠等固定剂制成的凝胶珠。固定醋酸菌发酵食醋与其他发酵方法相比，产酸速率有一定差别，如表 9-5 所示。

表 9-5 不同食醋生产方法的产酸效果比较（Akihiko，1993）

方法	D/h^{-1}	Po_2/atm	Pa/(g/L)	Pi/(g/L)	PD/[g/(L·h)]
分批培养	—	0.21	40	10	2.1
连续培养	0.14	0.21	40	10	1.3
细胞循环培养	4.0	0.92	40	10	120
角叉（菜）胶固定细胞培养	0.3	1.0	23	10	4.0
中空纤维膜固定	0.446	1.0	13	—	0.6
陶瓷固定	0.52	0.9	20	—	10.4
水合氧化钛固定	0.073	0.21	69	—	5.0
表面连续培养	0.67	0.21	57	10	31.7

注：D，稀释率；Po_2，进入空气的氧分压；Pa，出口醋酸浓度；Pi，进口醋酸浓度；PD，醋酸产率。

在实验室固定醋酸菌常用海藻酸钠。可将 30℃振荡培养 24h 的 *A. aceti* 细胞收集，与 2%的海藻酸钠溶液混合，再在搅拌中加入 0.2mol/L $CaCl_2$ 溶液，可得到不同大小颗粒的凝胶粒子，在胶中藻酸钙的浓度约为 3.5%（*m/V*）。

用聚丙烯纤维固定醋酸菌可生产 3%的谷物醋。Kondo 用蜂窝状陶瓷固定醋酸菌，生产的食醋醋酸达 4%。Kennedy 等用水合钛氧化物固定醋酸菌，产酸率为 5g/(L·h)，最终醋酸浓度达 69 g/L。

Ationu 研究了用填空床发酵器进行醋酸发酵，将醋酸菌用三角形的陶瓷和尼龙网固定醋酸菌，醋酸发酵液配制为：10g 葡萄糖，0.1g K_2HPO_4，0.9g KH_2PO_4，1.5g $(NH_4)_2SO_4$，0.2g $MgSO_4 \cdot 7H_2O$，0.01g NaCl，0.01g $FeSO_4 \cdot 7H_2O$，0.01g $MnSO_4 \cdot H_2O$，10g 酵母提取物，50ml 0.1mol/L 柠檬酸/柠檬酸盐（pH5），乙醇 7%～8%（*V/V*）定容至 1000ml。研究发现用陶瓷和尼龙网固定醋酸菌后，分批式发酵酸产率比用木头刨花卷吸附分别增加了 56%和 30%，用陶瓷固定的酸得率 0.75g/(L·h)，连续发酵时酸得率达 4.0～4.5g/(L·h)。

泰国学者 Lotong 等发明了圆盘式醋酸发酵器，如图 9-22 所示。圆盘用不锈钢制作，圆盘上包裹棉布，发酵椰子汁。其培养基为：1L 椰子汁，2g $CaCO_3$，琼脂 15g，乙醇 10g（无水），产酸达 0.23g/(L·h)，在圆盘上固定的醋酸菌可连续使用 8 个月。

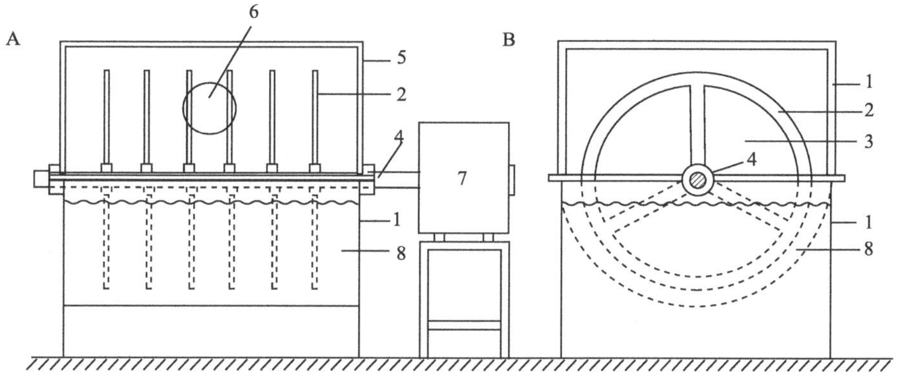

图 9-22 醋酸菌盘式固定发酵设备（Lotong et al.，1989）

A. 正视图；B. 侧视图。1. 发酵槽；2. 不锈钢圈；3. 棉布；4. 轴；5. 聚丙烯盖；6. 空气进出口；7. 驱动器；8. 发酵液

不同方法、不同材料固定醋酸菌，发酵食醋的效果不尽相同，如表 9-6 所示。

表 9-6 固定醋酸菌在滴淋床式发酵器中的发酵参数

固定方法	发酵时间/h	最大产酸率/(g/h)*	醋酸产量/%	每批产酸总得率
三角形陶瓷粒	55～60	40.5～45.0	76.7～86.3	0.73～0.75
尼龙网	70～75	42.0～46.5	80.5～89.1	0.60～0.62
不锈钢网	52～60	36.0～36.5	69.0～70.0	0.61～0.69
甘蔗渣	80～90	40.0～42.0	75.1～80.5	0.47～0.50
木刨花	90～96	42.5～45.5	81.5～87.2	0.472～0.474
陶瓷片	90～96	40.0～41.5	76.7～79.5	0.42～0.46
不规则陶瓷粒	94～96	30.0～34.5	57.5～66.1	0.32～0.36
泡沫	105～120	20.0～24.5	38.3～47.0	0.17～0.23
稻草	120～144	21.0～23.0	40.3～44.1	0.16～0.18

* 醋酸产量（%）$=\frac{\text{最大酸浓度}}{\text{初始乙醇浓度}}\times\frac{46}{60}\times 100$。

醋酸菌是严格需氧菌，固定使用的醋酸菌使用的胶影响通气性，大部分活的醋酸菌只生长在胶表面，由于固定化醋酸菌活细胞数有限，故固定化法生产食醋产率较低，另外还存在菌体容易渗漏、使用时间很短等缺点。除了用吸附法固定醋酸菌已应用于食醋的生产中，其他方法还处于实验室水平上，生产量有限。

第七节　影响醋酸发酵的主要因素及其工艺条件控制

一、乙醇对醋酸菌及醋酸发酵的影响

氧化乙醇是醋酸菌的最基本特点，但是不同的种和属氧化乙醇和对乙醇的忍受力不尽相同。*Acetobacter* 和 *Gluconacetobacter* 在利用以乙醇为碳源能力方面比 *Gluconobacter* 强，但 *Gluconobacter* 利用葡萄糖为碳源的能力较强。有人研究认为醋酸菌在含 10%～14%（*V/V*）乙醇的葡萄酒中仍有活细胞存在。醋酸菌对乙醇的耐受程度不仅取决于乙醇浓度，还取决于环境温度、pH 和氧浓度。*Ga. oxydans* 是醋酸菌中不耐乙醇的菌，据报道，在含 5%的乙醇培养基中，只有 42%的 *Ga. oxydans* 存活。*Ga. hansenii*、*A. pasteurianus* 和 *Ga. europaeus* 在 5%的酵母膏抽取物培养基中，可在 10%的乙醇浓度中生长，但其中有些菌体已经发生变异。25 株 *Ga. europaeus* 中有 11 株能在 5%的乙醇中生长，却不能在 10%的乙醇中生长。de Ley 等（1984）指出 58%的 *Acetobacter* 可在含 5%乙醇的培养基中生长，只有 13%的菌在含 10%的乙醇培养基中生长。20%的 *A. pasteurianus* 菌株和全部的 *A. aceti* 不能在含 10%乙醇培养基中生长。耐热性醋酸菌能生长并氧化的乙醇浓度达 9%（*V/V*），且无延滞期。当浓度达到 10%（*V/V*）时，产生延滞期，当延滞期过后，醋酸菌能克服乙醇的抑制并对其进行氧化，此时菌体已经对乙醇有一定的耐受力。清酒和黄酒比葡萄酒的酒度高，从中也能分离出醋酸菌来，这种耐高浓度乙醇的能力主要与醋酸菌种类有很大关系。

Nanba 等分析了在醋酸发酵中底物乙醇和产物醋酸对醋酸菌的协同效应，认为乙醇对菌的抑制是非竞争性抑制。乙醇和醋酸对 *Acetobacter* 有叠加作用，乙醇和醋酸总浓度在一定范围内，醋酸生产率较高，一旦总浓度发生轻微变化，产酸率就明显下降。在低浓度乙醇下醋酸浓度低于 10g/L 时，菌体生长速率呈增加趋势；醋酸浓度超过 20g/L 时，菌的生长受到抑制；醋酸浓度达到 50g/L 时，醋酸菌生长完全被抑制，如图 9-23 所示。

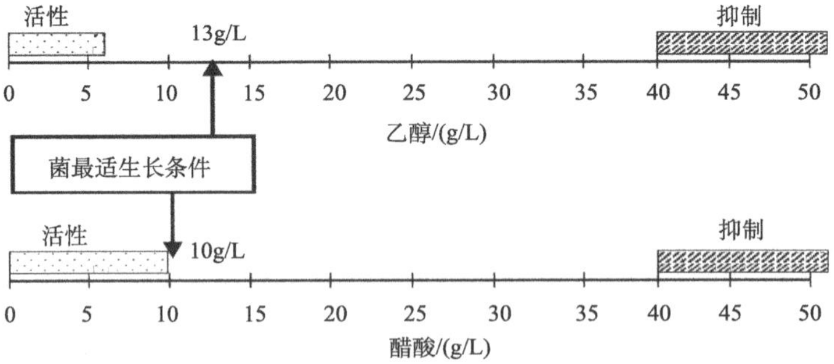

图 9-23　乙醇和醋酸对 *A. aceti* 活性的影响

de Ory 等的实验中发现，乙醇浓度在 0.5～6g/L 时，醋酸菌的比生长速率为 0.13～0.2h^{-1}。*A. aceti* 在乙醇浓度 36.5g/L 的条件下生长被抑制，但发酵产物形成量

却随着细胞生长速率的下降而上升。他还发现，产物形成速率的最高点出现在醋酸浓度较低时，约12.5g/L，此时细胞活性最大，随着醋酸的浓度逐渐增大至40～60g/L，细胞逐渐被抑制，当浓度超过120g/L，几乎所有的细菌都被抑制。另外，乙醇浓度增加会使醋酸菌生长的延滞期延长。许多学者都认为乙醇浓度为40g/L时，微生物的氧化能力开始线性下降。通过用动力学模型分析，*A. aceti*生长时，培养基中的最适乙醇浓度为13g/L。

另外，虽然高浓度乙醇对醋酸菌生长有负面影响，但是过低的乙醇浓度会导致部分醋酸菌的死亡和醋酸的过氧化，因此，食醋发酵液中的乙醇和乙醇转化为醋酸的浓度一定要控制在适宜的范围之内。在工业生产水平上，发酵液中乙醇浓度不能低于0.2%（*V/V*）。

二、醋酸对醋酸菌及醋酸发酵的影响

众所周知，虽然醋酸菌有抵抗醋酸的能力，但发酵液中醋酸浓度超过0.5%，就会对醋酸菌生长有抑制作用。研究发现，产醋酸的*Gluconacetobacter*的诸多种对醋酸的抵抗力高于*A. aceti*，*Gluconacetobacter*的许多种都能在食醋生产的极端生长条件下存活和保持代谢活性（低pH、高浓度醋酸）。因此，在液态深层发酵中这种菌生长占主导优势，并能消灭其他的醋酸菌。能耐高浓度醋酸的菌主要有*Ga. europaeus*、*Ga. intermedius*、*Ga. oboediens*和*Ga. entanii*。*Ga. europaeus*是从醋酸发酵法中分离得到的能产高酸食醋的醋酸菌。

醋酸菌最适生长pH为5.5～6.3，但在低pH（3.0～4.0）条件下仍能存活。*A. aceti*在严格厌氧条件下，在pH3.4时细胞数量下降速率快于pH3.8。在不同pH下，醋酸菌对乙醇的敏感性也不尽相同，*A. pasteurianus*在乙醇浓度为12.5%时，能在pH3.4的条件下存活，但当pH降至3.0时，该菌耐乙醇的浓度只有8%。高浓度乙醇（12.5%）会使*A. pasteurianus*对pH敏感性增加，在pH低于3.4时，低氧浓度会导致*A. aceti*活细胞数量很快下降。按醋酸菌的耐酸性将其分为三大类：一类是能在pH3.5及以下生长，称嗜酸性菌；另一类只能在pH6.5及以上生长的，称不耐酸菌（acetophobic）；在这两类中间的称为耐酸性菌。

醋酸对醋酸菌氧化乙醇的抑制效果大于乙醇。醋酸浓度在60g/L时，对乙醇氧化的抑制率达70%。还有人研究发现，当醋酸浓度低于40g/L时，对*Acetobacter* sp.的比生长速率影响很小，但当浓度在50g/L时，对其比生长速率的抑制超过80%，说明即使在足够DO浓度的条件下，当发酵液酸度在50～60g/L时，醋酸菌固有的乙醇氧化活性只有原来的20%～30%，醋酸对醋酸菌的比生长速率和醋酸的生成都有很大的影响。

Jucker研究发现，用乙醇培养的*A. aceti*和用醋酸培养的*A. aceti*有一定的差别。在乙醇中生长的细胞不氧化醋酸，能被乙醇完全抑制，但在醋酸中生长的细胞，乙醇浓度要达到20%时才能抑制醋酸的氧化。在乙醇中生长的细胞，膜连接型的NAD（P）$^+$非依赖型乙醇脱氢酶的比活比在醋酸中生长的细胞高65倍；相反，在醋酸中生长的细胞的醋酸呼吸速率比在乙醇中生长的细胞高出3倍，一些三羧酸循环酶比活也高出3

倍。*A. aceti* 有膜连接的 NAD（P）$^+$ 非依赖型苹果酸脱氢酶，缺乏可溶性的 NAD（P）$^+$ 依赖型的脱氢酶。Jucker 等提出，在乙醇、丁醇和葡萄糖存在的条件下，苹果酸脱氢酶和三羧酸循环功能的抑制是两个竞争性分支电子链控制，两个分支电子链合并于总电子传递链上。一条分支电子链的电子来源于醌蛋白、乙醇脱氢酶和葡萄糖脱氢酶，另一条分支电子链电子来源于黄素蛋白，由苹果酸脱氢酶、琥珀脱氢酶和泛醌-细胞色素 c 还原酶组成。这两条支链的电子全都传给细胞色素 c。醌蛋白有很强的亲和性，能抑制黄素蛋白，这种抑制通过增加细胞呼吸氧可解除。

从环境中分离产高浓度醋酸的醋酸菌（pH＜2，酸度＞10%）极其困难，即使已经成功分离，要维持这些醋酸菌的活性，长时间在实验室保存也很困难。由于其生长代谢被钝化，在保存中，高浓度非解离的酸对细胞有很大危害，这就是为什么醋酸菌要经常在含 $CaCO_3$ 的培养基中活化的原因，这样做可以降低未解离的酸浓度，增加细胞的存活力。

有关醋酸菌抗酸机理见第七章第四节“醋酸菌的耐酸性和耐酸机理”。

有学者认为，培养醋酸菌时，培养基中醋酸浓度不应低于 10g/L，培养基酸度越低，细菌生长的延滞期就越短；当浓度超过 40g/L 时，对醋酸菌生长有明显抑制；当浓度为 60g/L 时，会有 70%的醋酸菌被抑制。最适半连续发酵工艺设计中，从动力学方程考虑醋酸对醋酸菌的作用，醋酸菌生长的最适醋酸浓度为 10g/L。

三、氧气对醋酸菌及醋酸发酵的影响

醋酸菌是严格需氧菌，在其生长繁殖和醋酸发酵中需要大量的氧气。研究认为细胞的摄入量低于 10.5mgO_2/(g 生物量 · h) 时，就变为限制性底物；若发酵液中 O_2 浓度低于 10%饱和度时，就会出现氧缺乏。Romero 等发现醋酸菌最大生长率是在氧气浓度在 1～3ppm 时，也就是氧气最大饱和浓度（8ppm）的 10%。供氧浓度达到饱和（8ppm）时，醋酸菌的生长速率比最大生长率下降 10%。

理论上，在 30℃氧化 1L 乙醇需要 430L 氧气，由于空气中具有 20%的氧气，再加上微生物不能全部利用发酵液气体，因此，空气的供应至少是微生物理论需氧量的 10 倍以上。

醋酸菌生长到一定程度时才能开始醋化，当氧气浓度下降至 0.4～0.5ppm 时，仍能氧化乙醇，但在此状态下不再繁殖，当然醋酸菌数量越多，醋化速率越高。若氧气供应中断，醋酸菌不是简单的停止生长，而是几分钟之内就会死亡。实验证明，醋酸发酵通气搅拌中断会损害醋酸菌，中断时间越长，发酵浓度越高，这种损害越严重。发酵液总浓度为 5%时，通气时间中断 2～8min 产生的危害与发酵液浓度 11%～12%时中断时间 15～60s 相同。总浓度固定时，随着发酵液醋酸浓度增加，发酵速率提高，破坏作用增大，细胞比得率下降。有人研究了葡萄酒中醋酸菌与溶氧的关系，若葡萄酒中通氧气，醋酸菌在短短几天内会由 10^4～10^5 个/ml 上升到 10^8 个/ml，控制通氧率在 70%时，葡萄酒中的细胞数变为 10^6～10^7 个/ml；葡萄酒中的通氧率控制在 50%时，*A. aceti* 不能生长，*A. pasteurianus* 只能有限生长。

Muraoka 等证实，氧气供应停止后，醋酸浓度为 6%的发酵液的乙醇氧化速率、

ADH 和 ALDH 活性陡然下降。

Hitschmamn 等研究了在深层醋酸发酵时氧气的缺乏对 *Acetobacter* 的影响，发现当发酵液中总浓度 GK 达 13%时，ATP 呈负增长，当菌体呈稳态产酸时，胞外腺苷酸浓度是总腺苷酸（ATP ＋ ADP ＋ AMP）的 70%，胞外能量值［EC＝(ATP＋1/2ADP)/(ATP＋ADP＋AMP)］为 0.82，随着发酵液醋酸浓度由 9%增加至 12%时，能量值由开始的 0.84 降低到 0.7，若通氧中断 45s，能荷下降至 0.58。若继续再储藏几周，微生物能荷降至 0.50。

在食醋生产中溶解氧是一个极其重要的参数，决定了醋酸菌的生长。发酵中往往采用强制通入空气提供氧。由于氧在液体中的溶解量低（25℃，每升水溶解 8.1mg 氧，溶解量随温度和溶质含量的升高而降低），因此，醋化过程中供氧量是关系到醋酸产量的重要因素，在深层醋酸发酵时，发酵的成功与否完全取决于培养基的氧含量，平均需氧量指数为 7.75L O_2/(g 细胞 · h)。在所使用的众多技术中，突出的共同点是采用各种方法保证氧的大量传递。例如，在发酵罐中有 25 000L 的发酵液，按每小时 0.2%醋酸醋化率计算，就需要约 20 000L O_2/h（20℃，latm），即 26.7kg O_2/h，相当于 95 000L空气/h（20℃，latm），在 O_2 的利用和传递过程中，仅有 60%～90%的 O_2 用来氧化乙醇成醋酸，因此，20℃、latm 条件下，需要供给的 O_2 为 100 000～150 000L/h。

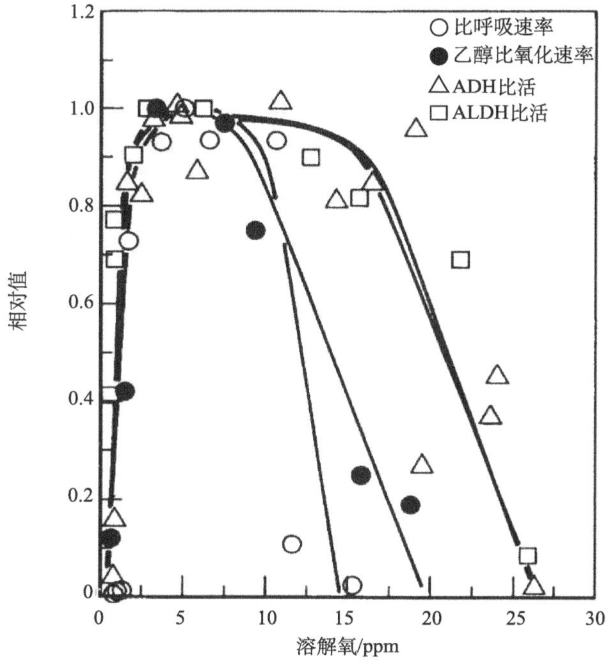

图 9-24　溶解氧浓度对比呼吸速率、乙醇比氧化速率、ADH 和 ALDH 的比活影响（Park et al.，1989）

在半连续化工业发酵葡萄醋中，在用木桶表面发酵葡萄醋时，木桶装液量一般为桶体积的3/4，目的是桶顶部空隙有利于氧的溶解。另外，木桶有透气性，通气量约为每年30mg/L，装在木桶的葡萄酒酸败的原因就是木桶透气，为醋酸菌提供了生存条件。

但发酵液的溶解氧浓度并不是越高越好，高氧浓度值反而抑制醋酸菌的生长，在半连续生产中，应保持在1～3mg/kg范围。Park等研究了缺氧对连续醋酸发酵的影响，对*A. aceti*的呼吸和乙醇氧化速率来讲，连续发酵最适DO浓度在3～7ppm*，过高的DO值对呼吸和乙醇氧化也有抑制作用；当DO浓度达到15ppm时，*A. aceti*的呼吸已停止，但还能进行乙醇氧化。如图9-24所示，在DO浓度为2～15ppm时，对ADH和ALDH的影响很小。

另外，过多的通氧在菌生长稳定期意义不大，甚至是一种浪费。过多在发酵液中通气，会使发酵液中的挥发性物质，如乙醇、醋酸大量蒸发，使生产率下降。

四、温度对醋酸菌及醋酸发酵的影响

醋酸菌*Acetobacter*和*Gluconobacter*的最适生长温度为25～30℃，当温度超过37℃时几乎不生长，在60℃下经10min即死亡。温度过高，醋酸菌会提前老化，醋酸发酵速率降低，甚至导致醋酸菌死亡而产生大量的泡沫。有报道，*A. aceti*最高生长温度为35℃。Saeki等分离出的嗜热型醋酸杆菌能在37～40℃生长。在38～40℃氧化乙醇的速率与中温型醋酸杆菌在30℃条件下相同，这种菌比中温型菌氧化乙醇的速率快，同样耐乙醇能力也比较高。

图9-25是不同温度条件下醋酸菌发酵葡萄酒产酸情况。de Ory和Romero测定了非连续培养醋酸菌时，培养基温度对*A. aceti*比生长速率和溶解氧的影响，如表9-7所示。

表9-7　不同培养温度对溶氧浓度平均值和最大比生长速率（μ_{max}）影响

T/℃	溶氧量/(mg/L)	μ_{max}/h^{-1}
15	1.93	0.0262±0.02
20	1.28	0.0375±0.01
25	0.92	0.0584±0.01
30	0.70	0.0944±0.04
35	0.50	0.0106±0.01

当温度低于8℃时，*A. aceti*停止生长，μ_{max}只有原来的1%，该菌比生长速率达到最大时的最适温度为30.9℃（图9-26），超过35℃停止生长。高温促使菌体酶变性，进而导致菌体失活；高温还使细胞膜损伤，导致细胞成分泄漏，进而使机体对醋酸的毒害作用变得更加敏感。此时菌体需要的总能量高于正常菌体。酵母菌的活化能为42kJ/mol，*A. aceti*的活化能大于420kJ/mol，由此假设高温对醋酸菌的危害大于对酵母菌的危害。

---

* 1ppm=10^{-6}

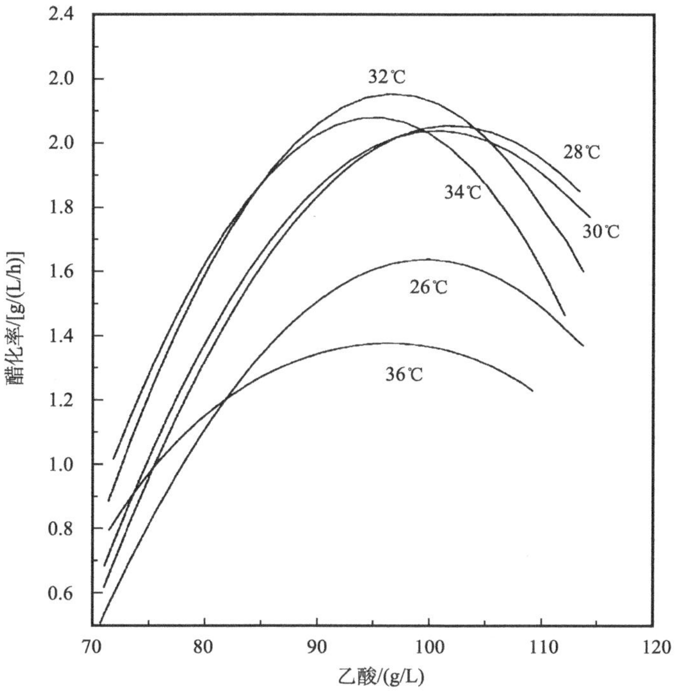

图 9-25　半连续发酵葡萄醋温度对产醋速率的影响
(Fregapane and Rubio-Fernández，2001)

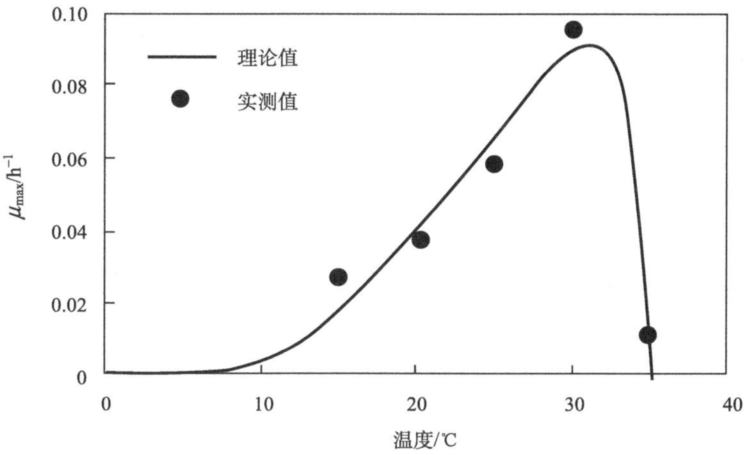

图 9-26　*A. aceti* 在不同温度下的最大比生长速率（de Ory et al.，2004）

在低温条件下，醋酸菌能长时间保持活性。葡萄酒中的醋酸菌在 10～18℃储存一周，*A. aceti* 的数量增加 30～40 倍。因此认为醋酸菌在低温下能存活，但低温可抑制其繁殖。

工业生产食醋中，醋酸发酵温度一般控制在 28～30℃。由于乙醇氧化是放热反应，每升乙醇氧化放出 8.4MJ 热量，会导致发酵温度大幅度上升，故耐高温菌的选育对工业化生产食醋极其有用，因为发酵冷却需要昂贵费用。现在许多人都在寻找能在高温条件下发酵食醋的醋酸菌，在炎热的区域选择耐高温醋酸菌生产食醋更具有重要意义。耐高温醋酸菌能在 38～40℃下氧化乙醇，且乙醇浓度达 9%以上，无延滞期，有较高的发酵速率。有人选择出了 *A. tropicalis* 和 *A. pasteurianus* 两株醋酸菌，可分别在 40℃和 45℃发酵乙醇，产生醋酸。

中国谷物食醋用固态发酵时，料醅的发酵温度一般控制在：前期 36～38℃，中期 40～42℃，后期 32～34℃。这与液态发酵有明显的区别，决定了固态发酵的食醋有风味醇厚、酸度低、出醋率不高的特点。

五、光对醋酸菌及醋酸发酵的影响

有关光线对醋酸菌的影响研究很少。据报道，太阳光线对醋酸菌发育有害，日光可阻碍其生长。而各种光带的有害作用，以白色为最烈，其次顺序是紫色、青色、蓝色、绿色、黄色及棕黄色，红色危害最弱，与黑暗处醋化时所得的产率相同。故制醋时应遮蔽而不漏光。用紫色容器酿醋，生产的醋酸最少，红色容器最多。

六、二氧化硫（SO_2）对醋酸菌及醋酸发酵的影响

SO_2 作为果酒（如葡萄酒）的重要抗氧化剂和抑菌剂广泛使用，而果酒又是制造果醋，如葡萄醋、苹果醋的主要原料，因此，果酒中 SO_2 含量又影响食醋的发酵。在食醋发酵中，SO_2 可与醋酸菌代谢乙醇产生的乙醛结合，还与由葡萄糖产生的葡萄糖酸、果糖产生的 5-*O*-果糖结合，影响醋酸菌在发酵液中的生长。

醋酸菌能生长在含 20mg/L 游离 SO_2 的葡萄酒中，当葡萄浆液中 SO_2 的浓度达到 100mg/L 时，能抑制醋酸菌属。有报道，0.8mg/L 的分子 SO_2 能控制 *A. aceti* 的生长。Du Toit 研究了 SO_2 分子对葡萄汁中的 *Ga. hansenii*、*A. pasteurianus*、*A. aceti*、*Ga. liquefaciens* 和 *Ga. oxydans* 的抑制，发现 *Ga. hansenii* 抗 SO_2 能力最强，其他 4 种菌都比较弱，SO_2 对 4 种菌的杀死浓度分别为 0.6mg/L、0.2mg/L、0.1mg/L 和 0.05mg/L 分子 SO_2。研究认为醋酸菌 *A. pasteurianus* 在无氧的葡萄酒中可活 70 多天，当通氧气后这些菌可恢复原来的发酵活力。他研究认为低浓度的 SO_2 不能彻底抑制 *A. pasteurianus* 的生长，但活菌数量却是在下降，高浓度 SO_2 对醋酸菌数量和活力影响比较大，这些菌不能再在平板上生长。有报道，SO_2 分子对 *Acetobacter* 的抑制取决于浓度和种类，抑制浓度为 0.05～0.6mg/L，但对 *Ga. hansenii* 的抑制在 0.8mg/L。

在用含 SO_2 的果汁和果酒生产食醋时，一定注意发酵液中的浓度，否则发酵延缓或不能发酵。应用白葡萄酒或红葡萄酒发酵果醋时，醋酸发酵 SO_2 浓度低于 10～20mg/L 被认为对微生物和发酵是安全的，若原料中的 SO_2 浓度过高时需脱硫。Frings 公司采用密度 1.12g/cm^3、浓度 30%的 H_2O_2 进行脱硫，添加量每 1g SO_2 约 4.5ml 30%H_2O_2。反应式为：

$$\text{Ⅰ}.\ H_2O_2 + SO_2 \longrightarrow H_2O + SO_3$$

$$\text{Ⅱ}.\ H_2O + SO_3 \longrightarrow H_2SO_4$$

虽然 H_2O_2 对微生物毒性作用很大，但同时降解 SO_2 的能力也很强。使用 H_2O_2 时特别注意应在醋酸发酵前 24h 进行降硫处理。处理后应测定 SO_2 剩余量，若仍过量，应继续添加 H_2O_2。

七、糖及其他营养素对醋酸菌和醋酸发酵的影响

小分子糖是醋酸菌的极好碳源，不同的醋酸菌对糖浓度的要求不尽相同。在醋酸菌中，*Saccharibacter* 是耐高渗透性的菌，能在含 40%（*m*/*V*）糖液中生长，但将该菌引入食醋酿造工业中，其耐高渗透性却丧失。*Ga. europaeus* 能在 20%葡萄糖中生长，有人发现 *A. malorum* 菌可在 30%D-葡萄糖中生长。

对于 *Acetobacter* 和 *Gluconacetobacter*，一般情况下，首先是利用乙醇的能力要强于葡萄糖；*Gluconobacter* 恰好相反，氧化葡萄糖的能力强于乙醇。不同的菌需求的碳源有生态性，如 *G. oxydans* 广泛存在于未腐败的葡萄上，而 *A. aceti* 和 *A. pasteurianus* 却喜欢在腐败的葡萄乙醇发酵过程中存在。

醋酸菌代谢糖的途径现在认为有三条：①己糖单磷酸途径（HMP）；②Embden-Meyerhof-parnas（EMP）途径；③ED 途径。随后的代谢产物进入 TCA 循环，最终为 CO_2 和 H_2O。

醋酸菌在低 pH（3.0～4.0）、高乙醇浓度（10%～15%）条件下生长，营养需求会发生改变。有效的碳源和能量会影响到醋酸菌对氮源和生长因子的需求变化。醋酸菌能够利用无机氮作为唯一的氮源生长。另外，谷氨酸（盐）、脯氨酸和组氨酸有促进醋酸菌生长的作用，而另一些氨基酸，如缬氨酸，对 *G. oxydans* 有抑制作用，丝氨酸和高丝氨酸对 *A. aceti* 有抑制作用。

总之，醋酸发酵的过程由醋酸菌和发酵环境条件决定，发酵工艺条件的控制优化取决于发酵菌种特性和生产成本。食醋酿造中各工艺参数的变化都是相互联系的，没有一个参数变化是独立的，在发酵中应综合考虑，才能快速生产出高品质食醋。

八、发酵方式对醋酸发酵的影响

不同的醋酸发酵方式，发酵速率相差很大，发酵周期有长有短，酿造的食醋质量和风味也不尽相同，表 9-8 总结了发酵方式对食醋醋酸发酵的影响。

表 9-8　几种反应器生产食醋的效果比较（Akihiko，1993）

过程或设备	载体	醋酸产率 /[g/(L·h)]	最大产生酸度 /(g/L)	单位生产能力 /L	周期 /h	稳定运行期/d
常规方法						
奥尔良生产法 (Orleans process)	菌膜（pellicle）	0.046	75	225	1632	>10 年
矩形槽发酵罐 (rectangular tank)	菌膜	0.083	50	2，000	360	一批
连续表面发酵 (continuous surface fermentation process)	菌膜	0.6	50	3，600	30	200
浅层流动反应器 (shallow flow reactor)	菌膜	4.5	66	0.043	5.2	34
福林斯滴淋发酵 (Frings generator)	刨花卷	0.16	110	62，300	288	>50 年
福林斯深层发酵 (Frings acetator)	通气	1.6	170	64，000	24	360
塔式发酵器 (tower fermenter)	通气	2.6	85	3，975	24	360
带过滤的发酵器 (fermenter with filter)	中空纤维	11.34	54.5	0.7	4.76	3
带过滤的发酵器 (fermenter with filter)	中空纤维	12.7	52.4	0.6	0.83	11
新方法						
细胞收集反应器 (aggregated cell reactor)	$TiO_2 \cdot H_2O$	5.0	69	8.35	13.8	61
流化床反应器 (fluidized-bed reactor)	K-卡拉胶	5.0	45	0.25	3.0	460
流化床反应器 (fluidized-bed reactor)	海藻酸钙	7.2	45	4.2	5.0	10
气升式反应器 (airlift reactor)	K-卡拉胶	5.65	45	10.0	3.3	170
填充床式反应器 (packed-bed reactor)	棉质纤维	2.6	75	0.5	23.5	一批
膜反应器 (membrane reactor)	中空纤维	0.2	30	0.018	100	30
固定床反应器 (fixed-bed reactor)	陶瓷巨石	4.35	34	1.6	10	270
固定床反应器 (fixed-bed reactor)	陶瓷巨石	3.9	45	0.3	9	30

参 考 文 献

高桥侦造. 1951. 酿造工业. 周建侯译. 北京：商务印书馆：234-242

黄仲华. 1988. 食醋生产. 北京：化学工业出版社：15-32

李宜丰，王海洪，温丽琴. 1988. 食醋酿造中芽孢杆菌的活动及其作用初探. 中国酿造，06：12-16

裘纪莹. 2007. 浙江传统玫瑰醋生产过程微生物群落初探. 浙江工商大学硕士学位论文：1-30

上海酿造科学研究所. 1996. 发酵调味品生产技术.（修订版）. 北京：中国轻工业出版社：396-400

武晋海，郝林，白瑞华. 山西老陈醋大曲微生物生态分布. 山西农业大学学报，24（3）：279-282

吴卫华. 1996. 苹果综合加工新技术. 北京：中国轻工业出版社：148-158

杨宁，郭红珍，郝林. 2006. 山西老陈醋大曲红曲霉分离鉴定及生物学特性研究. 山西农业大学学报（自然科学版），（1）：4-10

赵谋明. 2001. 调味品. 北京：化学工业出版社：88-154

朱其瀚. 2008. 镇江香醋发酵过程中微生物分离及其产酸特性. 江南大学硕士学位论文：10-15

Akihiko M. 1993. Vinegar production in a fluidized bed reacter with immobilized bacteria. Industrial application of immobilized biocatalysts. René H Wijffels，10-180

Arnold S，Becker T，Delgado A，et al. 2002. Optimizing high strength acetic acid bioprocess by cognitive methods in an unsteady state cultivation. J Biotechnol，97：133-145

Ationu A，Patterson J D E，Todd J R，et al. 1988. Production of acetic acid in packed bed fermenters. Biotechnology Letters，10：671-676

Callejón R M，Tesfaye W，Torija M，et al. 2010. Changes of volatile compounds in wine vinegars during their elaboration in barrels made from different woods. Food Chemistry，120：561-571

Conner H A，Allgeier R J. 1976. Vinegar：its history and development. Adv Appl Microbiol，20：81-133

de Ley J，Gillis M，Swings J. 1984. Family Ⅵ. Acetobacteraceae，*In*：Krieg N R，Holt J G. Bergey's Manual of Systematic Bacteriology，vol. 1. Maryland：Williams and Wilkins Co，Baltimore：267-278

de Ory I，Romero L E，Cantero D. 1998. Modelling the kinetics of growth of *Acetobacter aceti* in discontinuous culture：influence of the temperature of operation. Applied Microbiology and Biotechnology，49：189-193

de Ory I，Romero L E，Cantero D. 2004. Operation in semi-continuous with a closed pilot plant scale acetifier for vinegar production. Journal of Food Engineering，63：39-45

de Ory I，Romero L E，Cantero D. 2002. Optimum starting-up protocol of a pilot plant scale acetifier for vinegar production. Journal of Food Engineering，52：31-37

Du Toit W J，Pretorius I S. 2002. The occurrence，control and esoteric effect of acetic acid bacteria in winemaking. Annals of microbiology，52：155-179

Ebner H，Follmann H. 1983. Acetic acid. *In*：Rehm H J，Reed G. Biotechnology. Weinheim：Verlag Chemie GmbH：387-407

Ebner H，Sellmer S，Follmann H. 1996. Acetic acid. *In*：Rehm H J，Reed G. Biotechnology. 2nd ed. VCH Weinheim，(6)：381-401

Ebner H，Sellmer S，Follmann H. 1996. Vinegar. *In*：Ullmann's Encyclopedia of Industrial Chemistry. Elvers Band Hawkins S. VCH，Weinheim，27：403-418

Fregapane G, Rubio-Fernández H, Salvador M D. 2003. Continuous production of wine vinegar in bubble column reactors of up to 60-litre capacity. Eur Food Res Technol, 216: 63-67

Fregapane G, Rubio-Hernandez H, Nieto J, et al. 1999. Wine vinegar production using a non commercial 100-litre bubble column reactor equipped with a novel type of dynamic sparger. Biotechnol Bioeng, 63 (2): 141-146

Fernández-pérez R. Torres C. Sanz S, et al. 2010. Rapid molecular methods for emumeration and taxonomical identification of aceti acid bacteria responsible for submerged vinegar production. Eur Food Res Technol, (7): 17-22

Fregapane G, Rubio-Fernández H. 2001. Influence of fermentation temperature on semi-continuous acetification for wine vinegar production. Eur Food Res Technol, 213: 62-66

Fukaya M, Park Y S, Toda K. 1992. Improvement of acetic acid fermentation by molecular breeding and process development. Journal of Applied Bacteriology, 73: 447-454

García-García I, María Santos-Dueñas I S, Jinénez. 2009. Vinegar Engineering. Vinegars of the world; Solieri, L, Giudici P, Eds. Milan, Italy: Springer: 97-119

Gasida L E. 2004. Industrial micbiology. New Age Internationl (CP) Limited, publishers. 178

Ghommidh C, Navarro J M, Durand G. 1981. Acetic acid production by immobilized *Acetobacter* cells. Biotechnol Lett, 3: 93-98

Guillamón J M, Mas A. 2011. Acetic Acid Bacteria// Santiago A V C, Munoz R. Molecular Wine Microbiology. Access Online via Elsevier, 228-250

Guillamón J M, Mas A. 2009. Acetic Acid Bacteria. Biology of Microorganisms on Grapes, in Must and in Wine. Berlin Heidelberg: Springer-Verlag: 31-46

Gullo M, Caggia C, De Vero L, et al. 2006. Characterization of acetic acid bacteria in "traditional balsamic vinegar". International Journal Food Microbiology, 106: 209-212

Gullo M, Giudici P. 2008. Acetic acid bacteria in traditional balsamic vinegar: Phenotypic traits relevant for starter cultures selection. International Journal of Food Microbiology, 125: 46-53

Haruta S, Ueno S, Egawa I, et al. 2006. Succession of bacterial and fungal communities during a traditional pot fermentation of rice vinegar assessed by PCR-mediated denaturing gradient gel electrophoresis. International Journal of Food Microbiology, 109: 79-87

Hidalgo C, Vegas C, Mateo E, et al. 2010. Effect of barrel design and the inoculation of *Acetobacter pasteurianus* in wine vinegar production. Int J Food Microbiol, 141: 56-62

Hitschmann A, Stockinger H. 1985. Oxyden deficiency and its effect on the adenylate system in Acetobacter in the submerse acetic fermentation. Appl Microbiol Biotechnol, 22: 46-49

Horiuchi J I, Kanno T, Kobayashi M I. 1999. New vinegar production from onions. Journal of Bioscience and Bioengineering, 88: 107-109

Hromatka O, Ebner H. 1949. Investigations on vinegar fermentation: Generator for vinegar fermentation and aeration procedures. Enzymologia, 13: 369

Jiménez-Hornero J E, Santos-Dueñas I M, García-García I. 2009. Optimization of biotechnological processes. The acetic acid fermentation. Part I: the proposedmodel. Biochem Eng J, 45: 1-6

Joshi V K, Thakur N S. 2000. Vinegar: composition and production. *In*: Verma L R, Joshi V K. Post Harvest Technology of Fruits and Vegetables. New Delhi: Indus Publishing: 1128-1170

José M G , Albert M. 2011. Acetic Acid Bacteria. *In*: Santiago A V, Munoz R. Molecular Wine Microbiology. Editor (s): Elsevier Inc: 227-255

Jucker W，Ettlinger L. 1985. The inhibition of acetate oxidation by ethanol in *Acetobacter aceti*. Arch Microbiol，143：283-289

Kennedy J F，Humphreys J D，Barker S A，et al. 1980. Application of living immobilized cells to the acceleration of the continuous conversions of ethanol (wort) to acetic acid (vinegar) -hydrous titanium (IV) oxide- immobilized *Acetobacter* species. Enzyme Microbiol Technol，2：209-216

Kondo M，Suzuki Y，Kato H. 1988. Vinegar production by Acetobacter cells immobilized on ceramic honeycomb monolith. Hakkokogaku，66：393-399

Lotong N，Malapan W，Boongorsrang A，et al. 1989. Production of vinegar by Acetobacter cells fixed on a rotating disc reactor. Appl Microbiol Biotechnol，37：27-31

Mesa M M，Caro I，Cantero D. 1996. Protocol for the preparation and development of *Acetobacter aceti* inoculum in industrial acetic acid. Chemical and Biochemical Enginering Quarterly，10 (1)：15-20

Mori A. 1985. Production of vinegar by immobilised cells. Proc Biochem，6：67-74

Muraoka H，Watabe Y，Ogasawara N，Takahashi H. 1982. Purification and properties of coenzyme-independent alcohol dehydrogenase from a membrane fraction of *Acetobacter aceti*. J Ferment Technol，60：41-50

Nanba A，Tamura A，Shiro N. 1984. Synergistic effect of acetic acid and ethanol on the growth of *Acetobacter* sp. Journal of Fermentation Technology，62 (6)：501-505

Nanda K，Taniguchi M，Ujike S，et al. 2001. Characterization of acetic acid bacteria in traditional acetic acid fermentation of rice vinegar (komesu) and unpolished rice vinegar (kurosu) produced in Japan. Appl Environ Microbiol，67：986-990

Osuga J，Mori A，Kato J. 1984. Acetic acid production by immobilized *Acetobacter aceti* cells entrapped in a kappa-carrageenan gel. J Ferment Technol，62：139-149

Park S Y，Ohtake H，Fukaya M，et al. 1989. Effects of dissolved oxygen and acetic acid concentrations on acetic acid production in continuous culture of *Acetobacter aceti*. J Ferment Bioeng，68 (2)：96-101

Park Y S. 1992. Multi-stage biofilm reactor for acetic acid production at high concentration. Biotechnology Letters，14 (7)：609-612

Plessi M. 2003. Vinegar. *In*：Caballero B，Trugo L C，Finglas P M. Encyclopedia of Food Sciences and Nutrition. Oxford：Academic Press：5996-6003

Romero L E，Gómez J M，Caro I，et al. 1994. A kinetic model for growth of Acetobacter aceti in submerged culture. Chemical Engineering Journal，54：15-24

Rubio-Fernández H，Salvador M D，Fregapane G. 2004. Influence of fermentation oxygen partial pressure on semicontinuous acetification for wine vinegar production. European Food Research and Technology，219：393-397

Saeki A，Matsushita K，Takeno S，et al. 1999. Enzymes responsible for acetic acid bacteria. Biosci Biotechnol. Bochem，63 (12)：2102-2109

Saeki A，Theeragool G，Matsushita K，et al. 1997. Development of thermotolerant acetic acid bacteria useful for vinegar fermentation at higher temperatures. Biosci Biotechnol Biochem，61：138-145

Sambamurthy K. 2006. Pharmaceutical Biotechnology. New Delhi. New Age International (P) Limited，publishers：186-274

Shimwell J L. 1958. Flagellation and taxonomy of *Acetobacter* and *Acetomonas*. Antonie van Leeuwenhoek，24：187-192

Tesfaye W, Morales M L, Benítez B, et al. 2004. Evolution of wine vinegar composition during accelerated aging with oak chips. Analytica Chimica Acta, 513 (1): 239-245

Tesfaye W, Morales M L, García-Parrilla M C, et al. 2002. Wine vinegar: Technology, authenticity and quality evaluation. Trends Food Sci Technol, 13: 12-21

Toda K, Asakura T. 1994. Acetic acid production by *Acetobacter aceti* in a silicone tube bioreactor. Biotechnology Letters, 16 (6): 617-62

Toda K, Park Y S, Asakura T, et al. 1989. High-rate acetic acid production in a shallow flow bioreactor. Appl Microbiol Biotechnol, 30: 559-563

Toit J D I, Pretorius S, Lonvaud-Fune A. 2005. The effect of sulphur dioxide and oxygen on the viability and culturability of a strain of *Acetobacter pasteurianus* and a strain of *Brettanomyces bruxellensis* isolated from wine. Journal of Applied Microbiology, 98: 862-871

Wu J J , Ma Y K, Zhang F F, et al. 2012. Biodiversity of yeasts lactic acid bacteria and acetic acid bacteria in the fermentation of sahanx aged vinegar, a traditional chinese vinegar. Food Microbiol, 30 (1): 289-297

Wu J J, Gullo M, Chen F S, et al. 2010. Diversity of *Acetobacter pasteurianus* strains isolated from solidstate fermentation of cereal vinegars. Curr Microbiol, 60: 280-286

Xu W, Huang Z, Zhang X J, et al. 2011. Monitoring the microbial community during solid-state acetic acid fermentation of Zhenjiang aromatic vinegar. Food Microbiology, 28: 1175-1181

第十章　现代食醋酿造工艺与技术

第一节　谷物食醋酿造

由于酿造食醋的原料、生产条件和对风味嗜好性的不同，全球酿造食醋的工艺与技术差别很大。总结现代生产企业的食醋酿造技术，根据醋酸发酵的方式主要分为两大类：一类为固态发酵，另一类为液态发酵。笔者根据食醋发酵的原理，并结合生产工艺与技术的不同，选择了有代表性的几种方法进行叙述。

一、麸曲全固态酿造食醋

以甘薯干或碎米为例，介绍其固态发酵法制醋的一般方法如下。

所谓全固态，指淀粉糖化、乙醇发酵和醋酸发酵均以固态方式发酵，三者混合进行。

(一) 工艺流程

麸曲全固态酿造食醋工艺流程如图 10-1 所示。

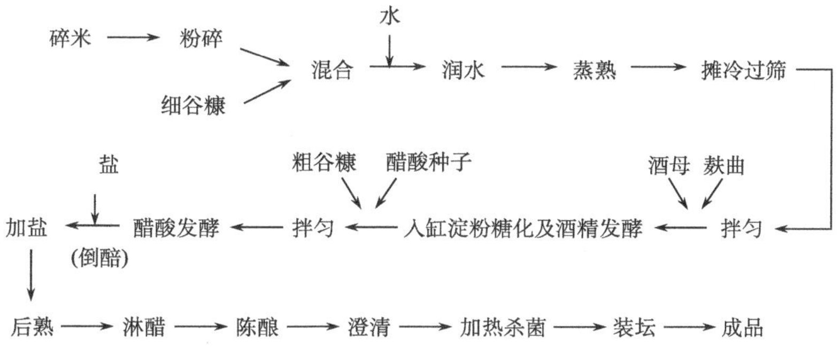

图 10-1　麸曲全固态酿造食醋工艺流程

(二) 工艺操作

1. 用料配比（单位：kg）

甘薯干（或碎米、玉米），100；细谷糠（统糠），175；蒸料前加水，275；蒸料后加水，125；麸曲，50；酒母，40；粗谷糠（砻糠），50；醋酸菌种子，40；食盐，3.75～7.5。

2. 原料处理

(1) 甘薯干先经粉碎成甘薯干粉或将碎米粉碎成米粉。

(2) 将细谷糠（统糠）摊平在拌料场上，取甘薯粉或米粉倒在细谷糠上，混合均匀。

(3) 在料上第1次加水，随翻随加，使水与原料充分拌匀吸透。

(4) 润水完毕，装锅上蒸1h，再焖锅1h（加压蒸料为0.15MPa，40min）。蒸熟后，将熟料取出放在干净的拌料场上，过筛，以基本上消除团粒，同时翻拌及排风冷却。

3. 添加麸曲及酒母

(1) 熟料要求夏季降温至30～33℃、冬季降温至40℃以下后，再第2次撒入冷水，翻拌1次，再行摊平。

(2) 将经细碎的麸曲铺于面层，再将经搅匀的酒母均匀地撒上，然后进行1次彻底翻拌，即可装入缸内。入缸醋醅的水分含量以60%～62%为适宜。

4. 淀粉糖化及乙醇发酵

(1) 醋醅入缸后，摊平，一般每缸装醋醅160kg左右，检查醅温应在24～28℃。缸口盖上草盖，室温保持在28℃左右。

(2) 当醅温上升至38℃时进行倒醅，一般不应超过40℃。

(3) 倒醅方法是每10～20个缸留出一个空缸；将已升温的醋醅移入空缸内，再将下一缸倒在新空出的缸内，依此将所有醋醅倒一遍。

(4) 再经过5～8h，醅温又上升到38～39℃，再行倒醅1次。此后，正常醋醅的醅温在38～40℃，经过48h后逐渐降低，每天倒醅1次。

(5) 至第5天醅温降低至33～35℃，表明糖化及乙醇发酵已完成。此时醋醅的乙醇含量达到8%左右。

5. 醋酸发酵

(1) 乙醇发酵结束后，每缸拌入粗谷糠（砻糠）10kg左右及醋酸菌种子8kg。

(2) 拌和粗谷糠及醋酸菌种子采用上下分拌法：先将粗谷糠及醋酸菌种子一半撒在缸内，用双手将上半缸醋醅拌匀，倒入空缸内；再将余下的一半粗谷糠及醋酸菌种子加入下半缸醋醅内，拌匀，合并成一缸。

(3) 加入粗谷糠及醋酸菌种子后，第1天醅温不会很快升高，第2～3天醅温就会很快升高，这时醅温最好掌握在39～41℃，一般不超过42℃。每天倒醅1次，约经12天左右，醅温开始趋于下降，每天取样测定醋酸含量。冬季掌握醋酸含量在7.5%以上，夏季掌握在7%以上而醅温下降至38℃以下时，表明醋酸发酵结束，应及时加盐。

6. 加盐及后熟

(1) 醋酸发酵完毕，立即加盐。一般每缸醋醅夏季加食盐3kg，冬季只需1.5kg。

(2) 加盐方法是先将食盐一半撒在醋醅上，用长把铲翻拌上半缸醋醅，拌匀后移入另一缸内；次日再把余下一半食盐拌入剩下的下半缸内，拌匀，合并成一缸。

(3) 加盐后，再放置两天，作为后熟。

7. 淋醋

(1) 淋醋设备小型厂用缸，大型厂用耐蚀涂料的水泥池。

(2) 淋醋采用淋缸三套循环法。先将甲组淋缸放入成熟醋醅，用乙组淋缸淋出的醋加入甲组缸内，浸泡 20～24h，淋下的称为头醋；乙组缸内的醋渣是淋过头醋的头渣，将丙组缸淋下的三醋放入乙组缸内，淋下的是套二醋；丙组淋缸内的醋渣是淋过二醋的二渣，用清水放入丙组缸内，淋出的就是套三醋。丙组缸的醋渣残酸仅 0.1%，用作饲料。

8. 陈酿

陈酿有两种方法：一是醋醅陈酿，将加盐后熟的醋醅移入院中缸内砸实，上盖食盐一层，用泥土封顶，放置 15～20 天，中间倒醅 1 次再行封缸。一般存放期为 1 个月，即可淋醋，但在夏季尚须防止烧醅现象的发生；另一方法是将醋液放在院中缸内或坛子内，上口加盖，陈酿时间为 1～2 个月。此法当醋酸含量低于 5%时容易变质，不宜采用。陈酿后醋的质量显著提高，色泽鲜艳，香味醇厚。

9. 杀菌及配制成品

头醋移入澄清池沉淀并调整其质量。除现销产品及高档醋不需添加防腐剂外，一般食醋均应加入 0.1%苯甲酸钠作为防腐剂。生醋用蛇管热交换器进行杀菌，杀菌温度在 65℃以上。最后定量装坛封泥，即为成品。每 100kg 甘薯粉或米粉能产 5%醋酸含量的食醋 700kg 左右。

(三) 注意事项

1. 认真掌握水分含量

原料加水量是否适当，对原料熟度和淀粉糊化有很大的关系。如果加水量过少，部分淀粉粒未能膨胀和糊化，则不易被淀粉酶所作用。但加水量过大，蒸料时部分料层极易产生压汽现象，使熟度不匀，形成发酵过程中醋醅发黏，影响出品率，因此蒸料前后采用分两次加水的办法。100kg 甘薯粉或米粉产醋醅 800kg 较合适（入缸醋醅的水分含量达 60%～62%）。在发酵过程中，如发现水分较少，还应进行适当补充，以防烧醅。

2. 严格控制各阶段的温度

熟料拌入麸曲和酵母时，控制冷却温度很重要，特别是夏季，温度越低越好，一般要低于环境温度 1～3℃，入缸时醅温以 24～28℃为适宜，即夏季要求不超过 28℃，冬季不低于 24℃。在淀粉糖化及乙醇发酵期间，醅温以控制在 38～40℃为宜。醋酸发酵期间，醅温最好掌握在 39～41℃，以不超过 42℃为适宜。

3. 根据季节控制谷糠用量

乙醇发酵结束后，拌入粗谷糠（砻糠）的数量，每缸为 10kg 左右，但还要根据气温不同而予以增减。一般夏季气温高，粗谷糠用量适当减少；冬季气温低，醋醅升温慢，应多用粗谷糠。

4. 发酵阶段的降温

固态发酵制醋自入缸后，在乙醇发酵及醋酸发酵的阶段中，倒醅是一个极为重要的措施。倒醅必须及时与恰当。但如果发现发酵温度高，单靠倒醅来降温，即使采取多倒醅的方法（最多1天倒醅3～4次），也是行之无效的。现在有的地区采用压实封缸法，可以达到降低发酵温度的目的；还有的厂用薄膜封于醋醅面上，对掌握发酵温度效果较好，操作也方便。

5. 食盐可抑制过度氧化

食盐对醋酸菌抑制能力很强，一般在含1%食盐情况下，醋酸菌不能继续活动。如果加盐及封醅不及时，醋酸会进一步氧化产生其他异味和使醋酸含量下降，所以必须要注意及时加盐及封醅。

6. 后熟与增香

后熟时间虽仅短短两天，但不可忽视，因后熟的作用可以把没有变成醋酸的乙醇及其中间生成物进一步氧化为醋酸，与此同时还能进行酯化，对增进香气和色泽也有很大好处。

二、酶法回流通风酿造食醋

利用自然通风和醋汁回流代替倒醅，使全部醋醅都能均匀发酵。同时结合酶法的应用，将原料液化处理，以提高原料利用率。该法淀粉的糖化和醪液的乙醇发酵以液态（稀醪）形式进行，醋酸发酵以固态形式进行。目前，中国有许多企业采用此法酿造食醋。

（一）工艺流程

酶法回流通风酿造食醋工艺流程如图10-2所示。

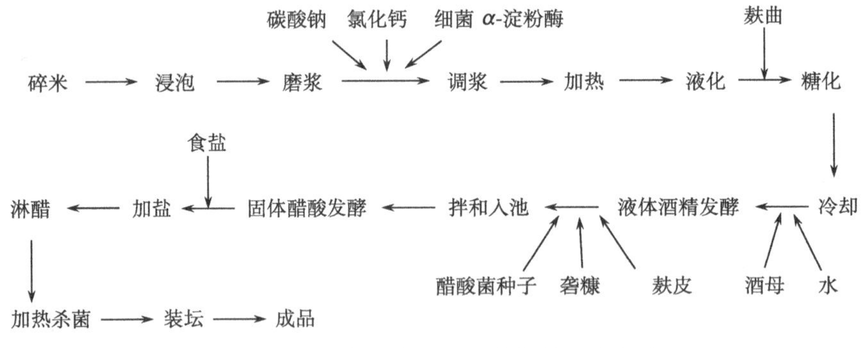

图10-2　酶法回流通风酿造食醋工艺流程

（二）工艺操作

1. 用料配比（单位：kg，以1个发酵池计算）

碎米，120；碳酸钠（纯碱），1.2（以碎米的0.1%计）；氯化钙，2.4（以碎米的

0.2%计）；细菌 α-淀粉酶，3.9（以每克碎米用 130U 计，所用细菌 α-淀粉酶为 40 000U）；麸曲，60（以碎米的 5%计）；酒母，500；水，3250（配发酵醪用）；麸皮，1400；砻糠，1650；醋酸菌种子，200；食盐，100。

2. 水磨与调浆

先将碎米用水浸泡，使米粒充分膨胀，然后将米与水按 1∶1.5 比例均匀送入磨粉机（水磨），磨成 70 目以上细度的粉浆（浓度为 18～20°Bé）。用水泵送到粉浆桶调浆，用碳酸钠调 pH6.2～6.4（精密试纸测定），再加入氯化钙，然后加入按每克碎米 130U 计的细菌 α-淀粉酶，充分搅拌，使加入的酶很快地均匀的分布在浆液中，打开粉浆桶的出料阀，缓缓放入液化桶内连续液化。

3. 液化与糖化

先在液化锅内加水至与蒸汽管相平，再将水升温至 90℃时，开动搅拌器，保持不停运转，然后将粉浆液缓缓连续放入，液化品温掌握在 85～90℃，待粉浆全部进入液化锅后，维持 10～15min，以碘液检查，遇碘液反应呈黄色表示液化完全，最后缓缓升温至 100℃，保持 10min，以达到杀菌的目的。液化完毕后，将液化醪送入糖化桶内，冷却至（63±2）℃时，加入麸曲，糖化 3h，待糖化醪冷却到 27℃后，用泵送入乙醇发酵罐内（图 10-3）。

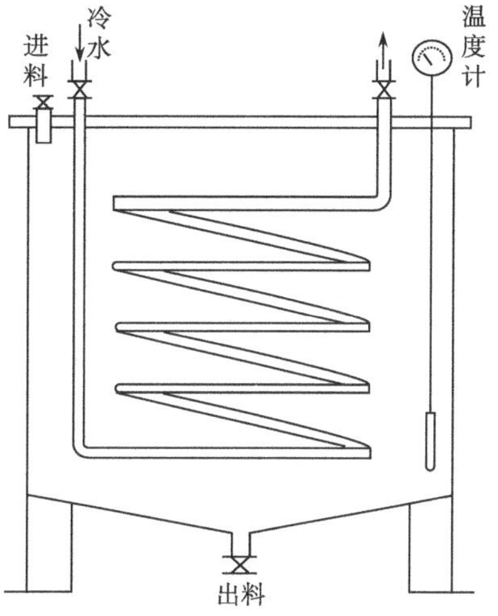

图 10-3　乙醇发酵罐
用 4mm 厚钢板制成，直径为 3m，高 2.5m，容量为 7000kg，设有冷却装置

4. 乙醇发酵

将糖化醪 3000kg 送入发酵罐后，同时加水 3250kg，调节 pH 至 4.2～4.4，接入酒母 500kg，使发酵醪总数为 6750kg。乙醇发酵品温一般控制在 33℃左右为宜，不能超过 37℃或低于 30℃（以冷却水控制品温）。发酵周期为 64h 左右。乙醇发酵结束，酒醪的乙醇含量为 8.5%左右，酸度为 0.3～0.4。最后将酒醪送至醋酸发酵池。

5. 醋酸发酵

醋酸发酵水泥池外观呈圆柱形，高 2.45m，直径 4m，容积为 30m^3。在距池底15～20cm 的地方架上竹篾假底，把池分成上、下两层，假底上面装料发酵，假底下存留醋汁。紧靠竹篾四周设有直径 10cm 的通风洞共 12 个，对称排列于池周围。池面设喷淋管，其上开小孔，回流液体用泵打入喷淋管，利用液压旋转，把液体均匀地淋浇其面层。水泥池内壁最好再砌一层耐酸的白瓷砖，既能防止酸性的腐蚀作用，又符合卫生要求。醋酸发酵水泥池的构造见第九章图 9-4 所示。

（1）进池：将酒醪、麸皮、砻糠与醋酸菌种子用制醅机充分混合后，均匀入醋酸发酵池内。面层要加大醋酸菌种子的接种量。之后耙平，盖上聚乙烯薄膜开始醋酸发酵。进池温度控制在40℃以下，以30～35℃为最适宜。

(2) 松醅：面层醋醅的醋酸菌生长繁殖快，升温快，24h左右即可升到40℃，但中间醅温低，所以要进行一次松醅，将上面和中间的醋醅尽可能疏松均匀，使温度一致。

(3) 回流：松醅后每逢醅温达到35℃即可回流，使醅温降至30～35℃。醋酸发酵温度前期要求35～40℃，后期为30～35℃，如温度升高过快，可将通风洞全部塞住或部分塞住而加以控制和调节。回流每天进行6次，每次放出醋汁100～200kg回流，一般回流120～130次后醋醅即可成熟。此时测定醋醅中乙醇含量已甚微，酸度也不再上升。一般醋酸发酵时间为20～25天，夏季需30～40天。

6. 加盐

醋酸发酵结束，成熟醋醅的醋汁酸度已达6.5～7g/100ml。但为了避免醋酸继续氧化分解成二氧化碳和水，应立即加入食盐100kg，以抑制醋酸菌氧化作用。池内加盐的方法是将食盐置于醋醅面层，用醋汁回流，使其全部溶解。加盐后，由于大池不能封池，久放则容易生热，影响产量，可立即淋醋。

7. 淋醋

淋醋仍在醋酸发酵水泥池内进行。先开醋汁管阀门，再将二醋汁分次浇在面层，从醋汁管收集头醋。下面收集多少，上面放入多少。当醋酸含量降到5g/100ml时停止。以上淋出的头醋一般可配制成品。每池产量为10t，平均每千克碎米出醋8kg。头醋收集完毕，再在上面分次浇入三醋，下面收集的叫二醋。最后上面加水，下面收集的叫三醋。二醋和三醋供淋醋循环使用。

8. 杀菌及配制成品

杀菌及配制成品的方法，完全与上述一般固态发酵制醋相同。

（三）注意事项

(1) 应用酶法生产，液化是第一关。为了保证液化良好，操作时必须注意：粉浆配料适当，拌和均匀；加热温度要适宜，温度过低则酶作用缓慢，温度过高则酶被破坏；液化时搅拌效率要好，以使液化彻底。

(2) 细菌α-淀粉酶的用量，生产习惯上按每克碎米用130U计算，比酱油生产按每克碎米用100U略有增加。

(3) 食醋生产选用甘薯曲霉或其他糖化力强的菌种制得的麸曲，其酒精得率较高。

(4) 糖化完毕，糖化液的浓度需加水调整至7.5～8°Bé，使之最适于酵母菌的生长繁殖，以及获得较高的酒精得率。

(5) 酒母的用量不宜过少，其质量必须保证。一般每毫升酒母内应有酵母菌1亿个左右。

(6) 酒精发酵期间，应严格控制发酵温度为33℃左右，尽量不超过37℃，或不低于 30℃，促使酵母菌在最适条件下生长繁殖与良好发酵。

（7）由于酵母菌是兼性微生物，在最初生长繁殖阶段，尚需补给适量空气。但当乙醇发酵时，则应为厌氧状态。

（8）醋酸发酵 24h 左右，为了使醋酸菌生长繁殖快而均匀，松醅是一个重要的措施，必须认真操作。

（9）回流一般在松醅后每逢醅温达到 40℃时进行，但如果经过一定时间后，醅温并未上升，则也需以回流来调节温度，增加新鲜空气，利于氧化。如果遇冷天气温低，回流用的醋汁品温也低，则应将回流用的醋汁先加热至 38～40℃后再进行回流。

（10）夏天气温高，为了不使醅温过高，必须相应地适当塞住通风洞，但因此使空气量减少，发酵时间延长，其矛盾有待解决。

（11）淋醋时，二醋汁要分次缓慢地浇在面层，千万不要冲乱醋醅的层次，以免影响产品质量。

三、谷物生料酿造食醋

生料酿醋与一般的酿醋方法不同之处是原料不加蒸煮，经粉碎、浸泡后，进行糖化和发酵。生料酿醋与一般的固体发酵法相比，具有简化工艺，降低劳动强度，节约燃料等优点。但生料酿醋因不经过高温蒸煮，原料淀粉颗粒不能大量吸水膨胀，变为溶胶状态，故淀粉不宜液化，同时原料夹带着较多数量的杂菌，发酵醪液易败坏、变质。因此，生料制醋配料时往往增大麸皮用量，为主料的 100%～120%。其次是使用了较多的麸曲（黑曲霉），其量占主料的 40%～50%。在工艺操作中严格按工艺要求进行，注意环境卫生。

（一）工艺流程

谷物生料酿造食醋工艺流程如图 10-4 所示。

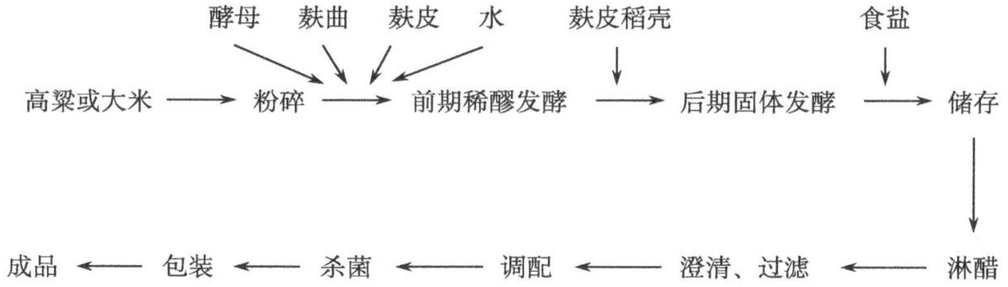

图 10-4　谷物生料酿造食醋工艺流程

（二）工艺操作

1. 用料配比

按生米粉计算，每 100kg 原料加麸曲（AS3.758）50kg，酵母（AS2.399）10kg，麸皮 120kg，稻壳 150kg 左右，水 600～650kg，辅料要粗细搭配，不能过粗，也不能过细，要求醋醅既膨松又能容纳一定水分和空气。生产使用的原料高粱或碎大米必须选好，以确保产品的质量。

2. 粉碎

生产用的原料高粱或碎大米，用磨粉机进行粉碎，高粱使用40目筛，大米用50目筛。原料粉碎，越细越好。

3. 前期稀醪发酵

生料的糖化与乙醇发酵，采用稀醪大池发酵，按主料比例每100kg加麸皮20%、麸曲50%、酵母10%，一并倒入生产池内，翻拌均匀，曲块打碎，然后加水65%。根据季节温度，24～36h后把发酵醪表层浮起的曲料翻倒1次。翻倒的目的是防止表层曲料发霉变质，以及有助于酶的作用。待酒醪发起后，每日打耙，最少2次。一般发酵5～7天，酒醪开始沉淀，证明糖化已基本结束。酒醪主发酵阶段，本身自然上下翻滚，表层出现一层气泡，大小不一致，随起随破。大约1天的时间，感官鉴定呈淡黄色，无长白现象，品尝有点微涩，不黏，不过酸。理化检验，乙醇含量一般为4%～5%，醪的酸度在1.5～2以下（按醋酸计）。

为了缩短发酵周期，应尽可能地适当加大酵母液的接种量，一般为10%，乙醇发酵的最适温度为27～33℃，在此范围内温度越高，发酵越快。如果超过适当温度，应迅速降温，否则酵母的作用减退，杂菌将随着繁殖起来。但是，也有些高温酵母菌能适应较高温度。

4. 后期固体发酵

前期发酵完成后，立即按比例加入辅料。根据季节不同焖24～48h，然后将料搅拌均匀，先用铁锹翻拌均匀后，用翻醅机将醅料拌匀，即为醋醅。用聚乙烯薄膜盖严，密封升温，再过1～2天开始每天翻倒1次，并用竹竿将聚乙烯薄膜撑起，给予一定量的空气。头4～5天支竿不宜过高，因为此阶段是醋酸生成期，如聚乙烯薄膜过高，乙醇容易挥发，影响醋酸生成量。第1周品温控制在40℃左右，使醋醅的温度稳定上升。当醋醅温度达35℃以上时，可将薄膜适当支高，使温度继续上升，但不宜超过35℃。这一阶段为乳酸菌生长最旺盛阶段。据有关资料介绍，醋酸菌繁殖最适温度31℃，乳酸菌最适温度45℃，食醋的风味中乳酸占很重要的部分，醋酸发酵掌握适当品温，可提高食醋的色、香、味和清亮程度。

醋酸发酵后期品温开始下降。由于季节不同，一般品温在30～35℃。此时，竹竿支起薄膜的高度要低，防止高温跑火。感官鉴定为：成熟醋醅的颜色上下一致，无花色（即生熟不齐的现象），呈棕褐色，醋汁清亮，有醋香味，不混，“不黄汤”。理化检查一、二、四季度总酸为6.5%左右，三季度6%左右。当乙醇含量降到微量时，即可按主料的10%加盐，以抑制醋酸过度氧化。加盐后再翻1～2次后，将醋醅移出生产室，存在池内或缸内压实，根据条件储存，时间1个月或半年均可，不过每隔一段时间要翻倒1次。无存放条件，也可随时淋成品醋。

5. 淋醋

把成熟的醋醅装入淋缸内，每套装醅按主料计算为300kg左右，放水浸泡时间可长达12h，短则3～4h，但需泡透。醋醅泡透即可开始淋醋。淋醋采取套淋法，清水套三醋，三醋套二醋，二醋套头醋。

6. 熏醅

将部分成熟醅子进行熏醅。熏醅采用煤火熏醅和水浴熏醅两种。

（1）煤火方法：将缸连砌在一起，内留火道，把成熟的醅子放入缸内用煤火熏醅，每天翻1次。熏醅温度最低为80℃，1周可熏好。颜色乌黑发亮，熏香味浓厚，无焦糊气味。

（2）水浴方法：将大缸置于水浴池内，水温保持90℃，熏醅时间10天左右。

将未熏过的醋醅所淋出的醋汁浸泡熏醅，淋出的醋即为熏醋。出品率一般1kg粮食（主粮）可出总酸含量为4.5g/100ml的食醋10kg。

四、液态深层通气法酿造食醋

醋酸发酵使用液态深层通气法进行，该法谷物淀粉的糖化、醪液的乙醇发酵、醋酸发酵分别进行，均以液态形式进行，工业化程度较高。

（一）工艺流程

液态深层通气法酿造食醋工艺流程如图10-5所示。

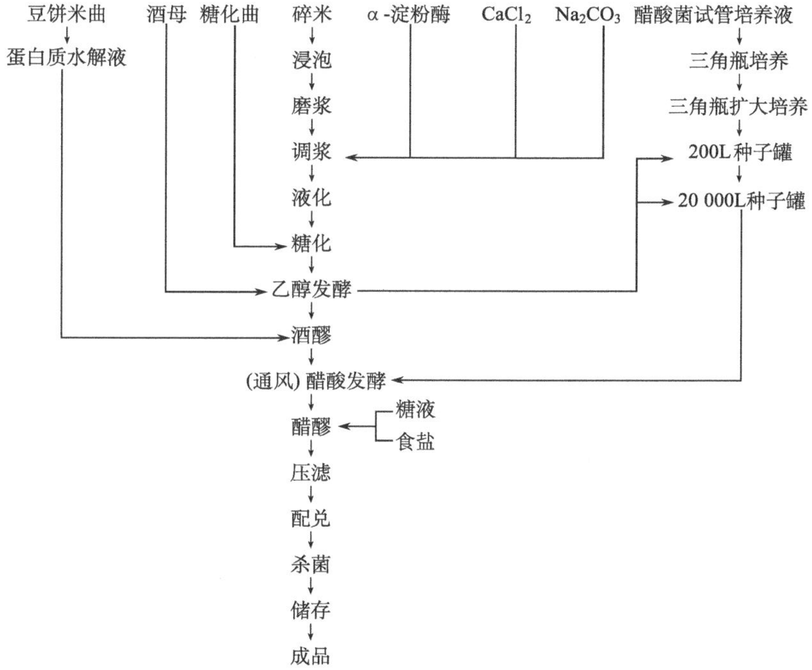

图10-5　液态深层通气法酿造谷物食醋工艺流程

(二) 工艺操作

1. 大米的液化与糖化、乙醇发酵

大米的液化与糖化、乙醇发酵参阅本章本节“二、酶法回流通风酿造食醋”的相关内容。

2. 醋酸发酵

(1) 空气与管道灭菌：首先将发酵罐洗清干净，同时检查发酵罐和一切阀门是否渗漏，然后将折叠式过滤器用甲醛灭菌，关闭，以蒸汽进行空罐常压灭菌 1h。

(2) 进料：将酒醪和蛋白水解醪混合，用泵送入发酵罐，定容 14 000L，开动搅拌器搅拌通风，保持温度 32℃，然后接种。

蛋白水解醪的制法：豆粕 15%，加水 75%～90%，再加少量麸皮，蒸料 30min，晾至 30℃左右，接入 AS3.042 米曲霉，制曲后加水进行稀发酵（豆粕∶水＝1∶3），50～55℃保温 3 天。在原料配方中按百斤增加 15%左右已水解豆粕，以补充醋酸发酵氮源。加豆粕水解醪后，食醋色泽加深，略带鲜甜味，氨基态氮含量达 0.1%以上。

(3) 接种和发酵：醋酸菌种子按 10%接种量逐级扩大，一级种子罐 200L，二级种子罐 2000L。培养液均用酒液，通风量 1∶0.1/min，培养前期可酌情减小风量。培养温度 32～35℃，通风量前期 24h 为 1∶0.07/min，后期为 1∶0.1/min。每小时记录罐温，通风量 1 次；如罐温过高，应加强冷却降温。后期每隔 1～2h 测一次总酸，待乙醇氧化完毕，酸度不再上升时，即为发酵完成。一般发酵时间约为 65～72h。液体深层发酵制醋，也可采用分割法取醋，当醋酸发酵成熟，即可放去醋醪 1/3 量，同时加入 1/3 酒醪，继续进行醋酸发酵。如醋酸发酵正常，每隔 20～22h 可取醋 1 次。当发现菌种老化、生酸速度减慢等现象，应立即换种。采用分割法半连续发酵，可省去醋酸菌的培养工作。因醋酸发酵液呈酸性，能防止杂菌污染，故适于采用分割法。同时，因发酵罐中菌种已驯化，对提高原料利用率和质量，以及加快发酵速度均有好处，故目前生产上多采用分割法酿醋。在取醋和补充酒液的同时，必须不间断地搅拌通风，因为醋酸菌是好气性菌，稍一中断通风，醋酸菌将受严重影响，甚至死亡，造成产量、质量大幅度下降。

3. 压滤

醋酸发酵结束，为了提高食醋糖分，可在醋醪中加入一定数量的糖液，以达到出厂标准。混合均匀后，送至板框压滤机进行压滤。

4. 调配、杀菌

醋液压滤后，取样测成品，加盐配兑合格后，通过列管式热交换器加热至 75～80℃杀菌，然后输入成品储存罐，储存期满后进行包装。

储存的过程，实际上也是陈酿的过程。速酿食醋往往风味不够理想，在陈酿过程中，食醋中所含有的糖、醇、有机酸、甘油、氨基酸等成分，通过氧化还原等作用，促进了香气和色素的形成，有利于提高食醋的风味。经过陈酿的食醋，一般说来均比陈酿前入口和顺，无杂味，有香气，色深而澄清。生产单位应创造条件适当延长储存期。一般 1kg 大米能出 5%食醋 6.8～6.9kg。

（三）提高液体深层发酵食醋理化指标及风味的几项措施

由于液体深层发酵食醋的风味、色泽较差，改进的措施有以下几个方面。

(1) 提高氨基酸的措施：由于新工艺制醋不用辅料，所以食醋中氨基酸含量低，为此应增加些蛋白质原料。

(2) 乳酸菌、酵母菌共酵：据分析深层发酵液体醋，不挥发性酸含量仅为固体醋的 15.7%左右（常规分析法），其中乳酸含量仅为固体醋的 25.6%左右（气相色谱法）。在醋香中起主要作用的乳酸乙酯，固体醋达 4.6mg/100ml，而液体醋则没有，由此造成液体醋挥发性酸味太重，醇感不强。

用乳酸菌与酵母菌混合发酵，能增强液体醋中的乳酸含量，并为形成食醋中香气主要成分——乳酸乙酯创造有利条件。乳酸菌培养方法如表 10-1 所示。

表 10-1　乳酸菌培养程序

名　称	斜面试管	三角瓶（一代培养）	三角瓶（二代培养）	扩大培养	扩大培养
容器容量	1.5cm×15cm	150ml	1000ml	200L	2000L
培养基	乳糖 2%，$CaCO_3$ 0.5%，蛋白胨 1%，牛肉膏 0.3%，酵母膏 0.3%，琼脂 2%，NaCl 0.5%	同斜面（不添加琼脂及 $CaCO_3$）	同第一代	糖液，酵母泥（少量），$CaCO_3$ 0.5%	同 200L 扩大培养
pH	6.7～7.0	6.7～7.0	6.7～7.0	6.7～7.0	6.7～7.0
扩大倍数	移种	1 支斜面接两只	20 倍	10 倍	10 倍
培养温度	35～37℃	35～37℃	35～37℃	37～40℃	37～40℃
培养时间	2 天	3 天	3 天	2 天	2 天

注：糖液，酵母泥制备：取液化的淀粉浆加糖化酶 100U/g，pH 自然，于 60℃保温 24h，再量取已发酵 72h 的乙醇发酵醪中沉淀的酵母泥少量，加入糖化液中混合保温 18h，使酵母自溶后代替酵母泥作为氮源。保温完毕过滤去渣，加水稀释成培养液，含还原糖 19%、全氮 0.168%。

经试验证明，用乳酸菌与酵母菌混合进行乙醇发酵，对产乙醇并无多大阻碍。乳酸含量在 0.9% 以下，对酵母还有一定的促进作用。经过乳酸菌与酵母菌共酵的酒液，再接醋酸菌经醋酸发酵后，不挥发酸和酯的含量均有提高，而挥发酸含量略有下降。

感官鉴定结果：食醋风味比原来有显著提高。

(3) 后熟发酵：为了提高液体醋色泽和风味，将醋酸发酵后的生醋醪，再用酸性蛋白酶和糖化酶活力高的曲进行后熟发酵，使醋中蛋白质进一步水解成氨基酸，淀粉及低聚糖进一步水解成单糖。在后熟过程中糖和氨基酸形成色素，同时调和口味，使食醋风味能得到进一步提高。

(4) 熏色串香：有些地区用醋渣拌以30%糠、10%麸皮、0.15%花椒、0.1%大料、0.2%小茴香，用直接火或水浴或蒸汽80～90℃保温1周左右，实际上是以醋渣加少量辅料作熏醅，然后用液醋过淋，使食醋有熏醋香气并呈棕褐色。

第二节　速酿法生产酒精醋

速酿法生产酒精醋是将高浓度的乙醇用水或果汁稀释，再添加醋酸菌生长繁殖所需的营养因子，用滴淋发酵罐酿造酒精醋。因用乙醇制醋，不需糖化和乙醇发酵过程，若发酵条件适宜，可快速、高效发酵，故称之为速酿法。酒精醋除含水、醋酸外，其他营养素含量很低，风味也不如其他食醋。

一、酒精醋发酵液的配料

用乙醇生产醋需用的原料简单，主要为乙醇，有些厂在乙醇发酵液中添加部分已发酵好的食醋，调节发酵液的pH，加快发酵。因乙醇发酵液缺乏微生物生长所需的一些营养素，在发酵液中添加谷物酒或葡萄酒等果酒。Frings公司专门研究并生产了酒精醋发酵的营养剂。下面是两例酒精醋原料组成与配比。

(1) 乙醇（90%）10，水107，醋（7%醋酸）12。

(2) 乙醇（90%）10，水92，醋（8%醋酸）10，谷物酒9。

葡萄酒及其他酒类，可按上法配合。酒精含量高而固形物含量少的酒，则可加水冲淡，不必另加乙醇。普通速酿醋所用乙醇含量与醋酸含量的关系如表10-2所示。

表10-2　乙醇浓度与醋酸生产量关系

食醋醋酸含量/%	所需发酵液乙醇含量/%
5.0	5.4～5.5
6.0	6.5～6.6
7.0	7.6～7.7
8.0	8.7～8.8
9.0	9.8～9.9
10.0	10.9～11

酒精醋发酵的醋酸菌营养剂，不同的厂家配料不同，甚至保密。下面举一例说明，仅供生产食醋者参考：玉米糖液（corn sugar）3.63kg，硫酸铵1.82kg，$MgSO_4$ 0.45kg，柠檬酸钾0.45kg，泛酸钙5g。在以乙醇为发酵液的醋酸发酵中，每1000L发酵液添加1.0～1.5kg。

二、生产工艺及技术

（一）工艺流程

酒精醋生产工艺流程如图 10-6 所示。

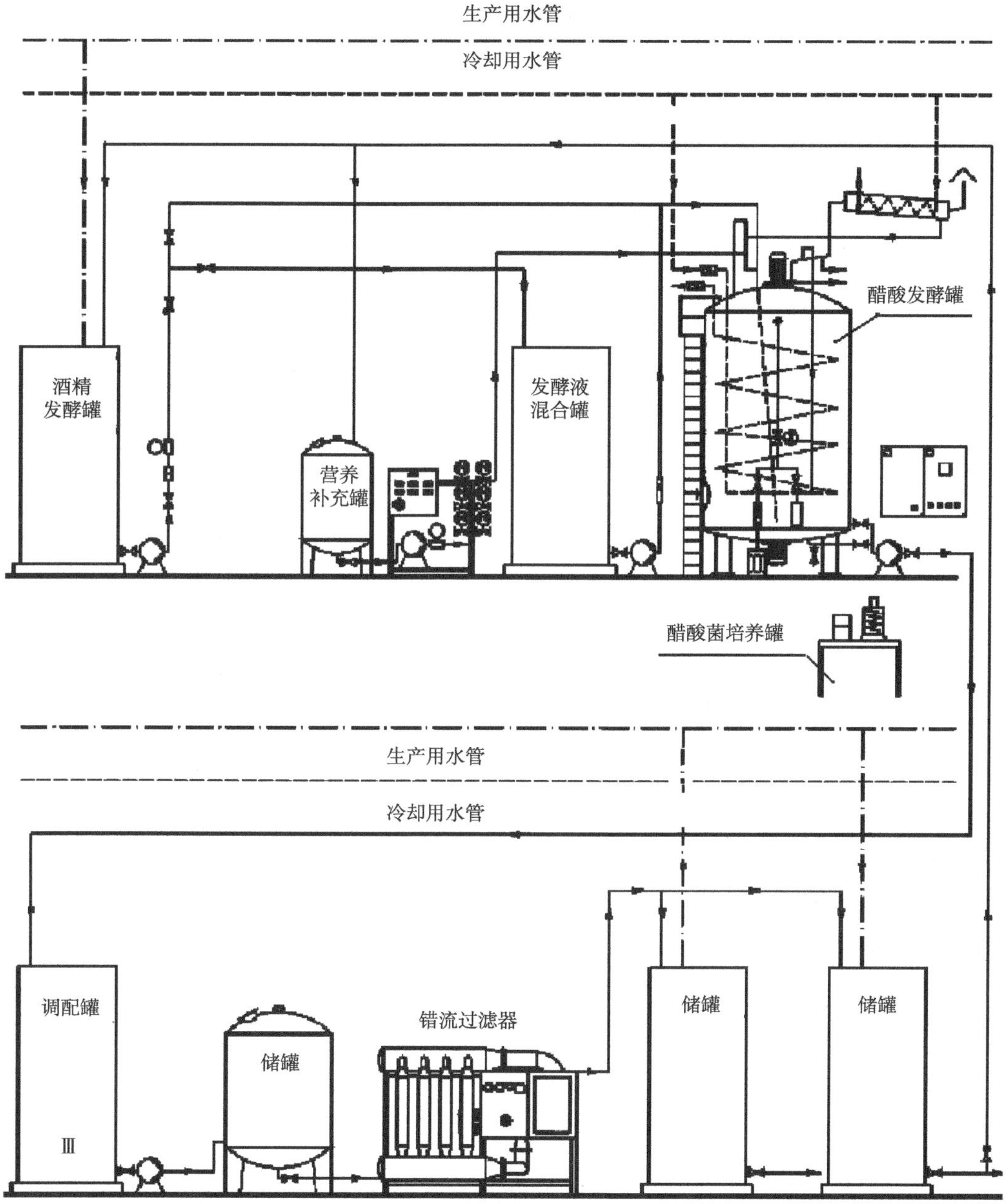

图 10-6　酒精醋发酵工艺流程（此图由 Heinrich Frings GmbH & Co KG 提供）

该发酵工艺还适合于葡萄醋、果醋和麦芽醋的生产。

(二) 操作要点

以 Frings 发酵罐进行发酵为例：打开发酵罐的通气设施往发酵罐中通入 0～35℃的过滤空气，用自动冷却设施保持发酵罐中温度控制在 27～34℃，最好为 29℃。将含0～2%醋酸、12%～14%乙醇的新鲜待发酵液迅速加入到发酵罐中，与罐内醋酸混合，混合后的发酵液醋酸浓度为 7%～8%，乙醇浓度为 5%～6%。再往发酵液中添加营养剂，以每 1000L 发酵液 1～3kg 营养剂为准。

在醋化之前，将新鲜空气通入发酵罐中，通气量按每小时每 1000L 发酵液通气 3～4m^3 进行。

当发酵液中乙醇浓度下降至 0.05%～0.5%时，从发酵罐中取出 40%醋酸；再补充新鲜发酵液，开始第二批发酵。新鲜发酵液的组成、发酵条件均同第一批。在全部发酵过程中，要求新鲜发酵液的总浓度保持恒定，偏差不应超过±3%范围。

若液态深层发酵失败后，需重新接种发酵。其方法如下：①准备醋酸浓度≥12%的酒精醋；②将醋液杀菌、过滤后送至醋酸发酵罐中，使其罐内醋液醋酸浓度保持在11%～12%，乙醇浓度 0.5～0.0%，再往罐补加含 2%醋酸、15%乙醇的新鲜发酵液，最终使其罐内发酵液含醋酸 7%～8%、乙醇 5%～6%，添加营养剂 1.0～1.5kg/1000L，发酵液温度保持在 28～30℃，往发酵罐中接 1～5L 旺盛发酵的醋液。同时连续通气 10s 以上。在发酵初期，醋酸菌繁殖时，可通入 5%～20%的新鲜空气和 80%～95%的回收空气的混合气体，当醋化开始后，全部通入新鲜空气，每 1000L 发酵液每小时通入 3～4m^3 空气。当发酵液乙醇浓度下降至 0.05%～0.5%时，卸料出醋。

在发酵时应控制的关键点有以下几点。

1. 通气量控制

研究发现，随着醋酸发酵液中乙醇和醋酸浓度的增加，在缺氧情况下，醋酸菌对发酵液中的醋酸和水含量变得更加敏感。在液态深层醋酸发酵中，以乙醇为发酵液，当总浓度（醋酸浓度与乙醇浓度之和）为 5%时，发酵罐中断通气 120s，约 34%醋酸菌会死亡；当总浓度达到 12%时，中断通气后，醋酸菌只能耐受 10～20s，时间的长短依据酸度大小。

一般情况下，液态发酵高峰期，每小时每 1000L 发酵液空气的通入量为 2.5～6m^3，最适宜的通气量在 3～4m^3，这样，在 48h 内可转化 100%乙醇 50～60L 成醋。若通气不足，大部分细菌因缺氧而死亡，发酵速率下降，大量的泡沫产生。

2. 发酵液的醋酸和乙醇浓度

利用液体深层发酵食醋，发酵液中的醋酸浓度控制在 6%～9%为宜，最适为 7%～8%。由于醋酸菌在高总浓度条件下特性不稳定，因此，在发酵前要求发酵液总浓度变化幅度保持在±3%左右。

发酵液中若缺乏乙醇也会导致醋酸菌死亡，因此在分批发酵或连续发酵中，分割法取醋时，不能待醋液中乙醇浓度下降至 0 时取醋，取醋后应迅速补料进行发酵。

3. 发酵温度

醋液发酵温度应控制在 27～34℃，最适宜温度应为 28～30℃，发酵温度过高，发酵后醋液的酸度就降低，发酵温度过低，醋酸菌生长繁殖速率也变慢。

第三节　表面静态法酿造葡萄醋

葡萄醋是用白葡萄或红葡萄，经乙醇发酵和醋酸发酵生产的果醋，是地中海和欧洲中部国家食用最普遍的食醋。好的葡萄醋应在木桶中陈酿至少 2 年。

一、葡萄酒

酿造葡萄醋的前提物是葡萄酒。葡萄酒的组成和品质直接影响了葡萄醋质量，一般情况下，用葡萄酒酿醋时都要进行稀释，调整其酒度和营养物质，稀释后的葡萄酒因缺乏矿物质如磷、氮和维生素，故醋酸发酵之前应适当补充这些营养物质。

葡萄酒的发酵一般使用的酵母菌为啤酒酵母（*S. cerevisiae*），另外还可辅以 *Candida stellata* 或 *Kloeckera apiculate* 等酵母共同发酵，这样可促进醋酸菌的增殖和产量的提高。

用葡萄酒为原料生产葡萄醋时，应严格控制 SO_2 和乙醇浓度。醋酸菌对 SO_2 有很强的敏感性，高浓度的 SO_2 对醋酸菌会完全抑制。一般控制葡萄酒的酒度在 10%～12% 为宜。

二、醋酸发酵

表面静态醋酸发酵是在发酵液界面（表面）进行，速度较慢，一般使用木桶为发酵容器，规模小于 1000L。

影响葡萄醋的醋酸发酵的因素很多，可分为主要因素和次要因素。

温度和发酵液氧含量是最主要因素。葡萄醋的醋酸发酵最适温度为 30.9℃，每氧化 1L 乙醇成醋酸，从理论上计算，释放出 8.4MJ 的热。因此，在醋酸发酵旺盛期，对发酵液的冷却是必须考虑的。另外，理论上每氧化 1L 乙醇需要消耗 30℃ 氧气 430L，醋酸菌在缺氧、含乙醇较高的发酵液中几分钟就会致死。

三、木桶中陈酿

用木桶陈酿葡萄醋是醋酿造必须进行的工艺过程，在陈酿中，水分不断蒸发，醋液颜色加深，品质提高。雪利醋陈酿时，要求在不同的陈酿阶段使用不同木质材料的木桶。一般用新的橡木桶储存新的葡萄醋，旧的橡木桶储存已陈酿过的醋。这种陈酿方法生产的食醋数量有限，不能满足市场的需求。因此，许多学者研究加速葡萄醋成熟的方法。根据陈酿过程中的生化机理和特性变化规律，对葡萄醋进行人工催成。例如，在醋液中浸泡橡木刨花卷或小橡块，可加快醋液的成熟，但这种方法的缺点是浸泡刨花卷会

很快被 *Ga. xylinum*（原为 *A. xylinum*）等产膜菌污染，清理菌膜较为困难，影响到葡萄醋的质地。

葡萄醋在陈酿时，一般总酚含量呈增加趋势，特别是醛类物质，如香草醛、丁香醛和松柏醛等。另外，陈酿对葡萄醋中挥发性成分的变化有重要作用，可促进酯类物质的形成。陈酿前乙醇浓度与陈酿后醋的挥发性物质含量关系较大。当醋中残留乙醇为 2%（V/V）时，陈酿后醋液的乙酸乙酯含量是残留乙醇为 1%（V/V）时的 5～7 倍，残留乙醇为 1%的醋液陈酿后乙酸乙酯含量为 1000mg/L。

四、葡萄醋的储存

葡萄醋生产中，醋储存是一个重要的生产环节。醋储存时质量明显改善，有机物和菌体沉淀，有利于后序加工。在发酵中 pH 降低，使原来溶于葡萄汁的固形物变得不稳定，沉淀。一般情况下，pH 变化幅度越小，醋由不稳定到稳定的时间越长。与葡萄醋相比，酒精醋的稳定性很好，因为它固形物含量低。醋在储存时一般不需掺水，无论是用葡萄还是葡萄酒酿制的醋，储存后其品质肯定是提高的。

第四节　乳清醋酿造

一、乳清概述

乳清是牛奶凝固后的析出物，是制作干酪等牛奶制品时的副产物。乳清的主要成分是乳清蛋白。乳清蛋白有 α-乳白蛋白和 β-乳球蛋白。根据乳清的来源不同，可能还含有酪蛋白糖巨肽（glycomacropeptides）。乳清含有乳糖、维生物、矿物质和少量脂肪。Nilsson 等发现，乳清可刺激胰岛素的释放，乳清添加物通过增加胰岛素的分泌，有助于 2 型糖尿病患者调节和降低血糖水平。

据 2003 年统计，欧盟（15 个国家 ）产 12 600 万 t 牛奶，生产出 730 万 t 干酪、50 万 t 再制干酪、190 万 t 奶油和 80 万 t 奶粉。近 10 年欧洲对干酪的需求量每年增加 30%。80%的干酪来源于法国、德国、意大利、荷兰和丹麦。制造 730 万 t 干酪大约会产生 6600 万 t 乳清副产物，即每制造 1kg 干酪就有 9kg 乳清产生。美国牛奶产量约为 7700 万 t（2003 年），1/3 的牛奶用来制造干酪，液态乳清产量达 2300 万 t，美国和欧盟生产的干酪产量占世界总产量的 70%，有 10 000 万 t 的乳清产生。中国近年来干酪需求量迅速增加，也有巨大量的乳清产生。乳清的化学需氧值很高，为 60 000～80 000mg/L，富含有机物。

乳清分三种类型：甜乳清、酸乳清和乳清渗出物。甜乳清是非酸牛奶经凝乳酶作用后的凝固析出物；酸乳清是牛奶变酸凝固，软干酪或酸奶酪的析出物；乳清析出物是乳清经超滤分离出蛋白质后的产物。这三种乳清的基本组成成分如表 10-3 所示。

表 10-3　乳清的组成成分

组成/%	牛奶		甜乳清		酸乳清		乳清渗出物	
	牛奶	干物质（12.4%）	乳清	干物质（7.0%）	乳清	干物质（6.5%）	乳清	干物质（5.7%）
水	87.6	—	93.0	—	93.5	—	94.3	—
脂肪	3.4	27.5	0.4	1.5	0.1	1.5	0.0	微量
酪蛋白	2.6	21.0	微量	微量	微量	微量	微量	微量
可溶性氮	0.7	5.6	0.9	13.0	0.7	10.5	0.2	23
乳糖	4.7	38.0	5.0	71.0	4.5	69.0	4.9	86.2
盐（灰分）	0.9	7.3	0.6	8.6	0.7	10.5	0.5	8.8
乳酸	—	—	0.1	1.5	0.6	0.9	0.2	2.6

虽然乳清营养丰富，有很好的保健价值，但乳清加工或利用率却很低。据不完全统计，仅 1992 年美国有 1300 万～1700 万 t 乳清剩余，每年倒入下水道的乳清量远远超过加工成食品的量。

二、乳清醋生产技术

乳清醋发酵生产工艺流程如图 10-7 所示。

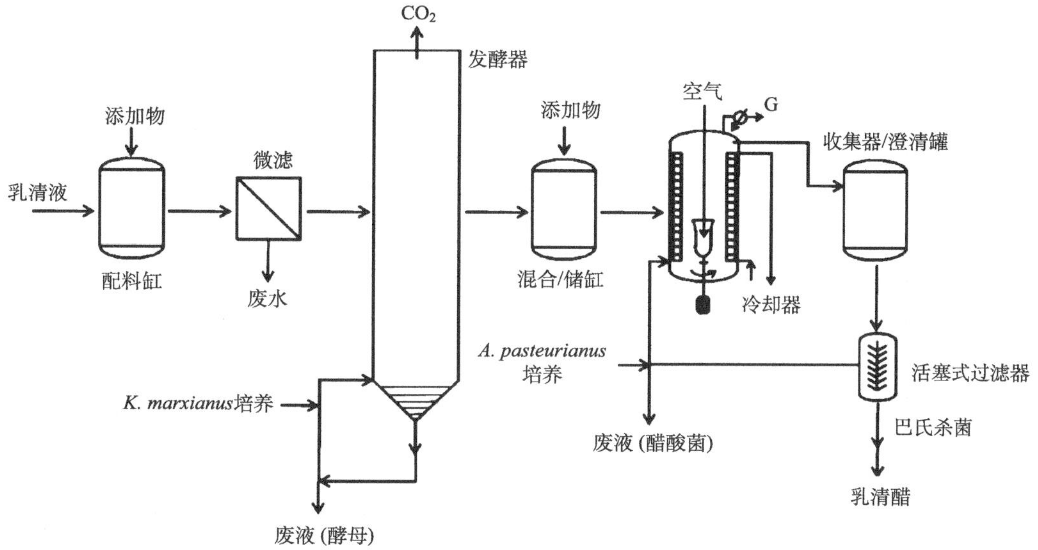

图 10-7　乳清醋生产流程图（Parrondo et al.，2009）

和其他食醋生产一样，乳清醋的生产分为乙醇发酵和醋酸发酵两个基本过程。

发酵液用液体甜乳清液或乳清粉，用食品级乳糖调节其乳清液的乳糖含量达 135g/L，乙醇发酵使用马克斯克鲁维酵母菌（*Kluyveromyces marxianus*）。乙醇发酵的关键是因该菌在乳清液中生长缓慢，要防止其他杂菌对发酵液的污染。发酵液在乙醇发酵前采用高压灭菌或膜过滤进行杀菌处理，膜过滤的孔径为 0.45μm。

乙醇发酵结束后，应当取出酵母菌。分离出的酵母菌可作为新的发酵菌种使用，但接种量是纯种培养的 2～3 倍。接入量过少会引起杂菌污染。

醋酸发酵使用的菌种为 *Ga. liquefaciens* 或 *A. pasteurianus*，这两种菌在乳清酒液中生长良好。为了确保醋酸发酵能快速进行，并抑制污染杂菌对发酵液败坏，醋酸菌接种量很大，一般按乳清酒液：菌种为 2：1 接种发酵，醋酸发酵时间为 4～7 天，使醋酸浓度达 5%（V/V）。醋酸发酵结束后，用过滤的办法去除微生物，然后装瓶保存。

第五节　洋葱醋的生产

除土豆等根茎类作物外，绝大多数蔬菜因含糖和淀粉等可发酵性物质较少，故生产上很少以蔬菜为原料进行食醋生产。日本等国家用有较高保健价值的洋葱生产蔬菜醋。洋葱汁组成成分如表 10-4 所示。因洋葱含可发酵性的糖相对较低，因此，酿造的洋葱醋最终含酸量低。其酿造方法如下。

表 10-4　洋葱汁成分（红洋葱 R-3・日本）

成分	含量	成分	含量
葡萄糖/(g/L)	20.6	Ca/(mg/L)	80.8
果糖/(g/L)	20.6	K/(mg/L)	1965
蔗糖/(g/L)	26.3	Na/(mg/L)	9
总糖/(g/L)	67.5	Mg/(mg/L)	82.3
总氨基酸/(g/L)	3850	P/(mg/L)	442
总有机酸/(g/L)	4100	Fe/(mg/L)	0.78
pH	5.4	Mn/(mg/L)	1.65
Zn/(mg/L)	1.45		

将洋葱去除干皮后，清洗、切割成小碎片，用压榨机榨取洋葱汁。一般情况下，洋葱的出汁率为 60%（WT），剩下渣滓 40%（WT）。

榨汁后的洋葱汁在 90℃ 热处理 30min，冷却后过滤汁液中的残渣。接入 *S. cerevisiae* 进行乙醇发酵，发酵结束后，再用 *A. pasteurianus* 在发酵罐中进行液态深层醋酸发酵。

第六节　醋的化学合成

通过化学的方法，将乙醇催化脱氧或乙炔水合，形成乙醛，再将乙醛催化氧化形成醋酸，如图 10-8 所示，合成过程中形成的甲酸甲醛及其副产物通过蒸馏除去。醋酸用水稀释至浓度 60%～80%，这种醋酸称为醋精（vinegar essence），醋精因浓度过高有很强的腐蚀性，一般在食品中使用时都要再稀释至醋酸浓度为 4%～5%（*m*/*V*）。

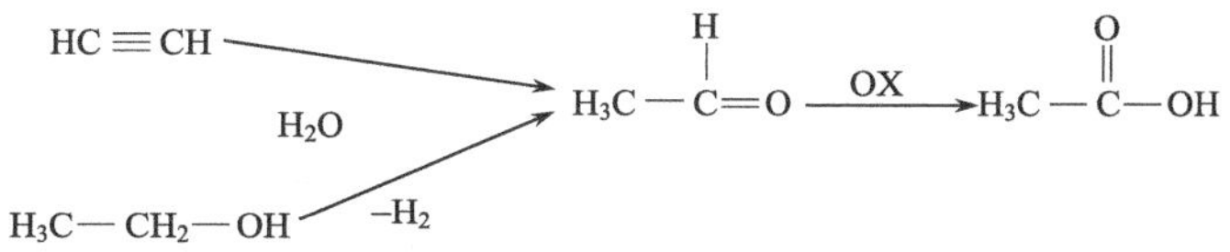

图 10-8　醋酸的化学合成

合成醋在加工中需要人工调色调味，合成醋的调色常用焦糖色素。用蔗糖、化学风味剂、盐或者添加部分发酵醋进行对风味的调制。合成醋在一些国家有严格的规定，如英国要求在商品标签上注明非发酵调味品（unbrewed condiment）。

参 考 文 献

包启安. 1999. 食醋科学与技术. 北京：科学普及出版社：1-40

包启安. 2007. 中国传统工艺全集——酿造. 郑州：大象出版社：25-30

陈騊声. 1953. 高等酿造学. 北京：商务印书馆：401-434

董胜利，徐开生. 2003. 酿造调味品生产技术. 北京：化学工业出版社：161-217

上海酿造科学研究所. 1996. 发酵调味品生产技术（修订版）. 北京：中国轻工业出版社：396-400

赵谋明. 2001. 调味品. 北京：化学工业出版社：88-154

Grierson B. 2009. Malt and Distilled Malt Vinegar. *In*：Solieri L，Giudici P. Vinegars of the World. Milan，Italy：Springer：135-140

Horiuchi J，Tada K，Kobayashi M，et al. 2004. Biological approach for effective utilization of worthless onions-vinegar production and composting. Junichi Horiuchi Resources Conservation and Recycling，40：97-109

Nilsson M，Holst J J，Bjoerck I M. 2007. Metabolic effects of amino acid mixtures and whey protein in healthy subjects：studies using glucose-equivalent drinks. Am J Clin Nutr，85：996-1004

Parrondo J，Garcia A，Diaz M. 2009. Whey Vinegar. *In*：Solieri L，Giudici P. Vinegars of the World. Milán：Spinger-Verlag：273-287

Plessi M. 2003. Vinegar. *In*：Caballero B，et al. Encyclopedia of Food Sciences and Nutrition. Oxford：Academic Press：5996-6003

Process for acetic acid fermentation. 1969. United states patent office 3445245

Tesfaye W，Morales M. 2003. Optimising wine vinegar production：fermentation and ageing. Applied biotechnology. Food sience and Policy，(2)：1-6

White J. 1970. Malt Vinegar Manufacture. Process Biochem，5：54-56

第十一章　世界著名食醋的酿造工艺和技术

第一节　山西老陈醋

山西老陈醋是中国北方最著名、最有代表性的食醋，它的酿造创始于300年前，以高粱为主要原料，加入大量酒曲，采用低温乙醇发酵，一般对醋醅进行熏醅、淋醋后又经过“三伏一冬”日晒与捞冰。淀粉糖化、乙醇发酵和醋酸发酵在一个发酵池中共同进行，制得的老陈醋色泽黑紫，质浓稠，酸味醇厚，并具有特殊的清香，产品久储无沉淀，并不会变质。山西老陈醋中又以清徐等地生产的食醋最为出名。

一、酿造工艺

（一）工艺流程

清徐老陈醋酿造工艺流程如图11-1所示。

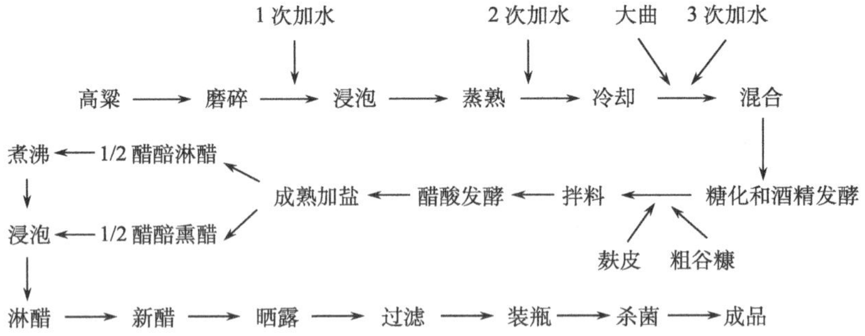

图11-1　清徐老陈醋酿造工艺流程

（二）工艺操作

1. 用料数量及配比

清徐老陈醋酿造的用料数量及配比见表11-1。

表11-1　用料数量及配比

原料与辅料名称	投料量/kg	配比（以高粱为100计）
高粱	547	100
大曲	341.5	62.5
水　蒸前	273.5	50
蒸后	1230.75	225
入缸	355.56	65
麸皮	400	73
谷糠	400	73
食盐	27.35	5

注：麸皮与谷糠总量为800kg，两者质量比为1∶1，而体积比为1∶3。

2. 原料处理

(1) 将高粱磨碎，使大部分成4～6瓣、粉末少为最适宜。

(2) 取磨碎的高粱，每100kg加冷水50kg，搅拌均匀，并润水12h以上（若用30～40℃温水，则4～6h即可），使高粱原粒充分吸收水，水分含量为60%～65%。将润水后的物料打散蒸料，夏天要摊开，冬天要堆放成立形。

(3) 装甑蒸熟。过去一直使用容积很大的铁锅作为甑，后来改用水泥圆池，池高50cm，直径168cm，装柳条编的假底，上铺布，再进行分批装料，每次待蒸汽冒出再装且每次可装料400kg，装满后待圆汽，在池沿上架木棍并用麻袋覆盖，大火蒸熟约1h即可。以熟透、不粘手、无生心为标准。

(4) 把熟料取出，置于冷却池内，同时加入70～80℃热水225kg，拌匀成软饭，焖20min。

3. 加酒曲

提前2h将大曲与水按1∶1的比例浸湿、软化大曲。高粱饭冷却至25～26℃，加入磨细的大曲粉62.5kg，翻拌均匀后，再加入水65kg，充分拌匀，盛装于大缸中。

4. 淀粉糖化及乙醇发酵

料醅乙醇发酵温度变化如表11-2所示。入缸温度冬季控制在20℃左右，夏季控制在25～26℃。入缸后逐渐糖化及发酵，前3天每天打耙3次，第3天发酵温度达30℃，第4天发酵至最高峰，即主发酵终了。用聚乙烯薄膜封缸口，再盖上草垫，保证不漏气，促其继续进行后发酵作用，品温逐渐下降。发酵时间为16天。取样化验其酒精含量一般达6%～7%，酸度为2.5g/100ml。正常的酒醪色发黄，酒液澄清。如变成黑色，则表明酸度过高。

表11-2　料醅乙醇发酵温度变化（包启安，2007）

日期	上午9：00		下午4：00		备注
	室温/℃	缸中温度/℃	室温/℃	缸中温度/℃	
3月23日			—	19	入缸时温度
3月24日	29	28	29	35	冒泡发酵，吱吱作响
3月25日	31	37～38	30	32	缸面已见清液
3月26日	30	31	30	31	
3月27日	30	28	30	28	
3月28日	—	—	—	—	开始封缸

5. 醋酸发酵

(1) 由547kg高粱及341.5kg大曲所制得的酒醪中拌入麸皮与粗谷糠，使总质量为

800kg，将其置于100只浅缸内进行醋酸发酵，每只浅缸装料约35kg。

(2) 取醋酸发酵第3天并经3次翻拌，其品温已达43～45℃的新醋醅作为“醋酸菌种子”。每只浅缸内加入占其容量10%的新醋醅，置于中心，缸口盖上草盖，约经12h，品温可升至41～42℃，每天早晚用手各翻拌1次，到第3天及第4天就温度急剧升高，第5天温度开始降低，第8天发酵成醋，醋酸发酵期间的醅温变化如表11-3所示。

表11-3　醋醅醋化过程的温度变化（包启安，2007）

日期	天数序号	上午9：00		下午4：00		备注
		室温/℃	醋醅温度/℃	室温/℃	醋醅温度/℃	
3月24日	1			29	22	入缸时温度
3月25日	2	32	27	32	28	进行引火
3月26日	3	31	36～37	30	42～45	
3月27日	4	30	41～42	30	42～43	
3月28日	5	30	39～40	30	40～41	
3月29日	6	31	38～39	30	39～40	
3月30日	7	31	40	32	41～42	
3月31日	8	30	37～38	30	38	
4月1日	9	30	35～36	30	36	开始下盐
4月2日	10	29	30	—	—	醋化完成

注：次日即可熏醅、淋醋。

6. 成熟加盐

醋酸发酵8天后，醋醅已成熟，其酸度达8g/100ml以上，加食盐27.35kg（高粱的5%）进行调味，又可使其温度下降。

7. 淋醋和熏醋

(1) 取一半醋酸发酵终了的醋醅置于熏醅缸内，用文火加热，温度为70～80℃，缸口盖上瓦盆，每天翻拌1次，经4天出醅，颜色逐渐由黄色变为褐色，最后变成黑紫色，称熏醅，也称“黑醅”。

(2) 将另一半醋酸发酵终了的醋醅，先加入上一次淋醋后所得的淡醋液，再加冷水补足为醋醅质量的两倍，浸泡12h后，进行淋醋，直至醋液全部淋出。

也有将部分淋出的醋液取出来，放入装有占高粱0.1%的大料（花椒、大茴香、小茴香）小布袋，与醋液共煮，以增加醋的芳香味。

(3) 将淋出的醋液加热至沸腾，加入熏醅中，浸泡10h后再进行淋醋。淋出之醋称为熏醋，也就是新醋。控制每100kg高粱淋出熏醋400kg，余下淋出的淡醋液用于下一次浸泡醋醅。

(4) 所得半成品新醋，其浓度为7°Bé，酸度为6～7g/100ml。

8. 伏晒抽冰陈酿

新醋储放于室外缸内，除遇刮风及下雨天需盖上缸盖外，一年四季日晒夜露，冬季醋缸结冰时，需将冰取出弃去，称为“夏伏晒、冬捞冰”。经过“三伏一冬”的陈酿后，醋色浓，固形物含量高，一般浓度可达到 18°Bé，醋酸含量在 10g/100ml 以上。新醋陈酿期为 9～12 个月。每 100kg 高粱所得熏醋 400kg，陈酿后只有 120～140kg 老陈醋。经过长时间的陈酿，醋中的各种成分不断地进行化学变化，使成品具有浓郁的芳香，色、香、味都得到了很大改善，形成了老陈醋固有的风格特色。若经过三年以上陈酿，则可以得到极为黏稠，色、香、味俱佳的上等老陈醋。

现将经过一年陈酿的老陈醋与新陈醋的化学成分变化比较列表，见表 11-4。

表 11-4　陈酿一年的老陈醋与新陈醋的化学成分变化比较

分析项目	新陈醋	老陈醋
相对密度	1.064～1.067	1.15～1.18
固形物	9%～11%	29%～32%
总酸	5%～7%	10%～13%
挥发酸	3%～4%	4%～5%
不挥发酸	2%～3%	5%～6%
总酯	1.9%～2.1%	3.7%～3.9%
糖分	1.6%～2.4%	4.5%～5.2%
灰分	3%～3.5%	7.5%～12%
食盐	1.2%～2%	3.5%～4.5%

9. 成品

老陈醋制成后，经纱布滤过，除去浮杂物质即可装瓶出售。

二、山西老陈醋的酿造特点

传统的山西老陈醋酿造过程要求“人必得其精，水必得其甘，曲必得其时，高粱必得其实，器具必得其洁，缸必得其保，火必得其暖，管理必得其严，计量必得其准，记录必得其真”。山西老陈醋酿是中华文明的重要组成部分，其酿造方法与其他食醋相比有显著的特点。

（1）山西老陈醋以大麦和豌豆为原料，依靠空气、苇秆及粗谷糠上的微生物先制备酒曲。原料混合水量仅为 50%，因此必须搅拌均匀，否则部分曲料由于水分过少，有用菌尚未繁殖已呈干燥的状态。清徐县醋厂用红心曲酿醋，较一般用酒曲的醋酸菌含量多。红心曲的红心部分主要是红曲霉菌，它耐酸、耐乙醇又耐高温，对产品有特殊作用。如果制酒曲时添加各种优良菌种，其效果当更为理想。

（2）一般制醋多用麸曲糖化及乙醇发酵，而山西老陈醋则使用酒曲，其酒曲的用量高达主要原料高粱的62.5%，几乎是以曲代粮，酿制的食醋其风味自然要比一般制醋更加优异。

(3) 山西老陈醋采用低温乙醇发酵，同时延长乙醇发酵周期。一般发酵3天后，即达到最高温度30℃，第4天主发酵就终了，但延长后发酵，使发酵周期为16天，而且大部分进行低温乙醇发酵。提高老陈醋质量的措施之一是先酿好酒，才能出好醋。

(4) 醋酸发酵温度一般不超过40℃，而山西老陈醋的醋酸发酵温度在第3～4天时醅温高达43～45℃，可知除醋酸外，尚有乳酸、酪酸的产生，故其有特殊的气味。

(5) 成熟醋醅一半经过熏醅，采取淋醋与熏醋相结合的方法制得新醋。但用文火加热熏醅，时间长达4天，醋酸逸出甚多，损失较大，而且在熏醅的发酵室内，醋味甚重，劳动条件极差，因而如何改进熏醋工艺值得进一步探讨。

(6) 新醋通过露天开盖陈酿，日晒后400kg成醋只有120～140kg，成品色泽黑紫，固形物高，质浓稠，浓度可达18°Bé，质量显著提高。但由于“夏伏晒，冬捞冰”，香气成分和挥发酸损失很大，酸度的理论损失为40%～50%，因此如何改进陈酿工艺值得进一步探讨。

第二节　中国镇江香醋

镇江香醋是我国名醋之一，镇江恒顺酱醋厂产镇江香醋可为代表。该厂于1890年开始由镇江朱兆怀开设的朱恒顺糟坊生产，最初是以自产的“百花酒”酒糟为原料，酒糟呈黑色，微带酒味及香气。酒糟来源有限，后改用以糯米为主料酿造醋的工艺，所产醋的质量大幅提高。使用糯米为主要原料，采取了传统黄酒生产工艺进行乙醇发酵工艺，即用酒药（小曲）液态低温糖化、液态乙醇发酵及固态醋酸发酵的工艺，并进行一个月陈酿，是小曲酿造食醋的典型。酒药生产、麦曲生产、乙醇发酵及醋酸发酵，构成了我国独特的制醋工艺，保持了“酸而不涩，香而微甜，色浓味鲜”的特点，酿醋工艺是世界上独一无二。

一、以糯米为原料的酿造工艺

（一）工艺流程

镇江香醋的酿造工艺流程如图11-2所示。

（二）工艺操作

1. 用料数量及配比

镇江香醋酿造用料数量见表11-5。

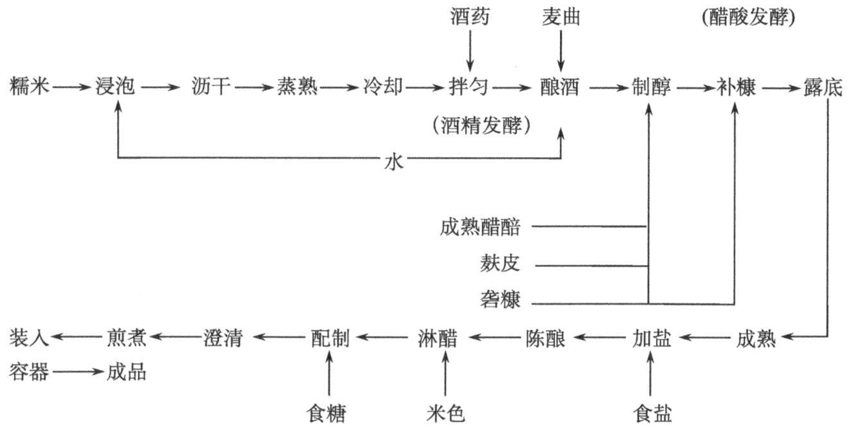

图 11-2　镇江香醋酿造工艺流程

表 11-5　以糯米为原料的镇江香醋用料数量（一班工作的投料量，生产 1000kg 香醋）

材料	数量/kg	材料	数量/kg
糯米	500	米色液	135（折米 40kg）
酒药	2	食盐	20
麦曲	30	食糖	2
麸皮	850	砻糠（稻壳）	475

2. 糖化和乙醇发酵

糯米是镇江香醋的传统用料，糯米中的淀粉几乎全部是支链淀粉，仅含 0.2%～4.6%直链淀粉，而支链淀粉结构疏松，易于蒸煮糊化。

(1) 每次投料糯米 500kg，置于浸泡池中，加入清水浸泡。一般冬季浸泡 24h，夏季浸泡 15h，要求米粒浸透而无白心。浸泡后，捞出放入米箩内，以清水冲去白浆，淋到出现清水为止，然后适当沥干。

(2) 再将适当沥干的糯米蒸至熟透。

(3) 取出冷却，一般冬季冷至 35℃，夏季至 25℃，拌入酒药 0.4%（2kg），拌匀，置于缸内成“V”字形饭窝，用草席将缸口盖好，以减少杂菌污染和保持品温，在此期间需将卤汁浇于饭面。经过 3～4 天，已有乙醇及 CO_2 气泡产生，糖分为 30%～35%，酒精度 4%～5%，当饭粒离开缸底浮起，即可加水。一般称此阶段为前发酵，实质上是制备酒母。

(4) 加水量一般为糯米的 140%左右，并添加麦曲 30kg。实行低温发酵，准确掌握品温为 26～28℃，在此期间，应注意及时开耙，一般在加水后 24h 开头耙，以后 3 天中每天开耙 1～2 次，以降低温度。发酵时间自加入酒药算起，总共为 13 天左右。

(5) 要求冬季每 100kg 糯米出酒醪 330kg，其乙醇含量为 14%左右，酸度在 0.5g/100ml 以下，即投料糯米 500kg，产酒醪 1650kg。夏季每 100kg 糯米产 300kg 酒醪，乙醇含量为10%左右，酸度0.5g/100ml以下。

3. 制醋醅（醋酸发酵）

醋酸发酵有大缸醋酸分层发酵法和水泥池分层发酵法两种。以大缸为发酵容器的醋酸发酵过程如下。

图11-3　传统香醋的料醅

醋酸发酵采取固态发酵法，并逐步添加填料，分层发酵，以扩大醋酸菌的增殖，如图11-3。取165kg乙醇发酵醪装入大缸（容积700～800L），不足半缸容积，加85kg麸皮，拌成半固态。另取发酵优良的成熟醋醅约2.5～3.0kg，上面铺盖厚约7cm的砻糠及水（冬季用温水）一瓢，充分混拌均匀，放入缸内醅中心处，缸面上盖铺2.5kg左右砻糠，进行保温发酵。夏天1～2天，冬天3～5天，当缸内上部已发热、醅面温度达45～46℃时，将上面覆盖的砻糠揭开，再将上层发热的醅料与下部未发热的醅料和垄糠充分混合，装入另一缸，该过程称之为过勺，过勺温度为43～46℃。以后每24h加砻糠4kg并拌和一次，每缸加砻糠约47.5kg，并根据情况补加一些温水。如此，每缸醋醅料就可分10层逐次过完，故称之为逐步添加填料分层发酵法。这样经过10～12天醋醅即变为满缸，这时醋酸发酵已达到最高峰。为了使醋面上温度不超过45℃，需每天翻缸一次以降温，并补充氧以促使乙醇氧化成醋酸，该过程称之为露底。连续倒缸7天，品温即逐渐下降，产酸达到高峰。当醋酸酸度不再上升时，醋醅成熟。

4. 加盐陈酿

每缸加盐2kg后，进行并缸，将10缸合并成7～8缸，压实醋醅，防止醋酸进一步氧化变成CO_2和水。缸口用塑料布盖实，沿缸口用食盐覆盖压紧，防止透气，此操作称为封缸。一周后再换一次缸，每缸加盐2kg，并以泥土、醋槽、盐卤、20%盐水调成泥浆密封，转入30天后期陈酿。陈酿时间越长，风味越好。陈酿期间主要是香气成分及香味成分的调熟，同时，菌体进行自溶，未完全分解的物质继续进行分解，使醋的风味醇厚、浓郁，醋成为上乘佳品。

5. 淋醋

取陈酿结束的醋醅，置于淋醋缸中，盛入半缸（约150kg），按比例加入米色液，再加水100kg，浸泡数小时后淋醋，由缸底的管子流至地下缸。第1次淋出的醋汁品质最好。淋毕后，再加水100kg浸泡数小时，淋出的二醋汁可作为第1次淋醋的水用。第2次淋毕，再加水100kg淋之，第3次淋出的三醋汁，作为第2次淋醋的水用。每缸淋醋3次。

炒米色制作方法如下：将铁锅倾斜置于火上，放入原料粳米，不停地炒拌，米由白色逐渐变黄，再转黑，当触之发黏、呈团块状时，迅速倾入沸水中（水量为米的 2 倍）煮沸，搅拌 20min，冷却，即成炒米色（深褐色），有光泽，有焦香气，微苦。

6. 杀菌及配制成品

将食糖加入头醋汁中进行配制，澄清后加热煮沸，即得成品，趁热装入容器，密封存放。500kg 糯米可产 1450kg 一级香醋，平均每千克糯米出醋 2.9kg。

（三）镇江一级香醋质量规格

1. 感官指标

色泽深褐色，色泽光亮，无明显沉淀；香味芬芳；口味酸而微甜，无苦涩异味。

2. 理化指标

固形物含量 11°Bx 以上，醋酸 6.4g/100ml 以上，糖分（还原糖）1.0g/100ml 以上，盐分 3.0g/100ml。

（四）酿制镇江香醋注意事项

（1）糯米酿酒是制醋的头道工序。为了酿好酒，首先米要浸泡适当，做到蒸饭熟透，水分适量。酿酒实行低温发酵，要准确掌握乙醇发酵温度为 26～28℃。同时要搞好卫生工作，防止杂菌污染。

（2）制醅是生产食醋的关键过程。在醋酸发酵过程中要创造有利条件：需要有足够的空气，适宜的营养（即乙醇含量 6%～8%）、一定的水分及适当的温度，缺一不可。为此采用固态分层发酵法，以促使醋酸菌充分繁殖。

（3）制醅开始用的成熟醋，必须选择发酵优良的醋醅作为种子，使醋酸菌能逐步顺利地扩大繁殖。

（4）醋酸发酵温度的高低，直接关系到香醋的质量，而一年四季的自然气温相差很大，因此要使醋醅发酵温度始终保持在一定温度上是很不容易的。从生产实践中得出：面层醅温为 45～46℃时，发酵后能产生良好的醋香味。但必须注意，当醅温高于 47℃以上时，醋醅中就要产生其他杂菌，使醋醅带有异味，影响醋的品质。

（5）陈酿也是保证质量的一项重要措施。在 30 天的陈酿后发酵期间，要经常检查泥封，尽量使之不产生裂缝。

（6）镇江香醋成品需要经过煮沸，该操作不仅能够灭菌，而且能够除去沉淀物，但煮沸时间要掌握适当，以免醋酸挥发过多。

二、以酒糟为原料的酿造工艺

（一）工艺流程

以酒糟为原料的工艺流程如图 11-4 所示。

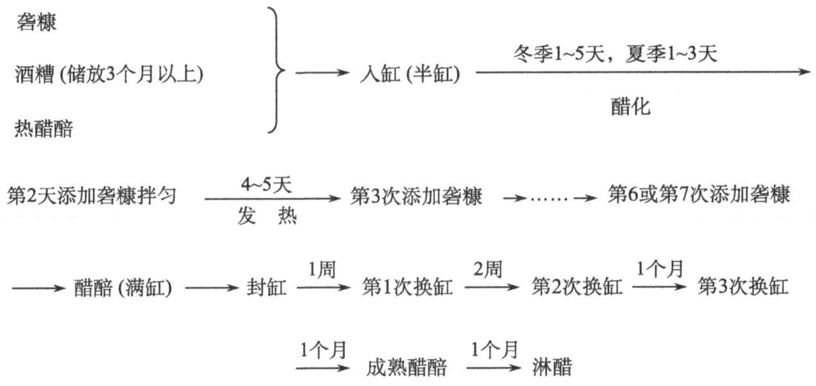

图 11-4　用酒糟生产香醋工艺流程

（二）工艺操作

1. 发酵

采用容量约 500kg 的大缸作为发酵容器。装酒糟 250kg，加水 80～90kg，充分拌和，呈均匀湿润状态。在酒糟面上铺厚度约 6cm 的砻糠，再加发酵旺盛的热醋醅约 10kg，作为醋种，并与上部酒糟、砻糠充分混拌均匀。上部盖砻糠 10～32cm，进行保温发酵。一般生产 10 缸酒糟醅。一般经过 3～4 天，上部酒糟与砻糠的混合物即可发热，呈现旺盛的醋酸发酵，每日上午将盖在上面的砻糠取去一半，与缸内正在发酵的 1cm 厚的酒糟醋醅混合均匀，再盖上 3～5cm 厚的砻糠进行保温，继续发酵；到第 4～5 天，发酵温度达到 42～44℃，说明醋酸发酵旺盛，转入过勺，将 2 号缸发酵的醅与垄糠拌匀，与 1 号缸合并，将 3 号缸的醅和约 2cm 厚的酒糟及垄糠拌匀移入 2 号缸。按照此法，4 号缸的醅移入 3 号，依此类推，直到 10 号缸的醅移入 9 号缸。此后，再在每只缸内加盖砻糠，随着醋醅的逐日增多，每日盖糠的量随之增加，其发酵温度一般在 45～47℃，12～13 天后酒糟与砻糠已成满缸，并成为发酵旺盛的醋醅。再经 7～8 天，每天翻拌一次，其发酵温度逐日下降至 38℃左右，说明发酵已基本完成。将缸内的醋醅合并成 8～9 缸并压实，使缸头呈面包状，用木板将醋醅的表面压光。此时用泥土和盐卤的混合物进行封缸（如不用盐卤，泥土有龟裂之虞），封面约 7cm 厚，2 周后再倒缸一次，仍用泥封好，1 个月后即熟成。

增加砻糠是为了疏松醋醅，提供所需的氧气，该操作是镇江香醋固态深层发酵的特点。在发酵中若酒糟结块，须揉碎；如果醋醅色如泥，则说明发酵不良，应迅速补加发酵良好的种醋方可补救。

2. 淋醋

成熟的醋装入淋醋缸内加水喷淋，淋出的醋由缸底流出口流入地下槽，第一次流出的醋液质量最好。淋完，再用水或二次淋醋淋。第三次淋出的醋液质量最次，几乎无醋味，可作淋水用。

3. 产量

50kg 酒糟、125kg 砻糠和 150kg 水可制得醋 770kg。

第三节　四川麸醋

四川麸醋以保宁醋最有名。保宁醋系根据产地而命名，保宁即今日位于嘉陵江上游的中保宁。该醋是以麸皮为主要原料，其特点在于使用的药曲，糖化时主要依靠麦麸中的淀粉酶，以加入酒药或辣蓼汁培养的酵母为发酵剂，属固态醋酸发酵，陈酿时间达一年之久。产品风味极好，色泽呈红褐色，味酸而醇厚，有独特芳香气味。据说此法是由明末清初索义迁发明，距今已有 350 年历史。

一、酿造工艺

（一）工艺流程

四川麸醋酿造工艺流程如图 11-5 所示。

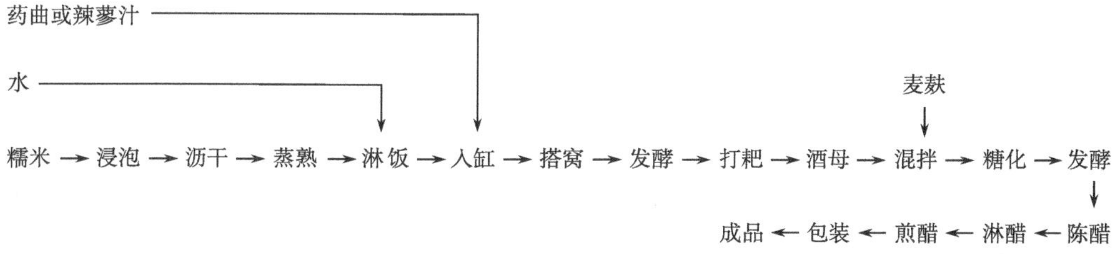

图 11-5　四川麸醋酿造工艺流程

（二）工艺操作

1. 制备药曲

四川产麸醋使用中草药的药曲是小曲发展的继续，以辣蓼草为主而辅之以其他多种药材，这些香辛料成分对成品醋的风味有很大影响。

先将各种药材晒干，磨成细粉备用。

称取小麦，破碎成 3～5 片，麦皮碎裂，这样使曲坯有一定的透气性，以利于根霉生长，同时制曲时使水分易于排出。与药曲料混匀，加水 40%左右，拌匀，放入曲模中压成松紧适当的块状。曲室喷洒石灰乳灭菌，地面铺层谷糠，上放竹席，将曲坯堆成“丁”字形，封闭门窗，进行培养，当品温上升时，说明根霉已开始繁殖，繁殖最旺盛时品温可达 48℃，此时应打开门窗进行放气，并在适时翻曲以调节温湿度。如此处理约 20 天，品温下降，曲块坚硬，将其翻倒并码成“井”字形，通风干燥，使成曲表面发白，无裂纹，无杂色，体轻疏松，具有大曲特有的香气，曲心干燥。干燥至水分15%～18%即可使用。有的地方用辣蓼，晒干储存，使用时放入缸中加水浸泡数天即可。有关药曲生产的具体操作见第四章第四节常用糖化剂的生产。

2. 制酒母

取糯米30kg，加水浸泡至米心不发白，用手指捏成粉状程度即可，淋干，蒸熟后用冷水从蒸熟米饭上方淋下，使品温迅速下降且米粒表面光滑不黏，以便混拌酒药。淋去多余水分，放入缸中。品温宜在28℃左右，称取糯米质量为酒药的0.15%～0.2%，研细拌入饭中，堆成窝状，表面再撒些酒药粉，加盖保温，冬季用稻草包缸保温36～48h，凹窝内即出现糖液，并随之产生酒香，2～3天即可制醅（有的地方将酒母做成稀粥，此时每30kg蒸熟糯米，加水100kg、药曲粉0.3kg、辣蓼汁1～1.5kg，加盖调匀，次日开始发酵，发酵期间要经常打耙，约1周后泡沫消失发酵完成，即可制醅）。

3. 制醅、发酵

取麦麸650kg于发酵槽中，加水40kg，拌入酒母搅匀，摊开厚60～70cm，令其发酵，主要依靠麦麸中的淀粉酶进行糖化，再由酵母进行乙醇发酵，每天翻拌1次，将上层降温、供氧，先是乙醇发酵，逐渐借助野生醋酸菌进行醋酸发酵，品温最高控制在45℃左右。至第8天，品温逐渐下降，约14天醋酸发酵即告完成。

4. 陈酿

醋酸发酵结束的醋醅中加入3%食盐拌匀，装入陈酿桶，压紧拍实。散布一层厚约3cm的盖面盐，加盖泥封，常温下进行陈酿。所谓陈酿，即进行熟成，提高醋的风味，陈酿时间不等，有的较短，有的长达一年。

5. 淋醋

在一般淋缸底铺一层棕榈，淋出醋液经过配兑，煮沸装坛，泥封出售。

麦麸650kg，糯米30kg，可产醋1200kg。优质醋色泽深褐而发黑，总酸为7%且含有大量不挥发酸，酸味浓厚，是别具一格的产品，但是唯一的缺点是产醋率太低。

二、四川麸醋的酿造特点

四川麸醋是采用糖化剂（药曲或黑曲霉）与米粥制作发酵剂，麸皮为主要原料，固态发酵、浸淋取醋的制醋工艺。糖化、酒化以及醋化等三边发酵同时发生，发酵温度相对均衡，因而生化反应不能严格区分，故不能按照各生化阶段的适宜条件加以控制，所以工艺管理较原始，投入与产出常随机变化。

四川麸醋在酿制过程中，占混合原料9%～12%的大米仅仅作为制取发酵剂的原料，而占混合原料88%～91%的麸皮既充当了主料作用，又充当了辅料及填充料的作用。由于四川麸醋的主料麸皮在制醋过程中未经任何加热处理，因此其属于生料制醋。

第四节　江浙玫瑰香醋

玫瑰米醋是由中国人以大米为原料，充分利用固态发花和液态表面发酵法酿醋原理制造，在我国江浙一带生产甚为普遍，因产品呈鲜艳透明的玫瑰红色而得名。由于利用自然界的微生物，其生产受到季节的限制，一般生产期从4月中旬（农历芒种）开始至7月中旬，初夏投料，至秋后才发酵成熟。生产工艺各地大同小异，唯米饭发花有坛花和缸花之分。

（一）工艺流程

江浙玫瑰香醋酿造工艺流程如图11-6所示。

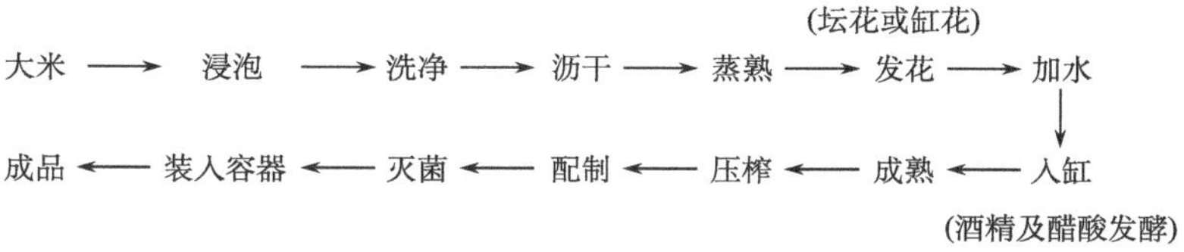

图11-6　江浙玫瑰香醋酿造工艺流程

（二）工艺操作

1. *浸米及洗净*

将大米或碎大米放入竹箩中用水冲洗1次，然后倒入大缸内，加水高出米粒15～20cm浸泡。缸的中央插入空心竹篓桶，高出水面。每天在此竹篓中换水1次，过热则换水2～3次。浸米不但要求米粒浸透，而且要直到注入清水后不再混浊为止，一般时间为5～6天。浸泡后捞出放在米箩内，再以清水洗净沥干。

2. *蒸熟*

将洗净沥干的大米置于蒸锅内蒸熟，蒸料时中间加水1次。蒸熟的程度要求成饭状，不结大块，米饭以手捻之无白心。蒸熟后，立即取出。

3. *发花*

发花就是培养各种有用的微生物。培养的方法分为两种：一种是将米饭置于酒坛内培养，称为坛花；另一种是将米饭直接放入缸内培养，称为缸花。蒸熟的米饭分装入清洁酒坛或大缸中。酒坛每只装米饭7.5kg左右，大缸视容量大小而定，一般要求装入缸高度的一半，然后在米饭中央挖空，呈一个凹形，四周揿实，最后坛口或缸口上加草盖，温度保持在江浙地区春季温度下，依靠外界落入的微生物自然发霉。约需10天的时间，米饭面上长有红色、黑色、黄色、绿色、灰白色等杂色微生物，即为发花完成。发花期间，品温会渐渐升高，但以不超过40℃为宜。5～6天后，凹孔内析出混浊的汁液，尝之甚甜，后渐产生醋酸的香味，品温也逐渐下降至25℃左右。

4. 加水发酵

每坛加入温水9kg左右，实际加入温水量每缸按米饭质量的1.2倍，搅拌1次。坛子可堆放于室内或室外，如堆放在室外必须做好防雨措施。待米饭粒子下沉后，将坛内发酵醪倒入缸中，上加草盖。20天后液面开始有层薄膜出现，说明醋酸菌已大量繁殖，嗅之已有酸味，以后隔天将液面轻轻搅动，盖好草盖，并经常轮换日晒，以保持其发酵温度。如此持续发酵3～4个月，醋醪逐渐澄清，醋液呈淡玫瑰红色，醋酸含量达4～5g/100ml，即为发酵成熟。

5. 压榨

老法生产将成熟的醋醪利用杠杆式木榨进行压滤。丝袋作为滤袋，将醋醪装入袋内扎紧进行压滤，清液流入底缸中，第1次压滤完毕，取出头渣放入缸内，加水捏碎拌匀，再进行第2次压滤，得第2次清液。

6. 杀菌及配制成品

将第1和第2次清液混合使醋酸含量为4g/100ml左右，移入锅内，加热至80～90℃，进行灭菌后，趁热装入清洁酒坛中，加泥封闭即得成品。

每100kg大米产玫瑰米醋300～400kg。

第五节　陕西富平小米陈醋

陕西富平及晋南闻喜、新绛一带多食米醋，即以小米为原料、以大麦芽为糖化剂、以大曲为发酵剂，采用表面液态发酵法生产的醋，地方称之为小米封缸醋，农村多在春季生产。

（一）工艺流程

麦芽制备→浸米→蒸熟→冷却→上淋→放淋→发酵→封缸→压榨→灭菌→成品

（二）工艺操作

1. 麦芽制备

每50kg小米需大麦9kg。先将大麦用水浸泡，然后在28～32℃使大麦发芽，每天翻动2次，待麦芽长达1.5cm时即可使用。

2. 浸米

将质量较好的小米放入缸内，加冷水浸泡，水量以高出米面10cm为宜，经3h左右，将米捞出，用清水洗净沥干。

3. 蒸熟

将浸好沥干的小米置于蒸锅内蒸熟，蒸时不宜加盖，以免蒸馏水滴入米中使米发黏。米要分 3 次上锅，每次等汽上圆后再放，在蒸料中间要加一次温水，其用量为每 50kg 小米加水 12kg，加水前必须将米翻拌均匀。蒸熟的标准是米粒不发黏，内无生心。

4. 冷却

米蒸熟后，立即摊开散热，待米冷却至室温时，速将已碾成糊状的麦芽加少许水和米混合均匀。

5. 上淋和放淋

将上述混合物放入有保温层的淋缸内、加盖，以保持缸内温度均匀。对淋缸进行加热使缸内温度达 70～80℃，并保持 12h 左右，当米花漂浮在缸上，说明之前各工序符合要求，可以放淋。头淋放出后，经 6h 左右开始放二淋，头淋与二淋混合，其加水量根据最终成品醋的质量要求而定。

6. 发酵

将上述混合淋放入瓷缸内，依靠外界落入的微生物进行自然发酵，一般入缸后 3 天自动进行发酵，发酵时间大约需要 7 天。发酵期间品温逐渐上升，但不能超过 40℃，将近结束时，品温下降，尝之有甜味，渐生醋酸香味。

7. 封缸

发酵结束后，每缸中加入陈曲 4kg，进行封缸，即用荆条编的盖子盖住，用泥封严，在封缸期间，品温要保持在 20～30℃，不能低于 18℃或高于 40℃，以免影响醋酸菌的正常发酵。封缸 100 天左右即成醋（图 11-7）。

图 11-7 封缸醋酸发酵

8. 压榨杀菌

将上述成熟的醋醪利用压榨方法提取小米醋，一般进行两次，将两次压榨得到的醋液按一定要求配制后放入锅内，加热到 80～90℃进行杀菌，趁热包装，即为成品小米陈醋。

（三）成品质量指标

色泽：琥珀色；气味：具有食醋特有的香气，无异味；滋味：酸味柔和、稍带甜味、不涩、无其他异味；体态：澄清、浓度适中。

第六节　永春红曲醋

永春红曲醋产于福建永春县，也叫福建红曲老醋。永春地方有酿醋的传统习惯，据说有200多年的历史。永春醋质佳味醇，除在漳泉地区及闽南一带销售外，还远销东南亚海外各地，生产规模产量不断扩大，出口额日渐增加，行销40多个国家。永春醋酸度高达7%，但不涩而甜美，芳香醇厚，具有独特风味，其特点在于使用糯米、晚稻、红曲、白糖、芝麻为原料，采用红曲进行液态糖化、乙醇发酵及醋酸发酵。陈酿方法也有其独特之处。

（一）工艺流程

永春红曲醋酿造工艺流程如图11-8所示。

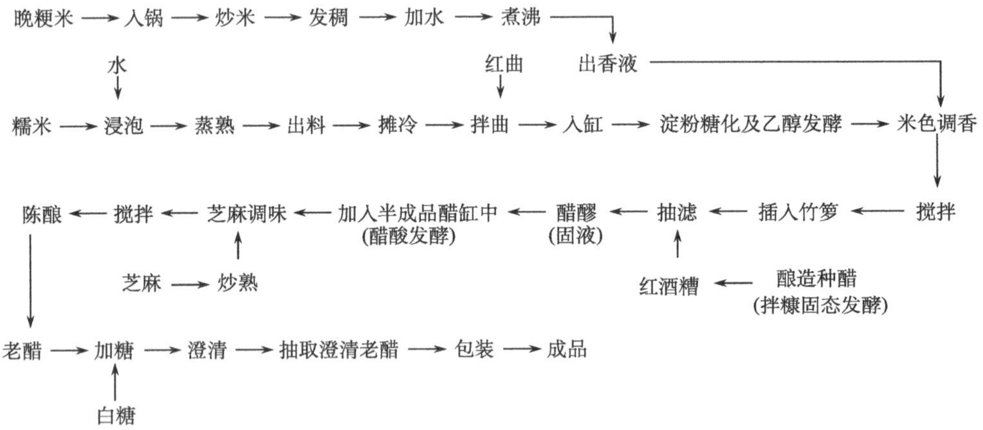

图11-8　永春红曲醋酿造工艺流程

（二）工艺操作

1. 原料配比

永春红曲醋酿造的原料配比见表11-6。

表11-6　永春红曲醋酿造的原料配比　　（单位：kg）

原料	配比数量
糯米	285
古田红曲	71.2
米香液	50（由20kg米制成）
冷开水	1000
炒熟芝麻	40
白糖	20

2. 浸泡

每次投料 285kg 糯米置于浸泡池中，加入清水，水层比米粒高出 20cm 左右，冬春浸泡时间控制在 10～12h，夏秋一般控制在 6～8h，要求米粒浸透又不生酸。浸泡后捞出放入米箩内，以清水洗去白浆，淋到清水出现为止，适当沥干。

3. 蒸熟

将沥干的糯米分批蒸料，每批约 75kg。糯米放入蒸桶内铺平后开少量蒸汽，若局部已冒出蒸汽，则用铁铲将米摊在冒汽的地方，力求出汽均匀，然后逐层加入糯米并铺平，盖上木盖，打大蒸汽，待冒汽后继续蒸 20～30min，使糯米充分熟透。

4. 拌曲

趁热将糯米饭用铁铲取出置于饭盘上，待冷却到 35℃（夏、秋）或 38℃（冬、春），拌入米量 25%的古田红曲，迅速翻匀后及时入缸。

5. 淀粉糖化与乙醇发酵

依自然气候条件，掌握好入缸的初温、加水次数、加水温度，以及保温、降温等措施，控制糖化的品温在 38℃，加水量一般控制在每 50kg 糯米饭加 100kg 的冷开水。

拌曲的糯米放入缸后，第 1 次加入约 60kg 冷开水（冬、春约 30℃的冷开水）迅速翻匀，让饭、曲、水充分混合，铺平后加盖，进入以糖化为主的发酵。此时应注意保温和降温等措施，控制主发酵品温为 38℃。约隔 24h，饭粒糊化，发酵醪清甜，可第 2 次加入冷开水（冬、春约 30℃的冷开水）40kg 左右，进入以乙醇发酵为主的发酵，品温可达 38℃左右。以后每天搅拌 1 次，第 5 天左右，每缸加入约 10kg 的米色液（由 4kg 晚米制成），每隔 1 天搅拌 1 次，直至红酒糟沉淀为止。糟沉淀后，及时插入竹箩，以便抽取澄清的红酒液（醋醪）。生产周期约 70 天，乙醇含量约 10%。

6. 醋酸发酵

(1) 采用分次添加进行液体法酿醋。分期、分批地将红酒液用泵抽取于半成品醋液中，每缸抽出和添加 50%左右，即将第 1 年醋液抽取 50%于第 2 年的醋缸中，将第 3 年已陈熟的老醋抽取 50%于成品缸中，依次抽取和添加进行醋酸发酵及陈酿。

(2) 在第 1 年醋缸进行液体发酵时，加入醋液 4%的炒熟芝麻作为调味料用。

(3) 醋酸发酵期间要加强管理，每周搅拌 1 次。控制品温在 25℃左右，使醋酸菌繁殖良好，液体表面具有菌膜，有光泽。

7. 配制成品

将第 3 年已陈酿成熟且酸度在 8g/100ml 以上的老醋抽出，在成品缸中按每 100kg 老醋加入 2%白糖（白糖经醋液煮沸溶化）搅匀后，让其自然沉淀。吸取澄清的老醋包装，即得成品。每 100kg 糯米生产福建红曲老醋 100kg。

第七节　辽宁喀左陈醋

辽宁喀左陈醋主产于辽宁省喀喇沁左翼蒙谷族自治县大城子镇，故也称大城子陈醋，已有300年历史，以高粱为原料，麸曲、酒母为辅料，采用长期低温乙醇发酵、醋酸发酵接种引火，醋醅储存等工艺，产品色泽鲜艳，气味清香，入口甜酸不涩，味长醇厚，久放不变质，在东北地区享有盛誉。

（一）工艺流程

辽宁喀左陈醋酿造工艺流程如图11-9所示。

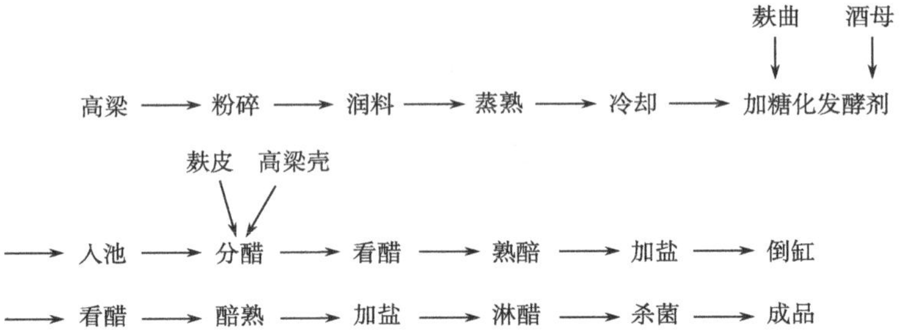

图11-9　辽宁喀左陈醋酿造工艺流程

（二）工艺操作

1. 原料配比

高粱50kg，麸曲20kg，酒母20kg，高粱壳70kg，麸皮30kg，水150kg。

2. 起窖子（原料蒸煮糊化入池）

将高粱粉碎成粒状（通过$1mm^2$筛），按每50kg加水22.5kg，润料2h，装锅常压蒸煮2h，焖1h，出锅用扬渣机打匀冷却，冬季凉至40℃，夏季越凉越好，然后加麸曲20kg、酒母20kg，拌匀入发酵池，再补水127.5kg。

3. 糖化与酒化

原料入池后，温度上升，每日打耙数次，约经3天发酵结束。以塑料薄膜封池，进入主发酵及后发酵，至第14～15天，乙醇发酵结束，品温降至20～25℃，乙醇度达7%～8%，酸度1.5%，即转入醋化。

4. 醋化

（1）分醋：将辅料、填充料按比例拌匀于池中，加入酒醪，拌匀，然后入缸，堆成凸型加盖。

（2）看醋：也称看缸，先看上半缸，入缸后每日翻拌 1 次，分醋后第 2～3 天开始升温至 32～35℃，接入发酵旺盛醋醅（接种引火），温度可达 35～40℃。此时每日早晚各翻拌 1 次。经“大火期”3～4 天，温度高达 43～45℃。入缸 8～9 天后，品温下降到 25℃左右，醋醅成熟，酸味扑鼻，应及时下盐（按主料计加盐 6%），并将醋醅挖成凹形，散冷后将上半缸倒入另一缸内砸实，再将下半缸倒入砸实，如前进行看醋，这样共 16～18 天，将全缸醋醅压实，上部做凸形，于室外进行陈酿后熟。淋醋的方法与一般工艺相同。

第八节　日本福山米醋（黑酢）

日本福山米醋的生产工艺是从我国传入日本的典型传统表面发酵，其特点在于保持了液态复式发酵工艺，即糖化、乙醇发酵及醋酸发酵均在稀醪状态下同时进行。晒醋需半年时间，保温速酿法 3 个月即成熟。用瓮发酵制醋，长时间陈酿的醋在市场上以高档品出售，非常受欢迎，有“黑醋”之称。发酵瓮如图 11-10 所示。

图 11-10　日本福山米醋发酵瓮

图片来源：http://upload.wikimedia.org/wikipedia/commons/f/f8/Producing_Black_Vinegar_at_Fukuyama.jpg)

（一）工艺流程

日本福山米醋酿造工艺流程如图 11-11 所示。

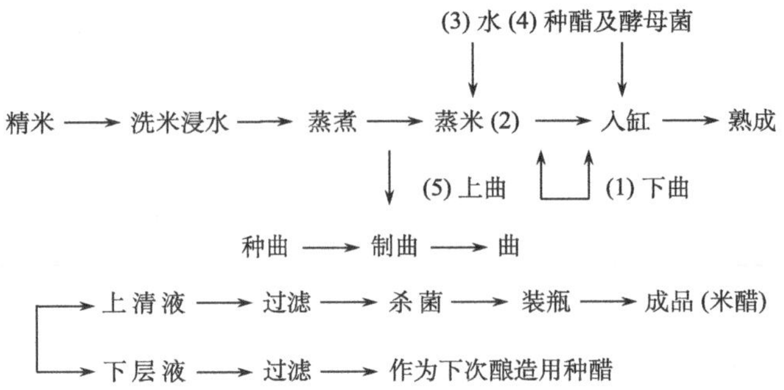

图 11-11　日本福山米醋酿造工艺流程

(1)～(5) 表示下缸次序

(二) 工艺操作

1. 制曲

日本米醋是以米曲为糖化剂、发酵剂，因此首先是制造米曲。所用菌种为米曲霉，其繁殖最适温度为 37℃。生产米曲首先要制备种曲，传统法是以糙米为原料，先进行精米，只要轻微地伤其表皮即可。水浸过夜，淋去残水即进行蒸熟，迅速冷却至适温，撒布原菌的孢子，拌匀，入室，放置一夜以促进种子的发芽，然后装入小曲盘，培养一周后布满黄绿色的孢子，在低于 40℃条件下干燥至水分低于 10%。过去在生产这种种曲时，在蒸米冷却前即趁热加入木灰拌匀后再接种。木灰系由阔叶树的枝叶烧制而成，呈碱性灰白色粉末，这一传统方法对增加孢子数、孢子发芽力，延长孢子贮存期具有显著效果，也是日本制造米曲技术上的一大特点。

生产日本传统米醋，需要下曲及上曲，下曲为制曲时的主体，其用量也较上曲多很多。下曲的酶主要是将米中淀粉糖化，生成乙醇；下曲不需像上曲那样充分促进曲霉的霉殖增长，可以说是较嫩的曲，从外观上可看出二者的区别。

制造嫩曲时，蒸米冷却至 29℃接种，种曲用量约为 0.1%。接种后用布将其包裹，静置 24h，在这期间曲霉孢子发芽并生根于蒸米，品温自然上升，蒸米表面出现白色斑点，翻曲一次，然后装入自动制曲机摊平，在曲层上部覆盖厚棉布织成的天幕并进行制曲。入室的蒸发温度约 25～30 ℃，繁殖最旺盛时最高温度可达 40～43℃。质量较好的米曲必须具有较高淀粉酶活及蛋白水解酶活。下曲制曲时间约 24h。成曲需放冷，储存于 10℃以下房间，以控制曲霉的繁殖。

2. 制醪、发酵

制备好米曲之后，按图 11-12 的工艺流程进行制醪。发酵容器是容量 52L、直径约 45cm、高 70cm、口径 14cm 的内外皆烧釉的瓮。制醪用发酵瓮必须洁净，于院中南北向排列两行，使瓮的右侧承受上午太阳的光照，左侧则可受到下午日光的直射。瓮内液面上部的品温常达 45～50℃，下部也常在 30℃附近。制醪时先将下曲放入瓮，上面加蒸熟冷却的大米，然后加一定量的水，最后将上曲撒在上面，每瓮投蒸米 8kg、下曲（米曲）3kg、水 30kg，上曲为米曲总量的 10%即 0.3kg，这样就完成了制醪。瓮口用纸覆盖，上面再压上烧制的瓦盖，待其熟成。

图 11-12　米醋酿造的不同时期（另见图版）

图片来源：http://www.kurozu.co.jp/special.html

从中国传至日本南九州的米醋制造法与昔日传至和泉的米醋生产法的不同点就在于前者制醪最后要在液面上加一层上曲，加上曲的目的主要是防止在发酵过程中乙醇与醋酸的挥发以及外界杂菌的污染，同时还有保温及构成嫌氧状态，促进乙醇发酵的作用。如果上曲质量不好，不仅不能充分发挥上述作用，而且发酵过程中常发生杂菌丛生而导致失败，日本特别强调上曲的质量，因为这严重关系到产品质量。制醪 1 个月，上曲发酵而成薄膜，再经过 1 个月慢慢下沉，逐步产生醋酸菌膜，全面覆盖液面，最后变成硬质纤维状醋酸菌膜。此膜同样具有保温、防止乙醇或醋酸的挥发及杂菌入侵的作用，因此不能将其破坏，待醋酸发酵完成，即自动下沉。

日本米醋的传统生产要露天发酵 6 个月，如室温适于发酵条件，约 3 个月也可得到质量很好的产品，现在多利用温室或太阳能调节室温。

第九节　日本酒糟醋

（一）工艺流程

日本酒糟醋酿造工艺流程如图 11-13 所示。

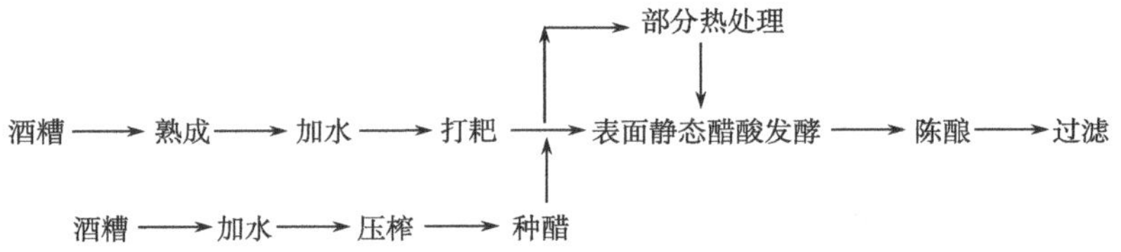

图 11-13　日本酒糟醋酿造工艺流程

（二）工艺操作

日本的酒糟醋是利用清酒副产物——酒糟制成的醋，称之为“粕酢”。日本酒在日本《古事记》、《日本书纪》中有所记载，但很长的时间里是以浊酒形式出现的，直到江户时代才演变成压榨取其澄清液为饮料酒，故有“清酒”之名。在奈良时代的书籍中即有“交糟酢”的记载，可见其历史还是比较久的，但较米醋的历史要短得多。第二次世界大战中因粮食紧张，糟醋得到了相当大的发展，至昭和五十年，其产量大致与米醋相当。由于酒糟中含有乙醇及淀粉，可以作为食醋原料使用，至今糟醋仍有生产。酒糟中乙醇含量因工厂不同而不同，平均 8%左右，另外还有未被分解的碳水化合物、蛋白质、酵母和一部分酶类，密封加以储藏，残余酶及酵母会继续发挥作用，增加其中乙醇及香气成分，这就是糟醋生产的基础。因此，工艺操作分为将其中成分抽出与乙醇混合进行醋酸发酵的方法和将酒糟进行再发酵以富集其有效成分的发酵方法两种。目前的主要生产方法与我国固态发酵法不同，系用酒糟经熟成，加水浸出，压榨，将汁液与酒糟混合进行液态醋酸发酵，酒糟再发酵的发酵法是糟醋的传统工艺，其酿造方法如下：

将原料酒糟装入木桶中压实、排除空气，盖上充分水浸的蓆子，然后加盖，于阴冷地方储藏 1～2 年，由于糟中菌类及酶的作用逐渐熟成，色泽变深，酒糟渐渐软化，香气、糖分、有机酸、可溶性氮均有所增加。成熟后的酒糟加 1.2～2 倍的清水做成粥状，在室温发酵 7～10 天，每天打耙 1～2 次，使酵母、细菌等微生物充分繁殖。加水量小者易成高品质产品，发酵完成后将醋醪过滤得醋汁，取部分醋汁加热至 60～70℃，将二者与种醋混合进行醋酸发酵，其比例一般为 1∶1∶2。为了使发酵安全进行，有的将醋汁全部加热，然后加其 1/3～1/2 量的种醋。一般要发酵 1 个月，如发酵容器是过大的木桶，就需要 50 天。达到预定酸度后，移入调熟槽，于阴冷地方后熟 3～6 个月。

日本酒糟醋用种醋一般采用新鲜酒糟加清水（其比例常因酒糟质量与气候而不同，一般多采用 2∶3 的质量百分比），在 20～30℃发酵 3～4 天，发酵后期由于醋酸菌的繁殖，醋酸含量大增，成熟后压榨作为种醋，但日本酒糟醋最大的缺点就是酒糟的调熟期较长。

日本清酒一般是从秋天到冬天生产，此时有大量酒糟产生，现代的熟成法多使用 5～6kL 的木桶或水泥池，为了遮断空气保持密封状态，要将酒糟踩实，经 2～3 年，白色的新糟就会变成红棕色，白度低的酒糟，因铁及氮成分的影响会早早发红，其间酒糟中所含碳水化合物及蛋白质（包括曲霉或酵母菌体等）会在褐变酶及菌体自溶作用下，逐步增加酒糟的各种成分。

第十节　菲律宾椰子醋

椰子树广布于亚洲和非洲的约 80 个国家，年产量约 6000 多万 t，其中以菲律宾产量最高，约 1900 万 t；其次为印度尼西亚，为 1500 万 t。未成熟的椰子中充满椰子汁，随着椰子果实成熟，椰子汁逐渐被椰肉和空气取代。椰子汁是东南亚和太平洋地区重要的饮料，含有糖类和其他营养物质，常被东南亚国家用来酿醋，其中菲律宾和斯里兰卡椰子醋最为著名（图 11-14）。椰子汁的基本成分见表 11-7。

图 11-14　椰子醋（另见图版）

http://www.marketmanila.com/archives/sukang-tuba-coconut-sap-vinegar

表 11-7　椰子汁的基本成分

成分	水	N	H_3PO_4	K	CaO	MgO	总固形物	还原糖	总糖	灰分
含量/%	95.5	0.05	0.56	0.25	0.69	0.59	4.71	0.81	2.08	0.62

(一) 工艺流程

椰子醋酿造工艺流程如图 11-15 所示。

接种母液或纯醋酸菌
↓
椰子汁 → 过滤 → 加糖 → 巴氏杀菌 → 酒精发酵 → 醋酸发酵 → 椰子醋

图 11-15　椰子醋酿造工艺流程

(二) 工艺操作

先将收集的椰子汁用滤布过滤，再用纯净的蔗糖调整椰子汁中可溶性固形物至 162g/L [一般椰子汁可溶性固形物 1% (*m*/*V*)]，将调糖的椰子汁煮沸进行巴氏杀菌之后迅速冷却，接种活性干酵母菌，进行乙醇发酵 5～7 天；如果采用自然乙醇发酵，就毋须进行巴氏杀菌步骤。乙醇发酵结束后，将椰子汁酒液转移至大的塑料或不锈钢发酵容器中，接入约 10%的醋母 (mother of vinegar) 进行醋酸发酵。一般发酵器中的发酵液不宜装的过多，要留有一定空间进行通风换气。常温下，醋酸发酵约 7 天成为椰子汁醋，其醋酸含量为 3%～4% (*V*/*V*)。

第十一节　奥尔兰葡萄醋

法国奥尔兰 (Orléans) 葡萄醋自 18 世纪闻名于世以来，至今其酿造方法在欧美各国仍在使用，尤其盛行于法国。用此方法酿造的食醋质量很高，法国的蔬菜、鱼类和肉类等菜肴都需要用它来烹饪，各种调味酱，如蛋黄酱、番茄酱和沙拉酱都需要添加葡萄醋。

(一) 原料

通常使用劣等葡萄酒渣、葡萄酒及腐败葡萄酒，由于腐败葡萄酒适宜醋酸发酵，故可以生产其他原料难得的优良制品。新酒中因含有大量微生物、蛋白质及胶物质，妨碍醋酸菌的活动，故发酵前需加温至 60～70℃，杀灭微生物且使胶质凝结而出。葡萄酒的乙醇含量高时，以水冲淡至含乙醇含量 5%～9%为宜。

(二) 发酵容器

以栎木做成大酒桶似的发酵桶，其容量为 200～500L，在桶体前壁的居中偏上位置及后壁居上部位，各有一个直径 5cm 的通气孔，醋酸桶堆放在架子上，呈“品”字形，如图 11-16 所示。

(三) 酿醋工艺

先用蒸汽消毒发酵桶，再加入桶体积 1/4～1/3 煮沸或 40～50℃的醋，保持 5～7

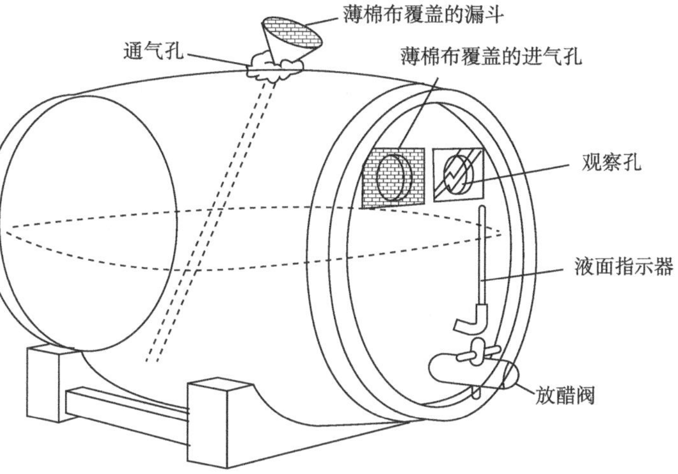

图 11-16　奥尔兰食醋酿造桶

天，使桶体得以醋化。然后，每桶装入未灭菌的发酵成熟醋液 100kg，放置 8 天后，每天添加葡萄酒 10L，直至液面在桶的通气孔以下几厘米处。再过 15 天，放出发酵成熟的醋液 40L，并补加同量的葡萄酒。此后，每周如上述操作，放出醋液和补加醋液一次。这种类似“分割”式的半连续发酵，可持续 3 年之久，然后才将桶清洗 1 次，重新开始如上的作业。

在发酵过程中，液面维持一层醋酸菌的菌膜，操作时不能破坏菌膜层。良好的菌膜通常呈灰色，并有光泽；若呈白色且无光泽，表明醋酸菌生长不良；若菌膜呈黄色，则表明菌膜已劣变。

发酵桶内葡萄汁的深度对氧化的速度及产量有巨大的影响，在深约 25cm 时氧化最佳。

用奥尔兰醋酸杆菌人工接种能使产量及香味提高。即使在现代，很多醋厂除了采用近代生产方法以外，还在利用奥尔兰法，因为用此法生产的醋具有特别的香气。这个方法已被多次改进，如采用木栅格漂浮于液面之上以支持细菌膜，这种改进的原理可以追溯其来源于巴斯德氏的建议。

改良法（巴斯德法）是在容器内盛以特殊人工培养液（无菌水 100 份、乙醇 2 份、醋酸 1 份、磷酸钙 0.02 份、磷酸镁 0.02 份、磷酸铵 0.04 份）适当保温，醋酸菌繁殖形成皮膜时，每日添加一定量葡萄酒，待容器充满为止。

真正葡萄酒醋比重为 1.116～1.148，乙醇含量高者可达 1.1%以下，通常为 1.0%左右；固形物 0.35%～1.51%；甘油 0.05%～0.10%，最高达 0.35%；醋酸 4.0%～7.0%；灰分 0.25%以下，多在 0.15%左右。

第十二节　意大利葡萄香醋

意大利葡萄香醋（Balsamic vinegar）主产于意大利北部城市摩德纳和雷焦艾米利

亚，该醋黏稠，呈黑褐色，陈酿时间至少 12 年，有酸甜味和果香味，也是世界上最昂贵的醋。据说意大利传统香醋起源于中世纪，摩德纳领主埃斯坦家族的自制食醋。11 世纪，这种醋在埃斯坦家族领土范围内大量生产，供本家族自己享用，是贵族专用调味品，世代相传，绝不外卖，偶尔作为礼品赠送给其他国家或用来招待来访的贵客。1747 年，Antonio Boccolari 第一次用“balsamic”词叙述了意大利葡萄香醋的治疗作用，第二次世界大战后，葡萄香醋产品才逐渐流向社会。意大利葡萄香醋生产分布很广，但都以小规模家庭作坊式生产，化学成分极其复杂。

意大利香醋分为两种，即香醋（BV）和传统香醋（TBV）。传统香醋接受 2000 年欧盟 PDO（原产地保护名称）认证，具有典型的生产过程和明确的生产地域。传统香醋（比香醋质量好）要经过葡萄汁煮汁、发酵、陈酿等工艺，在桶中陈酿时间不低于 12 年，如图 11-17 所示。每升传统香醋售价达 800 欧元，其质量高低由品尝委员会判断决定。香醋在市场上更为常见，售价较便宜，每升售价在 60 欧元左右。香醋感官特性（颜色、密度、基本风味）与传统香醋基本相同，一般在木桶中盛放 60 天左右。工业化大规模生产香醋是用葡萄醋为主料，再添加一些浓葡萄汁和焦糖色素（不低于 2%）。

图 11-17　摩德纳葡萄香醋

图片来源：https://upload.wikimedia.org/wikipedia/commons/thumb/f/fb/ACETAIA_DEL_CRISTO_sottotetto_paradiso.jpg/800px-ACETAIA_DEL_CRISTO_sottotetto_paradiso.jpg

（一）生产工艺

传统香醋的生产工艺可概括为三步：煮葡萄汁、微生物二步发酵和陈酿等过程。

1. 煮葡萄汁

采用扎比安奴（*Trebbiano*）、朗布鲁斯（*Lambrusco*）、安塞罗塔（*Ancellotta*）、

赤霞珠（*Sauvignon*）、*Berzemino*、奥琪迪格塔（*Occhio di Gatta*）和 *Sgavetta* 等品种的新鲜葡萄，压榨取汁，汁液在无盖的加热容器中加热煮沸。此时一些蛋白质、单宁和色素等物质逐渐凝聚形成浮沫后撇取，然后温度降至 85～90℃并长时间保存，直至汁液可溶性固形物浓度达到 35～60°Bx 时停止。果汁因长时间加热，己糖等碳水化合物脱水，发生环化反应，非酶褐变色泽加深。

2. 发酵

浓缩后的葡萄汁转移至寄生着许多酵母菌的木桶中，几周内便可完成乙醇发酵。在发酵过程中，酵母菌数量可增殖 10^2～10^6cfu/g，然后开始缓慢的醋酸发酵。醋酸菌来源于自然界中，若已完成乙醇发酵的醪液中酒度超过 9%～10%，醋酸发酵会被抑制，甚至停止。实践表明，在乙醇发酵醪液表面添加醋酸菌膜可加速醋酸菌的发酵。

3. 陈酿

经过一定醋酸发酵的汁液转移至一组由大到小排列的木桶中，其中每一个木桶的尺寸和木种不同（常用的木材有板栗木、橡木和桑椹木等），见图 11-18，木桶的堆放序列是按木材对氧气的通透性递增顺序排列的。在第一层的木桶中进行乙醇和醋酸发酵，在中层的木桶中进行成熟，在最后的木桶中进行陈酿。

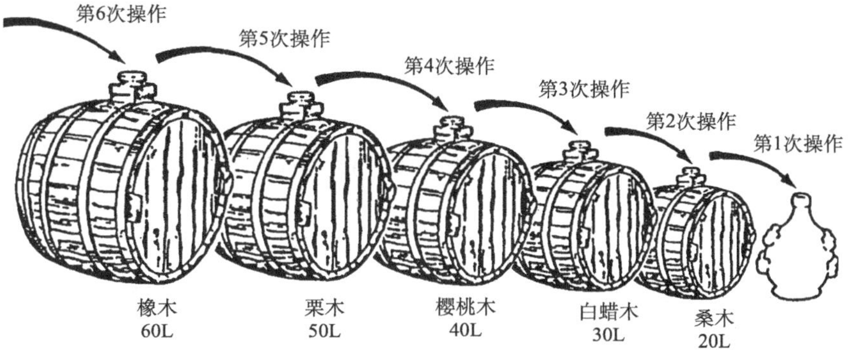

图 11-18 传统香醋酿造木桶的摆放（Plessi，2003）

陈酿过程中每年都要进行换桶（refilling），操作过程如下：最小桶中的醋是陈酿好的，将其抽去后再将前面较少木桶中的醋移至最小桶中，依此类推，最大桶中用新的发酵醪液填满。因换桶损失和陈酿蒸发，醋液越来越少，在此期间因发酵醪液 Aw 和 pH 较低，易进行美拉德反应而产生 HMF 和呋喃衍生物。

（二）传统香醋发酵的主要微生物

1. 传统香醋的酵母菌群

从巴斯德时代至今 100 多年的历史中，很多人都关注葡萄汁乙醇发酵的酵母菌。

1970 年，Sacchetti 认为 TBV 的酵母菌株为接合酵母属（*Zygosaccharomyces*），很像 *Z. rouxii*；1980 年，Turtura 及合作者根据表型特征，从 TBV 中分离出了 *Z. bailili* 和 *Z. rouxili* 两株酵母菌，它们的共同特征是都能在 1%的醋酸中生长；1990 年，Giudici 又从 TBV 中分离出了 *Saccharomycodes ludewigi* 酵母菌株。最近随着 PCR 方法的应用和 rDNA 基因的测定的发展，从 TBV 中不仅分离鉴定出了上述三株菌，还有其他的菌株如 *Z. mellis*、*Z. pseudorouxlii*、*Z. bisporus*、*Z. lentus*，以及两株 *Hanseniaspora* 属的菌株。TBV 中所有的接合酵母属都是能生长在高浓度（50%～60%）糖液的耐干燥酵母中，也是含糖饮料和食品败坏的主要菌。*Z. bailii* 最能忍受低 pH，其次是 *Z. rouxii*，后者能在高浓度的蔗糖液中忍受 1.8～8.0 的 pH 范围或在 12%的葡萄糖培养基中忍受 1.5～10.5 的 pH 范围；*Zygosaccharomyces* 可以在 pH2.2 的 TBV 中生在。研究认为，在高浓度的糖液和酸性条件下，*Z. bailii* 可以忍受的温度为 35～37℃，而 *Z. lentus* 在 30℃不能生长。

传统香醋发酵是依赖于葡萄浆液中偶然混合的野生酵母菌，这种工艺有许多缺点：无法控制发酵过程，发酵停止或迟缓，发酵产生大量的乙醇抑制后续的醋酸氧化，葡萄糖与果糖比值增加，致使葡萄糖结晶析出。

2. 传统香醋的醋酸菌群

Gullo 和 Giudici 等详细研究了传统香醋中醋酸发酵时的醋酸菌群，结果表明主要的醋酸菌有 *Ga. xylinus*、*A. aceti*、*A. pasteurianus*、*Ga. europaeus* 和 *Ga. hansenii*。在 TBA 醋酸发酵中，由于含高浓度糖的葡萄浓缩汁在发酵液中生成的乙醇和醋酸浓度均很高，故发酵液中存在的醋酸菌一定是耐糖、耐乙醇和醋酸的。在上述醋酸菌中，*Ga. europaeus* 的耐酸性最强，在传统香醋中发现的 *A. malorum* 能耐 30%的葡萄糖浓度，因此，这两种菌有可能成为传统香醋接种醋酸发酵的优选菌。

（三）传统香醋的质量要求

意大利法规（DM 3.12.1965）对香醋的化学和物理特征规定如下：深褐色，酸甜风味，具宜人的芬芳和特征性气味，还原性提取物不少于 30g/L。Reggio Emilia 传统香醋规定总酸度不能低于 5g 醋酸/100ml，其密度必须不低于 1.2g/L；对其他特征（如总酸度、乙醇残量、灰分和金属含量等），香醋需要达到葡萄醋的相关要求。对于传统香醋的特征，需要参照其产品条例，产品的感官特征要求为：

(1) 外观为滑润光泽的深褐色；

(2) 具有顺滑流畅的口感；

(3) 蕴含复杂而清晰的香气，同时具有平衡的酸度；

(4) 风味酸甜，和谐、灵动、浓郁。

Masino 等研究了市场上的 14 种意大利香醋成分，结果见表 11-8。

表 11-8　Reggio Emilia 地区的三种香醋的质量比较（Masino et al.，2008）

理化参数	黄色标签	银色标签	金色标签
柠檬酸/(g/100g)	0.083	0.023	0.075
酒石酸/(g/100g)	0.506	0.608	0.575
葡萄糖酸/(g/100g)	0.475	0.617	1.518
苹果酸/(g/100g)	0.836	0.768	0.703
琥珀酸/(g/100g)	0.993	0.970	1.166
乳酸/(g/100g)	0.055	0.338	0.065
醋酸/(g/100g)	2.65	1.95	1.99
葡萄糖酸/(g/100g)	23.8	26.5	27.6
果糖/(g/100g)	21.4	23.4	26.5
干物质/%	55.5	66.5	66.7
灰分/%	0.675	0.618	0.859
pH	2.49	2.48	2.40
可溶性固形物/°Bx	57.1	67.9	70.0
密度/(g/L)	1.27	1.33	1.35
总有机酸/(eq/kg)	0.843	0.757	0.804
总酸度/(eq/kg)	0.855	0.783	0.790
糠酸/(mg/kg)	38.0	46.0	44.1
HMF/(mg/kg)	2906	3881	3444
糠醛/(mg/kg)	28.9	40.2	40.5

第十三节　英国麦芽醋与蒸馏麦芽醋

麦芽醋起源于英国，有几百年的历史。英国是喝啤酒的民族，最早的麦芽醋来源于发酸的啤酒（alegar）。当时的酿造者在学会大麦酒制作的同时，也发现了啤酒变酸的原因。将剩余的啤酒完全发酸，然后加工、包装、销售，便是最早的麦芽醋，其销售仅限于醋厂周围，最远的距离是一匹马一天往返所走的路程。

麦芽醋分为蒸馏麦芽醋、浅色麦芽醋和深色麦芽醋三种。麦芽醋属于醋类，用发芽的大麦经过乙醇和醋酸两次发酵，添加或不添加谷物。麦芽淀粉被自身淀粉酶水解变成糖类。麦芽醋作为饮料流行于英国、美国的最东边和一些欧洲国家，它呈禾杆黄色，有浓郁的酸味。深色麦芽醋呈黑褐色，用大麦提取物或焦糖色素调整其色泽。

蒸馏麦芽醋是将麦芽醋通过减压蒸馏而获得，无色，仅含有挥发性成分，具有适当的香味和刺激的酸味。

(一) 工艺流程

麦芽醋生产基本工艺如图 11-19 所示。

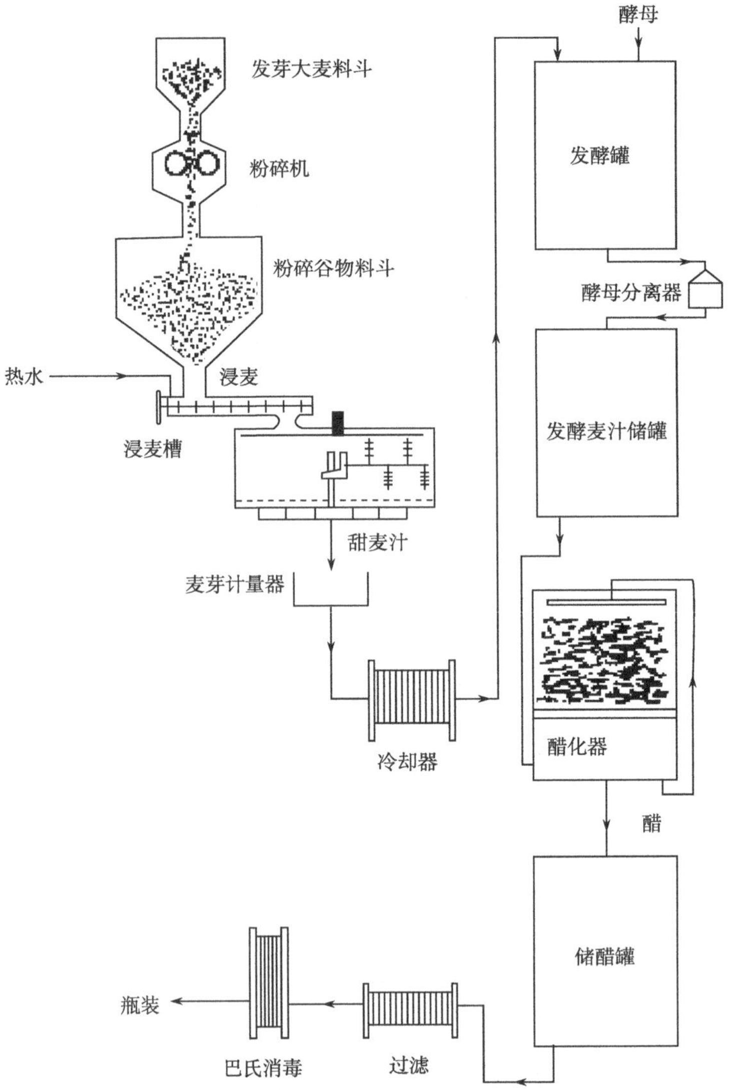

图 11-19　麦芽醋生产流程图（Adams，1998）

（二）工艺操作

1. 原料

生产麦芽醋基本的原料是发芽大麦、水、发酵和氧化转换的微生物酵母菌、醋酸菌等。一般麦芽醋酿造者用淡色、稍经焙焦的麦芽（含氮和丰富酶）及未发芽的辅料混合制成麦汁。

2. 磨粉

磨粉是将大麦破碎成形状相似的小颗粒，常用辊式磨粉机，一般是双辊磨粉机，也有的磨粉机由多对辊子组成。第一对辊子沿纵向破碎大麦，第二对辊子将破碎大麦进一步磨碎。要求磨碎的谷物颗粒大小符合下列要求：外皮 28%～30%，粗粒 60%～70%，细粒 2%～4%，面粉 1%～20%。双辊的辊式磨粉机是最常用的大麦破碎设备，另外还有球式 pin disk 和锤式磨粉机。

3. 糖化

糖化的目的是将谷物淀粉转变成糖类，酵母菌将糖发酵成乙醇，用蒸汽预热糖化罐，用管式加热器糊化麦芽粉。糊化时，先预热管道，麦芽粉和热水混合进入管道，应严格控制糊化温度，要求醪液黏稠度为 1.9～2.3L/kg 麦芽粉，经糊化后淀粉直接进入糖化罐中。此时热水温度（skriking heat）控制在约 70℃，进入罐中醪液温度下降至 63～66℃。糖化温度和时间是重要的参数，影响不同麦芽汁中糖和氨基酸的形成比率。糖化时间至少需 1h，之后将麦芽汁冷却至 25℃，这里不需要像啤酒生产那样煮沸麦芽汁，之后送入发酵罐，剩余的麦糟可作为动物饲料出售。

4. 乙醇发酵

在糖化后的麦芽汁中加入活化的啤酒酵母菌，添加量按质量计算，约 0.03%，利用循环双系统将发酵醪液温度控制在 20～30℃，发酵初期通入一定量空气，使酵母菌数增殖至最初的 6～7 倍。乙醇发酵 2～4 天可结束，然后用分离机分离，此时乙醇含量为 8%，pH3.4 或更低，乙醇发酵结束后应将酒液立即导入醋化器中进行醋酸发酵或将清液送入储存罐中储存，储存时可加 1%的 NaCl 或 70mg/kg 的 SO_2 来延长储期。

5. 分离

乙醇发酵结束后，酵母菌失活并开始自溶，处于强还原态，对醋酸发酵影响较大，故用高速离心分离机去除酵母菌（不宜用过滤去除活细胞的方法），分离后的清汁移入储存罐储存或进行醋酸发酵，分离后的酵母菌可添加到麦槽中以增加饲料营养。

6. 醋酸发酵

传统麦芽醋的醋酸发酵用滴淋发酵器进行，这种醋化器大多用带气孔的山毛榉薄片或白桦木制成的木桶（16 000L，16m^3），可以获得大约 65%的理论醋酸产量。现代化麦芽醋采用深层通风发酵，设备有两种：一种称为 Acetifiers，产量在 90%～94%；另外一种称为 Acetators，产量在 93%～99%。

7. 储存

醋酸发酵结束后的麦芽醋液称生醋。将产品泵入木桶或不锈钢罐内进行陈酿至少放 3 个月，在这期间高浓度的醋酸和少量的乙醇发生酯化反应形成酯，麦芽醋的 pH 下降至 3 以下，多酚类物质逐渐沉淀，使醋澄清且稳定，减少装瓶后发生混浊现象。

8. 澄清

在含有山毛榉木片或其他材料的大桶中储存 6 周，后熟后除去空气，分离除去混浊物质，再用吸附剂（如 PVPP）处理，麦芽醋常用超高速离心分离法去除残渣。另外，还可针对性地用板框过滤机过滤醋液，用硅藻土作为助滤剂。现在膜过滤技术也应用于食醋过滤中。

9. 杀菌、装瓶

过滤澄清后的麦芽醋用热交换器进行巴氏杀菌。若为装瓶的麦芽醋，则需将玻璃瓶放在 60℃的热水中进行杀菌。

麦芽醋中含有 4%～8%的醋酸，pH 为 2.8～3.2（5%的总酸）。

10. 麦芽醋蒸馏

蒸馏醋是醋化后还未经过陈酿的麦芽醋，直接用蒸馏设备生产的醋。蒸馏设备由蒸锅和冷凝器构成，全部设备处在减压状态下。经过蒸馏出来的醋是清亮的水状液体，仅仅含有原醋中的挥发性物质，蒸锅中剩余的不挥发性黏稠物可以作为风味物，在生产快餐食品（如土豆片）中使用。

第十四节　欧洲苹果醋

苹果醋（apple vinegar 或 cider vinegar）是用苹果汁或浓缩的苹果汁通过乙醇和醋酸双发酵制造。苹果醋在澳大利亚、英国、美国和瑞典等国广泛使用。

苹果醋在不同国家质量要求不尽相同，美国苹果醋醋酸含量为 4%（m/V），根据醋酸的组成分为低强度和高强度苹果醋两类，低强度苹果醋可溶性物［酸%（m/V）和乙醇%（V/V）］低于 8%～9%，高强度苹果醋可溶性物超过 9%～13%。美国的苹果醋质量要求如表 11-9 所示。

表 11-9　美国苹果醋规范

指标	限定参数	检测方法
酸含量	≥4g/100ml（以醋酸计）	AOAC　30.071
色泽	琥珀色	AOAC　30.062
Cu	≤5.0ppm	AOAC　30.035
Fe	≤10.0ppm	AOAC　30.079
重金属	≤1.0ppm	AOAC　30.058
乙醇含量	≤0.5%（V/V）	AOAC　30.078

另外，对苹果醋的生产进行了下面的规范：苹果醋应该是苹果汁或苹果浓缩汁经过乙醇发酵之后再经过醋酸发酵生产的。每一批产品都需有标识且保证没有掺假和贴错标

签。苹果醋生产应符合联邦规定的GMP要求。

苹果醋在西方民间医药中可治疗不同疾病，如肥胖、超重、关节炎、哮喘、咳嗽、腹泻、肠炎、湿疹和脱发等。

传统的苹果醋制造方法是将苹果汁乙醇发酵和醋酸发酵混在木桶中进行，木桶带塞的孔用布覆盖以防止灰尘和蝇虫，置于温暖、潮湿的地方，酵母菌和醋酸菌是自然界的野生菌。从苹果汁到苹果醋共需5～6个月。苹果醋的自然发酵存在的主要问题是乙醇发酵不彻底且慢，醋酸发酵产量低，质量差。

一、酿造工艺

现在苹果醋的发酵主要采用深层液态发酵，生产方法基本同葡萄醋的制造。从苹果至苹果醋的加工过程概括为三个步骤：①原料前处理；②苹果汁到苹果酒的乙醇发酵；③苹果酒到苹果醋的醋酸发酵。

（一）工艺流程

其工艺流程如图11-20所示。

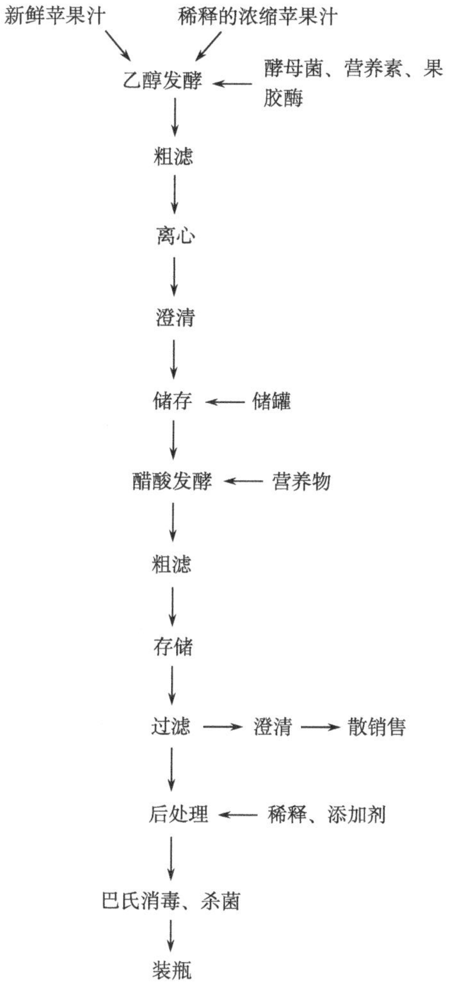

图11-20　苹果醋生产工艺流程
(Joshi and Sharma，2009)

（二）工艺操作

1. 原料的前处理

不同的苹果原料因品种、产地、季节和成熟度差异，糖和酸含量不尽相同。全世界约有5000个苹果品种，欧洲苹果酒品种在成熟期总可溶性固型物（TSS）含量在10～15°Bx（平均9～11°Bx），可滴定酸度0.12%～0.31%（按苹果酸计算）。

呈涩味的单宁含量为37～233mg/100ml，与苹果汁黏度和状态有关的果胶质含量为0.25%～0.75%。未成熟苹果加工的苹果汁缺少香气和可溶性固形物，而淀粉和酸含量较高，有苦涩味。成熟苹果生产的果汁苹果酸含量为3～5g/L，pH3.0～3.8。

苹果醋的质量取决于原料和加工过程。加工苹果醋的原料应是高质量的经过挑选的果实，一些落果、次果和售不出去的苹果不适合于加工。

用不锈钢破碎机粉碎、压榨苹果取汁；添加果胶酶水解纤维素，提高果汁出汁率。传统的苹果醋生产中，苹果汁靠水压、压辊或气压方式压榨取汁。虽然对苹果皮和果核进行压榨会增加果汁的原花色素等非糖固形物，但随后会使生产的醋变浑，颜色加深。

一般苹果汁含总可溶性固形物（TSS）为 10～11°Bx，90%以上的固形物是碳水化合物，主要是糊精、果糖和葡萄糖。苹果汁中的有机酸不能抑制降低其货架期的酵母菌、霉菌和耐酸性细菌。

在北美有许多苹果加工厂，这些工厂产出大量的苹果皮和果芯废料。他们通常把废渣和鲜果汁混合，而使用这些废料的缺点是增加了非糖固形物的含量，特别是废料内含的花青素多酚物，会造成以后的混浊和上色。以含糖量约 10～11°Bx 的鲜果汁、浓缩汁和废料的提取物的混合物作为原料，将这些混合物泵入发酵罐内进行天然发酵，工厂一般采用接种专用酵母。

有一些国家用浓缩苹果汁生产苹果醋。果汁浓度约 60%～72%，在乙醇发酵之前先用水和低浓度苹果汁稀释浓缩汁至 10%～13%，稀释用水一定是清净、无色、无味、无任何沉淀和悬浮物离子，必要时应对水进行去离子。用浓缩苹果汁发酵果醋时，在果浆中应添加 150ppm 的磷酸铵和维生素 B_1。

2. 乙醇发酵

苹果汁乙醇发酵主要是用来自于纯种培养的啤酒酵母菌（*S. cerevisiae*）或靠自然发酵。现在大多用于制造葡萄酒酵母菌种的添加量为苹果浆的 150ppm。一般在发酵苹果醋时不能添加 SO_2，不需控制发酵浆液的温度，但在寒冷地区，因低温发酵过慢时应采用热交换装置加热。

用苹果泥靠自然乙醇发酵生产苹果醋时，检测到在发酵初期的酵母菌有葡萄汁有孢汉生酵母菌（*Kloeckera*/*Hanseniaspora uvarum*），发酵后期主要是啤酒酵母菌（*S. cererisiae*），醋成熟期的主要微生物种类是 *Dekkera*/*Brettaromyces*。苹果浆乙醇发酵后最终的乙醇含量和发酵期长短由 TSS 及酵母品种决定，不同的地区和国家发酵醪液中的乙醇含量差别很大，爱尔兰国家可达 9%～10%，北美洲能达到 5%～6.5%，乙醇发酵期约 1 周。

乙醇发酵结束后，将积聚沉淀到发酵罐底部的死酵母和发酵液中的果渣分离出。大多数企业采用离心分离法去除沉淀物，之后将澄清的酒液转移至乙醇发酵罐中。

3. 醋酸发酵

苹果醋的醋酸发酵方式主要有传统的奥尔兰法和现代化的快速深层发酵法，采用何种方式发酵取决于发酵容器。快速深层发酵法需要恒定的空气供应，一般每 1000L 的液体需要供应的空气量为 100～250L/min，即使空气供应停止 1min，也足以将发酵罐内的醋酸杆菌细胞杀死，所以，通常应备用电源和空气。温度控制也很重要，以上两种酸化器的温度控制在 30～35℃，一般条件下需要用冷水进行循环冷却。

用水调整苹果酒乙醇含量至 7%～8%，再与以前发酵好的苹果醋混合，主要原因是接种和防止杂菌在发酵液中生长。典型加工厂中，在 100t 的发酵苹果汁储罐中先加入 10t 的鲜苹果醋，再用发酵苹果汁充满全罐，然后在 100t 的酸化罐中酸化，每天可产 2.5t 的苹果醋。典型的北美加工厂的规模是上述规模的 10 倍。有些工厂连续 24h 运转，有些则连续运转 12h。

英国也有一些企业使用塔式深层培养酸化器，这种深层酸化器的特点是没有任何运动部件，完全依靠吸入的空气进行搅拌，压缩机从底部将空气泵入塔内，经过烧结玻璃板进入物料。酸化塔可用聚丙烯强化玻璃纤维制造，其纵横比（角度：直径）约为12：1。原料由塔底慢慢进入，成品醋由塔顶慢慢流出，这是真正的连续式发酵器。

与老式酸化器相比，上述深层培养酸化器具有较多的优点。首先，它们的转化作业快，当发酵罐的容积相同时，新式酸化器产量为老式的两倍。另外，它们可连续或半连续作业，很少需要清洗，几乎不会产生 *A. xylinum* 黏着菌株，而在老式的酸化器中会产生这种菌珠，并使其效率降低。若成品醋中酸的质量分数低于 9%，*A. xylinum* 就会繁殖、蔓延。深层培养酸化器对原料的适应范围大，原料的乙醇含量可在 2%～10%。但是，这种酸化器需要恒定的空气供应，一般每 1000L 的液体需要供应的空气量为 100～250L/min，即使空气供应停止 1min，也足以将发酵罐内的醋酸杆菌细胞杀死，所以通常没有备用电源和空气。温度控制也很重要，以上两种酸化器的温度控制在 30～35℃，一般条件下需要用冷水进行循环冷却，当新原料进入时，可停止循环。若冷水循环系统失灵，反应中放出的热使温度过高，可能将有机物杀死。SO_2 或附近工厂放出其他的污染气体也可能抑制醋酸杆菌的繁殖。现在英国和北美都有苹果醋生产标准。大多数加工厂在发酵苹果汁酸化之前，储料要经过营养强化，每 1000L 发酵苹果汁加 120g 碳酸铵、硫酸铵和磷酸铵。在英国，高乙醇含量的苹果汁储料在酸化前要加入 10%的新鲜苹果醋，并储存 1 个月。加入鲜醋可降低原料的 pH，提高酸度和预防有机物质的产生。典型的英国加工厂中，在 100 000L 的发酵苹果汁储罐中先加入 10 000L 的鲜苹果醋，再用发酵苹果汁充满全罐，然后在 10 000L 的酸化罐中酸化，每天可产 2500L 的苹果醋。典型的北美加工厂的规模是上述规模的 10 倍。有些工厂连续 24h 运转，有些则连续运转 12h。

4. 成熟和陈酿

西方苹果醋储存在木桶或不锈钢罐中成熟，传统的苹果醋成熟至少要经过 1 年，现在生产工艺中要求苹果醋成熟至少 1～2 个月，产品要经过粗滤。

苹果醋在陈酿中发生复杂的生化变化，粗涩味变得更加柔和并产生令人愉快的芳香味，木桶储存的醋靠木头气孔通气使食醋氧化，醋酸与醋液残留的乙醇发生酯化反应，产生有果香味的乙酸乙酯。

大多数情况下，苹果醋的色泽在陈酿中会改变，苹果醋色泽变化主要发生在苹果破碎和压榨取汁时由苹果中的多酚氧化酶作用所致的褐变；其次，在发酵和成熟过程中，色泽进一步由苹果中的原花色素和多酚聚合导致变深。用浓缩苹果汁发酵的苹果醋色泽改变主要是由于美拉德反应所致。非常可惜的是，现在还不能靠分析的数据去预测苹果醋最终的变化结果。

5. 澄清

有许多技术可以使苹果醋变得稳定和清亮。醋酸度和陈酿时间影响自然澄清，酸度过低的醋，即使放置长时间也不能达到澄清目的，高酸度醋自然澄清需几个月。

澄清剂可以帮助除去细胞碎片（主要是醋酸菌），降低多酚含量。苹果醋的粗滤应结合生产需要进行，精滤需添加明胶、陶土或液体 SiO_2 等添加剂。下面是两例精滤的方法：①260g 明胶和 240g 膨润土添加到 1000L 苹果醋中，搅拌并保持 1 周时间；②5L 浓度 30%的液体 SiO_2 和 1kg 明胶添加到 5000L 的苹果醋中。下胶后必须通过过滤除去悬浮物和醋酸菌细胞。超滤可代替过滤和起到除菌的作用，超滤膜分子截留量为 50000 左右，酵母菌细菌细胞、高分子质量的组成成分不能透过膜被截留，在装瓶之前进行超滤可使微生物污染的风险最小化。超滤不能防止装瓶前非微生物导致的果醋混浊，这种混浊是由相对分子质量 500～2500 的前体物（原花色素）导致的，这些小分子物能透过最小孔径的超滤膜。

6. 巴氏杀菌和装瓶

苹果醋陈酿和澄清后需进行巴氏杀菌防止微生物的败坏。苹果醋可以用管式热交换器在 66℃进行快速巴氏杀菌，趁热装瓶或冷却后装小玻璃瓶、塑料瓶，装瓶的醋可浸入到 60℃的热水容器中巴氏杀菌。有一种特殊的化学巴氏杀菌法称“银粒作用”，即将苹果醋穿过银粉粒，使醋中的银离子浓度达到 2ppm，其效果胜过热杀菌。深层培养发酵苹果醋的醋酸杆菌含量高，最好使用高温杀菌；聚乙烯塑料瓶有一定的透气性，往往在装瓶后苹果醋会出现混浊；复合塑料瓶或 PET 塑料瓶的隔气性好，PVC 塑料瓶使用也很普遍。

为了避免装瓶后发生混浊，特别是未经过充分陈酿时，可在粗滤后、稀释前，用活性炭或聚乙烯吡咯烷酮进行过滤以将造成混浊的多酚物除去。

7. 添加物

添加化学物质可预防果醋褐变、非微生物形成的混浊和微生物生长。铁、铜、氧、原花色素和氧化的抗坏血酸是引起装瓶果醋混浊和变暗的主要因素。因此，应将这些成分尽可能降低到最小。

使苹果醋稳定的添加剂有以下几种。

(1) SO_2 是最有效的防腐剂，特别是在低 pH 条件下，同时可以很好地防止酶引起多酚聚合和抗氧化特性。

(2) 抗坏血酸是抗氧化剂，低浓度时效果不如 SO_2，除非用量特别高时（>250ppm）。抗坏血酸降解后成脱氢抗坏血酸和二酮古洛糖酸，这些物质变成氧化剂，促进褐变反应，加速果汁混浊。因此抗坏血酸添加量低于 100ppm 时，添加反而无益。

(3) 添加果胶和阿拉伯胶可以稳定苹果酸，防止混浊。柠檬酸能与催化多酚成聚合物的铜、铁金属物形成稳定的复合体。

(4) 亚铁氰化钾作为澄清剂（蓝色澄清剂）可去除酸中的铁离子。

二、苹果醋的组成

原材料、酿造技术、文化传统等都深深影响醋成分组成，表 11-10 为苹果醋基本特性和组成成分。

表 11-10　苹果醋特性和组成（Joshi and Sharma，2009）

理化指标	数值	组成/%（*m/V*）	数值
相对密度	1.013～1.024	非糖固形物	1.2～2.9
总酸（醋度计:%，*m/V*）	3.3～9.0	总糖	0.15～0.7
非挥发性酸（苹果酸:%，*m/V*）	0.03～0.4	乙醇	0.03～2.0
总固形物（%，*m/V*）	1.3～5.5	蛋白质	0.03
总灰分（%，*m/V*）	0.2～0.5	甘油	0.23～0.46
灰分碱性（每毫升醋 0.01ml 酸）	2.2～5.6	山梨醇	0.11～0.64

苹果醋的风味物质由多种挥发性和非挥发性成分构成。De Ley 于 1959 年就从 6 种市售的用深层发酵和快速滴淋发酵的苹果醋中分离出了 61 种成分。Aurand 等 1966 年从自然发酵的苹果醋分离了 19 种风味物。不同的发酵方法对苹果醋的非挥发性成分影响较大，采用传统的 Orleans 方法，缓慢进行醋酸发酵的苹果醋比深层通气发酵的苹果醋质量高，含有更多的酯类。

苹果醋主要的挥发性组成成分除醋酸外，有乙醛、甲酸乙酯、乙酸乙酯、乙醇、异丁醇、乙-甲基丁醇、乙-丁醇、乙酸乙丁酯、乙偶姻、戊醇和 2-苯基乙醇。琥珀酸乙酯、β-苯甲酸和 β-苯乙醇是苹果醋滋味香味的基本成分，乙醛、乙缩醛、乙酸乙酯和杂醇油来源于酵母菌代谢，另一些微量成分由醋酸菌氧化产生，如葡萄糖酸来源于葡萄糖，乙偶姻来源于 DL-乳糖。乙偶姻还来源于在乙醇发酵中的酵母菌和乳酸菌代谢。

第十五节　西班牙雪利醋

雪利醋（Sherry vinegar 或 Jerez vinegar）是西班牙特产，也是世界上最知名的果醋，近几年来雪利醋已成为西班牙西南原产区的最重要商品之一，雪利醋、葡萄酒和白兰地已成为该区域的象征。本品呈红褐色，芳香气浓郁，产于西班牙南部安达卢西亚的赫雷斯，其制法是将发酵木桶按上下有高低落差顺序堆放，最下层的木桶发酵液充分熟成，生成醋再装瓶。上层的木桶会自动利用落差流入下层的木桶中。最上层的木桶中盛放的醋至少发酵 5 年，以保证雪利醋的风味纯正和品质稳定。

醋可能用不同的糖质原料（红葡萄酒、白葡萄酒、苹果酒、发芽大麦、蜂蜜和无水乙醇等），采用不同的方法酿造。但由于对于原产地名称（Denomination of origin regions）保护的雪利醋的规定，只能用雪利葡萄酒为原料，使用传统的陈酿方法生产的葡萄醋。西班牙雪利醋要求陈酿时间最低 6 个月，陈酿 2 年的叫 reserva，2 年以上的称 gran reserva。

雪利醋生产区域独特的气候条件和传统的雪利酒酿造方法造就了这种醋含很高的挥发性酸。酒窖中的葡萄酒因醋酸菌的污染变成“腐败”葡萄酒，之后再用传统的葡萄酒陈酿方法生产出风味独特的雪利醋。作为原产地名称保护的西班牙雪利醋，每年生产约 400 万 L。法律规定，只能用 Palomino、Pedro Ximenez 和 Muscat 的葡萄，酿造过程中可在葡萄酒中添加乙醇或以生葡萄为原料。生产者喜欢用酒窖酿造的葡萄酒为原料，因为这种原料生产的醋酸度高。虽然玻璃瓶包装销售的雪利醋容量大小不一，但只要贴上原产地命名标志（图 11-21），国家都会强制性确保其原产地。

图 11-21　雪利醋的原产地名称标签

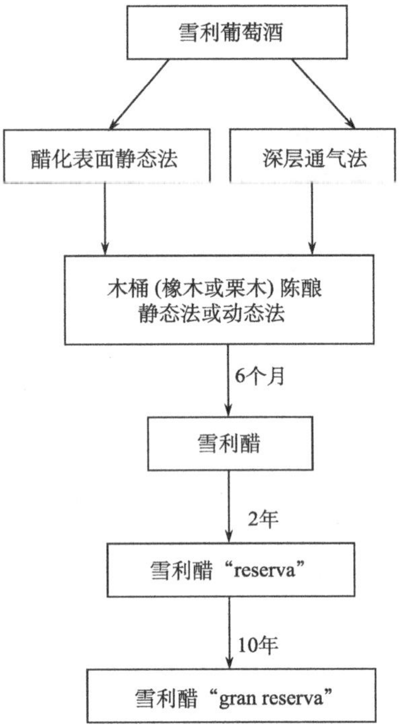

图 11-22　雪利醋酿造工艺流程

一、酿造工艺

（一）雪利醋酿造工艺流程

雪利醋酿造工艺流程如图 11-22 所示。

（二）工艺操作

根据强制性规定，雪利醋在以葡萄酒为原料进行醋化的过程中可采用在木桶中表面静态法或在不锈钢罐中深层培养两种方法进行发酵。第一种方法，醋酸菌在液表面只能利用透过木桶中的空气中的氧，一般 500L 木桶装量约总体积的 2/3，醋化和陈酿同时进行。第二种方法，将醋酸菌接入到发酵罐内的葡萄酒中，采用大型发酵罐并强制通风，使酸度达到 7°AA，发酵时间 24～36h。一旦得到这种醋，必须用橡木桶（个别用栗树）陈酿以达到规定的质量。

雪利醋酿造主要有两个过程。第一过程为酒的制造，该过程根据微生物活动分为两个阶段：第一阶段是葡萄浆液的乙醇发酵产生白葡萄酒；第二阶段是在葡萄酒液面利用酵母菌膜（flor）进行生物陈酿（使用 Solera 系统）。

葡萄酒菌膜的酵母菌为不同的酿酒酵母菌（*S. cerevisiae*），主要有 *S. cerevisiae* var. *cheresiensis*、*S. cerevisiae* var. *montuliensis* 和 *S. cerevisiae* var. *rouxii*。在生物

陈酿中产生大量的乙醛，同时消耗一些甘油、醋酸并利用氨基酸。

雪利醋酿造的第二过程为醋的制造，其醋酸菌主要有 *Acetobacter* 和 *Gluconobacter*。如同酒液的生物陈酿，在醋液的生物陈酿中，醋酸度逐步增加，品质逐渐较高。雪利醋的陈酿系统分动态的 Criaderas、Solera 系统和静态系统，动态的 Criaderas 和 Solela 系统只由有序排列的系列木桶组成，木桶数量 3～8 个不等。葡萄酒装入最上面的木桶，醋液从最下面桶中取出，从一个桶移入另一个桶，发酵液体积不超过总体积的 1/3。每次取完发酵液，迅速用上面木桶的发酵液补充至原体积，这种发酵法较静态的奥尔兰法，更好的能溶氧于发酵液中(图 11-23)。

图 11-23　雪利醋酿造的木桶排放

https://en.wikimedia.org/wiki/File：ValdiviaJerez52.jpg

雪利醋传统陈酿时，使用 500L 用以陈酿雪利酒的美洲橡木酒桶进行，西班牙原产地名称保护规定，也可用栗木制作的 1000L 木桶生产雪利醋。原产地名称保护规定雪利醋最低酸度 70g/L（7°AA），乙醇残留量不超过 3%（V/V），醋中干物质含量为每度醋酸中不低于 1.3g/L。

雪利醋陈酿一般在较高的温度（30～35℃）和湿度（>70%）条件进行，这样可形成良好的风味。

二、雪利醋的鉴定

近年来，越来越多的学者关注雪利醋的原产地及其质量评价（authentication），如何分析鉴别出真正的雪利醋来？

雪利醋最终的质量由粗糙原料（葡萄酒）、醋酸发酵工艺和木桶陈酿决定。雪利醋分析指标有总酸（以醋酸计）≥70g/L、总干物质提取按每度醋酸≥1.3g/L、总灰分

2～7g/L，这些是原产地名称管理中强制性执行的必须达到的指标。雪利醋经过长久的储存陈酿，因水分通过木桶蒸发，酸度可达到10.5g/L。

雪利醋的商品价格比一般的葡萄醋贵许多，因此，怎样区分用快速发酵法生产的葡萄醋和用传统法生产的雪利醋是令人非常感兴趣的研究课题。有学者认为醋中酸度、总提取物、灰分、甘油、乙醇、硫酸盐含量可作为评定指标，还有学者认为除分析这几种成分外，还应测定氧化物、有机酸、酪氨酸和3-羟基-2-丁酮的含量。

参 考 文 献

包启安 .1999. 食醋科学与技术 . 北京：科学普及出版社：1-40

包启安 . 2007. 中国传统工艺全集——酿造 . 郑州：大象出版社：25-30

布里格斯 . 2005. 麦芽与制麦技术 . 李崎等译 . 北京：中国轻工业出版社：86-100

田元兰，黄仲华，张林 .1984. 中日食醋技术交流资料汇报 . 中国酿造，(2)：1-8

Adams M R. 1998. Vinegar. *In*：Wood BJB. Microbiology of Fermented Food. London：Blackie Academic and Professional：Vol 1：1-44

Aurand L W，Singleton J A，Bell T A，et al. 1966. Volatile components in the vapours of natural and distilled vinegars. J Food Sci，31：172-174

Caligiani A，Acquotti D，Palla G. 2007. Identification and quantification of the main organic components of vinegar by high resolution^{1}HNMR spectroscopy. Analytica Chimica Acta，585：110-119

de Ley J. 1959. On the formation of acetoin by Acetobacter. J Gen Microbiol，21：352-365

Giudici P，Gullo M，Solieri L. 2009. Traditional Balsamic Vinegar. *In*：Solieri L，Giudici P. Vinegars of the World. Milán：Spinger-Verlag：157-175

Grierson B. 2009. Malt and Distilled Malt Vinegar. *In*：Solieri L，Giudici P. Vinegars of the World. Milán：Spinger-Verlag：135-143

Gullo M，Giudici P. 2008. Acetic acid bacteria in traditional balsamic vinegar：Phenotypic traits relevant for starter cultures selection. International Journal of Food Microbiology，125：46-53

Joshi V K，Sharma S. 2009. Cider Vinegar：Microbiology，Technology and Quality. *In*：Solieri L，Giudici P. Vinegars of the World. Milán：Spinger-Verlag：197-206

Masino F，Chinnici F，Bendini A，et al. 2008. A study on relationships among chemical，physical，and qualitative assessment in traditional balsamic vinegar. Food Chemistry，106 ：90-95

Parrondo J，Garcia L A，Diaz M. 2009. Whey Vinegar，Technology and Quality. *In*：Solieri L，Giudici P. Vinegars of the World. Milán：Spinger-Verlag：273-287

Plessi M. 2003. Vinegar. *In*：Caballero B，Trugo L. C，Encyclopedia of Food Sciences and Nutrition. Oxford：Academic Press：5996-6003

Sellmer-Wilsberg S. 2009. Wine and Grape Vinegars. *In*：Solieri L，Giudici P. Vinegars of the World. Milán：Spinger-Verlag：145-165

Tesfaye W，Morales M L，García-Parrilla M C. 2009. Jerez Vinegar. *In*. Solieri L，Giudici P. Vinegars of the World. Milán：Spinger-Verlag：179-193

Tesfaye W，Morales M L，García-Parrilla M C，et al. 2002. Wine vinegar：Technology，authenticity and quality evaluation. Trends Food Sci Technol，13：12-21

第十二章　食醋生产的后处理

醋酸发酵结束后的食醋，须经过滤、陈酿、澄清、杀菌等一系列后处理过程才能包装，不同食醋后处理工艺不尽相同。

第一节　食醋的防腐与杀菌

因食醋含有醋酸，pH 较低，醋酸自身即为防腐剂和杀菌剂。pH 越低，醋酸含量越高，食醋越不易被杂菌污染，保存期越长。因此，食醋的防腐与杀菌较其他食品更容易些。

一、食醋的防腐

食醋的防腐指通过在食醋中添加一些防腐剂来延长食醋保存期的加工方法。有关食醋的防腐技术，主要分为 3 种。①添加防腐剂或有防腐作用的草药。古人告知："做米醋加入炒盐，可以久贮不生白衣"。又有《收醋方》提到"头醋滤清，煎滚入坛，烧红火炭一块投入，加炒小麦一撮，封固，永不败。"在《齐民要术》中有用香菜籽（芫荽）辟蝇蛆之说。《居家必用事类全集》和《调鼎集》还介绍了用草乌切作四块撒入缸中，或用芥末、川椒末加入食醋防腐的方法。现代生产的食醋大多添加苯甲酸钠或山梨酸钾等防腐剂来延长食醋的保质期。其实从安全卫生角度考虑，对食醋进行热杀菌就可以完全消灭和抑制败坏微生物，毋须添加防腐剂。英国等国家多用苹果酒、葡萄酒生产果醋，而苹果酒和葡萄酒中常含有约 200mg/L SO_2，醋中也就含有 SO_2，硫对细菌性微生物有很强的抑制和杀菌作用。②密闭防腐。食醋液面长醭、醋液酸度下降和醋液混浊，大多与食醋中的霉菌、产纤维的醋酸菌有关。这些醋酸菌都是好氧性的微生物，缺乏氧气就无法生长。因此食醋保存中应完全密封包装容器，不漏气、不透气即可起到防腐作用。古代用"绵幕瓮口"、"盖覆瓮口"、"密盖瓮口"、"生香油密封缸口"等技术，现代用泥封或纸封的办法密闭酿造容器，达到防腐的效果。③增加醋酸酸度。一般情况下，食醋中的有机酸本身就是一种防腐杀菌剂，对醋中包括醋酸菌在内的微生物都有很好的抑制作用。醋酸含酸量越高，食醋的保质期越长，越不易变质。一般情况下，若将食醋酸度提高至 5.5%以上，加之生产、包装环境洁净，生产的食醋毋须杀菌处理即可出产销售。

二、食醋的杀菌

在低酸度食醋中，存在大量的产纤维素醋酸菌、乳酸菌和芽孢细菌等活的微生物机体，它们会使醋液混浊，风味改变，最终使食醋败坏。水果醋中常常添加低浓度 SO_2 来抑制醋酸菌和乳酸菌的生长，也有些厂采用滤布过滤和膜过滤方法进行醋液除菌，但这种方法很难彻底解决细菌污染问题。食醋长时间储藏和销售最好的方法是巴氏杀菌，醋酸菌不耐热，当醋被加热到60℃时，几分钟后醋酸菌就被杀死。食醋的巴氏杀菌法有两种：一种是醋液先加热到65～70℃，热过滤装瓶、密封，再缓慢冷却下来，生产中采用薄板式热交换器杀菌时，在60℃需保持5min以上，70℃需4min以上，80℃需2min以上；另一种是先将过滤的食醋装瓶，密封后，再加热至65～70℃。因深层通气发酵酿造的食醋含大量的微生物菌体，杀菌温度须提高到77～80℃。在杀菌的过程中须防止酵母菌和细菌的二次污染，醋液过滤设备应采用不锈钢、玻璃或无毒塑料材料制造，不能使用铜、铁容器。此外，还有报道用紫外线照射、X射线照射、超声波杀菌、银离子杀菌、阴极线照射等方法对食醋杀菌，但这些方法还未广泛用于生产中。

第二节　食醋的混浊、过滤与澄清

食醋发酵结束后需经过滤或澄清等工序，方可销售。除酒精醋之外，大多发酵的醋成分复杂，在醋液中不断会产生一些不溶性的悬浮物和沉淀物，特别是谷物发酵的食醋，致使食醋混浊不清。因此食醋的过滤和澄清是食醋生产后处理的关键工艺，在生产上也是很难彻底解决的问题。

一、食醋混浊的原因

食醋混浊可分为微生物性混浊与非生物性混浊两大类型。每一种类型都伴随着复杂的变化，存在着多因素影响。

（一）微生物性混浊

食醋中的微生物包括来自于曲料的霉菌（红曲霉、根霉、米曲霉）、发酵使用的酒精酵母、醋酸杆菌和污染的其他微生物，如汉逊氏酵母、膜醭酵母、乳酸菌和放线菌等，这些微生物代谢产生了多种香味物质和氨基酸等，对产品是有益的，但膜醭酵母和汉逊氏酵母在高酸、高糖和有氧的条件下，产生酸类的同时也繁殖了自身，大量的酵母菌体上浮形成具有黏性的白色浮膜，多呈现乳白色至黄褐色。当其他杂菌也大量繁殖后，悬浮物就造成了食醋的混浊现象。另外，嗜温、耐醋酸、耐高温、厌氧的梭菌存在于低酸度杀菌的醋中，增殖不仅消耗醋中的营养成分，还会代谢产生不良物质，如产生异味的丁酸、丙酮等会破坏醋的风味，同时大量菌体包括未自溶的死菌体使醋的光密度上升，透光率下降。不适当的乳酸菌可使醋液混浊，并产生腐臭味。乳酸菌在醋中的生长会影响醋酸菌的生长，干扰醋酸菌的发酵，产生低质量食醋。通过添加纯酵母菌进行乙醇发酵或在酒液中添加20%～25%已经发酵好、含大量醋酸菌的醋液为种子，进行醋酸发酵，可防止这种微生物败坏。木醋杆菌（*Ga. xylinum*）在表面静态发酵食醋时，如Orlean法的醋液表面形成纤维素薄膜，这层膜是醋酸菌菌体的载体，并起到传递O_2的作用。它也可以在已发酵好的成品醋中生长，形成醋膜，使食醋浑浊。有报道，用*A. aceti*纯种醋酸菌长时间发酵食醋时，会变异为*Ga. xylinum*，产生纤维素的能力缓慢增强。当醋酸浓度>8%时，*Ga. xylinum*的产纤维素特性才能被抑制。

（二）非生物性混浊

非生物性混浊主要是由于在生产、储存过程中，原辅料未被完全降解和利用，存在着淀粉、糊精、蛋白质、多酚、纤维素、半纤维素、脂肪、果胶、木质素等大分子物质及生产中带来的金属离子。这些物质在氧气和光线作用下发生化合和凝聚等变化，形成混浊沉淀。混浊原因主要有以下几个方面。

1. 淀粉

原料中淀粉糊化不彻底，在糖化过程中水解不完全，使大分子的糊精残留在食醋中，呈胶体状态，经长期放置，这种胶体溶液会逐步凝聚，使醋体变得不透明、混浊甚至产生沉淀，果醋在储藏过程中可溶性淀粉老化（retrogradation），发生再沉淀。

2. 蛋白质及酚类化合物

采用的菌种分泌的蛋白酶酶活不足，原料中的蛋白质不能充分降解，蛋白质分子残留于食醋液中与多酚、单宁、金属离子物质结合，产生一部分引起混浊的物质。对苹果汁变性蛋白质分析，结果发现形成不稳定及再沉淀现象的蛋白质的分子质量为 21～31kDa。果醋中的儿茶酚和花青素在储存期间进行酶和非酶氧化，聚合成更大的分子，使果醋产生混浊沉淀。蛋白质与酚类化合物含量比例与混浊的生成有密切关系。当蛋白质与酚类化合物二者含量相当时，会结合形成大片的网状结构，影响光线透射，使混浊度上升；当蛋白质和酚类化合物含量差距很大时，则二者呈小粒子细密悬浮于溶液中，不易被察觉，混浊度增加值较低。研究表明，低分子质量（16～24kDa）或高等电点（pI 5.2～8.0）蛋白质分子并不稳定，往往因加热变性或与其他物质结合，形成不溶性复合物而造成沉淀。在研究文献中也指出，氨基酸组成中脯氨酸与羟基脯氨酸含量越高，越容易与单宁酸聚合而沉淀；董昊星报道，米醋的蛋白质含量远远高于酒精醋，是酒精醋的 33 倍，而且蛋白质分布不合理，大分子蛋白质占整体蛋白的 49.7%。检测结果说明，在米醋的沉淀物中，1/3 是蛋白质，高分子蛋白质是食醋非生物浑浊的主要因素之一。由于蛋白质的含量高，易引起可逆混浊，即食醋中的β-球蛋白与醇溶蛋白在 20℃以上可以和水形成氢键，为水溶性，但在低于 20℃下，又可以和多酚结合，以 0.1～1.0μm 颗粒析出 ，浊度上升。食醋中的大分子蛋白质，在包装以后保存数周至数月，食醋中出现颗粒混浊，然后颗粒变大，慢慢沉于器底，在器底出现薄薄一层较松散的沉淀物质，而食醋又恢复澄清、透明。这种混浊和沉淀的物质本质是巯基蛋白相互结合为不溶性沉淀物。食醋中的蛋白质主要来源于麸皮、大米，在食醋的发酵过程中，麸曲中的蛋白酶活性极低，因而原料的蛋白质分解率低，分解不彻底，大部分都以大分子形态存在于食醋中，导致了固态法食醋中蛋白质含量偏高。

3. 金属离子

铁锈被还原成亚铁离子，并与单宁、磷酸盐或蛋白质结合，使醋混浊加深；锡、铜等盐类物质使醋透明性下降；金属离子的氧化、与单宁的结合亦会导致醋色泽加深。食醋在生产过程中接触铁制容器不可避免，常会有金属离子的存在，水中也存在铁离子。如 Fe^{3+} 和醋酸发生反应生成难溶的醋酸铁沉淀；

$$Fe^{3+}+3CH_3COO^- \rightarrow Fe\ (CH_3COO)_3 \downarrow$$

醋中所含的铁离子与单宁结合，可生成一种名叫单宁铁的化合物，此时，就出现黑色胶体混浊，即所谓“食醋变黑”。如果醋中单宁过多，则变黑速度更快，颜色更深，严重影响醋的质量。日本规定，果醋铁含量在 8ppm 以下，其他罐装食醋在 3ppm 以下。最为有效的除铁剂是植酸钙（肌醇三磷酸钙），如 1000L 含 25～30ppm 铁的苹果醋，添加 126g 植酸钙，82.2℃保温，冷却 14 天能除去 88%的铁离子，过了 3 个月能除去 90%的铁离子，且植酸钙处理对食醋色香味无任何不良影响。

4. 水果中的果胶

为了提高果醋的稳定性，需在原料前处理时添加果胶酶分解果胶。有些厂家在食醋生产后再进行酶解处理，这是不对的，因为很少有果胶酶在低 pH 下发挥作用。

5. 包装物、温度、光线等外界因素

如在使用树脂容器的情况下，与玻璃瓶相比，着色进行快，虽是极少量的，但内容物食醋发生了脱香或脱色的变化，而且由于塑料容器可以透过氧，所以在糖与氨基酸引起的美拉德反应的同时，氧引起的氧化反应的褐变也在进行着。这就是塑料袋装食醋比玻璃瓶装食醋过早产生沉淀的原因。食醋受温度影响也较大，如果经常受日光照射不仅会产生气味的变化，而且靠近瓶壁的溶液就会比内部醋液混浊物形成速度快，黏附于瓶壁，出现“挂瓶”现象。瓶装食醋陈列在店辅或在运输途中，若被阳光照射，则会产生日光臭。日光臭是由食醋中的维生素 B_1 和甲硫氨酸发生光化学反应而生成的甲硫酰胺及硫化氢等成分引起的。采用茶色、翠绿色玻璃瓶或用包装纸包裹玻璃瓶，既能避免日光臭产生，又增加了商品的可视性和装饰性。温度的影响很大，特别是 45℃以上，会使着色度显著增加。尽管商店等场所的温度不会这样高，但仍应注意。另外，温度也会促进沉淀和混浊物产生，在 60℃下，食醋在很短的时间内就会产生沉淀物。

二、食醋过滤和澄清方法

（一）影响食醋过滤和澄清的因素

影响食醋过滤和澄清的因素有以下 5 个方面。

（1）醋的类型和营养成分；

（2）发酵中产生的泡沫；

（3）发酵液微生物细胞及自溶物和黏液质；

（4）醋的陈酿和成熟期；

（5）过滤前预处理及方法。

（二）过滤和澄清方法

1. 自然澄清

自然澄清（self-clarification）指将醋液自然静置，使其稳定性提高。一般食醋的陈酿就是自然澄清的过程，陈酿时间越长，醋液就越清亮，陈酿时间十年以上的醋液澄清度就很好。自然澄清过程受酸度影响较深，低酸度苹果醋即使搁置很长时间也不能澄清，高酸度苹果醋应放置 2 个月以上。自然澄清虽然需要很长时间，但是一种低成本、低能耗的常用方法。

2. 传统过滤

几乎所有的食醋，不论陈酿的、非陈酿的，还是清亮的、混浊的，都能用这种方法过滤。将约 1mm 厚的助滤剂硅藻土、膨润土或纤维素平涂于耐酸钢、尼龙或木质的筛网上，或用板框式过滤机过滤。滤布孔径约 50μm，涂层厚度约 1mm。也有用膨润土和海藻酸或海藻酸盐的复合物为助滤剂，涂层厚度由过滤时醋酸的流速及滤液的澄清度决定。

在过滤之前，可预先对醋液进行热处理或冷处理，加速醋液中的不稳定物质的凝聚和沉淀，有利于澄清。

硅藻土化学组成为 70%～90%的氧化硅和 3%～12%的水分。硅藻土颗粒大小为 0.5～1.2μm，颗粒越小，越能捕捉悬浮的固体颗粒，使滤液的澄清度越高，但滤液流速则会下降。硅藻土比表面积为 6～18m^2/g，单位粒径 10～20μm 不等，具有很强的吸水特性和稳定的化学性能，有较高的滤速和理想的澄清度，还具有去菌效果，在合理而有效的滤速下能除去滤液所含的 0.2μm 以上的细菌。

3. 连续过滤

食醋的连续过滤主要是指膜过滤。由于膜孔径大小不同，用途不同（图 12-1），能在食醋中使用的膜过滤主要是微滤和超滤两种方法。

微滤中的错流过滤（crossflow filtration），又称切向流过滤，是目前食醋过滤比较好的一种方法，使用微孔纤维膜进行过滤，醋液以很高的速度与膜面成一定角度流动，大颗粒物质不会堆积在膜面而堵塞膜孔，膜表面始终呈清洁的，这样可长时间、稳定地以高速度过滤醋液。一般滤液使用的滤膜孔径为 0.2～0.8μm。现在微孔滤膜常用材料为聚砜和多孔陶瓷。由于醋价格与其他商品相比，较为便宜，故错流过滤设计的关键在于适用性和经济性，过滤耗费越低越好，延长膜使用寿命、多次重复利用是降低成本的关键。图 12-2 为 Frings 公司使用的醋微滤设备。

错流过滤的基本原理是通过循环泵将要过滤的物质在不同孔径的滤膜孔道中作高速循环运动，在压力的作用下，滤液以切线通过的方式滤出，未滤液由于高速运动而形成湍流，不断冲洗膜棒的内表面，将少量附着在膜上的固形物带走，从而防止了滤膜的阻塞，保持过滤的正常进行，未滤液不断循环，固形物浓度越来越大，当浓度达到一定程

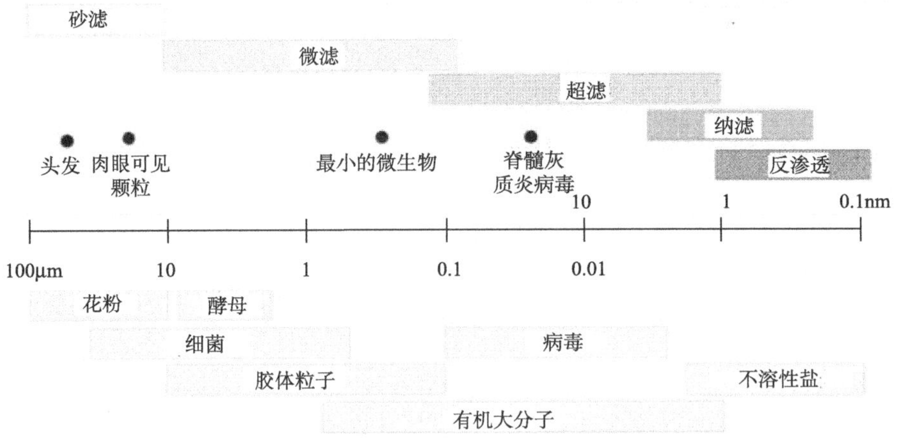

图 12-1　不同过滤方法对应的粒径大小

图 12-2　错流过滤设备

http://www.wickert-landau.eu/filt_cross-flow.html

度后自动排出，最终达到固液分离的目的。

刘有智等（2007）采用孔径为 0.1～0.5μm 的无机陶瓷膜过滤食醋，连续操作压力 0.14MPa、温度 25℃，平均膜通量为 41L/(m^2·h)，清洗采用多步清洗，0.1% NaOH+0.2% H_2O_2+0.1% H_2SO_4 的清洗效果最好，可使膜通量恢复至初始通量的 97%。

超滤主要用在酒精醋的过滤中，因为以酒精为原料发酵食醋，醋中的大分子有机物很少，不容易堵塞膜孔。日本人将超滤技术用在半连续发酵或连续发酵的醋过滤中，使用截留量为 13 000 的中空纤维膜（hollow fiber）。笔者常看到我国一些食醋厂，购置超滤器过滤谷物食醋，但效果极不理想，设备常常闲置，主要原因是谷物醋中不溶性的大颗粒物太多，易堵塞膜孔。

第三节　食醋的脱色

食醋色泽的构成主要有以下几个方面。①原料和辅料的自然色泽，用乙醇制醋，醋液近乎无色，用红葡萄和白葡萄酿醋，红葡萄醋的色泽明显深于白葡萄醋，用不同的原料和辅料生产的食醋，色泽不尽相同。②发酵过程形成的色泽，主要来源为发酵菌株及多酚褐变、非酶褐变。有些微生物菌株是带有色素的，如糖化的曲霉菌，大曲中的红酵母也带有红色素，红曲霉菌也会产生红、紫色，如福建用红曲生产的红醋；酪氨酸或多酚类物质经过氧化聚合形成黑色素，果醋中酚类物质的酶褐变产生的色素，发酵温度越高、时间越长，醋色泽越深。③食醋陈酿和后处理形成的色泽。食醋在陈酿、热处理时都会进行美拉德反应和焦糖化反应，产生大量的黑色素。谷物食醋因固形物含量高，特别是蛋白质和糖类物质，极易发生美拉德反应，因此，山西陈醋、镇江香醋的色泽明显深于其他醋。陈醋熏醅会发生焦糖化反应，过度熏醅会产生苦味物质。杀菌处理也是使食醋颜色加深的重要原因。

谷物食醋和水果发酵醋一般不需脱色，有时还要加深其色泽。需要脱色的食醋主要是酒精醋和其他浅色的醋，如配制的白醋等。

食醋脱色常用两种方法。

1. 活性炭脱色

食醋脱色常用粉末活性炭。活性炭与食醋混合，搅拌一定时间后，通过过滤分离出活性炭，使得食醋脱色。在食醋中活性炭的加入量为 10～20g/L，有人使用椰子壳制作的粉末活性炭对红葡萄醋脱色，脱色率达 94%。

粉末活性炭有大的比表面积，能够吸附大分子物质，起到脱色作用。影响活性炭吸附脱色的主要因素为活性炭的粒度，以及被脱色醋液的温度、pH 和离子强度。活性炭与其他脱色剂相比，是性状稳定的脱色剂，可反复使用，不会对醋液造成污染，是一种安全的脱色剂。活性炭吸收脱色缺点是脱色能力低，吸附量较少，只能适应于非连续性、少量醋液的脱色，从醋液中分离活性炭会产生大量的沉淀物，损失一部分醋液，生产成本较高。

2. 交换树脂脱色

Achacrandio 等（2002）用 Lewatit S-6328-A 树脂对白葡萄醋和桃红葡萄醋进行脱色，树脂的特性见表 12-1 。添加量 10g/L，树脂柱内径 50mm，装填量 100g，柱流速 20ml/min，预接触时间 4.1min，脱色率分别达到 69%和 72%。

表 12-1　树脂的特性

树脂	Lewatit S-6328-A
离子状态	Cl^-
活性基	季胺
载体	交联聚苯乙烯
结构	多孔状
床尺寸/mm	0.4～1.6
有效粒径/mm	0.55
容重/(kg/m^3)	700
密度/(kg/m^3)	1060
持水力	58～63
pH 范围	0～14

第四节　食醋的浓缩与固体醋粉生产

一般情况下食醋的浓缩不采用像白酒一样的普通蒸馏技术，大多采用冻结分离法对食醋进行浓缩，提高酸度。例如，我国山西老陈醋在陈酿中使用“夏伏晒，冬捞冰”的加工工艺，其作用之一就是对醋液进行浓缩。

日本人用－10℃左右的冻结槽冷却 6%食醋，使水分结冰，用离心机将冰分出，即得 13%左右的食醋。采用这个方法无需担心变质，香味成分不会消失。另外，食醋发酵完毕时不要立即进行浓缩，要求经过 1 个月以上的后熟期然后浓缩才适当。还有，在低温下，将可形成水合物的液体（如三氯甲烷）与醋混合再经分馏提纯，最终产品浓度可高达 87%。

液态食醋变成固态的醋粉，必须经过脱水干燥才能实现。由于食醋的酸味物质主要是挥发性的醋酸，在加热脱水和真空冷冻干燥中都会使大量的醋酸和风味物质蒸发损失。因此固态醋粉的生产比较困难，存在醋粉的酸度不高、风味较差等问题。有关固体食醋的生产，中国古代巨著《齐民要术》中就有走一千里路使用的“千里醋法”。制造方法是用食醋浸泡烧饼或其他面粉制品，浸泡后阴干，继续再浸泡，反复几次，然后分割成小颗粒，即可成为携带方便、久放不坏的固体食醋。现代固体醋粉的生产大都采用喷雾干燥法进行。以英国固体麦芽醋粉为例：用含酸量不低于 10%的液体麦芽醋为前提物，添加一定量的麦芽糊精，用离心喷雾干燥脱水，进风温度 190℃，出风温度 98℃，喷头转速 11 000r/min。固体醋粉的质量应以醋酸含量和除糊精以外的干物质含量为评价指标。生产固体醋粉应注意以下几点：①使用的液体食醋质量要好，特别是除醋酸以外的非挥发性有机酸含量要高；②喷雾干燥时，为减少醋酸的挥发，热风温度不易过高，喷雾时间不易过长，因此，要求喷雾前的醋液浓度应尽可能提高；③固体醋粉应采用低温密封保藏。

第五节　熏　　醅

熏醅是中国谷物食醋特有的加工工艺，取固态法醋酸发酵好的部分醋醅，在 70～90℃热处理一段时间的加工过程。经熏醅生产的食醋又称熏醋，在中国华北、东北和西北等地广泛生产，最著名的有山西老陈醋、甘肃河西张掖熏醋等。熏醅可使生产的食醋色泽加深，且赋予其独特风格和风味，具有很受消费者欢迎的琥珀色和焦香味。

一、熏醅工艺

目前，熏醅工艺多采用下列三种。

（一）传统火熏醅工艺

把成熟的醋醅分为两半，一半按常规淋醋，另一半制熏醅。火熏醅将陶缸砌在火道内，缸内装有固态醋醅，维持 70～80℃，熏醅温度距缸口约 10cm 处最高可达 97～98℃。每天依次倒缸，共熏 5～7 天，待醋醅变成褐红色即可出缸（图 12-3）。

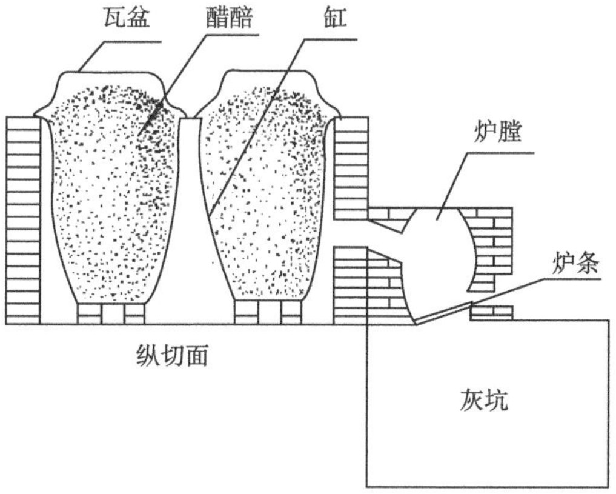

图 12-3　火熏醋醅炉的构造示意图

由于多次倒醅，熏烤程度和质量均匀一致，具有特殊的香气，色呈黑紫，有光泽，酸味柔和，不涩不苦。但是，这种工艺劳动强度大，操作环境的食品卫生条件很难保障，由于地炕炭火较难控制，熏醅熏焦或者色泽熏不到位时有发生，敞口熏醅醋酸挥发损失严重，约 1/3 左右。

（二）水浴加热工艺

将装有固态醋醅的缸置于大水池内，池内的水通过水蒸汽加热，使水温稳定在 90℃以上，每天翻倒一次，10 天左右可制成熏醅。

（三）汽熏

取发酵成熟的醋醅，置于不锈钢夹层熏醅罐内，用0.1MPa的蒸汽加热熏醅罐，熏制16～24h后停，可间隔熏制3天，熏制过程中不断翻动熏醅罐。北京龙门醋厂将醋醅放入旋转式蒸料釜中，保持温度96～105℃，每15～30min旋转罐体1次，每次10～15圈，22～26h即成。蒸汽熏制比水浴熏制的熏醅风味强，但不如火熏的熏醅。

醋醅熏制后需要淋醋。先将按常规方法得到的白醋（未熏醅）加热至80℃左右，浸泡熏醅3h，得到半成品熏醋，再用白醋的二淋水和清水分次浸淋熏醅，以提出全部有效成分。

二、熏醅产生的风味物质

熏醅的主要反应是美拉德反应，其反应中检出并鉴定出的环状化合物，最多的是糖脱水而生成的环状化合物，都是各具特征的香气，构成各种加热食品的重要香气成分。它们也构成中国食醋熏醋的重要香气成分，尤其是中国醋多使用含五碳糖的麦麸为原料，由于加热生成呋喃系化合物，糠醛、5-甲基呋喃的气味有些刺激性，但稀薄溶液却有点焦香味道，5-羟基呋喃是一种加热食品中普遍存在的香气成分，熏醅中生成量更多，在食醋中起着重要的调香、调色、调味作用。日本米醋及纯深层发酵醋中几乎不含糠醛，正好说明这些问题。

第六节　食醋的陈酿

食醋的陈酿同酒的陈酿一样，在一定条件下静置后熟，使其稳定性提高，色泽加深，风味由尖酸逐渐变得醇厚。往往质量高的食醋都需要陈酿，但陈酿需要很长的时间和空间，最终产品的成本及售价较高。东方生产的谷物食醋和西方生产的果醋陈酿工艺不尽相同。

一、谷物食醋陈酿

（一）谷物食醋陈酿方法

1. 醋醅陈酿

将加盐后的醋醅置于缸内或发酵槽中，压实，上面盖食盐一层，如图12-4所示。或再用泥封顶放置，放置时间根据生产需要而定，中间翻醅1～2次。

2. 生醋陈酿

将淋出的生醋置于缸内，“夏伏晒，冬捞冰”，浓缩陈酿数月，如图12-5所示。

3. 包装后陈酿

将成品醋灌装封坛后，陈酿后熟一段时间。

图 12-4　固态醋醅盐封陈酿

图 12-5　液体食醋封缸陈酿

http://www.qinzi99.com/bbs/attachment.php?aid=9819&k=1e0695305d8bea756366f38641ba6c27&t=1349742074&sid=2KK1uA

（二）谷物食醋陈酿的作用

1. 色泽加深

在储存期间，由于醋中丰富的糖和氨基酸结合产生类黑素等物质，使食醋色泽加深。一般经过 3 个月储存后，氨基酸态氮下降 2%左右，糖分也下降 2%左右。食醋的色泽深浅程度因醋的种类而不同，一般含糖分（己糖和戊糖）、氨基酸和肽较多的醋容易变色，所以固态发酵法的醋容易上色。固态发酵醋配用大量辅料（麸皮、谷糠），由于食醋成分中的糖和氨基酸较多，因而色泽也比液态发酵醋深。醋的储存期越长，储存温度越高，色泽也变得越深。此外，食醋在制醋容器中接触了铁锈后，经长期储存会生成黄色、红棕色。原料中单宁属于多元酚的衍生物，也能被氧化结合而成黑色素。如表12-2所示，谷物醋陈酿时间越长，着色度越大。

表 12-2　谷物食醋陈酿过程的理化变化（夏恒连，2002）

时间	0	6个月	1年	2年	2.5年
酸度/%	4.22	4.24	4.23	4.24	4.23
乙醇/%	0.14	0.13	0.13	0.13	0.14
总糖/%	1.29	1.21	1.21	1.29	1.30
总氮/%	0.027	0.025	0.025	0.027	0.027
pH	2.50	2.55	2.55	2.56	2.57
着色度	0.101	0.147	0.150	0.165	0.194
浊度	0.002	0.002	0.003	0.004	0.004

2. 风味改善

谷物食醋陈酿最明显的变化是风味的改变。刚生产的食醋，口感酸烈、刺激、缺乏柔软性，随着陈酿时间的延长、醋酸的挥发、酯化反应的进行，水和醋分子间会产生缔合作用，减少了醋分子的活度，醋的酸度下降，变得醇厚绵甜。食醋陈酿时间越长，形成酯的数量也越多。酯的生成还受温度、前体物质的浓度等因素的影响，气温越高，形成酯的速度越快；醋中含醇越多，形成的酯也越多。固态发酵的醋醅中，酯的前体物质浓度比液体醋高，因而醋中酯的含量也较液态发酵酯为多。

3. 稳定性提高

无论是果醋还是谷物醋，陈酿都会增加其稳定性，醋液变得清亮透彻，悬浮物减少。

（三）谷物食醋陈酿容器

谷物醋常用的储藏容器有瓮（缸、坛）、不锈钢罐、塑料桶（聚乙烯）、玻璃瓶和耐酸性树脂罐。小口瓮是陈酿食醋的好容器，口小易密封，陶瓷有微弱透气性，易成熟。黄仲华研究认为，4种容器以酒瓮储存为最佳。酒瓮包装食醋对增进色香味有一定作用，自古以来将醋装入酒瓮中陈酿有一定道理，其中有许多化学反应（氧化还原）进行，但使用质量较差的瓮会使重金属溶于醋液中。用不锈钢容器储存食醋，有轻微腐蚀性，一般储存1个月会增加铬离子的含量。

二、果醋陈酿

欧洲绝大多数食醋陈酿都是盛放于不同的木桶中。高质量的食醋必须经过木桶的陈酿，如世界著名的雪利醋、意大利摩德纳香醋，都是用不同的木桶陈酿获得。木桶陈酿食醋主要作用有：①木桶中的风味物质扩散于醋中，同时在醋中发生化学反应；②由于木头存在气孔，在陈酿中装在木桶中的醋因水分蒸发，起到醋的浓缩作用。为了加速陈酿，节省成本，有人在醋液中浸泡木头刨花卷或小木块，加速醋的成熟。Guerrero 等（2011）用橡木片浸泡或微混氧雪利醋，来加速果醋的成熟，发现雪利醋中微混氧和浸泡橡木片可引起醋中多酚和挥发性成分的变化，起到加速醋成熟的作用，用 5g/L 的橡木片和 70ml/(L·月）的氧处理果醋，使其陈酿时间缩短为原时间的 86%。但葡萄醋中浸泡木头，在木头上容易滋生 *Ga. xylinus*，每次发酵完都要清洗木块和刨花卷。

（一）陈酿对果醋风味成分的影响

葡萄醋陈酿于木桶中，其颜色、多酚和香气都有变化。众所周知，醋放在木桶中，挥发性成分含量增加，主要原因是醋中水分通过木孔会蒸发，另外会发生酯化反应形成酯，发生微量氧化反应，加深醋的色泽。

从表 12-3 可知，食醋的组成成分与采用的原料和酿造过程有直接的关系。主要的挥发性成分是 2-甲基-1-丁醇、3-甲基-1-丁醇、3-羟基-2-丁酮、2-苯乙醇、2,3-丁二醇和异戊酸。2-和 3-甲基-1-丁醇在其他葡萄酒醋中也有发现，含量为 10～100mg/L。3-羟基-2-丁酮在麦芽醋中含量为 18mg/L，在苹果醋中达 227mg/L，这些物质只有在低通氧的条件下才能产生。葡萄酒醋和苹果醋含有更高浓度的 2,3-丁二醇，一般陈酿在木桶中的葡萄酒醋，2,3-丁二醇和 3-羟基-2-丁酮的浓度远远高于未经陈酿的。3-羟基-2-丁酮在木桶陈酿中增加的原因是丁二醇在发酵过程中转化的结果。4-乙基愈创木酚和 4-乙基苯酚在红葡萄酒醋和苹果醋中大量存在。陈酿酯类主要是酒精和酸作用合成的，主要组成有丁二酸二乙酯、2-乙酸苯乙酯，乙酸异戊酯和 *n*-乙酸丁酯。

麦芽醋的香味很少，主要是原材料缺乏香味且不经过陈酿。

1. 酚类物质的变化

水果醋用木桶陈酿对酚类物质的变化影响较大。醋在陈酿中总酚含量呈明显增加的趋势，这一趋势用模拟的醋溶液进行实验，也得到了证实。醋在陈酿中单体酚类物质变化明显，陈酿 180 天，从木头中释放出醛类（香草醛、丁香醛、松柏醛）于醋中。可利用建造的单体醛类鉴别函数判别陈酿醋和非陈酿醋。木桶的木质素经过水合乙醇化作用（hydroalcoholysis）产生大量的芳香醛以及衍生物，另外还有 HMF、3,4-二羟基苯甲醛、2-糠醛、*p*-羟基苯、香草醛和丁香醛（syringaldehyde）等风味物形成。研究发现，用橡木桶陈酿醋或用橡木片浸泡醋都能使酚类物质丁香醛、松柏醛和香草醛在醋中含量明显增加。Cerezo 等（2010）研究了用金合欢、樱桃、栗和橡木陈酿醋时酚类物质变化规律，在 98 个样品中，用木桶陈酿的醋中 HMF、2-糠醛、3,4-二羟基苯甲醛和香草醛明显增加，用樱桃木桶陈酿的醋中检出了紫杉叶素、鞣花酸，是果醋经樱桃木桶和橡木桶陈酿的特征成分。将含乙醇 4.1%（V/V）、酸度 6.4g/100ml、pH 2.8、干提取物含量 2.60～3.25g/100ml、醋化时间 5 个月的葡萄醋陈酿于不同木桶中，不同时间测定其酚类物质，结果见表 12-4。

表 12-3　不同果醋的芳香物组成（Natera et al.，2003）　　（单位：mg/L）

组成	WWW(n=28)	WW(n=27)	B(n=6)	RWW(n=2)	RW(n=4)	H(n=2)	A(n=2)	M(n=1)	AP(n=11)
n-乙酸丁酯	0.666	0.410	0.503	0.286	0.229	0.078	0.014	0.001	0.456
戊酸乙酯	0.244	0.116	0.000	0.141	0.003	0.000	nd*a*,*j*	0.001	0.278
2-甲基-1-丙醇	5.55	5.89	6.53	3.05	4.34	1.78	2.74	0.649	6.32
乙酸异戊酯	3.52	1.99	3.57	3.88	1.16	0.637	0.000	0.167	1.53
已酸乙酯	0.048	0.146	0.046	0.038	0.030	0.011	0.006	0.000	0.122
2-甲基-1-丁醇	6.76	4.98	6.18	11.1	3.46	2.86	0.559	0.856	7.19
3-甲基-1-丁醇	14.02	7.57	15.43	27.5	4.91	2.82	0.005	0.002	7.26
3-羟基-2-丁酮	176.0	93.3	112.8	49.7	118.3	105.5	34.9	18.04	226.9
苯甲醛	0.099	0.122	0.023	0.000	0.125	0.000	0.000	0.059	0.147
2,3-丁二醇	197.4	47.1	128.5	239.3	99.6	19.7	nd	32.6	223.2
癸酸乙酯	0.002	0.000	0.001	0.000	0.000	0.000	nd	0.000	0.000
异戊酸	32.0	30.6	8.18	15.1	34.6	17.3	0.328	7.13	35.0
丁二酸二乙酯	1.63	3.75	1.44	2.25	1.07	0.348	0.000	0.001	1.61
乙酸苯甲酯	0.106	0.179	0.023	0.000	0.036	0.000	nd	0.000	0.024
乙基-2-乙酸苯酯	0.061	0.005	0.002	0.000	0.002	0.000	nd	0.000	0.007
2-乙酸苯乙酯	1.17	0.577	1.02	0.117	0.736	0.203	0.000	0.000	1.22
R-紫罗(兰)酮	0.000	0.000	0.000	0.000	0.000	0.000	nd	nd	0.000
苯甲醇	0.511	1.01	0.826	0.000	0.236	0.000	nd	nd	0.331
2-苯乙醇	24.4	15.0	21.5	17.3	16.6	9.3	2.63	10.2	43.0
4-乙基愈创木酚	0.002	0.000	0.020	0.000	0.000	0.087	0.000	0.000	0.239
辛酸	1.30	1.11	1.20	0.274	1.12	0.625	0.112	0.498	3.77

注：n 为测定的醋样品数；WWW，用木桶陈酿的白葡萄酒醋；WW，不用木桶陈酿的白葡萄酒醋；RWW，用木桶陈酿的红葡萄酒醋；RW，不用木桶陈酿的红葡萄酒醋；B，用木桶陈酿的香醋；H，蜂蜜醋；A，稀释酒精醋；AP，苹果醋；M，麦芽醋。

表 12-4　不同木桶成酿葡萄醋的总酚指数和多酚组成（Cerezo et al.，2010）

木头	时间/天	总酚指数	多酚组成/(mg/L)									
			没食子酸	3,4-二羟苯甲醛	*p*-羟基苯甲酸	香草酸	咖啡酸	香草醛	没食子酸乙酯	丁香醛	紫杉叶素	鞣花酸
金合欢	0	1133	38.90	—	4.30	—	—	—	—	—	—	—
	45	1368	36.81	5.46	—	—	—	—	—	—	—	—
	180	1011	36.02	5.36	—	—	—	—	—	—	—	—
	365	1351	35.24	—	—	—	—	—	—	—	—	—
樱桃	0	559.01	34.7	—	5.22	4.00		—	—	—	1.59	—
	45	365.71	33.30	—	—	5.08	3.32	—	—	—	2.66	—
	180	411.18	31.81	—	—	4.80	3.36	—	—	—	3.45	—
	365	379.73	35.33	—	—	3.18	1.85	—	—	—	2.13	—
橡木	0	576.4	38.03	—	5.31	4.53	—	—	—	2.38	—	—
	45	636.98	42.43	—	—	1.31	3.59	—	—	—	—	5.1
	180	466.6	45.39	—	—	4.14	4.10	—	—	—	—	5.56
	365	722.72	54.79	—	—	3.46	2.36	0.53	—	—	—	3.27
栗	0	1360	211.1	—	5.56	5.20	—	—	26.86	2.41	—	—
	45	1251	292.0	5.06	—	5.76	—	—	30.47	—	—	10.04
	180	1439	384.4	4.74	—	6.02	4.19		38.9	—	—	2.78
	365	1751	445.3	—	—	4.57		1.40	28.66	—	—	1.88

注：—表示未检测到。

2. 酯类的变化

陈酿对醋中挥发性成分的含量影响大，其中酯的变化明显，醋中残留的乙醇含量对陈酿后挥发性成分含量有显著影响，当醋液中乙醇浓度为1%时，乙酸乙酯可达1000mg/L，这些成分与食醋的感官质量密切相关。用醋中乙酸乙酯的多少可区分液态深层发酵陈酿的醋和非陈酿的醋。陈酿于木桶中的醋可用联乙醯的含量进行区别。

在陈酿过程中醋的成分发生变化，主要反应有酯化（esterification）和酸化反应，同时由于木头的孔隙，醋液中的水分蒸发，体积减少，浓度提高。数据显示葡萄醋在陈酿中酚类物质发生明显的变化（vanillin、syringaldehyde和coniferaldehyde），因此可用某一种酚类物质的变化去判别该醋是否经过陈酿。另外，陈酿的醋中酯类物质含量明显增加，挥发性成分减少，若醋中残留乙醇1%（V/V）时，经过陈酿后，乙酸乙酯含量可增加至1000mg/L。

（二）木桶对食醋陈酿的影响

1. 不同材料的木桶对食醋的影响

橡木是存放葡萄醋的主要材料，有时也用栗木、槐木、樱桃木、桑树木。经木桶陈酿的果醋其感官品质明显改善（图12-6），用樱桃木木桶陈酿，其整体感觉最好。不同材质的木桶陈酿果醋，醋中酚类变化不尽相同，如表12-5所示。有报道，橡木内酯（oak-lactones）异构体仅能在用橡木桶酿造的葡萄醋中检测到，糠酸乙酯和安息香酸乙

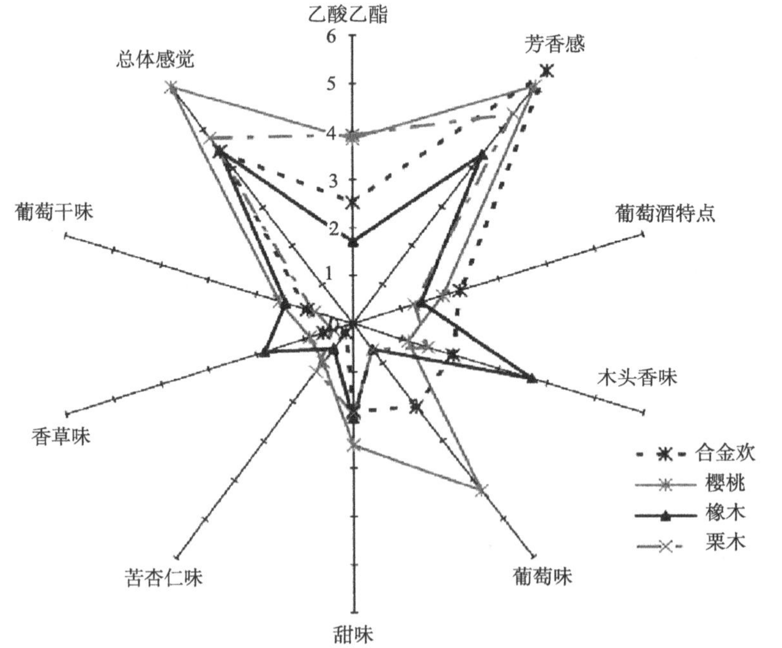

图12-6 用不同木桶陈酿（365天）的葡萄醋的感官评定（Cerezo et al.，2010）

酯在用樱桃木桶酿造的醋中发现。有人建议可用糠酸乙酯和安息香酸乙酯来确定酿醋木桶使用的材料。

表 12-5　木桶的形状和材料对醋中醋酸菌的影响

发酵方法	木桶材料	木桶形状	醋酸菌（GTG5/ERIC 法）	
			醋酸发酵中期	醋酸发酵后期
表面静态法	刺槐木	S（标准桶 400m^3）	80% *A. pasteurianus* 20% *Ga. intermedius*	20% *A. pasteurianus* 80% *Ga. intermedius*
		P1（375cm^3）	100% *A. pasteurianus*	100% *A. pasteurianus*
		P2（625cm^3）	100% *A. pasteurianus*	100% *Ga. intermedius*
	樱桃木	S	80% *A. pasteurianus* 20% *Ga. intermedius*	20% *A. pasteurianus* 80% *Ga. intermedius*
		P1	100% *A. pasteurianus*	100% *A. pasteurianus*
		P2	100% *A. pasteurianus*	100% *Ga. intermedius*
	橡木	S	100% *A. pasteurianus*	100% *A. pasteurianus*
		P2	100% *A. pasteurianus*	100% *Ga. intermediu*

2. 木桶形状对食醋的影响

研究发现，陈酿桶的形状较制作桶的材料对醋的影响大。不同形状的桶，通气量不同，液面形成的菌膜有差异，醋化效果不同。用橡木桶储存葡萄酒，通过木头渗透到酒中的氧为每年 30mg/L，在设计木桶时，为了加速醋化应增加液体的比表面积。另外，木桶形状和材料对醋酸发酵的醋酸菌有很大的影响，如表 12-5 所示。

第七节　食醋的调制

东方国家生产的谷物食醋和西方国家生产的水果食醋风味有很大的差别。谷物食醋可溶性固形物含量高，含有许多有甜味的糖物质和呈味氨基酸，其味柔和、醇厚；水果醋一般醋酸含量高，氨基酸和糖类含量低，有明显的醋酸刺激感。因此，食醋的调配应根据消费者的嗜好、用途和习俗的差异进行调制。但不管调制何种醋，使用的配料和调制方法均应符合相关的食品卫生要求和技术规范。

一、谷物食醋的调制

中国人普遍喜爱谷物食醋。以谷物食醋为基础，可以配制出多种多样的调味醋，主要有烹调型、佐餐型、保健型和饮料型等。一般来讲，调制谷物醋的色泽主要用焦糖色素和炒米色。焦糖色素是食醋（包括水果醋和谷物醋）广泛使用的调色剂，使颜色较浅的醋液色泽加深。使用焦糖色素应注意其适宜 pH 及其在醋中的稳定性和溶解性。炒米色常用于镇江香醋和永春红醋等米醋中，有加深醋液色泽、增加风味的作用，是一种安全卫生的添加剂。中国大部分谷物食醋中含有 1%～2%的 NaCl（食盐）。食盐是在醋醅陈酿中为防止醋酸菌的过氧化而加入，或在食醋调配中为促进醋液柔和、增加醇厚感添加。除此之外，为了提高醋液的鲜味，可在醋液中添加少量的味精、呈味氨基酸、核苷酸或酱油。日本著名的三杯醋的配料是味啉（相当于酒酿）、酱油和食醋的混合比例为 1∶1∶1；为了增加醋的甜味，可加入蔗糖或甜味剂。下面举一例食醋配料，仅供参照。

冰醋酸（99%）9.0L，柠檬酸 170～230g，琥珀酸 150～170g，葡萄糖酸（50%）20～40ml，甘油 300～400g，琥珀酸钠 50～100g，谷氨酸钠 200～300ml，食盐 375～525g，焦糖色素适量，醋风味剂适量，加水 170L。

不同地域的人们对醋的风味、色泽、质地需求差异较大，山西人喜爱老陈醋，醋醅需要熏制，醋液中需加入花椒、豆蔻、茴香、草果、生姜、桂皮等芳香调味料浸泡，为醋液赋予特殊的芳香味，产品不同，芳香调味料组成不尽相同。中国和日本等亚洲国家认同“药食同源”，食醋是很好的溶剂和保存剂，人们喜欢在食醋中浸泡或添加有明显保健作用的食材，制成有功能作用的食醋。例如，日本自古就有山葵醋等“合醋”的使用习惯；中国华北大部分地区在农历腊月初八这天有用醋泡蒜的习俗，叫“腊八蒜”，蒜美醋香；还有，在食醋发酵时加入苦荞制成苦荞醋，加入银杏叶、香菇、灵芝制成银杏醋、香菇醋和灵芝醋；将鸡蛋放入醋中，溶解蛋壳，制成富含钙的醋蛋液等。

二、水果食醋的调制

在水果食醋的调制时，除加入糖和甜味剂来调整果醋的尖酸味、加入焦糖色素加深醋的色泽外，在酿造的食醋中经常加入一些芳香型的草药，配制成风味醋，加入的芳香物不同，生产的醋风味不同。表 12-6 列举了以常见水果醋为原料配制风味醋使用的一些芳香物质。

表 12-6　风味醋配制主辅料表

主料	配料
酒精醋	①罗勒，欧芹，茴香，大蒜；②莳萝，罗勒，龙蒿，蜜蜂花；③牛至，芫荽叶，大蒜，红辣椒；④薄荷，蜜蜂花，柠檬，罗勒；⑤牛至，地榆，百里香，龙蒿，欧芹，细香葱
苹果醋	①莳萝，月桂，大蒜；②山葵，香葱，红辣椒；③莳萝，芥菜籽，柠檬香膏，大蒜；④大蒿叶，细香葱，柠檬香膏，葱，大蒜
葡萄醋	①百里香，迷迭香，牛膝草，茴香，牛至，大蒜；②迷迭香，香薄荷，鼠尾草叶，罗勒，月桂，大蒜；③芫荽叶，鼠尾草，迷迭香，月桂，红辣椒；④鼠尾草，欧芹，葱；⑤地榆，玻璃苣，莳萝；⑥牛至，地榆，柠檬香膏
雪利醋	①罗勒，迷迭香，龙蒿，莳萝，酸模，薄香，细香葱，大蒜；②欧芹，百里香，迷迭香，月桂
麦芽醋	龙蒿，细香葱，丁香，大蒜，葱

第八节　食醋酿造厂的废水处理

食醋发酵过程中制造的污水很少，甚至没有。30℃发酵时排出的气体含有乙醇、醋酸和乙酸乙酯等挥发性气体。用水冷却排出气体，可吸收部分挥发性气体，另外，可将挥发性气体用水稀释，重新作为发酵液。酿造的醋液必须过滤，现代化发酵厂采用错流过滤技术澄清食醋，其沉淀物很少（1000L 醋沉淀物为 100g），且这些沉淀物极易降解，不会产生环境污染物。食醋厂产生的废水主要来自于生产车间原料清洗废水、产品生产废水、冲洗车间地面废水、冷却水和全厂生活废水，但总体讲，相对其他加工的食品生产的污水要少。

食醋生产排放的污水偏酸性，pH 在 4.0 左右。高浓度污水的 COD 值为 5000～8000mg/L，BOD 为 2000～4000mg/L，悬浮物（SS）为 500～1500mg/L。汪涛和黄涛（2012）提出了“ABR＋A/O/E”组合技术处理食醋生产废水的技术。其废水处理的基本工艺及方法见图 12-7。

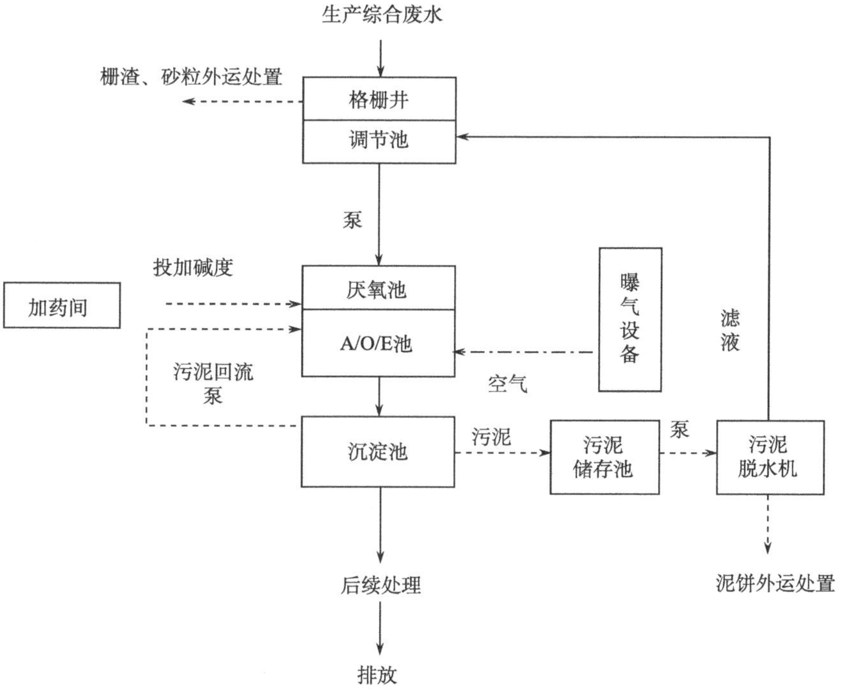

图 12-7　ABR＋A/O/E 废水处理工艺流程图（汪涛，2011）

厌氧折流板反应器（ABR）是一种厌氧反应器形式。在反应器内垂直于水流方向设多块挡板，将反应器分成若干个相对独立的格，每格有上向流和下向流室，上向流室比下向流室宽，便于污泥的聚集，形成颗粒污泥。通往上向流的挡板下部边缘处加 50°的导流板，便于将水送至上向流室的中心，使泥水充分混合。A/O/E 是反应池，按照功能的不同，分为缺氧区（A 区）、好氧区（O 区）、内源呼吸区（E 区）。

参 考 文 献

鲍金勇，王娟，林碧敏，等. 2006. 我国果醋的研究现状、存在的问题及解决措施. 中国酿造，163（10）：2-4

成剑峰. 2007. 食醋中膜状物的分离鉴定与其防治措施初探. 中国酿造，（1）：42-44

稻叶见敬. 1979. 食醋酿造法技术考察. 袁振远译. 中国调味品，（3）：67-70

东野金华. 1997. 食醋生产中陈酿后熟对色香味形成的重要性. 中国调味品，12：15-16

董昊星，田瑜. 2000. 食醋中的蛋白质对食醋浑浊沉淀的影响. 中国酿造，（1）：1-5

胡友军. 2000. 一种实用的食醋过滤方法——硅藻土过滤. 中国调味品，（4）：21-23

李大锦. 1989. 试论酿造白醋的色素和去除. 中国调味品，（5）：14-18

李久长，马挺军. 2005. 山西老陈醋熏醅工艺研究. 中国酿造，149（8）：31-33

林祖申. 2007. 解决食醋混浊沉淀的探究. 中国酿造，（8）：37-39

刘有智，谷磊，申红艳，等. 2007. 无机陶瓷膜澄清食醋工艺研究. 化学工程，（7）：34-36

马学曾. 1988. 关于解决食醋混浊沉淀问题的浅见. 中国调味品，（Z1）：25-26

上海酿造科学研究所. 1996. 发酵调味品生产技术（修订版）. 北京：中国轻工业出版社：396-400

田瑜. 2003. 食醋非生物性返混的研究. 中国调味品，125：12-14

汪涛. 2011. “ABR＋A/O/E”组合技术处理食醋生产废水应用研究. 西南交通大学硕士学位论文：22-30

夏恒连. 2002. 关于食醋品质稳定性. 中国酿造，（2）：28-32

朱犇. 1988. 成品食醋混浊及处理. 中国调味品，（7）：12-15

Achaerandio I，Güell C，Lopez F. 2002. Continuous vinegar decolorization with exchange resins. Journal of Food Engineering，51：311-317

Callejón R M，Tesfaye W，Torija M J A，et al. 2009. Volatile compounets in red wine vinegar obtainedby submerged and surface acetification in different woods. Food Chemistry，113：1252-1259

Cerezo A B，Tesfaye W，Soria-Díaz M E. 2010. Effect of wood on the phenolic and sensory properities of wine vinegars during ageing. Journal of Food Composition and Analysis，23：175-184

Cerezo A B，Tesfaye W，Torija M J，et al. 2008. The phenolic composition of red wine vinegar produced in barrels made from different woods. Food Chemistry，109：606-615

Ebner E，Follman H. 1983. Acetic Acid. *In*：Dellweg H. Biotechnology. Wheinheim：Verlag Chemie：389-407

Ebner H，Enenke A. 1975. United states patent. 4076844

Ebner H，Follmann H，Sellmer S. 1996. Vinegar. *In*：Ullmann's Encyclopedia of Industrial Chemistry，Vol A27. Germany：VCH Weinheim：403-418

Guerrero E D，Mejías R C，Marín R N，et al. 2011. Accelerated aging of a Sherry wine vinegar on an industrial scale employing microoxygenation and oak chips. Eur Food Res Technol，232（2）：241-254

ISO. 1983. Sensory analysis. Methodology. Triangle Difference Test. ISO Standard，4120

José M G，Albert M. 2011. Acetic Acid Bacteria. *In*：Santiago A V，Munoz R. Molecular Wine Microbiology. Elsevier Inc：227-255

Kennedy J F，Humphreys J D，Barker S A，et al. 1980. Application of living immobilized cells to the acceleration of the continuous conversions of ethanol (wort) to acetic acid (vinegar) —Hydrous titanium (IV) oxide-immobilized *Acetobacter* species. Enzyme and Microbial Technology, 2: 209-216

López F, Medina F, Prodanov M, et al. 2003. Oxidation of activated carbon: application to vinegar decolorization. Journal of Colloid and Interface Science, 257: 173-178

Morales M L, Benitez B, Troncoso A M. 2004. Accelerated aging of sherry wine vinegar. Food Chemistry, 88: 305-315

Natera R, Castro R, García-Moreno M D, et al. 2003. Chemometric studies of vinegars from different raw materials and processes of production. Journal of Agricultural and Food Chemistry, 51: 3345-3351

Rolland F, Cohee J. 1950. Method of treatment vinegar. United States Patent. 2531029

Saeki A, Theeragool G, Matsushita K, et al. 1997. Development of thermotolerant acetic acid bacteria useful for vinegar fermentation at higher temperatures. Biosci Biotechnol Biochem, 61: 138-145

Tesfaye W, García-Parrilla M C, Troncoso A M. 2002. Sensory evaluation of Sherry wine vinegar. Journal of Sensory Studies, 17 (2): 133-144

Tesfaye W, Morales M L, Benítez B, et al. 2004. Evolution of wine vinegar composition during accelerated aging with oak chips. Analytica Chimica Acta, 513 (1): 239-245

Tesfaye W, Morales M L, García-Parrilla M C, et al. 2003. Optimising wine Vinegar production: fermetation and ageing. Applied Biotechnology, Food Science and Policy, 1 (2): 109-114

Tesfaye W, Morales M L, García-Parrilla M C, et al. 2002. Wine vinegar: Technology, authencity and quality evaluation. Trends Food Science and Technology, 13: 12-21

第十三章　食醋生产的污染与防治

第一节　微生物杂菌的污染与防治

一、耐酸细菌的污染与防治

食醋的主要成分是抗菌性强的醋酸。在醋酸酿造中除含有醋酸菌外，还存在耐醋酸的各种杂菌，会导致食醋在酿造、储存中变质、败坏，但是有关这方面的研究并不多。

日本米醋酿造中除了曲霉菌之外，其他霉菌未有检出（因这类霉菌在醋酸发酵开始后便迅速死亡）。酵母菌和乳酸菌的活菌数在发酵后第 7 天出现高峰，过后就趋向减少。醋酸菌的活菌数在发酵后第 14 天达最高峰，此后仍残留较高的活菌数。需氧菌随着发酵进程而减少，一般醋酸浓度达到 2%～3%，杂菌的生长受到抑制。从含 3%醋酸（pH3.5）的食醋、含醋酸食品及其酿造环境分离到的杂菌极少，仅为乳酸菌属中的食果糖乳杆菌、乳杆菌新种和酵母样丝状菌三种。但是，醋酸浓度极稀的发酵醪容易遭致耐醋酸杂菌。

从腐败醪中可分离到的耐酸性杂菌为乳酸菌和酵母样丝状菌。一部分乳酸菌株为食果糖乳杆菌（*L. fructivovans*），其他都是同类型乳酸发酵杆菌（在 15℃不生长，生成 DL-型乳酸）。酵母样丝状菌（拟酵母类真菌）全部形成团状菌群，形态特征是能形成出芽孢子、分生孢子和厚垣孢子，经鉴定为 *Moniliella acetoabutans*。当食醋发酵醪受到食果糖乳杆菌及乳杆菌新种的污染时，足以使发酵液严重混浊，乳酸含量增加并产生异臭；当食醋发酵醪及食醋制品受到酵母样丝状菌的污染时，醋酸迅速消耗并伴生异臭。

不适当的乳酸菌可使醋液混浊，并产生腐臭味。乳酸菌在醋中的生长会影响醋酸菌的生长，干扰醋酸菌的发酵，产生低质量食醋，通过添加纯酵母菌进行乙醇发酵或在酒液中添加 20%～25%已经发酵好、含大量醋酸菌的醋液为种子进行醋酸发酵，可防止这种微生物败坏。

通过不同的药物冷杀菌和加热杀菌（含醋酸发酵醪、醋酸发酵成熟醪及食醋制品），可抑制和防止耐酸杂菌的污染，另外可通过减少这些耐酸菌的生长因子进而防止污染，如酵母样丝状菌的对醋酸的耐受性由 Ca^{2+} 所制约，在不添加 $CaCl_2$ 条件下，醋酸浓度在 0.5%以下时该菌生长受抑制；如果 $CaCl_2$ 添加量递增，其耐醋酸能力也随之增大，甚至在 5%～6%醋酸存在下仍能生长。食果糖乳杆菌与乳杆菌新种都是维生素要求性强的菌株，对醋酸发酵醪或醋酸发酵成熟醪用活性炭处理后能明显地排除这些有害杂菌的污染。

二、真菌及真菌毒素的污染与防治

食醋的生产大多是采用开放式发酵，在发酵过程中有许许多多的微生物参与，霉菌就是主要的一类，有的对发酵有利，有的有害。有害的霉菌对食醋的危害有两个方面：一方面这些霉菌在生产过程中不利于食醋的发酵，造成食醋的败坏；另一方面，一些霉菌本身对食醋的酿造无多大影响，甚至有利，但这些霉菌在生长过程中会产生毒素，影响到食醋的安全。中国和日本等亚洲国家生产的谷物醋，使用曲为淀粉糖化剂，有些曲在生产中会有产毒素的黄曲霉和青霉菌存在。Weskbach 等研究认为，将产毒素的变异黄曲霉与黑根霉或啤酒酵母菌混合培养，黑根霉或啤酒酵母菌将通过竞争性抑制作用，抑制变异黄曲霉生长和产毒素的作用，但与生产食醋的巴氏醋杆菌混合培养时，醋杆菌有促进产毒变异黄曲霉的生长和产毒素的作用。有人从发酵的柿醋中分离了变异黄曲霉和产毒青霉菌株。

另外，食醋发酵的醪液均呈酸性，这种环境适宜于霉菌的生长。

真菌毒素（mycotoxin）是真菌次生代谢产物，约 300 多种，是能引起人和动物疾病或异常生理作用的一类物质，对许多微生物具有抗菌作用。真菌毒素是由研究人或家畜的中毒（特别是食品中毒）开始开展起来的。目前已发现的真菌毒素近 200 种，其中研究最多和最深入的是黄曲霉产生黄曲霉毒素（aflatoxins）。除了黄曲霉毒素外，还有棕曲霉（*A. ochraceus*）产生的棕曲霉毒素、烟曲霉（*A. fumigatus*）产生的烟曲霉毒素、棒曲霉（*A. clavatus*）产生的棒曲霉毒素、薛氏曲霉（*A. chevalieri*）产生的青霉素、杂色曲霉（*A. versicolor*）产生的柄曲霉素和桔绿青霉（*P. citreoviride*）产生的橘霉素等。据研究，黄曲霉毒素 B_1 不仅具有很强的亲肝作用，严重损害肝脏，还能破坏机体的新陈代谢，抑制细胞分裂。用动物试验，还能引起产生怪胎。几乎所有动物对黄曲霉毒素都很敏感，只是程度上有所差异而已。

虽然有关食醋生产中的真菌毒素研究报道较少，但食醋中依然存在，主要原因是：①生产食醋的原料常被真菌污染，特别是一些企业采用发霉变质的谷物，如玉米、高粱等生产，已有报道用发霉的谷物生产的白酒、用霉变葡萄生产的葡萄酒中检测出黄曲霉毒素；②食醋发酵，特别是谷物食醋，整个发酵是开放发酵，在发酵中经常翻拌发酵醪液，容易滋生真菌，使食醋被污染；③食醋发酵要求的环境条件适宜于有毒真菌生长和产毒，食醋醋酸发酵的酸性环境、发酵温度和通气都有利于产毒霉菌的生长繁殖；④用于酿造食醋的大曲、小曲和麦曲等在制作中都是开放自然培菌，菌系复杂，易被有毒真菌污染。曲中根霉、毛霉和赤霉菌等也能产生一定数量的毒素，这些毒素含量如果超过一定限度，就会引起人畜中毒。

减少和控制食醋中的真菌毒素污染的途径主要为：①加强发酵原料的防霉管理，杜绝用已霉变和变质的原料生产食醋。发酵原料和辅料要充分晒干，运输和储藏过程中严禁遇雨受潮。一般情况，在低于 20℃、相对湿度不超过 25%的情况下保藏粮食原料和辅料，就完全可以防止黄曲霉和其他霉菌的生长。②保持洁净的发酵环境。在食醋生产的全过程中维持洁净的生产环境可避免和减少杂菌的污染和真菌毒素的产生。

三、噬菌体的污染与防治

（一）食醋中的噬菌体

传统的食醋发酵未见有噬菌体感染的问题，采用液态深层发酵食醋时，常有发酵醪被污染，使发酵终止，发酵液混浊，产生大亮的泡沫，造成巨大的损失。现已知道的醋酸菌噬菌体有 4 种：氧化葡萄糖杆菌（*Gluconobacter oxydans*）噬菌体 A-1，从发酵山梨醇的氧化（*Gluconobacter oxydans*）中分离（Schocher 1979）；葡萄糖杆菌属特殊噬菌体 GW6210 和 JW2040，从腐烂的苹果中分离；醋酸菌属噬菌体 MO1（Wúnsche，1983）。噬菌体 A-1、MO1 和 GW6210 属于 Bradley-A 组，JW2040 属于 C 组。Stamm 等研究酒精醋发酵时，半连续发酵 24 批次，约 240h 后，就会使发酵醪感染噬菌体，发酵终止，从中分离出 2 种类型的噬菌体，一种为 Bradley-A 组型（收缩性的 2-DNA-病毒），另一种为大头的 C 组型（无收缩性），如图 13-1 所示。Schocher 等研究噬菌体 A-1 的稳定性时，若氧化醋酸杆菌噬菌体水悬浮液在 4℃下可存活几个月，99%的菌在 65℃加热 2min 会失去活性，能耐受 40%甘露醇水溶液的渗透压。高浓度的醋酸的抑制效果明显好于高浓度的乙醇，pH 小于 3 即可杀死，明胶对该菌有保护作用。

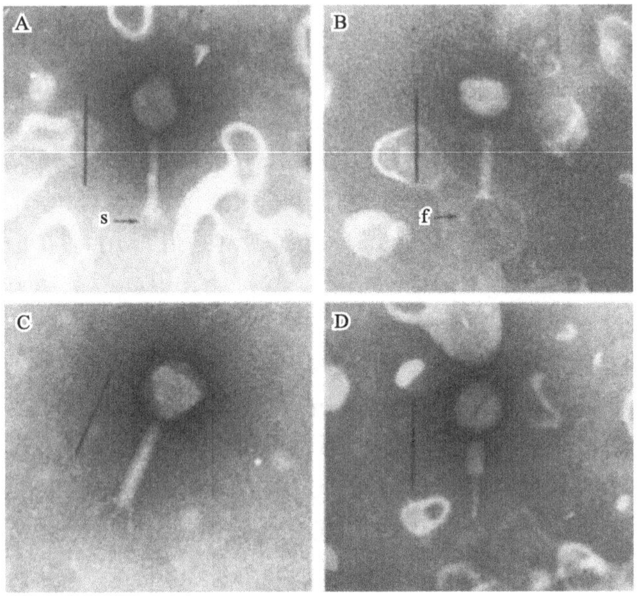

图 13-1　醋液噬菌体形态（Stamm，1989）

磷钨酸染色，放大倍数 200 000×；A～C. 非收缩形式；D. 收缩形式

（二）发酵液感染噬菌体时出现的主要症状

（1）发酵液光密度在初期不上升或者回降；

（2）pH 逐渐上升，可到 8.0 以上；

（3）糖耗缓慢或停止，温升缓慢或停止升温；

（4）产生大量泡沫，有时发酵液呈现黏胶状，可拔丝；

（5）醋酸产量甚少，或者增长极为缓慢或停止；

（6）镜检时可发现菌体数量显著减少，缺乏“八”字形排列，革兰氏染色呈红色碎片，出现拉丝、拉网，找不到完整菌体。

(三) 噬菌体的主要特性

(1) 具有非常专一的寄主性。噬菌体必须在专一的宿主细胞中生长繁殖，不能脱离奇主而自行生长繁殖，也不能在培养基上增殖，只能在活的、处于繁殖阶段中的宿主细胞（即幼龄细胞）中生长繁殖，在死的、衰老的、处于休眠状态的或产酸型的细胞中以及细胞外都不能繁殖。

(2) 不耐热性。不同噬菌体对热稳定性是不同的，但一般噬菌体都是不耐热的，会受热变性死亡。其噬菌体在70℃下、5～10min全部死亡。

(3) 对pH的稳定性。在pH7.0～9.0时稳定；在pH6.0以下和pH10.0以上时不稳定，容易失活；小于pH4.0时容易失活。

(4) 嗜氧性。在低溶氧的条件下，其活性被抑制。

(5) 干燥条件下的稳定性。在非常干燥的状态下，5个月以上仍然稳定。整体来说，噬菌体在干燥状态（相对湿度10%、30℃）比在湿润状态（相对湿度90%、30℃）稳定。

(6) 不耐药性。对药物很敏感，0.5%甲醛、0.5%苯酚、1.5%漂白粉、1%石灰、1%双氧水、0.5%高锰酸钾、1%新洁而灭，都可使噬菌体失活。

(7) 在紫外线照射下失活。在液层5mm、距UV-15W灯15cm，照射2min，噬菌体完全失活。

(四) 噬菌体污染的因素

由于噬菌体极小，质量很轻，存活期长，所以地面上一旦存在噬菌体，则在一定范围的空气中必有噬菌体，空气的流动就使噬菌体得以传播。

生产过程中噬菌体的感染会造成一系列的问题，其存在对深层发酵和速酿工艺均会造成影响。在对300个异常发酵的样品调查中发现，速酿工艺的发酵液中可检测污染噬菌体量为10^6～10^7个/ml，深层醋化工艺的发酵液中为10^7～10^9个/ml。在深层醋化发酵中不同的醋杆菌菌种对噬菌体的敏感性不同，因此，生产中感染了噬菌体后，醋化过程会减慢但不会停止。若深层醋化中仅采用一个菌种，则噬菌体感染会使醋化过程停止。避免感染的有效措施是使用经巴氏消毒的原料和无菌过滤空气，并将深层发酵设备与快速发酵设备分离开来，因为快速发酵设备会有噬菌体残留。

四、食醋表面的“菌醭”

在食醋生产中，我们经常遇到料层表面生长菌醭（bacterial scums），即“长膜”问题，如图13-2所示。“长膜”大多发生在酒化前期，料层刚起温的时候。刚开始往往只有一点或一小片，如果不及时处理，很快便会蔓延至整个罐面，同时伴有一种恶臭味。大凡这样的罐，一般都会出现料发黏、酒度低、管理困难等问题，最后导致产量低、风味差的严重后果。

膜醭是杂菌产膜酵母菌生长繁殖的结果。产膜酵母菌的适宜生长温度比生产上常用的酵母菌稍高，35～40℃。将产膜酵母菌与正常的酒精酵母菌接入发酵醪中，产膜酵母菌几乎不生成乙醇，相反，由于消耗一部分糖分及其他营养物质，而使乙醇发酵醪的酒量减少。

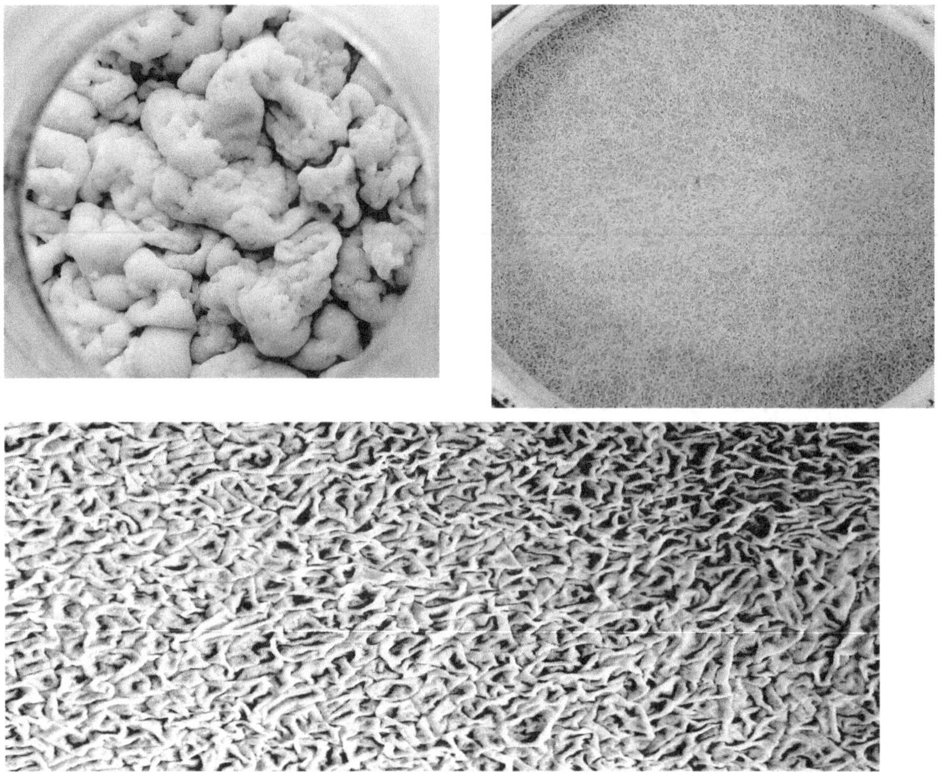

图 13-2　不同醋液表面的膜醭（另见图版）

这些酵母菌大多数属于膜醭假丝酵母菌（*Candida mycoderma*），能在显微镜下辨认出来，出芽分叉处有脂肪滴，呈现 1～2 个亮点，其他属于毕赤酵母属（图 13-3）、汉逊酵母属和酒香酵母属的一些种也能生长在葡萄酒表面。膜醭假丝酵母菌是一种强烈呼吸型酵母菌，它对于糖的呼吸作用几乎为零。它能氧化葡萄酒中的乙醇或醋酸，也能氧化酒中的其他组分，特别是有机酸。产膜酵母菌的生长总是会使固定酸度降低，甚至也

图 13-3　膜醭毕赤酵母菌

使挥发酸度消失。

产膜酵母菌对醋酸有不同程度的耐力，当葡萄汁内醋酸浓度达 12g/L 时，某些产膜酵母菌还能形成整个膜醭；醋酸含量在 12～20g/L 时，酒液和醋液表面上出现单个的膜斑。其他酵母菌如膜醭毕赤酵母菌（*Picha membranaefaciens*）和粉状毕赤酵母菌（*Pichia farinosa*）耐醋酸的能力只有 8g/L。

该菌对 NaCl 有较强耐受力，在 10%盐含量发酵醪中仍可继续生长。但如此高的盐量会严重影响正常的醋酸发酵，因此不宜采取加盐的方式来抑制产膜酵母菌的生长。乙醇对产膜酵母菌有很好的抑制作用，4%的乙醇对产膜酵母菌就有抑制作用，但要想实行完全抑制必须达到 15%以上。醋酸含量对产膜酵母菌有很好的抑制作用。将产膜酵母菌接种于酸含量不同的米曲汁中培养（表 13-1）。产膜酵母菌对酸极为敏感，2%的醋酸便可对其生长与代谢产生有效的抑制作用。实践证明，3.5%的醋酸即可完全抑制产膜酵母菌的生长。

表 13-1　醋酸对产膜酵母菌的影响

时间	含酸量/%					
	2	4	6	8	10	0（对照）
15h		无	无	无	无	有膜，3/5 管产气
20h	无	无	无	无	无	有膜，气已满
25h	无	无	无	无	无	有膜，气已满
3d	有膜	无	无	无	无	有膜，气已满

第二节　生物污染与防治

一、醋鳗（vinegar eels）

醋鳗又名醋线虫（*Turbatrix aceti*），属于线虫类，灰白色，细如线状，雌虫（1.5～2）mm×0.04mm，雄虫 1mm×0.03mm，成虫有口连接食道，食物吃下后经口咀嚼入胃消化，再经肠继续消化吸收，如图 13-4 所示。废料由肛门排出体外，从肠至尖的尾部体腔里有无数圆的脂肪小球作为它们的储藏营养物。它们胎生繁殖，受胎的雌虫 8 天之内生出 45 个幼虫，幼虫 4 周后再开始紧殖，生存期约为一年，成虫、幼虫对人体无毒害，但对醋有危害作用。为了保持体表的水分，通常是几条或者十几条挤在一起，同时为利于新陈代谢，保持一定的间隙，故形成网状、树枝状和放射状纹的集群，不论其爬离醋面多高，都必须一个接一个重叠成锁链状与醋面相接，以保证虫体都能从醅中获得足够的营养和水分。如果破坏了它们和醋面的接触，就很快向下活动，直至又重新与醋面接触。

醋鳗能在低浓度乙醇和醋中生长，能抵抗冷热，在 5.5℃以上即可生长；多在醋液表面活动，因呼吸须大量氧气，若醋酸菌在醋液表面形成醋膜，则因缺氧导致死亡，沉于发酵容器底部。它们在食醋中象鳗鱼一样游来游去，对生产危害极大。它们不仅吞食醋酸菌，在醋液中运动时阻碍菌膜的形成，更为严重的是使醋醅或食醋产生使人难以接

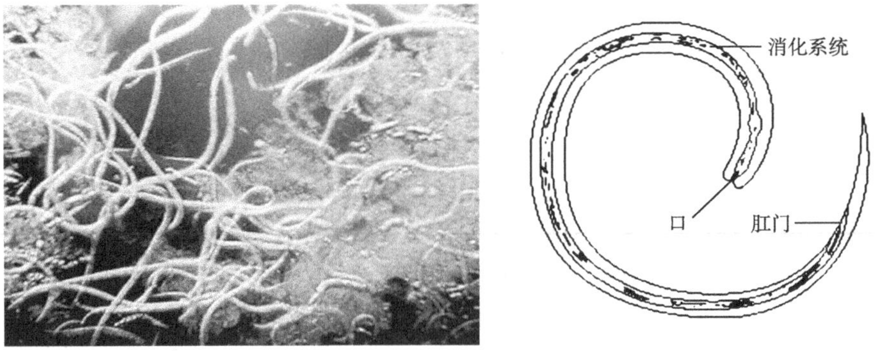

图 13-4　醋鳗

www.versatilevinegar.org/markettrends.html

受的异臭味，不能食用。有线虫的谷物醋储存至 107 天就已变质，到 175 天就彻底腐败。此时，线虫全部死亡，瓶底集有大量黑色沉淀，醋已由酸变碱（由 pH4 变为 pH8），并散发出恶臭味，如表 13-2 所示。

表 13-2　醋鳗对食醋存放质量的影响（徐勤，1980）

存放时间/d	有醋鳗醋（刚出缸醋）				无醋鳗醋		
	色	味	沉淀	虫	色	味	沉淀
1	橙黄	酸	无	活泼	橙黄	酸	无
107	微黑混浊	酸臭	灰色沉淀	活泼	橙红	酸	无
175	灰黑色水样	恶臭	黑色沉淀	全部死亡	深橙红	酸	无

醋鳗主要是以昆虫为媒介，从酿造用水、陈旧的木桶和储存容器中带来。醋酸菌是好气性的，应加强车间空气流通，控制醋醅水分，使醋酸菌在生产中占优势。在生产中当醋醅感染醋鳗时，应及时处理，否则，在翻醅过程中，让醋鳗自然接种，至使整缸（池）醋醅感染，以致报废。已淋的醋感染醋鳗，应及时加热或超声波处理，采用 72℃加热即可杀死。醋鳗最适生长温度为 27～29℃，最高 34℃左右，在 37～40℃加热 5min，即呈麻痹状态，44℃加热 1min 便死亡。杀虫后应过滤去除尸体。加强酿造用水的化验和对水进行热处理，容器经常清洗、日光曝晒，或用热水洗净后再用硫黄熏蒸。

二、醋蝇（vinegar fly）

醋蝇（*Drosophila melanogaster*），是果蝇的一种，身体大小为象蝇的 1/3～1/2，呈黄褐色，头部及背部为红褐色，胸部及肢部皆为红色，眼睛红色而大，腹部黑色有黄纹，翅较身体为长。其幼虫为白色，生有 12 节，8 天后变为黄色蛹。雌性果蝇在潮湿、腐烂的水果和蔬菜等上面一次可产 500～2000 个卵，卵孵化 24～30h 变成幼虫，幼虫以发酵液中的酵母菌为食，再经过 5～6 天时间，幼虫爬至干燥处变成蛹。整个果蝇的生命周期 8～15 天，其长短由生存的环境温度决定，果蝇的繁殖如图 13-5 所示。果蝇生产速度快，在发酸腐烂的水果、蔬菜、喝剩的果酒等表面都能生长。

图 13-5 果蝇繁殖
http://www.taringa.net/posts/info/7930201/Cria-de-Drosophila-melanogaster.html

醋蝇是污染食醋的主要生物之一，特别是一些车间封闭不严的食醋厂，容易滋生醋蝇，如图 13-6 所示，故应加强防护。醋蝇有趋光性，且体积小，能透过食醋车间的纱

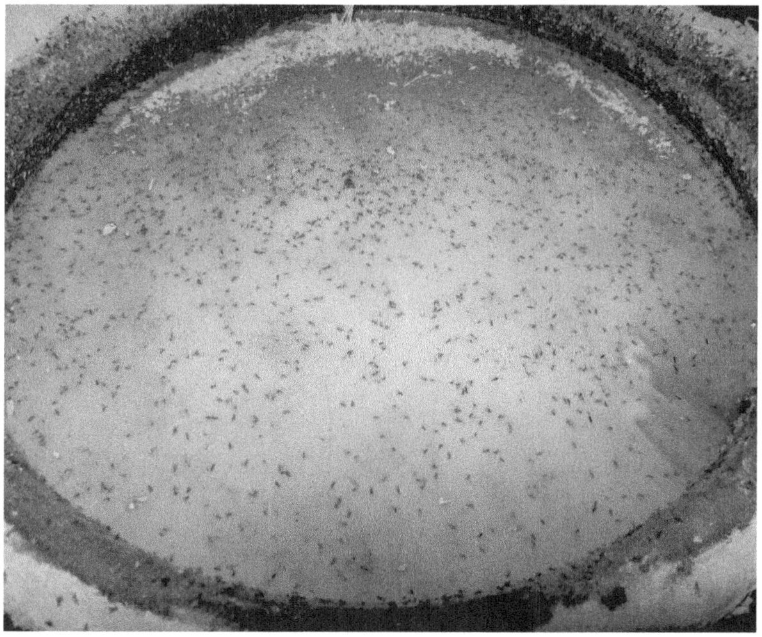

图 13-6 醋蝇污染的食醋

窗进入，对食醋及车间的污染较大，应采取有力的措施进行防止。车间应安装纱门纱窗，防止醋蝇飞入，当有醋蝇存在时，应及时驱灭。发酵车间紫外灯照射可有效地杀死虫卵，使雄性果蝇失去生育能力；灯光对果蝇有诱捕作用，钠灯较汞灯效果好。

图 13-7　灭醋蝇装置

此外还可制作简单的诱捕器来控制醋蝇。诱捕器的制作如图 13-7 所示。将玻璃瓶内壁涂抹少量蜂蜜或植物油，从瓶口处开始用黑漆或不透明纸涂抹、包裹瓶身 1/3 表面。将瓶倒立放置，瓶口用片撑起。该装置可诱捕 70%～80%的醋蝇。

三、醋虱（vinegar mite）

醋虱有两种：一种体形较大，为大醋虱，雌虱大小为 1.5mm×0.8mm，雄虱大小为 1mm×0.5mm，它们容易生长在发酵塔内木质填充料上部或发酵槽盖里面；另一种身体较小，雌虱为 0.6mm×0.32mm，雄虱 0.51mm×0.25mm，如图 13-8 所示。雄虱有近似鲤鱼的赤褐色尾巴，又叫鲤鱼虱。醋虱为醋害虫之一，繁殖迅速，使发酵受阻碍甚至停止。此虫来自土壤，通过通气孔进入发酵器中，它们经常生长在木桶里或发酵塔的潮湿的外侧。醋虱吞食醋酸菌、酵母菌，妨碍醋酸发酵的正常进行，使醋酸度下降。醋虱大量繁殖后死亡，沉淀于容器底部腐烂，产生不良气味。

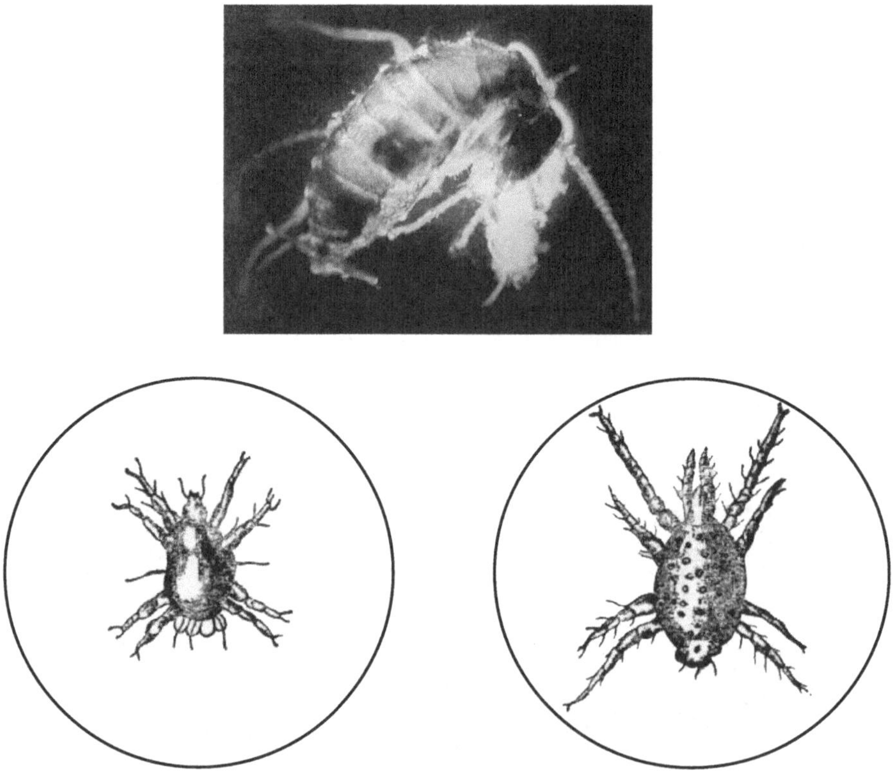
图 13-8　醋虱

为了防止醋虱污染，要加强卫生管理，容器需经常洗刷，使用前要晒干或灭菌，在发酵塔的通风孔处涂上萜烯药剂，可起到预防作用。

第三节　重金属和农药对食醋的污染

有关重金属对食醋的污染研究报道的不多，但从食醋发酵工艺可知，许多醋在生产中都会污染重金属离子。中国著名的食醋山西老陈醋和镇江香醋都用瓷缸、瓮等容器，一些简陋的食醋厂用水泥池（槽）来发酵、储存、陈酿食醋，造成食醋的铜、铅、汞等重金属超标。

有报道，许多意大利香醋都含有微量的铅，铅对儿童和成人的神经以及其他器官有影响，若摄取 1 勺高铅意大利香醋，发现儿童血液中的铅浓度提高 30%；若 1 天摄取 2 勺，则提高 55%。研究认为香醋中的铅来自于酿醋的葡萄，葡萄中的铅从土壤中吸收，香醋中含铅是正常的，也是允许的，但一些毒理学家反对铅来源于土壤的说法，指出香醋铅陈酿时间越长，铅含量越多。从意大利进口到美国的摩德纳香醋的标签上注有“加利福尼亚第 65 号提案警告：该产品含有铅，是一种化学物质，会致使生育失败或其他危害。”

有关果醋中的农药残留问题得到了世界各国的关注。大多数研究报道，发酵原料污染的农药在发酵或陈酿过程中会下降。

对雪利醋中的农药残留进行了追溯研究，在酿造过程中，4 种杀虫剂在雪利醋中的迁移规律如图 13-9 所示。这 4 种杀虫剂是在葡萄成熟时使用的。从图 13-9 中可知，它们随着醋的成熟呈下降趋势。甲霜灵（matalaxil）的浓度从 931.91μg/L 下降至 19.52μg/L，减少率达 97.90%；毒死蜱（chlorpyrifos）从 791.37μg/L 下降至 19.20μg/L，下降率达 97.57%；灭菌丹（folpet）从 201.06μg/L 下降到 71.72μg/L；三唑（triadimenol）从 66.42μg/L 下降至 16.63μg/L。甲霜灵和三唑是水溶性的，溶解度分别为 8400mg/L 和

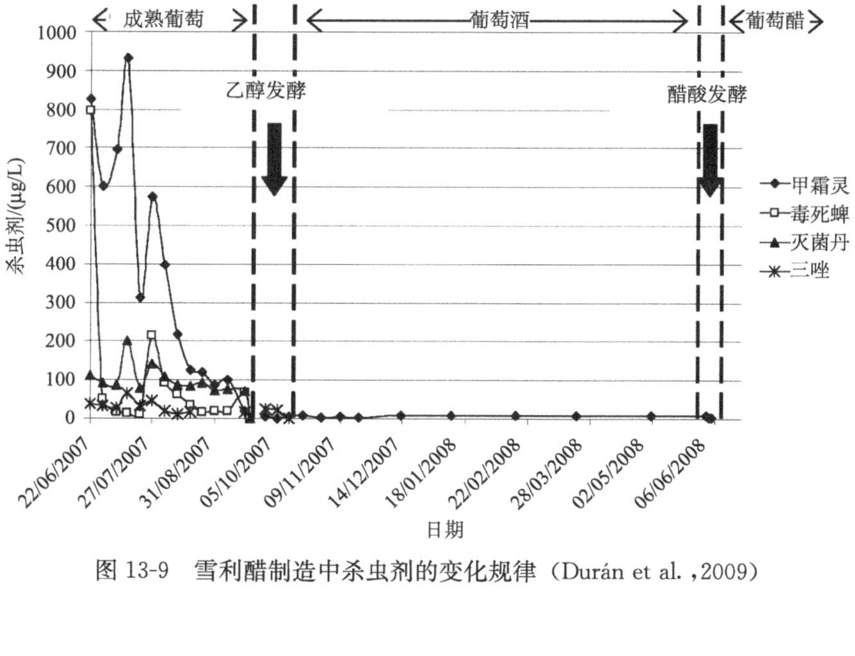

图 13-9　雪利醋制造中杀虫剂的变化规律（Durán et al.，2009）

95mg/L，而毒死蜱和灭菌丹是水不溶的。在乙醇发酵中，这些杀虫剂可被死酵母菌、葡萄皮、渣和果梗吸附，大大降低了酒液中的杀虫剂浓度。也有人认为酶解也可降低杀虫剂的浓度，但缺乏科学论证。这与许多学者认为杀虫剂在发酵中会有一定程度的降解的观点是一致的。这些杀虫剂是在乙醇发酵时期消失的，其原因一方面是因乙醇的产生使溶解性发生改变，另一方面可能是被死酵母菌、果皮、茎秆等吸附。甲霜灵在醋酸发酵阶段没有消失，仍保持在一个低浓度值（0.368～1.93μg/L），一些研究者认为这个数值对人健康影响不大。

含有 25ppm 的对硫磷的苹果汁发酵苹果醋，发酵 57 天后，苹果醋中的对硫磷（parathion）下降为 5.1ppm，同时氨基对硫磷和 4-硝基酚的水平也分别只有 0.23ppm 和 1.2ppm。同样，将 25ppm 的对硫磷添加到葡萄汁中，发酵葡萄酒后最终只会有 8.8ppm 的对硫磷、0.04ppm 对氧磷、0.21ppm 的氨基对氧磷和 3.0ppm 的硝基酚。

另外，在葡萄酒发酵中农药含量的下降同样得到了证实。葡萄酒的苹果酸乳酸发酵可明显降低毒死蜱的浓度，降低率达 70%左右，三氯杀螨醇浓度下降超过 30%以上（2.0ppm～5.0ppm）。杀虫剂浓度的降低可能是由于微生物细胞的吸附作用和化学、生物降解的作用的结果。

参 考 文 献

徐勤. 1980. 酿醋厂有害生物及其防治. 中国调味品，(6)：19-20

叶建安，胡曾泽. 1984. 食醋霉变原因探讨和醋厂卫生学调查. 中国调味品，(8)：15-17

袁身淑. 1992. 日本米醋酿造中耐醋酸杂菌的生态及其防治. 食品工业，(4)：34-35

杨海麟，亓正良，张玲，等. 2010. 浅谈我国液态深层发酵高酸度醋的生产. 食品与发酵工业，36 (3)：117-121

Acosta A，Diaz C，Hardisson A，et al. 1993. Levels of Cd，Pb，and Ni in different types of vinegars bull. Environ Contam Toxicol，51：852-856

Durán E，Natera R，Castro R，et al. 2009. Traceability of phytosanitary products in the production of a sherry wine vinegar. J Agric Food Chem，57：2193-2199

Kay J. Some vinegars-often expensive，aged balsamics-contain a big dose of lead. http：//www. environmentalhealthnews. org/ehs/news/lead-in-vinegar

Stamm W W，Kittelmann M，Follmann H. 1989. The occurrence of bacteriophages in spirit vinegar fermentation. Appl Microbiol Biotechnol，30：41-46

Schocher H G，Kuhn H，Schindler B，et al. 1979. *Acetobacter* bacteriophage A-1. Arch Microbiol，121：193-197

Teuber M，Andresen A，Sievers M. 1987. Bacteriophage problems in vinegar fermentations. Biotechnol Lett，9：37-38

Vinegar Institute. 2006. available at www. versatilevinegar. org/markettrends. html

Weckbach L S，Marth E H. 1977. Aflatoxin production by *Aspergillus parasiticus* in a competitive environment. Mycopathologia，62：39-45

Wúnsche L，Fischer H，Kiesel B. 1983. Lysogenie and lysogene konversion bei methylotrophen bakterien. I. nachweis des lysogenen zustandes des fakultativ methanolassimilierenden stammes *Acetobacter* MB58/1 und Charakterisierung seines temperenten Phagen MO1. Z Allg Mikrobiol，23：81-94

第十四章　食醋质量控制与评价

第一节　食醋质量鉴别与评价

食醋鉴别（authentication）的目的是评价食醋的质量，按等次分类，这可以避免消费者因虚假宣传而购买劣质商品，同时也保护了诚实的生产者在贸易竞争中的利益。关于食醋品质好坏的辨别，中国古人有“取其酸而香，陈者色红，越陈越好”的叙述。FDA 指出，稀释的醋酸不等同于醋，两者差别很大，并且规定醋酸不能像食醋那样，直接向食品中添加。食醋的质量取决于原料，原料影响到醋酸发酵、陈醋酿制工艺，而这些工艺又与醋的化学组成、物化参数有关。

对食醋评价的主要难点在于确定物化（性质）和感官评价参数及其范围，并进行特征描述。如今，更多的研究者将注意力集中在建立有效的从劣质食醋中鉴别出好醋的分析方法。对食醋的评价除了采用先进的试验方法外，更多的则要依靠数据统计分析法去判别，如主成分分析法（principal component analysis，PCA）、线性判别分析法（linear discriminant analysis，LDA）、逐步判别分析法（stepwise discriminant analysis）、多变量分析法（cluster analysis，CA）和人工网络训练法（BPANN）等分析方法均可运用到对食醋质量的区别上。这些方法可以鉴别食醋的真假，确定食醋是用乙醇发酵还是葡萄酒发酵的，判别食醋的发酵方式，判断用什么材料及其他辅料酿造。

一、根据食醋基本成分进行鉴别与评价

食醋的主要成分是醋酸，此外还含有维生素、矿物质、氨基酸、多酚（如棓酸、儿茶素、咖啡酸、阿魏酸）和非挥发性的有机酸（如酒石酸、柠檬酸、苹果酸和乳酸等）。为了确定所使用的评价指标是否有效，需要对大量的不同原料酿造的食醋进行成分检测和统计分析，进而得出结论。

用快速法酿造的醋和传统表面静态法酿造的醋二者质量相差甚远，其市场售价也不同。有人建议通过检测醋中的酸度、总提取物、灰分、甘油、乙醇、硫和 7 种矿物质（As、Ca、Cu、Fe、K、Mg 和 Zn）来综合评价食醋质量。通过对醋的酸度、干物质、灰分、pH、氯化物、有机酸、脯氨酸、3-羟基-2-丁酮和甘油等物质的分析，可判别食醋的来源。根据 4 种金属元素（Fe、Mg、Mn 和 Na）的含量可判断出食醋是快速发酵还是慢速发酵醋。葡萄酒和苹果醋中 2，3-丁二醇含量较高，陈酿在木桶中的葡萄醋的 2，3-丁二醇和 3-羟基-2-丁酮的含量比未陈酿的高。Palacios 等发现陈酿在木桶中的雪利醋，随发酵时间延长，丁二醇的前体物 3-羟基-2-丁酮含量增加。从葡萄醋和苹果醋中分离出了 4-乙基愈创木酚和 4-乙基苯酚。醋陈酿酯化反应中，有琥珀酸二乙酯、2-乙酸苯乙酯、乙酸戊乙酯和 n-乙酸丁酯形成。

用逐步判别分析法测定醋中的酒石酸、乙醇、脯氨酸和两个色值（饱和度和色度）

可区别苹果醋和意大利葡萄醋。Nieto 等将葡萄醋中的 4 种醇（甲醇、1-丙醇、2-甲基-1-丁醇和 3-甲基-1-丁醇）、丙酸乙酯、乙偶姻和另外一些指标（如脯氨酸、总酸/氧化指数等）作为线性判别的参数进行评价，这种方法的正确分析率能达到 97%。Gerbi 等认为乙偶姻、联乙醯和乙酸乙酯等挥发性物质的含量与醋酸发酵的菌种有直接关系。

气相色谱-嗅觉检测法（GC-O）可用于葡萄醋的检测，先用 NaOH 中和醋中提取的呈味成分，经 GC-O 检测，可知葡萄醋中不仅含有醋酸，还含有 3-甲基丁酸、2-苯甲-1-乙醇、2.3-丁二酮、丁酸和 2-甲基丁酸。

总氮、磷酸盐、灰分和食醋的碱性等也是常用来分辨食醋的指标，如麦芽醋中总氮和磷酸盐值较低，谷物醋中总氮含量很高，而合成醋中灰分含量很低。

另外，通过挥发性成份的定性实验也可区分食醋，常用指标如下。

氧化值：将 1ml 0.002mol/L $KMnO_4$ 加入 100ml 醋样中，脱色 30min，其氧化值与乙醇和乙酰/甲基/甲醇含量有关。

碘值：将 1ml 0.01mol/L 的碘液添加到 100ml 醋样中，进行吸附反应，该值的大小反映出乙酰/甲基/甲醇和联乙醯含量的多少。

酯值：将 1ml 0.01mol/L 的 NaOH 加入到 100ml 醋样中进行皂化反应。

一般经过发酵的醋上述值都较高，而人工合成的醋都较低。

准确、可靠地区别真正的葡萄酿造醋和用乙醇调配的葡萄醋是非常重要的，一般好的果醋中含丰富的特征有机酸，而调配的酒精醋中含量没有或很少，如葡萄醋中含酒石酸，苹果醋中含苹果酸。另外，发酵的葡萄醋和乙醇调配的葡萄醋也可用甲醛滴定法测定醋中氨基酸含量进行区别。但特征有机酸和氨基酸很容易添加到调配醋中，最终无法鉴别。因此对食醋成分进行全面分析是区别葡萄醋和乙醇调配醋最好的方法。

二、根据食醋特征性成分进行鉴别与评价

由于食醋酿造原料不同、酿造方法各异、酿造菌种有别，制造的醋其组成成分、含量差别很大，而每种醋都含有一些区别于其他醋的代表性组成成分。

（一）特征氨基酸

利用气相-质谱测定特征氨基酸，不仅可以区别发酵醋和合成醋（synthetic vinegar），还可以判别出酿醋所用的原料。红葡萄酒醋中的氨基酸主要是游离 L-脯氨酸，其含量代表发酵该醋时使用的葡萄浆的量，可判别该醋是否用葡萄酿造；D-脯氨酸含量的多少则表示葡萄酒醋老化的时间及质量，用来判别食醋陈酿的时间和质量评价。传统的葡萄香醋和工业化生产的葡萄香醋质量差别较大，这与美拉德反应有关。通过美拉德反应可产生 D-脯氨酸，L-脯氨酸不能在酸性作用下进行光异构化产生 D-脯氨酸。可用毛细管气相色谱法测定葡萄香醋中的 R-和 S-型的乙偶姻（acetion）及 D-和 L-型脯氨酸，游离脯氨酸的 D/L 值可确定葡萄酒醋陈酿的时间，乙偶姻的 R/S 值用来判别人工酿造香醋还是工业化香醋，可通过氨基酸自动分析仪，测定醋中 20 多种氨基酸含量，再用多元统计分析判别香醋质量。

（二）酚类物质

葡萄醋中的酚类物质来源于葡萄自身和陈酿的木桶，其含量可通过 HPLC 检测，含量的多少则决定了醋的质量和醋的来源。酚类物质是葡萄醋的主要成分，因为葡萄自身和酿醋的木桶中存在大量的酚类物质。用葡萄酿造的醋酚类物质含量很高；用木桶陈酿果醋，因棓酸在陈酿过程中水解使酚类物质含量增加。陈酿在木桶中的香醋、红葡萄醋和白葡萄醋棓酸含量是最高的。

醋中酚类含量的高低暗示了发酵原料和酿造技术的差别。对醋中的酚类物质含量进行多变量分析，可对醋发酵原料地域和酿造技术进行预测。

（三）HMF

5-羟基糠醛（HMF）是使用一切含糖及糖衍生物制造的醋中常见的物质，在生产和储藏的过程中只要使用含糖和形成糖的食品基质，就会有 5-HMF 生成，其含量因加工方法、原料的不同差别较大。果醋中 5-羟甲基糠醛的来源有两个方面：一方面是向果醋中添加焦糖色素时带来的，另一方面是当水果加工成果汁时因加热等因素而产生的。一些工业醋 HMF 较低，为了加深其色泽，常添加焦糖色素。很多香醋都含有 5-HMF，传统葡萄香醋的 HMF 含量最高达 5.5g/kg。对 35 种香醋和 120 种其他醋进行分析，多数醋中均含有 HMF，而且陈酿时间越长，香醋中 HMF 含量越高。

（四）多元醇

多元醇又称糖醇，是醛糖或酮糖的羰基被还原成羟基的衍生物。一部分多元醇广泛存在于植物以及微生物体内，存在的形式有游离状态、化合状态，如甘露醇、山梨醇、木糖醇等。发酵制品中多元醇的来源比较复杂，有部分学者认为酒中的阿拉伯糖醇、木糖醇、甘露醇是在微生物发酵的过程中形成的，也有学者提出甘露醇主要是果糖经微生物还原而成。发酵制品中多元醇的种类及含量是反映原材料、微生物环境与成品质量的重要指标。不同原料采用不同的微生物发酵会得到不同的多元醇。食醋中的多元醇，如赤藓糖醇、阿拉伯糖醇、甘露醇等是食醋甜味来源之一，对醋的风味影响极大。

Antonelli 等分析了 100 多个醋样品发现，通过果醋多元醇的组成和含量可鉴定食醋发酵的原料和加工工艺。研究发现，多元醇在苹果醋中含量很高，酒精醋中很少，而在葡萄醋中很难检测到，但在西班牙产的白葡萄酒醋（Jerez）中却大量存在，在用发霉葡萄（*Botritys cinerea*）生产的醋中也能检测到。以醋中的多元醇为评价指标，可以更好地确定醋的发酵原料是用葡萄、酒精、麦芽，还是蜂蜜。Zeppa 等认为用多元醇含量可判断食醋原料的来源，利用 GC 检测多元醇，判断不同来源醋的使用原料，也可用多元醇含量鉴别掺假的果醋和便宜的乙醇发酵的醋，多元醇在乙醇发酵和醋酸氧化中基本保持不变。区别雪利醋质量的唯一标准就是多元醇含量，用多元醇分析方法可以鉴别用酒精醋冒充葡萄醋。

山西老陈醋中赤藓糖醇的含量比较高，镇江香（陈）醋中肌醇、甘露醇的含量较高，而白醋中多元醇的含量极低，这主要与生产食醋的原料、生产工艺有关。

（五）有机酸

苹果醋中含有大量的柠檬酸、乳酸等有机酸，苹果原料中含苹果酸多，发酵的醋中苹果酸含量也较高。葡萄醋中含有酒石酸和少量的苹果酸，葡萄的品种和来源不同，苹果酸的含量也不同。苹果酸在发酵过程中转化为乳酸，因此，葡萄醋中的苹果酸和乳酸的比值可说明发酵的过程和原料来源。在红葡萄醋中未检测到苹果酸，只有木桶陈酿的香醋中才有苹果酸。葡萄中的柠檬酸和乙醇发酵形成的琥珀酸在发酵中经微生物转化成醋酸，其含量下降。未陈酿的红葡萄醋中酒石酸含量相对较低，蜜蜂醋中含有柠檬酸，麦芽醋中的非挥发性酸只有乳酸。

食醋掺假（adulteration）鉴定一直是学者研究的热点。鉴别葡萄醋中是否掺兑酒精醋，公认的方法为测定醋中的特征有机酸，如葡萄醋中含酒石酸多、苹果醋中含苹果酸多。

三、利用放射性同位元素^{14}C对食醋进行鉴别

食醋原料所用的乙醇只限于酿造制成的酒精，而不可使用化学合成乙醇。因此，无论是合成还是酿造的乙醇所用的原料都来源于地上的碳水化合物。石油资源长久埋于地下，所以认为化石燃料内所含的碳元素中不存在有^{14}C，而植物资源原料中的碳水化合物内含有^{14}C。因为大气中的二氧化碳在地上进行光合作用而进入植物体内，所以此种原料放射性同位元素^{14}C的含量比地下资源的原料高。

若食醋中混有由乙炔或乙烯合成的醋酸，则可用放射性同位元素^{14}C计数方法进行鉴别。用酿制乙醇或合成乙醇制成的醋酸，可通过测定其中的^{14}C对两种醋酸进行鉴别。此后，用液体闪烁计数管法测定使用不同来源乙醇制成的醋酸中的^{14}C。此外，这种方法也可应用于葡萄酒或其他食品。

四、根据食醋挥发性物质组成进行鉴别与评价

测定挥发性成分含量是区分葡萄醋和掺假葡萄醋的好方法。应用逐步判别分析方法，检测醋中的4种醇类（甲醇、1-丙醇、2-甲基-1-丁醇、3-甲基-1-丁醇）、乙酸丙酯、乙偶姻（3-羟基-2-丁酮）和其他参数，如脯氨酸、总酸/氧化指数等，可确定食醋的酿造方法和质量，这些参数可正确判别97%的食醋。醋化工艺对食醋的挥发性物质的影响显著，可用食醋含有的确切的挥发性成分，如乙偶姻、联乙醯（diacetyl）、乙酸乙酯来判别食醋酿造的菌种。

用气相色谱风味检测仪（gas chromatographyol factometry）可检测红葡萄酒醋的风味物质，先用二氯甲烷提取，再用NaOH中和，可检测到醋中至少13种风味成分，其中确定了8种物质的分子结构，有醋酸、3-甲基丁酸、2-苯基-1-乙醇、2，3-丁二酮、丁酸、2-甲基丁酸、2-和3-甲基-1-丁醇的混合物、3-羟基-2-戊酮和3-（甲硫基）-1-丙醛。

第二节　食醋感官分析

一、基本要求

食醋感官评价是分析食醋质量最重要的组成部分。其方法可用来判别醋的质量和种类，如葡萄醋和苹果醋、红葡萄醋和白葡萄醋等。在食醋感官评定时，由于醋酸是它的风味物质，且含量比较高，所以会掩蔽其他风味物质。

一般来讲，食醋的评定有两种方法。第一种方法比较简单，适合于所有醋的评定。先用水稀释醋样至含醋酸量为1%，再添加1.5g/100ml的NaCl，使每30ml稀释醋样中漂浮25g莴苣叶，或者直接用冷水或热水稀释醋样，用NaOH中和再进行评价。这种方式可以对不同醋样进行初步评定，适合于无评品经验的鉴定者使用。第二种方法是专业性评价，一般需使用葡萄酒杯在评定室中进行。评定前先将醋样盛放在不透明且带盖的杯子内，避免颜色对评定者的干扰及醋味散失，再随机摆放，此外每次鉴评应间隔几分钟。

进行品尝分析需要训练有素的品尝人，以准确无误判别醋的不同之处。为了不使品尝人产生嗅觉疲劳，应限制品尝样品的数量。

要求品尝者年龄在25～45岁，身体健康，不抽烟，最好具有一定专业知识并受过专门训练。根据所谓的品尝灵敏检验（ISO，1991），将评品人按其对基本风味感觉的敏感性分组，以分辨出最敏感的个体。可用几种确定的代表性醋样检测评定者，决定是否接受其参加评定；一旦接受，应有目标地对其进行培训，培训期没有确定时间，有的人认为是10～20h，也有人认为不少于100h。培训时需配制含不同香味、不同醋酸浓度的醋液，如醋酸浓度（0、4%、6%、7%、8%、10%）、乙酸乙酯浓度（0、0.5g/L、1.5g/L、2.0g/L、2.5g/L和3.0g/L）、浸泡过橡木刨花卷的乙醇水溶液浸提物、乙酸乙酯溶液和乙醇水溶液都应添加7%的醋酸等，以便接近于鉴定的醋样。

感官评价的检测方法有三角形检测（对未知样品极其有用）和比对检测（不同样品的差异性检测）两种。

二、方法

与其他乙醇产物相比，食醋中醋酸的刺激性会干扰品评者对香味的敏感性，使其味觉产生疲劳，造成食醋品评困难，因此食醋的感官评价较其他食品困难。

（一）醋样准备

按照ISO8589—88标准的规定设计评醋室。醋样温度20℃，在该温度下，评醋员的感官灵敏度较高，而检测阈值最低。品评杯要符合ISO3591—1997标准，玻璃杯为黑色，以使其色泽不会干扰品评者的反应。

（二）感官检验

去掉品评杯的盖子，摇动杯中醋液10s，倾斜杯子润湿其内壁。手持杯子使其与鼻子成45°角，口置于杯边缘闻醋酸，尽量不要嗅闻杯中央的醋液，呼吸应缓慢、短平，嗅闻时间不要超过15s，若还不能对醋液作出判断，第二次嗅闻前应暂停一段时间。

嗅闻判断结束后，将杯中醋液倒干，再嗅闻空杯。风味成分描述是品评醋中常用的方法之一，通过参加者的品尝、感觉的自由交流，可确定醋的风味特点。用语言描述醋的风味特征，如表14-1所示。欧洲品评果醋，尤其是葡萄醋常用的指标有颜色、气味、质量，常用的描述术语有坚果气味、草药气味、水果气味、气味强度、滋味质量，木头味、坚果味、草药味、水果味等。

表14-1　果醋品评指标定义、标准参考及评价技术应用（Tesfaye et al. ,2010）

指标	定义	对照物	评价技术
乙酸乙酯	胶水或指甲膏清洗剂的气味	乙酸乙酯溶液	90ppm的乙酸乙酯溶于6%（*V/V*）乙酸溶液中
乙醇/液	含乙醇的液体陈酿在橡木桶中的气味，如白兰地或葡萄酒陈酿	白兰地和雪利酒	80ml雪利酒、6.7ml醋酸和13.4ml的水混合
刺激性气味	醋酸溶液的气味	醋酸液	7%醋酸溶液
药味	草药或药房气味	乙醛液	0.5ppm乙醛溶解于6%（*V/V*）的醋酸溶液中
葡萄酒特点	葡萄酒产生醋的味	新鲜的白葡萄酒	80ml新鲜白葡萄酒、6.7ml醋酸和13.4ml水混合
葡萄干	葡萄干风味	葡萄干	太阳干制的葡萄干
木味	180℃烤橡木刨花卷3h的味	烤制浸泡在6%醋酸液的美国橡木刨花卷	2%（*m/V*）烤美国橡木刨花卷浸泡在6%醋酸液15天
柠檬味	柠檬酸溶液味	柠檬酸味	0.5ppm柠檬酸溶于6%（*V/V*）的醋酸溶液中
苹果味	苹果味，有苹果醋的特点	苹果汁	80ml苹果汁溶于6%（*V/V*）的醋酸溶液中
椰子味	椰子味	α-甲基-γ-辛内酯溶液	7.14ppm β-甲基-γ-辛内酯溶于6%（*V/V*）的醋酸溶液中
丁香味	丁子香酚溶液产生的风味	丁子香酚溶液	10ppm丁子香酚溶于6%（*V/V*）的醋酸溶液中
红色浆果味	草莓或黑莓味	草莓汁	80ml草莓汁溶于6%（*V/V*）的醋酸溶液中
香草味	有香草醛溶液味	香草醛溶液	0.25ppm香草醛溶于6%（*V/V*）的醋酸溶液中
甜味	蜂蜜味，有蜂蜜醋的特点	蜂蜜	2g蜂蜜溶于6%（*V/V*）的醋酸溶液中

续表

指标	定义	对照物	评价技术
腐臭味	2-糠醛溶液产生的风味	2-糠醛溶液	0.7ppm 2-糠醛溶于 6%（V/V）的醋酸溶液
苦杏仁味	苯甲醛溶液味	苯甲醛溶液	0.27ppm 苯甲醛溶于 6%（V/V）的醋酸溶液
细菌味	用以食醋发酵的醋酸菌味	未灭菌的新鲜醋	新酿造的未灭菌的新鲜醋
奶酪味	成熟的奶酪味	奶产品成熟的奶酪	成熟的奶酪
锯屑/木头刨花味	新鲜木头味	用锯锯木头味	2%（m/V）新鲜美国橡木刨花卷（未烘烤）浸泡在 6%（V/V）的醋酸溶液中
旧/皮革味	皮革味	皮革	皮革浸泡在 6%的醋酸溶液中

不同来源的食醋风味差别很大，也可用画图的方法表述，如图 14-1 所示，用蜘蛛网图描述雪利醋的风味。

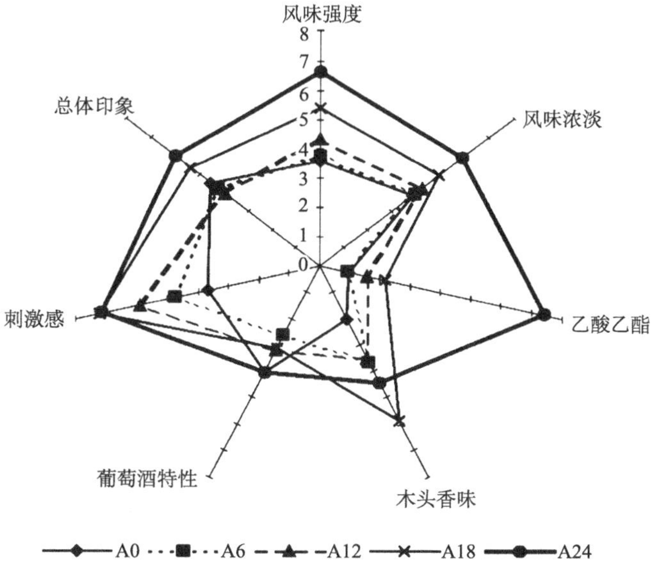

图 14-1　雪利醋陈酿 0、6 个月、12 个月、18 个月和 24 个月的感官评价结果（Tesfaye et al.,2002）

食醋风味的影响因素主要为酿造的原材料、酿造方法及酿造后陈酿过程三个方面。据报道，不同的雪利葡萄醋和餐桌葡萄醋的风味差别主要表现在木头味和气味强度上，广大的消费者普遍认为雪利葡萄醋具有很好的木头香味。

（三）数据分析

食醋感官评定时，对其测试数据进行分析的方法主要有广义普鲁克分析（generalized

Procrustes analysis)、单因素方差分析（one-way ANOVA）和主成分分析（PCA）结合、方差和蛋壳区（egg-shell plots）结合、聚类分析、一致性分析（consonance analysis）和PCA结合等复合分析方法。对数据的可靠性和真实性的检验采用偏最小二乘回归法。

第三节　食醋相关质量标准

凡是为商品出售的食醋，其产品必须达到一定的质量标准，其生产方法必须遵循相关的规定和要求。下面列举了几个有代表性的食醋标准，仅供生产者和管理者参考，对食醋的生产和质量管理具有很好的指导意义。

一、国际食品法典委员会（FAO和WHO）提议的食醋修订标准（CODEX STAN 162-1987）

1. 范围

此标准应用于下面第二部分定义的产物。

2. 定义

2.1　醋是适合于人类消费的液体，使用含淀粉和/或者糖的原料，经过二次发酵过程（第一次为乙醇发酵，第二次为醋酸发酵）生产的产物。食醋含有与本条例3.3所规定的醋酸，还包括与条例3.2规定的最适成分。

2.1.1　葡萄醋

葡萄酒经过醋酸发酵生产，因原材料中的挥发性酸含量不同，其醋中挥发性酸的最大量会超过规定。

2.1.2　果醋（果酒）、浆果醋（果酒）、苹果酒醋

以果酒、浆果酒或苹果酒为原材料经过醋酸发酵生产，因原材料中的挥发性酸含量不同，其醋中挥发性酸的最大量会超过规定。另外，这些醋还能按照2.1部分规定过程生产。

2.1.3　酒精醋

用稀释的乙醇经过醋酸发酵生产，生产过程不经过中间蒸馏，其他同2.1规定。

2.1.4　谷物醋

用任何谷物原料，按2.1部分规定的过程生产，期间不经过蒸馏，谷物淀粉水解转化为糖，淀粉水解不同于单独用麦芽水解酶的过程。

2.1.5　麦芽醋

使用发芽大麦，添加或不添加谷物生产，中间不经过蒸馏，发酵方法同2.1规定，仅靠用麦芽中的淀粉酶将淀粉转变成糖。

2.1.6　蒸馏麦芽醋

在减压条件下用麦芽醋蒸馏获得。麦芽醋生产同2.1.5规定，其成分主要是麦芽醋产生的挥发性物质。

2.1.7　乳清醋

使用乳清，发酵方法同2.1部分规定生产，期间不经过蒸馏。

2.1.8　蜂蜜醋

使用蜂蜜，发酵方法同 2.1 部分规定生产，期间不经过蒸馏。

3. 基本组成和质量标准

3.1　原材料

3.1.1　生产醋的原材料

（Ⅰ）来源于农业，含有淀粉和/或糖的农产品，包括水果、浆果、谷物、发芽大麦、乳清和蜂蜜；

（Ⅱ）葡萄酒、水果或浆果酒、苹果酒；

（Ⅲ）农作物生产的稀释乙醇或其他；

（Ⅳ）林业来源的稀释乙醇。

3.2　可选择的配料

下面的配料可以添加到醋中，以改善风味。

（Ⅰ）植物，特别是草药、香料和水果，或者是它们的提取物。

（Ⅱ）乳清。

（Ⅲ）水果汁或稀释后的浓缩果汁。

（Ⅳ）砂糖，符合 Codex Alimentarius，Volume 11。

（Ⅴ）蜂蜜，符合 Codex STAN 12-1981、Codex Alimentarius，Volume 11。

（Ⅵ）食品级食盐，符合 CODEX STAN 150-1985、Codex Alimentarius，Volume 1A

3.3　组成

3.3.1　总酸

醋	总酸
葡萄醋	不少于 60g/L（以醋酸计）且经过生物发酵产生
其他醋	不少于 50g/L（以醋酸计）且经过生物发酵产生

3.3.2　残留乙醇含量

醋	残留乙醇（V/V）
葡萄醋	不大于 0.5%
其他醋	不大于 1%

3.3.3　可溶性固形物

醋	可溶性固形物（添加的糖和盐除外）
葡萄醋	不少于 1.3g/L-1%醋酸
水果醋、大麦醋、苹果醋	不少于 2.0g/L-1%醋酸

3.3.4　其他质量要求

总的铜（Cu）和锌（Zn）　　10mg/kg

铁（Fe）　　10mg/kg

4. 食品添加剂

仅使用下面列表的添加剂且使用量不能超过规定范围：

代号	添加剂	最大量
4.1　抗氧化剂		
220	SO_2	70mg/kg
300	L-抗坏血酸	400mg/kg
4.2　增色剂		
150a	焦糖Ⅰ（洁净的）	GMP
150d	焦糖Ⅳ（亚硫酸铵生产）	GMP
150c	焦糖Ⅲ（氨水生产）	1g/kg
4.3　增味剂（葡萄醋例外）		
621	味精	5g/kg
622	谷氨酸钾	5g/kg
623	谷氨酸钙	5g/kg
4.4　稳定剂		
1201	聚乙烯吡咯烷酮	40mg/kg
4.5　香味剂		
天然香味料合天然香味加工物符合有关标准要求（天然风味剂的总体要求，Codex Alimentarius volume 1）		
4.6　加工助剂		
4.6.1　醋酸菌营养剂（酵母抽提物或自溶物，氨基酸）和盐类		
4.6.2　澄清和过滤剂，经过国际食品法典委员会证实且有很好的生产作用的物质		

5. 污染物

	最大量
5.1　砷（As）	1mg/kg
5.2　铅（Pb）	1mg/kg

6. 卫生

6.1　上述推荐食醋卫生标准应与推荐的国际操作标准——食品卫生总规则（CAC/RCPI—1969，Rev，3—1997）一致。

6.2　所有产品都应制定微生物标准，该标准应与制定的食品微生物标准和应用规则一致（CAC/GL 21—1997）。

7. 标签

除了包装食品的标签的一般标准（CODEX STAN1-1985，Rev. 3-1999，Codex Alimentarius Volume 1）外，还应包括以下方面：

7.1　食品名称

7.1.1　生产的产品只用一种原料，应命名为“x 醋”，“x”为原料的名称。

7.1.2　生产的产品使用一种以上的原料，应命名为“y 醋”，“y”清单应写全原材料，顺序按组成多少排列。

7.1.3　总酸的含量用“x%”表示，标志在靠近食品名称的地方，“x”是醋酸的含量，单位 g/100ml

7.1.4　按照 3.2 和/或 4.4 部分标准添加的赋予醋特殊风味的任何添加剂，其名称应在标签上有适当的描述。

7.2　非零售容器的标签

在容器上或通过文件表示出总标准 4.1～4.8 部分的内容。除了食品名称外，在容器上还要有商标、生产者或包装者的名字、地址，有时在容器上只出现商标，那么该商标即可反映出生产的全部信息。

8. 分析和取样方法

总酸	按照 AOAC 930. 35J CH_3COOH 表述	滴定法	Ⅰ
残留乙醇	AOAC 942. 06	比重法	Ⅰ
残留乙醇	OIV 法 A2. 1990.	比重法	Ⅲ
砷	AOAC 952. 13（普通法）	比色法	
铜	AOAC 971. 20	原子吸收光谱法	Ⅱ
铁	IFJU 法 No15，1964	光度计法	Ⅳ
铅	AOAC 972. 25（普通法）	（Codex 原子吸收光谱法）	Ⅱ
可溶性固形物	AOAC 930. 35C	重量测定法	Ⅰ
SO_2	AOAC 990. 28	Codex Optimized Monier-Williams method	Ⅱ
SO_2	IV 法 A17. 19%	滴定法	Ⅲ
SO_2	AOAO 990. 31	离子筛析色谱法	Ⅲ
SO_2	AOAO 990. 29	流动注射分析	Ⅲ
Zn	AOAO 969. 32	原子吸收光谱法	Ⅱ

二、日本食醋相关标准

（一）日本酿造醋农林标准（屈平译）

制定　1979 年 6 月 8 日农林水产省告示第 801 号
修订　1985 年 5 月 16 日农林水产省告示第 774 号
修订　1988 年 12 月 9 日农林水产省告示第 1973 号
修订　1990 年 2 月 29 日农林水产省告示第 1225 号
修订　1994 年 3 月 1 日农林水产省告示第 435 号
修订　1994 年 12 月 26 日农林水产省告示第 1741 号
修订　1997 年 2 月 17 日农林水产省告示第 248 号

修订　1997年9月3日农林水产省告示第1381号
修订　2004年6月23日农林水产省告示第1215号
最终修订　2008年10月16日农林水产省告示第1506号

（适用的范围）

第1条　本标准适用于酿造醋。

（定义）

第2条　表左栏为本标准中的用语，其定义如右栏所示

用语	定　　义
酿造醋	以下所列称为酿造醋。 1　以谷物（包含酒糟等的加工品，下同）、水果（包含果汁和果酒等加工品，下同）、蔬菜（包含蔬菜汁等加工品，下同）、其他的农产品（包含甘蔗等及其榨汁，下同）、蜂蜜等作为原料制成的醋醪，或者在谷物、水果中加入乙醇或砂糖，使其进行醋酸发酵而成的液体调味料，且不使用冰醋酸或者醋酸。 2　用乙醇或者在乙醇里加入谷物糖化液或者加入水果、蔬菜、其他的农产品、蜂蜜所得的混合物进行醋酸发酵而成的液体调味料，且不使用冰醋酸或者醋酸。 3　1和2的混合物。 4　1、2或者3中加入砂糖、酸味剂（冰醋酸和醋酸除外）、调味料（氨基酸等）、食盐等（香辛料除外），且其不挥发酸、总糖、总氮的含量（即酸度达到4.0%时所换算的含量）分别小于1.0%、10.0%、0.2%。
谷物醋	酿造醋之一。使用1种或者1种以上的谷物作为原料（不使用除谷物及水果以外的农产品和蜂蜜），每升酿造醋中使用谷物的总量应含40g以上。
水果醋	酿造醋之一。使用1种或者2种以上的水果作为原料（不使用除谷物及水果以外的农产品和蜂蜜），每升酿造醋中使用果汁的总量应含300g以上。
米醋	谷物醋之一。每升谷物醋中米的使用量应含40g以上（米黑醋除外）。
米黑醋	谷物醋之一。使用米（不使用已经脱去糙米全部米糠层的精白米，下同）或者米中仅加入小麦或大麦作为原料，每升醋中米的使用量应为180g以上，并且因发酵成熟而呈褐色或黑褐色。
苹果醋	水果醋之一。每升水果醋中苹果汁的使用量应含300g以上。
葡萄醋	水果醋之一。每升水果醋中葡萄汁的使用量应含300g以上。

（酿造醋的标准）

第3条　酿造醋标准如下所示

分类	标准
性状	应具有固有的色泽和良好的香味，且不得有异味、异臭
酸度	4.0%（谷物醋为4.2%，水果醋为4.5%）以上，但作为企业使用时，其酸度可以大于以上数值，或使用生产所需的适当酸度

续表

分类		标准
可溶性无盐固形物（分别只使用单一的一种谷物、水果、蔬菜、其他农产品或只使用蜂蜜作为原材料酿造的醋，以及米黑醋和不使用糖类、氨基酸液、原材料项目中规定的食品添加剂的醋都除外）		1　谷物醋 1.3%以上，8.0%以下（米醋为1.5%以上，8.0%以下，但若是不使用糖类、氨基酸液以及原材料项目内规定的食品添加剂生产的米醋，其含量范围为1.5%以上，9.8%以下） 2　水果醋 1.2%以上，5.0%以下（苹果醋为1.5%以上，5.0%以下）。 3　谷物醋和水果醋以外的酿造醋 1.2%以上，4.0%以下。 4　需要稀释使用的制品 谷物醋、果醋以及谷物醋和果醋以外的其他酿造醋的酸度分别调整到4.2%、4.5%和4.0%时，其可溶性无盐固型物的含量范围分别为上述“1”、“2”和“3”中规定的数值。
总氮含量（仅限于米黑醋）		0.12%以上
着色度（仅限于米黑醋）		0.30以上
原材料	食品添加剂以外的原材料	只许使用下述原材料 1　谷物、果实、蔬菜、其他农产品以及蜂蜜 2　酒精（仅限于淀粉、糖类等碳水化合物乙醇发酵后的液体，经蒸馏制造的产品。） 3　糖类、食盐和氨基酸液
	食品添加剂	只许使用下述原材料，但是米黑醋一概不得使用 1　化学调味料 L-天冬氨酸钠、5′-肌苷酸钠、5′-鸟苷酸钠、L-谷氨酸钠及琥珀酸钠中的三种以内 2　酸味剂 柠檬酸、DL-酒石酸（仅限于苹果醋使用）以及乳酸中的两种以内 3　着色剂 焦糖Ⅲ（仅限于水果醋以外的产品使用）
异物		不得混入
内容量		与表示量相符
表示事项（仅限于企业用制品）		内容物的酸度，应以“%”的含量为单位，准确到小数点后面第一位数值，并在容器或包装的醒目处或发票中明确记载。

（测定方法）

第4条　前条标准中提及的酸度、可溶性无盐固形物、总氮含量以及着色度的测定方法，如下所示：

项目	测 定 方 法
酸度	1 调制样品 使用移液器正确量取样品 3～10ml（使用 3 中滴定用的氢氧化钠标准液 10～20ml 时所需的样品量）注入 200ml 左右的容器中，再加入 100ml 不含二氧化碳的水，制成试样溶液。 2 校正氢离子指数（pH）计 使用 pH 标准液，校正到 pH8.2 上、下两点以上。 3 滴定 (1) 使用 pH 计进行徒手滴定 将 pH 计的玻璃电极插入试样溶液中，搅拌混合的同时滴入 0.5mol/L 氢氧化钠标准溶液进行滴定，终点为 pH8.2±0.3，在这范围内的 pH 需维持 30s 以上。不添加试样溶液，重复滴定，进行空白试验。 (2) 自动滴定（使用电位差滴定装置的方法） 电位差滴定装置的操作方法为，设置 pH8.2 作为终点，将电极插入样品溶液中，搅拌混合的同时滴入 0.5mol/L 氢氧化钠标准溶液进行滴定。不添加试样溶液，重复滴定，进行空白试验。 4 计算 以下算式计算得出的百分比为酸度。 酸度（%）$=0.03\times(T-B)\times F/V\times100$ T：滴定样品时 0.5mol/L 氢氧化钠标准溶液的使用量（ml） B：空白试验时 0.5mol/L 氢氧化钠标准溶液的使用量（ml） F：0.5mol/L 氢氧化钠标准溶液的滴度 V：样品溶液量（ml） 0.03：0.5mol/L 氢氧化钠溶液 1ml 相当的醋酸的质量（g） 注 1：试验中使用的水，是用蒸馏法或离子交换法精制而成的水，或者是由反渗透法、蒸馏法、离子交换法等方法相结合精制而成的水。下同。 注 2：试验中使用的药品、试剂均需符合日本工业标准的特级等标准。下同。 注 3：试验中使用的移液器、容量瓶和试管，均需符合日本工业标准 R3505 规定的 A 类或者同级别以上标准，下同。 注 4：使用 pH 计进行滴定的时候，为了方便终点的判定，可以加入酚酞指示剂。 注 5：为防止挥发性酸性物质的挥发，试样调制好 30min 以内进行滴定。
可溶性无盐固形物含量	1 可溶性固形物含量的测定 吸取试样 10ml 于已知质量的直径 50mm 的玻璃称量瓶或者平底灼白金皿中，水浴蒸发至干，再加水蒸发至干，如此重复三次，然后在 105℃下干燥至恒重，称量，可溶性固形物的含量测定结果用百分比表示。 2 食盐含量的测定 (1) 测定的步骤 A 自动滴定（电位差滴定装置的使用方法） 使用总移液管吸取试样 3～10ml 至 100ml 或 200ml 的烧杯中，加水至浸没电极的位置，安装电位差滴定装置，搅拌混合的同时，使用 0.1mol/L 的硝酸银溶液进行滴定。依照滴定装置的操作步骤，检测出终点。未检出终点时，其滴定值为 0。 B 摩尔比色滴定法 使用总移液管吸取试样 3～10ml 至瓷质蒸发皿或 200ml 锥型烧瓶中，滴加 0.25mol/L 碳酸钠溶液至 pH6.5～10 之后，加入 2%铬酸钾溶液 1ml 作为指示剂，使用 0.1mol/L 的硝酸银溶液进行滴定，溶液颜色变为微橙色或略微的红褐色即为终点。如果仅滴入一滴，就明显的呈现出超出终点的颜色，则所滴定值为 0。

续表

<table>
<tr><th>项目</th><th>测 定 方 法</th></tr>
<tr><td>可溶性无盐固形物含量</td><td>(2) 计算
食盐含量（%）=0.005844×T×F/V×100
T：滴定消耗的0.1mol/L硝酸银溶液的体积（ml）
F：0.1mol/L硝酸银溶液的因素值
V：试样量（ml）
0.005844：0.1mol/L硝酸银溶液1ml所相当的氯化钠的重量（g）
注1：自动滴定装置中的电极，指示电极使用银电极，参照电极使用银-氯化银电极，或复合型银电极。
注2：摩尔比色滴定法中，不得使用会导致难以判断终点的着色剂。
注3：可溶性无盐固形物含量的计算
可溶性无盐固形物含量（%）=可溶性固性物含量（%）－食盐含量（%）</td></tr>
<tr><td>总氮含量</td><td>使用凯氏法或燃烧法进行测定
1 凯氏法
(1) 测定的步骤
A 试样的分解
(A) 使用可变式输出分解台（烧杯中放置2～3块沸石，加入100ml水，使用最大输出进行预热10min，将烧杯放置在预热好的热源上，5min以内能够使其沸腾的装置）时：
a 使用总移液管正确吸取5～15ml（使用C中提及的滴定用硫酸标准液10～25ml时所需的样品量，下同）试样加入到300ml凯氏分解锥形瓶中，加入分解促进剂［硫酸钙9g与五水硫酸铜（Ⅱ）1g混合，在研钵中研磨粉碎混合而成，下同］约10g，硫酸约15ml。充分搅拌混合的同时，缓慢加入30%过氧化氢约10ml，放置在提前保温好的分解台的热源装置上。
b 首先，用弱输出进行加热，泡沫出来后渐渐加大到最大。当分解液变得澄清之后，继续加热120～150min。
c 分解结束后，在室温下放置，加冷水70～100ml溶解出分解物。
d 不加入试样，进行从a～c的各步操作（空白试验）。
(B) 使用加热催化裂化装置（分解管中加入2～3块沸石，注入50ml，温度提前设定到400℃，将分解管固定好，2.5min以内能够达到沸腾的装置）时：
a 使用总移液管准确量取5～15ml试样，加入到250～300ml的凯氏分解管中，并加入分解促进剂10g及硫酸约15ml。充分搅拌混合的同时，缓慢加入30%过氧化氢约10ml，放置在提前保温好的加热催化裂化装置上。
b 首先加热到200℃，不再出泡沫后渐渐调整到400℃，当分解液变得澄清之后，继续加热90～120min。
c 不加入试样，进行a和b的各步操作（空白试验）。
B 蒸馏
(A) 使用水蒸气蒸馏装置［试样的分解如A中的（A）所述］时：
向容量300ml以上的蒸馏液收集容器（以下称为“收集容器”）中加入1%～4%硼酸溶液30ml，2～3滴溴甲酚绿-甲基红混合指示剂（95%乙醇200ml中加入溴甲酚绿1.5g和甲基红0.10g混合调制而成，下同），放置在蒸馏液流出口处，并将出口浸没其中。将装有分解液的凯氏锥形瓶固定在蒸馏装置上，加入中和用的25%～45%的氢氧化钠溶液（含氢氧化钠28g以上）进行蒸馏，将蒸馏液蒸馏至剩余约100ml以上。使蒸馏液流出口离开液面，用少量的水清洗先端。
(B) 使用自动蒸馏装置（自动并能够迅速完成凯氏法的水蒸气蒸馏装置，包括自动蒸馏装置和自动滴定装置的组合，下同。）时的方法［试样的分解如A中的（B）所述］：</td></tr>
</table>

续表

项目	测　定　方　法
总氮含量	按照装置的操作方法进行蒸馏。将加入2～3滴溴甲酚绿-甲基红混合指示剂的1%～4%硼酸溶液20～50ml加入到收集容器中，再将溶液放置在蒸馏液流出口处，并将出口浸没其中。分解液中注入40～60ml水和中和用的25%～45%氢氧化钠溶液（含氢氧化钠28g以上）进行蒸馏，将蒸馏液蒸馏至剩余约100ml以上。将蒸馏液流出口离开液面，用少量的水清洗先端。 使用自动蒸馏装置和自动滴定装置的组合装置等时，应采取适合本装置的操作方法进行蒸馏及滴定。 C　滴定 (A) 手动滴定（滴定的终点通过指示剂的颜色变化，靠肉眼判断的方法） 使用0.05mol/L硫酸标准溶液对蒸馏液进行滴定。液体由绿色经无色，当呈现出浅红灰色时即为终点。作为空白试验，蒸馏得到的蒸馏液也进行同样的滴定。 (B) 自动滴定（使用装置自动判定滴定的装置的方法） 使用0.05mol/L硫酸标准溶液对蒸馏液进行滴定。根据操作步骤操作滴定装置，检出终点。作为空白试验，蒸馏得到的蒸馏液也进行同样的滴定。 (2) 计算 总氮含量（%）$=1.401\times10^{-3}\times(T-B^{*})\times F/V\times100$ T：试样的滴定值（ml） B：空白试验的滴定值（ml） F：0.05mol/L硫酸的因素值 V：试样的采取量（ml） 1.401×10^{-3}：0.05mol/L硫酸1ml相当的氮的质量（g） *：空白试验滴定时，仅1滴就呈现出明显超过终点的颜色，其滴定值为0。 2　燃烧法 (1) 燃烧法总氮测定装置（具备下述A～D功能的装置） A　为了试样在氧气（纯度99.9%以上）中进行热分解，有能够维持最低870℃以上维度的燃烧炉。 B　为了使用热传导度检出器测定氮（N_2），具备能够将游离的氮（N_2）从其他燃烧生成物中分离出来的构造。 C　将氧化氮（N_x）转化为氮（N_2）的结构。 D　使用烟酸等（用作创建校准曲线以外的标准品，纯度在99%以上）重复测定时，氮含量的平均值为理论值±0.15%，标准偏差在0.15以下。 (2) 测定顺序 A　正确称量0.1mg以下单位的创建校准曲线的标准品[甘氨酸（纯度99%以上），或者使用其他同纯度的标准品]的所需的量，溶解于水中（标准液）。正确量取0.1mg以下单位的标准液，正确操作装置进行测定，创建校准曲线。另外、创建校准曲线使用的标准液应与试样的采取量相一致。 B　正确量取0.1mg以下单位的试样200～1000mg，正确操作装置进行测定。 (3) 计算 由校准曲线计算出氮含量（%） 注：测定试样的比重，计算出氮含量的质量，换算成容量。
着色度	在宽度为10mm的比色皿中加入试样，使用分光光度计测定420nm时的吸光度，其数值即为着色度。

（二）食醋品质表示标准（屈平译）

制定　2000 年 12 月 19 日农林水产省告示第 1668 号
修订　2004 年 6 月 23 日农林水产省告示第 1216 号
修订　2004 年 10 月 7 日农林水产省告示第 1821 号
修订　2007 年 11 月 6 日农林水产省告示第 1371 号
修订　2008 年 10 月 16 日农林水产省告示第 1507 号
最终修订 2011 年 8 月 31 消费者厅。告示第 8 号

（要旨）

第 1 条　与食醋（仅限于装入容器中或包装好的商品）品质相关的表示，除加工食品品质表示标准（2000 年 3 月 31 日农林水产省告示第 513 号）规定的内容之外，还应符合本标准的规定。

（定义）

第 2 条　表左栏为本标准中的用语，其定义如右栏所示。

用语	定义
食醋	酿造醋和合成醋
酿造醋	以下所列称为酿造醋。 1　以谷物（包含酒糟等的加工品，下同）、水果（包含果汁和果酒等加工品，下同）、蔬菜（包含蔬菜汁等加工品，下同）、其他的农产品（包含甘蔗等及其榨汁，下同）、蜂蜜等作为原料制成的醋醪，或者在谷物、水果中加入乙醇或砂糖，使其进行醋酸发酵而成的液体调味料，且不使用冰醋酸或者醋酸。 2　用乙醇或者在乙醇里加入谷物糖化液或者加入水果、蔬菜、其他的农产品或者蜂蜜所得的混合物进行醋酸发酵而成的液体调味料，且不使用冰醋酸或者醋酸。 3　1 和 2 的混合物。 4　1、2 或者 3 中加入砂糖、酸味剂（冰醋酸和醋酸除外）、调味料（氨基酸等）、食盐等（香辛料除外，下同），且其不挥发酸、总糖、总氮的含量（即酸度达到 4.0%时所换算的含量，下同），分别小于 1.0%、10.0%、0.2%。
合成醋	以下所列称为合成醋。 1　在冰醋酸或者醋酸的稀释液里，加入糖类、酸味剂、化学调味料（氨基酸等）、食盐等得到的液体调味料，其不挥发酸、总糖、总氮的含量分别小于 1.0%、10.0%、0.2%。 2　1 或冰醋酸或者醋酸的稀释液中混合酿造醋而制成。
谷物醋	酿造醋之一。使用 1 种或者 1 种以上的谷物作为原料（不使用除谷物及水果以外的农产品和蜂蜜），每升酿造醋中其使用谷物的总量应含 40g 以上。
水果醋	酿造醋之一。使用 1 种或者 2 种以上的水果作为原料（不使用除谷物及水果以外的农产品和蜂蜜），每升酿造醋中其使用果汁的总量应含 300g 以上。
米醋	谷物醋之一。米的使用量每升谷物醋中应含 40g 以上（米黑醋除外）。
米黑醋	谷物醋之一。使用米（不使用已经脱去糙米全部米糠层的精白米，下同），或者米中仅加入小麦或大麦作为原料，每升醋中米的使用量为 180g 以上，并且因发酵成熟而呈褐色或黑褐色。

续表

用语	定义
大麦黑醋	谷物醋之一。使用大麦作为原料时，大麦的使用量为每升 180g 以上，并且其因发酵成熟而呈褐色或黑褐色。
苹果醋	水果醋之一。每升水果醋中苹果汁的使用量应含 300g 以上。
葡萄醋	水果醋之一。每升水果醋中葡萄汁的使用量应含 300g 以上。

（责任表示事项）

第 3 条

1 制造业者等（加工食品品质表示标准第 3 条、第 1 项中规定的制造业者等，下同）在食醋容器或包装上需要标识出的各项目，除同条第 1 项及第 6 项的规定之外，还需注明酸度。

2 与酿造醋混合的合成醋，制造业者等在容器或包装上需要标识出合成醋的各项目，除加工食品品质表示标准第 3 条第 1 项和第 6 项，以及本条中的第 1 项的规定之外，还需注明酿造醋的混合比例（相对于制品的总酸度，混合后的酿造醋的酸度的百分比，下同）。

3 需要稀释后使用的食醋，制造业者等在容器或包装上需要标识出其各项目，除加工食品品质表示标准第 3 条第 1 项和第 6 项，以及本条中的第 1 项的规定之外，还需注明稀释倍数。

（表示方法）

第 4 条

1 在表示名称、酿造醋的混合比例、原材料、酸度及稀释倍数时，制造业者等必须仔细阅读以下条款。

（1）名称

与加工食品品质表示标准的第 4 条、第 1 项、第 1 号文本的规定无关。米醋称为“米醋”，米黑醋称为“米黑醋”，大麦黑醋称为“大麦黑醋”，米醋、米黑醋和大麦黑醋以外的谷物醋都称为“谷物醋”；苹果醋称为“苹果醋”，葡萄醋称为“葡萄醋”，苹果醋和葡萄醋以外的水果醋都称为“水果醋”；谷物醋和水果醋以外的酿造醋都称为“酿造醋”；合成醋称为“合成醋”。但是，不使用谷类（除去使用酵母的谷类，使用甘蔗、土豆或南瓜作为酿造醋的原料时，下同）和果实的酿造醋，仅使用一种蔬菜、其他农产品或蜂蜜（仅限于在下表中规定的种类）的酿造醋，其原材料的使用重量需超过下表中各自所规定的数值，而且使用后的原材料中，该蔬菜、其他农产品或蜂蜜的重量比例最大时，可以标识为“酿造醋（□□醋）”（□□为该蔬菜、其他农产品或蜂蜜的名称，下同）。当不使用酿造醋中的谷类、水果、其他农产品和蜂蜜，而使用一种以上的蔬菜时，其中一种以上的蔬菜的重量必须高于下表中规定的数值，而且所使用的原材料中蔬菜的重量所占的比例最大时，可以标识为“酿造醋（蔬菜醋）”。

蔬菜、其他农产品及蜂蜜的种类	每升酿造醋相当的使用量
甘蔗	80g
马铃薯	130g
南瓜	260g
洋葱	300g
胡萝卜	330g
番茄	570g
甜菜	110g（榨汁的重量）
蜂蜜	30g

注：本表中的蔬菜，表示其在该加工品中使用的蔬菜的重量。

（2）酿造醋的混合比例

实际混合比例不超过10的整数倍的数值时，以“%”为单位明确记载。但是，实际混合比例不满10%时，以不超过实际混合的整数值，使用“%”为单位明确记载。

（3）原材料名称

与表示标准相关的内阁府令（2011年内阁府令第45号）第11条的规定，是参照了食品卫生法第19条第1项的规定制定的。但是在合成醋中使用的冰醋酸或醋酸的表示上，与上述规定无关，按照“冰醋酸”或“醋酸”来标识。

（4）酸度

以“%”为单位，准确标记到小数点后第1位数值。

（5）稀释倍数

标记为“稀释○倍”。

2　加工食品品质表示标准第3条及本标准中第3条所规定的事项（以下称“责任表示事项”）的表示，应当遵从加工食品品质表示标准第4条第2项的规定。在这种情况下，同项第1号中的“附加形式”，应当替换成“名称、酿造醋的混合比例、原材料名称、酸度、稀释倍数、内容量、保质期、保存方法、原产国及制造者的顺序”。

（其他表示事项及其表示方法）

第5条　制造业者等，除责任表示事项以外，还必须在接近商品名称处，以与背景色成对照色的颜色，按照下列各项的规定，对酿造醋或合成醋的名称，及混合有酿造醋的合成醋，其酿造醋的混合比例进行明确标记。

（1）酿造醋或合成醋，根据内容量的不同，按照下表中规定的大小统一的铅字，酿造醋按“酿造醋”，合成醋按“合成醋”记载。

内容量	铅字的大小〔日本工业标准Z8305（1962）（以下称‘JISZ8305’）规定的字号〕
18L以上	42号（合成树脂制成的容器，不能用42号大小的文字表示时，改用26号）
1.8L以上、18L以下	16号以上
300ml以上，1.8L以下	14号以上
300ml以下	9号以上

(2) 混合有酿造醋的合成醋，按照下表中规定，字号使用大小统一的铅字，实际混合比例不超过10的整数倍的数值时，以“%”为单位，明确记载酿造醋的混合比例。但是，实际混合比例不满10%的时候，以不超过实际混合的整数值，使用“%”为单位，明确记载。

内容量	铅字大小（JISZ8305中规定的字号）
18L以上	24号（合成树脂制的容器，不能用24号大小的文字表示时，改用22号）
1.8L以上、18L以下	12号
300ml以上、1.8L以下	10.5号
300ml以下	7.5号

（禁止表示事项）

第6条　除加工食品品质表示标准第6条各号中列举的内容之外，下列列举的事项禁止表示。但是，下列情况不受限制：(2) 中列出的事项，当为米黑醋或大麦黑醋时；(3) 中列举的事项，当仅使用一种谷物、水果、蔬菜或其他农产品、或蜂蜜作为原材料（米黑醋及大麦黑醋除外），○○为该原材料时，仅使用大米制造的米黑醋，表示为“纯米黑醋”，原材料仅为糙米制造的米黑醋，表示为“纯糙米黑醋”，以及大麦黑醋表示为“纯大麦黑醋”时；(4) 中列举的事项，当为主要在醪液表层用醋酸菌进行发酵，而没有在醪液内通气或者移动促进发酵的酿造醋，并且醪液中不添加乙醇时；(5) 中列举的事项，当该原材料为谷物时，该谷物醋1L中使用谷物40g以上；原材料为水果时，该水果醋1L中使用水果300g以上；原材料为蔬菜、其他农产品或蜂蜜时，酿造的醋的名称可以表示为“酿造醋（○○醋）”时；(6) 中列举的事项，表示原材料名称和酿造醋混合比例时。

(1) 天然或者自然的用语；

(2)“黑醋”或其他类似用语；

(3)“纯○○醋”及其他类似用语；

(4)“静置发酵”及其他类似用语；

(5) 与其他原材料的名称相比，特别强调一部分原材料的名称的用语；

(6) 合成醋使用“酿造”等用语；

(7) 类似于“在品评会上获奖”及“公共机关等推荐”等引起误导的用语；

(8) 与第三条的规定事项的内容相矛盾的用语。

（三）酿造醋制造业者的技术认定标准（屈平译）

制定　2000年10月19日农林水产省告示第1310号
修订　2001年12月28日农林水产省告示第1682号
修订　2004年7月21日农林水产省告示第1406号
修订　2006年2月22日农林水产省告示第186号
最终修订2011年10月16日农林水产省告示第1508号

第一　制造业者或出口商以外的外国制造业者的技术认定标准

一　制造或加工、保管、品质管理以及等级评定的设施

1　制造设施

(1) 车间

满足下列条件：

A　保障工作正常进行的空间与明亮度。

B　有防止灰尘落下的措施，窗户、出入口或其他开放的地方，有防止老鼠和蚊虫侵入的措施。

C　地面平整，便于清扫。在需要使用水的车间，地面要使用耐水材料，且有良好的排水构造。

D　保证洁净的水能够充分供给的给水设备。

E　在车间内不能有污水池。

(2) 机械器具

配备有动力均衡，且能够实现连续生产的机械器具。但是，如果是整年间要进行大量生产的作业线（以下简称为“大量生产线”），则需要配备与大量生产线相应的机械器具，以适合大量生产，保障生产能够一贯连续。

2　保管设施

有能够保证原材料、物资和制品的品质得以良好保存的适当的空间。如果是使用大量生产线的情况，则需要有能够充分应对大量生产的相应设施。

3　品质管理设施

依据内部规程，需要配备实施品质管理［包括分包管理（制造、检查和设备管理的一部分，委托外部人员或企业时，则分包商的遴选标准、分包内容、分包手续等与此分包相关的管理，称为分包管理），下同］所必需的机械器具及设施。

4　等级评定设施

除配备有以下所列的机械器具之外，还需要有适当的空间，作为管理检查评价结果和凭证材料的设施。但是，下列设备中，当为了进行等级评定，需要对自身试样进行检查时，下列所述情况除外：(2) 与 (3) 所列的机械器具，当制品为原材料仅使用了一种谷物、水果、蔬菜、其他农产品或蜂蜜，以及米黑醋和不使用砂糖类、氨基酸液和酿造醋的日本农林标准（1979 年 6 月 8 日农林水产省告示第 801 号）第 3 条的表格中原材料的项目中规定的食品添加剂而制成的食用醋的情况下；(4) 与 (5) 所列出的机械器具，在制造米黑醋以外的酿造醋时，不使用 (6) 提及的氢离子浓度测定装置进行酸度测定时，不使用 (7) 提及的电位差滴定装置测定酸度时。

(1) 天平（精确度 0.1mg 以下）

(2) 水浴装置

(3) 定温干燥器

(4) 氮定量装置

(5) 分光光度计

(6) 氢离子指数计（pH 计）

(7) 电位差滴定装置

(8) 玻璃器皿

(9) 杂项设备

二　品质管理的实施方法

1　“三”的“2”项中规定的品质管理责任者，需要履行下列职责：

(1) 品质管理相关计划的立案与推进；

(2) 内部规程的制定、确认以及变更废止的相关责任；

(3) 推进对从业人员进行品质管理相关的培训训练；

(4) 处理工作过程中产生的反常情况和投诉等，并且对相关的对策提出指导和建议。

2　下列事项，具体而系统的制定了内部规定：

(1) 原材料品质的相关事项；

(2) 原材料配合比例的相关事项；

(3) 种子醋的品质及使用量的相关事项；

(4) 醪液状态的相关事项；

(5) 发酵温度及时间的相关事项；

(6) 中间制品酸度的相关事项；

(7) 杀菌温度及时间的相关事项；

(8) 填充量的相关事项；

(9) 制品品质的相关事项；

(10) 制造及品质管理的机械器具的管理的相关事项；

(11) 因工艺产生的残次品的处理及异常情况处理的相关事项；

(12) 处理投诉的相关事项；

(13) 品质管理记录的书写与保管的相关事项；

(14) 品质管理实施状况的内部检查的相关事项；

(15) 认定机构（登录认定机构或登录国外认定机构，下同）正常进行品质管理实施状况的确认业务等相关的必要事项。

3　以内部规程为基础，进行适宜的品质管理，书写记录并存档。

4　品质管理的结果与制品的品质安全。

5　对内部规程定期进行适当的订正，并且告知从业人员。

三　负责品质管理人员的资格及人数

1　品质管理直接负责人的资格及人数

品质管理的直接负责人，必须有两人以上，且至少符合下列条件中的一条。但是，大批量生产线上，应至少有一人以上，在符合下列条件中的一条的同时，还要熟悉制品检查技术。

(1) 在学校教育法（1947 年法律第 26 号）中提及的大学或旧专业学校令（1903 年敕令第 61 号）中提及的专业学校以上的学校中，学习过食品制造或加工相关的课程，取得相应的单位的毕业者，或者有同等以上的资格，并且有一年以上从事酿造醋的制造或实验研究经验。

(2) 从学校教育法中提及的高等学校或中等教育学校，或旧中等学校令（1943 年敕令第 36 号）中提及的中等学校中毕业，或者有同等以上的资格，并且有三年以上从事酿造醋的制造或实验研究经验。

(3) 有五年以上从事酿造醋的制造或实验研究经验。

2　品质管理责任人

品质管理责任人，是品质管理直接负责人，需从在认定机构指定的讲习会（以下称为“讲习会”）履修了酿造醋相关的品质管理课程的人中遴选一人担任。

四　等级评定的组织及实施方法

1　等级评定的组织

履行等级评定职责的部门，是从制造部门和营业部门独立出来的有实质权力的组织。

2　等级评定的实施方法

(1) 下列所列的事项，具体而系统的制定了等级评定相关的规程（以下称为“等级评定规程”）。其中 B 和 E 所列的事项，在不自行对试样检查进行等级评定的情况下除外。

A　试样提取的相关事项

B　试样检查的相关事项

C　等级评定表示的相关事项

D　等级评定后货物托运或处理的相关事项

E　等级评定相关机械器具管理的相关事项

F　等级评定记录的书写与保存的相关事项

G　等级评定实施状况的内部检查的相关事项

H　认定机构正常进行等级评定实施状况的确认业务等相关的正确事项

(2) 如果没有符合“五”的“1”中的“(1)”或“(2)”中的任一条，即没有定期参加过认定机构指定的等级评定检查责任人技能研修课程的人员，而是将试样检查工作委托给第三方时，则要与能够确保具备酿造醋试样检查的机械器具及技术人员的人（领导、成员或职员的构成不会妨碍试样检查的公正实施）签订合约，为等级评定进行试样检查，并在检查结果的基础上评定等级。

(3) 依据等级评定规程，正确施行等级评定及等级表示相关的业务，正确的等级评定表示结果得到公认。

五　负责等级评定人员的资格与人数

1　等级评定检查直接负责人

等级评定检查的直接负责人设定一人以上，要符合下列中的任一条，并且定期接受过认定机构指定的等级评定检查负责人技能研修课程培训。

(1) 在学校教育法中提及的大学，或旧专门学校令中提及的专门学校以上的学校中，进修过食品制造或加工相关的课程，并取得相应单位的毕业证，或者有同等以上的资格，并且有 1 年以上从事食品检查或实验研究经验的人员。

(2) 学校教育法中提及的高等学校或中等学校，或旧中等学校令众提及的中等学校的毕业者，或具有同等以上的资格，并且有三年以上从事食品检查或实验研究经验的人员。

2 等级评定责任人

等级评定责任人，首先是等级评定检查直接负责人，而且是在“三”的“2”中规定的品质管理责任人以外的人员，曾进修过培训会开办的关于酿造醋等级评定相关课程的人员中选择一人担任。但是，当制造的一部分（仅限于填充工序和包装工序）委托给外部承担时，受委托的工厂或事务所必须要施行一部分等级评定（抽取试样等）工作，则受委托的工厂或事务所需要设置一人以上的等级评定责任人的协助人员。协助人员必须符合“三”的“1”的“(1)”、“(2)”或“(3)”中的任一条，并且进修过培训会开办的关于酿造醋的等级评定相关课程。

3 等级评定直接负责人

当不自行对等级评定的试样进行检查时，需要设置一人以上的等级评定直接负责人，作为等级评定检查直接负责人和等级评定责任人的替代者。等级评定直接负责人必须符合“三”的“1”的“(1)”、“(2)”或“(3)”中的任一条，并且进修过培训会开办的关于酿造醋的等级评定相关课程。但是，当制造的一部分（仅限于填充工序和包装工序）委托给外部承担时，受委托的工厂或事务所必须要施行一部分等级评定（抽取试样等），则受委托的工厂或事务所需要设置一人以上的等级评定直接负责人的协助人员。协助人员必须符合“三”的“1”的“(1)”、“(2)”或“(3)”中的任一条，并且屡修过培训会开办的关于酿造醋的等级评定相关课程。

第二 经销商、进口商或出口商的技术认定标准

一 制造或加工、保管、品质管理及等级评定的技术标准

“第一”的“一”所规定的标准在此适用。

二 品质管理的实施方法

1 与“三”的“2”中规定的品质管理责任人、零售商、进口商或出口商（农林物资的标准化及优化品质表示的相关法律（1950年法律第175号）第17条的2第1项第2号中规定的外国制造业者等中，仅从事出口业务的人员企业称为出口商）（以下统称为“零售商”）的认定相关的工厂或事务所（以下统称为“事务所”），必须履行“第一”的“二”的“1”所规定的职责。

2 工厂等的责任人，必须要履行从“第一”的“二”的“2”到“5”中规定的职责。

3 下列所列的事项，具体而系统的制定了与管理工厂等的实施方法的相关规程（以下统称为“管理规程”）。

(1) 确认制造、加工、保管及品质管理的设施是否符合“第一”的“一”所规定的标准的相关事项。

(2) 确认内部规程的整备与定期修订执行情况的相关事项。

(3) 当品质管理直接负责人是从工厂等的从业人员中指定的，监督品质管理直接负责人的相关事项。

(4) 不自行检查试样，进行等级评定时，当工厂里安排了协助等级评定直接负责人的人员时，监督协助人的相关事项。

(5) 其他工厂等管理的必要事项。

4　对管理规程定期进行审查，并且充分告知零售商等的管理部门的从业人员。

三　品质管理责任人的资格与人数

1　品质管理的直接负责人

品质管理的直接负责人，需在工厂中设置两人以上，且是符合“第一”的“三”的“1”的“(1)”、“(2)”或“(3)”中的任一条的人员。品质管理直接负责人可以从工厂等的从业人员中遴选指定。

2　品质管理责任人

品质管理责任人，需在零售商中设置一人，必须是符合“第一”的“三”的“1”的“(1)”、“(2)”或“(3)”中的任一条的人员，并且，履修完培训会开设的与酿造醋的品质管理相关的课程。

四　等级评定的组织及实施方法

“第一”的“四”所规定的标准在此使用。

五　负责等级评定人员的资格与人数

1　等级评定检查直接负责人

零售商需要设置一人以上的等级评定检查直接负责人。等级评定检查直接负责人必须符合“第一”的“五”的“1”的“(1)”或“(2)”中的任一条，并且定期参加过在认定机构指定的等级评定检查直接负责人技能研修班开设的课程。

2　等级评定责任人

等级评定责任人，是从屡修过培训会开办的酿造醋的等级评定相关课程的等级评定检查直接负责人中遴选一人担任。但是等级评定责任人，必须是由“三”的“2”中规定的品质管理责任人以外的人员担任。当工厂等要施行一部分等级评定工作（抽取试样等）时，工厂等必须设置一人以上的等级评定责任人的协助人员。协助人员必须符合“第一”的“三”的“1”的“(1)”、“(2)”或“(3)”中的任一条，并且屡修过培训会开办的关于酿造醋的等级评定相关课程。

3　等级评定直接负责人

当不自行对等级评定的试样进行检查时，零售商需要设置一人以上的等级评定直接负责人，作为等级评定检查直接负责人和等级评定责任人的替代者。等级评定直接负责人必须符合“第一”的“三”的“1”的“(1)”、“(2)”或“(3)”中的任一条，并且屡修过培训会开办的关于酿造醋的等级评定相关课程。但是，当工厂等要施行一部分等级评定（抽取试样等）工作时，则工厂等需要设置一人以上的等级评定直接负责人的协助人员。协助人员必须符合“第一”的“三”的“1”的“(1)”、“(2)”或“(3)”中的任一条，并且屡修过培训会开办的关于酿造醋的等级评定相关课程。

（四）提高食醋制品的标准（屈平译）

1. 以提高制造过程的管理为目标

经营者为提高食醋制品的制造过程中的管理，需要遵循以下“7 原则 12 步骤”的法则。为此，在进行建筑物、机器设备的调整的同时，也要进行运营体制的调整。

［“7原则12步骤”的法则］

(1) 组成HACCP专家团队。

(2) 制作制品的原材料、保存条件、流通方式等与制品相关的文件7。

(3) 将消费者在摄取制品时的形式具体化。

(4) 制作包含制品制造所有工序的制造过程图。

(5) 制造过程图的现场确认。

(6) 列出并评价各工序的危害，研究危害的消除方法（原则1）。

(7) 消除（6）中列出的危害，或者将危害降低到允许的范围内，并具体化其中必要的重要管理点（原则2）。

(8) 关于（7）中的重要管理点，为防止危害的发生，设定管理基准（原则3）。

(9) 设定对重要管理点实施适当频度监视的监视系统（原则4）。

(10) 设定（9）中的监视系统出现异常时的改善措施（原则5）。

(11) 设定验证的步骤（原则6）。

(12) 随身配备一本包含（1）～（11）所有步骤的文件，以及（9）中监视系统的记录和改善措施等的记录（原则7）。

2. 关于提高制造过程的管理的标准

(1) 对象项目及项目的制造过程

以食醋制品为对象。

提高食醋制品制造过程的管理，以下是以食醋及加工醋（寿司醋、甜醋、二杯醋、三杯醋、土佐醋、调料醋）一般的制造过程为前提的情况下采取的措施。括号中为依据制品的种类不同，并不一定是必要的工序。

1）食醋制品的制造过程

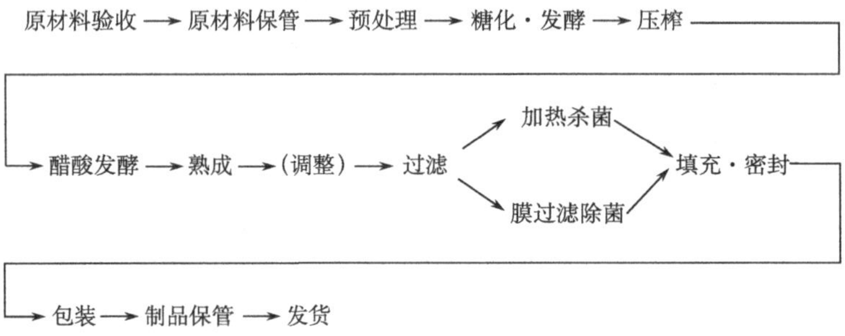

2）加工醋

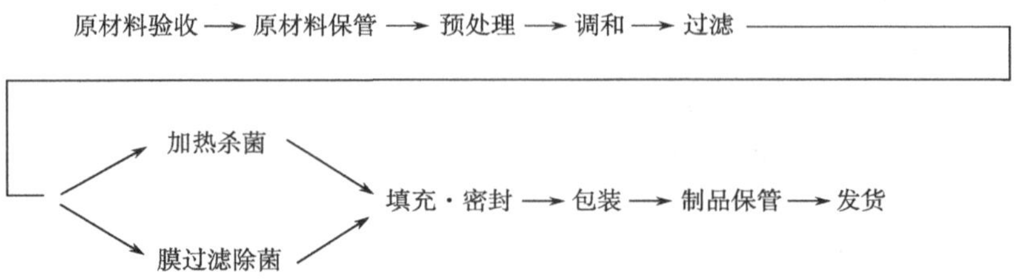

(2) 以提高制造过程的管理为目的的设施改善的标准

必须满足下列条件：

1) 建筑物结构标准

①分离隔间等

进行加热杀菌的食醋及加工醋，从加热杀菌工序结束后，到填充、密封工序的过程；不进行加热杀菌，而进行膜过滤除菌的食醋及加工醋，从膜过滤除菌工序结束后，到填充、密封工序的过程；或者加热杀菌和膜过滤除菌都不进行的加工醋，在调和工序结束后，到填充、密封工序的过程，各自都需要清洁的区域，原则上与其他区域间隔开来。但是，清洁区域里的工序以及工序间为封闭系统时，作为开放系统的填充、密封工序的过程也都应在清洁区域里，原则上与其他区域间隔开来。除了分离隔间以外，如果有能够防止二次污染发生的其他方法，也允许使用。

对应其他的需求，在其他区域也能够划分出隔间。

从原材料验收到制品发货的制造过程，需要有不使得交集产生的足够大的空间。

②附属设备

为保持清洁作业区的空气清洁而配备的必要的设备。

为应对需求而配备的保持其他区域内空气清洁的必要设备。

为应对其他需求，还需配备空气吹淋室，用于保持环境卫生的给排水设备、自动式洗手设备、鞋子杀菌设备、工人更衣设备、防止昆虫入侵的设备等附属设备。

2) 机械、装置标准

①机械、装置的配置

为了原材料的验收到产品出货的过程中不形成交集，需要适当配置原材料保管设施、糖化和发酵装置、压榨装置、醋酸发酵装置、熟成装置、过滤装置、加热杀菌装置、膜过滤除菌装置、填充和密封装置、包装装置、制品保管设施等装置设施。

②分析、管理装置

根据不同需求，需要配置对加热杀菌工序的温度和时间、膜过滤除菌工序的压力和混浊度、加工醋调和工序的 pH、酸度和盐分等进行适时监控和记录的机械装置。

为应对其他需求，还需配置对糖化和发酵、压榨、醋酸发酵、熟成、滤过、填充和密封、包装、原材料保管、制品保管等设施的室温和湿度进行适时监控和记录的机械装置（如自动温湿度调整记录装置等），并要配置对从原材料开始的整个制造过程的制品的分析装置如 pH 计、盐量计、白利糖度计、浊度计、破损磨损和异物检测仪等）。

③冷藏设施（包括冷冻设施）

为应对需求，需要单独设置保管原材料、压榨过滤布和制品的，带有自动温控装置的冷藏冷冻设施。

④其他设施

为应对需求，需要对生产设备进行维护。

(3) 为提高制造过程的管理的运营体制的标准

必须满足下列条件。在这其中，①、②、③、④、⑨和⑪是设施整备之前需要做的项目。

①组织 HACCP 小组

由掌握食醋制品制造工序专业知识与技术的人员组织成专家组。

HACCP 小组以制造设施的最高责任人作为领导，由制造管理的责任人、品质管理的责任人、设施管理的责任人等成员组成。

HACCP 小组需要履行下主要业务：

Ⅰ）创建并介绍 HACCP 计划；

Ⅱ）教育培训从业人员；

Ⅲ）检讨并修订 HACCP 计划；

Ⅳ）实施和评价验证。

②绘制制造过程图及设施图

绘制记载了食醋制品从原料验收到最终制品出货过程中，所涉及的一系列工序流程的制造工艺图。

绘制下列设施图：

Ⅰ）制造过程中制品等的移动路径图及工厂内的设施配置图；

Ⅱ）从业人员的流水线图；

Ⅲ）清洁度分类图。

③危害分析

根据制造过程图，将下列项目中记载的每一步制造工艺中的危害制成列表：

Ⅰ）可能引发危害的原材料或工序；

Ⅱ）各原材料或工序可能引发危害的病原体及其概要；

Ⅲ）各原材料或工序可能引发危害的原因；

Ⅳ）控制危害的预防装置。

④确定关键控制点

为防止危害发生，从危害分析的结果中，明确需要重点管理的工艺，将其确定为关键控制点。

使用提前设定好的监控方法，对关键控制点进行连续且高频度的监控。当参数与管理标准有偏差时，在短时间内采取改善措施，控制危害。

需要进行加热杀菌的食醋和加工醋，加热杀菌工艺必须列为关键控制点。不进行加热杀菌，而进行膜过滤除菌的食醋和加工醋，膜滤过除菌列为工艺控制点。加热杀菌和膜过滤除菌两者都不实施的加工醋，将其调和工艺列作为控制点。

⑤设定管理标准

对于所有的关键控制点，必须设定一条以上的管理标准。

为了能确认将病原体减少到允许的范围内，管理标准应使用经过科学证明的数值，作为进行事实判断的指标。

⑥设定监视方法及改善措施

为了确认关键控制点与管理标准是否没有偏差，需要对关键控制点进行连续的，高频度的监控，并且要完善监控结果记录的体制。

制定出当确认到控制点与管理标准有偏差时，能够清除掉受影响的制品、迅速恢复到正常管理状况的改善措施。

⑦设定验证方法

设定检验 HACCP 系统能否正常运行其机能的方法。

⑧创建及保存文档

将危害分析关键控制点的确定、管理标准的设定等程序文字化，并且为了能够更好的保存监控系统的记录和改善措施的记录，从而健全体制。

⑨培养及引进具备专业知识的人才

依据 HACCP 系统，制订卫生管理的实施计划，并且将能够确保计划正确实施，具备有专业知识的人员，遴选、培养成为专家组成员。

为应对不同需求，需要有外部机关的专家参与到专家组来。

⑩从业人员培训

必须对从业人员进行关于一般的卫生管理及 HACCP 系统相关的培训训练。

⑪经营者参与相关的验证

经营者导入 HACCP 系统时，不仅要表明自身积极推进该系统的意愿，还要让全体从业人员理解推进该系统的意义所在。

同时，规定经营者从①到⑩都要参与。

3. 其他

① 以提高制造过程的管理为目的，考虑到实施一般的卫生管理，需要配备的机械装置以制造过程管理的合理化为目的，考虑到实施一般的卫生管理，希望尽可能配置必要的机械装置。

② 向消费者提供提高制造过程管理情况的相关信息

希望努力推进制定出向消费者、交易商提供提高制造过程管理的相关信息的举措。

三、中国食醋相关标准

（一）中国食醋卫生标准（GB2719—2003）

1 范围

本标准规定了食醋的指标要求、食品添加剂、生产加工过程的卫生要求和检验方法。

本标准适用于酿造食醋和配制食醋。

2 规范性引用文件

下列文件中的条款通过本标准的引用而成为本标准的条款。凡是注日期的引用文件，其随后所有的修改单（不包括勘误的内容）或修订版均不适用于本标准，然而，鼓励根据本标准达成协议的各方研究是否可使用这些文件的最新版本。凡是不注日期的引用文件，其最新版本适用于本标准。

GB2760 食品添加剂使用卫生标准

GB/T 4789.22 食品卫生微生物学检验调味品检验

GB/T 5009.41 食醋卫生标准的分析方法

GB 8954 食醋厂卫生规范

3　术语和定义

下列术语和定义适用于本标准。

3.1　食醋

以粮食、果实、酒类等含有淀粉、糖类、乙醇的原料，经微生物酿造而成的一种液体酸性调味品。

3.2　酿造食醋

单独或混合使用各种含有淀粉、糖的物料或乙醇，经微生物发酵酿制而成的液体调味品。

3.3　配制食醋

以酿造食醋为主体，与冰醋酸（食品级）、食品添加剂等混合配制而成的调味食醋。

4　指标要求

4.1　原料要求

应符合相应的标准和有关规定。

4.2　感官要求

具有正常食醋的色泽、气味和滋味，不涩，无其他不良气味与异味，无浮物，不混浊，无沉淀，无异物，无醋鳗、醋虱。

4.3　理化指标

理化指标应符合下表的规定。

理化指标

项目	指标
游离矿酸	不得检出
总砷（以 As 计）/(mg/L) ≤	0.5
铅（Pb）/(mg/L) ≤	1
黄曲霉毒素 B_1/(μg/L) ≤	5

4.4　微生物指标

微生物指标应符合下表的规定。

微生物指标

项目	指标
菌落总数/(cfu/ml) ≤	10 000
大肠菌群/(MPN/100ml) ≤	3
致病菌（沙门氏菌、志贺氏菌、金黄色葡萄球菌）	不得检出

5　食品添加剂

5.1　食品添加剂质量应符合相应的标准和有关规定。

5.2　食品添加剂的品种和使用量应符合 GB 2760 的规定。

6　生产加工过程的卫生要求

应符合 GB 8954 规定。

7　包装

包装容器和材料应符合相应的卫生标准和有关规定。

8　标识

定型包装的标识要求应符合有关规定。同时在产品的包装标识上必须醒目标出“酿造食醋”或“配制食醋”，散装产品亦应在大包装上标明上述内容。

9　储存及运输

9.1　储存

产品应储存在干燥、通风良好的场所。不得与有毒、有害、有异味、易挥发、易腐蚀的物品同处储存。

9.2　运输

运输产品时应避免日晒、雨淋。不得与有毒、有害、有异味或影响产品质量的物品混装运输。

10　检验方法

10.1　理化指标

按 GB/T 5009.41 规定的方法测定。

10.2　菌落总数、大肠菌群、致病菌

按 GB/T 4789.22 规定的方法检验。

(二) 食醋产品质量监督抽查实施规范 (CCGF121.2—2010)

1　适用范围

本规范适用于食醋产品质量国家监督抽查，针对特殊情况的专项国家监督抽查、省级质量技术监督部门组织的监督抽查可参照执行。监督抽查产品范围包括酿造食醋和配制食醋。本规范内容包括产品分类、术语和定义、企业规模划分、检验依据、抽样、检验要求、判定原则、异议处理复检及附则。

注：针对特殊情况的专项国家监督抽查是指应急工作需要而进行的或者由于某种特殊情况（或原因）仅需要对部分项目进行抽样检验的专项监督抽查。

2　产品分类

2.1　产品分类及代码

产品分类及代码见下表。

产品分类及代码

产品分类	一级分类	二级分类	三级分类
分类代码	1	121	121.2
分类名称	食品	调味品	食醋

2.2　产品种类

食醋一般分为酿造食醋、配制食醋。酿造食醋按照发酵工艺可分为两类：固态发酵食醋、液态发酵食醋。

3　术语和定义

下列术语和定义适用于本规范。

3.1　食醋

以粮食、果实、酒类等含有淀粉、糖类、乙醇的原料，经微生物酿造而成的一种液体酸味调味品。

3.2　酿造食醋

将各种含有淀粉、糖或乙醇的原料单独或混合使用，经微生物发酵酿造而成的食醋。

3.3　固态发酵食醋

以粮食及其副产品为原料，采用固态醋醅发酵酿制而成的食醋。

3.4　液态发酵食醋

以粮食、糖类或乙醇为原料，采用液态醋醪发酵而成的食醋。

3.5　配制食醋

以酿造食醋为主体（以醋酸计不得低于50%），与食用冰醋酸、食品添加剂等混合配制的调味食醋。

4　企业规模划分

根据食醋产品行业的实际情况，生产企业规模以食醋产品年销售额为标准划分为大、中、小型企业，见下表。

企业规模划分

企业规模	大型企业	中型企业	小型企业
销售额/万元	≥8000	≥2000且<8000	<2000

5　检验依据

下列文件凡是注明日期的，其随后所有的修改单或修订版均不适用于本规范；凡是不注明日期的，其最新版本适用于本规范。

GB 2719　食醋卫生标准

GB 2760　食品添加剂使用卫生标准

GB/T 4789.22　食品卫生微生物学检验调味品检验

GB/T 5009.11　食品中总砷及无机砷的测定

GB 5009.12　食品安全国家标准　食品中铅的测定

GB/T 5009.22　食品中黄曲霉毒素 B_1 的测定

GB/T 5009.29　食品中山梨酸、苯甲酸的测定

GB/T 5009.31　食品中对羟基苯甲酸酯类的测定

GB/T 5009.41　食醋卫生标准的分析方法

GB 18187　　酿造食醋
GB/T 23495　　食品中苯甲酸、山梨酸和糖精钠的测定　高效液相色谱法
SB 10337　　配制食醋
相关的法律法规、部门规章和规定；
经备案现行有效的企业标准及产品明示质量要求。

6　抽样

6.1　抽样型号或规格

预包装产品。

6.2　抽样方法、基数及数量

在企业的成品库内或流通领域随机抽取经企业检验合格或以任何方式表明合格的产品，所抽取产品的保质期应能满足检验工作的进行。

在企业成品库抽样时，同一批次产品抽样基数应不少于50瓶（袋），从同一批次样品堆的4个不同部位随机抽取4个或4个以上的大包装，分别取出相应的小包装样品。抽取样品量至少为2L，且不少于6个单位包装。

在流通领域上抽样时，抽样基数应不少于抽取样品量，抽取样品量要求与企业成品库抽样时相同。

所抽取样品中2/3为检验样品，1/3为备用样品，备用样品封存在质检机构。

注：在本规范的规定中，检验机构在检验过程中对检验结果进行复验所采用的样品，应是抽取的检验样品，不能采用备用样品。备用样品仅指被抽查企业或者经过确认了样品的生产企业对检验结果提出异议，需要对不合格项目进行复检时采用的样品。

6.3　样品处置

应当对检验样品和备用样品分别签封。如样品标签上标明特殊储存要求，样品应按要求进行处置。

6.4　抽样单

应按有关规定填写抽样单，并记录被抽查产品及企业相关信息。同时记录被抽查企业上一年度生产的食醋产品销售总额，以万元计；若企业上一年度未生产，则记录本年度实际销售额，并加以注明。

7　检验要求

7.1　检验项目及重要程度分类

检验项目及重要程度分类见下表。

检验项目及重要程度分类

序号	检验项目	依据标准法规或标准	强制性/推荐性	检测方法	重要程度或不合格程度分类	
					A类[a]	B类[b]
1	游离矿酸	GB 2719	强制性	GB/T 5009.41		●
2	总酸	GB 18187 SB 10337	强制性	GB/T 5009.41		●

续表

序号	检验项目	依据标准法规或标准	强制性/推荐性	检测方法	重要程度或不合格程度分类	
					A类[a]	B类[b]
3	总砷	GB 2719	强制性	GB/T 5009.11	●	
4	铅	GB 2719	强制性	GB 5009.12	●	
5	黄曲霉毒素 B_1	GB 2719	强制性	GB/T 5009.22	●	
6	苯甲酸	GB 2760	强制性	GB/T 5009.29 GB/T 23495		●
7	山梨酸	GB 2760	强制性	GB/T 5009.29 GB/T 23495		●
8	对羟基苯甲酸酯类	GB 2760	强制性	GB/T 5009.31		●
9	菌落总数	GB 2719	强制性	GB/T 4789.22		●
10	大肠菌群	GB 2719	强制性	GB/T 4789.22		●
11	致病菌（沙门氏菌、金黄色葡萄球菌、志贺氏菌）	GB 2719	强制性	GB/T 4789.22	●	

注：极重要质量项目是指直接涉及人体健康、使用安全的指标；重要质量项目是指产品涉及环保、能效、关键性能或特征值的指标。

a 极重要质量项目；b 重要质量项目

7.2　检验应注意的问题

7.2.1　检验机构接收样品应当有专人负责检查、记录样品的外观、状态、封条有无破损及其他可能对检测结果或者综合判定产生影响的情况，并确认样品与抽样单的记录是否相符，对检测和备用样品分别加贴相应标识后入库。

7.2.2　若被检产品明示的质量要求高于本规范中检验项目依据的标准要求时，应按被检产品明示的质量要求判定。若被检产品明示的质量要求低于本规范中检验项目依据的国家或行业强制性标准要求时，应按国家或行业强制性标准要求判定。若被检产品明示的质量要求缺少本规范中的检验项目（主要是产品通用重要特征值）时，应按本规范中检验项目依据的标准要求进行检验并判定。

7.2.3　当同一检验项目存在多种检测方法时，应优先采用“检验项目及重要程度分类”表的“依据法律法规或标准”中指定的检测方法。

8　判定原则

经检验，所检项目全部合格，判定为被抽查产品合格；所检项目中任一项或一项以上不合格，判定为被抽查产品不合格，当产品存在A类项目不合格时，属于严重不合格；当产品仅有B类项目不合格时，属于一般不合格。

9　异议处理复检

对判定不合格产品进行复检时，按以下方式进行：

9.1　核查不合格项目相关证据，能够以记录（纸质记录或电子记录或影像记录）或与不合格项目相关联的其他质量数据等检验证据证明。

9.2　需对不合格项目复检时，采用备用样检验。当复检结果仍不合格，维持原检验结果不变。当复检结果合格，以复检结果为准。

9.3　不进行复检的情况

9.3.1　产品微生物检验项目不合格的。

9.3.2　被检方提出复检时，产品在复检有效期内于正常储存条件下已变质的。

9.3.3　法律、法规规定不得复检的其他情况。

（三）中国食醋厂卫生规范

1　主题内容与适用范围

本规范适用于以粮食为原料，以麦曲（大曲）、麸曲和酒药等各种菌种为糖化剂，采用固态法酿造食醋的工厂。

2　术语

2.1　粮食类原料：酿造食酯所用的糯米、大米、高粱、小米、薯干、麸皮、谷糠等

2.2　调味品原料：白糖、盐、花椒、大料、茴香、桂皮等。

2.3　发酵剂：麦曲、麸曲、酒药等。

2.4　添加剂：安息香酸钠、酱色等。

3　原材料采购、运输、储藏的卫生

3.1　采购

3.1.1　采购的原材料必须符合国家有关卫生标准和有关规定，如薯干、麸皮、谷糠等。

3.1.2　粮食类原料：必须采用干燥、无杂质、无污染的粮食，各项指标均符合GB 2715《粮食卫生标准》的规定。

3.1.3　调味品原料：必须采用纯净、无潮解、无杂质、无异杂味的调味品原料。

3.1.4　发酵剂：必须符合生产工艺要求，无虫蛀、无留变、无毒；选用的菌种必须经常进行纯化和鉴定。

3.2　运输

3.2.1　容器：必须采用无毒、耐腐蚀、易清洗、结构坚固的容器，并经常清洗、消毒。

3.2.2　运输工具：运输工具的材料、结构必须便于清洗、消毒，具有防雨、防污染措施，经常保持清洁、干燥。

3.2.3　搬运：搬运易损伤、易散包的原材料时必须轻装轻卸，不得与有毒、有害物品混装、混运。

3.3　储藏

3.3.1　原材料应储藏在清洁卫生、干燥通风并有防虫、防鼠、非食品同库存放。库房应经常清扫，定期消毒，保持清洁。

3.3.2 原材料应掌握先储先用的原则，防止积压变质。

3.3.3 原材料储藏期间应定期检查水分含量及温度变化情况，对局部发热、霉变的原材料必须及时进行筛选处理。

3.3.4 各种原料应分类堆放，码垛不宜过分密集，要离墙、离地。

4 工厂的设计与设施的卫生

4.1 选址

工厂必须设置在无有害气体、烟雾、灰尘和其他污染源的地区。

4.2 厂区和道路

厂区应绿化。厂区的主要道路和进入厂区的主要道路应铺设适于车辆通行的硬质路面（如混凝土或沥青路面）。路面应平坦，无积水。厂区应有足够的排水系统。

4.3 厂房与设施

4.3.1 厂房与设施的设计，要便于卫生管理，便于清扫、消毒。要按食醋生产工艺合理布局。

4.3.2 厂房与设施必须结构合理、坚固、完善，经常维修保养，保持良好状态。

4.3.3 厂房内必须有足够的加工场地，以保证生产正常进行。

4.3.4 厂房与设施必须严格防止蚊、蝇、鼠及其他害虫的进入和藏匿；应有防烟雾、防灰尘的有效措施。

4.3.5 容易造成交叉污染的工序，应设置隔墙或采取其他有效措施予以隔离，防止食品交叉污染。

4.3.6 食醋生产车间应符合以下要求。

4.3.6.1 地面、楼面：应能防水、防渗漏、防滑、防腐蚀，无毒、易冲洗、消毒；并应有适当的坡度（1%～2%）和良好的排水系统，以保证排水畅通。

4.3.6.2 墙壁：应能防酸、防水、防潮、无毒，易冲洗；墙裙砌 1.5m 以上浅色瓷砖或相当的建材；顶角、墙角、地角呈弧形，便于清洗。

4.3.6.3 天花板应能防潮、防雾、防灰，表面涂层不易脱落。

4.3.6.4 门窗：应严密，采用不变形的材料制作。成品灌装车间的门窗，应有易于清洗、更换的纱窗、纱门。内窗台须下斜 45°或采用无窗台结构。

4.3.6.5 其他：楼梯、电梯、升降梯、平台及其他辅助装置，应避免引起食品污染，便于清洗、检修。

4.3.6.6 酒化、醋化等工序应有通风、降温、保暖设施。

4.3.7 职工生活区应与生产区隔离，并应间隔一定距离。

4.4 卫生设施

4.4.1 水质要求以满足工艺规程的需要。

4.4.1.1 生产用水：工厂应有足够的生产用水，水质必须符合 GB 5749《生活饮用水卫生标准》的规定。如需配备储水设施，应有防污染措施。

4.4.1.2 蒸汽用水：直接与原料、半成品和成品接触的蒸汽及其水源，不得含有危害人体健康或污染食品的物质。

4.4.1.3 非饮用水：非生产用冷水、制冷用水、消防用水、蒸汽用水等，必须用单独管道输送，决不能与生产（饮用）水系统交叉连接，并应有明显颜色区别。

4.4.2　废水、废气处理系统

食醋厂必须设有废水、废气处理系统。该系统应经常检查、维修。废水、废气的排放应符合国家环境保护要求。

4.4.3　更衣室、厕所和浴室等设施保持良好的工作状态

4.4.3.1　食醋生产车间必须设有与生产人数相适应的并与生产车间相连接的更衣室。厂内厕所应远离生产车间，具有纱窗、纱门，设冲水装置和洗手设施。

4.4.3.2　食醋厂必须设有淋浴室。

4.4.4　生产车间的洗手设施

生产车间进口处和车间内的适当位置，必须设有不用手开关的洗手设施和供洗手用的清洗剂、消毒剂。洗手设施的废水管应经反水弯引入排水管中，废水不得外溢，防止污染车间环境。

4.4.5　成品灌装车间的消毒设施

食醋成品车间进口处必须设有鞋靴消毒池。车间内的适当位置应设有设备和工器具清洗消毒设施。这些设施应采用无毒、抗腐蚀、易清洗材料制作，并有充足冷热水源。

4.4.6　照明

车间内应有充足的自然和人工照明。吊灯必须装有安全防护罩。

4.4.7　通风装置亮度应满足各工作场所和操作人员的正常工作需要，有大量蒸汽的加热工段，应装有足够能力的排风设备。

4.4.8　废弃物临时存放设施

应在生产车间25m以外的适当地点，设置废弃物、副产品（醋渣）临时存放设施。采用便于清洗、消毒的材料制作，结构应严密，能防止害虫进入，避免废弃物污染原料、半成品、成品、饮用水、设备和道路。

4.5　设备和工器具

4.5.1　食醋生产车间使用的设备、工器具和容器必须采用无毒、无异味、耐腐蚀、易清洗的材料制作。表面应光滑，无凹坑、裂痕。所有输送食醋的管道必须耐腐蚀、无毒、无异味。

4.5.2　食醋生产车间内所有设备、工器具的结构和固定设备的安装位置都应便于彻底清洗、发酵、消毒。

4.5.3　灭菌、浓缩等设备必须安装温度计或自动温控仪，所有压力容器必须安装压力表。

4.6　供汽

加热、蒸料、浓缩灭菌期间，应按工艺要求，保证有足够的蒸汽供应。

5　工厂的卫生管理

5.1　措施

工厂应根据本规范的要求制定卫生实施细则，配备足够的、经培训考核合格的卫生管理人员。各车间、班组应配备兼职卫生管理员。各级卫生管理人员按规定的权限和责任，负责监督全体人员执行本规范。

5.2　维修、保养

厂房、设备、其他机械设施以及给水、排水系统必须保持良好状态。正常情况下，每年至少一次全面检修，发现问题及时检修。

5.3　清洗、消毒

5.3.1　食醋生产车间的设备、工器具、操作台和菌种室应经常清洗，必要时进行消毒。

5.3.2　设备、工器具、操作台用洗涤剂或消毒剂处理后，必须用饮用水彻底清洗干净，除去其残留物后方可进行生产。

5.3.3　每天工作结束后或在必要时，必须彻底清洗生产场地、墙壁及排水沟，必要时消毒。

5.4　废弃物处理

5.4.1　厂房通道和周围场地不得堆放废弃物和杂物，应保持整洁。

5.4.2　食醋生产车间及其他工作场地的废弃物必须随时清除，并及时清理出厂。废弃物临时存放场地应及时清洗、消毒。

5.5　除虫灭害

5.5.1　厂区及厂区周围应定期除虫灭害，防止害虫孳生。

5.5.2　厂区或车间内使用杀虫剂时，应按卫生部门的规定采取妥善措施，不得污染食品，尽量避免污染设备和工器具。使用杀虫剂后应将被污染的设备和工器具彻底清洗，除去残留药剂后方可进行生产。

5.6　厂区禁止饲养家禽、家畜

6　个人卫生和健康要求

6.1　卫生教育。

工厂应对新参加工作及临时参加工作的人员进行卫生教育，定期对全厂职工进行《食品卫生法》、本规范及其他有关规定的宣传教育，做到教育有计划，考核有标准，卫生培训工作制度化和规范化。

6.2　健康检查

食醋生产人员和有关人员每年必须进行一次健康检查，必要时接受临时检查。新参加工作或临时参加工作的食醋生产人员必须经健康检查，取得健康合格证后方可参加工作。工厂应建立职工健康档案。

6.3　健康要求

凡患有痢疾、伤寒、病毒性肝炎等消化道传染病（包括病源携带者）、活动性肺结核、化脓性或渗出性皮肤病以及其他有碍食品卫生的疾病的人员，不得参加食醋生产。

6.4　洗手要求

成品灌装车间的操作人员在上班前、上厕所之后、处理被污染的原材料或从事与生产无关活动之后必须洗手、消毒。

6.5　个人卫生

6.5.1　食醋生产人员应保持良好的个人卫生，勤洗澡、勤理发，不得留长指甲和涂指甲油。

6.5.2　食醋生产人员进入生产车间时必须穿戴工作服、工作帽。成品灌装人员必须穿戴工作服、工作帽、工作鞋。工作服、工作帽应保持清洁，头发不得外露。

6.5.3　成品灌装车间人员不得穿戴工作服、工作帽、工作鞋进入与工作无关的场地。

6.5.4　食醋生产人员不得将与生产无关的个人用品和饰物带人车间。

6.5.5　严禁一切人员在车间内吃食物、吸烟和随地涕吐。

6.5.6　食醋生产人员原则上不准戴手套，但成品灌装车间接触玻璃瓶的操作人员可以戴手套。戴手套前必须洗手，手套应完好并经常清洗、消毒，防止成品污染。

6.6　非生产人员

非生产人员经获准进入生产车间时必须遵守本规范 6.5.2 的规定。

7　生产过程中的卫生

7.1　原料要求

7.1.1　投产前的原辅材料，必须符合本规范 3.1 的规定，不得使用被污染的原辅料。

7.1.2　投产前的原辅材料，必须经感官和理化检验，合格后才能投产。

7.2　防止交叉污染

7.2.1　在食醋生产过程中，必须将原料处理、半成品和成品工序分开，防止前后工序相互交叉污染。

7.2.2　食醋生产人员调换工作岗位有可能导致食品污染时，必须更换工作服，洗手、消毒。

7.3　包装容器

7.3.1　容器的要求和检查

7.3.1.1　包装容器必须符合食品卫生的有关规定。

7.3.1.2　回收的包装容器应无异味、无毒。

7.3.1.3　各种包装容器必须按有关标准，严格检验才能使用。

7.3.1.4　容器应存放在通风、干燥、无尘、无污染源的仓库内。

7.3.2　容器的使用

7.3.2.1　容器只能灌装食醋，不得盛放其他物品，以免误入生产线，造成质量事故。

7.3.2.2　所有容器应轻拿轻放，避免碰撞。

7.3.2.3　在成品灌装车间只能存放当天使用的容器，清扫车间时，必须移去或遮盖好生产线上的容器，以免沾染。

7.3.2.4　灌装前的容器（瓶、桶）必须清洗干净，消毒灭菌。

7.3.2.5　灌装后的瓶口必须保持清洁。封口应严密，不得漏气、漏液。

7.3.2.6　封口后应将容器擦拭干净后再贴标签。容器上不得有醋迹和浆糊痕迹。

7.4　工艺过程记录

工艺过程中的各个工序必须详细记录，工艺过程中规定的关键因素（如灭菌时间和温度）必须有检查结果记录。各项记录保存三年，备查。

8　成品储藏、运输的卫生

成品的储藏与运输条件应符合国家标准或专业标准的规定，必须防止污染。储藏期间应定期检查，保证质量。

9　卫生与质量检验管理

9.1　工厂必须设有与生产能力相适应的卫生的检验人员、质量检验机构，并配备经专业培训、考核合格的检测人员。

9.2　检验机构应具备检验工作所需的检验室和仪器设备，并有健全的检验制度。

9.3　检验机构应按国家有关检验方法和标准进行物理、化学、微生物检验，凡不符合标准的产品一律不得出厂。

9.4　计量仪器和设备必须定期检定、维修，确保精度。

9.5　各项检验记录保存三年，备查。

参考文献

郑彦婕，黎永乐，张协光，等. 2010. 气相色谱-质谱法同时测定食醋中多种多元醇. 食品与发酵工业，36（7）：154-157

食醋卫生标准：GB 2719—2003

食醋厂卫生规范：GB 8954—1988

食醋产品质量监督抽查实施规范：CCGF 121. 2—2010

醸造酢の日本農林規格：http：//www. maff. go. jp/j/kokuji _ tuti/kokuji/k0000994. html

食酢品質表示基準：http：//www. caa. go. jp/jas/hyoji/kijun _ Itiran. html

醸造酢についての製造業者等の認定の技術的基準：http：//www. maff. go. jp/j/jas/jas _ kikaku/pdf/gijutu _ 22. pdf

食酢製品の高度化基準：http：//www. maff. go. jp/j/shokusan/sanki/haccp/h _ nintei/pdf/syokusu _ kizyun. pdf

Antonelli A，Zeppa G，Gerbi V，et al. 1997. Polyalcohols in vinegar as an origin discriminator. Food Chemistry，60（3）：403-407

FAO/WHO Food Standards Programme. 1998. Conversion of European Regional Standard for Vinegar into World-wide Standard. Report No：FAO-ESN-CX/PFV-98/8. Codex Committee on Processed Fruits and Vegetables. Sess 19. Washington，DC，16-18

Gerbi V，Zeppa G，Antonelli A，et al. 1997. Sensory characterisation of wine vinegars. Food Quality and Preference，8：27-34

Gerbi V，Zeppa G，Antonelli A，et al. 1997. Multivariate analysis of composition and sensory quality criteria of white vinegar. Sciences des Aliments，17：349-359

González-Viñas M A，Salvador M D，Cabezudo M D. 1996. Taste gruop thresholds and sensory evaluation of Spanish wine vinegars. Journal of Sensory Studies，11：129-140

ISO. 1991. Methodology. Method of investigating sensitivity of taste. In Sensory analysis. ISO standard 3972

Natera R，Castro R，García-Moreno M D，et al. 2003. Chemometric studies of vinegars from different raw materials and processes of production. Journal of Agricultural and Food Chemistry，51：3345-3351

Nieto J, Gonzalez-Viñnas M A, Barba P, et al. 1993. Recent Progress in Wine Vinegar R&D and Some Indicators for the Future. *In*: Charalombous G. Food Flavor, Ingredients and Composition. New York: Elsevier Science: 469-499

Palacios V, Valcarcel M, Caro I, et al. 2002. Chemical and biochemical transformations during the industrial process of sherry vinegar ageing. J Agric Food Chem, 50: 4221-4225

Sellmer-Wilsberg S. 2009. Wine and Grape Vinegars. *In*: Solieri L, Giudici P. Vinegars of the World; Milan, Italy: Springer: 145-160

Tesfaye W, Morales M L, Callejón R M, et al. 2010. Descriptive sensory analysis of wine Vinegar: tastiny procedure and rediability on new attributes. Journal of Sensory Studies, 25 : 216-230

Tesfaye W, García-Parrilla M C, Troncoso A M. 2002a. Sensory evaluation of Sherry wine vinegar. Journal of Sensory Studies, 17 (2): 133-144

Tesfaye W, Morales M L, García-Parrilla M C, et al. 2002b. Wine vinegar: Technology, authencity and quality evaluation. Trends Food Science and Technology, 13: 12-21

Zeppa G, Giordano M, Gerbi V, et al. 2002. Characterization of volatiles compounds in three acetification batteries used for the production of 'AcetoBalsamico Tradizionale di Reggio-Emilia'. Italian Journal of Food Science, 3: 247-266

第十五章　食醋的营养成分、风味和功能

第一节　食醋的营养成分

食醋是我国传统调味品，是以粮食或水果为原料，经多种微生物天然发酵酿造而成的调味品，其营养成分丰富，除含有醋酸和乙醇外，还含有次级成分，这些成分对食醋的气味、滋味、组织状态及品质影响很大。食醋的组成成分与发酵原料、添加的营养剂、微生物及用来稀释食醋的水分都有直接关系。

一、谷物食醋的营养成分

（一）谷物食醋的一般成分

食醋的质量因原料的种类、配比、制造方法不同而有差别。一般依靠理化分析、卫生检验及感官鉴定来判定食醋的质量。中国酿造谷物食醋的一般成分如表 15-1 所示，日本谷物食醋的一般成分如表 15-2 所示。

表 15-1　中国酿造谷物食醋的一般成分

分析项目品种	相对密度	pH	总酸	还原糖	总糖	无盐固形物	食盐	全氮	灰分
			g/100ml						
香醋	1.094	3.68	5.88	2.79	3.45	12.50	3.86	0.71	5.03
米醋	1.072	3.65	5.13	2.02	3.91	12.79	0.02	0.32	1.14
熏醋	1.056	3.87	6.15	0.63	0.83	9.73	0.84	0.64	1.87
江米香醋	1.086	3.74	6.82	2.59	2.79	13.77	1.69	0.79	2.91
镇江香醋	1.086	3.73	6.82	1.50	1.84	11.91	3.18	0.69	4.39
白米醋	1.012	2.87	6.33	0.17	0.18	0.25	0.006	0.007	0.003
山西熏醋	1.141	3.82	7.99	8.51	8.73	21.39	3.97	0.86	6.65
老陈醋	1.294	3.87	10.88	11.25	12.82	30.47	3.35	1.22	9.42
浙醋	1.060	3.61	3.62	2.48	3.66	0.95	3.06	0.18	3.56

表 15-2　日本酿造食醋的一般成分

醋类别	总酸	不挥发酸	乙醇	氨基酸	还原糖	固形物	pH
	g/100ml						
米醋	4.60	0.37	0.15	0.017	3.00	5.86	2.54～3.22
酒糟醋	3.6～5.5	0.02～0.6	0.001～0.63	0.2～0.39	0.05～3.3	0.08～5.3	2.34～2.89
酒精醋	5.33	0.21	0.36	0.0008	0.69	0.64	2.6
麦芽醋	4.95	0.37	0.17	0.0006	0.7	0.30	2.49

从表 15-1 和表 15-2 中可知，酿造谷物食醋的原料不同、发酵时间不同，醋的基本成分也不同。总体来讲，用传统方法发酵的食醋其固形物含量均高于液态发酵的食醋。中国食醋中含有大量的食盐，是在醋醅发酵后期为延长醋醅的保存期人为添加的，不是来自于原料和发酵过程。中国谷物醋中除醋酸外，乳酸和焦谷氨酸在有机酸中占主导地位。风味物质正丙醇、异丁醇、乙偶姻、乙酸丁酯、乳酸乙酯和呋喃类化合物含量丰富。

（二）谷物食醋的氨基酸

食醋中含有 0.005%～0.5%的全氮，其中氨基酸占全氮的 45%～50%，还存在 18 种以上的游离氨基酸，不同氨基酸能产生不同的味觉（鲜、甜、苦、酸），这些氨基酸主要源于原料中和微生物菌体蛋白质的降解。食醋中氨基酸的种类及含量因使用原料及工艺不同而有所差异。老陈醋中富含氨基酸，各种氨基酸呈味不同，能使产品滋味调和，增加色泽和香气，改善产品物性。老陈醋中氨基酸对醋酸的刺激性有一定的缓冲作用，发酵微生物菌体自溶后产生的风味物质的增效作用，使产品醋酸含量虽高，却无尖锐刺激感，呈现柔和、圆润、绵长和协调的舒适感。

中国食醋与日本食醋相比，前者氨基酸含量明显高于后者，日本米醋 30 个试样氨基酸平均值为 137mg/100ml，仅为我国食醋氨基酸含量的 1/10；福山米醋的氨基酸含量较高，为 152.4mg/100ml，也仅为我国食醋的 1/10。氨基酸含量高与食醋 pH 缓冲能力有关，中国酿造醋的 pH 高达 3.6 以上，如山西老陈醋的 pH 为 3.87，总酸为 10.38%，但毫无酸的刺激感，酸味柔和，即氨基酸的缓冲作用所致。日本学者比较了日本米醋和中国米醋的游离氨基酸、有机酸和芳香物组成，中国米醋含丰富的丙氨酸、谷氨酸、赖氨酸和亮氨酸，是日本米醋的 10 倍，并认为谷物醋在醋酸发酵时氨基酸含量是下降的。

中国名醋镇江香醋也是以大米为原料，其氨基酸含量虽较福山米醋高，但仍低于以高粱为原料的食醋。使用薯干为原料的食醋，氨基酸含量低则与原料中含氮化合物低有关。同样使用谷物为原料的酶制剂醋和深层发酵醋的氨基酸量也低，这主要是因为所用酶制剂是属于液化型和糖化型酶，缺乏蛋白水解酶和肽酶酶系的缘故。李大锦和王汝珍（2006）进行了米曲使用量增加实验，发现米曲使用量为 30%与使用酶制剂代替 30%的米曲相比较，前者生产的食醋氨基酸含量为后者的 1.7～5 倍。竹内等也进行了同样的试验，全曲醋的氨基酸含量较酶制剂的多 2 倍，而在氨基酸的类型上却没有大的变化，这主要是酶系不同的缘故。米曲霉的酶系中除有水解蛋白为肽的蛋白酶外，还含有较多的氨基肽酶和羟基肽酶，可将肽分解为氨基酸，而一般细菌型酶制剂肽酶很少，即使能分解出肽类，也只能生成少量氨基酸。

氨基酸的种类及在各种食醋中的含量虽因所用原料及工艺多有不同，但大致有一定规律，即以谷氨酸、赖氨酸、丙氨酸、天冬氨酸、脯氨酸为最多。在山西陈醋、镇江香醋、独流老醋和保宁醋中含有一定数量的低聚肽，含量是一般醋的 5～10 倍。经液相色谱-质谱联用仪测试，酿造食醋中分子质量 1000Da 以下低聚肽占总蛋白质含氮量的 20%～40%。

食醋中氨基酸是从原料中来的，一般在醋酸发酵过程中减少为全部氨基酸的38%～60%，特别显著减少的是L-谷氨酸、L-天冬氨酸、L-脯氨酸和L-丙氨酸，减少的原因可能是醋酸菌等微生物的同化、香气的形成等。*Acetobacter aceti* 及 *A. rancens* 同化天冬氨酸、谷氨酸、脯氨酸，由于醋酸菌的种类对各氨基酸的同化性不同，醋酸发酵终了后、食醋醪熟成，使香气调熟、稳定化。

（三）谷物食醋的有机酸

食醋中有机酸的含量很多，可分为挥发性酸及不挥发性酸两类。甲酸、醋酸、丙酸、丁酸、戊酸和辛酸等都属于挥发性酸。食醋中的挥发性酸以醋酸为主，其他呈微量存在。挥发性酸的分子质量越大，呈味越弱；分子质量越小，刺激性越强。食醋中的乳酸、苹果酸、琥珀酸、葡萄糖酸、柠檬酸、丙酮酸、焦谷氨酸、酒石酸、延胡索酸和α-酮戊二酸等均是不挥发性酸。不挥发性酸能调和酸味，含量高的食醋刺激性小，口感柔和。一般固态发酵醋的不挥发性酸含量远远高于液态发酵醋。

食醋有机酸大部分是在制曲及发酵过程中由微生物发酵所形成的，一小部分来自原料中。镇江香醋醋醅在发酵过程中有机酸的变化如表15-3所示，从表中可知，醋酸、乳酸、琥珀酸、酒石酸和丙酮酸是醋醅中最主要的酸。乳酸菌发酵葡萄糖形成乳酸，我国几种传统名特食醋，有机酸的组成除醋酸外，不挥发性酸组成主要以乳酸为主。醋中的乳酸减轻了挥发性醋酸的刺激性气味，使食醋的口感变得醇香柔和；乳酸可调节pH，抑制其他杂菌的生长，保证发酵过程达到工艺要求；乳酸菌发酵过程中，在酯化酶作用下，使它产生的乳酸和部分乙醇合成乳酸乙酯，赋予食醋浓郁的香味。葡萄糖酸本身虽略具涩味，其环状酯具有甜味，是具有复杂性格的物质，食醋中所含葡萄糖酸的量较其他不挥发酸要多得多，另外，含葡萄糖酸高的食醋风味特好，有增加食醋浓厚味感的作用，它的生成主要依靠葡萄糖酸杆菌（*Gluconacetobacter*）和葡萄糖杆菌（*Gluconobacter*）的作用。

表15-3　不同发酵阶段醋醅中的有机酸含量（张丽娟等，2009）

（单位：mg/100g醋醅）

有机酸	发酵天数/d							
	0	3	5	7	9	12	14	18
醋酸	84.3	1292.1	1792.7	2329.2	4050.0	4850.3	5436.5	5325.1
乳酸	430.4	1335.2	1569.1	1310.9	1096.5	1007.1	794.9	712.2
琥珀酸	2.8	6.1	3.4	6.2	18.4	17.9	20.3	26.4
酒石酸	110.6	115.6	108.1	138.9	178.2	149.8	157.7	135.3
丙酮酸	1.3	22.9	17.0	30.7	51.2	36.6	39.7	40.5
草酸	12.4	6.4	4.2	1.1	8.6	7.1	5.4	6.1
柠檬酸	12.0	4.5	2.5	2.1	3.4	7.4	6.5	5.6
苹果酸	17.9	1.5	1.6	0.3	1.0	0.4	0.6	1.9
富马酸	1.8.	0.04	0.05	0.08	0.04	0.03	0.03	0.02
总酸	698.2	2839.5	3529.6	3884.8	5572.6	6237.3	6644.5	6491.2
（乳酸+醋酸）	73.7%	92.5%	95.3%	93.7%	92.4%	93.9%	93.9%	93.0%

另外，酿醋所用原料对食醋的有机酸组成及含量也有一定影响。例如，大米中有机酸至少有 15 种，主要是醋酸、延胡索酸、琥珀酸和柠檬酸等。100g 大米中含有 60.3mg 有机酸。而曲中的有机酸组成变化不大，其量约为米中的 2 倍多（149.6mg/100g）。酒槽醋中的焦谷氨酸要比其他醋多。用酒粕酿制的食醋焦谷氨酸的含量为 34～36.8mg/100ml，约为原料中的 2 倍。

山西老陈醋和镇江（香）陈醋中虽然醋酸含量很高，但并无刺激感，酸味很柔和，这其中有机酸的作用非常重要，使山西老陈醋“食之绵酸、回味悠长”，镇江（香）陈醋“酸而不涩、色浓味鲜”。据研究报道，山西老陈醋中乳酸较低而丙酮酸含量较高，而镇江（香）陈醋的主要微生物有乳酸菌和醋酸菌，因此镇江（香）陈醋中乳酸和醋酸的含量较高。日本学者研究认为，含有琥珀酸、苹果酸、葡萄糖酸的食醋具有浓厚的风味。特别值得注意的是，1985 年日本对中国食醋的测定结果显示，山西老陈醋中琥珀酸、苹果酸和 α-酮戊二酸含量最高，尤其是琥珀酸含量高达 78.7mg/100ml，明显高于其他分析样品。

（四）谷物食醋的矿物质

谷物食醋中的矿物质成分主要有有 K、Ca、Fe、Zn、Pb、Cu。其含量主要取决于发酵原料，原料不同，差异很大。一般来讲，固态发酵的食醋较液态发酵的食醋矿物质含量高；用谷物原料发酵时，因麸皮中含有更多的矿物质，故用麸皮酿造的醋，矿物质含量就明显高，用精白米酿醋，其矿物质含量明显低于糙米。另外，酿醋使用的一些其他辅料，如稻壳、秸秆都会增加食醋中的矿物质含量。

根据矿物质对人体的作用，食醋中的矿物质分为有益矿物质和有害矿物质，醋中的矿物质大多对人体有益，但一些是对人体有危害的，如 Pb、Cu 和 As 等，谷物醋酿造使用的原料受重金属和农药污染，就会导致醋中的有害金属含量升高。以陶瓷瓮和缸酿醋及盛醋，会使陶瓷中的重金属溶于醋液中。在酿造中使用铁器会使醋液中的 Fe^{2+} 和 Fc^{3+} 增加，引起醋液的颜色加深和混浊，并使醋液带有一定的铁腥味。

（五）谷物食醋的糖分

食醋中的糖类来自原料，淀粉质原料进行糖化变成可发酵性糖。大部分糖被醋酸菌发酵变成醋酸等发酵产物，但总有一部分糖残留下来，进入成品醋中。*Gluconobacter* 能使 80％的葡萄糖变化成为葡萄糖酸，使 20％的葡萄糖作为能源被消耗掉。

食醋中数量最多的糖分是葡萄糖，其次是果糖，此外还有甘露糖、阿拉伯糖、核糖、木糖、鼠李糖、半乳糖、纤维二糖、甘油、山梨醇、糊精、蔗糖等。这些糖类的甜度不同，所占比例甚少，但都构成了食醋的甜味。食醋中含有的糖分同氨基酸一样，可以增加食醋的甜口，使之酸而不烈，特别是日本寿司饭团所用的醋，糖分的作用显得尤为重要。

（六）谷物食醋的特有香气成分

食醋香气成分主要包括酸、醛、醇、酯、酚、呋喃、吡嗪类等多种挥发性成分。它们在醋中含量极少，但在恰当的比例下，能赋予食醋特殊的芳香味。各种醋的香气特征是它们香气成分含量平衡的表现。酯类具有果香气味，是形成食醋特有香气的重要成分，一般在名醋中含量较高。酯类中以乙酸丁酯、乙酸乙酯、乙酸异戊酯、乳酸乙酯等居多。乙醇是醋酸发酵前阶段的成分，是各种食醋的共同成分；还有 2,3-丁二醇、甲醇、丙醇、异丁醇、异丙醇、异戊醇等，但过量的高级醇则能引起苦涩的感觉。醛类包括糠醛、乙醛、甘油醛、香草醛等。醛类含量过多，辛辣味会太重，刺激较大。极微量的乙醛所形成的辣味，对五味调和有一定作用。糠醛是由戊糖等加热而生成的，因品种不同而含量不同，凡采用熏醅工艺的醋，一般醛类含量都较高，能为醋提供一种焦香味。有机酸有气味，如醋酸带有愉快的酸味，乳酸香气微弱，脂肪酸从丙酸开始有些异臭味出现，丁酸呈浓汗臭味，戊酸、异戊酸、庚酸有强烈的汗臭，但极微量时，能给醋提供特殊的香气。自庚酸起，随着碳原子数量增加臭味逐渐减弱；辛酸臭味少，呈弱香；8 个以上碳原子的酸类，微有脂肪气味。4-乙基愈创木酚含量在 1～2mg/L 就能呈现香气。丁香酚、香草酸、阿魏酸、酪酸、水杨酸等能起到呈香作用和助香作用。3-羟基-2-丁酮（异偶姻）、2,3-丁二酮（双乙酰）含量少时给予蜂蜜样的香气味，含量多时呈酸奶臭或饭馊气味。双乙酰香气阈值为 0.2mg/L。双乙酰和 3-羟基丁酮被认为是由酮酸转变而来的，乙酰乳酸是它们的前体物质。食醋中双乙酰的成因，一般认为是由其前体 3-羟基丁酮生成的。适量的双乙酰、3-羟基丁酮和其他成分的均衡存在是构成酿造食醋特征香气成分的关键。

食醋的风味成分与食醋发酵过程中的微生物代谢密切相关。日本学者研究了食醋酿造过程中存在的主要微生物和食醋香气产生的关系，如图 15-1 所示。

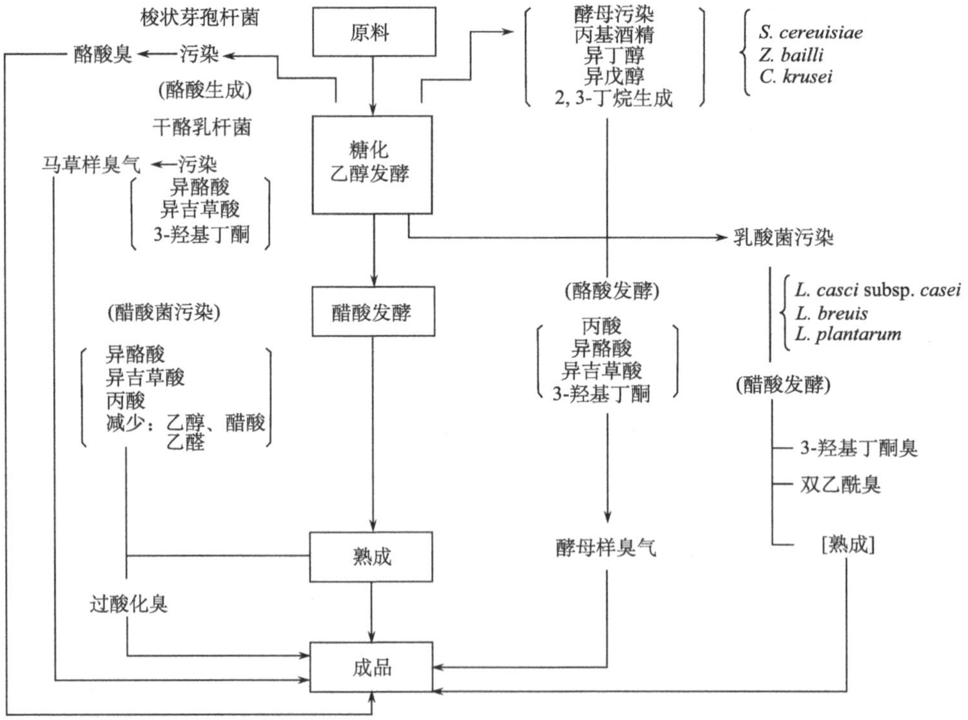

图 15-1　食醋在酿造过程中主要微生物和香气成分发生的关系（沈政燮和段丽，1995）

孙宗保（2009）等认为，醋酸和 3-甲基丁酸是镇江香醋的特征香味成分之一。镇江香醋共鉴定出 15 种酯类化合物，其中乙酸乙酯、乙酸-3-甲基-丁酯、乙酸苯乙酯三种化合物香味特征最为明显。在镇江香醋中检测出 8 种醇，其中，具有明显的玫瑰花香气味的苯乙醇，被认为对镇江香醋的香气起着较为重要的作用，苯乙醇是苯丙氨酸经 Strecker 降解产生醛后进一步还原生成的，这种化合物目前已被鉴定为酒中主要的芳香族化合物。镇江香醋中共鉴定出 6 种酮类化合物，含有令人不愉快的饭馊味的 2,3-丁二酮和 3-羟基-2-丁酮，这两种成分在镇江香醋的挥发性成分中含量较高。2,3-丁二酮主要由其前体物质 3-羟基-2-丁酮生成。杂环化合物是镇江香醋中种类较多的一类化合物，尤其是呋喃类和吡嗪类化合物，这和镇江香醋酿造过程使用大量五碳糖的麦麸及其特定的工艺炒米色有关。

在山西老陈醋的香味研究中，优质醋与中等醋的乙醛、乙酸乙酯、乙醇、糠醛、丙酸、2,3-丁二醇含量有显著差别，认为中等醋陈酿后成为优质醋。陈酿过程中各组分相互转化，从而使各组分含量出现差异，酯化过程使乙酸乙酯含量增加，丙酸、2,3-丁醇含量降低。水分蒸发使乙醛、乙醇、糠醛含量增加。劣质醋与优质醋的乙醇、3-羟基-2-丁酮、醋酸、糠醛、丙酸含量有显著差别。

二、水果醋及其他醋的营养成分

（一）水果醋及其他醋的基本成分

几种欧洲主产食醋的基本组成成分如表 15-4 所示，从表中可知，果醋和其他醋的基本成分主要取决于原料和发酵工艺。原料中某成分含量高，醋中含量就高，质量高的意大利香醋，使用浓缩葡萄汁发酵，陈酿时间超过 12 年，有些更长，达 50 年之久，其产量极低（100kg 葡萄浆液生产不到 1L 醋）。最终产品颜色深褐色，黏稠状，甜酸味，有诱人的风味，其总固形物含量在 20%～70%，是其他醋的百倍，酸度在 6%～18%（m/V），含有大量的糖类，主要是葡萄糖和果糖。

表 15-4 欧洲主产的食醋基本组成成分（Plessi，2003）

	麦芽醋	葡萄醋	苹果醋	酒精醋	意大利香醋	合成醋
相对密度（20℃）	1.013～1.022	1.013～1.020	1.013～1.024	1.015～1.020	1.042～1.361	1.007～1.022
总固形物/(g/L)	3.00～28.40	8.71～24.88	19.00～35.00	1.50～6.00	336.70～873.90	1.00～4.50
总灰分/(g/L)	0.60～7.60	1.47～3.10	2.00～4.50	0.20～0.50	4.00～18.80	0.20～0.50
灰分的碱溶性/(mmol/L)		9.60～31.60			26～152	
总酸（醋酸计,%）	4.30～5.90	5.94～9.20	3.90～9.00	11.50～12.20	6.25～14.88	4.10～5.30
挥发性酸/%		5.55～7.95			3.90～13.60	
不挥发性酸/%	0.20～0.40	0.02～0.55	0.10～0.20		1.58～2.27	忽略
乙醇/(%，V/V)		0～0.14	0～0.81	0.03	0～0.68	0.04～0.08

续表

	麦芽醋	葡萄醋	苹果醋	酒精醋	意大利香醋	合成醋
总氮/(g/L)	0.40～1.40	1.15～1.86		0.03～0.30	1.02～2.16	0～2.00
糖类/(g/L)		0～6.20	1.50～7.00		351.00～689.70	
甘油/%		0.37	0.28		0.94～1.7	
葡萄糖酸/%		0.02	0.02		0.68～1.14	
酒石酸/%		0.11			0.46～0.52	
醋酸/%		7.2	5.5		6.38～7.64	
柠檬酸/(g/L)		0.26～0.39			1.66～3.47	
苹果酸/(g/L)		0.47～0.80	0.70～1.60		8.00～37.40	
乙醛/(g/L)		18.9～114.4			84.9～3747	
2，3-丁二醇/(g/L)					470～2890	
2，3-丁二酮/(g/L)					17～37	
3-羟基-2-丁酮/(g/L)		122.0～1257.0			249.1～1597.8	
醋酸乙酯/(g/L)		206.0～590.0				

醋中最主要的成分是醋酸，醋酸起保存和溶剂的作用，溶解在醋酸和水中的微量成分对醋的风味有重要的影响，微量成分来自于发酵原料、发酵产物或原料和发酵产物的中间转化物。

果醋中的大部分氨基酸在醋酸发酵中因醋酸菌吸收而降低。水果醋中，红葡萄醋和白葡萄醋所含最主要的氨基酸有 L-脯氨酸和亮氨酸，但在苹果醋中不含有 L-脯氨酸，葡萄醋中总氮含量高于苹果醋，有人认为葡萄醋是否含有脯氨酸是作为鉴定葡萄醋的标准。在麦芽醋中，从麦类中而来的谷氨酸、脯氨酸含量较多。

(二) 水果醋的有机酸

国外水果食醋中含有的挥发性有机酸主要是醋酸等，非挥发性有机酸有酒石酸、柠檬酸、苹果酸和琥珀酸等。表 15-5 列举了几种国外常见醋的有机酸组成。醋酸是最主要的有机酸，含量取决于发酵原料的糖和稀释乙醇的浓度。非挥发性有机酸由醋的种类决定，在葡萄酒醋中的有机酸主要是酒石酸和柠檬酸，苹果醋中含有甲酸和苹果酸。另外，发酵方式不同、原料不同，还会形成琥珀酸、乳酸和富马酸等。在麦芽醋中唯一的非挥发性酸只有乳酸，葡萄酒醋中特征酸为酒石酸和少量的苹果酸，可用这两种酸含量的比值判断葡萄酒醋的发酵过程和使用的原料，苹果酸下降的原因是发酵过程中进行了苹果酸-乳酸发酵。在葡萄酒醋中，柠檬酸主要来源于葡萄原料，琥珀酸来源于乙醇发酵。

表 15-5　水果醋及其他醋的有机酸组成（Natera et al.，2003）（单位：g/L）

成分	WWW (n=28)	WW (n=27)	B (n=6)	RWW (n=2)	RW (n=4)	H (n=2)	A (n=2)	M (n=1)	AP (n=11)
琥珀酸	0.263	0.200	0.365	0.398	0393	0.273	nd	nd	0.135
苹果酸	0.107	0.066	0.722	0.337	nd	0.515	nd	nd	0.086
酒石酸	1.02	0.537	1.37	2.20	0.098	0.212	nd	nd	nd
醋酸	84.9	79.6	51.1	82.6	86.8	67.6	66.6	50.9	56.7
乳酸	0.623	0.488	0.832	0.476	1.03	1.11	nd	0.305	2.02
柠檬酸	0.124	0.275	0.657	0.402	nd	nd	nd	nd	0.157

注：①WWW，用木桶陈酿的白葡萄酒醋；WW，不用木桶陈酿的白葡萄酒醋；RWW，用木桶陈酿的红葡萄酒醋；RW，不用木桶陈酿的红葡萄酒醋；B，用木桶陈酿的香醋；H，蜂蜜醋；A，稀释酒精醋；AP，苹果醋；M，麦芽醋。②*n*，醋样品数。③nd，未检出。

国外的苹果醋中苹果酸含量为6.5～160mg/100ml，葡萄醋中酒石酸含量为25～225mg/100ml，可以此含量与其他醋相区别。

（三）水果醋的酚类

国外常见水果食醋的多酚类组成见表15-6。不论是陈酿还是非陈酿的葡萄酒醋都含有丰富的没食子酸。研究认为，果醋经过陈酿，由于棓单宁的水解，会增加醋的多酚含量。

表 15-6　水果醋及其他醋的酚类物质组成（Natera et al.，2003）（单位：g/L）

成分	WWW (n=28)	WW (n=27)	B (n=6)	RWW (n=2)	RW (n=4)	H (n=2)	A (n=2)	M (n=1)	AP (n=11)
没食子酸	36.8	10.4	64.5	46.1	18.0	3.26	nd	5.31	4.02
羟甲基糠醛	48.2	9.68	213.6	15.9	9.71	23.6	0.519	8.56	1.79
2-糠醛	6.53	1.14	18.5	2.74	0.837	0.995	nd	3.21	0.747
原儿茶酸	9.02	7.45	13.40	15.3	10.1	4.60	nd	nd	8.72
对羟苯基乙醇	54.4	30.0	109.4	105.5	41.6	31.6	nd	8.79	25.1
儿茶酚	22.3	7.63	28.5	17.0	19.3	36.2	nd	nd	82.6
p-羟基苯甲酸	4.53	1.11	nd	nd	0.504	3.95	nd	nd	2.91
p-羟基苯甲醛	2.75	0.530	4.90	3.11	nd	0.929	nd	nd	0.195
香草酸	3.35	0.598	nd	3.52	nd	nd	nd	nd	nd
表儿茶酸	15.7	10.0	nd	nd	12.0	nd	nd	nd	17.9
紫丁香酸	5.11	1.60	nd	3.45	nd	3.40	nd	nd	nd
咖啡酸	10.1	7.65	36.5	19.3	6.52	3.17	nd	nd	2.83
3,4-二羟苯甲醛	1.60	0.400	15.7	3.26	nd	nd	nd	nd	nd
cis-*p*-香豆酸	2.43	1.71	0.686	1.00	1.42	0.941	nd	nd	0.237

续表

成分	WWW (*n*=28)	WW (*n*=27)	B (*n*=6)	RWW (*n*=2)	RW (*n*=4)	H (*n*=2)	A (*n*=2)	M (*n*=1)	AP (*n*=11)
trans-p-香豆酸	5.39	3.534	21.1	11.4	3.08	1.73	nd	nd	1.23
Fertaric acid	1.03	0.770	nd	nd	0.502	nd	nd	nd	0.104
绿原酸	nd	2.58	6.84	4.37	0.518	8.01	Nd	nd	6.63
咖啡酸	3.45	2.20	28.7	4.97	2.78	1.24	nd	nd	1.37
香草醛	3.49	nd	2.86	1.00	nd	nd	nd	nd	nd
丁香醛	2.19	nd	nd	nd	nd	nd	nd	nd	nd
cis-p-香豆酸	3.03	1.61	nd	nd	nd	nd	nd	nd	0.033
trans-p-香豆酸	2.33	0.629	22.4	4.93	1.40	0.774	nd	nd	0.947
i-阿魏酸	0.242	0.93	nd	nd	nd	nd	nd	nd	0.044
阿魏酸	0.492	0.171	9.3	6.14	nd	nd	nd	nd	0.066

注：①WWW，用木桶陈酿的白葡萄酒醋；WW，不用木桶陈酿的白葡萄酒醋；RWW，用木桶陈酿的红葡萄酒醋；RW，不用木桶陈酿的红葡萄酒醋；B，用木桶陈酿的香醋；H，蜂蜜醋；A，稀释酒精醋；AP，苹果醋；M，麦芽醋。②*n*，醋样品数。③nd，未检出。

（四）果醋和其他醋的挥发性成分及风味

大量的研究表明，不同醋的挥发性成分含量差异很大。醋中醋酸的副产物主要为乙醛和酯类物质，是醋香的呈味物质，酯类包括乙酸乙酯、乙酸甲酯、乙酸异戊脂、丁醇和戊醇的异构体，另外，果醋中2-和3-甲基-1-丁醇、3-羟基-2-丁酮、2-苯基乙醇、2,3-丁二醇和异戊酸等也是主要的风味物质，3-羟基-2-丁酮（乙偶姻）和2,3-丁二酮（双乙酰）由2,3-丁二醇生成。麦芽醋中的3-羟基-2-丁酮只有18mg/L，而苹果醋的3-羟基-2-丁酮含量高达227mg/L。

1. 原料与挥发性成分及风味的关系

一些微量成分，如乙醛、缩醛、乙酸乙酯和杂醇油在葡萄醋、苹果醋中含量很高，合成乙醇或经发酵形成的蒸馏白醋中这些成分含量很少，不含杂醇油及其氧化物。在酒精醋中除乙酸乙酯外，其他挥发性风味物几乎不存在，酒精醋在制造中形成少量的乙酸乙酯（200mg/L），在储藏中大量生成乙酸乙酯（≥1500mg/L）。从商业麦芽醋中，分离出了6种酯类、6种醇类、2种酸（除乙酸）、乙偶姻和乙醛。研究发现，虽然生产麦芽醋的原料浓度、酵母菌株、醋酸菌株不同，发酵方式也不同，但最终麦芽醋的挥发性组成成分却差别不大。图15-2是苹果醋和葡萄醋发酵前后风味物质的变化规律。一般情况下，用来醋酸发酵的红葡萄酒含更高的醇类物质，约占总挥发性物质的40%，主要有3-甲基-1-丁醇、2-甲基-1-丁醇、异丁醇和2-苯基乙醇，这些物质由葡萄汁经过乙醇发酵产生，与酵母菌氨基酸代谢有关。对20种葡萄醋样进行分析，大部分醋样含有3-羟基-2-丁酮、丁二醇，7种醋样含有双乙酰（diacetyl），所有的醋样中都含有酪胺（tyramine）。可用胺类的定性方法鉴别酿造醋和合成醋。

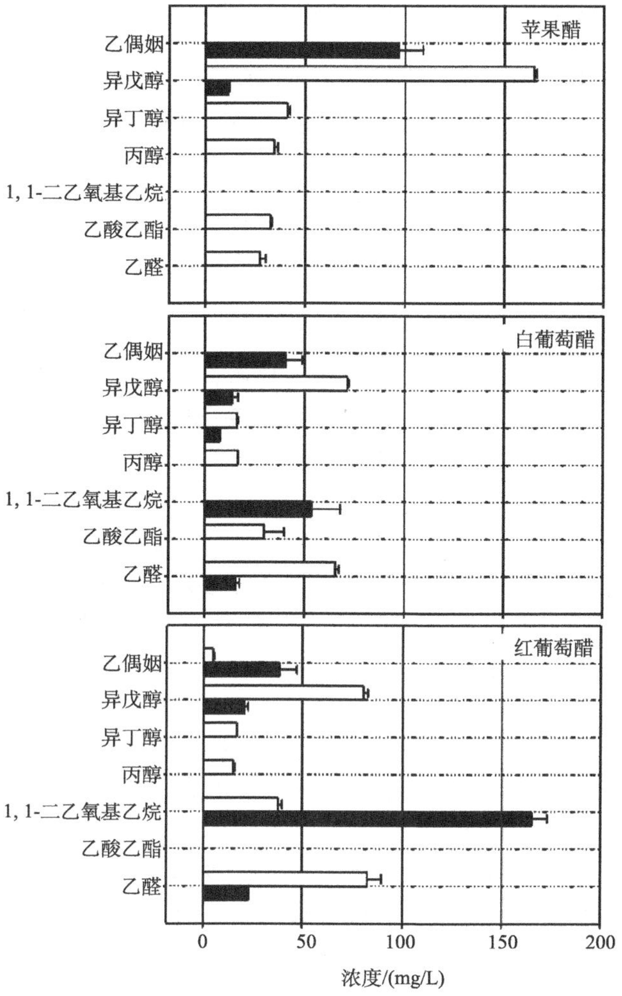

图 15-2　果醋原料和醋中的风味物质变化（Valero et al.,2005）

实柱表示醋中浓度，空心柱表示原料中浓度，发酵前葡萄酒的酒度为 12%，醋酸含量为 0.3%；苹果酒酒度为 6.3%，醋酸含量为 0.14%

3-羟基-2-丁酮（乙偶姻）是乙醇发酵的副产物，在葡萄酒、醋和酸奶等发酵食品及饮料中都存在。尽管在醋酸发酵过程中 3-羟基-2-丁酮的含量是增加的，但只有表面发酵产生的醋变化比较明显。因此，发酵方式不同，最终乙偶姻含量也不尽相同，表面发酵为 209～339mg/L，深层发酵为 72～92mg/L，也有学者认为乙偶姻含量主要与原料有关。*A. rancens*、*A. pasteurianum* 和 *A. ascendens* 通过两条途径可将 DL-乳酸转化为乙偶姻。首先，乳酸脱氢形成丙酮酸，然后在焦磷酸胺素（THPP）参与下，生成脱羧产物乙醛-THPP。乙醛-THPP 与乙醛产生 3-羟基-2-丁酮和 THPP，或乙醛-THPP 与丙酮酸反应产生 α-乙酰乳酸和 THPP。α-乙酰乳酸脱羧形成 3-羟基-2-丁酮和 CO_2。

2. 发酵工艺与挥发性成分及风味的关系

在醋酸发酵过程中，醋酸菌能够代谢其他醇，产生相对的脂肪酸，伴随 2-甲基-1-丁醇、3-甲基-1-丁醇、1-己烯醇和顺-3-乙烯-1-醇的下降，异戊酸、醋酸和辛酸都呈上升趋势，醋液中的总挥发性成分含量增加，在不同的木桶中用表面静态发酵法产生的醋，其挥发性成分明显高于深层通气发酵，主要原因是深层发酵由于呈开放式和通气，大量的挥发性物质散失。无论是表面静态发酵，还是深层发酵，在醋化过程中，除了异丁酸酯呈增加趋势外，大部分乙酯类成分都因水解而下降，如丙酸乙酯、丁酸乙酯、己酸乙酯和乙酸乙酯。

表面静态发酵液产生的酯中，乙酸酯含量比较高，这些成分与水果原料含量有关，而用深层发酵产生的醋，酸含量比较高，尤其是异戊酸，这种成分闻起来像干酪气味，它在醋中的阈值为 150μg/L。若这种成分含量过高会引起醋的不良风味。Callejón 等认为，在深层发酵中，醋酸菌对 3-甲基-1-丁醇和 2-甲基-1-丁醇的代谢速率不尽相同，对 2-甲基-1-丁醇消耗相对缓慢。除此之外，另外一些醇代谢在深层发酵和表层发酵中也不尽相同，异丁醇在表层发酵中呈下降趋势，而在深层发酵中却呈上升趋势。韩国学者研究用糙米发酵米醋，醋中有机酸和挥发性成分在搅动醋酸发酵与静态醋酸发酵时的变化，静态发酵中有醋酸、酢浆草（oxalic）酸、酒石酸和苹果酸产生，且这些酸比搅动发酵的含量高；但在搅动发酵中醋酸、乙酸异戊脂、乙酸苯乙酯的含量很高。

葡萄醋在醋酸发酵中，2-乙酸苯乙酯含量比较高，表面静态发酵高于深层发酵。2-乙酸苯乙酯和 2-苯基乙醇有玫瑰香味，由酵母菌代谢 L-苯基丙氨酸产生。

陈酿的葡萄醋一般较非陈酿的含 2,3-丁二醇和 3-羟基-2-丁酮高，Palacios 等发现，雪利醋在陈酿过程中经过木桶的系列转换和水分的蒸发，丁二醇进入到醋液中，醋液的 3-羟基-2-丁酮含量明显增加。4-乙基愈创木酚和 4-乙基苯酚在葡萄醋及苹果醋中都被检测到。

用 HS-SPME/GC-MS 分析经过陈酿和不经过陈酿的意大利香醋的组成成分，结果表明，未经陈酿的成熟香醋，其 3-甲基-1-丁醇、4-乙基-苯酚和 3-甲基-1-乙酸丁酯含量很高，经陈酿的香醋，其乙酸乙酯、乙基乙酸乙酯、呋喃（糠醛、2-乙酰糠醛、5-甲基糠醛、2-乙酰基-5-甲基糠醛）、2,3-丁二醇和 2,3-乙酸丁二醇酯含量比较高。

3. 木桶与挥发性成分及风味的关系

制作木桶的材料不同，对果醋挥发性物质的影响不尽相同，橡木桶是用来存放葡萄酒和醋的主要发酵容器，用橡木桶发酵的葡萄醋中分离出了橡木内酯异构体。用樱桃木桶发酵的醋含糠酸乙酯和苯甲酸乙酯。糠酸乙酯是呋喃衍生物，存在于不同的酒中，如红葡萄酒、樱桃酒和 Madeira 白葡萄酒。另外，用木桶盛放的醋愈创木酚的含量增加，在 3.5～33.4μg/L。

4. 发酵菌种与挥发性成分及风味的关系

醋的风味与醋酸发酵菌株有很大关系。在深层发酵中主要是 *Ga. europaeus*，而在浅层发酵中主要为*A. pasteurianus*。不同的菌，代谢产物也不尽相同，表15-7为醋酸菌在葡萄汁中生长时的产酸情况。

表15-7　葡萄汁中醋酸菌的产酸情况

组成/(mg/L)	对照	*Ga. hansenii*	*A. aceti*	*G. oxydans*	*A. pasteurianus*	*A. liquefaciens*
乳酸	45	536	217	105	159	86
琥珀酸	204	357	378	240	374	320
丙酮酸（盐）	10	0	0	0	0	0
2-羟基-戊二酸	43	69	78	68	61	64
α-酮戊二酸	61	238	247	113	231	180
延胡索酸	21	73	42	21	33	7
羟基乙酸	42	38	230	148	32	82
乙偶姻	50	82	72	52	67	70

意大利Ciani研究认为，常用于发酵葡萄酒的酵母菌*Saccharomyces cerevisiae*发酵的葡萄酒，并不是生产理想的葡萄醋的前体物。不同的酵母菌发酵的果酒，在醋酸发酵时对醋酸菌的生长和醋的质量有明显的影响作用。Ciani认为，用*Kloeckera apiculata*发酵的葡萄酒，更适合于酿造醋，有利于醋酸菌的生长；用*Candida stellate*发酵的葡萄酒也适合于醋酸菌的生长。用*C. stellate*发酵葡萄酒生产的醋、乙酸乙酯和乙偶姻含量是最高的。

在原料处理过程中受到干酪乳杆菌的作用，就会生成异酪酸、异吉草酸、3-羟基丁酮。这些物质的气味，即使醋酸发酵之后，仍然会顽固地残存下来，并会生成“马草样气味”，由于受木醋杆菌作用，会生成异醋酸、异吉草酸、丙酸，从而产生过氧化臭。

第二节　食醋的功能与保健作用

食醋不仅是餐桌上廉价易得的调味品，还有抗菌杀菌、缓解疲劳、调整血糖、脂质代谢及降血压、抗氧化、抗衰老、美容、促进食欲、护胃、预防骨质疏松症、抗癌、防癌等多种功能。因使用的原料、酿造方法不同，生产的醋组成成分差异很大，其功能特性随之不同，一般规律为生产原料在某一方面对人体有明显的保健功能，这种醋也就有此功能。

一、古代对食醋的功能与保健作用的认识

在巴比伦时期，人们在醋中添加草药，如龙蒿、薰衣草、薄荷、旱芹、刺山柑和藏红花等作为厨房使用的调味品，并与盐、辣椒、植物精油混合作为色拉的调味料，或与扁豆、豌豆、磨碎的麦片混合为辅料使用。同时巴比伦人在炎热的天气中使用醋腌渍鱼、肉、蔬菜（棕榈根、茴香、龙蒿、茴芹）和水果（西瓜、黄瓜、苹果、杏和桃）。葡萄酒只有过节时配以肉饮用，醋在贫困的乡下是农夫、士兵和旅行者很

好的饮料。

在古罗马，醋是一种很好的调味品，也是医药防腐剂。醋是葡萄酒在酿造中自然酸败产生的，在公元前 8 年，居住在意大利南部的希腊人开始制造葡萄酒并销售。古罗马人从希腊学会了酿酒和醋，富裕的人认为烹饪是一门艺术，偏好于甜酸（蜂蜜和醋）的复合味，这一点有点像中国某些地方。

公元前 400 年，希腊有用食醋医治呼吸病、疥癣、犬咬伤等病的记载。在公元前 1100～前 612 年的医书中有用食醋治疗中耳炎、用醋及木灰治皮肤病的记载。希波克拉底（公元前 460～前 377）使用醋防治感染，用醋来清洗溃疡和处理剧痛。古代和现代都将醋与蜂蜜混合，称醋蜜剂，用于治疗顽固型的咳嗽。有关醋蜜剂，医师的制法早在 1872 年的《德国药典》、1898 年的《英国药典》和 1898 年的《法国药典》中都有描述，醋蜜剂的制法为：将 4 份野蜂蜜和 1 份白葡萄醋混合，经浓缩后用低浆过滤。美国佛蒙特地区是有名的长寿区，加比斯医生研究发现当地人充分地摄取食用蜂蜜、海藻和苹果醋混合制出的一种饮料，因而得以长寿。

18～19 世纪，欧洲人习惯用醋杀菌消毒，预防传染病。这些都是着眼于食醋的杀菌作用。在 1348 年瘟疫大流行时，著名的意大利医师 Tommaso Del Garbo 建议用醋洗手、洗脸和漱口来预防疾病。后来黑死病（bubonic plague）在整个欧洲蔓延时，人们将醋洒至人身体上或接触的工具上防止细菌感染。1665 年英国暴发大瘟疫，人们将钱币浸在石槽盛放的醋液中消毒。1791 年法国瘟疫流行，没有谁希望光顾发生瘟疫的家庭，但有 4 个盗贼组成团伙经常去有瘟疫家庭偷窃东西，却没有感染疾病。后来他们公开没有感染瘟疫的秘密，是他们的母亲用醋、大蒜、薰衣草、迷迭香、薄荷和其他一些草药配的消毒剂救了他们，将这种消毒剂喷洒到身体上或用来洗澡，从而未感染上致命的疾病。后来这种混合物消毒剂起名“4 个贼的醋”，变得知名，至今还在法国生产和使用。

在中国有关记载食醋的功能和用法的著作很多。醋不但是调味不可缺少的佳品，还是一种医疗良药。1973 年湖南长沙汉墓出土的医学帛书《五十二病书》，是迄今已发现的最古医方，大概抄成于公元前 3 世纪秦汉之际，其中有用醋（当时写作“醯”、“苦酒”等古字）组方治灼伤、疝、疽、癣、疯狗咬伤等 11 种病的 17 则处方。三国时，名医华陀曾用蒜泥加醋治愈 1 例严重的蛔虫感染患者，开创食疗治急症的先例。东汉张仲景在经典著作《伤寒论》、《金匮要略》（公元 200～210 年）中有“少阴病，咽中伤生疮，不能语言，声不出者，苦酒汤主之”，用醋浸一宿的乌梅为主药的乌梅丸，至今还是治疗蛔虫病的神丹妙药。继而在晋、隋、唐、宋的《肘后方》、《小品方》、《千金方》、《僧深方》、《圣济总录》、《太平圣惠方》、《三因方》、《本事方》等历代重要医学著作中，都有不少食醋参与组方，用以治疗心绞痛、气劳黄肿、鼓胀、便秘、尿血、痔漏、养胎易生、胎死腹中，以及狐臭、痈疽、恶疮浓血、疥癣、鼻塞诸症。汉末辑成的《名医别录》说它能“消痈肿，散水气，杀邪毒”。唐代陈藏器《本草拾遗》有“治产后血晕、消食、杀邪毒，破结气，心中酸水痰饮”的记述。清代王士雄《随息居饮食谱》一书中，较深刻地归纳食醋的保健功效：“酸温，开胃，养肝，强筋，暖骨，醒酒，消食，下气，辟邪，解鱼蟹鳞介诸毒。陈醋而味厚气香者良。性主收敛，风寒咳嗽，外感疟痢，初病皆忌。产后血运，热病神昏，惊恐魂飞，客忤中毒，并用铁器烧红，更迭淬醋中，就病人之鼻以熏之。汤火伤，醋淋洗。诸肿毒，醋调大黄抹涂。”

醋还用于炮制中药材，具体作用有：消减药物的毒副作用，增强药效，矫臭矫味，扩大药物的作用范围。此外，醋有利于提纯药物、降低刺激性作用，以及作为汤剂内服，外用作涂敷剂，治诸般肿毒之未化脓病症等。

二、食醋的作用

（一）食醋的抗菌杀菌作用

食醋具有相当强大的杀菌、抑菌能力，是一种很好的防腐剂。对甲种链球菌、卡他球菌、肺炎双球菌、白色葡萄球菌和流感病毒等呼吸道致病微生物，用食醋在室内熏30min后，除甲链球菌尚有个别菌落外，其余全部被消灭。食醋有杀死白喉杆菌和流行性脑脊髓膜炎、麻疹、腮腺炎病毒的效力。应用5%～6%的食醋液，其氢离子浓度足以控制所有感冒病毒的生长。食醋对食源性病菌有抑菌和杀菌作用，各菌株的生长都受到含0.1%醋酸的食醋的抑制。研究表明，在pH 5附近的弱酸性区域，有机酸中以食醋的抗菌效果最好，含0.123mg/g醋酸的食醋对致病性大肠杆菌杀灭时间低于2.5min，对沙门氏菌为1min左右。日本名古屋大学的研究表明，食醋有杀灭致病性大肠杆菌O-157的功效，该大学医学部用酸度10%的酒醋、酸度4.2%的杂合醋和酸度4.5%的米醋进行杀灭试验，发现酒醋15min、杂合醋60min、米醋120min，能够将大肠杆菌0-157的数量降低十万分之一，酸度越高，杀菌效果越好。

食醋的抑菌效果明显强于单独的醋酸和其他的有机酸溶液，含0.2%醋酸的食醋对耐酸性的黑曲霉繁殖有明显的抑制作用，而其他有机酸的酸度高达0.6%效果也不明显；含0.2%醋酸的食醋对德巴利酵母菌株生长有抑制作用，含0.3%醋酸的食醋对内孢霉、毕赤氏酵母和汉逊氏酵母等菌株有作用，对啤酒酵母菌株0.6%酸度就表现出抗菌性，其他有机酸几乎无抗菌性。

醋有清洗和漂白假牙的功效，但对人体牙齿有腐蚀作用。在一些偏方中，醋常用来治疗指甲霉菌、头虱和疣，用99%的醋酸可明显治疗疣。在津巴布韦和亚马孙丛林，醋被助产士使用，防止妇女感染乳突淋瘤病毒，使用醋酸使病毒的感染明显转化，转化灵敏度达77%。

食醋的抑菌作用广泛用于食品的保藏中，其机制与其他用做食品保藏剂的有机酸的作用机理相似，是由于非离子化的亲脂性分子。这些分子渗入微生物的细胞膜，破坏膜传递过程，并可在细胞中离解来增加酸性，产生的阳离子达到致毒水平。酸的pK_a表明了酸的有效pH范围。醋酸的pK_a为4.75。

1952年，Bell、Etchells和1962年Binsred等对甜黄瓜酸菜进行研究后得到了一个公式，用此公式计算保藏食品时所需的醋酸含量：

$$A=(80-S)/20$$

式中，A，食品中醋酸的百分含量；S，食品中糖（蔗糖）的含量。

1971年和1975年Muys推导出了更精确的公式用以预测食品中醋酸量与稳定性和食用安全性的关系。通过对pH和各种醋酸、糖、盐的含量对主要微生物（乳酸菌、酵母菌、霉菌、大肠杆菌）的联合抑制作用的研究，推导出含醋食品安全性公式：

15.75（1－α）（总醋酸浓度，%）＋3.08（盐浓度，%）＋（己糖浓度，%）＋0.5（二糖浓度，%）＋40（4.0－pH）＝Σ

当Σ＞63时，可以保证调味品的食用安全性。

（二）食醋缓解疲劳的作用

1982年国际运动生化会议对疲劳的定义为“机体生理过程不能将其机能持续在一特定水平或各器官不能维持其预定的运动强度”。疲劳是由于肌糖原损耗、低血糖或其他原因引起的。

近代医学研究表明食醋有改善新陈代谢、防止和减轻疲劳的作用。人的疲劳感是人体体液呈酸性化的反应。正常时人们的体液和尿液呈中性或弱碱性，pH7.2～7.5。经过激烈运动或劳动、食用大量的酸性食品，在体内就会积聚大量乳酸。这时体内的草酰醋酸生成量就不能将这样多的乳酸加以分解，结果乳酸残留在血管或肌肉内，使体液变为酸性，陷入酸过多症状态。摄取醋酸等有机酸可经过焦性葡萄糖而生成柠檬酸，进入三羧酸循环途径生成二氧化碳，减少体内的乳酸，消除疲劳。醋酸的补充可使三羧酸循环得以顺利进行，使乳酸、丙酮酸不堆积，确保体液保持中性至微碱性。而且食醋中含有与三羧酸循环有关的其他物质，如苹果酸、柠檬酸、琥珀酸，以及钾、钙等碱性金属阳离子与作为三羧酸循环有关的辅酶B族维生素，使体内酶得以正常发挥功能，增强氧的吸收能力，加快体内废物的排出，使ATP浓度上升，身体自愈能力增强。醋酸可供作合成草酰乙酸的原料，还是合成人体副肾皮质激素的原料，而副肾皮质激素担负着血液正常化和消除疲劳的任务。副肾皮质激素由胆固醇构成，在血液中也起着调整激素的作用，是生成性激素、肾上皮质激素的母体。胆固醇可以在动物体内合成，利用同位素实验证明其原料就是醋酸。所以食醋不单是调味品，还是激素的构成原料，是保持正常生理的食品。醋酸参与合成的组织成分还有类固醇内分泌素、血红素、柠檬酸、氨基酸等。

糖是肌肉活动时重要的能量来源，在超过10s的高强度运动中，糖是主要的供能者。当肌肉中糖原被大量消耗时，机体活动能力降低，出现疲劳感。长时间运动时肌肉不仅消耗糖原，还大量摄取血糖。当摄取速度大于肝糖原的分解速度时，血糖水平降低。由于中枢神经系统主要靠血糖供能，血糖降低引起中枢神经系统供能不足，从而导致全身性疲劳感发生。因此这些组织中糖原的迅速补充对疲劳恢复非常重要。

日本学者研究表明，醋酸盐可以调节线粒体中乙酰CoA含量和各种组织中葡萄糖利用率。米醋由于醋酸盐的作用，使血浆葡萄糖保持在高于正常水平。Takashi等（2001）研究了食用醋酸对大鼠糖原储备的影响，结果表明含醋酸的饮食可以提高肝脏和骨骼肌的糖原储备。

（三）食醋对血糖的影响

食用乙醇后，醋酸钠对血液中乙醇的快速增长有抑制作用。Kiyoshi和Akira（1988）研究了醋酸和食醋对血糖响应的影响，表明食醋可用于控制餐后高血糖，认为食醋对血糖响应的影响是由于延缓了胃的排空率，使葡萄糖在胃内滞留时间延长，缓和给予葡萄糖后血糖的急剧变化。因此，饮食时供应有机酸有助于降低血糖和所需的胰岛素量。Nobumasa 等（2000）研究了食醋对细胞中葡萄糖转运和双糖酶活性的影响，结果表明，食醋可明显降低双糖酶（蔗糖酶、麦芽糖酶、海藻糖酶和乳糖酶）的活性。Kojima等研究表明，醋酸和食物一起食用时，能降低血糖浓度，说明醋酸对血糖浓度有显著影响，可以改变组织中葡萄糖的分布和其合成糖原的利用。

（四）食醋的降血脂作用

随着人们生活水平的提高，高血脂导致动脉硬化、高血压的发病率日益增高。而常食用醋能增加血液中有益胆固醇，减少有害胆固醇，降低血脂。食醋对动脉硬化的防治作用的基本原理为使体内乳酸的含量减少，减少血清中的胆固醇，使体液保持碱性。中国和日本学者的研究都证明，每天连续服用食醋 10～20ml，可明显降低总胆固醇、中性脂肪、血糖和血黏度。武宝爱对持续饮醋后人体微小血管血流速度及血液成分的变化进行研究，结果表明醋酸对降低血浆三酰甘油、总胆固醇及低密度脂蛋白有一定作用，同时使血浆黏度下降、血液流动性改善。

Mi-Ja Choi 对链尿霉素诱导糖尿病大鼠饲喂高胆固醇（1%）食物 4 周，观察蒜醋对其的影响。与对照组相比，蒜醋组血浆中低密度脂蛋白-胆固醇（LDL-C）浓度和动脉硬化指数明显降低，高密度脂蛋白-胆固醇（HDL-C）浓度增加，HDL-C/LDL-C 比例的改变会降低动脉硬化的风险，也就是说蒜醋对链尿霉素诱导糖尿病大鼠的总效应有助于抗动脉粥样硬化。蒋中仁采用大鼠脂代谢紊乱模型，认为食醋对大鼠血清中的总胆固醇有一定的降低作用。食醋对高脂饲料喂养的鹌鹑血脂的影响的研究结果表明，食醋有使血液高密度脂蛋白胆固醇（HDL-C）含量升高，TC、三酰甘油（TG）、低密度脂蛋白胆固醇（LDL-C）含量降低的作用，说明食醋具有降血脂作用。

日本黑醋可抑制肠道吸收脂质、抑制肝脏脂质合成及末梢组织脂质利用的升高，具有限定肥胖作用。黑醋对用玉米油过氧化脂质饲喂的糖尿病鼠试验表明：黑醋可改善部分过氧化玉米油导致的肝脏代谢障碍，对血清中脂质上升有抑制作用。有心血管病或高血脂的受试者，每天服用 20ml 黑醋共 6 个月，进行服醋前后血液生化检查，总胆固醇平均减少 9.5%，中性脂肪平均减少 11.3%，血糖值降低 11.2%，HDL-C 与 TC 之比反而增大，从血液生化学的观点讲，有效地改善了红细胞变形，而红细胞变形可能是末梢循环或血栓形成的重要因子。

食醋及醋制品可降低血脂的可能原因是饮醋促进了三羧酸循环的进行，从而使糖、脂肪、蛋白质转化成热能散发，使血液稀释，血黏度下降，血流速度加快。

（五）食醋的降血压作用

食醋能促进体内钠的排泄，改善钠的代谢异常，从而抑制体内盐分过剩所引起的血压升高。高血压的发生机制中有肾素、血管紧张肽系统、神经系统等参与，血管紧张肽与血管紧张肽转化酶（ACE）有密切关系，日本黑醋有抑制 ACE 活性的作用。我国民间很早就用醋泡黄豆和醋泡花生米防治高血压了。食醋之所以能降低血压，是因为它含有维生素 C、尼克酸和较丰富的钾元素，能扩张血管，促进胆固醇的排泄，并增强血管的弹性和渗透力。此外，食醋能增强肾功能，有利尿作用，通过利尿使钠排出，间接起到降压效果。

Kondo 等（2001）报道醋能明显降低高血压患者的血压（约 20mmHg），实验室用含醋和 0.86mmol 醋酸溶剂的饵料每天喂养先天性高血压的老鼠 6 周，观察到老鼠血压下降的同时，与对照相比，血浆肾素活性下降了 35%～40%，血浆醛甾酮浓度下降了 15%～25%，另外报道，食醋可抑制非高血压老鼠的肾素-血管紧缩素系统。其机理为由于膳食中的醋酸促进了钙的吸收，使老鼠模型的肾素-血管紧缩素系统下调，醋可强化人体钙的吸收和保持。研究葡萄醋和葡萄汁对小鼠心血管疾病的影响，发现一定剂量的饮料可以降低心脏病和高血压的发病率。

（六）食醋的抗氧化、抗衰老和美容作用

随着年龄的增长，人体中过氧化脂质会不断增加，致使细胞作用无法正常进行。如该现象出现在皮肤上，会使皮肤新陈代谢功能减退，易积存废物（如色素类物质），积聚在皮肤表面就形成乌斑，也会使皮肤的张力和弹性丧失，增加皮肤皱纹和松弛部分。研究表明，米醋能减少过氧化脂质的量，且其效果与米醋摄入量有关。

黑醋对 DPPH˙（二苯代苦味酰肼自由基）的清除活性和对人体低密度脂蛋白的抗氧化有明显作用。黑醋能直接消除 DPPH˙，对铜离子引起的低密度脂蛋白（LDL）氧化反应有抑制作用。摄取黑醋可以抑制体内氧化损伤。黑醋的乙酸乙酯萃取物（EK）比其他食醋的萃取物具有更强的抗氧化活性，还发现 EK 对小鼠皮肤的抗炎、抗肿瘤有增效作用。EK 能抑制十四酞佛波醇（TPA）诱导的浮肿形成（14%），抑制 ICR 母鼠皮肤上过氧化物酶的活性。EK 能明显抑制双倍使用 TPA 引起的过氧化氢的产生和脂质过氧化反应。总之，无论在体内或体外，EK 都能强烈抑制脂质氧化，起到美容护肤的功效。

徐清萍研究发现镇江香醋中各极性组分可不同程度地清除自由基。乙醇沉淀上清液浓缩物和乙醇沉淀物中的水溶性组分，具有较高的自由基清除活性和总酚含量。

在水中滴些醋洗脸、洗澡，能使皮肤光滑润泽。醋中含有醋酸、乳酸、氨基酸、甘油和醛类等化合物，对人的皮肤有柔和的刺激作用，能使血管扩张，增强皮肤血液循环，并能杀死皮肤上的一些细菌，使皮肤光润。

（七）食醋的促进食欲、护胃作用

食醋具有健胃功能。自古以来，都认为醋具有增加食欲、促进消化的作用。食醋对消化系统的作用主要是促进胃液的分泌。在日常生活中，只要想起盐渍梅或酸的食物，人们口里就会产生唾液，并引起胃的蠕动，产生食欲。这是因为醋中的挥发性物质及氨基酸等，能刺激人大脑神经中枢，使消化器官分泌大量的消化液，从而使消化功能增强。唾液中含有淀粉酶，如果唾液和胃液的分泌量增加，不仅能增进食欲，也能促进食物的消化。德国人曾用盐水将葡萄醋加以稀释，让狗饮用后，检查了胃液的分泌量，结果发现胃液的分泌量是水的 2 倍。有报道，稀醋酸如食醋（约 3%醋酸）可作为胃的温

和刺激剂，通过内生前列腺素的调节，诱导碱性响应和细胞适应性保护。其他相关羧酸可能会有相似作用，但取决于使用的浓度。

温和刺激物如 20%乙醇或 5%的 NaCl 用于胃部时，可以防止胃在强刺激物如纯乙醇或 25%NaCl 溶液中引起的胃坏疽，这种现象被认为是胃对轻度损伤的一种适应性响应，称为细胞适应保护（adaptive cell protection）。低浓度醋酸可明显改善乙醇引起的胃损伤的影响。将大鼠胃暴露在 0.3%～3%的醋酸环境下，会明显降低后续暴露在纯乙醇中引起的胃损伤。与醋酸相似，用茚甲新预处理会明显抵消 1%马来酸引起胃碱性响应和细胞适应性保护，蚁酸也能引起明显的胃碱性响应，但这种作用不受茚甲新的影响。这些结果表明稀醋酸如食醋（约 3%醋酸）可作为胃的温和刺激剂，通过内生前列腺素的调节，诱导碱性响应和细胞适应性保护。

（八）食醋的预防骨质疏松症作用

骨质疏松是与年龄相关引起骨损伤最常见的原因，为了保证骨的质量需要增加钙的吸收。据报道，短链脂肪酸的混合物如醋酸、丙酸和丁酸与大鼠盲肠和大肠中高钙吸收有关。而对人，灌输醋酸于大肠末梢、直肠能增进钙的吸收，这些研究表明膳食中添加食醋可以增加钙的生物转化率。利用低钙饲喂卵巢切除大鼠进行食醋对钙吸收影响的研究，结果表明食用醋可通过改善钙的溶解性和其中醋酸的营养效应，促进小肠对钙的吸收，降低由于卵巢切除引起的骨转化，有助于预防骨质疏松症。

民间有一种食品称“醋蛋”，是将洗净的鸡蛋浸泡于醋液中，待蛋壳全部溶解于浸泡液中即可食用。由于蛋壳中含有丰富的钙质，食用醋蛋是补充钙源的有效方法。

（九）食醋的抗癌、防癌作用

高温季节，细菌繁殖速度特别快，细菌将人体内硝酸盐经过代谢转化为致癌性很强的亚硝铵，而陈醋有强烈的破坏和分解亚硝酸盐的作用，能抑制嗜碱性细菌的生长和繁殖，起到防癌的功效。

以玉米为原料的醋中有抗癌活性，无蒸煮醋较蒸煮的活性高。本活性物质与薏苡米醋中的一样，对癌细胞有特异的细胞毒性。在试管中加入液态醋会诱导人体白细胞的凋亡。

明代李时珍在《本草纲目》中说食醋能“破血运，消食，杀恶毒，破结气，心中酸水痰饮”，这正与现代医学治癌的观点相呼应。

日本有人以米为原料、用蒸煮法发酵制成的两种醋中有抗肿瘤的活性物质，将抗肿瘤的物质注入腹腔内植种肿瘤的 6 只鼷鼠体中进行试验，结果有 2 只鼷鼠的肿瘤消失，其他 4 只鼷鼠与未注入抗肿瘤物质的鼷鼠相比，寿命延长了 4～5 倍。

（十）食醋的解酒作用

用醋解酒，是人们较为熟悉的常识，这在医学文献中早有记载。例如，王士雄在《随息居饮食谱》中说，食醋可“醒酒，消食”。日本的资料亦介绍说，食醋能避免大醉失态。饮酒过多，会使血液中乙醇浓度增加，浓度越高，醉的程度也越重。一般说来，当100ml血液中乙醇含量达50～100mg时，人就会达到微醉状态，超过此界限之后，随着乙醇浓度的增加，醉的程度也随之加重。有资料指出，单独饮酒与随酒同时饮用食醋，血液中乙醇浓度会有差异，也就是说，如果在饮酒的同时饮用食醋，就能降低血液中的乙醇浓度，从而减轻或延缓大醉状态的出现。醋中含有多种成分，这些成分相互配合，使食醋成为一种天然的“醒酒剂”。食醋能对抗和缓解乙醇的抑制作用，增加胃液分泌，扩张血管，利于血液循环，提高肝脏的代谢能力，增加肾脏功能，加快排尿，促进乙醇从体内迅速排出。

（十一）食醋的防治肥胖作用

有报道，食醋后醋酸通过调节肝脏中蛋白激酶介导的脂肪酸氧化蛋白，抑制肝脏中脂肪酸和身体中脂肪的堆积。同时，醋中含有丰富的氨基酸，可以加速碳水化合物和蛋白质在体内的新陈代谢，故具有减肥作用。

（十二）食醋的其他功能

食醋一直是中医传统药物的组成部分，在中药中具有消减药物的毒副作用、增强药效、扩大药物的作用范围等功效。此外，醋有利于降低刺激性作用，以及作为汤剂内服、作为涂敷剂外用，治肿毒等病症。同时，食醋还可提高智力水平，研究发现含量0.05%的醋酸对膀胱平滑肌有刺激作用。某些功能性食醋如玉米醋有恢复青春、延缓衰老、健脑等功能；紫薯醋有美容护肤、延缓人体衰老及抗癌功效；低聚糖醋有调整肠道功能、防止老化及癌症之功效；番茄醋有抗氧化、抑制突变、降低核酸损伤、减少心血管疾病及预防癌症等功能。

食醋呈酸性，但经人体吸收代谢后，便成为真正的碱性食物。醋中的挥发性物质及氨基酸等具有刺激大脑神经中枢的作用，达到开发智力的效果。医学研究发现，人体体液的酸碱性与智商有关，在体液酸碱性允许的范围内（即pH为6.8～7.5），大脑呈碱性的孩子较呈酸性的孩子智商高，而体液的酸碱性可以通过饮食来调节，因而科学家认为改善饮食结构，多吃碱性食品，可提高智商水平。

第三节　食醋的危害评价

食醋作为调味品和常用食品配料，使用已有几千年的历史，但有关食醋安全性问题的研究报道极少，认为食醋是一种安全性的食物。但是，吃醋也不可过量，大量食醋进入人体，将改变胃液的pH，对胃黏膜造成损伤。身体健康者可引起胃痛、恶心、呕吐，甚至引发急性胃炎；而胃炎患者摄入大量食醋会使胃病症状加重，有溃疡的人可诱使溃疡发作。同时，由于醋酸的大量吸收还将影响整个人体的酸碱平衡。一些专家经过反复检测，认为成年妇女每日食醋量应在20～40g，最多不能超过100g。这是因为醋对钙有较强的代谢作用，食醋过多可造成骨质疏松。此外，胃溃疡、胆囊炎、肾炎、低血压、胆石症、骨损伤等患者应当忌食醋，因为醋可能会加重这些病的症状。此外还得注意空腹不能吃醋，这是因为空腹吃醋会造成胃酸分泌，这时胃中没有食物，大量的胃酸会直接损伤胃壁。有报道，一位39岁妇女吃螃蟹时，螃蟹壳卡在食道，她饮用3小勺谷物醋，想软化硬物，但造成了食管和贲门的烧伤和二级腐蚀性伤害。食醋对食道伤害的案例很少，但也应值得重视。有人认为食用醋与喉痉挛和并发的血管迷走神经昏厥有关。有位妇女每天吃苹果醋250ml，连续6年，发现患有低血钾症，血钾的减少可能与醋酸代谢产生碳酸氢盐有关，加大了钾的流失。

食醋是由醋酸菌发酵产生的，未杀菌食醋中含有大量的醋酸菌。至今未发现醋酸菌对人和动物产生毒性的报道，也未见醋酸菌感染人和动物的报道，也不产生与毒素有关的醋。尽管醋酸菌拥有质粒，还在同一种之间进行传递，这些质粒与醋酸形成的酶有关，但这只是在实验里发现，在环境中未发现这种情况。*A. aceti* 是酿醋的主要菌种，虽然该菌在自然界中广泛存在，也与人密切接触，但其最适生长温度和最适pH低于人体。由于 *A. aceti* 与糖的分解密切相关，故不属于人体菌群，在相关的研究中也未见到有人体上发现醋酸菌的报道。虽然它以乙醇为碳源生长较好，但以葡萄糖或其他糖为培养基，生长率会降低。另外，醋酸菌利用的氨基酸也较特殊，转化氨基酸会抑制其生长。因此，醋酸菌对人体无害，但是，工作人员若暴露在超乎寻常的高浓度醋酸菌中，会有过敏、免疫性反应，因为醋酸菌会产生大量的醋酸，醋酸对人体的危害大于醋酸菌。

醋酸菌对植物危害方面，可导致菠萝发生粉红色病，醋酸菌在代谢中产生2,5-二酮葡萄糖酸，这种酸导致菠萝的粉红色在热处理中成褐色，另外还有报道醋酸菌使苹果、梨腐烂，果肉褐变。

参考文献

包启安. 1995. 食醋的机能性. 中国酿造，(4)：2-6
包启安. 1995. 食醋的机能性（续）. 中国酿造，(5)：2-6
陈树俊，苏静，张海英，等. 2009. 山西老陈醋功效成分的研究进展. 农产品加工（创新版），(12)：45-49
陈曾三. 2001. 食醋对心血管保健功能的最新研究. 中国酿造，(6)：5-6
李大锦，王汝珍. 2006. 酶制剂在食醋生产中的应用技术. 中国调味品，(1)：38-41
李丽，路海峰，梁丽绒，等. 2005. 山西老陈醋香气成分分析. 山西大学学报（自然科学版），28（2）：209-213
黄仲华. 1998. 论食醋与健康. 中国调味品，(3)：2-6
马永昆，魏永义，蒋家奎，等. 2006. 不同年份镇江香醋香气成分分析及其形成机理的研究. 食品科学，(10)：504-506
毛淑杰，马志静，李先端. 2007. 气相色谱-质谱联用法分析食醋中挥发性香气成分. 时珍国医国药，18（2）：267-268
沈政燮，段丽. 1995. 日本食醋（三）. 中国调味品，(8)：24-32
孙宗保，赵杰文，邹小波，等. 2010. 镇江香醋特征香气成分加工过程中的变化和形成机理分析. 中国食品学报，10（3）：120-126
孙宗保，赵杰文，邹小波，等. 2010. HS-SPME/GC-MS/GC-O对镇江香醋特征香气成分的确定. 江苏大学学报（自然科学版），(2)：139-144
孙宗保，赵杰文，邹小波，等. 2009. 镇江香醋加工过程中理化指标分析及其与香气成分关系初探. 食

品科学，30（9）：59-61
席青，张德纯. 2010. 醋的保健功能及其制品的研究现状. 中国微生态学杂质，22（10）：954-957
徐根娣，冷云伟. 2009. 食醋的功能性. 酿造与检测，26（1）：27-29
徐清萍，敖宗华，陶文沂. 2004. 恒顺香醋DPPH自由基清除活性成分研究. 中国调味品，（7）：19-23
徐清萍，敖宗华，陶文沂. 2003. 食醋功能研究进展（上）. 中国调味品，（12）：297-298
徐清萍，敖宗华，陶文沂. 2004. 食醋功能研究进展（下）. 中国调味品，（1）：19-23
徐清萍. 安广杰，陶文沂. 2007. 镇江香醋不同极性组分抗氧化性比较. 中国酿造，（6）：18-20
余宁华，陆震鸣，许伟，等. 2010. 基于主成分分析的中国发酵食醋有机酸含量差异性分析. 食品与发酵工业，（10）：144-147
张丽娟. 2008. 恒顺香醋醋酸发酵过程中风味物质的变化分析. 江南大学硕士学位论文：1-50
张丽娟，许伟，许泓瑜，等. 2009. 恒顺香醋固态发酵过程中有机酸的变化分析. 中国调味品，34（2）:106-109
张战国. 2009. 食醋功能特性的研究与分析比较. 西北农林科技大学硕士学位论文：20-30
郑彦婕，陈素娟，李锦才，等. 2010. 地理标志保护醋中有机酸差异性分析. 食品与发酵工业，36（12）:173-176
Akira N，Kiyoshi E. 1988. Effect of prolonged vinegar feeding on postprandial blood glucosein response in rats. J Jpn Soc Nutr Food Sci，（41）：487-489
Caligiani A，Acquotti D，Palla G. 2007. Identification and quantification of the main organic components of vinegar by high resolution ^{1}HNMR spectroscopy. Analytica Chimica Acta，585：110-119
Callejón R M，Tesfaye W，Torija M J，et al. 2009. Volatile compounds in red wine vinegars obtained by submerged and surface acetification in different woods. Food Chemistry，113：1252-1259
Ciani M. 1998. Wine vinegar production using base wines made with different yeast species. J Sci Food Agric，78：290-294
Cirlini M，Caligiani A，Palla L，et al. 2011. HS-SPME/GC-MS and chemometrics for the classification of balsamic vinegars of modena of different maturation and ageing. Food Chemistry，124（4）：1678-1683
Conner H A，Allgeier R J. 1976. Vinegar：its history and development. Adv Appl Microbiol，20：81-133
Ebner H，Follmann H，Sellmer S. 1996. Vinegar. In：Ullmann's Encyclopedia of Industrial Chemistry，Vol A27. VCH Weinheim：403-418
Frommer W，Ager B，Archer L，et al. 1989. Safe biotechnology Ⅲ. Safety precautions for handling microorganisms of different risk classes. Appl Microbiol Biotechnol，30：541-552
Johnston C S，Gaas C A. 2006. Vinegar：medicinal uses and antiglycemic effect. Med Gen Med，8（2）：61-67
Kiyoshi E，Akira N. 1988. Effect of acetic acid and vinegar on blood glucose and insulin responses to orally administered sucroseand starch. Agri Biol Chem，52（5）：1311-1312
Kondo S，Tayama K，Tsukamoto Y，et al. 2001. Antihypertensive effects of acetic acid and vinegar on spontaneously hypertensive rats. Biosci Biotechnol Biochem，65（12）：2690-2694
Masino F，Chinnici F，Bendini A，et al. 2008. A study on relationships among chemical，physical，and qualitative assessment in traditional balsamic vinegar. Food Chemistry，106：90-95
Mi-Ja C，Hyun-Ju C，Myung-Sook C. 1999. Effects of garlic vinegar supplementation on changes of body weight，plasma glucose，and plasma lipid profile in high cholesterol-fed rats. Journal of Food

Science and Nutrition，4 (3)：200-202

Natera R，Castro R，García-Moreno M D，et al. 2003. Chemometric studies of vinegars from different raw materials and processes of production. Journal of Agricultural and Food Chemistry，51：3345-3351

Nobumasa O，Hideo S，Hirohito W，et al. 2000. Acetic Acid supresses the increase in disaccharidase activity that occurs during cultre of $CaCO_3$ cells. Journal of Nutration，130：507-513

Palacios V，Valcarcel M，Caro I，et al. 2002. Chemical and biochemical transformations during the industrial process of sherry vinegar ageing. J Agric Food Chem，50：4221-4225

Plessi M. 2003. Vinegar. Encyclopedia of Food Sciences and Nutrition. *In*：Caballero B，Trugo L. C，Finglas P M. Oxford：Academic Press：5996-6003

Sek T，Morimura S，Tabata S，et al. 2008. Antioxidant activity of vinegar produced from distilled residues of the japanese liquor Shochu. J Agric Food Chem，56：3785-3790

Takashi F，Kenji T，Masahiro F，et al. 2001. Acetic acid feeding enhances glycogen repletion in liver and skeletal muscle of rats. The Journal of Nutrition，131 (7)：1973-1977

Tesfaye W，Morales M L，Benítez B，et al. 2004. Evolution of wine vinegar composition during accelerated aging with oak chips. Analytica Chimica Acta，513 (1)：239-245

Valero E，Berlanga T M，Roldán P M，et al. 2005. Free amino acids and volatile compounds in vinegars obtained from different types of substrate. J Sci Food Agric，85：603-608

第十六章　醋酸发酵相关动力学模型

第一节　醋酸菌醋酸发酵动力学模型

一、液态深层通气醋酸发酵动力学模型

（一）两种生物量模型

在模型建立中只考虑菌体的生长和死亡。

1. 细胞生长动力学

González-Sáiz 等在 Nanba 等(1984)、Romero 等(1994)和 Bar 等(1987)的研究基础上，提出两种细胞参与的细胞生长速率如下：

$$X_v \xrightarrow{r_g} X_r \xrightarrow{r_d} X_d \tag{1}$$

$$X_t = X_v + X_d \tag{2}$$

$$r_g = \frac{dX_t}{d_t} \tag{3}$$

$$r_d = \frac{dX_d}{d_t} \tag{4}$$

$$r = r_g - r_d = \frac{dX_r}{d_t} \tag{5}$$

式中，r——观察到的细胞生长速率［gDW/(L·h)］；

r_g——总细胞生长率［gDW/(L·h)］；

r_d——总细胞死亡率［gDW/(L·h)］；

X_v——活菌体浓度（gDW/L）；

X_d——死菌体浓度（gDW/L）；

X_t——总菌体浓度（gDW/L）。

菌体比生长速率为

$$\mu_g = \frac{1}{X_v} \times \left(\frac{dX_t}{d_t}\right) \tag{6}$$

$$\mu_d = \frac{1}{X_v} \times \left(\frac{dX_d}{d_t}\right) \tag{7}$$

$$\mu = \frac{1}{X_v} \times \left(\frac{dX_v}{d_t}\right) \tag{8}$$

$$\mu = \mu_g - \mu_d \tag{9}$$

式中，μ_g——总活细胞的比生长速率（h^{-1}）；

μ_d——总死细胞的比死亡速率（h^{-1}）；

μ——观察到的细胞比生长速率（h^{-1}）。

Nanba（1984 年）等提出了受乙醇和醋酸双重作用的菌体比生长速率模型：

$$\mu_g = \mu_m \left[\frac{1}{\left(1+\frac{E}{K_i}\right)^4} \right] \times \left(\frac{1+\alpha \cdot A}{\beta_0 + \beta_1 \cdot A + \beta_2 \cdot A^2 + \beta_3 \cdot A^3} \right) \tag{10}$$

式中，$\alpha = K_1 + K_2 E + K_3 E^2$；

$\beta_0 = 1$；

$\beta_1 = 0$；

$\beta_2 = 0$；

$\beta_3 = K_1' + K_2' E + K_3' E^2$；

E——乙醇浓度（g/L）；

A——醋酸浓度（g/L）；

μ_m——最大比生长速率（h^{-1}）；

K_i——乙醇对菌体的抑制常数。

Bar 等（1987）提出了醋酸强烈抑制醋酸菌的菌体总比生长速率的计算式：

$$\mu_g = 0.119 \times e^{(-0.068 \cdot A)} \tag{11}$$

食醋在发酵中，影响醋酸菌发酵的主要因素为乙醇、醋酸和 O_2，Romero 等（1994）将这三种因素综合考虑，提出了醋酸菌生长的数学模型如下：

$$\mu = \mu_{max} \frac{[E]}{[E] + K_{SE} + \left(\frac{[E]}{K_{IE}}\right)^2} \times \frac{1+\left(\frac{[A]}{K_{SA}}\right)}{1+\left(\frac{[A]}{K_{IA}}\right)^3} \times \frac{\frac{[O]}{K_{SO}}}{1+\left(\frac{[O]}{K_{IO}}\right)^3} \tag{12}$$

式中，参数 K_{SE}、K_{SA}和 K_{SO}分别为乙醇、醋酸和氧的饱和常数，参数 K_{IE}、K_{IA}和 K_{IO}为乙醇、醋酸和氧对醋酸菌的抑制参数。饱和常数越大，微生物与成份之间的亲和性越低，抑制常数越大，底物对微生物的抑制性越小。

从方程可知，K_{SE}表现出 *A. aceti* 与乙醇有很高的代谢相关性，K_{IE}表示乙醇对醋酸菌生长有抑制性。通过计算，醋酸菌的最适乙醇浓度为 12.99g/L，K_{SA}值显示出对菌体生长有增强作用，对 *A. aceti* 来说，醋酸最适浓度为 9.95g/L，低浓度的氧是醋酸菌必需的，但高浓度的氧对醋酸菌有抑制作用。*Acetobacter* 的最适氧浓度为 1.55ppm。

Romero 等（1994）提出方程主要考虑了深层液态醋酸发酵的乙醇、醋酸和氧浓度，但醋酸菌的比生长速率还与培养温度、培养基的营养、菌体浓度密切相关，这些都无法体现出来。

上述方程中，μ_{max}代表了 μ 的最大测量值，是底物的 E_{max}、醋酸的 A_{max}和溶解氧的 O_{max}综合值体现出来的。该方程受到以下因素的调节：首先，生物量是受底物代谢产生的能量影响的，细胞代谢乙醇的速率越大，比生长速率越大；其次，代谢是受系列酶调控的，调控酶的浓度决定于整个反应速度。

随后 de Ory 等（1998）根据 Romero 的公式计算了 μ_m：

$$\mu_m = A \cdot e^{-E_a/RT} - B \cdot e^{-E_b/RT} \tag{13}$$

式中，E_a 和 E_b 分别为细胞增殖活化能和热变性活化能。

2. 细胞死亡动力学

Mesa 等（1986）在氧气完全缺乏的条件下提出细胞死亡动力学模型：

$$\mu_d = \frac{K_M A^4}{E^3 + K_N} \tag{14}$$

式中，μ_d——总比死亡速率（h^{-1}）；

K——活细胞变成死细胞的比死亡速率（h^{-1}）；

K_M——细胞死亡速率的第一动力学参数 [L/(g · h)]；

K_N——细胞死亡速率的第二动力学参数（g^3/L^3）。

其参数估算分别为 $K_M = 0.11$L/(g · h)，$K_N = 3.54 \times 10^3 g^3/L^3$。后来 Caro 等（1996）在不缺氧的状态下对参数进行了重新估算，提出 $K_M = 0.42$L/(g · h)，$K_N = 2.50 \times 10^7 g^3/L^3$。

3. 底物和产物动力学

底物和产物相互转换，乙醇、氧的消耗速率和醋酸的生产速率为

$$r_E = r_{E-X} + r_{E-m} + r_{E-P} + r_{E-AcEt} \tag{15}$$

$$r_O = r_{O-X} + r_{O-m} + r_{O-P} \tag{16}$$

$$r_A = r_{A-X} - r_{A-AcEt} \tag{17}$$

在醋酸形成过程中，能量的消耗主要用在细胞的增殖上，其他消耗很少，另外，当乙醇浓度消耗低于 3%时，乙酸乙酯的生成很少，影响不是很大。因此，方程可简化为

$$r_E = r_{E-X} \tag{18}$$

$$r_O = r_{O-X} \tag{19}$$

$$r_A = r_{A-X} \tag{20}$$

式中，r_E——乙醇总消耗速率 [g/(L · h)]；

r_{E-X}——用于菌体生长的乙醇总消耗速率 [g/(L · h)]；

r_{E-m}——用于维持能量产生的乙醇消耗速率 [g/(L · h)]；

r_{E-P}——用于产物形成的乙醇消耗速率 [g/(L · h)]；

r_{E-AcEt}——用于乙酸乙酯合成的乙醇消耗速率 [g/(L · h)]；

r_O——总氧消耗速率 [g/(L · h)]；

r_{O-X}——用于菌体生长的氧消耗速率 [g/(L · h)]；

r_{O-m}——用于维持能量的产生的氧消耗速率 [g/(L · h)]；

r_{O-P}——用于产物的合成的氧消耗速率 [g/(L · h)]；

r_{A-ACEt}——乙酸乙酯形成的醋酸消耗速率 [g/(L · h)]；

r_A——总醋酸的生成速率 [g/(L·h)]；

r_{A-X}——菌体释放醋酸速率 [g/(L·h)]。

Bailey 和 Ollis（1986）提出了生长关联型模型：

$$\frac{dE}{dt}=\left(-\frac{1}{Y'_{X/E}}\right)\cdot\mu_g\cdot X_V \tag{21}$$

$$\frac{dO}{dt}=\left(-\frac{1}{Y'_{X/O}}\right)\cdot\mu_g\cdot X_V \tag{22}$$

$$\frac{dA}{dt}=Y_{A/E}\cdot\frac{1}{Y'_{X/E}}\cdot\mu_g\cdot X_V \tag{23}$$

式中，$Y'_{X/E}$——菌体/乙醇得率因子；

$Y'_{X/O}$——菌体/氧气得率因子；

$Y_{A/E}$——醋酸/乙醇转化系数；

X_v——活菌体浓度（gDW/L）。

Gómez 和 Cantero（1998）在 Romero 等建立的生长模型基础上，提出乙醇、氧和醋酸变化的生长关联型模型，得出了 $Y'_{X/E}=(7.2\pm0.8)\times10^{-3}$ g 菌体/g 乙醇，$Y_{A/E}$ 和 $Y_{E/O}$ 分别为 1.30 和 1.44。

菌体/氧得率系数：$Y'_{X/O}=Y_{E/O}\cdot Y'_{X/E}$　(24)

（二）三种生物量模型

Ito 等（1991）和 Park 等（1991）提出了醋酸菌生长更复杂的模型，将菌体分为三类：有活力细胞、无活力细胞和死细胞，其模型为

$$X_v\xrightarrow{\mu_g}X_v\xrightarrow{K}X_{nv}\xrightarrow{\gamma}X_d \tag{25}$$

$$E\xrightarrow{q_A\cdot(X_v+X_{nv})}A \tag{26}$$

$$O\xrightarrow{q_A/Y_{A/O},\ \mu/Y'_{X/O}}X_v,\ A \tag{27}$$

式中，K——有活力细胞变为无活力细胞时，比死亡速率 [g/(L·h)]；

γ——无活力细胞变为死细胞的比死亡速率 [g/(L·h)]；

X_{nv}——无活力细胞的菌体浓度（gDW/L）；

q_A——醋酸的比生成速率（h^{-1}）。

当醋酸浓度升高至菌体耐酸的临界浓度时，有活力的细胞会变为无活力细胞，此时，有活力和无活力细胞都能氧化乙醇，但无活力细胞不会增殖（t 表示时间）。

$$\frac{dX_v}{dt}=(\mu_g-K)\cdot X_v=\mu\cdot X_v \tag{28}$$

$$\frac{dX_{nv}}{dt}=K\cdot X_v-\gamma\cdot X_{nv} \tag{29}$$

$$\frac{d(X_v+X_{nv}+X_d)}{dt}=\mu_g\cdot X_v \tag{30}$$

$$\frac{dX_d}{dt}=\gamma\cdot X_{nv} \tag{31}$$

$$\frac{dA}{dt}=q_A\cdot(X_v+X_{nv}) \tag{32}$$

$$\frac{dE}{dt}=-\frac{1}{Y_{A/E}}\cdot q_a\cdot(X_v+X_{nv}) \tag{33}$$

$$\frac{dO}{dt}=\left(-\frac{1}{Y_{A/O}}\cdot\frac{dA}{dt}\right)+\left(-\frac{1}{Y'_{X/O}}\cdot\frac{dX_v}{dt}\right) \tag{34}$$

Park 等（1991）提出了比率模型：

$$\mu=\mu_g-K=\mu_m\cdot\left[1-\left(\frac{A}{A_m}\right)^n\right] \tag{35}$$

$$\mu_g=\mu_{cm}\cdot\left[1-\frac{A}{A_{cm}}\right] \tag{36}$$

$$K=\mu_g-\mu \tag{37}$$

$$\gamma=a\cdot e^{b\cdot A} \tag{38}$$

$$q_A=q_{Am}\cdot\left[1-\left(\frac{A}{A_{qm}}\right)^m\right] \tag{39}$$

式中，A_m、A_{cm}和A_{qm}分别表示与比生长率μ、μ_g和醋酸最大比生成速率q_{Am}相对应，与醋酸浓度有关的抑制参数，A_m、A_{cm}表示细胞活性散失的最大浓度；n和m为指数，反映对μ和q_A影响程度。α实验常数，表示醋酸对细胞死亡的影响程度。

q_{Am}——醋酸最大比生成速率；

A_m——醋酸的最大浓度（g/L）。

Ito 等（1991）以 Nanba 等的生长模型为基础，将 Park 等提出的模型进行改进，提出了以下方程：

$$\mu_c=\mu_{max}\left[\frac{1}{(1+\frac{E}{K_i})^4}\right]*\left(\frac{1+\alpha\cdot A}{\beta_0+\beta_1\cdot A+\beta_2\cdot A^2+\beta_3\cdot A^3}\right) \tag{40}$$

$$\mu=\mu c-k \tag{41}$$

$$K=cA^n \tag{42}$$

$$q_A=q_{Am}\cdot\left[1-\left(\frac{A}{A_{qm}}\right)^m\right] \tag{43}$$

（三）Kruppa 和 Vortmeyer's 提出的经验模型

Kruppa 和 Vortmeyer's 提出的经验模型如下：

$$\mu_s=\mu_{max}\left(1-\frac{c_{HAc}}{C_\mu}\right) \tag{44}$$

$$r=r_{max}-\frac{1}{2}\left(\sqrt{a_r^2(c_{HAc}-C_r)^2+b_r^2}+a_r(c_{HAc}-C_r)\right) \tag{45}$$

式中，μ——菌体的比生长速率（h^{-1}）；

C——浓度（g/L）；

r——比生成速率［mol/(g·h)］；

S——恒态时；

HAc——醋酸；

a——系数，b——常数。

通过实验，当氧气供应充分时，培养基的的乙醇浓度在5～75g/L，醋酸浓度在0～50g/L时，各参数计算值如表16-1所示。

表16-1　不同模型的参数估计值

Nanba		Romero		Park		Ito		Kruppa and Vortmeyer	
参数	数值	参数	数值	参数	数值	参数	数值	参数	数值
μ_m	$0.31h^{-1}$	μ_m	$0.22\pm0.02h^{-1}$	μ_m	$0.25h^{-1}$	c	3.5×10^{-5}	μ_m	$0.1565h^{-1}$
K_i	91g/L	$\mu_m^{29℃}$	$0.088h^{-1}$	A_m	45g/L	$n=m$	2	C_μ	105.9g/L
K_1	7.170×10^{-2}	K_{SE}	21.1 ± 6.7g/L	$n=m$	1.766	q_{Am}	$20h^{-1}$	r_m	0.35mol/(g·h)
K_2	2.228×10^{-3}	K_{IE}	2.83 ± 0.2g/L	μ_{cm}	$0.05h^{-1}$	A_{qm}	90g/L	C_r	93.8g/L
K_3	2.822×10^{-5}	K_{SA}	12.6 ± 2.5g/L	$A_{cm}=A_{qm}$	95.1g/L	γ	$0.03h^{-1}$	a_r	0.022molL/(g^2·h)
K_1'	1.0480×10^{-4}	K_{IA}	17.9 ± 1.2g/L	a	$0.2h^{-1}$			b_r	0.060mol/(g·h)
K_2'	7.041×10^{-6}	K_{SO}	0.372 ± 0.05ppm	b	0.037				
K_3'	7.873×10^{-8}	K_{IO}	1.958 ± 0.21ppm	q_{Am}	$33.3h^{-1}$				
		A	$0.5h^{-1}$						
		B	$8.97\times10^{-7}h^{-1}$						
		E_b	5.974kJ/mol						
		E_a	417.2J/mol						
		K_m	0.42L/(g·h)						
		K_N	2.50×10^7 $(g/L)^3$						

二、液态表面静置醋酸发酵动力学模型

日本学者Park等设计了表面静置连续发酵装置，并通过系统分析和实验，提出了表面静置连续发酵相关动力学方程，如下所述。

醋酸菌产生的菌膜密度为$0.188g/cm^3$，菌膜厚度d_f（cm）与单位面积膜干细胞重量X_f之间的关系：

$$d_f=X_f/0.188$$

1. 单位面积菌膜氧的吸收率q_{of}［$g_{O_2}/(cm^2\cdot h)$］

$$q_{of}=-(dc_g/dt)V_g/A=-(M_{O2}/RT)(dp_g/dt)V_g/A$$
$$=-1.287(dp_g/d_t)V_g/A \quad (46)$$

式中，c_g——气相中氧浓度（g/L）；

p_g——气相中氧分压（atm）；
V_g——气相体积（ml）；
A——发酵器中的液体表面积（cm^2）；
M_{O_2}——分子氧质量（32g/mol）；
R——气体常数；
T——温度（303K）。

2. 体积传氧系数 K_La（用亚硫酸钠方法测量）

$$K_La = -(1/2)(C_{si} - C_{se})/(V/F)/(P_i/H) \tag{47}$$

式中，C_s——亚硫酸钠浓度；
P_i——气液界面氧分压；
H——Henry 常数（9.6×10^5atm ml/mol，30℃）；
i，e——进口和出口。

3. 细胞在液体界面的生长速率

$$A(\mathrm{d}x_f/\mathrm{d}t) = \mu X_f A \tag{48}$$

式中，μ——菌体比生长率；
A——膜面积；
X_f——单位面积液膜细胞总重量（$g_{干细胞}/cm^2$）。

$$\mu = (1/X_f)\,\mathrm{d}x_f/\mathrm{d}t = f(p) = \alpha_m(1 - p/p_m)^n \tag{49}$$

式中，μ_m——最大比生长率；
p_m——醋酸最大浓度。

4. 底物乙醇的消耗

$$(\mathrm{d}s/\mathrm{d}t) = D(S_i - S) - (q_{sf})a - K_aS \tag{50}$$

式中，V——发酵液体积（ml）；
S——基质浓度（g/L）；
a——比表面积（A/V，cm^{-1}）；
q_{sf}——面积-基质比消耗率［$g_{乙醇}/(cm^2\cdot h)$］；
K_a——30℃，在发酵器中乙醇的挥发系数。

$$q_{sf} = D(S_i - S)H_L - K_aS(1/a) \tag{51}$$

5. 产物的生成

$$(\mathrm{d}p/\mathrm{d}t) = D(P_i - p) + (q_{pf})a \tag{52}$$

式中，p——醋酸浓度；
q_{pf}——面积-比产率［g 醋酸/($cm^2\cdot h$)］。

$$q_{pf} = D(P - P_i)(1/a) \tag{53}$$

当乙醇浓度低于40g/L时，其对能氧化乙醇的醋酸菌细胞的影响很小，因此q_{pf}只与最终产物醋酸有关，可将q_{pf}表示为

$$q_{pf}=q_{pfm}(1-p/p'_m)^{n'} \tag{54}$$

式中，q_{pfm}——最大比产率；

p'_m——醋酸菌产醋酸最大浓度；

n'——实验常数。

产物得率（$Y_{p/s}$）表示为

$$Y_{p/s}=q_{pf}/q_{sf} \tag{55}$$

6. 发酵液氧的平衡表

$$do_2/dt=D(O_{2i}-O_2)+K_La(O_2^*-O_2)-(q_{of})a \tag{56}$$

式中，q_{of}——面积-比氧吸收率［$go_2/(cm^2\cdot h)$］；

O_2——O_2浓度（g/L）；

O_2^*——饱和氧浓度。

方程（11）可变换为

$$q_{of}=(K_La)(O_2^*-O_2)(1/a)+D(O_{2i}-O_2)(H_L) \tag{57}$$

由于排出去的发酵液中的O_2浓度远远低于饱和氧，另$D(O_{2i}-O_2)(H_L)$可忽略不计，故：

$$q_{of}=(K_L\alpha)O_2^*/a=OUR/a \tag{58}$$

式中，OUR——菌膜上氧吸收率。

从方程（13）可知：

$$K_{L\alpha}=(q_{of})a/O_2^*=(q_{pf}/Y_{P/O})a/O_2^*=OUR/O_2^* \tag{59}$$

$$Y_{P/O}=q_{pf}/q_{of}$$

式中，$Y_{P/O}$为消耗氧对产物的得率。

Park等设计了连续表面醋酸发酵，进行实验，并通过计算，得出：

$$\mu=0.073(1-P/90)^{2.258}(40\leqslant P\leqslant 60) \tag{60}$$

当X_f超过$0.5\times10^{-2}g/cm^2$时，q_{pf}、q_{sf}和q_{of}变成常数，分别为$4.67\times10^{-3}g$醋酸$/(cm^2\cdot h)$、$4.64\times10^{-3}g$乙醇$/(cm^2\cdot h)$和$2.60\times10^{-3}gO_2/(cm^2\cdot h)$。

$$q_{pf}=0.0227(1-P/93)^{2.204} \tag{61}$$

有菌膜的体积传氧系数［$(K_{L\alpha})_{II}$］与无菌膜的体积传氧系数关系为

$$(K_{L\alpha})_{II}/(K_L\alpha)_I\geqslant 3.6 \tag{62}$$

说明带菌膜的比面积大于不带菌膜的，菌膜能强优化生物氧化速率。

7. 醋酸产率PD

$$P=P_i+q_{pf}(a/D)=P_i+q_{pfm}(1-P/P'_m)^{n'}(\alpha/D) \tag{63}$$

当α大于$10cm^{-1}$、D小于$1h^{-1}$时，在液表面发酵恒态时，发酵液醋酸浓度可超过50g/L。

$$PD=D(P-P_i)q_{pf}\alpha \quad (64)$$

第二节　液态醋酸发酵氧的传递

氧气决定于醋酸菌的存活，其浓度是影响醋酸发酵的关键因素。在醋化系统的设计中，首先应考虑氧的供应，使气相中的氧最大限度地转移到液相系统，再转移到菌体中。搅拌是将大的气泡破碎为小气泡，让氧更好地溶于液相中。氧的转移与气泡的大小有关。通气量（VVm）值决定于溶液 O_2 对细胞的过压程度，当 VVm≥$20h^{-1}$时，过压（overpressure）对比生长速率有负作用。同时搅拌转速超过 400r/min 也会对醋酸菌产生过压作用。若通气量较少，发酵罐气压为正压时，通气量与比生长速率呈正相关。Garrido-Vidal 研究认为发酵液氧浓度过大时，醋酸菌的比生长速率下降，不利于菌体生长。Romero 等研究发现，在深层发酵中发酵液氧浓度为 1～3ppm 时，纹膜醋酸杆菌（*A. aceti*）菌体生长速率最大，当浓度达到饱和时（约 8ppm），菌体生长速率只有最大速率的 10%。实践证明，一般发酵中较为经济的、可以接受的通气量为 0.05～0.1VVm，在这种状况下，约 10%～20%饱和度的通气量不会抑制醋化。但发酵醪中若断氧约 30s，可将大部分醋酸菌失活。

有关液态醋酸发酵氧的传递的研究报道较多，下面仅简略叙述有关 O_2 在发酵液传递的动力学描述和体积传氧系数（$K_L\alpha$）的计算。

一、O_2 传递的动力学描述

悬浮于发酵液中细胞氧平衡关系式为：

$$\frac{dD_O}{dt}=OTR-OUR \quad (65)$$

式中，D_O——发酵液中的溶解氧浓度；

OTR——氧的转移速率；

OUR——氧吸收率。

考虑到氧的消耗只有在发酵过程，因此，OUR=$-rO_2$，则：

$$\frac{dD_O}{dt}=K_L\alpha(D_O^*-D_O)-\left(\frac{1}{Y'_{X/O}}\right)r_x \quad (66)$$

式中，D_O^*——氧饱和浓度；

$K_L\alpha$——氧转移常数；

$Y'_{X/O}$——生物量/氧得率系数（g/g）；

r_x——菌体生长速率。

在恒稳态状态，溶解氧浓度为常数，即$\frac{dD_O}{dt}=0$

$$K_L\alpha(D_O^*-D_O)=\left(\frac{1}{Y'_{X/O}}\right)r_x \quad (67)$$

González-Sáiz 等（2008）提出了氧饱和浓度 D_O^* 的计算式为

$$D_O^* = e^{\left(1579.2\frac{1}{(T_L+273.15)}-3.1794\right)} \cdot \frac{p-p_{H_2O,\ T_L}}{1-p_{H_2O,\ T_L}} \tag{68}$$

式中，p——发酵液压力（atm）；

p_{H_2O,T_L}——在温度 T 时水蒸气压（atm）。

$$Q_S = \frac{VVm}{3600} \cdot V_L \cdot \frac{T_L+273.15}{25+273.15} \cdot \frac{1}{P} \tag{69}$$

$$\mu = Q_S \cdot \frac{1}{\pi \cdot D_V^2 \cdot 0.25} \tag{70}$$

式中，Q_S——通过液体培养基的体积气体流速（$m^3 \cdot s^{-1}$）。

二、体积传氧系数（$K_{L\alpha}$）

最早提出体积溶氧系数的数字模型，它是以过程变化为基础的半径经验关系（semi-empirical correlation），这个模型后来广泛的被应用。表 16-2 归纳了近年来学者提出的一些 $K_{L\alpha}$的数学模式，可用来指导食醋发酵时工艺参数的确定和发酵容器的设计。

表 16-2　$K_{L\alpha}$ 计算的数学模型

$K_{L\alpha}$ 计算的数学模型	作者，时间	字母表示的含义
连续发酵：		
$K_{L\alpha}=1.0386\times10^4\cdot(1.319)^p\cdot(1.107)^{TL}\cdot(P_g/V_L)^{0.363}\cdot(\mu_s)^{1.439}$	Gonzalez-Saiz，2008	$K_{L\alpha}$：体积传氧系数；
$K_{L\alpha}=[0.0461Ln(Q_S)+0.116s]\ N$	Aguiar，2002	P：压力（atm）； T_L：液相温度（℃）；
$K_{L\alpha}=3.2\times10^{-3}\left(\frac{p_g}{V_L}\right)^{0.35}(\mu_s)^{0.41}$	Montes，1999	P_g：机械搅拌力（W）； V_L：液相体积（m^3）；
$K_{L\alpha}=8.27\times10^4N^{2.01}{\mu_s}^{0.259}$	Moucha，1995	μ_s：通过液相的表观空气速率（m/s）；
$\frac{K_{L\alpha}}{K_{L\alpha}(20℃)}=1.0+0.02103(T_L-20)+8.261\times10^{-5}(T_L-20)^2$	Gulliver，1990	Q_S：通过液相的体积气体流速（m^3/s）；
$K_{L\alpha}={\theta_T}^{(TL-20)}\cdot K_{L\alpha}$	Oosterhuis，1983	N：叶轮旋转速率（r/min 或 s^{-1}）；
$K_{L\alpha}(20℃)=0.002\left(\frac{P_g}{V_L}\right)^{0.7}\mu_s^{0.2}$　非联合系统	Van't Riet 1961	θ_T：温度系数。
$K_{L\alpha}(20℃)=0.026\left(\frac{P_g}{V_L}\right)^{0.4}\mu_s^{0.5}$　联合系统		
$K_{L\alpha}\propto\left(\frac{P_g}{V_L}\right)^{0.4}\mu_s^{0.5}N^{0.5}$	Richards，1961	
$K_{L\alpha}=0.038\left(\frac{P_g}{V_L}\right)^{0.53}\mu_s^{0.67}$　叶轮搅拌	Cooper，1944	
$K_{L\alpha}=0.0635\left(\frac{P_g}{V_L}\right)^{0.95}\mu_s^{0.67}$　圆盘搅拌		

参考文献

Bailey J E, Ollis D F. 1986. Biochemical Engineering Fundamentals Second ed. New York: Mc Graw-Hill: 983-985

Bar R, Gainer J L, Kirwan D J. 1987. An unusual pattern of product inhibition: Batch acetic acid fermentation. Biotechnol Bioeng, 29: 796-798

Caro I, Macías M, Cantero D. 1996. Optimum operating conditions in closed-system industrial acetifiers (batch operation): A stady by computer simulation. Chem Eng J, 62: 183

de Ory I, Romero L E, Cantero D. 1998. Modelling the kinetics of growth of Acetobacter aceti in discontinuous culture: influence of the temperature of operation. Appl Microbiol Biotechnol, 49: 189-193

Garrido-Vidal D, Pizarro C, González-Saiz J M. 2003. Study of process variables in industrial acetic fermentation by a continuous pilot fermentor and response surfaces. Biotechnology Progress, 19: 1468-1479

González-Sáiz J M, Pizarro C, Garrido-Vidal D. 2003. Evaluation of kinetic models for industrial acetic acid fermentation: proposal of a new model optimized by genetic algorithm. Biotechnol. Prog, 19: 599-611

González-Sáiz J M, Pizarro C, Garrido-Vidal D. 2008. Modelling gas-liquid and liquid-gas transfers in vinegar production by genetic algorithms. Journal of Food Engineering, 87: 136-147

Gómez J M, Cantero D. 1998. Kinetics of substrate consumption and product formation in closed acetic fermentation systems. Bioprocess Eng, 18: 439-444

Ito T, Sota H, Honda H, et al. 1991. Efficient acetic acid production by repeated fed-batch fermentation using two fermentators. Appl Microbiol Biotechnol, 36: 295-299

Kruppa R K, Vortmeyer D. 1999. Transient growth and product formation kinetics of acetic acid bacteria. Bioprocess Eng, 20: 545-551

Mesa M, Car I, Cantero D. 1986. Viability reduction of *Acetobacter aceti* due to the absence of oxygen in submerged cultures. Biotechnol Prog, 12, 709-712

Nanba A, Takumura A, Nagai S. 1984. Synergistic effects of acetic acid and ethanol on the growth of *Acetobacter* sp. J Ferment Technol, 6 (62): 501-505

Park S Y, Ohtake H. Toda K. 1990. A kinetic study of acetic acid production by liquid-surface cultures of *Acetobacter aceti*. Appl Microbiol Biotechnol, 33: 259-263

Park Y S, Ohtake H, Fukaya M, et al. 1989. Effects of dissolved oxygen and acetic acid concentrations on acetic acid production in continuous culture of *Acetobacter aceti*. J Ferment Bioeng, 68: 96-101

Park Y S, Toda K, Fukaya M, et al. 1991. Production of a high concentration acetic acid by Acetobacter aceti using a repeated fed-batch culture with cell recycling. Appl Microbiol Biotechnol, 35: 149-153

Pizarro C, González-Saiz J M, Garrido-Vidal D. 2003. Kinetic modelling of acetic fermentation in an industrial process by genetic algorithms with a desirability function. Chemometrics, 17: 453-462

Romero L E, Gómez J M, Caro I, et al. 1994. A kinetic model for growth of *Acetobacter aceti* in submerged culture. Chem Eng J, 54: B15-B24

Tesfaye W, Morales M L, García-Parrilla M C, et al. 2002b. Wine vinegar: Technology, authencity and quality evaluation. Trends Food Science and Technology, 13: 12-21

Toda K, Park Y S, Asakura T, et al. 1989. High rate acetic acid production in a shallow flow bioreactor. Appl Microbiol Biotechnol, 30: 559-563

第十七章　食醋生产物料衡算及工艺设计

第一节　食醋生产时物料的转化率计算

一、食醋出品率

食醋出品率按食醋实际生产总酸含量计算。理化指标中食醋总酸含量为3.5g/100ml，所以出品率的计算公式如下：

$$食醋出品率(产食醋\,kg/kg\,淀粉)=\frac{\frac{\rho}{3.5}\times m}{m_1} \tag{1}$$

式中，ρ——实测食醋总酸含量（g/100ml）；

m——食醋实际产量（kg）；

3.5——二级食醋的总酸含量（g/100ml）；

m_1——混合原料含淀粉总量（kg）。

在以乙醇、白酒为原料生产食醋时，出品率计算公式如下：

$$食醋出品率(产食醋\,kg/kg\,淀粉)=\frac{\frac{\rho}{3.5}\times m}{m_2\times\omega\times 1.76}\times 100 \tag{2}$$

式中，m_2——原料酒质量（kg）；

ω——原料酒所含乙醇的质量分数，由体积分数折算而得；

1.76——乙醇折淀粉系数。

二、食醋生产的物料转化率

生产过程中的物料衡算是一切工业生产技术管理中的一项重要内容，通过物料衡算可以反映出各个生产环节的技术水平和问题。食醋生产中有关糖化率、醋酸发酵率的计算方法可概括如下。

（一）糖化率

淀粉质原料加水加热、糊化液化后，加入糖化曲，在55～60℃或28～32℃糖化、水解为葡萄糖。糖化反应可用以下方程式表示：

$$(C_6H_{10}O_5)_n + nH_2O = nC_6H_{12}O_6$$

$$n\times162 \qquad n\times18 \qquad n\times180$$

理论上每千克纯淀粉完全水解后可生成$\frac{180}{162}=1.11$kg葡萄糖。但实际上由于糖化剂的酶活力及工艺条件（如淀粉浓度、糖化温度、pH及淀粉酶有无受到激活或抑制）不同，各厂的糖化效果颇有差异，淀粉糖化是常不能达到理论值的。

$$\text{糖化率}(\%)=\frac{\text{糖化液中葡萄糖总量}}{\text{投料淀粉总量}\times 1.11}\times 100\% \quad (3)$$

由于分析原料淀粉含量时用酸解法使淀粉变成葡萄糖，然后分析水解液中葡萄糖总量，再乘以 0.9 作为淀粉总量，因此淀粉糖化率又可按下式计算：

$$\text{糖化率}(\%)=\frac{\text{糖化液中葡萄糖总量}}{\text{原料总糖}}\times 100\% \quad (4)$$

（二）乙醇发酵率

糖化液加入酒母进行乙醇发酵，如果不考虑发酵过程中各个中间反应，则可以用下列总方程式表示：

$$\underset{180}{C_6H_{12}O_6} \longrightarrow \underset{2\times 46}{2C_2H_5OH} + \underset{2\times 44}{2CO_2}$$

理论上每千克葡萄糖可生产无水乙醇$\frac{92}{180}$=0.5111kg。但实际上由于不发酵性糖的存在、酵母菌体的消耗、中间产物的生成、异型发酵产生甘油、杂菌的污染、乙醇的挥发等原因，乙醇发酵率一般仅为理论值的 85%～95%。在计算发酵率时，应将酒母中的残糖和乙醇含量考虑进去：

$$\text{发酵率}(\%)=\frac{\text{成熟醪乙醇总量}-\text{酒母乙醇总量}}{(\text{投料葡萄糖总量}+\text{酒母残糖总量})\times 0.5111}\times 100 \quad (5)$$

（三）醋酸发酵率（乙醇转酸计）

乙醇溶液加入醋酸菌进行醋酸发酵，如果不考虑发酵的各个中间反应，则可以用下列总方程式表示：

$$\underset{46}{C_2H_5OH} + \underset{32}{O_2} \longrightarrow \underset{60}{CH_3COOH} + \underset{18}{H_2O}$$

按上列总方程式计算，每千克乙醇理论上可生产出醋酸 1.304kg。

但由于发酵期间乙醇及醋酸的挥发，醋酸菌繁殖消耗一部分乙醇，醋酸进一步氧化为二氧化碳及水，以及杂菌的污染等原因，不可能达到理论值。

$$\text{醋酸发酵率}(\%)=\frac{\text{成熟醋醅中醋酸总量}-\text{始发酵醋醅醋酸总量}}{(\text{发酵醪原料乙醇总量}+\text{醋酸菌中乙醇总量})\times 1.304}\times 100\% \quad (6)$$

以上仅以乙醇产醋酸计，实际上醋酸菌因种类不同，氧化也不一样，如有些醋酸菌能使葡萄糖氧化成葡萄糖酸，这里忽略不计。

（四）原料淀粉利用率

以淀粉质原料酿造食醋过程中，各转化率仅能说明各自阶段的转化水平。食醋酿造是一个复杂的发酵过程，上一阶段未能转化的底物可以在下一阶段继续转化。糖化未彻底的低聚糖可以在乙醇发酵阶段继续受糖化酶作用，转变为葡萄糖。乙醇发酵阶段未被转化的葡萄糖也可以在醋酸发酵开始阶段继续受酵母酶系作用转变为乙醇，或受其他细菌如乳酸菌、乙酸菌等的作用，转变为各种有机酸。因此，要反映出整个食醋酿造的发酵成绩，就要核算原料淀粉利用率。尤其是固态酿醋中糖化、乙醇发酵和醋酸发酵各个转化阶段不能截然分开，转化率计算，只能计算总的淀粉利用率。

核算原料淀粉利用率时应注意以下两点：

(1) 食醋中含有一定数量的糖分对食醋的口感是有好处的，如果含有一定数量的糊精或低聚糖也赋予食醋一定的黏度，计算时应将成品醋的糖总量作为已经被利用了的淀粉来考虑。

(2) 食醋中的酯类是食醋中香气的主成分。食醋中也必然含有少量乙醇。因此，控制发酵终点是以发酵醪中残余乙醇含量为 0.3%～0.5%时即为发酵完毕。酯类和乙醇赋予食醋以醇和香气。在核算原料淀粉利用率时也应将酯类和乙醇作为已经被利用的淀粉来考虑。在测定食醋中乙醇含量时，将样品用氢氧化钠溶液中和至中性，然后蒸馏。从定量馏出液的乙醇量即可算出食醋的乙醇含量。在蒸馏时，酯与乙醇一并被蒸馏出来，因此测出的乙醇量实际上是代表残存乙醇与乙酯的含量。

如果不考虑发酵过程中各类中间产物，则淀粉转变为醋酸可以下列方程式表示：

$$(C_6H_{10}O_5)_n + nH_2O = nC_6H_{12}O_6$$

$$C_6H_{12}O_6 + 2O_2 = 2CH_3COOH + 2CO_2 + 2H_2O$$

当各类转化率为 100%时，则 1kg 淀粉理论上可产生醋酸：

$$\frac{2\times 60}{162} = 0.7407(\text{kg})$$

如以全糖计算则为

$$\frac{2\times 60}{180} = 0.6667(\text{kg})$$

按此，原料淀粉利用率的计算公式如下：

$$\text{原料淀粉利用率}(\%) = \frac{\text{成品醋中醋酸总量} + \text{成品醋中乙醇总量} \times 1.304}{(\text{原料淀粉总量} - \text{成品醋中全糖总量} \times 0.9) \times 0.7407} \times 100\% \tag{7}$$

$$\text{或} = \frac{\text{成品醋中醋酸总量} + \text{成品醋中乙醇总量} \times 1.304}{(\text{原料全糖总量} - \text{成品醋中含糖总量}) \times 0.6667} \times 100\% \tag{8}$$

第二节　谷物食醋生产的物料衡算及所需设备

本节主要参照 1978 年液醋选优组、王博彦等学者撰写的液醋工厂相关设计和计算资料。以年产 4000t、含 5.0%醋酸的食醋为例。

一、物料衡算

（一）总体设计要求

1. 生产方案

（1）规模：年产 4000t 食醋（含醋酸 50g/L）。
（2）酿造工艺：液态深层发酵。
（3）产品质量：符合国家食醋相关标准。
（4）工作制度：全年发酵工作日 300 天，三班作业，连续生产，投料 276 批/年。

2. 主要技术参数

（1）淀粉转化酒精的转化率为 75％。
（2）乙醇转化醋酸的转化率为 90％。
（3）淀粉原料转化成品醋的转化率为 6.72kg/kg（以淀粉质主粮计）。

3. 工艺要求

依照液态深层醋酸发酵工艺流程设计。采用单罐分割取醋、半连续发酵工艺。当发酵至 13 天成熟后，从发酵罐中放出发酵液总量之 1/3，为成品醋，同时补入发酵罐同量的酒精发酵结束的醪液，继续发酵。正常情况下每间隔 2 天取醋一次。醋酸发酵时间是乙醇发酵时间的 3 倍，用 3 台醋酸发酵罐来平衡，故每天取醋量为 1 台发酵罐，补入乙醇醪液的也是 1 台发酵罐的量。连续取醋 9 次后，至第 10 次全部放出。

（二）物料衡算

1. 生产能力

共 3 个醋酸发酵罐，每周期发酵时间 13 天，每个罐全年的生产周期数为 300 天÷13 天＝23，三个发酵罐每周期内共投料 4 批×3＝12 批，全年共投料 12 批×23＝276 批。

年产食醋 4000t，发酵投料为 276 批，因此每批料应产醋量：4000/276＝14.5（t）。

按主料计每千克原料产醋 6.72kg，每批投主料量：14.5/6.72＝2.16（t）。

2. 物料计算

1）液化、糖化工序

（1）原料加水量　加水比为 1∶4

$$水量=2160\times4=8640\ (kg)$$

（2）粉浆中干物质的质量分数　原料含水量以 12％计

$$粉浆中干物质的质量分数=\frac{2160\times\left(\frac{100-12}{100}\right)}{2160+8640}\times100\%=17.6\%$$

（3）α-淀粉酶用量　2000U/g 中温 α-淀粉酶用量按 5U/g 计

$$酶用量=\frac{2160\times5}{2000}=5.4\ (kg)$$

（4）无水氯化钙用量　2160×0.001=2.16（kg）

（5）碳酸钠用量（调 pH）　2160×0.0015=3.24（kg）（参考量）

（6）粉浆体积　V_1 17.6%干物质含量的粉浆，密度约为 1.07kg/m³

$$V_1=\frac{2160+8640+5.4+2.16+3.24}{1.07}=\frac{10\ 810.8}{1.07}=10\ 103.6\ (L)$$

（7）粉浆比热容 c 按下式计算

$$c=c_0+\frac{w}{100}+c_{水}\frac{100-w}{100} \tag{9}$$

式中，c_0——淀粉质比热容为 1.55［kJ/(kg·K)］；

w——粉浆干物质含量（%）按下式计算；

$c_{水}$——水的比热容为 4.18［kJ/(kg·K)］。

$$c=1.55\times\frac{17.6}{100}+4.18\times\frac{82.4}{100}=3.72[kJ/(kg\cdot K)]$$

（8）液化蒸汽消耗量 D　按下式计算

$$D=\frac{mc(T_2-T_1)}{I-\lambda} \tag{10}$$

式中，m——粉浆质量（kg）；

c——粉浆比热容［3.72kJ/（kg·K)］；

T_1——粉浆初温［20+273=293（K)］；

T_2——粉浆灭酶后温［100+273=373（K)］；

I——加热蒸汽焓（0.3MPa 表压时为 2738kJ/kg）；

λ——加热蒸汽凝结水焓（273K 时为 419kJ/kg）。

$$D=\frac{10\ 810.8\times3.72\times(373-293)}{2738-419}=1387.4(kg)$$

（9）液化醪质量　m_1=10 810.8+1387.4=12 198.2kg

（10）液化醪干物质质量分数　已知原料含水量为 12%，淀粉酶、氯化钙、碳酸钠含水量忽略不计。

$$液化醪干物质质量分数=\frac{2160\times0.88+5.4+2.16+3.24}{12\ 198.2}\times100\%=15.67\%$$

（11）液化醪体积 V_2 15.67%干物质的醪液，密度为 1.06kg/L。

$$V_2=12\ 198.2/1.06=11\ 507.7(L)$$

（12）液体曲用量　液体曲糖化力为 480U/ml，用量为 120U/g，原料含淀粉量按 70%计。

（13）糖化醪质量 m_2（含酒母醪）　液体曲密度按 1.0kg/L 计。

$$m_2=12\ 198.2+378=12\ 576.2\ (kg)$$

（14）糖化醪体积 V_3

$$V_3=11\ 507.7+378=11\ 885.7\ (\text{L})$$

2）乙醇发酵工序

（1）每批原料产乙醇量

每批原料产乙醇量＝原料量×淀粉含量×理论产酒率×转化率＝2160×0.70×0.5768×0.75＝654.1（kg）

（2）发酵中 CO_2 产生量　按乙醇发酵反应式计

$$CO_2\text{ 产生量}=\frac{644\times 88}{92}=616(\text{kg})$$

（3）CO_2 带出乙醇量　按经验数据 1.2%计

$$\text{带出乙醇量}=644\times 0.012=7.7\ (\text{kg})$$

（4）发酵中逸出水分　644×0.02＝12.9（kg）

（5）乙醇发酵成熟醪总质量 m_3（含醋母醪量）

$$m_3=12\ 576.2-616-7.7-12.9=11\ 939.6\ (\text{kg})$$

（6）成熟醪体积 V_4　成熟醪密度为 0.99kg/L

$$V_4=11\ 939.6/0.99=12\ 060.2\ (\text{L})$$

（7）成熟醪中乙醇体积分数　乙醇 $d_4^{20}=0.7893$

$$\text{乙醇产量}=644-7.7=636.3\ (\text{kg})$$

3. 醋酸发酵工序

$$\text{乙醇体积分数}=\frac{636.3}{0.789\times 12\ 060.2}\times 100\%=6.7\%$$

（1）醋酸发酵醪质量 m_4（含醋母醪量）　发酵时添加蛋白水解液 1000kg。蛋白水解液的　$d_4^{20}=1.2$

$$m_4=11\ 939.6+1\ 000=12\ 939.6\ (\text{kg})$$

（2）醋酸发酵酵体积 V_5　$V_5=V_4$＋蛋白水解液

$$V_5=12\ 060.2+\frac{1000}{1.2}=12\ 893.5(\text{L})$$

（3）每批原料产醋量　乙醇理论产醋值 1.304，实际转酸率按 90%计

$$\text{产醋量}=636.3\times 1.304\times 0.9=747\ (\text{kg})$$

（4）醋酸发酵时生成的水　按醋酸发酵反应式计

$$\text{生成的水的质量}=18\times 747/60=224.1\ (\text{kg})$$

（5）醋酸成熟醪总质量 m_5

$$\begin{aligned}m_5&=\text{投入醪}(m_4)-\text{乙醇含量}+\text{生成醋酸}+\text{生成水}\\&=12\ 939.6-636.3+747+224.1=13\ 274.4\ (\text{kg})\end{aligned}$$

（6）成熟醪容积 V_6　成熟醪密度 1.01kg/L

$$V_6=13\ 274.4/1.01=13\ 143\ (\text{L})$$

（7）成熟醪醋酸的质量浓度

$$747/13143=5.68\text{g/dL}$$

（8）调配杀菌后成品中醋酸量　按经验数据，压滤损失 4%，杀菌运输损失 1.2%，共损失为 5.2%，则醋酸量为

$$747\times\frac{100-5.2}{100}=708.2(\text{kg})$$

（9）配兑成 5g/dL 醋酸含量的成品醋的容积 V_7

$$V_7=708.2/0.05=14\ 164\ (\text{L})$$

（10）成品醋总质量 m_6　成品醋密度 1.025kg/L

$$m_6=14\ 164\times1.025=14\ 518.1\ (\text{kg})$$

（11）原料出醋率

$$14\ 518.1/2160=6.72\ (\text{kg/kg})$$

投入和产出物料衡算汇总见表 17-1。

表 17-1　投入和产出物料衡算汇总表（上海酿造科学研究所，1996）

序号	物料名称	投入/kg	产出/kg	损失/kg	密度/(kg/L)	容积/L	质量规格
1	液化糖化工序						
(1)	碎米或高粱	2 160.00					含淀粉 70%
(2)	水	8 640.00					饮用水标准
(3)	α-淀粉酶	5.40					2 000U/g 中温酶
(4)	$CaCl_2$	2.16					无水工业级
(5)	Na_2CO_3	3.24					工业级
(6)	调成粉浆	10 810.80			1.07	10 103.60	可溶性固形物 17.6%
(7)	液化后醪	12 198.2			1.06	11 507.70	可溶性固形物 15.6%
(8)	液体曲	378			1.00	378.00	糖化力 480U/ml
(9)	糖化醪		12 576.20		1.058	11 885.70	
2	乙醇发酵工序						
(1)	发酵醪	12 576.20			1.058	11 885.70	
(2)	产生 CO_2			616.00			气体
(3)	挥发水分			12.88			水蒸气
(4)	溢出乙醇			7.7			气体
(5)	发酵成熟醪		11 939.60		0.99	12 060.20	乙醇体积分数 6.7%
3	醋酸发酵工序						
(1)	发酵醪	11 939.60			0.99	12 060.20	乙醇体积分数 6.7%
(2)	蛋白水解液	1 000.00			1.20	833.33	
(3)	醋酸发酵成熟醪		13 273.30		1.01	13 141.90	含醋酸 5.68g/dL
(4)	最终产品醋		14 518.10		1.025	14 164.00	含醋酸 5g/dL

二、设备选型

根据前述工艺要求，拟出的4000t/a食醋厂主要设备见表17-2。

表17-2　4000t/a食醋厂深层发酵车间主要设备（上海酿造科学研究所，1996）

序号	设备名称	台数	规格型号	材质
1	真空泵	1	W_3	
2	锤式粉碎机	2	1t/h	CS（碳钢）
3	螺旋输送器	1	1.5t/h	CS
4	调浆池	1	$V=2m^3$　$\phi1200\times1800$	CS
5	粉浆高位槽	1	$V=2m^3$　$\phi1200\times1500$	CS
6	液化罐	1	$V=2.7m^3$　$\phi1400\times1600$	CS
7	离心泵	1	2B31A	CS
8	离心泵	2	2B19B	CS
9	空气压缩机	2	V-3/7	CS
10	空气净化系统	1（组）	配套 $3m^3/min$	CS
11	液体曲种子罐	2	$V=0.1m^3$　$\phi400\times800$	CS
12	液体曲发酵罐	3	$V=1m^3$　$\phi900\times1400$	CS
13	液体曲计量罐	1	$V=0.15m^3$　$\phi500\times760$	CS
14	糖化罐	2	$V=5.5m^3$　$\phi1800\times2000$	CS
15	补糖罐	1	$V=1m^3$　$\phi1000\times1250$	CS
16	小酵母罐	1	$V=0.2m^3$　$\phi600\times700$	CS
17	大酵母罐	1	$V=2m^3$　$\phi1400\times1360$	CS
18	乙醇发酵罐	3	$V=17m^3$　$\phi2400\times3600$	CS
19	离心泵	2	3B19B	CS
20	摇瓶机	2	旋转式 213r/min	CS
21	空气过滤器	1	$A=0.785m^2$	CS
22	醋酸一级种子罐	1	$V=0.2m^3$　$\phi500\times1000$	SS（不锈钢）
23	高效空气过滤器	1	$A=1m^3$	CS
24	醋酸二级种子罐	1	$V=2m^3$　$\phi1200\times1710$	SS
25	高效空气过滤器	3	$A=6m^3$	CS
26	自吸式醋酸发酵罐	3	$V=20m^3$　$\phi2400\times4100$	SS
27	离心泵	2	65F25B	SS
28	压滤罐	1	$V=15m^3$　$\phi2600\times2000$	SS
29	板框压滤机	2	KP—629	
30	油泵	1	KOIO $\phi600\times1000$	
31	氨冷冻机组	2	JA6—10 081.41kW/h	CS

续表

序号	设备名称	台数	规格型号	材质
32	离心泵	2	3B19B	
33	滤液配兑池	2		SS
34	离心泵	2	50F-16A-B	SS
35	离心泵	2	40F-40-B	SS
36	列管换热器	2		SS
37	储存罐	12	$V=30m^3$　$\phi 2600\times4900$	SS
38	吊车			

第三节　酒精醋生产的物料衡算及所需设备

用乙醇生产食醋时，原料毋须糖化和乙醇发酵，物料衡算简单。下面是奥高布殊（Vogelbusch）制醋工厂用乙醇生产食醋时的物料及所需要的主要设备。

一、酒精食醋生产使用的主要材料

生产 10 000L 的 10g/100ml 白醋使用的主要材料见表 17-3。

表 17-3　生产 10 000L 的 10g/100ml 的白醋使用的主要材料

材料	数量	材料	数量	材料	数量
乙醇（100%）	1075L	葡萄糖	10kg	工艺水（包括稀释到 5%醋）	$20m^3$
Bremoferm	5kg	电力	450kW·h	合成空气（气瓶）	20ml/min
助滤剂（各种过滤筒）	根据不同使用滤筒的技术要求				

以上的消耗数据可以随不同装置地点和环境条件而变更。Bremoferm 是一种维生素，无机物和制醋发酵微生物的营养品的混合物。此种营养品与葡萄糖一起以 1∶2 的比例予以添加。每立方米醪液的平均单耗是 0.5kg Bremoferm 和 1kg 葡萄糖。Bremoferm 主要应用是在生产酒醋方面。

二、发酵工艺设计

在注料罐中，乙醇用工艺水和醋的过滤液相混（也可使用酒或果酒取代水和乙醇）。在营养品罐中，醋的过滤液与营养品（葡萄糖和 Bremoferm）相混，然后加于注料罐中与通过混合进行稀释。这种对应于溶解过程的稀释每星期间歇进行一次或二次。与此同时第二个注料罐作为发酵的进料罐来使用。发酵是以半连续方式加以实施的。在结束间歇发酵时，乙醇浓度降到 0.2%或 0.3%，大约 1/3 的发酵罐内的物料泵送到其中的一个注料罐中，在此处使原醋熟化几周，然后发酵再装填来自注料罐的新鲜缪液开始下一批发酵循环，主要生产设备、体积及设备的排布如表 17-4 和图 17-1 所示。

表 17-4　主要生产设备及体积

发酵罐型号		V300	V600	V1200	V2400
发酵罐体积	(m^3)	18	36	72	144
生产能力	升/日（10%醋酸）	4 000	8 000	15 000	30 000
冷却水要求	(m^3/h)	20	40	80	160
种子罐	(m^3)	30	60	120	120
接种罐	(m^3)	30	60	120	120
澄清罐	(m^3)	30	60	120	120
滤液罐	(m^3)	30	60	120	120
混合罐	(m^3)	30	60	120	120
罐瓶罐	(m^3)	10	20	40	80
营养品罐	(m^3)	1	1	2	2
平均需要面积	(m^2)	300	400	600	800
最低需要高度	(m)	7.6	7.7	9.5	10.5

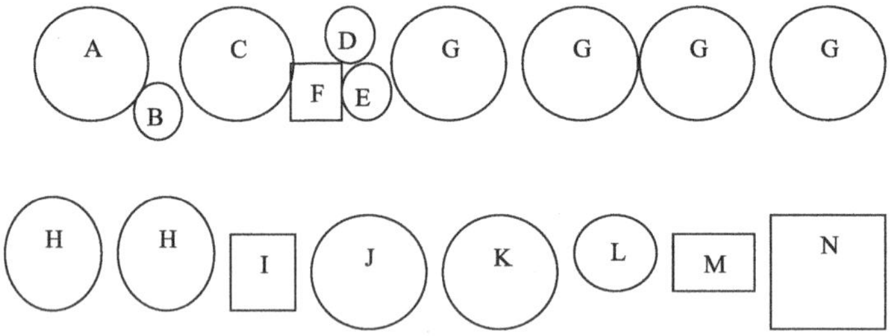

图 17-1　酒精醋生产的设备排布图

A. 注料罐；B. 营养品/澄清容器；C. 发酵罐；D. 消泡剂罐；E. 种子罐；F. 控制中心；G. 储罐；H. 澄清罐；I. 微过滤器；J. 滤液罐；K. 混合罐；L. 灌瓶罐；M. 板式过滤器；N. 装瓶线

参 考 文 献

金其荣，张继民，徐勤. 1989. 有机酸发酵工艺学. 北京：中国轻工业出版社：200-300

上海酿造科学研究所. 1996. 发酵调味品生产技术（修订版）. 北京：中国轻工业出版社：396-460

上海醋厂. 1978. 上海市粮油工业公司酿造实验工场. 液体深层发酵法制醋生产工艺技术总结. 中国调味品，(Z1)：10-20

王博彦，金其荣. 2000. 发酵有机酸生产与应用手册. 北京：中国轻工业出版社：390-457

袁振远. 1982. 食醋酿造的物料衡算. 中国酿造，(6)：4-8

液醋选优组. 1978. 年产 2000～4000 吨液醋（车间）工艺操作方法. 中国调味品，(S1)：30-48

液醋选优组. 1978. 商业部液醋选优总结. 中国调味品.(S1)：10-15

液醋选优组. 1978. 年产 2000～4000 吨液醋（车间）设计说明书. 中国调味品，(S1)：49-70

张振邦. 1982. 4000 吨液体深层发酵法制醋工艺设备的技术设计及试产. 中国调味品，(10)：14-17